U1075156

智能制造与装备制造业转型升级丛书

镁合金及其成形技术

王渠东　编著

机械工业出版社

本书系统地介绍了各种镁合金的组织与性能、成形技术及其应用，重点对镁合金的液态成形技术和固态成形技术进行了详细介绍。其主要内容包括：概述、镁合金的组织与性能、镁合金的熔炼、镁合金的液态成形、镁合金的固态成形、镁合金的表面处理、镁合金的应用。本书密切结合生产实际，内容全面、新颖，图文并茂，数据翔实，实用性强，是一本关于镁合金极具参考价值的技术资料。

本书可供从事镁合金生产和研究的技术人员阅读，也可作为相关专业在校师生的参考书。

图书在版编目（CIP）数据

镁合金及其成形技术/王渠东编著．—北京：机械工业出版社，2017.7
（智能制造与装备制造业转型升级丛书）
ISBN 978-7-111-57217-6

Ⅰ．①镁…　Ⅱ．①王…　Ⅲ．①镁合金-成型　Ⅳ．①TG146.2

中国版本图书馆 CIP 数据核字（2017）第 146783 号

机械工业出版社（北京市百万庄大街22号　邮政编码100037）
策划编辑：陈保华　责任编辑：陈保华　安桂芳
责任校对：肖　琳　责任印制：常天培
北京圣夫亚美印刷有限公司印刷
2017年9月第1版第1次印刷
169mm×239mm・23.5印张・457千字
0001—2200册
标准书号：ISBN 978-7-111-57217-6
定价：89.00元

凡购本书，如有缺页、倒页、脱页，由本社发行部调换

电话服务	网络服务
服务咨询热线：010-88361066	机工官网：www.cmpbook.com
读者购书热线：010-68326294	机工官博：weibo.com/cmp1952
010-88379203	金书网：www.golden-book.com
策划编辑：010-88379734	教育服务网：www.cmpedu.com

封面无防伪标均为盗版

前言

镁合金是实际应用中最轻的金属结构材料，它具有密度低，比强度和比刚度高，阻尼性、导热性、切削加工性、铸造性能好，电磁屏蔽能力强，尺寸稳定，资源丰富，容易回收等一系列优点。因此，在汽车工业、通信电子工业和航空航天工业等领域正得到日益广泛的应用。

与铝合金相比，镁合金的研究和发展还很不充分，其实际应用也还很有限。目前，镁合金的产量只有铝合金的1%。镁合金作为结构应用的最大用途是铸件，其中90%以上是压铸件。限制镁合金广泛应用的主要问题是：镁合金在熔炼和加工过程中极容易氧化燃烧，因此镁合金的生产难度很大；镁合金的生产技术还不成熟和完善，特别是镁合金成形技术就更有待进一步发展；镁合金的耐蚀性较差；现有工业镁合金的高温强度、抗蠕变性能较低，限制了镁合金在高温（150～350℃）场合的应用；镁合金的常温力学性能，特别是强度和塑韧性有待进一步提高；镁合金的合金系列相对较少，变形镁合金的研究开发严重滞后，不能适应不同应用场合的要求。但镁合金的发展潜力和应用优势引起了许多国家的政府、企业和研究机构对镁合金及其成形技术的高度重视，他们投入了大量人力、财力进行开发研究，并取得了显著效果。

近年来，镁合金的熔炼技术、高性能镁合金材料及其先进成形技术的开发、镁合金表面处理技术等方面都取得了很大进展，在此背景下作者编著了这本《镁合金及其成形技术》，以介绍近年来全球镁合金领域的研究发展动态、镁合金材料开发、镁合金熔炼技术、镁合金成形技术，以及镁合金的应用现状和最新发展，希望能为从事镁合金及其成形技术相关的研究开发和技术人员，相关行业的设计、应用和营销人员提供参考资料，助力我国镁工业的发展。

全书共分7章。第1章介绍了镁的基本性质及资源、镁及镁合金的发展历史、生产和应用；第2章详细介绍了镁合金的分类和牌号，镁合金的强化途径，铸造镁合金、变形镁合金、快速凝固镁合金及镁基复合材料的组织和性能；第3章介绍了镁合金的熔炼，主要从镁合金熔体与周围介质的反应、熔炼保护方法、熔体处理及废料回收四个方面展开论述；第4章介绍了镁合金的液态成形技术，涉及镁合金的重力铸造、压力铸造、挤压铸造、半固态成形、连续铸造、快速凝固和喷射沉积等成形技术；第5章介绍了镁合金的固态成形技术，包括镁合金的塑性变形理论、挤压成形、轧制成形、锻造成形、板材成形、旋压成形等成形技术，以及镁合金的焊接技术；第6章介绍了镁合金的表面处理技术，包括镁合金表面处理的前处理、表面镀、化学转化膜处理、阳极氧化及密封和着色、气相沉积、表面涂覆、表面合金化等技术；第7章介绍了镁合金的应用，主要列举了镁合金在机械工业、电子器材、航空航天领域的应用实例。

需要指出的是，作者在编著本书的过程中参考并引用了大量国内外资料，在此向这些作者表示由衷的谢意。此外，作者指导的上海交通大学材料科学与工程学院的博士生周浩、汪欢、隋育栋、张利等人参与了书稿的整理工作，在此表示感谢。

由于作者水平有限，书中难免会出现一些疏漏，诚挚地希望读者能够提出宝贵意见。

作　者

目 录

第1章

概 述

1.1 镁与镁合金简介

1.1.1 概述

镁是10种常见的有色金属之一，为元素周期表中ⅡA族碱土金属元素，原子序数为12，相对原子质量为24.305。镁的晶体结构为密排六方结构，由于镁原子的电子层结构特点（$1s^22s^22p^63s^2$），其化合价通常表现为+2价（Mg^{2+}），离子半径为0.74Å⊖。在所有的结构金属中，镁的密度最低，纯镁的密度仅为$1.738g/cm^3$。

镁资源分布很广，地壳中镁的平均质量分数为2.77%，在各种金属元素当中仅次于铝、铁、钙、钠和钾。自然界中已知有200多种镁的化合物，存在于地壳、海水、盐湖中。海水中含氯化镁$1.3kg/m^3$。镁工业中采用的主要原料有菱镁矿（$MgCO_3$）、白云石（$MgCO_3 \cdot CaCO_3$）、光卤石（$MgCl_2 \cdot KCl \cdot 6H_2O$）、水氯镁石（$MgCl_2 \cdot 6H_2O$）、水镁石［$Mg(OH)_2$］及蛇纹石（$3MaO \cdot 2SiO_2 \cdot 2H_2O$）等；海水与盐湖水中含有$MgCl_2 \cdot 6H_2O$，为炼镁工业提供了丰富的原料。丰富的天然资源和广泛的地理分布使得任何国家只要有适当的技术和比较便宜的能源，就能够独立地发展自己的镁工业，在这方面比铝具有优越性。

1774年人们首次发现镁，并以希腊古城Magnesia命名。金属镁早期的用途主要是与铝形成铝-镁合金、使铁液脱硫、制造球墨铸铁及作为一种结构材料，其中制造铝-镁合金几乎占了一半的原镁消费量。但是，较高的生产成本、熔融状态下较强的化学活性、较低的疲劳性能和蠕变性能等因素限制了镁的应用。随着社会的发展，科学技术的进步对新型材料的需求越来越高，这促进了镁在航空航天领域、汽车行业、导弹制造、核能工业、电气和运动商品等行业中的应用。近年来，

⊖ $1Å = 10^{-10}m$。

镁用途和应用领域仍在不断扩大。2015 年全球镁产能为 165.45 万 t，产量约为 100.2 万 t，我国同期的镁工业产量为 62.22 万 t。

在镁中添加合金元素，可以形成具有各种性能的合金，满足不同的需要。镁和镁合金既可以通过铸造直接制备出结构件，也可以通过各种塑性加工和热处理制备出各种规格的管、棒、板、线、带材和异型材。对于同种材质，采用不同的方法来制备时，材料的性能也有很大的区别。为了提高镁材的耐蚀性，还可以对其进行表面处理。与其他结构材料相比，镁及镁合金具有一系列的优点，如密度低，比强度和比刚度高，减振性好，电磁屏蔽性能优异，抗辐射，摩擦时不起火花，热中子捕获截面小，切削加工性和热成形性好，对碱、煤油、汽油和矿物油具有化学稳定性，易回收等。由于有突出的特点，镁材已成为继钢铁和铝之后的第三类金属结构材料，在世界范围内得到迅猛发展。

进入 21 世纪，自然资源和环境已成为人类可持续发展的首要问题。镁作为一种轻质工程材料，其潜力尚未充分挖掘出来，开发利用远不如钢铁、铜、铝等成熟。在很多传统金属矿产趋于枯竭的今天，加速开发镁金属材料已成为社会可持续发展的重要措施之一。

1.1.2 镁矿资源

镁是地壳中排位第八的富有元素，其蕴藏量为 2.77%。镁同时也是海水中的第三富有元素，约占海水质量的 0.13%。镁有 60 多种矿产品，其中白云石（$MgCO_3 \cdot CaCO_3$）、菱镁矿（$MgCO_3$）、氢氧镁石[$Mg(OH)_2$或 $MgO \cdot H_2O$]、光卤石（$MgCl_2 \cdot KCl \cdot 6H_2O$）、橄榄石（$MgFeSiO_4$）和蛇纹石（$3MgO \cdot 2SiO_2 \cdot 2H_2O$）最具商业开采价值。含镁的主要矿物见表 1-1。据有关资料介绍，截至 1993 年年底，全世界已探明的菱镁矿储量为 126 亿 t，主要储存于以下十几个国家和地区。国内外菱镁矿的储量和分布见表 1-2。

表 1-1 含镁的主要矿物

矿物名称			组　成	Mg 质量分数（%）
碳酸盐类	magnesite	菱镁矿	$MgCO_3$	28.8
	dolomite	白云石	$MgCO_3 \cdot CaCO_3$	13.2
	hydromagnesite	水碳镁石	$MgCO_3 \cdot Mg(OH)_2 \cdot 3H_2O$	26
硅酸盐类	talc	滑石	$3MgO \cdot 4SiO_2 \cdot H_2O$	19.2
	olivine	橄榄石	$MgFeSiO_4$	28
	serpentin	蛇纹石	$3MgO \cdot 2SiO_2 \cdot 2H_2O$	26.3
硫酸盐类	kiesrite	硫酸镁石	$MgSiO_4 \cdot H_2O$	17.6
	kainite	钾镁矾石	$MgSiO_4 \cdot KCl \cdot 3H_2O$	9.8
	langbeinite	无水钾镁矾	$2MgSiO_4\ K_2SiO_4$	11.7
氯化物盐类	carnallite	光卤石	$MgCl_2 \cdot KCl \cdot 6H_2O$	8.8
	brine	卤水	$NaCl \cdot KCl_2 \cdot MgCl_2$	可变

（续）

矿物名称			组成	Mg 质量分数（%）
其他	periclase	方镁石	MgO	60
	brucite	水镁石	$Mg(OH)_2$	41.6
	spinel	尖晶石	$MgO \cdot Al_2O_3$	17
	sea water	海水		0.13

表 1-2 国内外菱镁矿的储量和分布

国家	储量/亿 t	国家	储量/亿 t
中国	30.09	美国	0.66
朝鲜	30	加拿大	0.6～1
新西兰	6.0	巴西	0.4
捷克	5.0	希腊	0.3
印度	1.0	前南斯拉夫	0.14
奥地利	0.75	澳大利亚	>0.1

中国是世界上镁资源最丰富的国家，储量居世界首位，已探明的菱镁矿保有储量为 30.09 亿 t，约占世界探明储量的四分之一。符合炼镁要求的一、二级矿占 78%，主要分布在辽宁、山东、山西、宁夏、内蒙古、河南等地，其中辽宁省储量为 25.7 亿 t，占全国总储量的 85% 以上，占世界储量的 20%，矿石品位高达 40%。辽宁菱镁矿资源具有以下特点：

1）资源集中，矿床巨大，呈显晶型。

2）品位高、杂质少，MgO 质量分数大于 46% 的一、二级矿石约占总储量的 1/2。

3）矿石赋存条件优越，易剥离，好开采。

我国菱镁矿储量及分布见表 1-3。

表 1-3 我国菱镁矿储量及分布

地区	矿区数	已利用矿区	储量/万 t			MgO 的质量分数（%）
			总计	A+B+C	D	
辽宁	12	6	257676	113737	143939	>46
河北	2	1	1438	1000	438	>33
安徽	1	—	333	—	333	—
山东	4	2	28715	16932	11783	>43
四川	3	1	783	174	609	38～43
西藏	1	—	5710	—	5710	44.02
甘肃	2	1	3087	—	3087	44.05
青海	1	—	82	50	32	38.45
新疆	1	—	3110	—	3110	45.37
全国	27	11	300934	131893	169041	—

菱镁矿石经过煅烧，碳酸镁分解为氧化镁和二氧化碳。氧化镁具有较强的耐火性能和绝热性能，广泛应用于冶金、建材、轻工、化工、医药、航空、航天、军工、电子、农牧等行业。

白云石资源遍及全国各地，已探明储量在 40 亿 t 以上。白云石的组成见表 1-4。宁夏矿藏丰富，现已探明白云石矿储量超过亿吨，其中同心县白云石是国内综合指标最好的矿石之一。镁的主要加工原料白云岩在贺兰山下储量丰富，品位很高。宁夏与山西、河南两省并列为我国镁业三强。

表 1-4　白云石的组成

产　地	质量分数（%）				
	MgO	CaO	R_2O_3	SiO_2	烧失量
海南枫树乡	21.52	30.44	0.64	1.53	45.4
广西贵港	20.45	30.78	0.27	0.32	47.3
贵州乌当下坝	21.85	30.87	0.072	0.54	47.03
江苏南京	21.18	30.93	0.15	0.09	47.5
湖南新化县坪溪乡	21.26	33.27	0.27	0.32	47.3
湖南湘乡棋梓桥	20.05	32.29	0.08	0.50	47.6
湖南临湘城关	20.76	30.0	0.50	1.8	46.2
湖南宜章县	21.76	30.64	0.035	0.37	46.72
湖北石门坎	20.65	30.36	0.63	2.56	45.1

中国青海盐湖含有丰富的镁资源。柴达木盆地拥有丰富的钾、镁盐矿，其中察尔汗盐湖总面积达 $5856km^2$，具有储量大、品位高、类型全、资源组合好等特点。据初步探测，柴达木盆地盐湖保有储量为 48.15 亿 t（其中氯化镁 31.43 亿 t，硫酸镁 16.72 亿 t），工业储量为 12.72 亿 t（其中氯化镁 12.55 亿 t，硫酸镁 0.17 亿 t）。镁盐储量占我国总储量的 89.3%，其中卤水平均含氯化镁 17.74%，高出海水氯化镁含量 30 倍。

1.1.3　镁的性质

人们对于镁这种金属的普遍认识是密度小、易于燃烧，镁的这些特性是由其物理、化学性质所决定的。下面就镁元素的特征、晶体结构、物理性能、热性能和力学性能等方面进行介绍。

1. 元素特征

镁元素的元素符号为 Mg，原子序数为 12，自由原子中各轨道电子状态为 $1s^22s^22p^63s^2$，同位素原子有 Mg^{24}、Mg^{25} 和 Mg^{26}（其质量分数分别为 78.99%、10.00% 和 11.01%），相对原子质量为 24.305，摩尔体积为 $14.0cm^3/mol$。

2. 晶体结构

在标准大气压下纯镁是密排六方晶体结构，其晶格常数见表 1-5，晶胞结构如

图 1-1 所示。表 1-5 的测量结果与理论预测值 $a=0.32092\text{nm}$ 和 $c=0.52105\text{nm}$ 相吻合，误差仅为 0.01%。如果交错密排原子层系由理想的硬球原子组成，则理想密排六方结构的 c/a 为 1.633。这与室温下所测得的 c/a 为 1.6236 相比，说明金属镁具有接近完美的密排结构。

表 1-5　纯镁的晶格常数

晶格常数/nm		说　明	晶格常数/nm		说　明
a	c		a	c	
0.32095	0.52105	在 25℃下	0.32094	0.52111	25℃
0.32093	0.52103	在 25℃下	0.32088	0.52099	25℃
0.32090	0.52105	在 25℃下	0.32095	0.52107	25℃

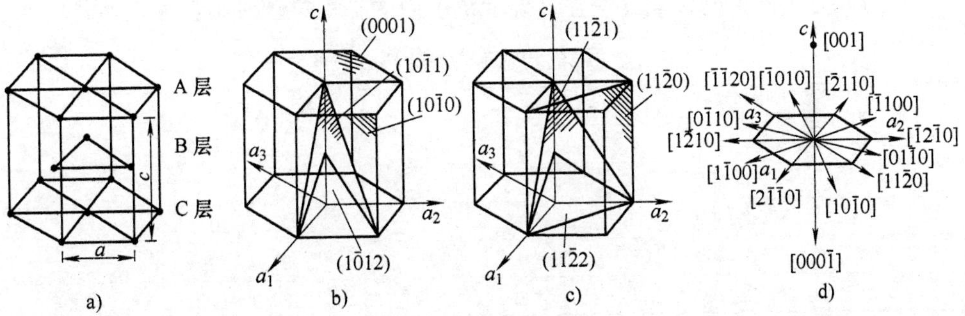

图 1-1　金属镁晶胞结构

纯镁的晶格常数 a、c 的大小与温度有关，在 0～50℃的温度区间内，a（单位为 nm）、c（单位为 nm）的大小可用公式表示为

$$a=0.32075+(7.045T+0.0047T^2)\times10^{-6} \tag{1-1}$$

$$c=0.52076+(11.758T+0.0080T^2)\times10^{-6} \tag{1-2}$$

式中，T 为摄氏温度（℃）。

3. 物理性能

（1）密度　20℃时金属镁的密度为 1.738g/cm^3，在熔化温度下（650℃）固态金属镁的密度约为 1.65g/cm^3。

（2）凝固体积变化　金属镁凝固体积收缩率为 4.2%，对应的凝固线收缩率为 1.5%。

（3）冷却体积变化　当金属镁从 650℃冷却到 20℃的过程中产生约 5% 的体积收缩，对应的线收缩率为 1.7%。

4. 热性能

（1）熔点　标准大气压下，金属镁的熔点为 650℃。

（2）沸点　标准大气压下，金属镁的沸点是 1090℃。

（3）热膨胀　纯镁在较低温度下的热膨胀系数见表 1-6。

表 1-6　低温状态下纯镁的热膨胀系数

温度/℃	热膨胀系数/℃$^{-1}$	温度/℃	热膨胀系数/℃$^{-1}$
-250	0.62×10^{-6}	-150	17.9×10^{-6}
-225	5.4×10^{-6}	-100	21.8×10^{-6}
-200	11.0×10^{-6}	-50	23.8×10^{-6}

基于已发表的试验结果和美国陶氏（Dow）化学公司的研究数据，Baker 提出在 0 ~ 550℃温区内多晶金属镁的热膨胀系数 α_t（单位为℃$^{-1}$）可以表达为

$$\alpha_t = (25.0 + 0.0188T)\times10^{-6} \tag{1-3}$$

式中，T 为摄氏温度（℃）。

根据该公式推出的多晶纯镁在该温度范围内的平均热膨胀系数见表 1-7。

表 1-7　低温状态下纯镁的热膨胀系数

温度/℃	热膨胀系数/℃$^{-1}$
20 ~ 100	26.1×10^{-6}
20 ~ 200	27.1×10^{-6}
20 ~ 300	28.0×10^{-6}
20 ~ 400	29.0×10^{-6}
20 ~ 500	29.9×10^{-6}

（4）热传导能力　试验测定的金属镁在低、中温区的热导率见表 1-8。热导率在 149 ~ 5700W/(m · K) 之间变化，在温度 9K 时到达峰值。

表 1-8　低、中温状态下纯镁的热导率

温　度			热导率 λ
/K	/℃	/℉	/[W/(m · K)]
1	-272	-458	986
2	-271	-456	1960
3	-270	-455	2900
4	-269	-453	3760
5	-268	-451	4500
6	-267	-449	5080
7	-266	-447	5470
8	-265	-446	5670
9	-264	-444	5700
10	-263	-442	5580
15	-258	-433	4110
20	-253	-424	2720

（续）

温 度			热导率 λ /[W/(m·K)]
/K	/℃	/℉	
30	-243	-406	1290
40	-233	-388	719
50	-223	-370	465
60	-213	-352	327
70	-203	-334	249
80	-193	-316	202
90	-183	-298	178
100	-172	-280	169
150	-123	-190	161
200	-73	-100	159
250	-23	-10	157
300	27	80	156
350	77	170	155
400	127	260	153
500	227	440	151
600	327	620	149

金属镁的热导率 λ［单位为 W/(m·K)］还可以根据镁的 Bungardt 和 Kallenbach 公式计算，即

$$\lambda = 22.6T/\rho + 0.0167T \tag{1-4}$$

式中，ρ 为电阻率；T 为绝对温度（K）。

表 1-9 给出了式（1-4）预测的热导率。

表 1-9 理论计算的镁的热导率

温 度		热导率	温 度		热导率
/℃	/℉	λ/[W/(m·K)]	/℃	/℉	λ/[W/(m·K)]
-18	0	155.7	204	400	152.8
0	32	155.3	260	500	152.8
20	68	154.5	316	600	153.2
38	100	154.1	371	7000	153.7
93	200	153.7	427	800	154.1
149	300	153.2	482	900	154.9

（5）比热容（c_p） 金属镁在 20℃ 的比热容是 1.025kJ/(kg·K)，不同温度时镁的比热容见表 1-10。

表 1-10　镁的比热容

温度/℃	比热容/[kJ/(kg·K)]	温度/℃	比热容/[kJ/(kg·K)]
-186 ~ -79	0.791	300	1.164
0	0.971	400	1.193
18 ~ 99	1.030	500	1.235
100	1.072	600	1.252
200	1.122	650 以上	1.256

(6) 迪拜特征温度　金属镁在 30K 温度以上的迪拜特征温度是 326K（53℃）。

(7) 熔化潜热　金属镁的熔化潜热为 360 ~ 377kJ/kg。

(8) 升华潜热　25℃时金属镁的升华潜热为 6113 ~ 6238kJ/kg。

(9) 汽化潜热　金属镁的汽化潜热为 5150 ~ 5400kJ/kg。

(10) 蒸气压　表 1-11 给出了金属镁的蒸气压与温度的关系。

表 1-11　金属镁的蒸气压与温度的关系

温度/K	压力/10^5 Pa	温度/K	压力/10^5 Pa
在给定温度下的蒸气压力		1376	1.00
298.15	1.5×10^{-20}	1400	1.19
400	5.2×10^{-14}	在给定蒸气压力下的温度	
500	3.9×10^{-10}	482	10^{-10}
600	1.38×10^{-7}	514	10^{-9}
700	8.92×10^{-6}	551	10^{-8}
800	1.99×10^{-4}	594	10^{-7}
900	2.21×10^{-3}	644	10^{-6}
923（固体）	3.55×10^{-3}	703	10^{-5}
923（液体）	3.55×10^{-3}	776	10^{-4}
1000	1.36×10^{-2}	865	10^{-3}
1100	5.76×10^{-2}	982	10^{-2}
1200	1.90×10^{-1}	1143	10^{-1}
1300	5.14×10^{-1}	1376	10

(11) 燃点　在标准状态下，金属镁在空气中加热到 632 ~ 635℃开始燃烧。

(12) 燃烧热　金属镁的燃烧热为 24900 ~ 25200kJ/kg。

(13) 自扩散系数　金属镁的自扩散系数在 468℃时为 $4.4\times10^{-10}\text{cm}^2/\text{s}$，在 551℃时为 $3.6\times10^{-9}\text{cm}^2/\text{s}$，在 627℃时为 $2.1\times10^{-8}\text{cm}^2/\text{s}$。

5. 力学性能

(1) 拉伸性能　纯镁在 20℃的典型力学性能见表 1-12。

表 1-12 纯镁在 20℃的典型力学性能

加工方式	R_m/MPa	拉伸时的 $R_{p0.2}$/MPa	压缩时的 $R_{p0.2}$/MPa	A_{50}（%）	硬度 HRE	硬度 HBW
砂型铸造	90	21	21	2～6	16	30
挤压成形	165～205	69～105	34～55	5～8	26	35
硬轧板	180～220	115～140	105～115	2～10	48～54	45～47
退火板	160～195	90～105	69～83	3～15	37～39	40～41

（2）弹性模量　金属镁在温度 20℃ 时的弹性模量与其纯度有关。当纯度为 99.98% 时，金属镁的动态弹性模量为 44GPa，其静态弹性模量为 40GPa；而当纯度变为 99.80% 时，金属镁的动态弹性模量增至 45GPa，静态弹性模量也上升为 43GPa。

（3）泊松比　金属镁的泊松比为 0.35。

（4）波速　在拉拔退火金属镁材中，纵波的速度为 5.77km/s，横波的速度为 3.05km/s。

（5）硬度　金属镁的硬度值见表 1-12。

（6）蠕变断裂值　金属镁的蠕变行为以及温度和应力对镁最小蠕变率的影响如图 1-2 所示。

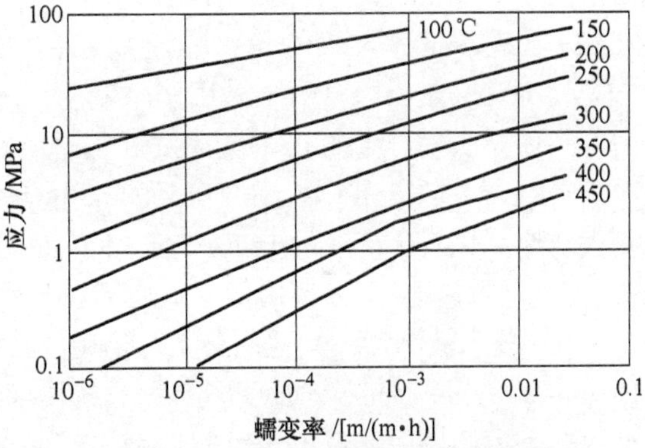

图 1-2　温度和应力对镁最小蠕变率的影响

（7）摩擦因数　在 20℃ 下金属镁对金属镁的摩擦因数为 0.36。

（8）黏度　在 650℃ 下液态金属镁的动力黏度为 1.23MPa·s，在 700℃ 下液态金属镁的动力黏度为 1.13MPa·s。

（9）表面张力　在 660～852℃ 温度范围内，表面张力值为 0.545～0.563N/m；在 894～1120℃ 温度范围内，表面张力值为 0.502～0.504N/m。

1.1.4　镁与镁合金的发展历史

金属镁的发现与铝的发现有着惊人的相似性。早在 17 世纪人们就怀疑在某些未知成分的矿石（含有氧化镁和氧化铝的矿石）中存在某些金属元素。法国科学家 Antoine Lavosier 当时从理论上推断氧化铝矿石中存在一种新的金属，由于金属与氧的结合强度太高，无法采用当时已知的还原剂或碳将其还原出来。英国化学家 Sir Humphrey Davy 认为氧化镁与氧化铝的情况类似，并于 1808 年证实了这个想法，当时他从镁和汞的混合氧化物中提炼出来镁汞剂，然后制备出少量含有杂质的金属镁。1828 年法国科学家 A. Bussy 以钾还原无水氯化镁制备出了金属镁。

1883 年 Michael Fraraday 首次通过电解还原氯化镁制备出纯镁。1852 年德国科学家 Robert Bunsen 在世界上建立起了第一座用于电解无水氯化镁的电解池。1886 年德国 Griesheim Elektron 公司在 Stassfurt 建立起了世界上第一家镁厂，该厂采用的是由 Fischer 和 Greatzel 发明的 Bunsen 电解池，以从光卤石中提炼钾时的副产物氯化镁盐卤为原料。后来，该厂迁移到德国的 Bitterfeid，其员工 Pistor 和 Moschel 发明了一种高效连续生产无水氯化镁的新工艺。1860 年，Johnson Matthey 和 Coin Manchester 开始在英国采用类似的方法制备镁。1896 年，Chemische-Fabrik Griesheim-Elektron 公司和铝镁 Fabrik 公司联合收购电解镁工艺，直到 1914—1915 年，它仍是全世界金属镁的最主要的生产商之一。1916 年美国陶氏化学公司建立起了自己的第一家电解氯化镁生产镁的工厂。

第一次世界大战前，美国所有的镁都是由欧洲提供的，当时价格很高，每磅达到 5 美元。一些美国大型企业公司就纷纷试制镁，但仅美国制镁股份有限公司（Magnesium Manufacturing Corporation）和陶氏化学公司（The Dow Chemical Company）试制成功。1920 年美国铝业公司收购了美国制镁股份有限公司，虽然美国铝业已经取得了氧化池法制备镁的专利，但此法不能与电解氯化镁制镁法相比，美国依然普遍采用熔融电解氯化镁工艺制镁。当时，陶氏化学公司是美国制镁业的支柱，第二次世界大战前几年成了美国唯一的镁生产商。20 世纪 30 年代，德国 I. G. Farben 工业公司发明了采用竖炉制备无水氯化镁的工艺。第二次世界大战期间，热还原法生产镁的技术迅速发展起来。在此期间，意大利 Amati 和 Ravelli 发明了真空高温炉内用硅铁还原白云石来生产镁的工艺。同期，奥地利发明了用碳直接还原氧化镁生产镁的 Hansgirg 技术。此后，加拿大 Pidgeon 博士及其合作者发明了在外热式真空蒸馏罐内用硅铁还原白云石制镁的新工艺。第二次世界大战后，Hansgirg 技术被淘汰，其他两种工艺仍用于工业化生产。20 世纪五六十年代，法国 Pechin-ey-Ugine Kuhlman 发明了一种热镁技术，即使用硅铁或铝作为还原剂，在大型内热炉内还原白云石半连续制取金属镁的新技术，该法被称为 Manetherm 工艺，西方国家用镁热技术生产镁的产量占镁总产量的 1/2 以上。

1999 年，世界主要生产镁的国家有美国、加拿大、中国、俄罗斯、挪威、以色列等国，所占世界总产量的比例分别为 22%、23%、16%、13%、9%、6%。诺斯克·海德鲁（Norsk Hydro）公司成为世界最大的镁生产商，其在加拿大和挪威的镁厂的产量超过世界总产量的 1/4。

美国是世界镁生产和消费的大国，陶氏化学公司在 1999 年以前，是世界镁生产的霸主，统治镁市场几十年。1998 年 11 月，由于受到国内外镁生产厂的冲击及 8、9 月间飓风和暴风雨的袭击，陶氏化学公司宣布关闭其在得克萨斯自由港的镁厂，结束了陶氏化学公司在镁工业上 80 多年的生产历史。现在美国国内镁的生产商为美国镁业公司 MCA（Magnesium Corporation of America）、美国铝业公司ALCOA（Aluminium Company of America）等厂商。

俄罗斯索里卡姆斯克镁厂位于俄罗斯中乌拉尔地区，是独联体最大的生产商品镁和镁基轻合金的冶金企业。电解光卤石生产镁，副产品氯气同时生产稀土产品。年产金属镁约2万t，副产钾肥，回收的次氯酸钙可作漂白剂。

我国镁工业经历了44年的发展，前30年靠国家投资，唯一的抚顺铝厂镁车间采用菱镁矿氯化电解法生产，镁产量始终徘徊在300t/年上下，20世纪80年代中末期以来，利用与国外技术交流经验并结合国内20世纪70年代皮江法炼镁科技成果，由小到大的滚动发展使我国镁生产能力大幅度增长，自1992年以来逐年扩大出口，今天已成为世界镁的产能、产量和出口量居首位的大国，但不是强国，还要不断地努力。中国镁业是第一个五年计划期间156项重点建设项目之一，在抚顺铝厂内建立的镁车间于1957年建成投产，至1987年的30年间，抚顺铝厂肩负着全国镁的生产重任，积累了丰富的经验，为中国镁业做出了重要贡献。1966—1980年为打破国外对中国镁的封锁，并为改变我国镁的面貌，投巨资组织技术攻关和为采用先进技术开展过引进谈判等做了大量工作。但我国在镁工业发展方面还存在很多问题，主要是：原镁生产厂家多，规模小且分散，技术比较落后，产品质量不够稳定；出口产品大多是初级原料，价格低、利润低、效益很差；高性能镁合金及高质量镁合金产品的研制水平远远落后于国外许多国家，在很多领域仍是空白，难以满足日益增长的需求；缺少先进的制备及加工技术；应用研究发展还不够。

1.2 镁的生产与应用

1.2.1 镁的生产方法

根据镁矿资源和种类不同，当前主要有两种方法生产金属镁：热还原法和电解法。1997年原镁总产量约为43.6万t，其中5%由热还原法生产，75%由熔盐电解法生产。根据理论计算，用各种原材料提炼单位质量原镁所需要的能量比提炼其他金属的高，但是制备单位体积原镁所需要的能量比铝和锌的低，甚至可与聚合物媲美。氯化物熔盐电解法和热还原法生产镁的化学反应及所需能量见表1-13。氯化镁主要来自镁盐、卤水和海水等，氧化镁则来自于含镁矿石，如白云石、水氯镁石、菱镁矿。

表1-13 氯化物熔盐电解法和热还原法生产镁的化学反应及所需能量

生产方法	反应式	能量消耗/J		
		理论值	电解过程	全部过程
电解法	$MgCl_{2(L)} = Mg_{(L)} + Cl_{2(G)}$	2.5×10^7 ($T=928K$)	—	$(8.3\sim11.2)\times10^7$
热还原法	$2(CaO\cdot MgO)_{(S)} + x(Fe)\ Si_{(S)} + nAl_2O_{3(S)} = 2Mg_{(G)} + 2CaO\cdot SiO_2\cdot nAl_2O_{3(L)} + xFe$	1.9×10^7 ($T=1823K$)	$(4.0\sim4.8)\times10^7$	$(11.5\sim12.6)\times10^7$

1. 热还原法

通常小规模的生产者往往采用热还原法，所用原料为白云石（$MgCO_3 \cdot CaCO_3$），还原剂为硅［一般用 $w(Si)=75\%$ 的硅铁］，在高温减压条件下得到纯镁：

$$2(CaO \cdot MgO)_{(S)} + Si(Si\text{-}Fe)_{(S)} = 2Mg_{(G)} + 2CaO \cdot SiO_{2(S)}$$

硅热还原法，按所用设备装置不同，可分为三种：皮江法（Pidgeon Process）、巴尔扎诺法（Baizano Process）和玛格尼法（Magnetherm Process）。

（1）皮江法　皮江法是由加拿大科学家 L. M. Pidgeon 教授首先提出设计，在 20 世纪 40 年代发展起来的一种炼镁方法（见图 1-3）。该工艺使用无缝的不锈钢管制成的蒸馏罐，将白云石和硅铁放入罐内，密封，外部加热，反应温度为 1200℃，罐内抽真空压力在 13～133Pa，镁蒸气冷凝在水冷的蒸馏罐一端。这样得到的镁结晶呈皇冠状，称为“镁冠”，纯度可达到 99.95%。取出“镁冠”和其他反应物，重新装入新的反应物，开始新一轮生产。该工艺投资少，产品质量高，但不能连续生产。因为温度和真空度的因素，蒸馏罐的尺寸受到限制，皮江法生产单罐产量不大，但可以多罐大批量生产。所得到的镁必须重新熔化、铸锭，可能造成镁的损失和不纯，这也是皮江法生产的另一难点。这一方法目前在中国、日本、加拿大、印度仍用来制取高纯度的镁。

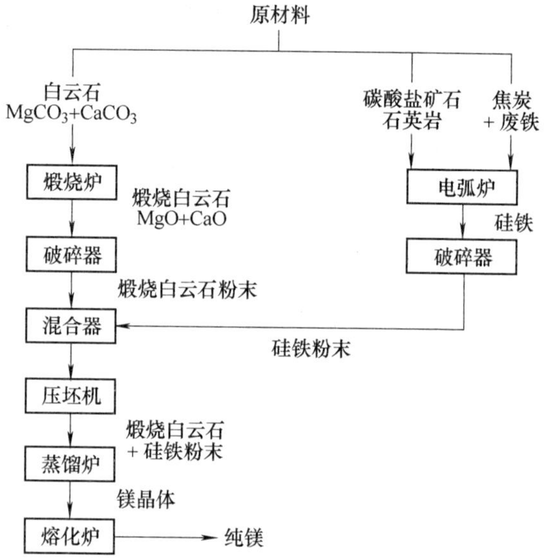

图 1-3　皮江法生产工艺过程

（2）巴尔扎诺法　巴尔扎诺法是由皮江法演化而来的，它采用内部电加热，真空蒸馏罐的尺寸加大，所用原料与皮江法相同，但加料与排渣方式不同。这种方法当前在意大利和巴西仍在采用。

（3）玛格尼法　玛格尼法由 Pechiney-Ugine-Kuhlman 于第二次世界大战后不久在法国创立和发展（见图 1-4），该法最大的特点是反应温度高，电炉内所有物质都呈液态。该工艺采用了一个钢外壳内砌有保温材料及碳素内衬的密封还原炉，采用电阻材料内部加热。仍以白云石为原料，为了使生成的 $2CaO \cdot SiO_2$ 炉渣以液态形式存在，反应温度在 1550℃或更高，另外加入铝或者铝土矿（也有加入氧化铝的），反应方程式为

$$2(CaO \cdot MgO)_{(S)} + 2Si(Fe)_{(S)} + nAl_2O_{3(S)} = 2Mg_{(G)} + 2CaO \cdot SiO_2 \cdot nAl_2O_3 + Si\text{-}Fe_{(L)}$$

这类金属热还原法生产镁金属的主要不足之处有：高成本的原料（因使用成本较高的还原剂）、大量的炉渣、较高的操作温度、产品必须重熔铸锭和劳动密集的趋势。这类方法的优势是：能够实现半连续的自动化生产及总体较低的能量需求。

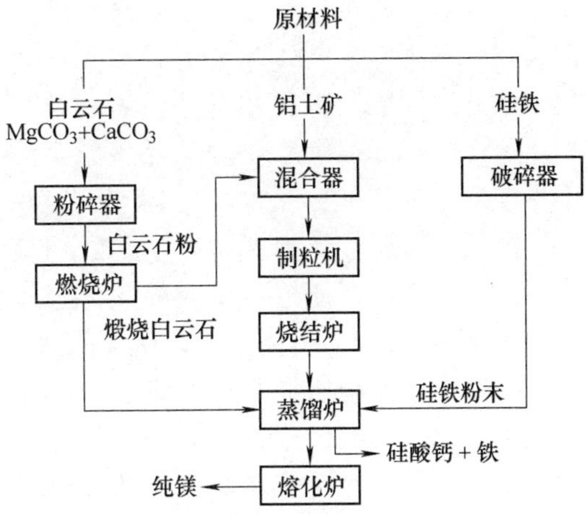

图 1-4　玛格尼法生产工艺过程

2. 电解法

电解法是三十年前世界范围内使用最多的生产镁的方法，当前采用该方法生产的镁占镁总产量的 75% 以上。该方法是电解熔融的无水氯化镁，使之分解为熔融的金属镁和氯气。电解法是德国化学家本生（Bunsen）于1865 年首先提出设计，并在19 世纪后期最早在德国试验，美国陶氏化学公司在 1916 年开始商业化生产并不断完善发展的电解技术，德国在这方面也进行了大量的研究探索工作。由于所用原料来源不同，采取的处理方法也不同，电解法又细化为各种具体的生产方法。

（1）陶氏法　陶氏化学公司从海水中提取原料，通过海水中的 $MgCl_2$ 与煅烧后的白云石中的 CaO 作用得到氢氧化镁沉淀，氢氧化镁加入盐酸转化为氯化镁，进行脱水，最终得到 $MgCl_2 \cdot 1.5H_2O$。将其加到具有碳阳极和钢阴极的电解槽中，在 750℃左右进行电解，阳极产物为氯气，阴极产物为金属镁，即

$$MgCl_2 = Mg + Cl_2$$

陶氏法的特点是电解槽为外部加热，碳阳极是可调式的，电解产物 Cl_2 可用来制备盐酸，用于原料处理。不足之处是产生相对多的淤泥。

1941 年陶氏化学公司在塔克塞斯自由港建立了一个工厂，从海水中提取镁的电解原料。海水由引水槽引入，滤过淤泥后导入沉淀池，与石灰混合，过滤后与质量分数 20% 的 HCl 反应生成 $MgCl_2$，蒸发后得到固体氯化镁，然后经过干燥得到低水合 $MgCl_2 \cdot 1.5H_2O$，成为陶氏法电解制镁的原料。

但是氯化镁脱水至无水状态极其困难，当氯化镁脱水至 $MgCl_2 \cdot 2H_2O$ 时，继续进行脱水将发生水解反应，不采取特别的措施控制气氛，脱水最终产物将不是 $MgCl_2$ 而是 MgO。

$$MgCl_2 \cdot 2H_2O = Mg(OH)Cl + HCl + H_2O$$

$$MgCl_2 \cdot H_2O = Mg(OH)Cl + HCl$$

$$Mg(OH)Cl = MgO + HCl$$

从上面几个反应方程式可以看出，控制氯化氢分压，有利于抑制水解反应的发生。制取无水氯化镁技术的不同，导致当今所采用的电解技术不同。许多厂家

都采用与陶氏法类似的方法电解海水来生产镁（见图1-5），主要区别是提取无水氯化镁的方法不同。陶氏化学公司通过在含大量 $MgCl_2$、NaCl 和 $CaCl_2$混合溶液电解池中直接加入少量部分脱水氯化物来迅速脱水。挪威的诺斯克·海德鲁公司是欧洲最主要的镁生产商，通过在干燥的氯化氢气氛中加热 $MgCl_2 \cdot 6H_2O$ 来实现完全脱水。最近，澳大利亚金属镁公司开发了一种制备无水氯化镁原料的全新工艺，在氯化镁溶液中加入一种称为 Gylcol 的物质，蒸馏脱水，然后喷雾氨生产六氨和氯化镁，接着焙烧制备高质量的无水氯化镁。在该工艺中，溶剂和氨都可以循环使用。

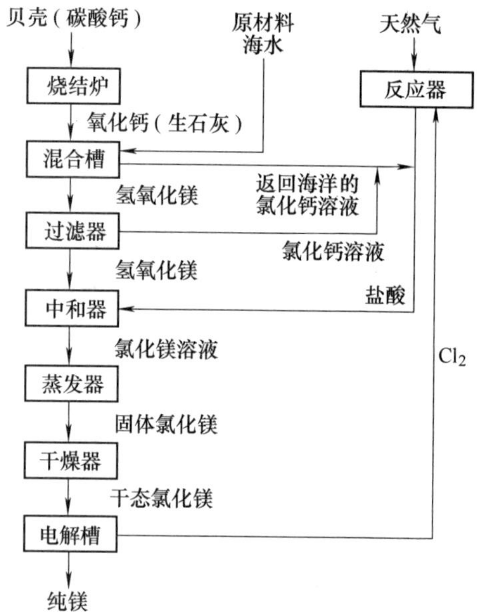

图1-5　陶氏法生产工艺过程

陶氏法中所用电解槽结构如图1-6所示，锥形电极直接焊接在不锈钢内壁上。由于使用的原料含有部分结晶水，电极磨损较大。另外电解副产物也不容易排除。生产1t镁约可获得2t氯。电解后废的电解质中含有很高的碳酸钾，可用于生产肥料。

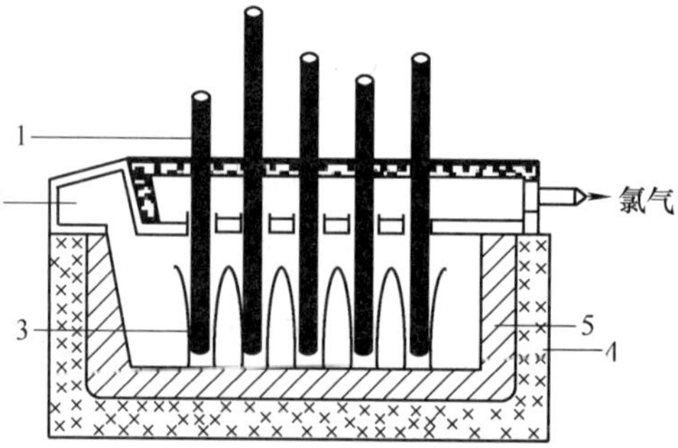

图1-6　陶氏法中所用电解槽结构

1—柱形石墨阳极　2—Mg收集槽　3—锥形钢阴极　4—燃气外壳　5—钢壳

（2）Farben 法（The IG Farben Process）　Farben 法是德国 I. G. Farben 工业公司在20世纪初期首次使用的一种从氧化镁开始制取无水氯化镁的方法。在该工艺中，将氢氧化镁与焦炭均匀混合在一起后放在竖炉内煅烧，然后进行氯化处理，生成电解用原料无水 $MgCl_2$，通过电解法得到镁，电解副产物 Cl_2 可以回收利用。Farben 法所用电解槽结构如图1-7所示，每个槽内有4～5个石墨电极（阳极），均匀排布于一个长方形的、以耐火材料为内衬的钢壳内。每个阳极以夹层式置于两只钢阴极中间。耐火材料隔板浸入到电解质中，将阳极产物 Cl_2 和阴极产物 Mg 隔开，阻止两者间的反应。电解质的密度大于镁。通过电阻加热来控制电解质的温度。反应方程式为

$$2MgO + 2Cl_2 + C = 2MgCl_2 + CO_2$$

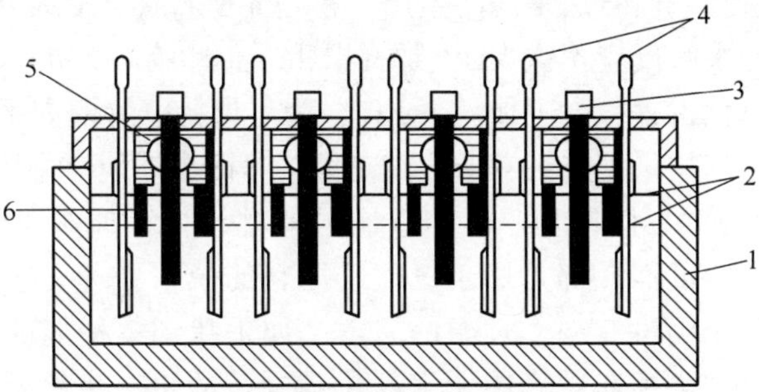

图 1-7 Farben 法所用电解槽结构

1—耐火炉衬 2—电解液的上下限（虚线）高度 3—石墨阳极 4—钢阴极 5—阳极盒 6—耐火隔板

反应温度为 800℃，得到的是熔融状态的 $MgCl_2$。反应物直接加入电解槽，电解槽为电极加热。这一技术首先在德国应用，随后在挪威的诺斯克・海德鲁公司应用。此项技术最大的不足就是在氯化反应器的操作温度下，产生一些不需要的氯化物杂质，致使分离困难；再者，$MgCl_2$ 只能分批加入电解槽，不能实现连续自动化操作；第三，由于电极间的距离被耐火材料隔板加大，电流密度下降；第四，耐火材料受到电解质的化学侵蚀和热循环冲刷，其使用寿命大大缩短，从而使得电解槽的使用寿命不太理想。

（3）Mageorp 法 Mageorp 法利用蛇纹石中的氯化镁进行电解来生产镁，工艺过程如图 1-8 所示，采用浓盐酸浸泡石棉矿尾渣制备氯化镁溶液，通过调节 pH 值和离子交换技术生产浓缩的超高纯度 $MgCl_2$ 溶液，然后进行脱水和电解。加拿大也开发了这种工艺，利用石棉矿尾渣中的硅酸镁来制备镁。美国犹他州的 Mageorp 公司所用的氯化镁是从大盐湖（The Great Salt Lake）中提取的，将之干燥后，与 Mg(OH)Cl 和 $MgCl_2 \cdot H_2O$ 混合，对混合料进行氯化处理得到无水氯化镁，提纯后电解。

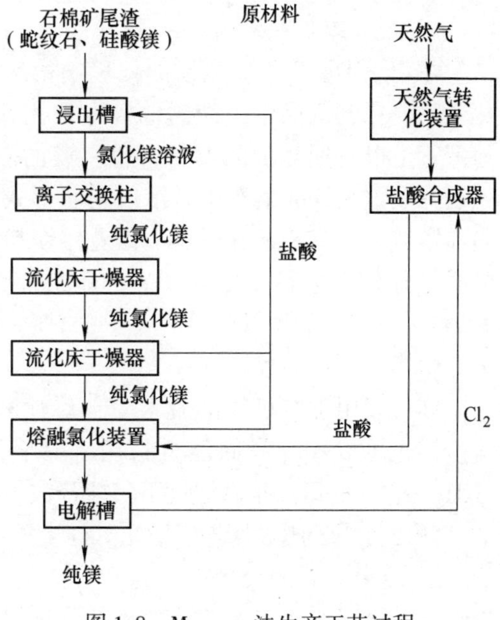

图 1-8 Mageorp 法生产工艺过程

（4）诺斯克・海德鲁法 挪威的诺斯克・海德鲁公司帕斯格伦厂

(Porsgrunn Plant) 是唯一不使用氯化反应器制备无水氯化镁的工厂。他们采用自己的专利技术生产无水氯化镁，用高压干燥的 HCl 气体带走结晶水，且阻止了水解反应的发生。这样制得的无水氯化镁为固体颗粒状。此法可以使用封闭的传送系统，实现了自动化，有利于电解槽内物质化学平衡的控制。

(5) 光卤石法　光卤石法采用的生产原料是光卤石 ($MgCl_2 \cdot KCl \cdot 6H_2O$)，虽然光卤石脱水时的水解反应不像 $MgCl_2$ 那样严重，但也有一定的水解，因而在无水化处理时也要有氯化过程。由于加入了 KCl，为了保持电解槽内平衡，必须经常清理电解槽。这种生产技术正在俄罗斯、乌克兰、哈萨克斯坦、中国及以色列使用。

对于电解法生产技术来讲，最大的难题是对氯化镁原料的脱水处理，超过 50% 的生产成本和能量消耗都是用于氯化镁原料的脱水处理工艺。这方面的研究进展不太理想，至今仍没有一个理想的方案。如果找到一种能够直接溶解氧化镁的电解质，就可以省略掉镁生产中无水氯化镁制备的生产步骤，这样不仅节约了大量的资源和能源，也降低了生产成本，有利于环境保护，并可促进镁的应用。K. L. Cathro 等人利用稀土氯化物作为电解质直接溶解 MgO，然后电解得到金属镁。采用可铸钢阴极和碳阳极，金属镁在阴极析出，阳极产物为二氧化碳。反应式如下：

$$MgO + NdCl_3 \rightarrow MgCl_2 + NdOCl,$$

$$2MgCl_2 + C + 2NdOCl \rightarrow 2Mg + CO_2 + 2NdCl_3$$

这与 Hall-Heroult 法生产铝的机理有点类似。

1.2.2　镁的应用

1. 化学工业中试剂或添加剂

在化学工业上，应用镁的格里纳德反应，通过合成可以制得多种复杂的有机化合物。在电位序中，镁的电极电位比铁和铝更负，被广泛用来制作化工容器、地下管道以及船体的防腐蚀部件。镁的燃烧特性使其可用于爆破装置、照明弹、燃烧弹及焰火等的生产中。镁以粉状形式应用于烟火中，在烟火中应用的镁可以是纯镁或是含有铝的镁合金。烟花用镁粉的粒度在 100 ~ 500μm，镁粉中的活性镁的质量分数不少于 98.5%，Fe 的质量分数不大于 0.2%，Cl^{-1} 的质量分数不大于 0.005%，H_2O 的质量分数不大于 0.1%。烟花用镁铝合金粉的粒度在 80 ~ 700μm，成分中铝的质量分数为 50%。

镁可以用于有机物的脱水，制备有机试剂（格林试剂），有机反应的催化剂等。镁也可以作为高储能材料用来储氢，在常压下大约 250℃ 时和氢作用生成 MgH_2，它在低压或稍高温度下又能释放氢。

镁还可用于阴极保护以防止其他金属的腐蚀，用作干电池及蓄电池的构件。

2. 冶金行业的处理剂

在冶金工业上，由于镁对卤素及氧的亲和力强，近年来钢铁工业中用镁粒代替碳化钙作为脱硫剂脱除钢液中的硫，每吨铁需要镁0.5kg，从而得到优质钢。镁在镍铁合金及铜合金冶炼中作为除氧剂和脱硫剂。镁是生产钛、锆、铪、铀、钚等金属的还原剂。镁是生产球墨铸铁的球化剂。灰铸铁铸造厂应用镁及镁合金作为烧注前加入铁液包内的添加剂，镁使石墨成球状，大大改善了铸铁的性能。由于薄壁高强度铸件可以实现产品轻量化，因此球墨铸铁件的应用有日益扩大的倾向。含镁球化剂可以通过熔制法、还原法等制备。常用的有 $FeSMg_8RE_5$、$FeSMg_8RE_7$、$FeSMg_{10}RE_7$及 $FeSMg_{10}RE_{21}$等，其中元素后面的数字代表质量分数。在稀土金属冶金中，利用镁与钇组稀土金属形成低熔点合金的特性来提取纯度较高的钇组稀土金属，纯度可达99.7%，这一方法称之为镁中间合金法。

随着镁相关研究和技术开发的进一步深入，镁的应用领域会越来越广泛，势必给人类生产和生活带来巨大而深远的影响。

1.3 镁合金的生产与应用

镁合金主要分为铸造镁合金和变形镁合金。

变形镁合金适宜塑性成形，在塑性变形中镁合金仍保持纯镁的特性。变形镁合金大多在热状态下进行塑性成形，以轧制、挤压、锻造、拉拔等工艺方法制成板、棒、型、管、丝和锻件等半成品。变形镁合金通常按其化学成分进行分类：①Mg-Mn 系列：主要用于制造飞机蒙皮、壁板及外形复杂的模锻件和汽油系统要求耐蚀性高的零件；②Mg-Al-Zn 系列：用于制造复杂的锻件和模锻件、导弹蒙皮等；③Mg-Zn-Zr 系列：主要用于生产飞机内部零件用挤压制品和锻件；④Mg-Th 系列：用于工作温度在350℃以下的零件。

铸造镁合金适宜于熔融状态下充填铸型，获得近乎最终使用形状和尺寸的毛坯。铸造镁合金按照其使用特性可分为：一般铸造镁合金、高强度铸造镁合金和热强铸造镁合金。工业铸造镁合金有 Mg-Al-Zn 系列、Mg-Zn-Zr 系列、Mg-Th 系列和 Mg-RE 系列等二元系和三元系合金。铸造镁合金广泛应用于航空航天工业。由于其耐蚀性差，因此镁铸件需要经过防腐处理才能在大气条件下长期使用。

1.3.1 镁合金的特点

1）密度小，但比强度、比刚度高。在现有工程用金属中，镁的密度最小，仅为1.738g/cm^3，是钢的1/5、锌的1/4、铝的2/3。普通铸造镁合金和铸造铝合金的刚度相近，因而其比强度明显高于铝合金。镁合金的刚度随厚度的增加成立方比增加，故用镁合金制造整体构件十分有利。

2）韧性好、减振性强。镁合金在受外力作用时，易产生较大的变形。当受冲击载荷时，吸收的能量比铝大一半，因此很适合于受冲击的零件——车轮；镁合金有很高的阻尼容量，是避免由于振动、噪声而引起疲劳的理想材料。

3）热容量低、凝固速度快、压铸性能好。镁合金是良好的压铸材料，它具有很好的流动性与快速凝固率，能生产表面精细、棱角清晰的零件，并能防止过量收缩以保证尺寸公差。由于镁合金热容量低，与生产同样的铝合金铸件相比，其生产率高40%～50%，且铸件尺寸稳定，精度高，表面粗糙度值低。

4）切削加工性能优异。镁合金是所有常用金属中最容易加工的材料。加工时可采用较高的切削速度和廉价的切削刀具。换刀次数少，工具消耗低。镁合金的另一个突出的特点是不需要磨削和抛光，用切削液就可以得到十分光洁的表面。

1.3.2 镁合金的成形

镁合金的常用成形方法有压铸、半固态铸造、挤压铸造、挤压、轧制等，其中，镁合金产品的80%是通过铸造方法获得的。镁合金压铸主要发展方向是开发适合镁合金特点的压铸系统，精确控制工艺参数，开发真空压铸、充氧压铸等新技术。半固态铸造主要发展了触变铸造（Thixomolding）技术，用于薄壁、精密镁合金件的生产。利用细晶镁合金的超塑成形（Superplasticity Forming，SPF）工艺可以成形形状复杂的结构件，该工艺可应用于镁合金的压力加工、等温锻造、超塑性气胀成形、扩散连接等技术中，在航空航天、汽车等行业将得到应用。考虑到镁合金超塑性加工必须解决变形速度、工艺便利性、氧化燃烧等问题。目前，镁合金超塑性的研究主要集中在低温高应变速率超塑性、大晶粒工业态镁合金超塑性以及超塑性变形机制等方面。

就目前镁合金的制造方式来说，无论是在成品合格率、原料成本还是制造费用上，压铸法仍具有经济性和效率性，一般在生产轻、薄、短、小或有外观要求的产品零配件上，仍以热室压铸法比较具有成本优势，但是若生产的产品不是需要特别注重外观、壁厚，则以冷室压铸或半固态射出成形方法为适宜。镁合金成形工艺比较见表1-14。

表1-14 镁合金成形工艺比较

项目	压铸		半固态成形			板材成形
	热室压铸	冷室压铸	触变铸造	触变成形	流变成形	锻造成形
成形厚度/mm	0.25～1	>1	>1.5	>1.5	>1.5	0.6～0.8
空孔率（%）	3～5	<3～5	<3	1～2	0～1	<1
生产周期/min	25	40	40	60	30	180
产品特性	肉薄复杂	肉厚复杂	肉厚复杂	肉厚复杂	肉厚复杂	肉厚简单
应用产品	轻薄短小件	不适合外观件	—	—	—	轻薄短小件
制备成本	低	低	中	高	中	高
技术工艺	来自锌合金	来自铝合金	研发中	研发中	研发中	研发中
原物料	镁锭/便宜	镁锭/便宜	镁粉/较贵	镁粉/较贵	镁粉/较贵	镁粉/较贵
设备投资	小	中	大	—	—	大

1.3.3 镁合金的应用

20世纪六七十年代，镁除了在军工上应用之外，在铝合金、机械制造工业和金属热还原冶金工业中得到了广泛的使用。美国在1955—1962年用在飞机导弹上的镁量占镁耗量的20%左右；用于铝合金生产的镁量从1955年占镁耗量的21.5%提高到1962年的42%；用作金属还原剂的镁量占20%左右。以前，镁的主要用途是生产铝合金，其次是用于钢液脱硫、球墨铸铁的生产，但是到了1990年压铸镁合金已上升为仅次于铝合金的第二大应用领域。1982—1992年，北美的压铸镁合金用量持续增长，平均年增长率达19%，20世纪90年代的年增长率保持在15%~20%。压铸镁合金如此之高的增长率归因于对产品轻量化的要求日益迫切，以及镁合金性能不断地改善及压铸技术的显著进步。

在日本，镁在工业界中的用途主要是铝合金、铸铁的球化剂、钢铁冶金及钛冶金中的还原剂等。在20世纪70年代，日本有50%~60%的镁用于钛冶炼工业，11%左右用于球墨铸铁生产，18%左右用于轻合金挤压制品生产。目前，日本最主要的需求部门的年用量预测为20630t。

在世界范围内，镁的用途在20世纪80年代前后发生了根本性的变化。以前80%~90%的镁用于军工业，但在20世纪80年代后镁的使用扩大到民用工业部门。近期镁合金在汽车工业上的用量增长甚快，主要用它铸造汽车的发动机及传动装置的零部件。用镁合金代替铝合金制作手提工具，操作轻便，且造价可以降低。镁合金是实际应用中最轻的金属结构材料，它具有密度小，比强度和比刚度高，阻尼性、热性、切削加工性、铸造性能好，电磁屏蔽能力强，尺寸稳定，资源丰富，容易回收等一系列优点，因此在汽车工业、通信电子业和航空航天业等领域正得到日益广泛的应用，近年来镁合金产量在全球的年增长率高达20%，显示出了极大的应用前景。

目前，镁合金的用途主要集中在以下几个方面。

1. 铝合金的添加元素

金属镁是铝合金中的主要添加合金元素，世界年需求量在16万t左右。Al-Mg合金的需求状况对镁市场的影响很大。少量镁加入铝合金中会改善其强度与耐蚀性，而且易于焊接。Al-Mg合金主要用于罐头制造、交通、航空、宇航、军工、建筑制品、电缆、海运等部门。

2. 镁牺牲阳极

镁牺牲阳极作为有效防止金属腐蚀的方法之一，广泛应用于长距离输送的地下铁制管道和石油储罐的防腐。目前，作为镁牺牲阳极的镁合金有3万~4万t/年的市场需求量，且每年以20%的速度增长。

3. 航空航天、国防等部门的合金零件

镁在航空航天、国防等部门的应用也十分广泛。目前世界各国将轻质镁合金用作兵器零件。例如：欧美生产的 Racegun 的枪械零件用镁合金、钛合金使质量降低45%，击发时间减少66%；美国军用吉普车 M27A1 型的车身和桥壳采用镁合金，质量大大减小；法国 MK50 式反坦克枪榴弹部分零件采用镁合金，全弹质量仅为800g；美国大口径无后坐力反坦克炮也采用镁合金，大大减小了质量。

4. 汽车用镁合金

将镁合金应用于汽车，可大幅度减轻汽车的自重。汽车质量每降低100kg，每百公里油耗可减少0.7L，汽车自重每降低10%，燃油效率可以提高5.5%。从20世纪20年代开始，镁制零件就在赛车上应用。1936年，德国大众汽车公司开始用压铸镁合金生产“甲壳虫”汽车的曲轴箱、传动箱壳体等发动机传动系统部件，到1980年大众汽车公司共生产了1900万辆“甲壳虫”，用镁合金铸件38万t。近年来，世界各国尤其是发达国家对汽车的节能和尾气排放提出了越来越严格的限制，迫使汽车制造商采用更多高新技术，生产质量小、耗油少、符合环保要求的新一代汽车。世界各大汽车公司已经将采用镁合金零部件作为重要发展方向。目前在汽车工业方面，镁合金主要用来制造离合器壳体、转向柱架、制动器踏板支架、阀盖、阀板、仪表板支架、变速器体、车窗电动机壳体、油滤接头、发动机前盖、进气歧管、镜子外罩、辅件托架及照明灯夹持器等零部件。中国汽车行业镁合金用量见表1-15。汽车工业已成为镁合金应用增长的主要驱动力。

表1-15 中国汽车行业镁合金用量

产品	1999年产量/万辆	2005年产量/万辆	产品用镁合金比例（%）	单件镁合金用量/kg	2005年镁合金用量/t	2010年镁合金用量/t
摩托车	1103	1800	40	2.2	15840	67500
汽车	159	250	20	14	7000	57600

5. 电子类产品壳体及结构件

随着镁合金生产技术的突破，镁合金的使用成本也大幅度下降，从而促进了镁合金在计算机、通信、仪器仪表、家电、医疗、轻工等行业的应用发展。其中，镁合金应用发展最快的是电子信息和仪器仪表行业，这些行业应用的镁合金制品的单位质量和尺寸虽然不如汽车零部件，但它的数量大、覆盖面广，总消耗量也是巨大的，成为拉动全球镁消耗量增加的另一重要因素。随着消费者对轻、薄、短、小以及时尚新潮的要求越来越高，在3C产品的外壳应用上，镁合金已有逐渐取代ABS、PC等材料的趋势。

在移动电话、笔记本式计算机、CD机、摄影机、投影仪、MD、录像机等方面利用镁合金，可使之小型轻便化并增强抗电磁干扰能力。计算机生产厂越来越多地要求它的供应商提供镁合金外壳来替代塑料外壳。因为镁合金是一种很轻的金属，镁合金计算机外壳为薄壁结构（约1mm），因此比塑料外壳的质量小；另外，在外力作用下变形很小，镁合金的散热性比塑料好，这样可以使结构更紧凑和变得更小。日本正在将镁合金的应用从笔记本式计算机扩大到移动电话及数码相机等，日本国内500万像素以上的高档数码相机均用镁合金外壳。

6. 其他行业的合金零件

镁合金在其他领域的应用也非常广泛，如用作链锯、民用工具、旋转式割草机面板、钓鱼卷线盘、器具盒、便携工具、手电钻、研磨机、真空吸尘器、剪草机、家用搅拌器、地板上光清洗机、血压测试仪、电影放映机、照相机、雷达显示器、卡式录音机、运动器材、计算器、邮资显示表、微型电动机、木工和瓦工用水平尺、缝纫机、太阳电池、雪地汽车和行李箱等。

1.3.4 镁合金技术的新发展

1. 耐热镁合金

耐热性是阻碍现有镁合金广泛应用的主要原因之一，当温度升高时，镁合金的强度和抗蠕变性能大幅度下降，使它难以作为关键零件（如发动机零件）材料在汽车等行业中得到更广泛的应用。美国、日本、加拿大、以色列等国家均将耐热镁合金的研究开发作为重要的突破方向，其目标是在不大幅度增加成本的前提下，提高镁合金在150~250℃时的强度和抗蠕变性能，开发具有良好压铸性能和耐蚀性的耐热镁合金。

2. 耐蚀镁合金

严格限制镁合金中的Fe、Cu、Ni等杂质元素的含量、控制Fe/Mn比，所得到的高纯镁合金具有很好的耐蚀性，如高纯AZ91HP镁合金在盐雾试验中的耐蚀性大约是AZ91C的100倍，超过了压铸铝合金A380，比低碳钢还好得多。RE合金化也是耐蚀镁合金开发的一个方向。

3. 阻燃镁合金

镁合金在熔炼浇注过程中容易发生剧烈的氧化燃烧。实践证明，熔剂保护法和SF_6、SO_2、CO_2、Ar等气体保护法是行之有效的阻燃方法，但它们在应用中会产生严重的环境污染、降低合金性能并加大设备投资。上海交通大学轻合金精密成形国家工程研究中心通过同时加入几种元素，开发了阻燃性能和力学性能均良好的耐热阻燃镁合金，成功地进行了应用于轿车变速器壳盖的工业试验，并用该合金生产出了移动电话壳体、MP3壳体等产品。

4. 高强高韧镁合金

在Mg-Zn和Mg-Y合金中加入Ca、Zr可显著细化晶粒，提高其抗拉强度和屈服强度。另外，通过快速凝固、粉末冶金、高挤压比及等通道角挤等方法，也可使镁合金的晶粒处理得很细，从而获得高强度、高塑性甚至超塑性。2001年，日本东北大学井上明久等人采用快速凝固法制成晶粒尺寸为100~200nm的高强镁合金 Mg-2%(摩尔分数)Y-1%(摩尔分数)Zn，其强度为超级铝合金的 3 倍，还具有超塑性、高耐热性能和高耐蚀性。

5. 变形镁合金

虽然目前铸造镁合金产品的用量大于变形镁合金，但经变形的镁合金材料可获得更高的强度，更好的延展性及更多样化的力学性能，可以满足不同场合结构件的使用要求。因此，开发变形镁合金是未来更长远的发展趋势。新型变形镁合金及其成形工艺的开发，已受到国内外材料工作者的高度重视。美国成功研制了各种系列的变形镁合金产品，如通过挤压 + 热处理后的 ZK60 高强变形镁合金，其强度及断裂韧度相当于时效状态的 Al7075 或 Al7475 铝合金；采用快速凝固(RS) + 粉末冶金（PM）+ 热挤压工艺生产的 Mg-Al-Zn 系 EA55RS 变形镁合金，其性能不但大大超过常规镁合金，比强度甚至超过 7075 铝合金，且具有超塑性(300℃，436%)，腐蚀速率与 2024-T6 铝合金相当，还可同时加入 SiC 等增强相，成为先进镁合金材料的典范。日本 1999 年开发出超高强度的 IM Mg-Y 系变形镁合金材料以及可以冷压加工的镁合金板材。英国开发出 Mg-Al-B 挤压镁合金，用于 Magnox 核反应堆燃料罐。以色列最近也研制出用于航天飞行器上的兼具优良力学性能和耐蚀性的变形镁合金，法国和俄罗斯开发了可用于鱼雷动力源的变形镁合金阳极薄板材料。

1.3.5 镁合金的研究与应用发展趋势

耐热镁合金在汽车动力系统的应用、高强高韧镁合金的开发、变形镁合金及其成形技术、新的功能性镁合金材料开发等，是目前和今后一段时间的研究热点和有待突破的重要方向。

镁合金超塑性研究的重要方向是高应变速率超塑性。研究应变速率在 $10^{-2}s^{-1}$ 以上的高应变速率超塑性成形技术对于节约能源、提高生产率、扩大应用都有很重要的意义。

大晶粒工业态镁合金超塑性。研究晶粒较大的工业态镁合金在一定条件下的超塑性，因其不需要预加工可节约能源，故将有更大的应用前景。

镁合金低温超塑性。研究镁合金在较低的温度（$0.5T_m$ 以下或更低）下进行超塑性变形。

1999 年日本 Sony、日立金属和东京精锻所三家公司共同开发成功镁合金精密冲锻成形技术（Press-Forging)，该技术将冲压成形与锻造成形结合，同压铸和半固态成形生产工艺相比，精密冲锻成形工艺具有生产率高和成品率高等优点。镁合金冲锻成形一般采用 AZ31B 变形镁合金，其生产设备采用普通机械式锻压机床即可。

功能性镁合金材料的应用开发，主要体现在以下几个方面：

1）镁基高温超导材料。2001 年，日本科学家发现二硼化镁在 39K 时成为超导材料，这是27年来首次更新了金属超导体的记录，是目前金属化合物超导体的最高温度。超导材料二硼化镁被美国《科学》杂志评为2001年十大科技突破之一。

2）镁基生物硬组织（骨头、牙齿）材料。镁的密度、弹性模量、抗拉强度比其他金属材料更接近于人体骨骼，力学相容性优良。镁是人体必需的微量元素，同时高纯镁具有良好的耐蚀性，生物相容性良好。

3）阻尼镁合金。镁的阻尼性能优于所有金属结构材料，在航空航天和军事领域有着广阔应用前景，如导弹、卫星和武器的电子仪表支架等。

4）泡沫镁合金。日本名古屋工业研究所于1999年5月研发成功泡沫镁合金，具有极好的吸振和耐高温性能，可用于汽车防撞杆和消声器等。

5）镁基储氢能源材料。近年研究表明镁的储氢能力非常大，镁与镍的化合物 Mg_2Ni 是一种最有前途的蓄电池阳极材料，该材料的理论放电能力为1000mA·h/g，镁镍基合金经过非晶化后在电化学条件下可进一步提高其储氢能力。

参 考 文 献

[1] 黄伯云，李成功，石力开，等. 有色金属手册：上册 [M]. 北京：化学工业出版社，2009.

[2] 曾正明. 实用有色金属材料手册 [M]. 2版. 北京：机械工业出版社，2008.

[3] 陈振华，等. 镁合金 [M]. 北京：化学工业出版社，2004.

[4] 丁文江，等. 镁合金科学与技术 [M]. 北京：科学出版社，2007.

[5] 张津，章宗和，等. 镁合金及应用 [M]. 北京：化学工业出版社，2004.

[6] 王渠东，王俊，吕维洁. 轻合金及其工程应用 [M]. 北京：机械工业出版社，2015.

[7] 杨重愚. 轻金属冶金学 [M]. 北京：冶金工业出版社，2002.

[8] 王祝堂. 以色列死海镁厂 [J]. 世界有色金属，1998（4）：46-47.

[9] 冷举顺，李相增. 皮江法炼镁技术发展现状 [J]. 轻金属，1995（11）：34-38.

[10] 徐日瑶. 镁冶金学 [M]. 北京：冶金工业出版社，1981.

[11] 许并社，李照明. 镁冶炼与镁合金熔炼工艺 [M]. 北京：化学工业出版社，2006.

[12] 陈振华. 变形镁合金 [M]. 北京：化学工业出版社，2005.

[13] 陈振华. 耐热镁合金 [M]. 北京：化学工业出版社，2007.

[14] 黎文献. 镁及镁合金 [M]. 长沙：中南大学出版社，2005.

[15] 徐河，刘静安，谢水生. 镁合金制备与加工技术 [M]. 北京：冶金工业出版社，2007.

[16] 潘复生，韩恩厚. 高性能变形镁合金及加工技术 [M]. 北京：科学出版社，2007.

[17] 刘正，张奎，曾小勤. 镁基轻质合金理论基础及其应用 [M]. 北京：机械工业出版社，2002.

[18] 熊玉华，李培杰，曾大本. 大块非晶合金的研究进展 [J]. 材料工程，2002（10）：43-47.

[19] Avedesian M M，Baker H. Magnesium and magnesium alloys [J]. Corrosion Third Edition，1998，59（8）：54-57.

[20] Kainer K U. Magnesium Alloys and their Applications [M]. Weinheim：Wiley-VCH，2000.

[21] Friedrich H E, Mordike B L. Magnesium Technology-Metallurgy, Design Data, Applications [M]. Berlin: Springer, 2005.

[22] Iwakura C, Inoue H, Zhang S G, et al. Hydriding and electrochemical characteristics of a homogeneous amorphous Mg_2Ni-Ni composite [J]. Journal of Alloy and Compounds, 1998, 270 (1): 142-144.

[23] Iwakura C, Nohara S, Zhang S G, et al. Hydriding and dehydriding characteristics of an amorphous Mg_2Ni-Ni composite [J]. Journal of Alloy and Compounds, 1999, 285 (1-2): 246-249.

第2章

镁合金的组织与性能

纯镁的力学性能很低，不能直接用作结构材料，向镁中加入一些合金元素，即镁的合金化是实际应用中最基本、最常用和最有效的强化途径，而其他强化方法往往都首先建立在镁合金化的基础上。目前在应用中已有很多商业化的镁合金，了解这些镁合金的牌号、合金分类、成分、显微组织和力学性能特点，有利于深入系统地掌握镁合金的基本属性。

2.1 镁合金的分类

2.1.1 镁合金的牌号标示

镁合金的标记方法有多种，各国的标准也不一样，其中美国 ASTM 标准的标记规则应用最为广泛。按 ASTM 标准的标记规则，化学元素用 1 ~ 2 个字母标记，其后的数字表示该元素在合金中的名义成分，用质量分数表示，四舍五入到最接近的整数。字母的顺序按在实际合金中含量的多少排列，含量高的化学元素在前，如果两种元素的含量相同，则按英文字母的先后顺序排列。例如，AZ91 表示合金 Mg-9Al-1Zn，但该合金的实际化学成分是 $w(Al) = 8.3\% \sim 9.7\%$ 和 $w(Zn) = 0.4\% \sim 1.0\%$。其局限性是不能表示出有意添加的其他元素。由于这个原因，这种体系需要改进。有时还用 A、B、C、D 等后缀表示同一牌号合金成分在某一特定范围内的改变。铝、镁合金中各字母所代表的化学元素见表 2-1。由于 ASTM 标准中的标记既适用于镁合金也适用于铝合金，因此即使像铁那样在镁合金中仅以杂质形式出现的元素，但考虑到是铝合金中的合金元素，故也列于表 2-1 中。可见，ASTM 标准的方法是按合金中所含有的主要化学成分标记镁合金之间的区别。

表 2-1　ASTM 标准中镁合金中的英文字母代号所代表的化学元素

英文字母	元素符号	中文名称	英文字母	元素符号	中文名称
A	Al	铝	M	Mn	锰
B	Bi	铋	N	Ni	镍
C	Cu	铜	P	Pb	铅
D	Cd	镉	Q	Ag	银
E	RE	混合稀土	R	Cr	铬
F	Fe	铁	S	Si	硅
G	Mg	镁	T	Sn	锡
H	Th	钍	W	Y	钇
K	Zr	锆	Y	Sb	锑
L	Li	锂	Z	Zn	锌

我国对镁合金的标记方法比较简单，用两个汉语拼音字母和其后的合金顺序号（阿拉伯数字）组成。依据前两个汉语拼音字母将镁合金分为 4 类：变形镁合金、铸造镁合金、压铸镁合金和航空镁合金。合金的顺序号表示合金之间的化学成分差异。变形镁合金用 MB 两个汉语拼音字母表示，M 表示镁合金，B 表示变形；铸造镁合金用 ZM 两个汉语拼音字母表示，Z 表示铸造，M 表示镁合金；压铸镁合金虽然也属于铸造镁合金，但还是专用两个汉语拼音字母 YM 来表示，Y 表示压铸，M 表示镁合金。用于航空的铸造镁合金与其他铸造镁合金在牌号上略有区别，即 ZM 两个字母与代号的连接加一个横杠。例如，1 号铸造镁合金用 ZM1 表示，2 号变形镁合金用 MB2 表示，5 号压铸镁合金用 YM5 表示，5 号航空铸造镁合金用 ZM-5 表示。可见，我国对镁合金标记的特点是按成形工艺划分镁合金的。

目前，由于各国大多采用美国的 ASTM 标准，中国镁产品也基本上以 ASTM 标准规定的牌号供货，因此本书中也以 ASTM 标准为主，仅通过如下一些典型实例说明世界上几个主要国家镁合金表示方法上的区别，见表 2-2。各种镁合金的化学成分见表 2-3。

表 2-2　几个主要国家 Mg-Al 系合金相近牌号的对照

国际	美国	英国	法国	德国	中国	俄罗斯
Mg-Al8Zn	AZ81A AZ91C	MAG1 3L122	G-A8Z G-A9Z	G-MgAl8Zn1 G-MgAl9Zn1	ZM5	МЛ5
Mg-Al9Zn	AM100A	MAG3 3L125	G-A9Z	G-MgAl9Zn1	ZM10	МЛ6

表 2-3 各种镁合金的化学成分

合金牌号	化学成分（质量分数,%）										说 明
	Al	Cu	Mn	RE	Si	Ag	Th	Y	Zn	Zr	
AM20	1.7 ~ 2.5	0.008（max）	0.20（min）		0.05（max）				0.20（max）		其他：0.01（max）
AM50A	4.5 ~ 5.3	0.008（max）	0.28 ~ 0.50		0.05（max）				0.20		其他：0.01（max）
AM60A	2.6 ~ 6.4	0.008（max）	0.26 ~ 0.50		0.05（max）				0.20		其他：0.01（max）
AM100A	9.9		0.10	2.0 ~ 3.0							
AF42	3.6 ~ 4.4	0.04	2.0 ~ 3.0						0.20（max）		其他：0.01（max）
AS21	1.9 ~ 2.5	0.008（max）	0.02（min）		0.7 ~ 1.2				0.15 ~ 0.25		其他：0.01（max）
AS41B	3.7 ~ 4.8	0.015	0.35 ~ 0.60		0.6 ~ 1.4				0.10		其他：0.01（max）
AZ31B	3.0		0.2						1.0		低Fe、Cu、Ni
AZ31C	3.0		0.2						1.0		
AZ61A	6.5		0.15						1.0		低Fe、Cu、Ni
AZ61B	6.5		0.15						1.0		
AZ61C	6.5		0.30						1.0		
AZ63A	6.5		0.15						2.0		
	8.5		0.12						0.5		
AZ80A	7.5		0.13						0.7		
AZ81A	8.0		0.3						0.6		
AZ81B	8.4		0.5						0.9		
AZ81C	8.0		0.4						0.6		低Fe、Cu、Ni、Si
AZ81D	8.4		0.4						0.6		低Cu
AZ81E	9.0		0.13						0.68		
AZ91A	9.0		0.13						0.68		低Cu
AZ91B	8.7		0.13						0.7		低Fe、Ni、Cu
AZ91C	9.0		0.13						0.68		低Fe、Ni、Cu
AZ91D	8.1~9.3		0.17~0.5						0.68		
AZ91E	9.0		0.10						0.4 ~ 1.0		
AZ92A	9.8								2.0		
AZ101A				2.2		1.5	3.2		0.6	0.7	
EQ21A							2.0			0.7	
HK31A			0.8				0.8				
HM21A							3.2			0.6	
HZ11A									0.6	0.7	
HZ22A									2.1	0.7	
K1A			1.2								
M1A											
QE22A				2.2		2.5				0.7	
QH21A				1.0		2.0	1.1			0.7	
WE54A				3.5				5.25	6.5	0.5	
ZC61A		1.2	0.7						1.2		
ZE10A				0.17					4.2		
ZE41A				1.2					5.8	0.7	
ZE63A				2.6					0.5	0.7	
ZH11A							0.75		5.7	0.6	
ZH62A							1.8		1.3	0.7	
ZK10A									3.0	0.6	
ZK30A									4.0	0.6	
ZK40A									4.6	0.7	
ZK51A									5	0.7	
ZK60A									6.0	0.4	
ZK61A										0.8	
ZM21A			1.2						2.2		

镁合金的性能不仅与其化学成分有关，而且与热处理和冷加工状态有关。对于镁合金铸件而言，铸态力学性能可通过固溶和时效的方式改善；对于锻件而言，既可单独，也可以并用冷加工、退火、固溶和时效等方式来进一步调整镁合金的力学性能。镁合金的热处理如此重要，以至于为了能更清楚地描述某一镁合金的特性，有时在给出镁合金牌号的同时，往往还需要给出其成形、加工或热处理状态的标记符号。镁合金加工或热处理状态通过在合金牌号之后加一横杠，接着再用一个英文字母（有时还要加一个数字）来表示。例如，ZK60A-T5、ZK60A 表示名义化学成分为 $w(Zn)=6\%$ 和 $w(Zr)=0\sim0.5\%$ 的镁合金，不同之处是前者比后者多了一个表示热处理状态的符号 T5，具体的热处理符号代码系统将在之后相关小节中单独列出。

2.1.2 合金元素的作用

合金元素影响镁合金的力学、物理、化学和工艺性能。铝是镁合金中最重要的合金元素，通过形成 $Mg_{17}Al_{12}$ 相能显著提高镁合金的抗拉强度；锌和锰具有类似作用；银能提高镁合金的高温强度；硅能降低镁合金的铸造性能并导致脆性；锆与氧的亲和力较强，能形成氧化锆质点细化晶粒；稀土元素 Y、Nd 和 Ce 等通过沉淀强化而大幅度提高镁合金强度；铜、镍和铁等因影响镁合金的耐蚀性而很少采用。下面分别介绍镁合金中常见合金元素的作用。

1. 铝（Al）

铝是镁合金中最常用的合金元素，同时它也是压铸镁合金的主要构成元素之一。由 Mg-Al 相图可知，铝在液态镁中具有较大的固溶度，其极限固溶度为 12.7%，但随着温度的降低，固溶度迅速减小，在室温时固溶度减小为 2.0% 左右。铝可明显改善镁合金的铸造性能，提高合金的强度，铝的质量分数达到 6% 时，可获得令人满意的强度和韧性指标。但是在晶界上析出的 $Mg_{17}Al_{12}$ 热稳定性差，会降低合金的抗蠕变性能。在铸造镁合金中铝的质量分数可达到 7%～9%，而在变形镁合金中铝的质量分数一般控制在 3%～5%。

2. 锌（Zn）

锌是镁合金中常用的合金元素之一，常与铝或锆、钍或稀土元素联合使用。锌在镁中的固溶度约为 6.2%，其固溶度随着温度的降低而显著减小。锌可以提高铸件的抗蠕变性能，但当 $w(Zn)>2.5\%$ 时，合金的耐蚀性显著下降，所以原则上锌的质量分数不超过 2.0%。

3. 钙（Ca）

钙可以细化合金组织，在合金中添加钙可提高合金的蠕变抗力。这是一种成本低廉且有效改善合金抗蠕变性能的方法，这主要是因为 Mg_2Ca 替代了 $Mg_{17}Al_{12}$，提高了合金的热稳定性。另外，钙可以作为镁合金熔炼及随后热处理过程中的脱氧剂，还可以改善板材的可轧制性，但其质量分数超过0.3%将有损于合金的焊接性。此外，当添加的Ca含量超过1%时，镁合金热裂倾向增大。

4. 锂（Li）

锂是唯一能减轻镁合金密度的元素，其在镁中的固溶度高达5.5%，在室温时锂的固溶度仍保持较大。锂在镁合金中形成的β相为体心立方结构，使镁合金锻件制品出现α+β相或β相。在镁合金中添加锂可降低合金强度，但提高韧性，弹性常数也有一定程度的改善。

5. 锰（Mn）

锰在镁中的极限溶解度为3.4%，锰可提高镁合金的抗拉强度，但降低其塑性。在镁合金中加入1.5%～2.5%（质量分数）的锰可有效改善合金的抗应力腐蚀倾向，从而提高合金的耐蚀性，改善合金的焊接性能。锰通常不单独使用，而是与其他元素一起加入镁合金中。例如，在含铝的镁合金中加锰，可形成MnAl、$MnAl_6$或$MnAl_4$化合物，另外还可形成MgFeMn化合物，降低铁在镁合金中的固溶度，提高镁合金的耐热性。

6. 硅（Si）

硅元素可用来改善合金的热稳定性和抗蠕变性，增强熔融合金的流动性，当有铁存在的情况下，可使合金的抗腐蚀能力有所减弱。到目前为止，添加硅的镁合金很少，仅有AS41和AS21。

7. 锆（Zr）

锆在镁中的极限溶解度为3.8%，锆可细化晶粒，减少合金热裂倾向，提高合金的力学性能和耐热性能。在镁合金中添加0.5%～0.8%（质量分数）的锆，其细化效果最好。锆可以添加到含有锌、钍、稀土等元素的镁合金中，发挥良好的细化作用；但是，不能添加到含有铝或锰的镁合金中，这是由于锆与铝或锰能形成稳定的化合物，抑制锆的细化作用。锆只有固溶在镁基体中，才能发挥出细化晶粒的效果。另外，锆还可以与镁合金固溶体中的铁、硅、碳、氮、氧、氢反应生成稳定的化合物，显著削弱锆的细化作用。

8. 稀土元素（RE）

稀土元素可显著提高镁合金的耐热性，明显改善合金的高温强度和抗蠕变性能，并可细化晶粒，减少显微疏松和热裂倾向，改善铸造性能和焊接性能，一般无应力腐蚀倾向，其耐蚀性不亚于其他镁合金。常用稀土元素有铈（Ce）、镧（La）、钕（Nd）、镨（Pr）、钇（Y），其中，钇和钕能细化晶粒，通过改变形变机制（孪生和滑移），改善了合金的韧性。

9. 其他元素

铍（Be）的固溶度很小，其抗氧化能力强，在镁合金熔炼过程中可减少镁的氧化烧损，其副作用是引起晶粒粗大。铜能提高合金的高温强度，但其质量分数超过0.05%时将影响合金的耐蚀性。铁、铜、镍、钴这四种元素在镁中的固溶度都很小，但均是镁合金熔炼过程中的有害元素，当铁、镍或钴的质量分数大于0.005%时，就会大大降低镁合金的抗腐蚀能力。

2.1.3 镁合金的分类

镁合金一般按三种方式，即合金的化学成分、成形工艺和是否含锆分类。

按化学成分，镁合金可分为二元、三元或多元合金系，因为大多数的镁合金都含有不止一种合金元素。但在实际中，为了分析问题的方便，简化和突出合金中的最主要合金元素，一般习惯上总是依据 Mg 与其中的一个主要合金元素，将镁合金划分为二元合金系：Mg-Al、Mg-Zn、Mg-RE、Mg-Li、Mg-Th 和 Mg-Ag 等系。

按成形工艺，镁合金可分为两大类，即变形镁合金和铸造镁合金。变形镁合金和铸造镁合金在成分、组织和性能上存在着很大的差异。固溶体合金的塑性变形性能优良，但强度比较低。对于包含金属间化合物的两相合金，其强度高，但塑性变形能力低，特别是当第二相很脆时，变形往往不均匀，容易造成开裂。因此，早期的变形镁合金由于要求其兼有良好的塑性变形能力和尽可能高的强度，对其组织的设计，大多要求不含金属间化合物，其强度的提高主要依赖合金元素对镁合金的固溶强化和塑性变形引起的加工硬化。例如，最早的变形镁合金是 Mg-Mn[w(Mn) = 1.5%]，按 ASTM 标记方法，即为 M1 合金。这类合金主要用于薄板、挤压件和锻件。虽然该合金的强度较低，但具有很好的耐蚀性和焊接性能。例如，Mg-Mn[w(Mn) = 1.5%]合金薄板件的屈服强度只有 70MPa，但经锻造后，其锻件的屈服强度升高至 105MPa，经挤压后升高至 130MPa。在 Mg-Mn[w(Mn) = 1.5%]中加入 Th，合金的强度将会得到进一步的提高，特别是高温蠕变性能得到明显改善。例如，HM21[w(Th) = 2%，w(Mn) = 0.8%] 不但具有很高的耐蚀性和焊接性能，而且工作温度可高至 350℃，短期工作温度还可进一步高至 425℃。但目前，由于 Th 是放射性元素，这种材料已经很少使用。很多高强度的变形镁合金，如 AZ81 [w(Al) = 8.5%、w(Zn) = 0.5% 和 w(Mn) = 0.12% ~ 0.2%] 和 ZMC711 [w(Zn) = 6.5%、w(Mn) = 0.75% 和 w(Cu) = 0.125%] 中允许包含一定数量的化合物相，由于这些金属间化合物的弥散强化作用，使这类合金一般都具有很高的室温强度。铸造镁合金比变形镁合金的应用要广泛得多。镁合金的铸造方法有：砂型铸造、金属型铸造、挤压铸造、低压铸造、高压铸造和熔模铸造。砂型铸造适用于表面积大、体积小、形状复杂和高质量的镁合金铸件的生产；金属型铸造适用于表面积大、体积大、形状复杂和高质量的镁合金铸件的生产；挤压铸造的充型压力比重力金属型铸造要高几个数量级，可以减少铸件中的疏松和气孔缺陷，提高铸件的致密度；低压铸造适用于表面积中等、形状复杂和高质量的镁合金铸件的生产；高压铸造适用于表面积中等、尺寸精密、形状复杂、大体积和中等质量的镁合金铸件的生产；熔模铸造适用于尺寸非常精密、形状非常复杂、小体积和高质量的镁合金铸件的生产。其中，高压铸造是批量生产成本最低的方法，目前98%以上的镁合金汽车件都是采用高压铸造方法生产的。

依据合金中是否含锆，镁合金又可划分为含锆镁合金和不含锆镁合金两大类。图2-1所示为Mg-Zr合金相图。Mg-Zr合金中一般都含有另一组元，最常见的合金系列是：Mg-Zn-Zr、Mg-RE-Zr、Mg-Th-Zr和Mg-Ag-Zr系列。不含锆镁合金有：Mg-Zn、Mg-Mn和Mg-Al系列。目前应用最多的是不含锆压铸镁合金Mg-Al系列。含锆镁合金与不含锆镁合金中均既包含着变形镁合金，又包含着铸造镁合金。锆在镁合金中的主要作用就是细化镁合金晶粒。关于锆细化晶粒作用是在第二次世界大战期间发现的，那时镁合金铸件容易产生不均匀的大晶粒，这常使其力学性能恶化，还导致其组织中含有较多的显微疏松，并且变形部件的性能具有过大的方向性，特别是屈服强度相对于抗拉强度总是偏低。在1937年，德国IG法本工业公司的索尔沃尔德发现，Zr对镁合金具有强烈的细化晶粒作用，但是又过了10年时间才找到一个Zr和Mg合金化的可靠方法。这导致发展了全新系列的含Zr铸造镁合金和变形镁合金。这类镁合金具有优良的室温性能和高温性能。遗憾的是Zr不能用于所有的工业合金中，对于Mg-Al和Mg-Mn合金，由于冶炼时Zr与Al及Mn形成稳定的化合物，并沉入坩埚底部，无法起到细化晶粒的作用。

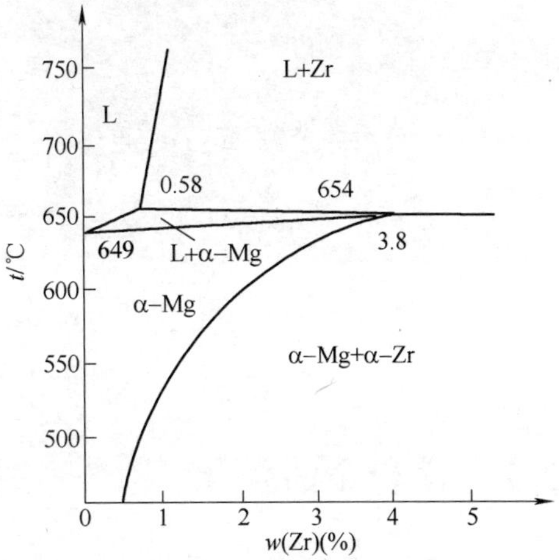

图2-1　Mg-Zr合金相图

目前还不清楚Zr细化镁合金铸态组织的机理。但是由于六方α-Zr的晶格常数（$a=0.323\mu m$，$c=0.514\mu m$）与镁（$a=0.320\mu m$，$c=0.520\mu m$）极其接近。因此普遍认为Zr可以作为镁结晶时的晶核。显微探针分析也揭示，在镁晶粒的中心有富Zr的核心存在，在图2-2所示的Mg-Zn-Zr合金的砂型组织（α-Mg固溶体＋MgZn化合物）中，MgZn化合物沿晶界分布，Zn富集在晶界四周，由晶界向晶内浓度渐低，Zr的分布与Zn正好相反。图2-2b显示经T1处理后的组织变化不大。也有人认为这里涉及包晶反应，是由液相分离出来的Zr质点在包晶温度与液相的反应，从而需要一层富Zr固溶体在凝固时起核心作用。然而，如图2-1所示，发生包晶反应的最低Zr含量是质量分数0.58%。实际上在较低含Zr量时晶粒就被极大地细化，因而不排除由Zr本身或一种Zr的化合物形核的可能。很多因素都会使Zr从熔融的镁中沉淀出来，只有在熔体底部存在过量Zr的条件下，在熔体中才能保持最大的锆含量。在转移熔体到另一坩埚时，其中溶解的Zr量会立即下降，因此所有含Zr合金的铸件应该直接从进行合金化的坩埚中进行浇注。如果必须转移，则需在转移后再向合金中补加Zr才能保证细化效果。

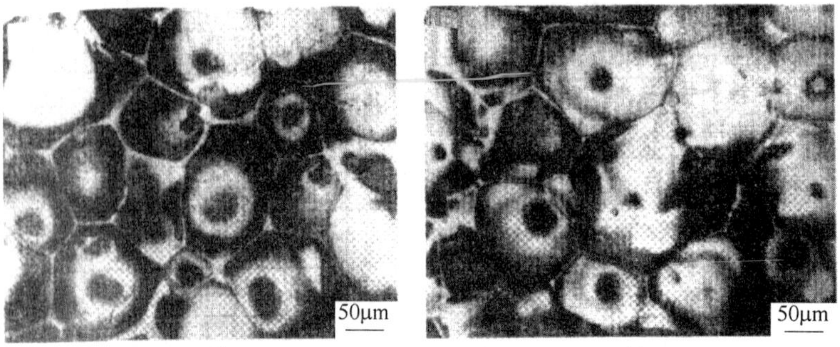

a)　　　　b)

图 2-2　Zr 对 Mg-4.5Zn 合金组织的影响

a）铸态　b）T1 态

2.2　镁合金的强化

铸造镁合金的力学性能一般较低，通过热处理强化、细晶强化、镁合金与陶瓷相的复合强化等多种方法或这些方法的综合运用，镁合金的力学性能将会得到大幅度的改善。

2.2.1　热处理强化

多数镁合金都可以通过热处理来改善或调整材料的力学性能和加工性能，其热处理规范和应用范围与铝合金的基本相同。镁合金能否通过热处理强化完全取决于合金元素的固溶度是否随温度变化。当合金元素的固溶度随温度变化时，镁合金可以进行热处理强化。根据合金元素的种类，可热处理强化的镁合金有三大系列，即 Mg-Al-Zn 系（如 AZ80A）、Mg-Zn-Zr 系（如 ZK60A）和 Mg-RE-Zr 系（如 WE43）。镁合金的常规热处理工艺分为退火和固溶时效两大类。某些热处理强化效果不显著的镁合金通常选择退火作为最终热处理工艺。镁合金热处理的最主要特点是固溶和时效处理时间较长，其原因是合金元素的扩散和合金相的分解过程极其缓慢。由于同样的原因，镁合金淬火时不需要进行快速冷却，通常在静止的空气中或者人工强制流动的气流中冷却。个别情况下也可以采用热水淬火（如 T61），其强度比空冷 T6 态的高。绝大多数镁合金对自然时效不敏感，淬火后能在室温下长期保持淬火状态。同时镁合金的人工时效温度也比铝合金的高，达到 448～523K。另外，镁合金的氧化倾向比铝合金的大，因此加热炉中应保持中性气氛或通入保护气体以防燃烧。

1. 热处理类型

镁合金基本热处理种类及其符号列于表 2-4 中。镁合金热处理类型的选择取决于镁合金的类别（即铸造镁合金或变形镁合金）以及预期的服役条件。固溶处理可以提高镁合金强度并获得最大的韧性和抗冲击性；固溶处理后人工时效能提高镁合金的硬度和屈服强度，但是其韧性略有降低；没有进行预固溶处理或退火的人工时效可以消除工件的应力，略微提高其抗拉强度；退火可以显著降低镁合金制品的抗拉强度并增加其塑性，对某些后续加工有利。此外，在基本热处理制度上进行适当调整后发展起来的一些新制度，可以应用于某些特殊镁合金，从而获得所期望的性能组合。例如，延长某些镁合金的时效时间可以显著提高其屈服强度，但会降低部分塑性。

表 2-4　镁合金基本热处理种类及其符号

符　号	意　义	符　号	意　义
F	加工状态	T4	固溶处理（然后自然时效）
O	完全退火	T5	人工时效
H1	加工硬化	T6	固溶处理后人工时效
H2	加工硬化后退火	T7	固溶处理后稳定化处理
T2	去应力退火	T8	固溶处理后冷加工、人工时效
T3	固溶处理后冷加工	T9	固溶处理、人工时效后冷加工

（1）退火　变形镁合金根据使用要求和合金性质，可采用高温完全退火（O）和低温去应力退火（T2）。完全退火时一般会发生再结晶和晶粒长大，所以温度不能过高，时间不能太长。当镁合金含稀土元素时，其再结晶温度升高。稀土能减小再结晶倾向、晶粒长大以及晶界变形能力。AM60、AZ31、AZ61、ZK60 合金经热轧或热挤压退火后组织得到改善。退火后的抗拉强度，AZ 系列为 230～280MPa，ZK 系列为 300MPa 左右；断后伸长率为 6%～10.2%。去应力退火既可以减小或消除变形镁合金制品在冷热加工、成形、校正和焊接过程中产生的残余应力，也可以消除铸件或铸锭中的残余应力。对某些热处理强化效果不明显的合金，T2 为最终热处理状态。相对于完全退火，去应力退火的加热温度较低，保温时间也较短。

（2）完全退火　完全退火可以消除镁合金在塑性变形过程中产生的加工硬化效应，恢复和提高其塑性，以便进行后续变形加工。通常，这些工艺可以使镁合金制品获得实际可行的最大退火效果。对于 MB8 合金，当要求其强度较高时，退火温度可定在 533～563K；当要求其塑性较高时，则退火温度可以稍高一些，一般可以定在 593～623K。由于镁合金的大部分成形操作在高温下进行，从而对完全退火态变形镁合金的需求一般较少。

（3）去应力退火　去应力退火制度可以最大限度地消除镁合金工件中的应力。如果将镁合金挤压件焊接到镁合金冷轧板上，那么应适当降低退火温度并延长保温时间，从而最大限度地降低工件的变形程度，如应选用 423K×60min 退火。

（4）固溶和时效

1）固溶处理。要获得沉淀硬化的有利条件，需要先产生一个过饱和固溶体。

形成过饱和固溶体的过程称为固溶热处理。镁合金经过固溶淬火后不进行时效处理可以同时提高其抗拉强度和断后伸长率。由于镁合金中原子扩散较慢，因而需要较长的加热（或固溶）时间以保证强化相充分固溶。为了获得最大的过饱和固溶度，固溶加热温度通常只比固溶线低 5 ~ 10K。Mg-Al-Zn 合金经过固溶处理后 $Mg_{17}Al_{12}$ 相溶解到镁基体中，合金性能得到较大幅度提高。

2）人工时效。由于具有较低的扩散激活能，镁合金不能进行自然时效。部分镁合金经过铸造或加工成形后不进行固溶处理而是直接进行人工时效。这种工艺很简单，也可以获得相当高的时效强化效果。特别是 Mg-Zn 系合金，重新加热固溶处理将导致晶粒粗化，时效后的综合性能反而不如 T5 态。因此通常在热变形后直接人工时效以获得时效强化效果。

3）固溶处理 + 人工时效。固溶淬火后人工时效（T6）可以提高镁合金的屈服强度，但会降低部分塑性，这种工艺主要应用于 Mg-Al-Zn 和 Mg-RE-Zr 合金。此外，含锌量高的 Mg-Zn-Zr 合金也可以选用 T6 处理以充分发挥时效强化效果。一般情况下，镁合金在空气、压缩空气、沸水或热水中都能进行淬火。进行 T6 处理时，固溶处理获得的过饱和固溶体在人工时效过程中发生分解并析出第二相。时效析出过程和析出相的特点受合金系、时效温度以及添加元素的综合影响，情况十分复杂。对 Mg-Al 合金，铝在镁中过饱和固溶体分解时析出呈弥散的薄片状、非共格的平衡相 $Mg_{17}Al_{12}$，其惯析面平行于基面，提高了合金的强度。Mg-Zn 合金具有典型的时效动力学特征，当合金中加入 Zr 时，热加工后进行人工时效，其强度大大提高。对 Mg-RE 合金，含 Ce、Nd 和 La 的合金在时效过程中都有一定的强化效果，这主要是由于合金时效时形成了与基体共格的亚稳过渡相。表 2-5 列出了几种典型镁合金在时效各个阶段的析出相及其特点。

表 2-5　几种典型镁合金在时效各个阶段的析出相及其特点

合金系	时效初期（G. P. 区等）	时效中期（中间相）	时效后期（稳定相）
Mg-Al	—	—	β 相：$Mg_{17}Al_{12}$（立方晶） 连续析出和不连续析出
Mg-Zn	G. P. 区：板状（共格）	$β'_1$ 相：$MgZn_2$（六方晶，共格） $β'_2$ 相：$MgZn_2$（六方晶，共格）	β 相：Mg_2Zn_3（三方晶，非共格）
Mg-Mn	—	—	α-Mn（立方晶）棒状
Mg-Y	β″相：DO_{19} 型规则结构	β′相：底心单斜晶	β 相：$Mg_{24}Y_5$（体心立方晶）
Mg-Nd	G. P. 区：棒状（共格） β″相：DO_{19} 型规则结构	β′相：面心立方晶	β 相：$Mg_{12}Nd$（体心正方晶）
Mg-Y-Nd	β″相：DO_{19} 型规则结构	β′相：$Mg_{12}NdY$（底心单斜晶）	β 相：$Mg_{14}NdY$（面心立方晶）
Mg-Ce	—	中间相（?）	β 相：$Mg_{12}Ce$（六方晶）
Mg-Gd Mg-Dy	β″相：DO_{19} 型规则结构	β′相：单斜晶	β 相：$Mg_{24}Dy_5$（立方晶）

（续）

合金系	时效初期（G. P. 区等）	时效中期（中间相）	时效后期（稳定相）
Mg-Th	β″相：DO_{19}型规则结构	—	β 相：$Mg_{23}Th_6$（面心立方晶）
Mg-Ca Mg-Ca-Zn	—	—	Mg_2Ca（六方晶）， 添加 Zn 微细析出
Mg-Ag-RE（Nd）	G. P. 区：棒状及椭圆状	γ 相：棒状（六方晶，共格） β 相：等轴状（六方晶，半共格）	$Mg_{12}Nd_2Ag$：复杂板状（六方晶，半共格）
Mg-Sc	—	—	MgSc

注："?" 表示"存在中间相，但其晶体结构尚不明晰"。

4）热水中淬火＋人工时效。镁合金淬火时通常采用空冷，也可以采用热水淬火来提高强化效果。特别是冷却速度敏感性较高的 Mg-RE-Zr 系合金常常采用热水淬火。例如，Mg-2.2%～2.5%Nd-0.4%～1.0%Zr-0.1%～0.7%Zn 合金经过 T6 处理后其强度比相应的铸态合金高 40%～50%，而 T61 处理后其强度可以提高 60%～70%且断后伸长率仍保持原有水平。

2. 不同镁合金系的热处理工艺

（1）Mg-Mn 系　国产 Mg-Mn 系变形镁合金有 MB1 和 MB8 两种，通常以板、带、棒和锻件的形式供应。Mg-Mn 合金的时效析出过程为：α→α-Mn（立方晶），中间没有生成亚稳定相，其中 α-Mn 相呈棒状。由于 Mg 与 Mn 不形成化合物，因此固溶体中析出的 α-Mn 相实际上是纯 Mn，强化作用很小，因此 Mg-Mn 系合金没有明显的时效强化效果。通常在 Mg-Mn 合金中添加一些 Al 以形成 MnAl、$MnAl_6$和 $MnAl_4$等化合物粒子，它们在时效过程中析出后将起强化作用。

（2）Mg-Al-Zn 系　由于 Al、Zn 等合金元素的扩散速度十分低，因此 Mg-Al-Zn 系合金达到平衡状态所需的均匀化退火时间很长。长时间均匀化退火可以消除镁合金铸锭中的枝晶偏析和内应力，提高其塑性。但长时间加热将导致镁合金铸锭表面严重氧化，晶粒过分粗大，所以一些情况下 Mg-Al-Zn 系合金铸锭可以不进行均匀化处理而直接进行热变形。李落星等人的研究发现，接近共晶点的高温短时加热既能消除偏析，又能防止严重表面氧化和晶粒长大。其中的关键是精确地控制加热温度，以防止温度波动引起过烧。

Mg-Al 二元系的时效析出过程为：α→β-$Mg_{17}Al_{12}$，即从过饱和固溶体中直接析出稳定性较高 β 相，β 相可以在晶粒内连续析出，也可以在晶界上不连续析出，从而形成球状或网络状组织。通常连续析出和非连续析出同时存在，时效初期以非连续析出为主，然后再发生连续析出。往 Mg-Al 二元系中添加 Zn 元素后形成的 Mg-Al-Zn 三元合金，由于 Zn 含量比 Al 含量低，从而 Mg-Al-Zn 合金的基本时效析出过程与 Mg-Al 二元合金相同，并且由于锌的作用使得 Mg-Al-Zn 合金的时效过程比 Mg-Al 合金更显著，时效强化效果更好。随锌含量的增加，β 相的成分会变成 $Mg_xZn_yAl_z$ 型三元金属间化合物。

MB2、MB3 和 MB5 合金中的合金元素含量较低，β 强化相数量较少，所以无法通过热处理强化。这些合金的唯一热处理方式是退火。MB6 和 MB7 合金中的合金元素含量较高，强化相数量较多，可以进行热处理强化。

（3）Mg-Zn-Zr 系　Mg-Zn 二元合金的晶粒粗大，力学性能低，在实际生产中很少应用。往 Mg-Zn 合金中添加少量 Zr 后能显著细化晶粒，提高合金强度。Mg-Zn-Zr 系合金是目前应用最多的变形镁合金之一。Mg-Zn-Zr 系国产变形镁合金只有 MB15 一个牌号，与国外的 ZK60A 成分相近。MB15 合金的热处理强化方式有两种，分别为热变形 + 人工时效和固溶处理 + 人工时效，两种方法处理后合金的强度相差不多，但是固溶处理 + 人工时效态的塑性低于热变形 + 人工时效态。由于热加工温度一般为 573 ~ 673K，在此温度下合金的强化相已大部分溶入基体，冷却后能获得相当的过饱和度。因此，实际生产中一般采用热变形后直接人工时效的制度，只在个别情况下才选择先固溶处理后人工时效的制度。

MB15 合金中含有锆，锆能显著细化晶粒，并能降低合金中原子的扩散能力，提高再结晶程度。因此，在 573 ~ 673K 温度下挤压的棒材或型材具有细晶组织，人工时效后可得到比较高的综合性能。对于锻件，因变形方式不同，变形量不及挤压变形，力学性能通常要比挤压件低一些。

（4）耐热镁合金　普通镁合金的长期使用温度一般不超过 393K，极大地限制了其应用范围。提高镁合金耐热性能较显著的合金元素有：稀土、钍和钙等。在现有的镁合金系中只有 HM21、HM31、WE43 和 WE54 等合金具有较高的高温性能，而且 HM21、HM31 合金由于含有对人体有害元素钍而无法得到广泛使用。

（5）Mg-RE 系　狭义的稀土元素是指由 La ~ Lu 的 15 种镧系元素；广义的稀土元素则还包括 Sc 和 Y，共 17 种元素。这些元素的性质极其相似，在镁中的固溶度较大，且固溶度随温度的降低而急剧减小，在 470K 附近仅为最大固溶度的 1/10。稀土镁合金的固溶和时效强化效果随着稀土元素原子序数的增加而增加。

稀土镁合金在 773 ~ 803K 固溶处理后可以得到过饱和固溶体，然后在 423 ~ 523K 附近时效时均匀弥散地析出第二相，获得显著的时效强化效果。其时效析出的一般规律是在时效初期形成六方 DO_{19}型结构；时效中期析出 β′ 相，并可以获得最高强度；时效后期的析出相为平衡析出相。由于稀土元素在镁中的扩散速率较低，析出相的热稳定性很高，所以 Mg-RE 合金具有优异的耐热性和高温强度。典型的 Mg-RE 系合金在各时效阶段的析出相及其晶体结构见表 2-5。

最近有研究发现，含 Mg_2Si 粒子的镁基复合材料在 473K 时强度显著下降，强度下降的主要原因是除了 Orowan 机制外，其他颗粒强化机制都会因为扩散而减弱。由于镁的晶界扩散速度比铝的快得多，当强化粒子集中在晶界时，镁基合金强度下降的温度比铝基合金的低。然而，由于 Orowan 机制引起的强化效果不容易受扩散的影响，含 Y 和 Re 镁合金具有较高的高温强度可能归因于 Orowan 强化机制。对镁合金来说，应尽量使强化粒子均匀、细小地分布在晶内以提高其高温强度。

另外，为了提高室温强度，甚至能进行超塑性成形，材料应具备细小的晶粒组织。再结晶形核和第二相粒子的析出会因位错通道的存在而加快，因此，采用形变热处理的方法可以控制晶粒的细化和第二相粒子的析出。

Mohri 等人研究了 Mg-4Y-3RE 合金在经过热挤压 + 人工时效后的组织性能，研究发现在 573K 挤压后，再在 473K 下人工时效 2h 后晶内有针状析出物析出并且有大量的位错胞存在，室温强度高达 370MPa。合金经 673K 挤压变形后获得尺寸为 1.5μm 的细小晶粒，析出物呈球状、细小分布，在室温到 473K 的温度范围内强度高达 300MPa。在 673K 和 $4\times10^{-1}s^{-1}$ 的高应变速率下呈现超塑性变形行为，断后伸长率达 358%。另外，由于晶粒组织细小，经 673K 挤压变形后的材料在室温下同时具备良好的强度和韧性。

（6）Mg-Th 系　862K 时 Th 在镁中的最大溶解度为 4.5%，其溶解度随温度降低而减小，因此合金可以进行热处理强化。目前，对 Mg-Th 系合金时效过程的了解还不十分清楚，但一般认为其时效序列为：α→β″相（DO_{19} 型规则结构）→β 相。此外，也可以认为在 β 相的前段形成半共格的 β_1 相（六方晶）或 β_2 相（面心立方晶）。这些析出相的热稳定性高，且高温下不易软化，因此 Mg-Th 合金耐热性能优异。常规镁合金中含 2% ~3%（质量分数）的 Th，主要与 Zn、Zr 和 Mn 结合。Mg-Th 合金中添加 Zn 后沿晶界形成针状组织，进一步提高了蠕变强度，由此开发了 HE32A、ZH62A，但 Zn 对 Mg-Th 合金沉淀析出的定量影响尚不清楚。Mg-Th 系合金曾应用于导弹和飞机上，由于 Th 的放射性容易对人体产生危害，目前 HM21A 板材和薄板、HM31A 挤压成形件和 HK31A 薄板、板材和铸件等都已经被淘汰。

（7）Mg-Ca 系　添加钙的目的主要有两点：其一是减轻金属熔体和铸件热处理过程中的氧化；其二是细化晶粒，提高高温蠕变抗力，改善镁合金薄板的可轧制性。有关 Mg-Ca 系合金时效析出过程的研究还不充分，一般认为时效过程可以析出六方结构的 Mg_2Ca 稳定相。此外，往 Mg-1% Ca 合金中添加 1% Zn 后时效强化效果显著增强。当合金中含有铝时，钙还会跟铝反应生成 Al_2Ca 相。

3. 不同类型工件的热处理

（1）锻件热处理和性能　绝大多数镁及其合金的成形加工都是在较高温度下实现的，很少需要对锻造材料完全退火。低温退火可以消除或减少因冷、热加工、整形、成形、矫直和焊接引起的残余应力。ZK21A、AZ31B 和 AZ61A 等合金通常在锻态（F）下使用。EK31A 锻件可以进行固溶和人工时效处理（T6）以改善性能；其他合金如 AZ80A、ZK60A 或 HM21A 等锻件则根据性能要求，在锻态（F）或人工时效状态（T5）下使用。

锻件在机械加工前后，均须进行热处理。锻件热处理的目的是：①调整锻件的硬度，以利于锻件进行切削加工；②消除锻件内应力，消除加工硬化，恢复塑性；③改善锻件内部组织，细化晶粒，为最终热处理做好组织准备；④提高尺寸稳定性，以免在机械加工时变形；⑤降低腐蚀倾向和应力集中的敏感性，减小或消除各向异性；⑥对于不再进行最终热处理的锻件，应保证达到规定的力学性能要求。

镁合金锻件的热处理主要是软化退火及淬火、时效。热处理不能强化的 MB1、MB8 合金和热处理强化作用不大的 MB2 合金锻件可不经热处理或只经软化退火处理。MB5 合金锻件一般采用软化退火处理，退火后采用空冷。不能热处理强化的变形镁合金在软化退火时发生回复与再结晶过程。而对 MB2、MB3 和 MB5 来说，还有过剩相在固溶体中的溶解和从固溶体中的析出过程。因此，变形镁合金软化退火的温度，必须高于合金的再结晶温度，而低于过剩相强烈溶解的温度。例如，MB1 合金软化退火的温度为 613 ~673K，保温时间为 2 ~3h。但应注意，镁合金在高温下再结晶长大倾向大，故退火温度不宜过高，否则会造成晶粒粗大，降低力学性能及耐蚀性。例如，MB8 合金的退火温度超过 673K 时，会发生聚集再结晶，使晶粒长大，从而降低合金的力学性能。退火后的冷却方法对变形镁合金性能的影响并不明显，一般在空气中冷却。当要求合金具有较高的塑性时，可以采用随炉冷却。

能够通过热处理强化的镁合金在锻后常采用淬火 + 时效处理。其中淬火是把合金加热到适当温度，经充分保温，使合金中某些组织生成物溶解到基体中形成均匀的固溶体，然后迅速冷却，成为过饱和固溶体，故又称为固溶处理。其目的是改善合金的塑性和韧性，并为进一步时效处理做好组织准备。例如，MB7 合金锻件可采用固溶处理，需要时根据使用温度不同也可进行固溶 + 人工时效处理。时效处理是把过饱和固溶体或经冷加工变形后的合金置于室温或加热至某一温度，保温一段时间，使先前溶解于基体内的物质，均匀弥散地析出。镁合金的过饱和固溶体比较稳定，自然时效几乎不起强化作用，除零件要求具有较高的塑性外，一般采用人工时效。例如，MB15 合金锻件锻后通常采用不同温度进行人工时效处理。这是因为 MB15 强化相的溶解过程在 673K 左右已基本结束，而 MB15 的锻造，多半是在 573 ~673K 下进行的，这时强化相大体已溶入固溶体内。因此锻造后于空气中冷却时，固溶体已达到相当于过饱和的程度，实际上可以当作已经进行了淬火处理。

（2）挤压件的热处理和性能　镁合金挤压件脱模后需要采用强制气冷或水冷进行淬火以获得微细均匀的显微组织。然而在淬火过程中，禁止冷却水与热模具直接接触，否则将导致模具开裂。挤压的镁合金材料其状态主要有 T5、T6、F。其中 T5 为在线淬火后再进行人工时效的状态；T6 为固溶处理与人工时效状态；F 为原加工状态即挤压状态。固溶处理可提高强度，使韧性达到最大，并改善抗振能力。固溶处理之后再进行人工时效，可使硬度与强度达到最大值，但韧性略有下降。镁合金材料在热加工、成形、矫直和焊接后会留有残余应力。因此，应进行消除应力退火。若将挤压镁材与轧制硬化状态板材焊在一起，为最大限度地减小扭曲变形必须消除应力，最好在 423K 处理 60min。ZK60、WE43 和 WE54 合金的热处理状态一般为 T5（人工时效）态或 T6（固溶处理 + 人工时效）态。ZK 系列镁合金挤压件经过 T5 或 T6 态热处理后，有利于提高力学性能的各向同性和获得高塑性。热处理对 WE 系镁合金挤压件的室温性能影响不大，但能提高其高温稳定性。AZ61 和 AZ80 镁合金也可以产生时效强化，经过T5或T6处理后，强度略有提高而塑性大大降低。通常，挤压态ZK系列镁合金的强度和塑性匹配良好，不需要通过热处理强化。

(3) 板材热处理和性能　镁合金板材在轧制后一般要进行退火处理，退火过程中会发生再结晶。如果要获得最佳的常温综合力学性能，则退火温度应靠近完全再结晶温度范围。退火温度过高，容易导致镁合金晶粒长大，从而降低镁合金的性能。镁合金的再结晶温度取决于压下量、始轧温度和终轧温度。于锟等研究了AZ31和AZ61两种合金板材轧后退火工艺对材料力学性能、再结晶行为、断裂方式以及显微组织的影响。合金在热轧状态下的硬度值较高，随退火温度的升高，硬度逐渐下降。板材热轧后的退火软化过程不像冷轧合金板材那样剧烈。这是因为热轧过程中的动态回复使合金的储能获得释放。当在523～573K温度下退火1h后，硬度值约下降至热轧态的一半，由硬度的变化可以反映此时合金已经发生了完全再结晶。

退火后材料的强度有所下降，但断后伸长率显著提高。当热加工使铸态晶粒破碎后，控制随后的再结晶温度和时间，可以使合金产生大量细小等轴晶，从而激活晶界滑动、移动和转动等塑性变形机制，使其塑性得到提高。

4. 热处理对铸造镁合金性能的影响

(1) 铸造镁合金的热处理概况　大部分铸造镁合金晶体结构属于共晶型，在固态下的溶解度有限，因此可以通过热处理进行强化。热处理强化就是使固溶体晶粒内部的析出相呈高度弥散状态析出，形成多相组织而达到强化效果。时效处理时，镁合金组织趋于平衡状态，可见时效可消除合金内应力，使残余应力降低50%左右。

镁合金固态下扩散速度较低，并且在高温下容易氧化，因此镁合金热处理时具有一些特殊的工艺要求。为了减少氧化，防止燃烧，铸件在入炉前，必须打光毛刺，清除镁的粉末和切屑，并进行干燥。铸件的淬火加热，要采用中性气氛（二氧化碳或氩气），或用添加0.5%～1%的二氧化硫空气。二氧化硫气体可用管子输入空气炉内，或者在空气炉内放置盛着黄铁矿的盒子，其分解产物可在铸件表面形成一层硫酸镁薄膜，以减少氧化。

国外，还有把某些镁合金放在氢介质中进行淬火加热。这时的氢不仅作为防止表面氧化的保护介质，而且是一种合金元素。例如，含有6%锌、2%火石合金、0.7%锆的镁合金，在空气中热处理时，只能达到下列的性能：$R_{p0.2}$为93.1MPa，R_m为171.5MPa，A为5%。但是在氢介质中热处理至T6状态时，可达到下列的性能：$R_{p0.2}$为176.4MPa，R_m为294MPa，A为10%。这是因为该合金在氢介质中加热至500℃，保温24h后，沿晶界分布的Zn-RE金属脆性相分解成为稳定的稀土金属化合物，呈弥散质点状态分布，而自由的锌则溶入固溶体内，达到强化的目的，同时消除了Zn-RE金属相对强度和塑性的不利影响。

虽然如此，但是用氢介质进行热处理的可能性并不很大。主要因为淬火加热的时间太长。壁厚12.5mm以下的铸件需要加热30h，壁厚12.5～25mm的铸件需要加热70h。

镁合金中合金元素的扩散速度很低，为了获得高的力学性能，淬火加热温度要接近其固相线，这样就容易发生零件过烧。所以炉膛的温度差应不大于5℃，其淬火温度取决于合金的成分，根据合金的平衡相图进行选择。淬火加热温度越高，合金元素在固溶体中的溶解速度越快，溶解度也越大。淬火加热的保温时间取决于强化相的溶解速度。砂型铸造 Mg-Al-Zn 合金的晶粒尺寸取决于铸件厚度。厚壁件的晶粒要比薄壁件大，砂型铸件的晶粒度要比硬模铸件大，硬模铸件淬火时的保温时间要比砂型铸件短 30%。Mg-Zr 合金铸件具有细小而均匀的晶粒，其淬火时的保温时间要比 Mg-Al-Zn 合金短 40% ~50%。淬火不仅能够提高铸件的强度，而且增加其塑性。对于 Mg-Al-Zn 合金尤其显著。因此，M5 铸件广泛采用淬火而不进行时效。

镁合金淬火冷却介质一般采用静止空气或压缩空气，有时还用 80℃ 以上的热水。用热水淬火可大大提高镁合金时效后的弹性。Mg-Nd 合金对淬火速度非常敏感，故要特别注意从加热炉到淬火槽之间的转移速度。M5、M10 在 T6 态时的 $R_{p0.2}$ 和 R_m 是铸态的 1.4 ~1.5 倍，T61 状态时是铸态的 1.6 ~1.7 倍。但是 M5 的断后伸长率却降低了 1/3，M10 的断后伸长率几乎不变。在时效过程中还会导致铸件尺寸变大。例如，Mg-Al-Zn 合金在固溶体分解时，析出弥散质点 $Mg_{17}Al_{12}$ 和部分的锌，其结果使固溶体中小尺寸的铝、锌原子数量减少，固溶体的晶格常数加大。

热处理最常见的缺陷有未淬透、晶粒长大、表面氧化、过烧和变形。产生缺陷的原因，大多是由于淬火规范不正确。

1）未淬透。由于加热温度过低，保温时间不足引起。对于镁-钕合金来说，还可能由于冷却速度过慢引起。未淬透会导致强度降低，在微观分析中可以发现加热规程不正确会引起强化相溶解不足。根据研究表明，M5、M10 合金要想获得最高的力学性能，其铸态中的强化相必须有 85% 以上溶解在固溶体内。

2）晶粒长大。可用金相试片进行检查，对于含铝量大于 7.5% 的镁-锌合金，可以根据机械加工后零件表面上的亮斑来判断。淬火加热时的晶粒剧烈变大是局部性的，它与铸件在结晶过程中由于冷铁引起的局部快冷而产生的内应力有关。如果在淬火加热前快冷增加退火工序或者采用分级加热方法，就可以防止晶粒长大和力学性能降低。

3）表面氧化。在淬火加热过程中，由于空气或水汽进入炉内，减少了炉内二氧化硫的含量而产生了表面氧化。其结果是使铸件表面形成灰褐色或淡黄色的粉末，当这些粉末除去后，便留下许多细小的砂眼。

4）过烧。铸件在热处理过程中由于淬火温度过高而引起的共晶体局部熔化。对于厚截面 M5 铸件，若快速升温到淬火温度，由于锌的偏析而形成熔点为 360℃ 的易熔晶体时，会引起过烧。当合金内的含锌量超过 1% 时，容易出现共熔晶体。为了防止局部熔化，可以采用低限含锌量的 M5 或者淬火采用二次加热，缓慢地升温到淬火温度，使锌能够扩散到固溶体中去，过烧是很容易发现的，铸件表面上会析出被氧化的小粒子，其断口颜色随氧化程度不同，从白色到金黄色；还可以根据其微观组织判断。倘若温度继续升高，共晶体的数量增加，并且沿晶界析出而形成“骨架”。热处理后的微观组织与铸态相近似，不同之处是前者沿晶界析出物是连续的，在晶界熔化的后期，还会形成气孔，气孔附近往往有残余的不熔化相。轻度过烧时，不仅不会降低力学性能，而且可能使其达到该合金强度的最大值，这是因为强化元素获得完全溶解，并在固溶体内均匀分布的缘故。所发生的局部熔化部分，对于整个体积来说，所占比例是很小的。但是过烧则使固溶体严重贫化，晶界结合力降低并脆化，最后导致力学性能剧烈降低。

5）变形。镁合金铸件在热处理过程中引起变形的因素是多种的，首先是淬火时不均匀加热、升温过快，或者铸件在炉膛内堆放位置不正确的缘故，特别是具有不同壁厚的复杂形状的铸件，需要采用专用夹具或特殊底板。此外，当加热到高温时，即使镁合金铸件的自重也会引起变形。

（2）铸造镁合金的热处理工艺规范　大多数铸造镁合金的力学性能可以通过热处理来加以改善。按照基本成分可将铸造合金分为 6 种类型：镁-铝-锰（如AM100A）、镁-铝-锌（如 AZ63A、AZ81A、AZ91C、AZ92A）、镁-锌-锆（如ZK51A、ZK61A）、镁-稀土金属-锌-锆（如 EZ33A、ZE41A）、镁-稀土金属-银-锆（如 QE22A）、镁-锌-铜（如 ZC63A）。

部分铸造镁合金的热处理工艺规范见表2-6。对所有的 Mg-Al-Zn 合金，热处理规范为 533K 退火 1h；对 ZK61K 合金，热处理工艺为 603K × 2h + 403K × 48h；对 ZE41 合金，热处理工艺为 603K × 2h。Mg-Al-Zn 合金进行固溶处理时，零件应当装入温度大约为 260℃的炉内，然后缓慢地升温到固溶处理温度，缓慢升温是为了避免因共晶成分的分解而导致出现空穴。根据装炉量和产品化学成分、尺寸规格、质量及零件的截面厚度等参数，可确定将装炉零件从 260℃加热到固溶处理温度所需的时间，但一般以 2h 为标准处理时间。其他所有可热处理的镁合金都可装载到固溶处理温度条件下的炉内。

表 2-6　部分铸造镁合金的热处理工艺规范

合金	最终状态	时效处理			固溶处理			固溶处理后的时效		
		温度		时间/h	温度		时间/h	温度		时间/h
		℃	℉		℃	℉		℃	℉	
镁-铝-锌铸件										
AM100A	T5	232 ± 6	450 ± 10	5	—	—	—	—	—	—
	T4	—	—	—	424 ± 6	795 ± 10	16 ~ 24	—	—	—
	T6	—	—	—	424 ± 6	795 ± 10	16 ~ 24	232 ± 6	450 ± 10	5
	T61	—	—	—	424 ± 6	795 ± 10	16 ~ 24	218 ± 6	425 ± 10	25
AZ63A	T5	260 ± 6	500 ± 10	4	—	—	—	—	—	—
	T4	—	—	—	385 ± 6	725 ± 10	10 ~ 14	—	—	—
	T6	—	—	—	385 ± 6	725 ± 10	10 ~ 14	218 ± 6	425 ± 10	5

（续）

合金	最终状态	时效处理			固溶处理			固溶处理后的时效		
		温度		时间/h	温度		时间/h	温度		时间/h
		℃	℉		℃	℉		℃	℉	
镁-铝-锌铸件										
AZ81A	T4	—	—	—	413 ±6	775 ±10	16 ~24	—	—	—
AZ91C	T5	168 ±6	335 ±10	16	—	—	—	—	—	—
	T4	—	—	—	413 ±6	775 ±10	16 ~24	—	—	—
	T6	—	—	—	413 ±6	775 ±10	16 ~24	168 ±6	335 ±10	16
AZ92A	T5	260 ±6	500 ±10	4	—	—	—	—	—	—
	T4	—	—	—	407 ±6	765 ±10	16 ~24	—	—	—
	T6	—	—	—	407 ±6	765 ±10	16 ~24	218 ±6	425 ±10	5
镁-锌-铜铸件										
ZC63A	T6	—	—	—	440	825 ±10	4 ~8	200 ±6	390 ±10	16
镁-锆铸件										
EQ21A	T6	—	—	—	520 ±6	970 ±10	4 ~8	200 ±6	390 ±10	16
EZ33A	T5	175 ±6	350 ±10	16	—	—	—	—	—	—
QE22A	T6	—	—	—	525 ±6	980 ±10	4 ~8	204 ±6	400 ±10	8
QH21A	T6	—	—	—	525 ±6	980 ±10	4 ~8	204 ±6	400 ±10	8
WE43A	T6	—	—	—	525 ±6	980 ±10	4 ~8	250 ±6	480 ±10	16
WE54A	T6	—	—	—	527 ±6	980 ±10	4 ~8	250 ±6	480 ±10	16
ZE41A	T5	329 ±6	625 ±10	2	—	—	—	—	—	—
ZE63A	T6	—	—	—	480 ±6	895 ±10	10 ~72	141 ±6	285 ±10	48
ZK51A	T5	177 ±6	350 ±10	12	—	—	—	—	—	
ZK61A	T5	149 ±6	300 ±10	48	—	—	—	—	—	—
	T6	—	—	—	499 ±6	930 ±10	2	129 ±6	265 ±10	48

注：1. 时效处理是由原加工状态（F）时效处理为 T5 状态。

2. 固溶处理后和随后的时效处理前，用高速风扇将铸件冷却到室温。

3. 对于镁-铝-锌铸件，采用的保护气氛为二氧化碳、二氧化硫或者是以均匀的升温速度经过 2h 达到所需温度。

4. 对于 AM100A、AZ81A 和 AZ91C，为避免出现晶粒过度成长，可供选择的固溶处理工艺：(413 ±6)℃ ×6h，(352 ±6)℃ ×2h，(413 ±6)℃ ×10h。

5. 对于 AZ63A 的 T5 状态可供选择的时效处理工艺和 T6 状态可供选择的固溶处理后的时效工艺：(232 ±6)℃ ×5h。

6. 对于 AZ91C 的 T5 状态可供选择的时效处理工艺：(216 ±6)℃ ×5h。

7. 对于 AZ91C 的 T6 状态可供选择的固溶处理后的时效处理工艺：(216 ±6)℃ ×(5 ~6)h。

8. 对于 AZ92A 的 T4、T6 状态，为避免出现晶粒过度成长，可供选择的固溶处理工艺：(417 ±6)℃ ×6h，(352 ±6)℃ ×2h，(407 ±6)℃ ×10h。

9. 对于 ZC63A、EQ21A、QE22A、QH21A、WE43A、WE54A，固溶处理后在 65℃ 水中或者是其他相应介质中激冷。

10. 对于 ZE41A，通过这种时效处理足以使材料达到令人满意的性能，随后在（177 ±6）℃条件下处理 16h，以略微提高材料的力学性能。

11. ZE63A 合金必须在特定的氢化气氛中进行固溶处理，因为其力学性能可通过使某些合金元素氢化来达到。氢化时间取决于截面厚度，参考值为：6.4m 厚度需要大约 10h；19mm 厚度需要大约 72h。固溶处理后 ZE63A 合金应在油、喷淋水或鼓风中激冷。

12. 对于 ZK51A，可供选择的时效处理工艺：(218 ±6)℃ ×8h。

13. 对于 ZK61A 的 T6 状态可供选择的固溶处理工艺：(482 ±6)℃ ×10h。

14. 本表所列数据适用于铸件截面厚度不超过 50mm 的情况，而更厚的截面则需要适当延长时间。

时效过程中，将镁合金件装入达到处理温度的炉内之后，应保持适当的一段时间，然后在空气中冷却。对于某些合金，有几种人工时效处理规范可供选择，而其处理结果基本相同。

（3）铸造镁合金的热处理后的性能　铸造镁合金热处理后，可消除铸造内应力和铸造缺陷，减少宏观和显微偏析，从而提高镁合金的力学性能。表 2-7 给出了部分铸造镁合金热处理后的力学性能。

表 2-7　部分铸造镁合金热处理后的力学性能

合　金	状态	固溶处理		时效处理		力学性能		
		温度/K	时间/h	温度/K	时间/h	屈服强度/MPa	抗拉强度/MPa	断后伸长率（%）
AM100A	F					83	150	2
	T4	698	16～24			90	275	10
	T61	698	16～24	503	5	150	275	1
AZ63A	F					97	200	6
	T4	658	10～14			97	275	12
	T5			533	4	105	200	4
	T6	658	10～14	493	5	130	275	5
AZ81	T4	686	18			83	275	15
AZ91C	F					97	165	2.5
AZ91D	T4	688	16～24			90	275	15
	T6	688	16～24	443	16	145	275	6
AZ92A	F					97	170	2
	T4	678	16～24			97	275	10
	T5			503	5	115	170	1
	T6	678	16～24	533	4	150	275	3
EQ21A	T6	793	8	473	16	170	235	2
EZ33A	T5			488	5	110	160	3
QE22A	T6	798	4～8	478	8～16	195	260	3
WE43A	T6	798	8	523	16	165	250	2
WE54A	T6	798	8	523	16	172	250	2
ZC63A	T6	713	8	463	16～24	125	210	4
ZE41A	T5			603K×3h+453K×16h		140	205	3.5
ZK51A	T5			493K×8h		140	205	3.5
ZK61A	T5			503K×5h		185	310	
	T6	773	2	403K×48h		195	310	10

在商用镁合金中，添加一些有益的合金元素，将极大提高镁合金的力学性能。例如：合金元素 Ca 添加到 Mg-Al 系镁合金中，能够形成稳定的高熔点第二相 Al_2Ca，提高 Mg-Al 系合金高温力学性能；Ti 能够变质细化 Mg-Al 系镁合金的显微

组织，从而显著提高合金的力学性能。表 2-8 列出了部分添加 Ca 或 Ti 的铸造 Mg-Al 系镁合金热处理后的力学性能。

表 2-8　部分铸造 Mg-Al 系镁合金热处理后的力学性能

合　金	固溶处理 T4		时效处理 T6		力学性能	
	温度/℃	时间/h	温度/℃	时间/h	抗拉强度/MPa	断后伸长率（%）
AM50+0.5Ca	375	20			149.68	8.54
	395	20			160.08	9.18
	415	20			157.02	9.6
	415	20	150	20	159.39	7.47
	415	20	200	20	164.39	8.33
AM50+1Ca	375	20			173.33	6.42
	395	20			130.33	5.24
	415	20			184.81	13.09
	415	20	200	20	132.66	3.34
AM50+1.5Ca	375	20			135.42	5.54
	395	20			183.2	7.62
	415	20			152.13	9.55
	415	20	150	20	177.01	7.01
	415	20	200	20	195.24	10.5
AM50+0.01Ti	375	20			205.46	13.25
	395	20			211.3	13.78
	415	20			203.58	14.61
	415	20	150	20	198.37	13.14
	415	20	175	20	216.43	12.04
	415	20	200	20	204.98	12.98
AM50+0.1Ti	375	20			209.84	13.17
	395	20			209.38	14.28
	415	20			207.3	15.6
	415	20	150	20	216.49	13.61
	415	20	175	20	216.43	12.04
	415	20	200	20	204.98	13.03

5. 热处理对变形镁合金性能的影响

（1）变形镁合金半成品的热处理　变形镁合金半成品热处理的目的是提高强度，减少或消除冷作硬化，提高塑性，消除内应力，稳定合金性能。镁合金具有缓慢的扩散过程，在较低的冷却速度下，能够使过饱和固溶体固定下来。因此，镁合金在静止空气、压缩空气、沸水或者热水中都能够进行淬火。这样就大大减少成品或半成品的残余内应力。淬火的温度和时间，根据半成品的壁厚决定，而时效规范则根据过饱和固溶体达到完全分解的温度和时间确定。淬火时在水中的持续时间不应超过5min，直到完全干燥为止。镁合金人工时效的强化率比铝合金低，仅有25%～35%。镁合金一般不采用自然时效，镁合金淬火（或均匀化）处理后在室温下的组织和性能变化较少。

热处理不能强化的变形镁合金半成品，一般采用高温退火（再结晶）或低温退火（消除内应力）。退火温度和保温时间根据合金的特征以及对性能和工艺的要求进行选择。退火后的冷却速度对于大多数变形镁合金的性能没有影响。变形镁合金再结晶起始温度和终止温度的范围较宽，取决于合金的成分、纯度及其变形条件。含有稀土金属的合金，其再结晶温度最高。再结晶退火会降低镁合金的强度，但提高其塑性，并大大减少力学性能的各相异性。在镁合金板材的轧制过程中，不仅是冷变形后，而且在热压加工后都要采用再结晶退火。其变形的终止温度越低，零件在压力加工过程中所发生的再结晶程度越低。镁合金挤压件、锻件、模锻件半成品的退火能力大大降低力学性能的各向异性。变形镁合金半成品进行低温退火的目的是消除其残余内应力。因为残余内应力不仅是引起零件变形的原因，而且增加了应力腐蚀倾向和对缺口的敏感性，因此，在会引起残余应力的加工工艺后应立即进行退火处理，其规范为150～300℃，0.5～1h，也可以把退火的保温时间减少到15min，但必须升高退火温度。为了减少变形镁合金热处理时的氧化和燃烧，所采取的措施与铸件相同。

镁合金挤压件在高温热处理前不允许进行拉伸校正，以避免在加热时晶粒长大。MA14、MA5、MA11等可热处理强化的镁合金，可在人工时效前进行最终校正。

（2）变形镁合金的形变热处理　形变热处理是提高可时效的变形镁合金强度的方法之一，它有三种类型：变形温度低于再结晶极限温度的低温形变热处理（HTMO），变形温度高于再结晶极限温度进行加工硬化的高温形变热处理（BTMO），同时使用上述两种方法而达到强化目的的复合形变热处理（KTMO）。形变热处理是冷作硬化和相变强化两种机理的结合，形变热处理的形式，可根据合金牌号和工艺进行选择。低温形变热处理包括在固溶温度下淬火，冷变形或温变形和时效，低温形变热处理对于纵向和横向的压缩屈服强度有所提高。高温形变热处理包括加热到过饱和固溶体状态、热塑变形和时效。复合形变热处理包括把坯料（仅对MA11合金而言）加热到490～530℃保温2h，转移到300～360℃的空气介质里变形50%～90%，然后冷变形5%～10%，再用175℃人工时效24h。

形变热处理不仅可以提高瞬期试验的纵向强度，还可以提高其横向强度，其中强度极限的提高尤为显著，但是断后伸长率有所降低。形变热处理还可以提高镁合金的耐蚀性，这与合金中腐蚀敏感相的分布特征有关。它不仅沿晶界分布，而且沿着孪晶晶界析出。因此，孪晶的形成促使腐蚀向着晶粒内部扩散。

镁固溶体中析出的质点，从400℃开始发生强烈的聚集，使分布在晶界和孪晶晶界上的质点数量大量减少。经过高温形变热处理的 MA11、MA12 合金显微组织具有细小的再结晶晶粒和拉长的变形晶粒，有些晶界呈犬齿形。

经过高温形变热处理后 MA14 合金的显微组织，也具有拉长了的变形晶粒和细小的再结晶晶粒。此外还视察到沿变形方向呈带状分布的过饱和固溶体发生了强烈的分解。经过其他类型的形变热处理后，也能得到类似的显微组织，只是固溶体的分解程度要比高温形变热处理时低些，再结晶的晶粒要粗些。低温形变热处理时，有些晶粒中还会出现孪晶组织。

T5 热处理的 MA5 合金中可以看到大量 $Mg_{17}Al_{12}$ 相，也是沿着变形方向被拉长。合金的组织是再结晶组织。在晶粒的对接处固溶体发生分解的部位，出现细小的弥散相质点，这是由于富铝的镁合金发生所谓“断续分解”的结果。MA5 经过高温形变热处理后具有一种特殊的组织：粗大的镁合金固溶体晶粒呈拉长的变形组织，晶体内出现孪晶。此外，还发现固溶体强烈分解，在固溶体分解处出现大量弥散的强化相质点，它分布在固溶体晶粒之间呈暗色的条带状。

固溶体边界上并没有发现细小的再结晶晶粒或晶核，只是在个别金相试片上可见剩余相 $Mg_{17}Al_{12}$ 的夹杂物。高温形变热处理过程中，若把变形温度升高到 225℃，孪晶消失，出现了再结晶和固溶体中强化相质点的聚集。可见，在 250℃ 下的变形，会引起完全再结晶，其强化相质点沿着等轴晶粒的晶界分布。

不论材料是否经过冷作变形，随着时效时间的增加，其电导率都下降，这就证明了镁基过饱和固溶体中有强化相析出。X 射线分析说明形变热处理会引起镁基固溶体晶格的强烈歪扭，而且这种歪扭在较高的温度下，仍然保持稳定。

复合形变热处理能够使合金获得更高的强度，显然它比低温和高温形变热处理产生了更大的晶格畸变和更复杂的位错组织，使得镁基固溶体发生更完全的分解。

（3）变形镁合金热处理工艺规范　镁合金经变形处理后，合金内部积累了很大的变形应力，为此必须经过热处理来消除变形内应力。消除变形应力通常是指消除或减少由冷加工、热加工、成形、矫直和焊接等加工过程中镁产品所产生的应力。要最大限度地消除变形镁合金的应力，建议采用表 2-9 所列的消除应力处理的推荐温度和时间。当将挤压材焊接到硬态的轧制板材上时，应使用较低的消除应力温度和较长的处理时间，以最大限度地减小扭曲变形。例如，进行 150℃（300 ℉）、1h 的处理，而不采用 260℃（500 ℉）、15min 的消除应力处理。

表 2-9　变形镁合金消除应力处理的推荐温度和时间

合　金	温　度		时间/min
	℃	℉	
薄板和厚板			
AZ31B-O	345	650	120
AZ31B-H24	150	300	60
挤压材			

（续）

合　金	温　度		时间/min
	℃	℉	
AZ31B-F	260	500	15
AZ61A-F	260	500	15
AZ80A-F	260	500	15
AZ80A-T5	200	400	60
ZC71A-T5	330	625	60
ZK21A-F	200	400	60
ZK60A-F	260	500	15
ZK60A-T5	150	300	60

注：仅当合金中的铝含量超过1.5%时，焊接后才需要进行消除应力处理，以防止产生应力腐蚀断裂。

此外，常采用退火工艺来消除镁合金在塑性变形过程中产生的加工硬化，恢复和提高其塑性，以便进行后续变形加工。表2-10列出了几种变形镁合金的完全退火工艺规范。通常，这些工艺可以使镁合金制品获得实际可行的最大退火效果。对于MB8合金，当要求其强度较高时，退火温度可定在533～563K；当要求其塑性较高时，退火温度定在593～623K。由于镁合金的大部分成形是在高温下进行的，一般对其进行完全退火处理。

表2-10　几种变形镁合金的完全退火工艺规范

合金牌号	温度/K	时间/h	合金牌号	温度/K	时间/h
MB1	613～673	3～5	MB8	553～593	2～3
MB2	623～673	3～5	MB15	653～673	6～8

表2-11列出了几种变形镁合金的时效处理和固溶处理工艺规范。

表2-11　几种变形镁合金的时效处理和固溶处理工艺规范

合金	最终状态	时效处理			固溶处理			固溶处理后的时效		
		温度		时间/h	温度		时间/h	温度		时间/h
		℃	℉		℃	℉		℃	℉	
ZK60A	T5	150±6	300±10	24	—	—	—	—	—	—
AZ80A	T5	177±6	350±10	16－24	—	—	—	—	—	—
ZC71A	T5	180±6	355±10	16	—	—	—	—	—	—
ZC71A	T6	—	—	—	430±6	805±10	4～8	180±6	355±10	16

2.2.2　细晶强化

细化晶粒是提高镁及其合金综合性能的重要手段。通过细化晶粒不仅可以提高材料的强度，还可以改善其塑性和韧性。此外，由于晶界协调变形在镁合金的塑性变形过程中起着相当重要的作用，而通过晶粒细化可有效提高其晶界协调变形能力。因此，晶粒细化在镁合金塑性加工中具有非常重要的地位。镁合金常见的晶粒细化工艺有五种：①合金化；②变质处理；③快速凝固/粉末冶金技术；④铸锭热变形处理，如等径角挤压和大挤压比挤压等；⑤动态再结晶。本节主要介绍镁合金的晶粒细化工艺，阐述各工艺的晶粒细化机理以及对镁合金组织、性能等的影响规律。

1. 合金化

在铸造过程中通过合金化和变质处理等方法，可有效细化锭坯晶粒、减少疏松和缩孔等缺陷，并改善第二相粒子的形态和分布，显著提高原始合金锭坯的质量。晶粒细化可缩短晶间相固溶时原子的扩散距离，提高热处理效率，并改善铸件的耐蚀性。更为重要的是，细化晶粒还可大幅度改善合金的加工成形性能。镁为密排六方晶格结构，与其他晶格结构（体心立方、面心立方）的合金相比，晶粒大小对镁合金力学性能和塑性变形行为的影响更加显著。因此，铸造过程中的晶粒细化是变形镁合金研究领域的一个重要分支，近年来日益受到人们的重视。与铝合金相比，镁合金没有通用的晶粒细化剂，且各种晶粒细化方法的使用范围取决于合金系甚至合金成分。此外，到目前为止尚未能建立系统完善的镁合金晶粒细化理论，现有理论还不能很好地解释一些试验现象，因此在生产实践中还主要依靠经验方法来确定具体的晶粒细化工艺。镁合金铸造过程中的晶粒细化方法主要有两种：一种是通过合金化来细化晶粒，另一种是用变质处理的方法来细化晶粒。前者添加的合金元素不仅具有细化晶粒的作用，还可以提高合金的综合性能；而后者一般仅起晶粒细化剂的作用。本节主要介绍目前一些常用的镁合金晶粒细化方法，并阐述其晶粒细化机理。

（1）添加 Zr 的晶粒细化　自从 1937 年人们发现 Zr 对镁合金晶粒有明显的细化效果以来，人们开始了对镁及镁合金晶粒细化剂的研究，从 Mg-Zr 系二元相图（见图 2-1）可知，Zr 在液态镁中的溶解度很小，发生包晶反应时 Zr 在镁合金溶液中的溶解度仅为 0.6%，并且 Zr 和 Mg 不能形成化合物，但凝固时 Zr 以 α-Zr 质点形式析出，由于其和 Mg 均为六方晶型，两者的晶格常数比较接近，因此可以作为 α-Mg 的结晶核心，所以当加入大于 0.6% 的 Zr 时，会在镁溶液中形成大量的 α-Zr 弥散质点而使晶粒显著细化。需要注意的是 Zr 的加入量不能太大，从图 2-1 可以看到，当温度达 900℃，镁合金溶液仅能溶解 0.7% 的 Zr。此外，由于溶于基体中的 Zr 还可以起到一定的强化作用，所以随着含 Zr 量的不断增加，合金的力学性能也不断提高。由于 Zr 和 Al 容易形成稳定的化合物 Al_3Zr，而 Al_3Zr 晶体为体心正方晶体结构，其晶格常数与 Mg 相差较大，而且形成的 Al_3Zr 会造成合金中 Al 和 Zr 的损失，所以对于 Mg-Al 系合金不能采用含 Zr 的晶粒细化剂，需要采用碳质孕育法，其原理是镁合金熔体中的碳化物（如 $MgCO_3$ 或 C_2Cl_6）在高温下分解出碳原子，碳原子和 Al 化合，其与 α-Mg 均为六方晶系，并且两者晶格常数较为接近，因而可作为结晶时的非均质晶核。

（2）添加Sr、Ca、Ba、Bi、Sb和Ti的晶粒细化 Sr被广泛用作纯镁和低铝含量Mg-Al-*X*合金的晶粒细化剂，具有显著的晶粒细化效果。例如：当Sr的质量分数为0.1%时即能够使Mg-2Al-0.5Si合金晶粒明显细化；当Sr的质量分数超过0.3%时，在合金组织中出现$SrSi_2$和Al_2Si_2Sr新相，可提高Mg-2Al-0.5Si的抗拉强度、断后伸长率和冲击韧度，而对屈服强度的影响不大。随着合金中铝含量增加，Sr的晶粒细化效果减弱。对于Mg-5Al-lCa合金，Sr的加入会使其抗拉强度、屈服强度和断后伸长率下降，而对合金冲击韧性的影响不大。在高铝含量的镁合金如Mg-9Al合金中，Sr的含量对晶粒细化效果具有决定性的影响。Gruzleski和Aliravei的研究表明，AZ91合金经C_2C1_6处理后，再加入质量分数为0.005%～0.03%的Sr对细化晶粒和减轻疏松具有明显的效果。这是由于Sr为表面活性元素，容易在生长界面上形成Sr的吸附膜，导致晶粒生长速率降低，使合金熔体有更充足的时间形核，从而细化晶粒。Nuss-baum等人研究发现，Sr对AZ91E合金有晶粒细化作用，增加Sr的加入量时，合金中析出针状的Al_4Sr和Mg_2Sr相，当Sr的质量分数大于3%时，合金中会产生相对粗大且高度稳定的含Al和Mg的析出相。崔红卫研究了添加Sr对AZ91镁合金晶粒细化的影响，发现随着Sr含量增加，合金晶粒先细化后粗化，因而其抗拉强度、断后伸长率和冲击韧度先增加后减小。当Sr的质量分数为0.05%时，合金晶粒度最小，力学性能最好。

Ca能明显减小纯镁的晶粒尺寸，同时对AZ91、AS21和AS41镁合金的基体和第二相均具有显著的细化效果。钙的添加量一般应控制在0.3%（质量分数）以下，否则合金薄板在焊接过程中容易开裂。崔红卫研究发现随着Ca添加量的增加，AZ63镁合金的晶粒先细化后粗化，当合金中Ca含量为0.15%（质量分数）时，材料的抗拉强度、断后伸长率和冲击韧度最高。随着Ca含量继续增加，上述性能降低而硬度增加。添加Ba对AZ63镁合金晶粒尺寸的影响规律和添加Ca的相似，当Ba的添加量为0.07%（质量分数）时，AZ63镁合金具有良好的综合力学性能。许春香等研究了添加Sb对AZ91镁合金晶粒尺寸的影响，结果发现Sb的加入能明显细化合金晶粒，但易产生AlSb密度偏析。阕学刚等研究了Bi、Sb、Ca和Si对AZ91合金组织和性能的影响，结果表明，各合金元素都能明显细化AZ91合金的铸态组织，并且Bi与Sb复合以及Ca与Si复合合金化的细化效果更好。Bi、Sb和Si在合金中以金属间化合物Mg_3Bi_2、Mg_3Sb_2和Mg_2Si颗粒相形式存在；而Ca则主要存在于β-$Mg_{17}Al_{12}$相中，可使β相的热稳定性提高。同时，各合金元素都能大幅度提高AZ91合金的室温和高温强度，并改善合金的抗蠕变性能；Bi与Sb和Ca与Si复合合金化对改善镁合金抗蠕变性能的作用更明显，可使合金的蠕变速率降低两个数量级。

Ti是提高镁合金耐蚀性的有益元素。最近的研究表明，Ti的加入可细化AZ91镁合金的晶粒，同时基本消除沿晶界分布的粗大$Mg_{17}Al_{12}$相，$Mg_{17}Al_{12}$相的形态也趋向粒状化。Ti 的加入形式对晶粒细化效果具有一定的影响，如 Al-Ti-C 中间合金的晶粒细化效果明显优于 Al-Ti 中间合金的。

（3）添加 Y 的晶粒细化　Y 能细化镁合金晶粒，提高合金的抗蠕变性能。张诗昌等对 AZ91 镁合金中添加 Y 的研究表明，随着 Y 含量的增加，合金的晶粒细化；Y 与 Mg-9Al-1Zn 合金中的 Al 结合形成 Al_2Y 相，该相呈块状形态分布在晶界和晶内；同时，Mg-9Al-1Zn 合金中的 $Mg_{17}Al_{12}$ 相数量减少，并由原来的网状分布变为不连续分布，而 Al_2Y 尺寸多数为 5～10μm，这将有利于合金力学性能的改善。

（4）添加稀土元素的晶粒细化　对于镁合金，添加稀土元素不仅具有细化合金晶粒的效果，还具有净化合金熔体、改善合金的铸造性能、提高合金的抗氧化和抗蠕变性能等作用。研究表明，在 AZ91D 镁合金中添加微量 La，可使合金的二次枝晶减小，合金晶粒得到细化，对晶粒具有钉扎作用，使合金的力学性能进一步得到提高。

稀土 Ce 是耐热镁合金中常见的合金化元素之一，对 Mg-Al 合金具有明显的晶粒细化效果。镁合金中 Ce 可单独添加，也可采用稀土混合物的形式加入。Ce 与 Al 可结合生成高熔点、高热稳定性的 Al_4Ce 稀土相，在随后的热挤压和退火过程中，能够阻碍晶粒或亚晶粒的长大，使晶粒显著细化。采用 Ce 作为晶粒细化剂时应严格控制其含量。在 AZ31 镁合金中，随着 Ce 含量的增加合金晶粒逐渐细化。当 Ce 含量为 0.8%（质量分数）时，平均晶粒尺寸由未添加 Ce 时的 260μm 左右细化到添加后的 25μm 左右。但当 Ce 含量超过 1.0%（质量分数）时，晶粒反而开始粗化。

2. 变质处理

（1）碳变质处理法　加碳变质法是在合金熔体中加入含碳化合物以细化合金晶粒的工艺。该法操作温度较低，细化效果衰退小，已成为 Mg-Al 系镁合金最主要的晶粒细化技术。

加碳变质法一般要求合金中的铝的质量分数在 0.5% 以上，而 Zr、Be、Ti 和某些稀土元素则会遏制碳的晶粒细化效果。采用碳变质处理时，除碳单质外，许多含碳化合物如二氧化碳、乙炔、天然气、碳酸钙、碳酸镁、固体石蜡、粒状石墨、灯黑、六氯乙烷、六氯苯等都可作为晶粒细化剂。氯化物（如六氯乙烷、六氯苯）在晶粒细化的同时兼有除气的效果，因此在工业上获得了广泛的应用。但采用氯化物进行变质处理时，会产生氯代烃类等有毒气体且其对处理温度要求较高，因此近年来在无氯化物晶粒细化剂方面开展了大量工作。此外，在加碳变质处理过程中进行搅拌将进一步增强其晶粒细化效果。

在碳变质处理过程中，碳的加入方式对合金晶粒的细化效果也有显著的影响。研究表明，以氩气为载体，将石蜡-氟石碳混合物脉冲喷入的纯石墨粉以及 Al_4C_3、AlN、SiC、TiC 颗粒均具有良好的晶粒细化效果。久野英冶等人采用微细石墨粉通过氢气送入 AZ91 镁合金熔体中，发现碳微粉和 C_2Cl_6 一样对镁合金起到同等晶粒细化作用，其形核质点为由 Al、C、O 元素构成的 Al_2CO 化合物。张世军研究了碳的加入方式对 AZ31 镁合金晶粒细化的影响，得到如下结论：①对 AZ31 镁合金采用子母球碳粉熔剂混合物粉末压块的加入方式细化晶粒，细化效果比直接加碳粉压块要好；②采用定量金相分析测得的平均截点数分别为：未加细化剂的为 9，加碳粉压块后为 16，加子母球混合粉末压块可增至 23；③和直接加碳粉压块的方式比较，子母球压块的加入方式对改善纯镁晶粒细化效果也很有效。其铸造工艺如下：首先将铝粉和碳粉按质量比 3∶1 的比例制成混合粉末，然后将混合粉末与熔剂按 1∶1 的比例机械混合均匀，用 600MPa 的压力将用铝箔包好的粉末小球压紧成块状，以 5%（质量分数）的比例加入到 AZ31 镁合金溶液中，加入温度为 1013～1033K，压入到熔体深度 2/3 处，并左右摆动以使碳粉迅速散开，孕育时间为 8～10min，待碳粉全部溶解后浇注成尺寸为 50mm 的圆锭。

在采用含碳化合物作为晶粒细化剂时，晶粒细化效果与碳化物的种类有关。韩世平等人研究了 $MgCO_3$ 与 $La(CO_3)_3$ 对镁合金晶粒细化效果。研究表明，采用 $MgCO_3$ 作为 AZ91D 镁合金细化剂时，在合金中生成 Al_4C_3 粒子充当 α-Mg 的异质晶核使得晶粒细化力学性能提高；采用 $La(CO_3)_3$ 作为 AZ91D 镁合金细化剂时，在合金中除了生成 Al_4C_3 粒子还在晶界上生成了 $Mg_{12}La$，它一方面阻止了晶粒的长大，另一方面对晶粒起到钉扎作用，使晶粒较加入 $MgCO_3$ 的更加细小，力学性能进一步提高。

（2）过热变质处理　过热变质处理是浇注前将熔体温度升高到合适的温度范围并保温一段时间后，再快速降温至浇注温度进行浇注的工艺过程。合金液过热温度的范围取决于合金的成分，一般为高于液相线 150～260K，在高温下，铁熔入镁液形成大量弥散（FeMn）Al_4 难熔质点，作为镁的外来晶核，使合金晶粒细化。如果将熔体过热至 1073K 进行变质处理的同时加以搅拌，将显著增加细化效果。

过热法处理时，不同的合金和杂质元素（主要为 Fe、Mn）对其晶粒细化效果有很大影响。为了获得良好的过热处理效果，Al 的质量分数应超过 1%，随着铝含量的增加，合金的晶粒细化程度提高且对过热处理的响应更为迅速；Fe、Mn 含量应大于其临界最小值，但过量的 Mn 反而会起相反的作用。Zn 对过热法效果的影响可以忽略；而 Ti、Zr、Be 即使含量很低，也可抑制过热处理的晶粒细化作用。

对于亚共晶 Mg-Al 合金来说，随着铝含量的提高，合金的晶粒尺寸连续减小，但铝含量较高时（质量分数大于 5%）晶粒尺寸变化不大。对于纯 Mg-Al 合金来说，晶粒细化不需过热处理，加入 Fe、Mn 后反而引起晶粒粗化。

对 AZ91E 镁合金的研究表明，将过热处理（1123K 保温 15min）后的熔体以 215K/s 的速度冷却，经 873K 铜型淬火制得的试样与未经过热处理的 873K 铜型淬火试样相比，过热处理后的试样中晶粒明显细化，且形成以“外来质点”为核的树枝晶，而未过热处理的试样中的“外来质点”并未生成树枝晶。能谱分析表明，该“外来质点”由 Al、C 和 O 或由 Al、C、Mn、Si 和 O 组成，其中 AZ91E 合金中

Mn 和 Si 是杂质元素，据此推测过热处理过程中形成了 Al_4C_3 或 Al_2CO 化合物。

但是，由于过热法增加了能量和坩埚的消耗，也增大了镁液的氧化损失，延长了工时，并增加了合金中的含铁量因而降低了耐蚀性等，所以现在生产中已经很少采用。

（3）晶粒细化机理　关于镁合金晶粒细化机理目前还不够清楚，且不同的晶粒细化方法其细化机理也不相同，但其基本出发点均为增加形核速率和抑制晶核长大。

在镁合金溶液中，影响晶粒细化的重要因素是溶质偏析和形核质点。偏析能力良好的溶质和有效的形核质点是晶粒细化过程必不可少的两个因素，溶质偏析导致枝晶生长的液－固界面前沿产生成分过冷区，从而阻碍了枝晶的生长并提供了成分过冷区内形核质点的成核驱动力；而形核质点的形核能力决定了凝固开始及成分过冷区内有效晶核的数量。

溶质元素的作用效果用生长抑制因子（Growth Restriction Factor，GRF）表示：$GRF=\Sigma m_i c_{0,i}(k_i-1)$。一般而言，GRF 值越大，则晶粒细化效果越好。表 2-12 为根据二元相图所确定的镁合金中不同溶质元素的 GRF 值。铝是镁合金中最常用的合金元素，与 Zr、Ca、Si 等元素相比，Al 的 GRF 值较小，因而其晶粒细化能力较弱。在含铝量较低时，合金的 GRF 值较小，在晶粒界面前沿难以产生较大的成分过冷。

表 2-12　镁合金中不同溶质元素的液相线斜率（m），平衡分配系数（k）和生长抑制系数 $m(k-1)$

元　素	m	k	$m(k-1)$	相变类型
Zr	6.9	6.55	38.29	包晶
Ca	-12.67	0.05	11.94	共晶
Si	-9.25	约 0.00	9.25	共晶
Ni	-6.13	约 0.00	6.13	共晶
Zn	-6.04	0.12	5.31	共晶
Cu	-5.37	0.02	5.28	共晶
Ge	-4.41	约 0.00	4.41	共晶
Al	-6.87	0.37	4.32	共晶
Sc	4.02	1.99	3.96	包晶
Sr	-3.53	0.006	3.51	共晶
Ce	-2.86	0.04	2.74	共晶
Yb	-3.07	0.17	2.53	共晶
Y	-3.40	0.5	1.70	共晶
Sn	-2.41	0.39	1.47	共晶
Sb	-2.75	0.62	1.03	共晶

在镁合金溶液中，本身已含有大量的偏析溶质元素，因此，形核质点的性能对晶粒细化效果起着决定性的作用。根据金属结晶理论，形核基底与镁基体之间的晶格常数错配度非常小时即可作为晶核。表 2-13 为镁合金晶粒细化形核质点的晶体结构、晶格常数及与镁的计算晶格错配度。溶质元素与微量杂质元素间反应形成的金属间化合物对镁合金中质点的形核能力和数量有着重要的影响。

表 2-13 形核质点的晶体结构、晶格常数及与镁的计算晶格错配度

形核质点	晶体结构	晶格常数/nm		错配度
Mg	密排六方	$a=0.320$	$c=0.520$	—
Zr	密排六方	$a=0.320$	$c=0.514$	0.9%
Al_4C_3	密排六方	$a=0.333$	$c=0.249$	3.8%
Al_2OC	密排六方	$a=0.317$	$c=0.508$	0.9%
AlN	密排六方	$a=0.310$	$c=0.497$	3.4%
SiC	立方（ZnS 型）	$a=0.435$		4.0%
TiC	立方（NaCl 型）	$a=0.303$		4.8%

加锆细化晶粒是目前镁合金最为有效的晶粒细化方法之一，其机理还不十分清楚，但普遍认为锆可以作为镁合金形核的基底。锆与镁具有相同的密排六方晶体结构，并且两者点阵错配度很小，在 927K 时锆与镁发生包晶反应，熔体中形成大量难熔的 α-Zr 弥散质点起异质形核的作用。最近对 Mg-Zr 二元合金的研究表明，在晶粒显著细化的镁合金中最大锆含量只有 0.32%，远小于包晶点值（0.56%）。在此情况下，锆似乎不可能以异质核心的形式存在，而它的晶粒细化效果更可能是由于其晶核生长抑制作用很大所致。熔体内存在的铝、某些稀土元素等将与锆结合弱化其晶粒细化作用而导致晶粒粗化。

锶对镁合金的晶粒细化可能是其晶粒生长抑制和引入形核质点综合作用的结果，而铝可能造成锶与镁反应形成的形核质点“中毒”。在钛对镁合金晶粒细化过程中，TiC 可能起形核核心的作用。

碳变质处理原理是镁液中的碳化物（$MgCO_3$或 C_2Cl_6等）在高温下分解并发生下列反应：

$$MgCO_3 \rightarrow MgO + CO_2$$

$$2Mg + CO_2 \rightarrow 2MgO + C$$

新生的 C 原子与 Al 化合（$3C + 4Al \rightarrow Al_4C_3$）形成大量弥散的 Al_4C_3 质点，Al_4C_3 是高熔点高稳定性化合物，在镁液中以固态质点形式存在，Al_4C_3与 α-Mg 均为六方晶系，两者晶格常数相近。而晶格常数错配度小于 9% 即可成为晶核，故 Al_4C_3是 Mg 原子良好的非均质晶核，因而大量弥散的 Al_4C_3晶核使 Mg 晶粒细化。碳质孕育后的合金若迅速搅拌或短时升温至 1073K 再快速冷却到浇注温度则可以使合金液中的 Al_4C_3质点更加弥散分布，从而使晶粒进一步细化。但是最新的研究发现，作为核心的棒状物由 Al、C 和 O 组成，而并非仅仅是 Al 和 C。目前，对 C

细化镁合金晶粒的机理尚需要进一步的研究。

对 Mg-Al 合金来说，通常认为含铁或锰的化合物在过热处理法晶粒细化工艺中起异质核心的作用；而加碳变质处理中碳化合物分散还原的碳与铝形成的大量弥散 Al_4C_3质点（或 Al_4C_3与 AlN 的复合物）作为外来晶核，使合金晶粒细化。最近的研究表明，过热处理与纯 Mg-Al 合金晶粒细化时的异质晶核完全相同，都是合金中微量的碳与铝形成 Al_4C_3质点；合金内的 Fe、Mn 杂质元素可与 Al_4C_3反应形成形核效率较低的 Fe(Mn)-Al-C-O 化合物，导致 Al_4C_3中毒而粗化晶粒。目前对 Mg-Al 合金晶粒细化的形核相还没有明确的认识，研究发现除 Al、C 外还包含 O，其分子式为 Al_2CO，然而 O 也可能是试样制备过程中 Al_4C_3与水反应带入的。

过热处理 Mg-Al 系合金的细化机理是在过热处理过程中生成了大量可以作为非均质结晶的晶核，从而增加了晶粒的形核数量，细化了晶粒组织。过热处理虽然可以细化晶粒，但是由于熔体温度的升高使氧化和吸气现象更加严重，而且由于杂质和熔体合金的密度均减小，不利于杂质的分离，反而降低了铸锭质量。当 Mg-Al 合金熔体中混入微量的 Be、Zr、Ti 等元素时，由于这些元素与碳的化学亲和力远大于铝，所形成的碳化合物不能作为有效的结晶核心，从而大大减少了异质晶核的数量，造成过热法和加碳变质工艺的晶粒细化作用失效。

3. 快速凝固/粉末冶金技术

常规铸造镁合金的微观组织以及析出相和沉淀相均比较粗大并在高温下极易粗化，从而使其室温和高温强度都不理想，难以满足高性能结构材料的需求。快速凝固/粉末冶金技术是一种新型的金属材料制备技术，能够显著细化晶粒，不仅可以大幅度提高传统结构材料的性能，而且可开发出新合金体系，目前已广泛用于新合金材料的研制中。快速凝固/粉末冶金技术的出现为高性能镁合金结构材料和新型镁合金的研制开辟了广阔的前景。针对航空航天领域的应用需求，美国、日本等发达国家投入大量的人力和物力开展了镁合金的快速凝固技术研究，而我国快速凝固镁合金目前尚处于初步研究阶段。

(1) 镁合金的快速凝固方法　镁合金的快速凝固方法很多，大致分为雾化法、模冷法和气相沉积法三大类，可以制备出粉末、箔片、薄带、纤维和薄膜状产品。惰性气体雾化法是镁合金比较常用的雾化方法，可以用于制备镁合金粉末；模冷法能够制备出纤维状、带状和箔片状产品；气相沉积法则将金属蒸气沉积在低温基底上，冷却速度比模冷法更高，可以获得薄膜材料。

20 世纪 50 年代初，人们开始采用气体雾化法生产镁合金粉末。美国陶氏化学公司的 Busk 和 Leontis 在气体雾化方面开展了大量工作，并且采用气体雾化法制备了粒度为 100～400μm 的镁合金粉末，粉末冷却速度达 10^3K/s。但是，由于雾化用惰性气体中容易混入水、氧等反应性气体，它们与镁熔体发生反应，导致粉末形状不规则且尺寸不均匀，并且含有大量的高度可燃性和黏附性的细粉。此外，回收雾化用惰性气体时必须通过过滤、净化等流程，不便于大规模生产且极不安全。

因此，气体雾化法逐渐被陶氏化学公司所发明的离心雾化方法所取代。1987 年 Grensing 和 Frase 采用离心雾化法制备了 Mg-8Li-1.5Si 合金。20 世纪 80 年代，Krishnamurthy 和 Kim 采用超声雾化法制备出了粒度为 90μm 的粉末，这些粉末具有典型的微晶结构，粉末冷却速度达 10^4K/s。

20 世纪 60 年代，人们采用大功率枪法急冷技术制备出快速凝固镁合金，并使铝在镁中的固溶度提高了 1 倍，而弹射快淬法则将锰在镁中的固溶度提高了 2.5 倍。同期，英国 Sheffield 大学采用悬浮熔融法和双活塞溅射快淬法制备了一系列快速凝固镁合金。20 世纪 70 年代初，S. Isserow 和 J. Rizzitano 采用旋转电极法制备了 ZK60A 合金粉末，粉末平均粒度为 100μm，冷却速度低于 10^4K/s，但是其挤压件的性能比相应的铸件高 50%。

20 世纪 80 年代，美国联合信号公司（Allied Signal）为了解决气体雾化时产生高度可燃且黏附的粉末以及粉末冷却速度较低的问题发明了平流铸造方法（Planar Flow Casting Process）。这种方法能够生产宽 20～100mm，厚 20～30μm 的薄带，薄带冷却速度为 7×10^5K/s，甩带速度为 25～30m/s。1984 年和 1986 年 M. O. Neal 和 Meschter 分别采用双辊快淬法制备出 Mg-Li 合金，其性能较普通铸造 Mg-Li 合金提高了 50%～60%。20 世纪 80 年代末到 90 年代初，美国联合信号公司成功研制出 EA55RS 合金，成为目前已报道的性能最佳的镁合金型材。室温下 EA55RS 合金挤压制品的拉伸屈服强度为 343MPa、压缩屈服强度为 384MPa、抗拉强度达 423MPa 和断后伸长率达 13%，其腐蚀速度约为 0.25mm/年，与 A12024-T6 相当，但次于 A17075。EA55RS 合金在 573K 下的断后伸长率为 436%，旋转弯曲疲劳强度达 180MPa，而 QE22A 的为 100～105MPa。快速凝固 EA55RS 合金的力学性能与挤压温度及速度有很大的关系，其低温断裂韧度 K_{IC} 大约为 6MPa · $m^{1/2}$，但可以进一步提高；在牺牲强度的条件下，573～673K 温度区间内 T4 态的 K_{IC} 提高到 15MPa. $m^{1/2}$ 以上，但合金的抗蠕变性能很差。体积分数为 10%～30% SiC 增强的 EA55RS 锻件的弹性模量为 71～79GPa。1989—1991 年，Norsk-Hydro 公司和 Pechiney 公司等也开展了类似的研究工作，他们采用熔体旋转法和平流铸造法制备出了 AZ91 合金带材，其晶粒尺寸达 1.5～5μm，合金的耐蚀性为普通材料的 4 倍。

20 世纪 80 年代发展起来的喷射沉积技术可以用于制备高性能镁合金。Lavernia 和 Grant 等最早开展了镁合金喷射成形和挤压技术的研究。他们研究了具有不同 Mn、Ca 和 RE 含量的喷射沉积 Mg-Al-*X* 合金的力学性能，高温下其强度和延展性有极大的改善，比传统镁合金的高很多。有关 Mg-Al-Zr 和 Mg-Zn-Zr 合金的研究也有类似的结果。与挤压及时效态 Z60 合金和 AZ0 铸件相比，喷射沉积 Mg-5.6% Zn-0.3% Zr 和 Mg-8.4% Al-0.2% Zr 合金中虽然含锆量较低，但合金强度及延展性匹配良好，与熔体旋铸 ZK60 合金性能基本相同。喷射沉积 Mg-Zn-Zr 合金在挤压过程中发生再结晶而使晶粒细化至 5μm，随后在 773K 固溶处理 1h 和在 403K 时效处理 48h 后晶粒粗化到 30～40μm。然而，喷射沉积 Mg-Al-Zr 合金在 686K 固溶处理 5h

和在 478K 时效处理 20h 后也没有出现粗化现象，这与该合金中存在稳定性更高的沉淀相 Al_3Zr 有很大的关系。

人们也对喷射沉积 Mg-Al-Zn-Nd 稀土镁合金的组织与性能进行了研究。沉积坯中从中层区域到最上层区域的显微组织均匀，为晶粒尺寸在 20μm 左右的等轴晶，靠近沉积坯最上层表面的晶粒最细，而接近沉积底部区域的晶粒粗化。与传统铸造镁合金相比，该合金的抗拉强度提高了 16.7%，屈服强度则提高了 27.8%，断后伸长率也增加了 8.3%。喷射沉积 WE54 合金也具有等轴晶组织，晶粒尺寸约为 10μm，孔隙度不超过 5%。喷射沉积镁合金 QE22 的晶粒细小，显微组织均匀，无宏观偏析。与相应的铸造合金相比，其强度提高了 40%，断后伸长率则增加了 3%～10%，耐蚀性也提高了 1 倍，沉积坯孔隙度为 4.4%，含氢量最低可降到 2×10^{-6}，不到镁粉末的 1/7。

喷射沉积镁合金通常含有最低程度的快速凝固工艺污染物如氧、氧化物和氢等，从而断裂韧度有较大的改善，同时其他力学性能和电化学性能有较大的提高。Faure 等人报道，喷射沉积 Mg-7Al-4.5Ca-1.5Zn-1.0RE 和 Mg-8.5Al-2Ca-0.6Zn-0.2Mn 合金的断裂韧度分别为 $30MPa\cdot m^{1/2}$ 及 $35MPa\cdot m^{1/2}$，较常规铸造合金有较大改善。而这些合金的抗拉强度和屈服强度分别为 480MPa、435MPa 和 365MPa、305MPa，断后伸长率分别为 5% 及 9.5%。两合金的断裂韧度和 10^7 次旋转弯曲疲劳强度均优于铸造合金 AZ80 及由熔体旋铸法生产的 RSAZ91 +2% Ca 合金。

激光束和电子束表面处理实际上也是一种快速凝固技术，对改善镁合金的耐蚀性和耐磨性作用显著。1981 年 Kattamis 利用激光束和电子束表面熔融处理技术对高强度变形镁合金 ZK60 微观组织和腐蚀性能进行了研究。1985 年 Kalimulhn 和 Kozhevnikov 报道了激光表面处理可以提高 MA21 合金的固溶度和耐蚀性。镁合金经表面激光合金化处理后合金元素的质量分数可高达 15%～55%，且铜合金化明显提高其耐磨性，而铝合金化大大改善其耐蚀性。物理气相沉积也是一种气相超快速凝固方法，能大幅度提高合金元素在镁中的固溶度，其主要工作集中在 Mg-V 合金和 Mg-Ti 合金。表 2-14 是常见的快速凝固方法及其在镁合金制备中的应用。

表 2-14　常见的快速凝固方法及其在镁合金制备中的应用

快速凝固方法	产物形式	实　例	功　能
气体雾化	粉末	Mg-Ag 基合金	提高强度和塑性
		WE54 合金	提高热稳定性
离心雾化	粉末	Mg-Al-Zn 合金	提高强度和耐蚀性
旋转电极法	球状粒子	ZK60A	提高抗拉和冲击强度
枪法急冷	薄片	Mg-(12～23)%①Al、Mg-(14～18)%①Sn、Mg-(16～23)%①Pb	扩展固溶度和生成面心立方新相
弹射快淬	薄片	Mg-(1～6)%①Mn、Mg-(0.4～1.5)%①Zr	扩展固溶度

（续）

快速凝固方法	产物形式	实　　例	功　　能
旋转叶片法	薄片	Mg-(8～25)%①Ni、Mg-(9～42)%①Cu	形成非晶
双活塞法	薄片	Mg-Al-Zn-Si 合金	提高硬度
熔体旋铸	带	Mg-Ni 和 Mg-Cu 合金、Mg-Ni-(Y,MM)	形成非晶或纳米晶
		Mg-X_1-X_2（X = Li、Al、Zn、Ca、Sn 和 Y）	提高强度和耐蚀性
		AZ91	提高高温强度
双辊快淬	薄片	Mg-(3～6)%②Zn，Mg-(5～30)%②Al	提高强度和耐蚀性
激光表面熔融	表面处理	MEZ 合金	提高耐蚀性和耐磨性
物理气相沉积	薄膜	Mg-Ti 合金	扩展固溶度和提高耐蚀性
喷射沉积	体材料	QE22、Mg-Zn-Zr-Y 合金	提高强度和耐蚀性

注：MM—金属材料。

①　摩尔分数。

②　质量分数。

（2）快速凝固镁合金的后续成形　雾化粉末中存在大量细小的粉末颗粒（200目以下），这些粉末容易悬浮在空气中，任何热源都可能引起爆炸，从而处理起来非常困难。因此，采用双辊法和平流铸造法制备快速凝固薄带并通过一系列高速机械粉碎工序将薄带破碎成 35～60 目（美国筛网号，粉末粒度 250～500μm）的粉末是生产镁合金粉末的重要方法。由于这种粉末的冷却速度不取决于粉末粒度的大小，因此粉末破碎后粒度不需要太细，避免了微细粉末所造成的危险。粉末可以通过真空压制成锭坯，然后通过热挤压、轧制和热锻生成各种型材；也可以直接带包套进行挤压、锻造。真空热压温度根据锭坯的大小来确定，控制在 473～573K 温度区间内，热压时间为 1～24h。粉末坯料在热压前可以进行真空脱气处理，水蒸气在 523～623K 才能脱出，CO_2和 H_2在 573K 才能脱出。坯料挤压温度为 590～700K，挤压速度为 25～500mm/s，挤压比为 10～20，具体参数根据制品的形状和规格而定。采用热压、热等静压或热挤压成形时，保留微晶组织的技术难度很大。因此，在制备镁合金结构件时，为了利用快速凝固合金的优点，设计的合金必须满足如下要求：快速凝固微晶合金的晶粒尺寸非常细小，存在稳定的弥散相来钉扎晶界、阻止高温压实过程晶粒的粗化，从而微晶合金在高温压实过程中也不发生明显的粗化。

采用喷射沉积技术制备镁合金时，由于需要对镁合金粉末进行钝化处理，所以在雾化介质氢气中必须掺入一定量的氧气［约 1%（体积分数）］。由于过喷粉末较细，沉积后进行设备清扫和后续处理时有可能发生危险，因此必须注意安全。喷射沉积镁合金坯可以直接进行挤压、轧制和锻造成形。

（3）快速凝固对镁合金组织、结构及性能的影响

1）扩展固溶度。固溶度扩展是快速凝固镁合金的一个重要特征。通过快速凝固能形成 α-Mg 过饱和固溶体的元素数目从 1986 年的 5 个增加到 1993 年的 36 个。

经过熔体快淬后，银在镁中的最大固溶度提高了 1.5 倍，而钡在镁中的最大固溶度提高了约 1000 倍。快速凝固镁合金中的固溶度扩展比机械合金化的合金高得多，并且合金元素在镁中的固溶度随冷却速度的提高而增大。Mg-Al 系合金经快速凝固处理后 Al 在 Mg 中的最大固溶度为 9.1%（摩尔分数），而机械合金化处理后仅为 4.5%（摩尔分数）。快速凝固 Mg-Ca、Mg-Li 和 Mg-Zn 合金中也存在明显的固溶度扩展现象。稀土、Y、Ca 和大部分过渡金属元素固溶到镁中可以大幅度降低轴比（c/a），扩展 α-Mg 的固溶度区间。c/a 值减小，还可以激发新的滑移系，从而提高镁合金塑性变形能力。快速凝固 Mg-8.3%（摩尔分数）Y 合金的 c/a 值为 1.6088，明显低于纯镁的理想值 1.633 和室温值 1.6236，表现出极其优异的塑性。Ba 固溶于 α-Mg 中后 c/a 值显著增加，不利于改善镁合金的塑性。Li 改善镁合金塑性变形能力的作用最显著，当镁锂合金中锂含量达到 8%（摩尔分数）时，其 c/a 值为 1.618，塑性明显提高。表 2-15 为快速凝固工艺对镁合金固溶度和晶体结构的影响。

表 2-15　快速凝固工艺对镁合金固溶度和晶体结构的影响

固溶元素	固溶 $k_0$①	固溶度（摩尔分数,%）最大平衡	最大扩展	c/a 的变化率 /(10^{-4}/%②)	分解温度/K	过冷度/K	固溶条件下的相组成 平衡	快速凝固
熔体快速凝固								
Al	0.39	11.5	21.6/22.6	+3.5	373~423	≥160	$Mg_{17}Al_{12}$	非晶
Y	0.47	3.5	9.7	−20.0	573~623	≥160	$Mg_{25}Y_4$	非晶
Ca	0.10	0.98	6.5/7.2	−26.0	393	>175	Mg_2Ca	非晶
Ag	0.31	3.83	5.9	−11.2			Mg_3Ag	
Sm	0.15	约1.0	5.8	−31.9		>150	$Mg_{6.2}Sm$	
Zn	0.14	约2.8	4.8	约0			MgZn	2③
Ga	0.21	3.14	4.41	+5.6	<393		Mg_5Ga_2	非晶
Yb	0.17	1.2	3.6	−29.3			Mg_2Yb	—猜
Pd	0.04	<0.23	3.4	−37.6			Mg_9Pd	2
Gd	0.61		3.25	−22.2			Mg_9Gd	—
Nd	0.11	0.63	3.15	−34.0	~613	125	$Mg_{12}Nd$	2
Ce	0.025	0.09	3.15	−34.0	>573	170	$Mg_{12}Ce$	2
Sr	0.008	0.04	3.1	−24.2		85	Mg_9Sr	非晶
Au	—	0.1	2.65	−34.3			Mg_3Au	2
Mn	—	1.0	2.2	约0	523~573		β-Mn	—
La	0.030	0.07	2.1	−66.9		190	Mg_9La	—
Ba	0.001	0.002	2.0	+90.6		70	Mg_9Ba	—
Ni	—	<0.04	1.7	−22.9		80	Mg_2Ni	非晶
Pt	0.003	<0.14	1.7	−58.7			Mg_6Pt	非晶

（续）

固　溶		固溶度（摩尔分数,%）		c/a 的变化率	分解温度/K	过冷度/K	固溶条件下的相组成	
元素	$k_0$①	最大平衡	最大扩展	$/(10^{-4}/\%$②$)$			平　衡	快速凝固
熔体快速凝固								
Eu	0.011	<0.05	1.2	-34.3			$Mg_{17}Eu_2$	2
Co	0.023	0.04	0.78				$MgCo_2$	2
Ge	0.024	<0.03	0.68				Mg_2Ge	2
Zr	—	约0	0.32				β-Zr	—
Te	—	忽略	0.31				MgTe	2
Sb	0.005	0.04	0.21				Mg_3Sb_2	2
Cu	0.001	0.013	0.13				Mg_2Cu	2
气相沉积								
Cr	没应用	忽略	约16	-8.1	453~553		Mg_xCr_y	
Cu	没应用	0.013	10				Mg_2Cu	
Fe	没应用	0.0004	？ +				Fe	
Mn	没应用	1.0	50				β-Mn	

注：“？ +”表示“具体数值不确定，但固溶度有所扩展”。

① k_0平衡分配系数。

② 摩尔分数。

③ 2表示包括α-Mg在内的两相。

2）形成新相，改变相结构。形成新的亚稳相是快速凝固镁合金的又一重要特征。Mg-Sn、M-Pb和Mg-Si等合金中能形成新的面心立方相；Mg-Y稀土合金中也可以形成在573K以下稳定存在的亚稳相；而在Mg-X(X = Ca、Fe、Co、Ni、Cu、Zr、Ga、Sb、Au或Bi）二元合金中可形成非晶相；在Mg-Ni和Mg-Cu等容易形成非晶的二元合金中，加入第三组元如Ag、Zn、Al、Sn、Pb、Sb和Ca等后可以获得更宽的非晶形成成分范围；Mg-Zn-Al合金中可以得到准晶相。研究表明，快速凝固Mg-Ca-Zn合金中存在与$Mg_6Ca_2Zn_3$结构接近的三元相，其面间距随合金成分和热处理工艺变化。该三元相的晶格参数与成分有关，Ca含量增加将导致晶格膨胀，而Zn含量增加导致晶格收缩。

3）细化晶粒，形成弥散相。快速凝固工艺可以显著细化镁合金的晶粒组织，减小成分偏析，在晶界处和晶粒内生成细小弥散的沉淀相，从而大幅度提高镁合金的力学性能。

Pechiney和Norsk Hydro公司对熔体旋铸法制备的AZ91合金的显微组织研究表明，α-Mg晶粒组织为0.3~0.5μm的等轴晶，弥散相尺寸为0.01~0.1μm，其中尺寸较小的弥散相粒子如Mg_2Si和Al_xRE_y等分布在晶内，而尺寸较大的$Mg_{17}Al_{12}$相则分布于晶界；而RSAZ91+2% Sr合金中的弥散相为$Mg_{17}Al_{12}$、Mg_2Sr和Al_4Sr；RSAZ91+2% Ca合金的晶粒尺寸为0.6μm，弥散相为$Mg_{17}Al_{12}$和一种含Ca和Al的金属间化合物亚稳相。

快速凝固镁合金的微观组织稳定性取决于相应合金内所形成的弥散相的稳定性。二元快速凝固镁合金的组织稳定性按 Mg-Si、Mg-Mn > Mg-Nd、Mg-Ce > Mg-Ge、Mg-Sb > Mg-Bi > Mg-Y > Mg-Al、Mg-Zn > Mg-Li 的降序排列，显然 Mg_2Si 最稳定。此外，快速凝固 Mg-Ca 合金的热稳定性也较高，在温度高达 573K 时晶粒尺寸仍保持在 1μm 左右。Mg_2Si 和 Mg_2Ca 等弥散相在细化合金晶粒、提高合金的热稳定性和高温强度方面具有非常有效的作用。

快速凝固镁合金过饱和固溶体在加热过程（如热处理和塑性加工等）中会发生分解，形成细小弥散的析出相。有关快速凝固镁合金在后续成形过程中显微组织和性能变化的研究比较多。将含有 Al 和 Zr 的快速凝固镁合金粉末混合挤压，由于 Al_3Zr 弥散沉淀相阻止晶粒长大，从而高温强度显著提高。通过快速凝固后，含 Si 的镁合金可以得到熔点为 1375K、热稳定性好的金属间化合物 Mg_2Si，而含铝的镁合金得到 $Mg_{17}Al_{12}$ 弥散相，Mg-Zn-Al-RE 系合金中则形成 AlRE（如 Al_2Y）、Mg-Zn 和 Mg-RE 弥散相。Mg-Si 和 Mg-Ba 合金雾化粉末压实成形后分别生成了 Mg_2Si 和 Mg_2Ba 弥散颗粒；熔体旋铸法制备的含 Si、Y 或 Ca 的 MgAl 合金的晶粒尺寸为 0.4 ~ 1.5μm，其薄带经破碎并挤压成形后基体组织中将形成 Mg_3Al 或 $Mg_{17}Y$ 弥散颗粒，且在挤压过程中晶粒基本不粗化，合金室温强度高达 576MPa。快速凝固 Mg-5Y-3Ca 和 Mg-10Y-2Zn 合金在热挤压成形过程中的情况也类似。快速凝固 Mg-10Y-2Zn 合金挤压件的室温抗拉强度高达 520MPa，在 473K 的抗拉强度高达 440MPa，但 573K 时的强度却下降到 80MPa。

快速凝固 Mg-1Zn-2RE（RE = Y、La、Ce、Pr、Nd、Sm、Eu、Gd、Dy、Ho、Er、Yb）合金薄带经 573K 退火 20min 后的显微组织和力学性能研究表明，合金相组成对其力学性能有很大的影响。含 Gd、Tb、Dy、Ho 和 Er 的镁合金退火后的主要组成相为 hcp-Mg，合金硬度较低而塑性良好；而含 Nd、Sm 和 Pr 的镁合金退火后的组成相为 hcp-Mg 和 $Mg_{17}RE_2$ 或 $Mg_{12}RE$ 相，合金硬度随稀土化合物体积分数的增加而提高；含 Y、La、Ce、Eu 和 Yb 的镁合金硬度很高。

4）改善力学性能。快速凝固镁合金因具有上述组织结构特点，使力学性能大幅度提高。与常规铸造镁合金及现有的铝合金相比，快速凝固镁合金的室温比抗拉强度提高 40% ~60%，比拉伸屈服强度提高 52% ~98%，比压缩屈服强度则提高 45% ~230%，断后伸长率也提高 5% ~15% 且热处理后更可高出 22% 左右。同时，镁合金经过快速凝固处理后压缩屈服强度与拉伸屈服强度的比值由 0.7 增加到 1.1 以上，其疲劳强度也提高 1 倍。镁合金晶粒细化到大约 1μm 时，可以产生晶界滑动及室温下新的流变过程，从而大大改善镁合金的塑性。通常，快速凝固镁合金在 373K 以上具有优良的塑性变形能力或超塑性。图 2-3 给出了 RS/PM 镁合金和商用铸造镁合金的力学性能比较。

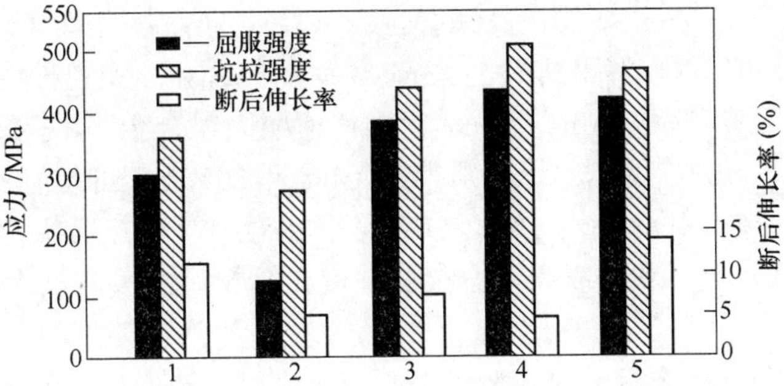

图 2-3　RS/PM 镁合金（未热处理）和商用铸造镁合金的力学性能比较

1—商用 ZK60A-T5　2—商用 AZ91HP-T6　3—RS/PM Mg-9Al-0. 6Zn-1. 5Si-0. 5Mn

4—RS/PM Mg-5Al-5Zn-7Y　5—RS/PM Mg-5Al-5Nd

Koike 等人对快速凝固 Mg-Zn 合金在 423K 时效后的力学性能进行了研究，结果表明 Mg-2%（摩尔分数）Zn、Mg-4%（摩尔分数）Zn 和 Mg-8%（摩尔分数）Zn 合金的拉伸屈服强度分别达到 26lMPa、453MPa 和 542MPa。显然，快速凝固所固有的显微组织细化作用是 Mg-Zn 合金强度大幅度提高的根本原因。K. Hondo 等对气体雾化 Mg-Ag 基合金热挤压前后的组织和力学性能也进行了研究，发现气体雾化 Mg-8Ag-8Ce 合金粉末挤压件经过热处理后合金室温抗拉强度高达 580MPa，断后伸长率高于 3%，这与合金中存在细小且均匀的第二相弥散质点有关。此外，Mg-8Ag-8Al、Mg-8Ag-8Zn 和 Mg-8Ag-5Ca 合金在 573K 下表现出超塑性，其断后伸长率高达 200%。Mabuchi 等对 Mg-Si 基铸造合金和快速凝固合金（Mg-4Si-4Zn、Mg-11Si-4Al 和 Mg-13Si-4Al）的显微组织和室温力学性能进行了对比研究，结果表明快速凝固合金挤压件的室温抗拉强度和断后伸长率高于相应的铸态合金挤压件。其中快速凝固 Mg-11Si-4Al 合金的室温抗拉强度高达 500MPa，这可能与该合金晶粒细小（1μm 左右）和微细的 Mg_2Si 相弥散分布有关。此外，快速凝固 Mg-Si-Al 合金还呈现高应变速率超塑性。除了提高强度外，快速凝固工艺通过细化晶粒和添加 Ni、Si、Sb、Ge、Sc 和 In 等合金元素，可以形成立方结构相或提高 Li、Ti、Y 等元素固溶度，降低轴比，从而有效地改善了镁合金的塑性。镁合金的高温力学性能很大程度上取决于其组织的热稳定性。与常规镁合金相比，快速凝固镁合金的热稳定性有较大的提高，这与快速凝固过程中析出热稳定性高的弥散质点有关。然而，有关快速凝固镁合金高温力学性能的研究报道很少。

（4）快速凝固镁合金的强化机制　快速凝固镁合金室温可能的强化机制有细晶强化、固溶强化、弥散强化、亚稳相和准晶强化等，其中细晶强化效果最为显著。

1）细晶强化。晶粒细化是快速凝固镁合金的重要特征。根据 Hall-Petch 公式，晶粒越细小，合金强度越高。镁合金的 Hall-Petch 因子 k（200～300MPa · $\mu m^{1/2}$）比铝合金的高，因此晶粒细化提高镁合金力学性能的潜力远远大于铝合金。快速凝固 AZ91 合金的晶粒尺寸可达到 1～3μm，而相应合金砂型铸件的晶粒尺寸却为 250～300μm。假设 $k=200\text{MPa}\cdot\mu m^{1/2}$，则快速凝固镁合金（$d=1\mu m$）和相应铸造镁合金（$d=100\mu m$）的 $kd^{-1/2}$分别为 200MPa 和 20MPa，可见前者的强度比后者高很多。因此，细晶强化是快速凝固镁合金的室温力学性能大幅度提高的根本原因。但值得注意的是，快速凝固镁合金的强度在晶粒尺寸极其细小时将偏离 Hall-Petch 关系。

2）固溶强化。镁合金中的合金元素原子大多以置换原子的形式存在。快速凝固镁合金中溶质元素的固溶度比常规镁合金高得多，使位错运动阻力增加，从而提高合金的强度。铝是镁合金中最有效的固溶强化元素，固溶铝每增加 1%（摩尔分数），则显微硬度可以提高 10% 左右。同时，快速凝固技术能够使镁和与其原子半径相差高达 30% 的合金元素形成固溶体，从而有望获得有效的固溶强化效果。但是，快速凝固镁合金室温力学性能的提高主要源于显微组织细化而不是固溶度扩展。

3）弥散强化。快速凝固镁合金中存在高体积分数且细小的弥散相，它们主要集中在位错胞、晶界和/或均匀分布在微细的晶粒内。这些弥散相粒子具有钉扎作用，能有效地强化晶界和阻碍位错运动，从而提高合金的屈服强度。快速凝固镁合金中比较典型且起强化作用的弥散相有 Mg_2Si、Mg_2Ca、Al_2Ca 和 Al_2RE 等。Juarez-Islas 报道了 $Mg_{17}Al_{12}$、Mg_7Zn_3 及 Mg_2Si 相，在快速凝固 Mg-12Al-2. 5Zn-（0. 5～3. 0）Si 合金中均存在这些相。Nussbaum 等报道了 RSAZ91 +2%（质量分数）Sr 合金第二相弥散体由最终产生的 Mg_2Sr 和 Al_4Sr 组成，而在 RS AZ91 +2%（质量分数）Ca 合金中，未发现 Mg_2Ca 型第二相，却发现了一种亚稳的含钙及含铝的金属间化合物相，这种相不同于热处理时产生的尺寸为 0. 05μm 的 Al_2Ca。据估计在 RSAZ91 +2. 3% Ca 合金中尺寸为 0. 6μm 的整个晶粒内每立方毫米大约均匀分布有 10^{11}个质点，而这些质点较过剩相钉扎位错及晶界的作用更为有效。含 RE 和 AE 的第二相较镁基体会有更低的惰性，因而沉淀时可能减少环境带来的有效阳极区。对热处理后的 Mg-Ca-Cu 薄片进行类似研究表明，Mg_2Ca 从相应的过饱和固溶体沉淀析出时急剧改善了合金的耐蚀性，这类沉淀相甚至可中和因共存 Mg_2Cu 相而导致的微电池效应。而 Al_2Ca 相可能起着类似 Mg_2Ca 相的作用。特别是那些热稳定性高的粒子在高温下能继续强化基体并抑制晶粒长大，保留快速凝固镁合金组织微细的特征。弥散强化在提高快速凝固镁合金低温强度方面的效果并不显著，但在改善高温强度方面却比较有效。因此，通常在快速凝固镁合金中添加 Si、Ca 和 RE 等合金化元素以提高合金的耐热性能。

4. 铸锭热变形处理

（1）等径角挤压（Equal Channel Angular Extrusion，ECAE）　等径角挤压技术

作为一种通过引入强烈塑性变形而获得大尺寸亚微米或纳米级块体材料的有效方法之一，是20世纪80年代初苏联科学家Segal等人在研究钢的变形织构和微观组织时提出的，最初的目的是在不改变试样横截面积的同时引入强烈塑性变形。20世纪90年代，Valiev等人发现利用该技术可以使材料产生大应变从而细化多晶材料的晶粒，获得亚微米或纳米级的超细晶结构，特别是Valiev利用ECAE技术加工1420铝合金，随后在高应变速率和623K下采用超塑性成形加工出内燃机活塞，大大提高了零件的生产率。20世纪末日本在“超级金属”计划中采用ECAE工艺制备出纳米晶铝材，引起了材料界的重大反响。自此，ECAE技术日益受到材料学界和工业界的广泛重视，世界各国竞相对这种新技术开展了研究。

与其他制备纳米晶材料的方法（如气相沉积法、高能球磨法、非晶晶化法等）相比，ECAE法有许多独特的优点，如克服了其他方法带来的材料致密性差、易污染、难以生产大尺寸坯体、成分组成要求严格等缺点，并且工艺相对简单，能够制备洁净的细晶材料。大量的试验研究表明，经ECAE挤压后的镁合金具有极细的晶粒结构并表现出与众不同的力学行为，如高的屈服应力、反常的Hall-Petch关系、大幅度提高的塑性以及低温超塑性和高应变速率超塑性等特征，其变形机理也发生了改变，一些高温变形机理，如非基面滑移、晶界滑移、动态回复等在室温下也可发生。近十多年来ECAE工艺主要是应用在铝合金、铜合金、低碳钢和金属间化合物上，采用这种工艺能使材料晶粒细化，并具有良好的力学性能。近年来，ECAE工艺应用在镁合金上也获得了成功。本节主要介绍ECAE技术在镁合金加工中的应用，并对镁合金在ECAE过程中的变形规律和变形机理进行阐述。

1）ECAE基本原理。所谓ECAE，就是在压力作用下，使被加工材料通过两个轴线相交且截面尺寸相等的通道转角，其基本原理如图2-4所示。当加工材料通过通道转角时发生剪切变形，产生大的剪切应变，从而使晶粒得到细化。与传统的大变形塑性加工工艺相比较，利用ECAE加工镁合金具有以下优点：能够使挤压的材料承受很高的塑性应变，而同时又不改变样品横截面积；经多个道次挤压后试样的组织结构均匀，性能得到提高；可通过热加工与动态回复、动态再结晶的组合工艺达到晶粒细化；通过调整剪切面和剪切方向可以获得不同的组织结构。

2）ECAE镁合金晶粒细化及变形机理。根据ECAE的基本原理，不难推出ECAE过程中材料的变形特征和应力状态。在两通道入口直壁部分，材料受顶杆压力的作用并受到模膛的限制而处于三向压应力状态。在变形初始阶段，晶粒开始受到剪切力的作用。而随着变形的发展，在剪切应力的作用下，晶粒发生转动与剪切变形，引起材料组织结构的变化，即晶粒尺寸的变化和新的织构的形成。在变形终了阶段，即出口直壁段，模具壁的摩擦作用使材料表面受到剪切力。

从上述ECAE过程中材料的应变与应力状态可知，每经过一个道次的挤压，材料均可获得很大的塑性应变，所以可有效地细化晶粒。研究表明，在ECAE过程中，晶粒细化是由动态连续再结晶所引起的，再结晶还可导致等轴晶的均匀分布。

此外，在晶粒内部通常还伴随有孪生。这是因为镁合金的滑移系少而使滑移受到限制，所以会通过孪生形成新的具有确定取向关系的高错排晶界，这也有助于细化晶粒。在 ECAE 过程中，由于具有较高的应变，流变软化会在剪切区导致滑移中心的产生，导致剪切材料的转动，产生额外的高角度晶界，这对晶粒细化也很重要。

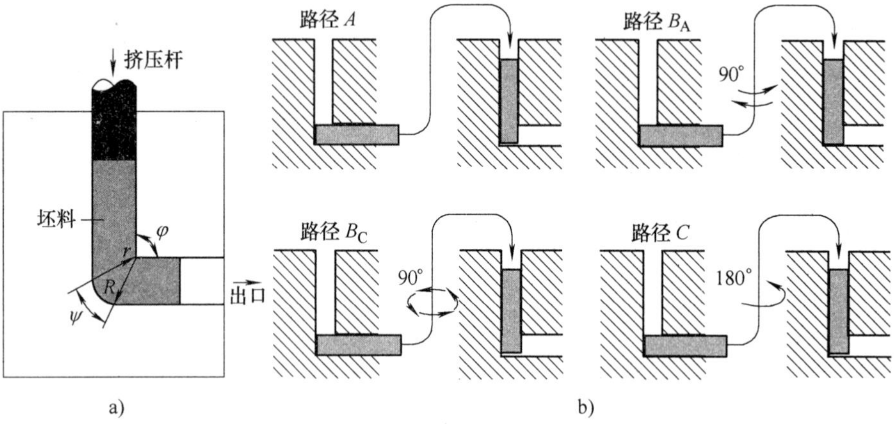

图 2-4　等径角挤压示意图

a）模具结构　b）加工路径示意图

在 ECAE 过程中，镁合金的塑性变形机理包括晶界滑移、基面滑移和非基面滑移以及孪生等。Yu Yoshida 等人通过对 ECAE 挤压后的 AZ31 镁合金的拉伸试验发现，在连续动态再结晶过程中，由动态回复产生的小角度晶界转变为大角度晶界，但在该过程中晶粒取向并没有发生明显的改变。在经过大的塑性变形后，小角度晶界减少而大角度晶界增加，并在变形的初始阶段发生了位错滑移。在温度较低时进行 ECAE，挤压试样织构的形成主要由拉伸孪生和基面滑移所支配。而当挤压温度较高时，在变形初始阶段锥面滑移处于支配地位。因此，在不同温度下挤压后试样的织构形式不同主要是由初始阶段的变形机理不同所引起的，而变形时晶粒的转动则主要由基面滑移和晶界滑移所引起。小林孝幸等人研究了 AZ31 镁合金在 ECAE 过程中所激活的滑移系和晶粒大小之间的关系。他们采用了塑性各向异性因子（n）来研究所激活的滑移系：

$$n = \frac{\mu_{NBS}\sigma}{\mu_{BS}\sigma} = \frac{\tau_{NBS}}{\tau_{BS}}$$

式中，μ 为施密特因子；σ 为附加应力；τ 为剪切应力；NBS 表示非基面滑移；BS 为基面滑移。

研究发现，对于晶粒较粗（约 50μm，ECAE + 773K 退火 4h）的试样（塑性各向异性因子为 15.4），在晶界附近非基面 a 位错被激活，而在晶粒内部基面 a 位错处于支配地位；对于晶粒较细（约 7μm，ECAE + 573K 退火 24h）的试样（塑性各向异性因子为0.88)，整个区域的非基面 a 位错均被激活，并且非基面 a 位错部分的密度约占全部位错密度的40%。而所激活的非基面 a 位错有助于诱发维持晶界相容的应力。对于粗晶，这种影响仅局限于晶界附近；而对于细晶则扩大到整个晶粒内部。这也说明，ECAE 镁合金的塑性变形机理在一定程度上取决于合金的组织结构。

3) ECAE 镁合金组织与性能的变化。ECAE 的特点决定了经 ECAE 挤压后的镁合金产生大的塑性应变，通过挤压过程中动态再结晶、动态回复等使晶粒得到细化，由此导致其微观结构和力学性能发生改变，并表现出一些优异的特性，如低温超塑性和高应变速率超塑性等。

研究表明，经过 ECAE 挤压后，镁合金可得到均匀细小的等轴晶。但随着 ECAE 工艺参数和初始合金显微组织的不同，最终所制得试样的显微组织也有很大的区别。如前所述，在 ECAE 过程中，随着挤压道次的增加，镁合金晶粒得到细化，组织趋于均匀；随着挤压温度的升高，晶粒细化效果减弱，在挤压过程中会发生晶粒长大。Akihiro Yamashita 等人对 Mg 和 Mg-0.9% Al 合金的研究发现，经 ECAE 挤压后，晶粒尺寸与挤压道次和挤压温度之间存在如图 2-6 所示的关系。可见当温度较低时，晶粒长大有限，细化效果明显，而当温度较高时，细化效果较弱。在经过一个挤压道次后，随着挤压道次的增加，晶粒尺寸不再明显减小。这主要是由于在挤压过程中发生了再结晶，所以在各种条件下经过 ECAE 挤压的镁合金晶粒尺寸均得到减小，而且再结晶导致了等轴晶的均匀分布。

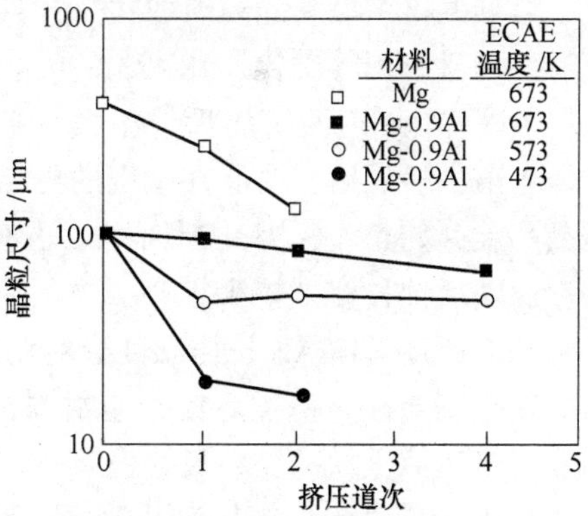

图 2-5　不同挤压温度下，纯 Mg 和 Mg-0.9% Al 晶粒尺寸与挤压道次的关系

为了防止挤压过程中试样表面开裂，镁合金的 ECAE 挤压通常在较高的温度下进行。但根据图 2-5 可知，当温度过高时会出现晶粒长大现象，减弱了晶粒细化的效果。因此为了取得较佳的挤压效果，应该严格控制 ECAE 挤压温度，在保证试样表面不开裂的前提下尽可能采用较低的挤压温度。具体的挤压温度还取决于合金成分。Akihiro Yamashita 等人的研究发现，要成功地实现 ECAE 挤压，纯 Mg 的挤压温度至少为673K，而 Mg-0.9% Al 合金的至少为473K。这是因为只有在较高的温度下进行 ECAE 挤压才能激活非基面滑移系，从而实现大变形。W. J. Kim 等人的研究发现，为了获得表面无裂纹的样品，AZ61 镁合金的 ECAE 挤压温度不能低于 548K。而纯 Al 可以在室温下进行 ECAE 挤压。

此外，ECAE 挤压温度还影响挤压过程中镁合金织构的形式。根据 Yu Yoshida

等人对 AZ31 镁合金的研究，在 523K 挤压温度时形成了基面与挤压出口方向成 45°的织构，而在 573K 挤压时基面则趋向于平行于挤压出口方向。镁合金 ECAE 挤压试样的初始组织结构对挤压后的显微组织结构会产生一定的影响。W. J. Kim 等人对经常规挤压后的 AZ61 镁合金的研究发现，挤压态试样的组织由 4 ~ 6μm 的细晶和 15 ~ 20μm 的粗晶组成。沿 B_C 路径经 4 个道次挤压后，晶粒开始变得均匀；经过 8 个道次挤压后，得到均匀细小的等轴晶，其晶粒大小约为 8μm。挤压态试样在 673K 下进行 24h 退火处理后，晶粒尺寸超过 400μm，分别沿 B_C 和 A 路径经过 8 个道次挤压后，其晶粒尺寸约为 23μm。这表明，ECAE 挤压前镁合金试样的晶粒越细小均匀，挤压后的晶粒也越细小、组织越均匀。

在 ECAE 过程中，镁合金的组织结构变化规律还取决于合金的相组成。T. Liu 等人对含 α 相（密排六方晶格结构）和 β 相（体心立方晶格结构）的 Mg-0.8% Li-1% Al 合金进行 ECAE 研究发现，经过 ECAE 挤压后只能细化各相的尺寸，但不能明显改变各相的分布状态，其中 β 相的细化效果比 α 相的更显著。室温下的拉伸试验证明，β 相对合金的塑性变形起调节作用，这可能是因为体心立方晶格结构比密排六方晶格结构具有更多滑移系的原因。

吉田雄等人研究了 ECAE 对 AZ31 镁合金组织和性能的影响，发现 2 道次和 4 道次挤压后试样的晶粒度均随挤压温度的升高而增大。在 473K 下经 2 道次挤压后，组织中含有很多 1μm 左右的非常细小的再结晶晶粒，但仍存在部分粗大的未结晶晶粒，因此材料的断后伸长率较小。在 523K 和 573K 挤压后，粗晶全部被细小、等轴的再结晶新晶粒所取代。并且与 2 道次挤压相比，4 道次挤压后晶粒尺寸更加均匀且趋于等轴化。在 473K 下经 2 道次挤压后，试样的粗大晶粒中存在大量的粗大孪晶。4 道次挤压后，粗大晶粒减少，因此粗大孪晶也随之减少。在 523K 下经 4 道次挤压后，孪晶在微细的再结晶组织中呈均匀分布；在 573K 下挤压时再结晶晶粒开始长大，因此断面附近也有孪晶存在。具有这种组织的材料屈服强度高，而断后伸长率则较小。

综上所述，ECAE 挤压温度会对镁合金晶粒细化效果产生影响，而挤压道次和挤压路径则会影响挤压后镁合金材料的组织结构。此外，挤压镁合金的初始组织结构对挤压后试样的晶粒尺寸也有一定的影响。

4）ECAE 对镁合金力学性能的影响。经过 ECAE 挤压后，镁合金晶粒得到细化，根据 Hall-Petch 公式，晶粒尺寸 d 减小，强度提高。Yu Yoshida 等人的研究表明，经过 ECAE 挤压后镁合金的强度和晶粒尺寸之间的关系式为：$R_{p0.2}=30+0.17d^{-1/2}$。

可见，镁合金的系数 k 值较大，因此晶粒细化应该对镁合金强度的提高具有明显的效果。但是大量的研究表明，经过 ECAE 挤压后的镁合金，虽然断后伸长率得到大幅度提高，但强度并未发生明显的改变甚至略有降低。W. J. Kim 等人的研究发现，AZ61 镁合金沿 B 路径在 548K 下经过不同的挤压道次后，AZ61 镁合金的屈服强度明显降低，抗拉强度略有降低，而断后伸长率大幅度提高。这主要是因为在 ECAE 挤压过程中所形成的织构的弱化作用超过了晶粒细化的强化作用，而晶粒细化又激活了更多滑移系的结果。

根据 Yu Yoshida 等人的研究，在 ECAE 挤压过程中，根据基面的取向特征可将 ECAE 形成的织构分为两种类型：一种为在大约 473K 的中低温情况下进行 ECAE 挤压的过程中，形成基面平行于剪切面即基面与挤压方向成 45°的织构；另一种是在约 573K 的相对较高温度下，形成基面平行于挤压方向的织构。但上述两种类型的织构，其 *c* 轴均在与剪切面法向成 30°方向的范围内变化。在对具有前一种类型织构的试样进行拉伸试验时发现，其强度较具有后一种类型织构的低，由此也可推知前者更容易发生基面滑移。这是因为在与拉伸方向成 45°的基面上具有最大的剪切力，从而导致材料的抗拉强度和屈服强度明显降低，而断后伸长率得到提高。对于具有后一种类型织构的试样来说，由于其基面平行于拉伸方向，所以当沿挤压方向进行拉伸时，其基面滑移系的 Schmid 因子为 0，在基面上几乎没有剪切应力，也就难以发生基面滑移。因此，与具有前一种类型织构的试样相比，具有后一种类型织构的试样抗拉强度和屈服强度增加，而断后伸长率降低。

实质上，ECAE 材料的力学性能取决于很多因素，如晶粒大小、孪晶分布、晶粒取向（织构）等。吉田雄等人发现 Mg-Li-Zn 合金的拉伸性能还依赖于变形速度。变形速度越大，加工硬化程度就越高，强度增加，而断后伸长率减小。

虽然在不同的温度下进行 ECAE 挤压，镁合金的晶粒均可得到细化，但其强度并未明显提高。在低温下经 ECAE 挤压的镁合金试样，其强度比未经 ECAE 挤压的试样略低，但断后伸长率却明显得到提高；而在高温下经 ECAE 挤压的镁合金试样，其强度虽有所提高，但断后伸长率却比较低。这主要是因为在不同的温度下进行 ECAE 挤压时，形成的织构不同所引起的。W. J. Kim 等人研究了 AZ61 镁合金在 ECAE 挤压过程中织构的演化规律，发现随着挤压过程的进行，AZ61 镁合金的初始纤维织构被分解，并随着挤压道次的增加逐渐形成新的织构，这也说明织构软化超过了由晶粒细化所产生的强化。同时织构分析也表明，经 8 个道次挤压的 ECAE 试样在拉伸试验过程中沿拉伸方向明显的应变强化是因为激活了两个甚至更多滑移系的结果。Z. W. Huang 等人研究了 ZK31 及 AZ31 镁合金分别在 523K、573K 沿 *B* 路径经 4 个道次挤压后所形成的织构，根据粉末样品的 X 射线衍射峰强度 I_m 与标准 ASTM 卡衍射峰强度 I_o 的比值 I_m/I_o，可发现挤压温度不同，所形成的织构也不相同。

经 ECAE 挤压后具有均匀细晶组织的镁合金，其抗拉强度和屈服强度以及断后伸长率均与材料的晶粒取向存在着一定的对应关系。而晶粒的取向随 ECAE 挤压温度的不同而变化，进而又影响到强度和断后伸长率的变化，对屈服强度的影响尤为明显。此外，ECAE 挤压路径对挤压后镁合金的力学性能也有一定的影响。根据 ECAE 挤压过程的剪切变形特征可知，经过不同的挤压路径和挤压道次后，材料在变形过程中的几何形状也不相同，使变形过程中的织构演化规律发生变化，并导致挤压后材料的力学性存在差异。

ECAE 镁合金的超塑性是指在一定的内部条件（如晶粒形状及尺寸、相变等）和外部条件（如温度、应变速率等）下，材料呈现出异常低的流变抗力、异常高的流变性能（如大的断后伸长率）的现象。根据实现超塑性的条件，一般可分为细晶超塑性和相变超塑性等。由于镁合金难以塑性加工，而超塑性成形又可以用来加工形状复杂、变形较大的工件，因此超塑性成形对于镁合金这种密排六方结构的金属就更加具有重要意义。已有的研究表明，镁合金的力学性能对晶粒尺寸存在着很大的依存关系，而通过 ECAE 可极大地细化晶粒，改善其微观结构，提高其力学性能，并表现出超塑性。大量的研究证明，经 ECAE 挤压后的镁合金可实现低温超塑性和高应变速率超塑性。吉田雄等人发现，经 ECAE 挤压后的 Mg-Li-Zn 合金，在 373K 温度下即具有超塑性（其断后伸长率约为 400%）。Matsubara 等人对 Mg-9% Al 合金的研究表明，经挤压 + ECAE 工艺制备的 Mg-9% Al 合金不仅具有极细的晶粒组织（0.7μm），还具有高应变速率超塑性。

目前虽然对 ECAE 镁合金超塑性已有不少的研究，并发现了许多镁合金系都有超塑性现象，但是，对于 ECAE 镁合金超塑性机理的研究还不多，一般认为是由于晶粒细化激活了更多的滑移系，从而获得超塑性，对其变形机理的解释主要是晶界滑移。吉田雄等人发现，经 ECAE 挤压后的 Mg-Li-Zn 系合金，其拉伸性能得到提高并获得了低温超塑性，其解释是所含的 α 相（Mg 固溶体）与 β 相（Li 固溶体）被细化以及 α 相被球化的结果。而在拉伸试验后，所含的两相均发生了动态再结晶和相沉淀，这说明，通过细化再结晶晶粒而增加的晶界和沉淀于 α 相再结晶晶界上的 β 相有助于晶界滑移。

（2）等径角轧制（Equal Channel Angular Rolling，ECAR）　经过等径角挤压变形后的镁合金具有众多的优异性能，但是等径角挤压受设备结构等的限制，不能用于制备板材且难以实现连续生产。如果在镁合金板材制备过程中，利用剪切变形来改变其晶粒取向以产生特定的织构，则可大大提高镁合金板材的性能。而在挤压生产中，为了解决连续性的问题，开发了 Conform 挤压、轧挤法等连续生产工艺。结合两者的优点，为了能够制备板材，获得与等径角挤压镁合金材料类似的优良性能，提出了等径角轧制工艺。

等径角轧制工艺是近几年发展起来的一种新颖的轧制成形工艺。最初，Y. Saio 等人在研究铝板的冲压性能时，提出了一种连续剪切变形工艺，他们将之称为 Conshearing 工艺，该工艺示意图如图 2-6 所示。在轧制过程中，用几个小轧辊（卫星辊）和一个大轧辊（中心辊）作为工作轧辊。所有的轧辊线速度

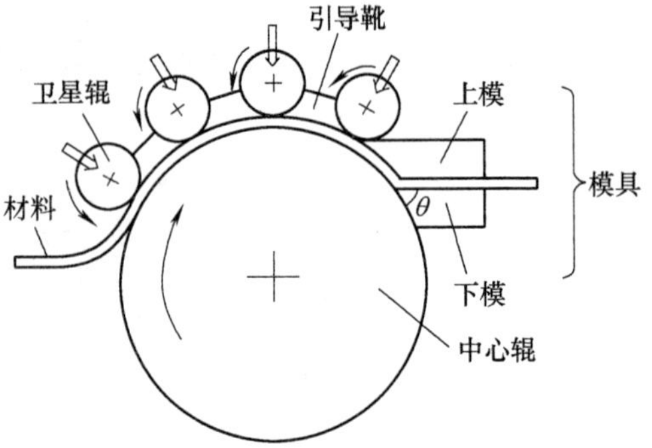

图 2-6　连续剪切工艺示意图

相同，在这些轧辊产生的挤压力的作用下，板带连续通过模具。为了能够使板材连续正常地咬入，在各卫星辊之间设有引导靴。在这种设备上，板带可以连续地实现剪切变形，且通过多次轧制可产生很大的剪切变形。

随后 Jae-chul Lee 等人又提出连续限制板带剪切（Continuous Confined Strip Shearing，C2S2）工艺。该工艺与上述工艺类似，基本装置如图 2-7 所示。C2S2 工艺也能够实现板材的连续简单剪切变形。在他们设计的 C2S2 装置中，为了使板带能够以较大的速度通过 ECAE 模具，将进料辊设计成齿轮状，从而产生足够大的挤压力。

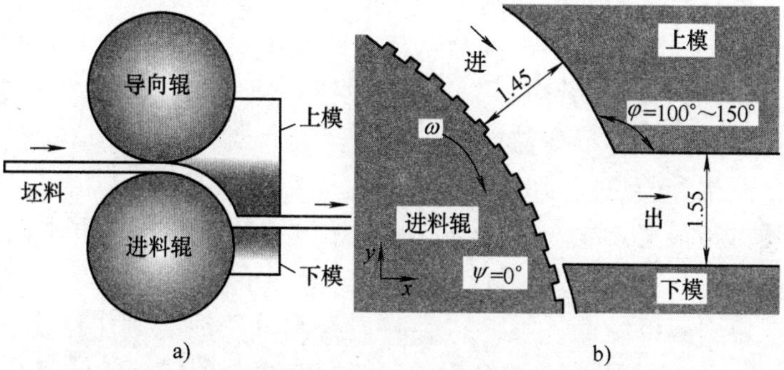

图 2-7　基于 ECAE 的用来实现连续限制板带剪切成形的 C2S2 装置示意图
a）整体　b）局部

由此可见，虽然两种装置的具体结构有所不同，但最终目的都是使板材产生连续剪切变形。所以，等径角轧制工艺不但具备等径角挤压的优点，还具有连续生产的能力，且板材通过等径角模具所需的挤压力由轧制过程中的摩擦力提供，有效地降低了能源消耗。

在等径角轧制过程中，为了保证板材能够顺利通过等径角模具，并且实现较大的剪切变形，必须合理设计等径角轧制模具。此外，为了利用剪切变形得到一定的板材织构，还应根据材料的不同，进行相应的模具设计。

5. 动态再结晶

与铝等高层错能金属相比，镁合金在热变形过程中易发生动态再结晶。动态再结晶作为一种重要的软化和晶粒细化机制，对控制镁合金变形组织、改善塑性成形能力以及提高材料力学性能具有十分重要的意义。镁合金在发生动态再结晶时，新晶粒可沿着原始晶界形成细小的再结晶组织。通常认为由于动态再结晶的软化作用，在动态再结晶发生后，材料的高温变形流变应力达到峰值，最后下降到某一稳定值，导致合金的变形抗力降低，有利于镁合金进一步加工成形。本节主要讲述镁合金动态再结晶的特点、动态再结晶形核机制、影响镁合金动态再结晶的基本因素以及动态再结晶在镁合金中的应用。

（1）动态再结晶的概念与特点　通常把金属再结晶温度以上的加工称之为热加

工；低于再结晶温度又高于回复温度的加工称之为温加工；而在回复温度以下的加工称之为冷加工。冷加工引起的加工硬化可以通过退火使之发生回复和再结晶而加以消除，从而使金属软化。热加工时由于温度很高，金属变形的同时还将发生回复和再结晶，因此加工硬化和软化过程同时进行，这种热变形时温度和外力联合作用下发生的回复和再结晶称之为动态回复和动态再结晶。与静态再结晶一样，动态再结晶也是一个形核和核心长大的过程。由于形核速率一般比核心长大速率小，因此形核过程是动态再结晶的主要控制过程。换言之，动态再结晶是一个速度控制的过程。动态再结晶能否发生，不仅与变形温度、速度及变形量的大小有关，而且受材料本身性能特别是层错能大小的影响。铝及铝合金、铁素体钢等高层错能材料不易发生动态再结晶。其原因在于层错能越高，则扩展位错越窄而易于束集，位错运动能力增强，使晶内位错等缺陷密度降低、形变储能减小。而动态再结晶的驱动力为形变储能，只有当储能达到一定临界值时，动态再结晶才能发生，因此铝合金热变形时的主要软化机制为动态回复。相反，有些材料层错能低，扩展位错很宽，故难以从节点和位错网中解脱出来，也难以通过交滑移和攀移与异号位错相互抵消，动态回复过程进行得很慢，亚组织中位错密度较高，剩余的储能足以引起再结晶，因此这类材料在热加工时有利于动态再结晶发生，如 Mg、Cu、Ni、α-Fe、黄铜、不锈钢等。特别是镁合金层错能低，在热变形过程中极易发生动态再结晶。

与静态再结晶相比，动态再结晶的特点为：①“临界变形程度”大，即只有在很大的变形量下才能发生；②动态再结晶时，易在晶界、亚晶界及孪晶界等处形核；③由于动态再结晶的临界变形程度比静态再结晶大，因此若变形过程中发生了动态再结晶，当变形终止时随即发生静态再结晶而无须孕育期。

1）镁合金动态再结晶的原因及特点。镁合金易发生动态再结晶有三大原因：①镁合金缺少易启动的滑移系，虽然棱面滑移系和锥面滑移系在高温时可启动，但是相对于具有面心立方结构的铝合金其启动的滑移系相当有限；②镁及镁合金层错能较低，纯镁的层错能只有 60～78mJ/m²；③与铝合金相比，镁合金的晶界扩散速度较高。因此，在亚晶界上堆积的位错能够被这些晶界吸收，从而加速动态再结晶过程。

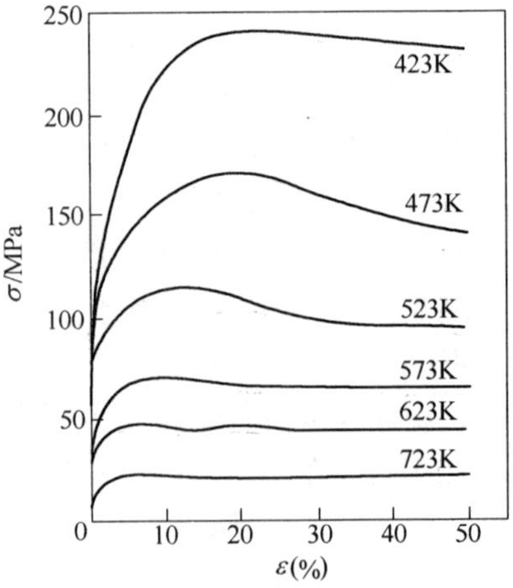

图 2-8　ZK60 镁合金在不同温度下的流变应力-应变曲线

2）应力-应变曲线特点。图 2-8 所示为 ZK60 镁合金在不同温度下的流变应力-应变曲线，可见，高温时镁合金的流变应力-应变曲线属于动态再结晶类型，其特点可归纳为：①在变形开始阶段，即应变较小时，存在明显的加工硬化，应力随应变的增加而急剧增大到某一峰值。②变形温度和应变速度均对热加工硬化有很大影响。在其他条件相同时，降低变形温度或增大应变速度均可使加工硬化加剧，同时峰值应力以及峰值应力所对应的应变增大。③流变应力很快越过峰值。与变形开始阶段相反，流变应力随应变的增加而下降。这是因为动态再结晶的软化效应大于热加工硬化的强化效应，结果在整体上呈现应变软化。④进一步增大应变，流变应力基本不随应变的增大而发生变化或下降很少，即进入所谓的稳态流动阶段。此时动态再结晶所引起的晶粒细化导致热加工硬化较峰值阶段加剧，结果动态再结晶软化效应与热加工硬化效应处于相对平衡状态。同时流变应力-应变曲线并不是一条光滑的曲线，而是呈细小的锯齿状，这是动态再结晶与热加工硬化相互竞争、强化与软化交互领先的结果。温度对稳态流变应力的影响规律与峰值应力相似。

大部分镁合金动态再结晶组织是由大小不均的等轴晶粒组成，晶内位错密度较低。再结晶晶粒大小不仅与温度有关，而且与应变速率有关。一般而言，变形温度越高，动态再结晶进行得越充分，组织越为均匀，但晶界扩散和晶界迁移能力增加，晶粒容易长大而导致晶粒粗化；应变速率增加，变形过程中产生的位错来不及抵消，位错增多，再结晶形核增加，导致晶粒细化。研究表明，当变形镁合金中动态再结晶晶粒组织占80%～95%时，在随后的退火过程中晶粒容易发生异常长大，形成大小极不均匀的粗大等轴晶粒组织，对镁合金性能的发挥极为不利。因此要获得细小等轴的晶粒组织，应采取合适的温度和速度机制，并在一定的温度范围内进行多道次变形。

微观组织分析表明，现存的晶界往往是动态再结晶的主要形核之处。与静态再结晶相比，动态再结晶也是通过新的大角度晶界形成和迁移的方法来进行的。在稳态变形期间经动态再结晶形成的晶粒呈等轴状，晶界呈锯齿状，等轴晶内还存在被缠结位错所分割的亚晶粒。这是因为发生动态再结晶过程中，在晶核长大的同时变形还在继续，因而形成的新晶粒内有一定程度的应变，故出现位错缠结的亚结构。显然，动态再结晶后的组织与退火时静态再结晶所得到的完全无畸变的等轴晶明显不同，因此，由动态再结晶所获得的金属材料，若其晶粒大小与静态再结晶材料相同，则强度和硬度值比后者高。

（2）镁合金动态再结晶形核机制

1）经典的再结晶形核机制。其有以下两种：

①应变诱导的晶界迁移模型。培莱等人根据电子显微镜观察结果，提出了再结晶成核以晶界弓出的方式进行。如图2-9所示，这个模型可称为应变诱导的晶界迁移模型（Strain-Induced Boundary Migration，SIBM）。图中横线上下为两个相邻晶粒，由于形变的不均匀性，晶界两侧的畸变能存在差异，上侧晶粒3的畸变能较大。发生再结晶时，原来平直的晶界会通过晶界迁移而弓出1、2，在其前沿扫过的区域内留下无应变的晶体，形成再结晶核心。

②多边化成核模型。为了克服经典成核模型的困难，卡恩和科特雷耳提出了一种多边化成核模型，可称之为亚晶粒长大的成核模型。它的要点是：在基体中范性弯曲最强烈的区域，通过局部的多边化形成了无畸变的亚晶粒。亚晶粒吞并相邻的形变基体而逐渐长大，直到它与基体间形成了大角度晶界，就可以作为再结晶的晶核。进一步长大可以通过大角度晶界的迁移来实现。亚晶粒长大的时期对应于再结晶的潜伏期。

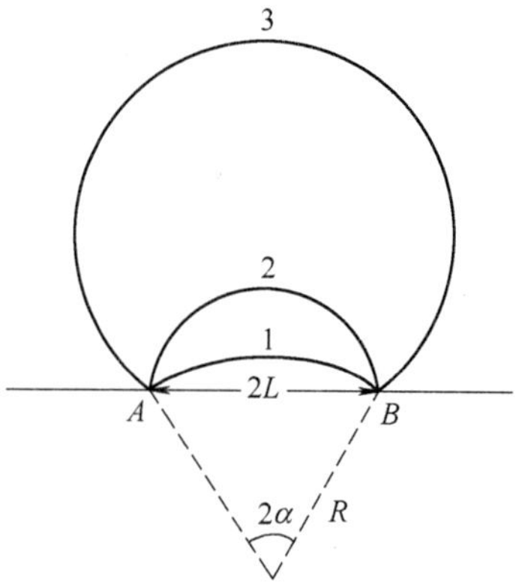

图 2-9　应变诱导的晶界迁移模型

胡娜根据电子显微镜直接观测的结果，提出了略有不同的多边化成核模型，可称之为亚晶粒合并的成核模型。两个亚晶粒间的亚晶界上的位错，通过沿着亚晶界面的攀移转移到两个亚晶外面的亚晶界上，而使中间的亚晶界消失，合并成一个大的亚晶粒。随着亚晶粒的长大，取向差会越来越大，最后构成了大角度晶界，形成再结晶核心。

2）非连续动态再结晶和连续动态再结晶。合金高温变形时典型的流变曲线如图 2-10 所示，若发生动态回复的软化过程，其流变曲线如图 2-10a 所示；若合金主要发生动态再结晶，其流变曲线变得如图 2-10b 所示。发生动态再结晶时存在一临界应变量，相应地存在临界位错密度 ρ_c，当实际变形量超过临界变形量动态再结晶就发生。在高 Z 参数时发生连续动态再结晶，曲线迅速上升到一峰值，随后由于动态再结晶的发生而引起软化，使流变应力减小到介于峰值应力和屈服应力间的某一值，最后保持基本稳定，即处于稳定变形阶段。在低 Z 参数时发生不连续动态再结晶，动态再结晶引起的软化与已再结晶晶粒的变形和重新硬化交替进行，流变曲线可出现周期性类似锯齿状的流变特征。每一波峰对应一新的动态再结晶开始，此后由于软化作用大于硬化作用，而使曲线下降。每一波谷对应一新的动态再结晶完结，此后由于硬化作用大于软化作用，而使曲线上升。当储存能积累到一定程度后又开始新的再结晶。如此反复进行，就出现了波浪形的应力-应变曲线。随应变量的增大，材料中发生再结晶的体积分数增大，软化和硬化间的交互作用变得越来越不明显，从而使流变曲线趋于平衡。

连续再结晶又称为“原位再结晶”或“广义回复”，其中“连续再结晶”用得最普遍，“连续”表示了转变的均匀性，以区别于经典再结晶过程的非均匀性。连续再结晶与经典的非连续再结晶的根本区别在于连续再结晶没有明显的形核和长大阶段，新晶粒主要通过小角度界面取向差的逐步增大而形成。

回复在连续再结晶中起着重要的作用：通过位错运动亚晶粒长大，位错向亚晶界积累使界面位向差增加，这个过程导致界面逐渐变成大角度晶界。连续再结晶容易发生在层错能高的合金中，因为层错能高的金属回复进行得很快，无法积累新晶粒形核和长大所需能量，而通过位错运动使亚晶界逐渐变化为大角度晶界需要的能量较低。

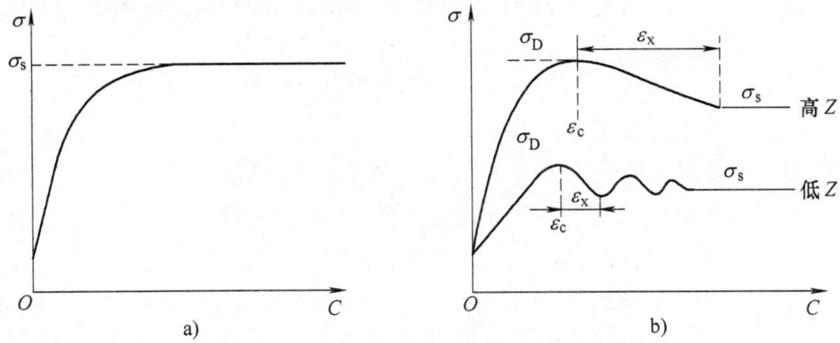

图 2-10 热加工条件下的经典流变曲线

a）动态回复型 b）动态再结晶型

3）镁合金的动态再结晶形核机制。镁合金动态再结晶形核机制非常复杂，迄今为止，许多学者独立提出了多种形核机制，包括晶界弓出、亚晶旋转、基于孪生的传统形核机制，以及常发生于高层错能金属中的连续动态再结晶（Continuous Dynamic Recrystallization，CDR）、旋转动态再结晶（Rotation Dynamic Recrystallization，RDR）等。

O. Sitdikov 等人系统研究了粗晶镁合金中基于孪生的动态再结晶形核机制，结果发现孪生动态再结晶过程可分成三个阶段：①孪晶界的形成；②孪晶界转变成普通晶界；③伴随着塑性变形的局部晶界迁移。孪生动态再结晶时，新晶粒的形核可通过初级孪晶和次级孪晶之间的交互作用实现。而当应变较大时，孪晶界可与运动位错发生反应转变成普通晶界。

在镁合金中，塑性变形时主要存在两种孪生系统，即$\{10\bar{1}2\}\langle 10\bar{1}1\rangle$初级孪生和$\langle 10\bar{1}1\rangle\{10\bar{1}2\}$次级孪生。在较低温度下变形时，孪晶非常细小，断面尺寸在 2μm 左右，并分属于不同的孪生系。变形温度升高时，孪晶变得粗大，常为具有弯曲晶界的透镜状。塑性变形过程中，孪晶与孪晶以及孪晶与位错之间的相互反应能促进新晶粒的形核，孪生动态再结晶包含以下三种形核机制：①$\{10\bar{1}2\}\langle 10\bar{1}1\rangle$变形孪晶之间的相互交截或变形孪晶与初始孪晶之间的相互反应形核。温度较低时，分属于不同孪晶系之间的孪晶也可发生反应形核，这种孪晶—孪晶之间的反应形成由两对孪晶界包围的矩形区域。在产生多种孪晶的状况下，晶格旋转可造成基体和核心之间的取向差。镁合金中的这种动态再结晶形核机制常发生于 423～473K 变形温度范围内。②第二种形核机制与$\langle 10\bar{1}1\rangle\{10\bar{1}2\}$次级孪生有关，这是由镁合金中孪生的特点所决定的。次级孪晶常呈薄片状并位于粗大的初级孪晶内部，由于$\langle 10\bar{1}1\rangle\{10\bar{1}2\}$孪生比$\{10\bar{1}2\}\langle 10\bar{1}1\rangle$孪生难以发生，因此其主要位于具有高度应力集中的晶界附近。故这种与次级孪晶有关的动态再结晶新晶粒易优先在晶界附近形核，核心的生长形成具有不规则形状的新晶粒。③贯穿孪晶层的小角度晶界形核，新晶粒由两对小角度晶界包围，其中一对将其与基体分开，另一对将其与孪晶分开。这种形核机制常发生于变形温度为 573K、应变为 15% ~30% 的范围内。

连续动态再结晶是镁合金中另一种重要的形核机制，这种形核机制一般只有在高层错能金属中才能发挥作用。但 A. Galiyev 等人的研究发现，镁合金热变形过程中也可通过连续动态再结晶形核。发生连续动态再结晶时，在流变应力达到峰值之前，部分晶界首先发生弯曲并形成再结晶新晶粒。进一步增大变形程度，在具有大角度晶界的原始粗大晶粒和孪晶界处形成链状等轴新晶粒。微观分析发现，在变形的初期形成了亚结构，并在应力集中较严重的晶界附近形成小角度晶界网络。随着应变的增大，这些亚晶不断转化成具有大角度晶界的再结晶新晶粒，即连续动态再结晶。

如图 2-11 所示，合金连续动态再结晶过程可分成三个阶段：①在剪切变形区发生的滑移特别是基面滑移，使晶内出现位错塞积，位错之间的交互作用形成胞状亚结构（见图 2-11a）；②动态回复形成亚晶（见图 2-11b）；③亚晶界的迁移和合并形成大角度新晶粒（见图 2-11c）。

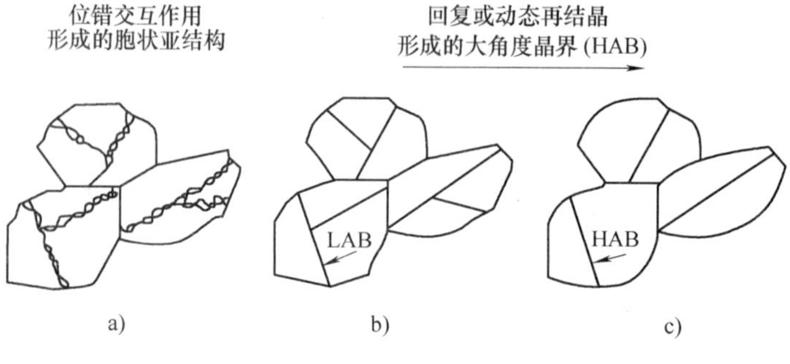

图 2-11　镁合金连续动态再结晶（CDRX）示意图

杨续跃等人也研究了 AZ31 镁合金的连续动态再结晶过程，对 AZ31 镁合金在 673K 温度下进行压缩变形，变形初期，在晶界附近产生凹凸化，并且沿着凹凸的晶界产生晶界滑移和引起晶界剪切变形，结果形成从晶界至晶内中心的不均匀变形梯度和回转梯度。随着变形的继续，在伸出部分产生剪切变形和在原晶界延长线附近产生孪晶或位错，伸出部分从原来的晶粒分离，在大的变形能梯度驱动下继续促使新的晶粒增加。假若结晶晶界和扭折带附近的应变能梯度和结晶取向的回转梯度极小，或者扭折带的形成密度极大，可能移动的多余的应变硬化区域几乎不存在，则不能促使新的晶粒增加。因此，只有在保持各个晶粒连续性的扭折带能够在较低的变形下生成，位错墙的取向差伴随着变形的增加迅速接近正常的晶界取向，以及在高的应变下新晶粒组织能完全形成，才有可能伴随着变形增加，诱发连续反应，即产生连续动态再结晶。

近年来的研究发现，局部剪切变形是协调镁合金塑性变形的一种重要机制。J. A. Valle 等人对 AZ61 镁合金热轧过程中的组织演变规律进行了研究，他们认为在挤压态镁合金中由于形成了基面纤维织构，因此挤压板在轧制变形时基面处于不利取向，这时通过局部剪切变形可使晶粒取向发生变化而使基面滑移变得有利。Ion 等人分析了 Mg-0.8Al 合金热压缩过程中剪切变形区的形成机理，并认为是由热变形过程中旋转动态再结晶造成的，其具体过程可用图 2-12 表示。具有基面纤维织构的镁合金轧制变形时，在开始阶段的主要塑性变形机制为 $\{10\bar{1}2\}$ 初级孪生，其结果使基面进一步趋向于垂直压应力方向而难以发生滑移。此时易在晶粒之间形成附加内应力使晶界附近的局部区域发生扭曲，由于扭曲区域点阵畸变严重从而成为动态再结晶优先形核的地方。特别是当变形温度较高时，在晶界附近易发生非基面滑移和交滑移而使扭曲区域扩大，并释放局部应力集中。随着应变的增大，在扭曲的晶界附近通过动态回复形成亚晶，并最终通过亚晶界的迁移和亚晶的合并长大从而围绕着晶界形成动态再结晶新晶粒（见图 2-12），这种新晶粒的形成机制称为旋转动态再结晶。当进一步升高变形温度时，非基面滑移和交滑移加剧而使扭曲区域增大，这种晶格的局部畸变能在一定程度上协调塑性变形，但并不能从根本上提供很大的应变。由于动态再结晶新晶粒可聚集在一起，并具有与原始晶粒不同的晶粒取向，这种取向更有利于基面滑移的进行，因此塑性变形主要集中在新晶粒区，结果在该处形成剪切变形区（见图 2-12c）。显然，旋转动态再结晶所导致的剪切变形不同于局部流变失稳引起的剪切变形。

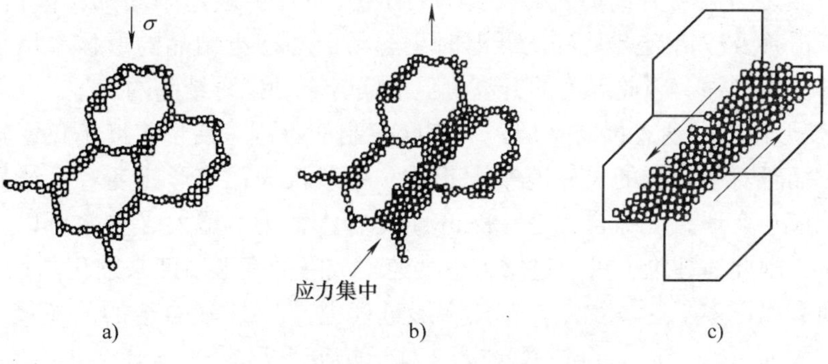

图 2-12 剪切变形区成因示意图

伴随旋转动态再结晶的组织演变规律可用图 2-13 表示。具有粗大再结晶晶粒组织和较强基面纤维织构的镁合金挤压板（见图 2-13a）轧制变形时，在晶界附近晶格畸变较严重的区域发生动态再结晶而形成细小的新晶粒，新晶粒围绕着原始粗大晶粒晶界呈环状分布，并具有与原始晶粒不同的晶粒取向分布特征，结果板材的基面纤维织构减弱（见图 2-13b）。随着变形程度的增大，动态再结晶晶粒越来越多，并不断向晶内扩展使晶粒细化，同时基面织构不断减弱，使得基面滑移易于进行（见图2-13c）。

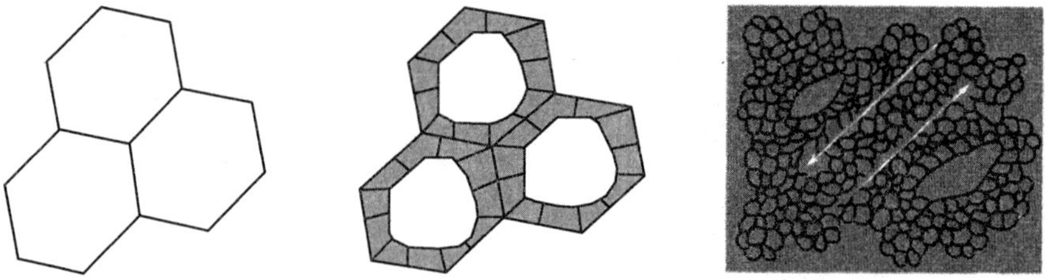

a) b) c)

图2-13 旋转动态再结晶过程的组织演变

（3）影响镁合金动态再结晶的基本因素

1）变形温度。变形温度是影响镁合金动态再结晶的主要因素之一。动态再结晶是伴随着热变形过程所发生的再结晶，是一个新晶粒形核与核心长大的过程。动态再结晶的驱动力是变形金属中晶粒间的畸变能差（位错密度差），此畸变能差是由位错密度及其分布状况决定的，而再结晶往往在位错数量多而且分布密集的区域形核。不管镁合金的动态再结晶采用何种形核机制，形核的多少与核心长大的速度，均受位错运动能力的控制。当变形温度过低时，位错难以通过运动而实现重组，因而动态再结晶不易发生。由于镁合金塑性变形时滑移系较少，孪生在塑性变形过程中往往发挥着重要的作用，因此在较低温度变形时，镁合金中存在大量的孪晶。当温度升高时，合金中原子热振动及扩散速率增加，位错的滑移、攀移、交滑移及位错节点脱钉比低温时更容易，动态再结晶的形核率增加，同时晶界迁移能力增强，因此温度的升高可促进镁合金动态再结晶的发生。

2）变形速度。动态再结晶是一个速度控制的过程，变形速度不仅影响新晶粒的形核，而且对新晶粒的尺寸有很大影响。一般认为，变形速度对再结晶晶粒尺寸的影响应与变形温度综合考虑。Kalbyshev等人认为，增大Z参数可以获得晶粒细化效果，因此在理论上可通过增大应变速率或降低变形温度来细化晶粒。Barnett等人的研究也证实了这一观点，在热变形过程中，AZ31镁合金的晶粒尺寸随着Z参数的增大而减小。但值得注意的是，对于热变形后需进行退火处理的镁合金，为了获得细小均匀的晶粒组织，应选择合适的Z参数。当Z值中等时，变形后的退火过程中晶粒易发生异常长大。特别是当再结晶晶粒组织占80%～95%时，晶粒异常长大现象十分严重，将极大地损害材料的性能。

3）变形程度。变形程度是影响镁合金动态再结晶的一个重要因素。如前所述，动态再结晶需要一个临界变形程度，只有当实际变形程度超过临界变形程度时，动态再结晶才能发生，且与静态再结晶相比，动态再结晶一般所需的临界变形程度更大（稍低于达到峰值应力时的应变）。此外，变形程度对动态再结晶晶粒尺寸也有很大影响，增大变形程度可使晶内位错密度增加、晶格畸变加剧，从而使新晶粒形核数目增多而细化晶粒。

4）原始晶粒组织。热变形以前原始晶粒的大小对动态再结晶晶粒尺寸也有很大影响。研究表明，与其他金属相比，镁合金动态再结晶晶粒组织对原始晶粒大小尤为敏感。当原始晶粒尺寸较大时，新晶粒尺寸也较为粗大，反之亦然。利用这一原理，可对镁合金进行多道次热变形，以达到连续地细化晶粒的效果。

（4）镁合金动态再结晶的应用

1）细化晶粒，提高力学性能。动态再结晶能细化晶粒，而晶粒细化能提高镁合金的室温强度、改善塑性，使镁合金的综合力学性能得到提高。Kalbyshev 等研究了纯镁及 ZK60 变形样品的微观组织及力学性能特征，发现通过合理控制热加工工艺，可将镁合金晶粒细化至 0.1μm 以下，这种微晶镁合金具有优异的力学性能。微观分析表明，在挤压过程中材料发生了动态再结晶使晶粒得到了明显细化，这也是材料性能得以提高的重要原因。

2）细化晶粒，改善塑性变形能力。细化晶粒可激活镁合金中非基面滑移系，并导致晶界滑移（Grain Boundary Sliding，GBS），从而使镁合金的塑性变形能力得到大幅度提高。用常规铸造方法制备的镁合金锭坯，晶粒尺寸一般在 100μm 以上，轧制时容易沿与轧板表面成 45°方向出现裂纹，因此镁合金铸锭热轧开坯时道次变形量要严格控制。即使对铸锭挤压变形后再进行轧制，由于挤压坯中存在强烈的{0001}基面纤维织构，其道次压下量一般也应控制在 25% 以下。但随着变形的进行，镁合金的轧制性能可因发生动态再结晶而得到明显改善。有人认为，动态再结晶新晶粒的取向不同于挤压和冷轧板中的基面取向，因而更有利于基面滑移。研究表明，10mm 厚的 AZ31 镁合金挤压板材，经第一道次变形量为 20% 轧制变形后，后续道次变形量可达到 40% ~67% 而不出现裂纹。因此，合理有效地利用动态再结晶来细化晶粒和调整晶粒取向，对改善轧制制品性能、提高轧制效率具有十分重要的意义。

Galiyev 等人指出，在 ZK60 合金的压缩变形中，动态再结晶使镁合金在中温和高温时的塑性明显改善，克服了镁合金塑性较差的缺点，使得对镁合金进行大变形成为可能。动态再结晶也能促进材料产生超塑性。Mohri 等人发现 AZ91 合金轧制板材在 573K 条件下进行拉伸时，板材发生动态再结晶，晶粒度由原来的 40μm 变至 9.1μm，并且得到了 604% 的断后伸长率。马洪涛等人研究了 MB26 合金的静态与动态再结晶过程，得出如下结论：挤压态 MB26 合金（在 623K 下保温 2h，经二次挤压）仅发生局部少量的动态再结晶，再经过静态再结晶很难转变为等轴细晶组织，只有通过动态再结晶（673K 拉伸）才能很快得到细小、均匀的完全等轴晶组织，这种细晶组织获得了 600% 的超塑性。

2.2.3 复合强化

在保持镁合金轻质优势的同时，镁合金的强度和耐磨性还可以通过同 SiC、Al_2O_3或石墨等增强相的复合而得到进一步的提高。目前镁基复合材料的制备通常是将 SiC、Al_2O_3或石墨的粉末、纤维或晶须加入熔融的镁合金中采用压铸或挤压铸造等方法。由于镁合金易与陶瓷增强相表面的氧和氮反应，因此陶瓷增强相同基体镁合金之间的润湿性好，特别是 SiC 可与镁反应生成 Mg_2Si，更有利于提高与基体镁合金之间的润湿性，这也是与铝基复合材料相比，镁基复合材料所具有的一个重要优点。

镁基复合材料具有比镁合金高得多的力学性能。例如，通过挤压铸造方法制备的 Al_2O_3纤维的体积分数 $\varphi(Al_2O_3)=16\%$ 的镁合金 AZ91 复合材料在 180℃的疲劳极限比原来提高了 1 倍。当 $\varphi(Al_2O_3)=30\%$ 时，其弹性模量也增加 1 倍。然而当 Al_2O_3纤维体积分数减少至 10% ~15% 以上时，其塑性和断裂韧度急剧降低。对 $\varphi(Al_2O_3)=20\%$ 的镁合金 AZ91 的复合材料 Al_2O_3/AZ91 与基体材料 AZ91 的抗蠕变性能对比试验显示，在 150 ~200℃和恒定的应力下复合材料 Al_2O_3/AZ91 的最小蠕变速率相当于 AZ91 的 1/2 ~1/3，蠕变寿命提高了 1 倍。镁基复合材料的基体不仅可以用铸造镁合金，也可以用锻造镁合金来制备，表 2-16 是用挤压镁合金 AZ31 为基体的 SiC 晶须增强复合材料的力学性能指标，可见随 SiC 晶须含量的增加，材料的弹性模量和强度增加，但断后伸长率降低。

表 2-16 SiC 晶须对镁基复合材料 SiC/AZ31 力学性能的影响

基体材料	φ(SiC)(%)	弹性模量 E/MPa	屈服强度 $R_{p0.2}$/MPa	抗拉强度 R_m/MPa	断后伸长率 A(%)
AZ31	0	45	221	290	15
	10	69	314	368	1.6
	20	100	417	447	0.9

由挤压铸造方法制备的含 $\varphi(SiC)=20\%$ 晶须的镁基复合材料 SiC_w/AZ91D（下标 w 指晶须），经 410℃、2h 固溶处理后在热水中淬火，接着进行 170℃、5h 的回火处理，试样的抗拉强度达到 392MPa，弹性模量升高至 78GPa，但合金的脆性增加。

2.3 铸造镁合金

2.3.1 镁-铝系合金

1. 镁-铝系合金简介

Mg-Al 合金系是最早用于铸件的二元合金系，该系既包括铸造合金又包括变形合金，是目前牌号最多，应用最广的系列。大多数 Mg-Al 合金实际上还包括其他的合金元素，以此为基础发展的三元合金有：Mg-Al-Zn、Mg-Al-Mn、Mg-Al-Si 和 Mg-Al-RE 共 4 个系列。

Al 在 α-Mg 中的室温固溶度大约为 2%，通常此类合金的铸态组织中存在着 α-Mg 和 β-$Mg_{17}Al_{12}$两相。当铝含量很低时，随着合金中铝含量的增加，Al 在 α-Mg 中的固溶度增加，强化效果也随之增加；当 α-Mg 中的固溶度达到极限时，随着合金中铝含量的增加，β-$Mg_{17}Al_{12}$相析出增加，由此导致的弥散强化效果增加。Mg-Al 二元合金的平衡和非平衡结晶过程可借助于 Mg-Al 二元合金相图来讨论，图 2-14 为 Mg-Al 二元合金相图，图 2-15 为 Mg-Al 二元合金相图富镁部分的放大。其中，实线表示慢速冷却，即平衡状态的情况；虚线代表快速冷却，即非平衡冷却的情况。由图 2-14、图 2-15 可见，Al 在 Mg 中的最大溶解度是在 437℃ 时 w(Al) = 12.7%，降至室温时 Al 的溶解度只有大约 w(Al) = 2%。因此，当 Al 在 Mg 中的溶解度在 w(Al) = 2% ~ 12.7% 内慢速冷却至相图中的液相线时，合金首先应当发生的是匀晶反应：L→α-Mg；当合金冷至固相线时，匀晶反应结束，伴随着的缓慢冷却过程，Al 原子通过扩散使 α-Mg 固溶体的合金成分不断地趋于均匀化。随着 α-Mg 单相固溶体继续冷却到固溶度曲线以下时，Mg-Al 化合物 β-$Mg_{17}Al_{12}$将开始从 α 固溶体中沉淀析出，这一过程一直持续至室温。因此，合金成分在这一范围的镁合金平衡结晶的室温组织应当是 α-Mg 固溶体与 β-$Mg_{17}Al_{12}$沉淀相的混合物，没有共晶组织的。但在实际的凝固条件下，大多数 Mg-Al 系合金，特别是含 Al 较多的镁合金（如 AZ91、AM100），尽管合金中 Al 的含量小于其溶解度极限（12.7%），其铸态组织中仍存在一些分布在 α-Mg 晶界上的 β-$Mg_{17}Al_{12}$共晶组织。这一事实说明，Mg-Al 二元合金的实际结晶过程大多是在非平衡条件下进行的，其冷却过程中相的平衡关系应当如图 2-15 的虚线所示。在 c 点以左 b 点以右，特别是成分接近 c

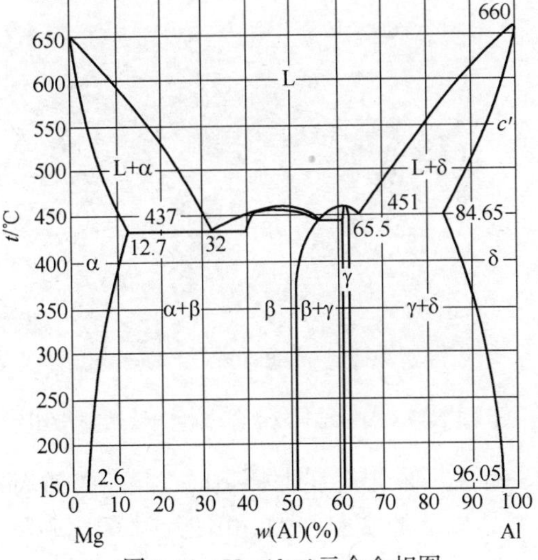

图 2-14　Mg-Al 二元合金相图

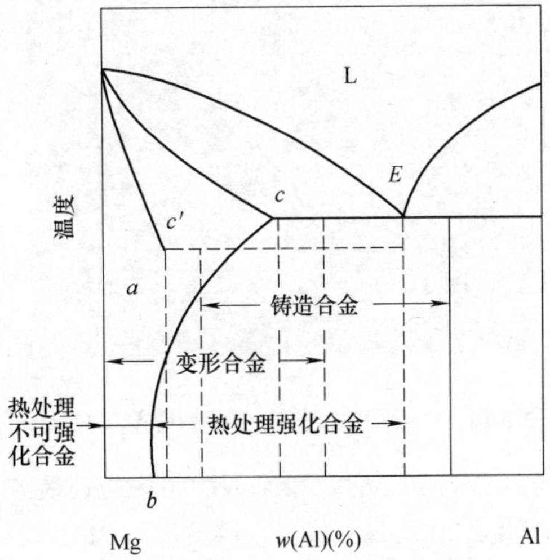

图 2-15　Mg-Al 二元合金相图富镁部分

点的合金，当以较大的冷却速度结晶时，在 L→α 的转变过程中，由液相生成的初生α-Mg 中的溶质 Al 来不及扩散均匀化，致使溶质 Al 在尚未凝固的液相中富集，并超过溶解度极限［w(Al) = 12.7%］，使凝固组织中产生共晶组织。虚线的位置依赖于具体的凝固条件。铸件的冷却速度越大，非平衡态就越远离平衡态，Mg-Al 二元合金相图中的虚线对实线的偏离就越大。在这种情况下，在 c 点以左 b 点以右的合金，特别是成分接近 c 点的合金在足够大的冷却速度下，有可能得到一些非平衡的共晶组织。冷却速度越大，先共晶 α-Mg 固溶体中铝的偏析倾向也越大，先共晶 α-Mg 晶粒与 β-$Mg_{17}Al_{12}$ 相的组织的尺寸越小，铸态显微组织更加细密。

镁的原子尺寸大，固态下扩散激活能较高，结晶潜热小，凝固过程快，这些原因都导致了镁合金在实际的铸造过程中都会得到远离平衡态的组织，其偏离程度取决于铸造方法和铸件尺寸。

Mg-Al 化合物的颗粒往往以块状和针状的形态出现，有时这些颗粒表面呈现出锯齿状，这是在早期凝固阶段长大形成的。游离状态的 Mn 和 Mn 的化合物用硝酸酒精侵蚀后变为黑色，这些黑色的相零散地分布在基体中。以镁合金 AZ92A［w(Al) = 9%，w(Zn) = 2.0%，w(Mn) = 0.10%］为例，图 2-16、图 2-17 分别为该合金用金属型和砂型铸造得到的显微组织。图中的大尺寸晶粒是先共晶的 α-Mg 固溶体，在先共晶 α-Mg 固溶体的晶界上白色的并具有黑色轮廓线的相是非平衡凝固产生的 β-$Mg_{17}Al_{12}$ 离异共晶体，即共晶组织中的 α-Mg 依附在原有的先共晶 α-Mg 相上，β-$Mg_{17}Al_{12}$ 相则以不规则的块状分布在晶界上。在离异共晶的 β-$Mg_{17}Al_{12}$ 相周围的黑色组织是在共晶反应后的冷却过程中，由 α-Mg 固溶体中析出的二次 β-$Mg_{17}Al_{12}$ 相，其析出受固态相变规律的控制。

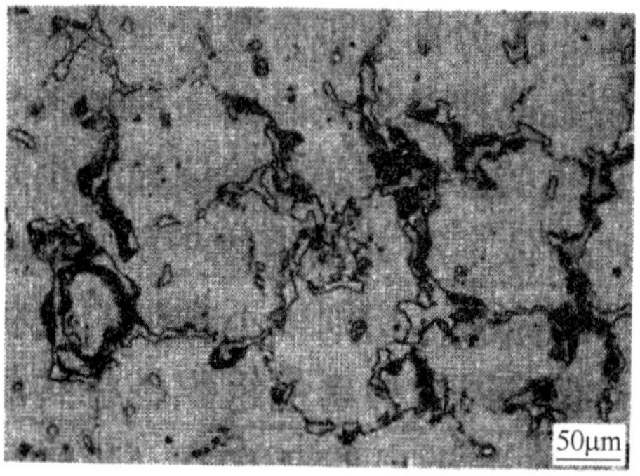

图 2-16　Mg-9Al-2Zn 合金金属型铸造显微组织

图 2-17　Mg-9Al-2Zn 合金砂型铸造显微组织

Mg-Al 系合金铸态显微组织与铸造方法有关。采用金属型铸造时，铸件的冷却速度比砂型时大得多，因此其 α-Mg 晶粒与晶界上的 β-$Mg_{17}Al_{12}$ 相的尺寸都比砂型的细，而且离异共晶的 β-$Mg_{17}Al_{12}$ 相周围的黑色沉淀组织也比砂型的少。同样的道理，当采用压铸（高压铸造）的方法时，镁合金的铸态组织将比金属型的还要细密，往往在晶界上只能观察到非连续网状离异共晶的 β-$Mg_{17}Al_{12}$ 相。对图 2-16 和图 2-17 中的黑色组织在高倍下的金相组织观察发现，黑色组织实际上是 α-Mg 固溶体的基体上析出的 β-$Mg_{17}Al_{12}$ 薄片，如图 2-18 所示。图 2-18 清晰地显示了 Mg-9Al-2Zn 合金凝固时在 α-Mg 晶界上的 β-$Mg_{17}Al_{12}$ 离异共晶体和其周围沉淀析出的 β-$Mg_{17}Al_{12}$ 的组织，可见二次 β-$Mg_{17}Al_{12}$ 以薄片状的形态在一次 β-$Mg_{17}Al_{12}$ 相周围 α-Mg 基体上析出。对不含锌、含铝量稍高的镁合金 AM100A [w(Al) = 10%，w(Mn) = 0.10%] 而言，β-$Mg_{17}Al_{12}$ 相不再以离异共晶的形态出现，α-Mg 晶界上的非平衡组织为粒状共晶，其组织是由大块儿的 β-$Mg_{17}Al_{12}$ 相与在其上的一些 α-Mg 固溶体颗粒组成，在共晶体的周围仍是片层状的二次 β-$Mg_{17}Al_{12}$ 析出相，如图 2-19 所示。对含铝较少的 Mg-Al 二元合金而言，如 AM60、AM50、AM20 等合金，其组织的组成物与上述相同，只是随着铝含量的降低，晶界上的 β-$Mg_{17}Al_{12}$ 相的含量减少，合金的强度降低，韧性和塑性增加。当合金通过半固态铸造（固态、液态的体积分数各约 50%）时，液相中含有比固相高得多的铝，使得合金具有如图 2-20 所示的显微组织特点。

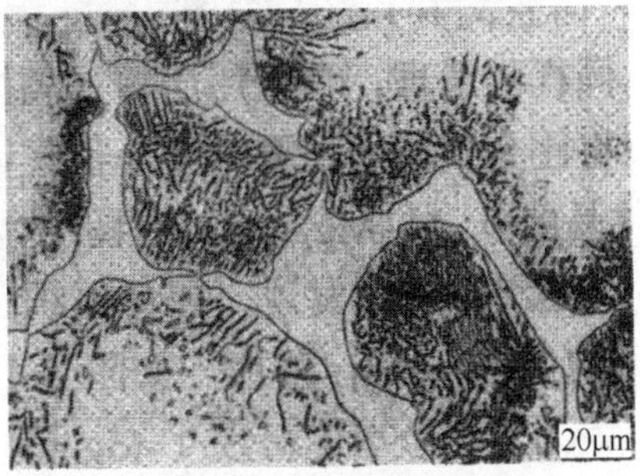

图 2-18　Mg-9Al-2Zn 合金金属型铸造金相组织

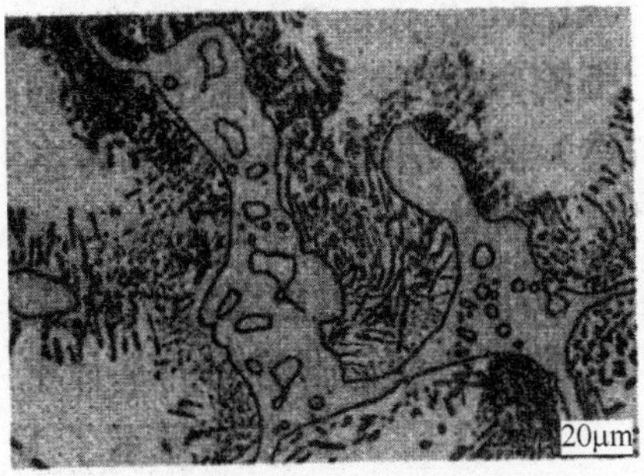

图 2-19　Mg-9Al-2Zn 合金砂型铸造金相组织

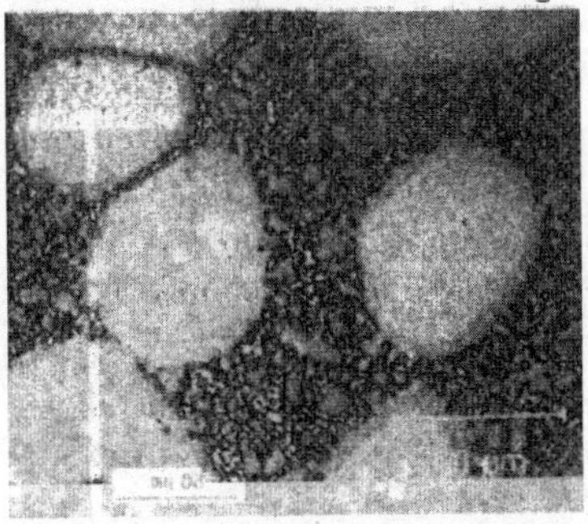

图 2-20　AZ91 合金的典型流变显微组织

镁合金 AZ91 中 α 与 β 两相组织可通过热处理方法调整。由于非平衡凝固而形成的离异共晶中的 β-$Mg_{17}Al_{12}$ 相（见图 2-21）固溶处理（T4）可全部溶入 α-Mg 基体中，形成单相过饱和的 α-Mg 固溶体（见图 2-22），固溶处理后接着时效会导致 β-$Mg_{17}Al_{12}$ 相再次从基体中析出。

时效过程中颗粒状 β-$Mg_{17}Al_{12}$ 相不经 GP 区和过渡相阶段直接沿晶界非连续析出。随着时效时间的延长，β-$Mg_{17}Al_{12}$ 析出相的数量持续增加，形态则经历由颗粒状、块状与胞状共存到向晶内蔓延的胞状组织，从晶界开始的非连续析出进行到一定程度后，晶内产生连续析出。由于伴随着 β-$Mg_{17}Al_{12}$ 相的析出过程，β-$Mg_{17}Al_{12}$ 相周围基体的含铝量不断下降，晶格常数连续增大，因为其导致晶格常数的变化是连续的，故称为连续析出。即使是在初始阶段，β-$Mg_{17}Al_{12}$ 与基体之间也不存在共格关系，只是以细小片状的形式平行于基面（0001），沿晶体的 3 个密排方向生长。

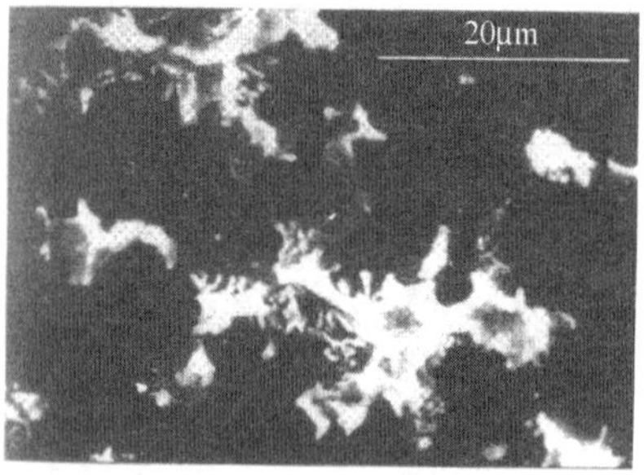

图 2-21　非平衡凝固离异共晶组织

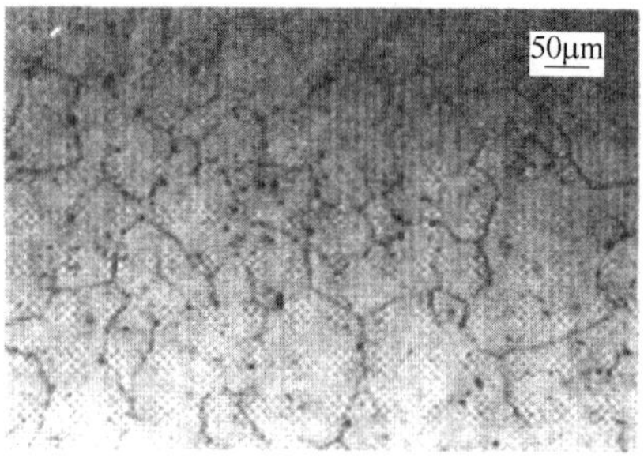

图 2-22　单相的 α-Mg 过饱和固溶体组织

当晶体经历塑性变形后再接着时效时，则 β-$Mg_{17}Al_{12}$ 还会沿着位错线发生非连续的析出。图 2-23 是固溶态 AZ91 合金经历 4% 塑性变形后，于 175℃时效时，β-$Mg_{17}Al_{12}$ 沿着位错线形核的情况。

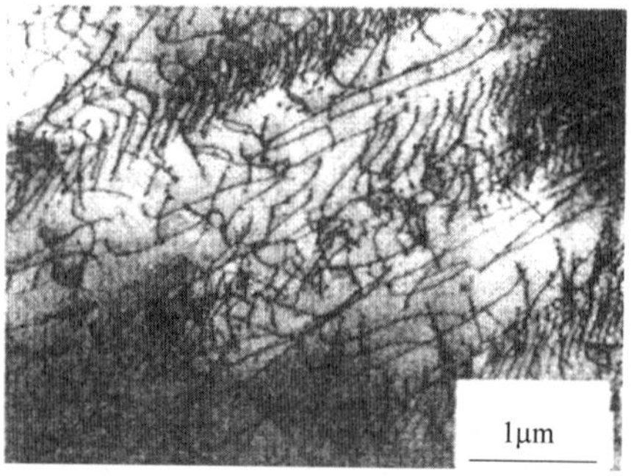

图 2-23　β-$Mg_{17}Al_{12}$ 相在位错线上非连续形核

Mg-Al 合金中往往还含有一些其他的合金元素，但其中最重要的就是 Zn 和 Mn。Zn 在 Mg-Al 合金中主要是以固溶状态存在于 α-Mg固溶体和 β-$Mg_{17}Al_{12}$ 相中。Zn 的添加量超过 2% 时，会降低断后伸长率，这在固溶处理状态非常明显，使得该合金从固溶处理温度淬火时，由于热应力的存在而易于发生裂纹。Mn 则以游离状态存在，Mn 和 Al 还能形成化合物 $MnAl_4$ 或 $MnAl_6$；当有铁存在时，则能生成 Mn-Al-Fe 三元化合物。

由于 β-$Mg_{17}Al_{12}$ 相的熔点仅为 460℃，当温度升高超过 130℃时，对于 Mg-Al 系的 AZ 和 AM 系列合金而言，晶界上的 β-$Mg_{17}Al_{12}$ 相开始软化，不能起到钉扎晶界和抑制高温晶界转动的作用，导致合金的持久强度和抗蠕变性能急剧降低。为了改善 Mg-Al 系合金的高温蠕变性能，通过向 Mg-Al 合金系中加入 Si 或 RE，设计了 AS（Mg-Al-Si）和 AE（Mg-Al-RE）系列的合金。由于铸态组织中的 Mg_2Si 或 Nd_9RE 的熔点高、硬而稳定，导致合金高温蠕变性能得到改善。不同温度下镁合金中各相的持久显微硬度值见表 2-17。稀土元素比硅对镁合金抗蠕变性能的影响效果要大，但成本也比硅高。

表 2-17　不同温度下镁合金中各相的持久显微硬度值　（单位：MPa）

相	20℃	150℃	200℃	250℃	300℃
α-Mn	9350	8450	6540	5440	4750
$Mg_{17}Al_{12}$	1750	1490	1040	420	130
Mg_9Ce	1580	1450	1170	1020	850
Mg_xNd_y	1690	1570	1360	1020	360
MgZn	2460	1240	990	530	210
Mg_4Th	2340	2100	1900	1610	1390
Al_2Ca	3560	3500	3180	3100	2940
Mg_2Ca	1490	1270	630	150	100

2. 铸造镁铝系合金的分类

（1）AZ 系　Mg-Al-Zn 合金最典型和常用的镁合金是 AZ91D，其压铸组织是由 α 相和在晶界析出的 β 相组成。Mg-Al-Zn 合金组织成分常常出现晶内偏析现象，先结晶部分含 Al 量较少，后结晶部分含 Al 量较多。晶界含 Al 量较高，晶内含 Al 量较低；表层 Al 含量较高，里层 Al 含量低。另外，由于冷却速度的差异，导致压铸组织表层组织致密、晶粒细小，而心部组织晶粒比较粗大，因而表面层硬度明显高于心部硬度。研究表明，随 AZ91D 压铸件厚度的增加，铸件的抗拉强度及蠕变抗力下降。

随 Zn 含量的增加，β-$Mg_{17}Al_{12}$ 相中合金成分会变成三元金属间化合物——$Mg_xZn_yAl_z$ 型。AZ92 合金只有 $Mg_{17}Al_{12}$，而 AZ63 合金除 $Mg_{17}Al_{12}$ 以外，还有三元化合物 $Al_3Mg_3Zn_2$。Mg-10% Zn-4% Al 合金中只有 $Mg_{32}(Al, Zn)_{49}$，Mg-10% Zn-6% Al 合金中的金属间化合物主要是 $Al_2Mg_5Zn_2$。

压铸组织耐蚀性比砂型铸造的要好，这是压铸组织表面 Al 含量较高的缘故。镁合金的力学性能随 Al 含量的增加而提高。尽管压铸方法能很大程度地减少组织中铸造缺陷（如空洞、缩孔等），但不可避免地组织中还会存在一些缺陷。这些缺陷将会降低镁合金的力学性能。试验表明，铸造缺陷往往是疲劳裂纹源，对疲劳性能有很大影响。减少缺陷数量和尺寸，将显著地提高铸造镁合金的疲劳性能。

（2）AM 系　依据 Mg-Al-Mn 合金相图，其典型组织是除存在 α 相和在晶界沉淀析出的 β-$Mg_{17}Al_{12}$ 相以外，还存在含 Mn 的中间相。根据合金中 Al 的含量高低，这种中间相可能是 AlMn、Al_3Mn、Al_4Mn、Al_6Mn 或 Al_5Mn_8。AM60 中 AlMn 相粒子在扫描照片中为白色。由能谱分析其主要成分为 Al : Mn（原子比）= 1.12 ~ 1.15 : 1。AlMn 相形状多为规则几何形状（如四方形），少量圆形、短棒形等。长轴和短轴方向无明显差异，最大尺寸在 10μm 左右。AlMn 相有明显的偏聚趋势。

不但 Mg-Al-Mn 合金存在 AlMn 粒子，而且 Mg-Al-Zn 合金中也可能存在 AlMn 粒子，这可能是由于在镁合金的冶炼过程中，为除去有害元素 Fe 而有意加入 Mn 元素所产生的。

（3）AS 系　在 Mg-Al 基合金中添加 Si 的工作早已有报道，并形成了 AS 系列的耐热镁合金。Si 的作用主要是在显微组织中形成了热稳定性很高的 Mg_2Si 相。它有助于改善合金的抗蠕变性能，但是这种 Mg_2Si 相粗大、形貌奇特（在西方的文献中称之为 Chinese characters，汉字状），对合金的室温力学性能产生不利的影响。国外的研究还发现如果在加 Si 的同时加入微量的 Ca 则可以改变 Mi_2Si 的形态，从而使合金的室温力学性能得到改善。在 AZ 系列合金基础上添加少量的 Si 和微量 Ca 试验后发现，少量的 Si 和微量 Ca 同时加入 AZ 系列合金后，有效地细化了合金的组织。由于 Si 和 Ca 的复合加入，显微组织中的 Mg_2Si 呈颗粒状形貌。深入的微观分析还发现，合金中微量的 Ca 以 Ca_2Si 的形式存在于 Mg_2Si 之中。系统的晶体学计算显示，Ca_2Si 与 Mg_2Si 的晶格匹配良好，揭示了微量 Ca 改变 Mg_2Si 形貌的机理。在 MgAl 系合金中加入少量 Sn 会在显微组织中形成分布于晶界的 Mg_2Sn 相。由于该相的热稳定性较高，致使合金的高温强度和抗蠕变性能得到较大幅度的改善。

（4）AE 系　Mg-RE 系相图显示 RE 在 Mg 中形成有限固溶体，产生细小的 Mg_3RE和 $Mg_{12}RE$ 粒子沉淀强化。在 Mg-Al 合金中加入 RE，RE 优先结合 Al 而不会与 Mg 形成化合物或 Mg-Al-RE 三元相，可能形成 $Mg_{12}RE$、$Al_{11}RE_3$（或 Al_4MM）和 $Al_{10}RE_2Mn_7$ 等化合物。Mg-Al-RE 合金（如 AE21、AE41）的典型组织为基体 α-Mg 和中间相 Al_4MM（MM 指混合稀土）及 $Mg_{17}Al_{12}$，不存在三元 Mg-Al-RE 相。Al_4MM 的结构类似于 Al_4Ce 化合物，具有体心正交晶体结构，其点阵常数为 $a=0.4395nm$，$b=1.3025nm$，$c=1.0092nm$。然而，在 Mg-4% Al-1.4% RE（50% Ce，25% La，20% Nd，3% Pr）的铸态组织里，因为 Al 的存在，RE 与 Al 化合形成了 $Al_{11}RE_3$和 $Al_{10}RE_2Mn_7$两相。这是由于 Al 在 Mg 基体里产生偏析，Al 在晶界处的浓度估计要高于晶内（3±1）倍。X 射线能谱证实在晶粒内部 Al 的含量为 1.5% ~ 2.0%，而在不同的晶界处 Al 的含量在 4% ~7% 之间变化。β-$Mg_{17}Al_{12}$相或者是在晶界附近呈薄且平行的板条状，或者是在晶界上生长成较大粒子。在 Mg 基体基面上生长的板条状 β 相具有如下位相关系：$(0001)_{Mg}//(1\bar{1}0)_{\beta}$ 和 $(01\bar{1}0)_{Mg}//(11\bar{2})_{\beta}$。其典型合金为 AE42，可用于高温下要求高蠕变强度的部件。

（5）其他 Mg-Al 系合金　Mg-Al 系合金组织在平衡态下主要由 α 相和 β-$Mg_{17}Al_{12}$ 相组成。加入合金元素后，大多数在晶界形成中间相。合金元素 Si、Ca、Sb 等加入 Mg-Al 基体合金后，将引起合金显微组织的变化。以 Mg-Al 系为基体的合金系如下：

AZSC 系：Mg-(4.0 ~ 9.0) Al-(0 ~ 1.0) Zn-(0.1 ~ 0.3) Mn-(0.5 ~ 2.0) Si-(0.1 ~0.5)Ca

AZSn 系：Mg-(4.0 ~9.0)Al-(0 ~1.0)Zn-(0.1 ~0.3)Mn-(0.5 ~2.0)Sn

AZB 系：Mg-(4.0 ~9.0)Al-(0 ~1.0)Zn-(0.1 ~0.3)Mn-(0.5 ~2.0)Bi

AZSb 系：Mg-(4.0 ~9.0)Al-(0 ~1.0)Zn-(0.1 ~0.3)Mn-(0.1 ~1.0)Sb

AZBSb 系：Mg-(4.0 ~ 9.0) Al-(0 ~ 1.0) Zn-(0.1 ~ 0.3) Mn-(0.5 ~ 2.0) Bi-(0.1 ~1.0)Sb

AZEC 系：Mg-(4.0 ~ 9.0) Al-(0 ~ 1.0) Zn-(0.1 ~ 0.3) Mn-(0.5 ~ 2.0) RE-

(0.1 ~1.0)Ca

AE 系：Mg-(4.0 ~7.0)Al-(0.1 ~0.3)Mn-(0.5 ~4.0)RE

AEC 系：Mg-(4.0 ~7.0)Al-(0.1 ~0.3)Mn-(0.5 ~4.0)RE-(0.1 ~0.5)Ca

AN 系：Mg-(4.0 ~7.0)Al-(0.1 ~0.3)Mn-(0.5 ~4.0)Nd

ANC 系：Mg-(4.0 ~7.0)Al-(0.1 ~0.3)Mn-(0.5 ~4.0)Nd-(0.1 ~0.5)Ca

AL 系：Mg-(4.0 ~7.0)Al-(0.1 ~0.3)Mn-(0.5 ~4.0)La

ALC 系：Mg-(4.0 ~7.0)Al-(0.1 ~0.3)Mn-(0.5 ~4.0)La-(0.1 ~0.5)Ca

AC 系：Mg-(4.0 ~7.0)Al-(0.1 ~0.3)Mn-(0.5 ~4.0)Ca

AJ 系：Mg-(4.0 ~7.0)Al-(0.1 ~0.3)Mn-(0.5 ~4.0)Sr

AJC 系：Mg-(4.0 ~7.0)Al-(0.1 ~0.3)Mn-(0.5 ~2.0)Sr-(0.1 ~2.0)Ca

3. 第ⅡA 族元素（Ca 和 Sr）对 Mg-Al 基合金显微组织的影响

在低成本工业镁合金中碱土族元素 Ca 和 Sr 是提高 Mg-Al 基合金抗蠕变性能的有效元素，因而 Ca 和 Sr 的合金化也成为近年来镁合金界的研究热点之一。

（1）Mg-Al 系合金的 Ca 微合金化　在 Mg-Al 系合金中加入微量 Ca 对显微组织的影响主要是改变了 β-$Mg_{17}Al_{12}$ 相的形态。β 相是 Mg-Al 合金中的主要强化相，但往往以非连续沉淀的形式出现，导致合金高温性能的恶化。微观分析表明，微量 Ca 加入合金后主要溶入了 β 相，使它的形态从非连续沉淀转变为连续沉淀，如图 2-24 所示。这种形态的转变明显改善了合金的抗蠕变性能。

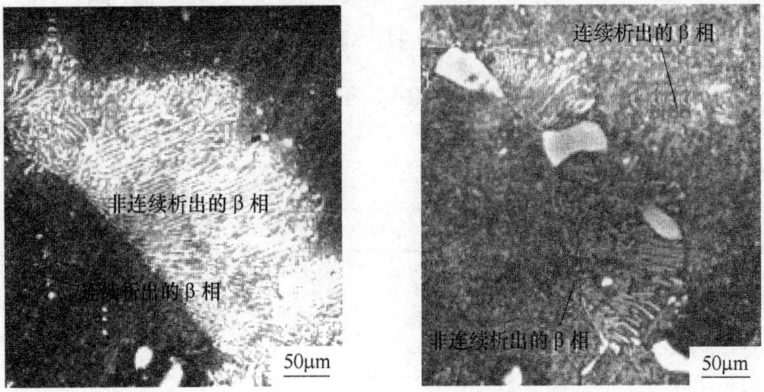

a)　　b)

图 2-24　Ca 对 AZ 系列镁合金组织的影响

a）AZ91　b）AZ91 +0.15Ca

对合金的 DTA 分析（见图 2-25）和显微硬度测试显示，微量 Ca 溶入 β 相后明显地提高了该相的熔点和显微硬度，这些结构均说明微量 Ca 改变了 β 相的微观结构特征。为此用 EET 理论对 β 相的结合键的强度进行理论计算，结果显示，Ca 溶入 β 相后强化了 β 结构中的弱键，提高了结构中结合键强弱的均匀性，从而提高了 β 相的热稳定性。这些结果从理论上揭示了 Ca 微合金化的作用。

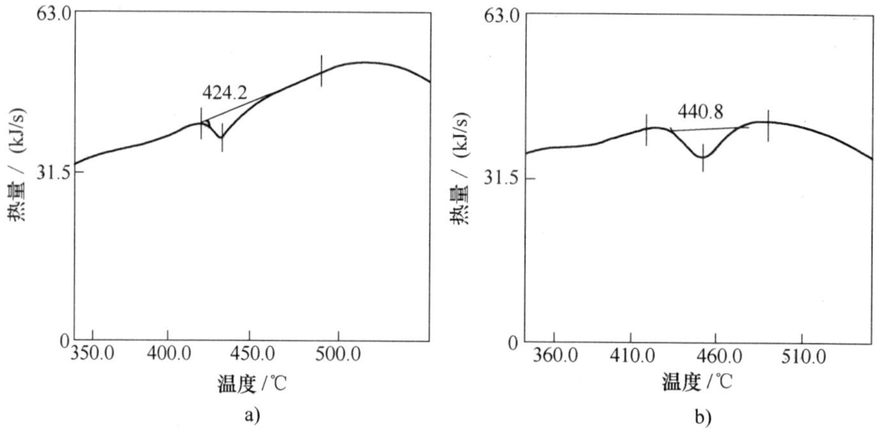

图 2-25 Ca 微合金化前后 AZ91 合金的 DTA 曲线

a）微合金化前 b）微合金化后

（2）Mg-Al 系合金的 Ca 低合金化 在 Mg-Al 合金中 Ca 的加入量超过 0.5% 时，Ca 的作用与上述微合金化的机理完全不同。此时合金的组织中出现了 Al_2Ca 相，它分布于基体相的晶界上，呈现离异共晶的形态。由于 Mg_2Ca 有很高的热稳定性，在高温下它可以有效地阻止晶界滑动，从而大幅度改善合金的抗蠕变性能。

在 Mg-Al 系合金中加入 Ca 后，铸态 Mg-Al-Ca 合金的室温拉伸性能见表 2-18。合金的强度和断后伸长率随 Ca 含量的增加而变化的趋势如图 2-26 所示。

表 2-18 铸态 Mg-Al-Ca 合金的室温拉伸性能

合　　金	抗拉强度 R_m/MPa	屈服强度 $R_{p0.2}$/MPa	断后伸长率 A（%）
AM50	191	82	8.2
AC505	168	85	6.3
AC51	156	93	4.9
AC515	139	97	4.1
AC52	137	109	2.2

由表 2-18 和图 2-26 可见，加 Ca 使合金的屈服强度明显提高。AM50 合金的屈服强度仅有 82MPa，加 1.0% Ca 的 AC51 合金的屈服强度增加到 93MPa，而加 2.0% Ca 的 AC52 合金则达到 109MPa，超过 30% 的增幅。但合金的塑性随 Ca 含量的增加大幅下降，断后伸长率从 AM50 合金的 8.2% 分别降为 AC51 合金的 4.9% 和 AC52 合金的 2.2%。抗拉强度的变化趋势和断后伸长率变化的趋势基本一致。加 1.0% Ca 的 AC51 合金的抗拉强度从 AM50 合金的 191MPa 降为 156MPa，而加 1.5% Ca 的 AC515 合金和加 2.0% Ca 的 AC52 合金的抗拉强度则不到 140MPa。可见，Ca 有明显脆化合金的倾向。

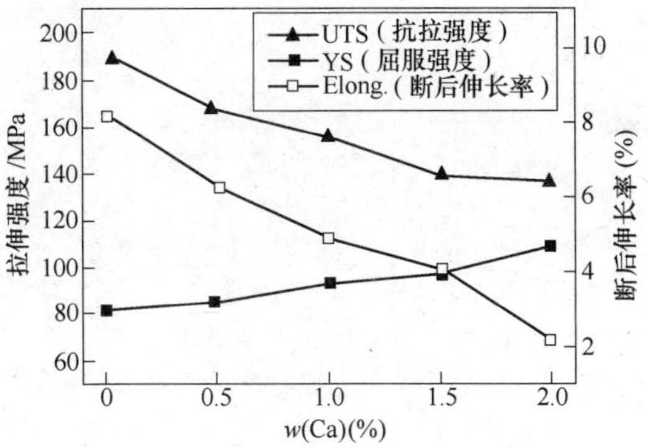

图 2-26 铸态 Mg-5Al-xCa 合金室温拉伸性能随 Ca 含量变化的趋势

Mg-Al-Ca 合金的100℃、150℃和200℃高温拉伸性能列于表2-19。合金的高温拉伸性能随 Ca 含量的增加而变化的趋势如图 2-27 所示。

表 2-19 铸态 Mg-Al-Ca 合金的高温拉伸性能

合金	100℃			150℃			200℃		
	R_m/MPa	$R_{p0.2}$/MPa	A（%）	R_m/MPa	$R_{p0.2}$/MPa	A（%）	R_m/MPa	$R_{p0.2}$/MPa	A（%）
AM50	189	78	9.2	123	67	10.6	109	55	13.0
AC505	167	83	7.0	126	73	10.9	117	70	8.5
AC51	162	91	5.5	132	86	8.8	127	76	7.2
AC515	141	97	4.3	134	92	4.9	133	87	5.8
AC52	139	107	2.9	137	103	3.3	136	98	5.6

比较图 2-27 和图 2-26 可知，合金在 100℃下的高温性能与室温性能的变化趋势完全一致，即随 Ca 含量的增加，屈服强度明显提高，断后伸长率和抗拉强度大幅下降。

图 2-27 表明，合金在 150℃和 200℃的屈服强度随 Ca 含量的增加同样明显增加，而且温度越高，其增幅越大。以 AC51 合金为例，其室温、100℃、150℃和200℃的屈服强度分别比 AM50 合金提高了 13%、17%、28%和 38%。

由图 2-27 和图 2-26 可以看出，Ca 对合金在 150℃和 200℃的高温抗拉强度和对 100℃及室温强度的影响规律刚好相反。在较高温度下，Ca 的加入提高了合金的抗拉强度。AC51 合金 150℃和 200℃下的抗拉强度分别比基体合金 AM50 提高了 9MPa 和 18MPa，而 AC52 合金则分别提高了 14MPa 和 27MPa。但是合金在 150℃和 200℃的断后伸长率随 Ca 加入量的增加，仍然呈明显下降趋势。

比较表 2-19 和表 2-18 中同一合金不同温度下的性能不难发现，Ca 含量越高的合金，随温度的提高强度下降的幅度越小。AC51 合金从室温到 200℃，抗拉强度和屈服强度分别下降了 29MPa 和 17MPa，而 AC52 合金的抗拉强度几乎没有什么变化，屈服强度也仅下降了 11MPa。这一结果进一步说明，Ca 对 Mg-Al 基合金而言是十分有益的高温强化元素。

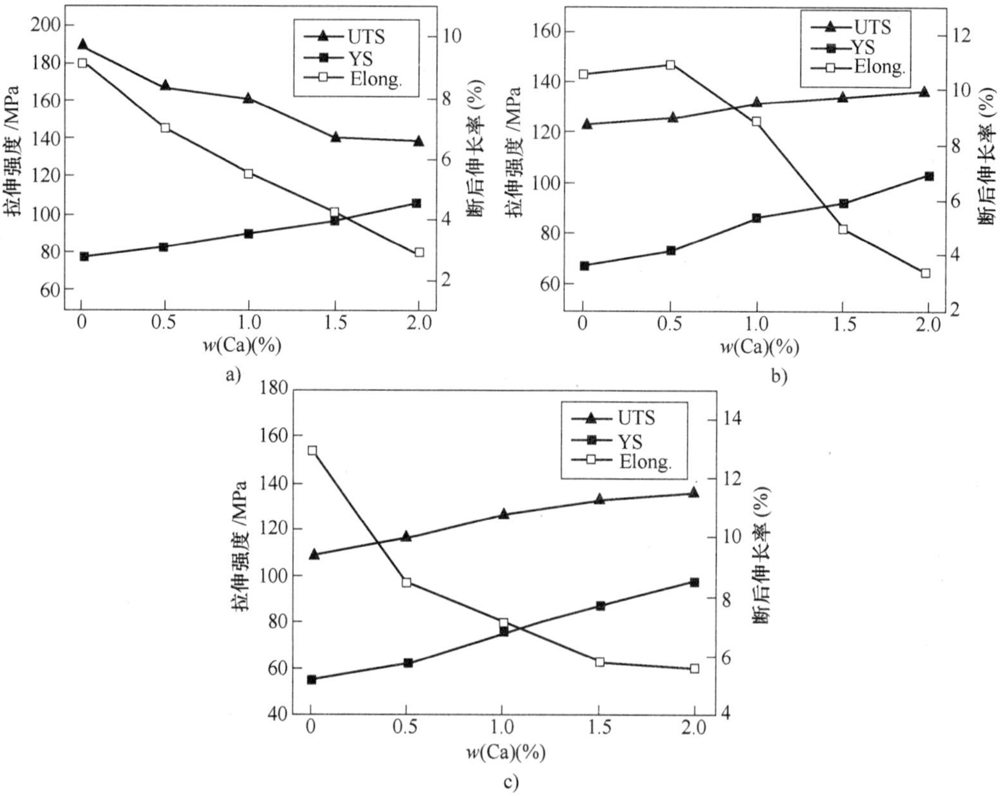

图 2-27　铸态 Mg-5Al-*x*Ca 合金的高温拉伸性能随 Ca 含量变化的趋势

a）100℃　b）150℃　c）200℃

（3）Mg-Al 系合金的 Sr 低合金化　与 Ca 属于同一族的 Sr 对 Mg-Al 系合金同样有改善高温力学性能的作用，含 Sr 的 Mg-Al 合金的组织与含 Ca 的合金相似，如图 2-28 所示。然而晶界上的中间相却和 Mg-Al-Ca 合金不同。图中的晶界上有两种中间相，Al_4Sr 和 Mg-Al-Sr 三元金属间化合物。它们的作用与 Al_2Ca 相同，在高温下能组织晶界滑移，从而降低合金的蠕变速率。

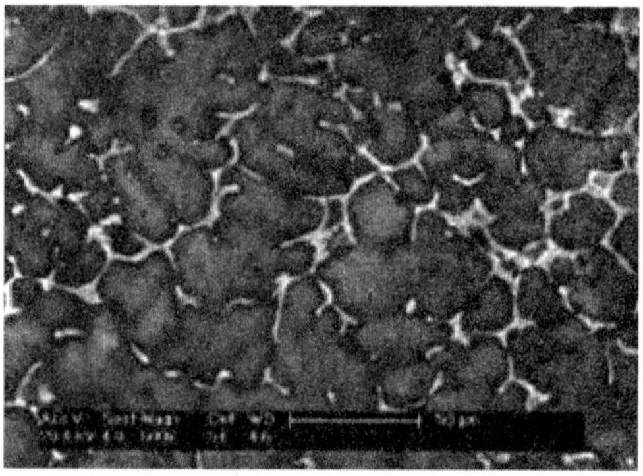

图 2-28　含 Sr 的 Mg-Al 合金的铸态组织

4. 第ⅤA 族元素（Bi 和 Sb）对 Mg-Al 基合金的影响

在 Mg-Al 系合金中加入少量的第 VA 族元素 Bi 或 Sb 后导致显微组织的细化，并在合金中形成 Mg_3Bi_2 或 Mg_3Sb_2 相。图 2-29 是这两种强化相的 SEM 像。试验结果表明，这两种相的出现明显强化了合金，提高了合金在 150～200℃温度范围内的抗蠕变性能。

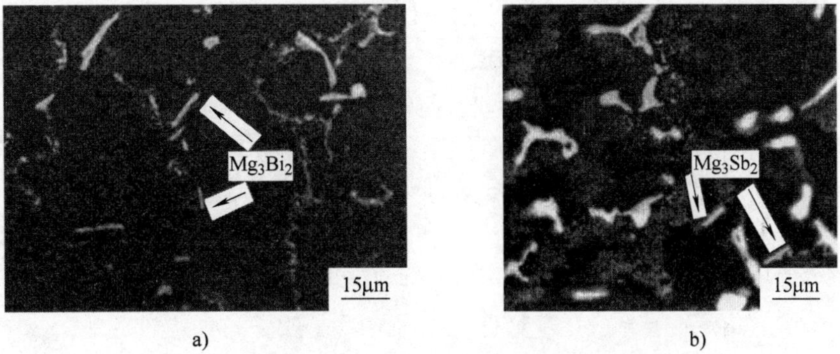

图 2-29 添加 Bi 和 Sb 后 AZ91 合金中强化相的 SEM 像

a) Mg_3Bi_2 相 b) Mg_3Sb_2 相

5. Ti 微合金化对 Mg-Al 系合金的影响

镁是密排六方金属，由于滑移系少，晶粒细化对提高力学性能的效果比体心和面心立方金属的效果更有效，因此，细晶强化是强化镁合金的主要方法之一。众所周知，Mg-Al 系合金由于粗大第二相 $Mg_{17}Al_{12}$ 在晶界上的连续分布，使得合金的塑性和室温抗拉强度大大降低，因此，改善第二相 $Mg_{17}Al_{12}$ 的形态和分布是提高镁合金性能的又一个重要方法。

过渡族金属中有许多元素可以细化镁合金的组织，其中 Zr 是 Mg-Zn 和 Mg-RE 合金的有效细化剂。Ti 属于过渡族金属，其晶格也为密排六方结构，晶格常数为 $a=0.29512$nm，$c=0.46845$nm。Ti 作为铝合金细化剂的工业应用已经比较成熟，但在镁合金中应用的研究较少。

上海交通大学刘满平等以 Mg-Al 系合金为基础，研究 Ti 对 AM50 合金的组织的影响，所研究的 Mg-Al-Ti 合金的编号和化学成分见表 2-20。

表 2-20 Mg-Al-Ti 合金的化学成分

合 金	名义成分	实际化学成分（质量分数,%）						
		Mg	Al	Ti	Mn	Si	Fe	Cu
AM50	Mg-5Al-0.35Mn	Bal.	5.05	—	0.36	0.023	0.022	0.001
AMT1	Mg-5Al-0.01Ti	Bal.	4.82	0.0025	0.33	0.019	0.013	0.003
AMT2	Mg-5Al-0.05Ti	Bal.	4.61	0.0055	0.31	0.025	0.017	0.002
AMT3	Mg-5Al-0.1Ti	Bal.	4.53	0.0079	0.31	0.017	0.014	0.005

图 2-30 为光学显微镜下加入不同含量的 Ti 后铸态 AM50 合金的金相组织。由图 2-30a 可见，未加 Ti 的 AM50 合金，组织中的第二相 $Mg_{17}Al_{12}$ 主要分布于晶界，尺寸粗大，几乎看不到晶内析出相。同时，晶界 $Mg_{17}Al_{12}$ 相的分布很不均匀，即第二相在晶界的某些地方产生了偏聚，而在晶界的另一些地方则很少。加入 Ti 后 AM50 合金的组织发生了显著的变化，晶界上不均匀分布的粗大 $Mg_{17}Al_{12}$ 相变为均匀分布的细小颗粒状，晶粒内的 $Mg_{17}Al_{12}$ 相颗粒明显增多。仅加入质量分数为 0.01% Ti 的 AMT1 合金的组织与 AM50 相比，已经有了明显的变化（见图 2-30b），

原来晶界粗大的 $Mg_{17}Al_{12}$ 相全部变为细小均匀的颗粒状，基体中的 $Mg_{17}Al_{12}$ 相颗粒明显增加；而加入 0.05% Ti 的 AMT2 合金的组织细化更加明显（见图 2-30c），基体中的 $Mg_{17}Al_{12}$ 相颗粒大大增加，晶界和基体中第二相的分布趋于一致；加入 0.1% Ti 的 AMT3 合金与 AMT2 合金相比，第二相的形态和分布没有明显差异（见图 2-30d）。由此可见，在 AM50 合金中加入质量分数不超过 0.1% 的 Ti，即进行 Ti 微合金化，就能有效地细化晶界粗大的 $Mg_{17}Al_{12}$ 相，明显增加基体中的 $Mg_{17}Al_{12}$ 相颗粒，使得晶界和基体中的第二相变为均匀一致的细小颗粒状。

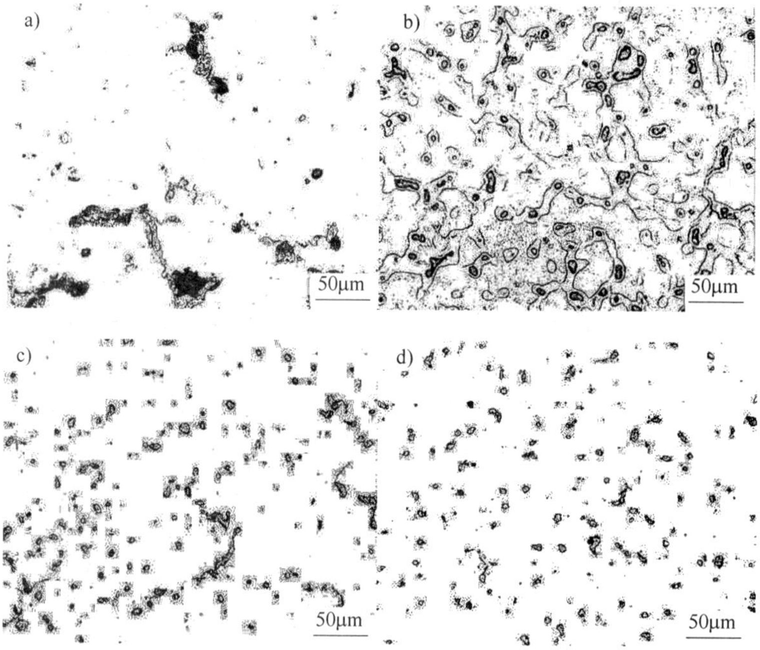

图 2-30　Ti 对铸态 AM50 合金光学金相组织的影响

a) AM50　b) AMT1　c) AMT2　d) AMT3

通过定量金相得出合金的平均晶粒尺寸和 $Mg_{17}Al_{12}$ 相颗粒直径的变化见表 2-21。可见 Ti 对 AM50 合金的晶粒也具有明显的细化作用，从 AM50 到 AMT3 合金，合金的晶粒平均尺寸从 135μm 降为 43μm，降低了近 70%。$Mg_{17}Al_{12}$ 相颗粒尺寸的下降趋势更加明显，由于沿晶界分布的粗大 $Mg_{17}Al_{12}$ 相的粒状化，$Mg_{17}Al_{12}$ 相颗粒的平均直径大大降低，从 AM50 到 AMT3 合金，$Mg_{17}Al_{12}$ 相的平均尺寸从 23μm 降为 3μm，降低了 85% 以上，其中相当一部分 $Mg_{17}Al_{12}$ 相颗粒的尺寸为 1μm 左右。从 AMT2 到 AMT3 合金，晶粒和 $Mg_{17}Al_{12}$ 相尺寸的降低趋势变缓。

表 2-21　Ti 对 AM50 合金平均晶粒尺寸和 $Mg_{17}Al_{12}$ 相颗粒直径的影响

合　　金	AM50	AMT1	AMT2	AMT3
晶粒尺寸/μm	135	63	47	43
$Mg_{17}Al_{12}$ 相颗粒直径/μm	23	7	3	3

将图 2-30 中的组织在扫描电镜下进行高倍观察，结果如图 2-31 所示。可见加入 Ti 后合金中的第二相形貌与 AM50 合金完全不同。未加入 Ti 的 AM50 合金的组织由初生 α-Mg 固溶体、过饱和共晶 α-Mg 固溶体，以及存在于晶界的骨骼状共晶 $Mg_{17}Al_{12}$ 相和非连续析出的层片状二次 $Mg_{17}Al_{12}$ 相组成（见图 2-31a、b）。图 2-31c 和 d 为加入 0.1% Ti 的 AMT3 合金的微观形貌。可见，加入 Ti 后合金中的 $Mg_{17}Al_{12}$ 相呈短棒状或球状弥散分布于基体和晶界上，粗大的骨骼状共晶 $Mg_{17}Al_{12}$ 相和层片状非连续析出的 $Mg_{17}Al_{12}$ 相已经完全消失。因此，微量 Ti 不仅能够细化晶粒和 $Mg_{17}Al_{12}$ 相，而且对 $Mg_{17}Al_{12}$ 相的形态也具有强烈的变质作用。

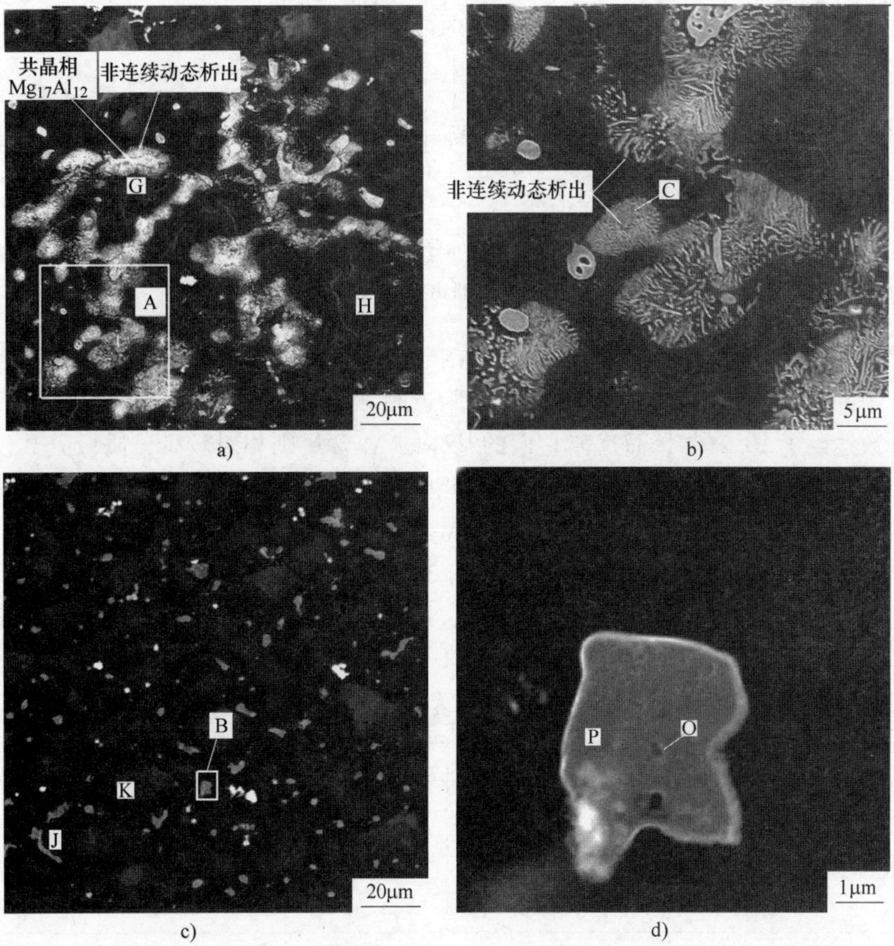

图 2-31　AM50 和 AMT3 合金的 SEM 组织形貌

a) AM50　b) 图 a 中方框 A 区域　c) AMT3　d) 图 c 中方框 B 区域

为了探讨 Ti 细化 AM50 合金组织的机制，利用 X 射线衍射（XRD）以及能谱分析（EDAX）对合金进行了分析，其结果如图 2-32 所示。XRD 和 EDAX 分析均未发现 AMT3 合金中出现新相。图 2-32b 为 AMT3 合金第二相的能谱图（图 2-31d，P 点），合金的第二相仍为 $Mg_{17}Al_{12}$ 相，所测 Mg/Al 原子比（65.39/34.61）比 AM50 非连续析出相更接近 $Mg_{17}Al_{12}$ 名义原子比 17/12。

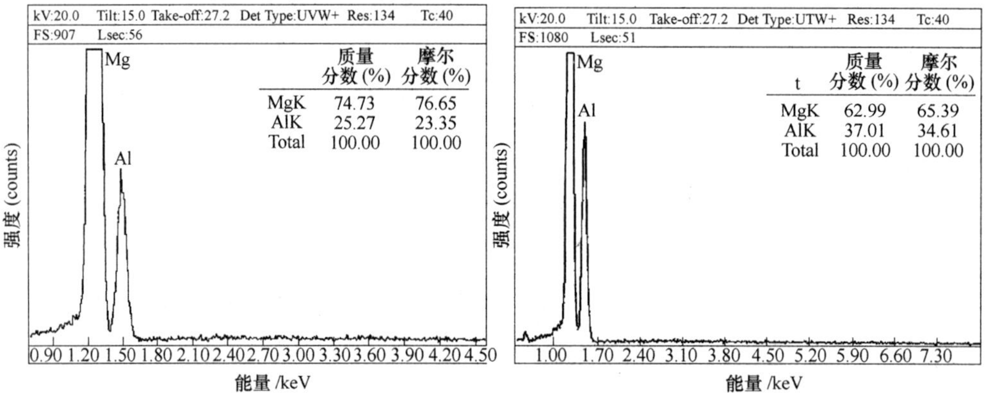

a)　　　　b)

图 2-32　Mg-Al-Ti 合金第二相的 X 射线能谱成分分析（EDAX）能谱图

a）图 2-31b 中 C 处不连续的析出相　b）图 2-31d 中 P 点的相

表 2-22 为对应于图 2-31 中各点 EDAX 分析结果。由表 2-22 可知，铸态 AM50 合金中的成分分布很不均匀，$Mg_{17}Al_{12}$ 相附近的 Al 含量很高（图 2-31a，G 点），质量分数达到了 10.21%，而远离它们的基体的 Al 含量则相对较少，质量分数仅为 2.36%（图 2-31a，H 点），不到 $Mg_{17}Al_{12}$ 相附近的 1/3。相反，AMT3 合金的成分分布则相对均匀，$Mg_{17}Al_{12}$ 相附近和远离 $Mg_{17}Al_{12}$ 的基体的 Al 的质量分数分别为 4.96%（图 2-31c，J 点）和 3.51%（图 2-31c，K 点），基本没有什么差别。可见，Ti 微合金化影响了合金的成分分布，AM50 合金 $Mg_{17}Al_{12}$ 相附近的 Al 含量很高，过饱和度很高；加入 Ti 后，合金组织中各部分的成分基本一致。

表 2-22　AM50 和 AMT3 合金各种组成相的 EDAX 分析结果

合金	相	图 2-31 中的点	摩尔分数（%）				
			Mg	Al	Ti	Mn	Fe
AM50	$Mg_{17}Al_{12}$	C	76.65	23.35	—	—	—
	$Mg_{17}Al_{12}$	G	90.70	9.30	—	—	—
	基体	H	97.13	2.15	—	0.32	0.40
AMT3	$Mg_{17}Al_{12}$	P	65.39	34.61	—	—	—
	$Mg_{17}Al_{12}$	O	80.90	15.61	0.25	3.64	—
	$Mg_{17}Al_{12}$	J	94.71	4.53	—	0.76	—
	基体	K	96.83	3.17	—	—	—

在对 AMT3 合金铸态组织 SEM 分析过程中发现，$Mg_{17}Al_{12}$ 相内部存在几个尺寸

小于0.2μm的黑色颗粒（见图2-31d）。EDAX成分分析发现，这些颗粒中存在一定量的Ti，而在这些小颗粒以外的其他地方均未发现Ti的存在。其中的一个小颗粒（图2-31d，O点）的成分为：Mg-15.59Al-7.73Mn-0.46Ti（质量分数），即该颗粒中Ti的质量分数为0.46%（摩尔分数为0.25%）。排除$Mg_{17}Al_{12}$相颗粒对它成分分析所带来的干扰，这个小颗粒很可能是$Mg_{17}Al_{12}$相形核的核心，该颗粒或者是Al、Mn和Ti三元素形成的二元或三元化合物，或者Ti本身就是其核心。

6. Ti微合金化对Mg-Al-Ca合金的影响

图2-33为光学显微镜下不同Ca含量的铸态Mg-Al-Ca合金加入Ti前后的组织变化。如图2-33a、c和e所示，仅加入0.5% Ca的AC505合金的晶界上已存在Al_2Ca的网状组织，而加入1% Ca的AC51合金的晶界上Al_2Ca网状组织更加完整粗大，2% Ca的AC52合金晶界Al_2Ca相则已十分粗大。加入Ti后Mg-Al-Ca合金的组织发生了显著的变化，晶界上呈连续粗大网状分布的Al_2Ca相变为细小颗粒状，Al_2Ca相由连续分布变为孤立的不连续分布。与AC505相比，AC505T3（加入Ti量为0.1%）的晶界Al_2Ca相已完全变为不连续的颗粒状（见图2-33a、b）；同时由于其Ca含量较低，合金中仍有$Mg_{17}Al_{12}$相的存在，加入Ti后，其晶内细小$Mg_{17}Al_{12}$相增多，再次证实了Ti对$Mg_{17}Al_{12}$相的细化作用。加入Ti量为0.1%的AC51T3合金与AC51合金相比（见图2-33c、d），晶界Al_2Ca相的连续网状特征已基本消失，Al_2Ca相变成了分散的不连续细小颗粒状。对于AC52合金，虽然其晶界Al_2Ca相很多，特别粗大，但Ti对其的变质作用更加明显。加入Ti量为0.2%的AC52T4合金与AC52合金相比，组织得到了明显改善，Al_2Ca相由连续网状变为不连续网状，粗大的Al_2Ca相同样变成了细小颗粒状。

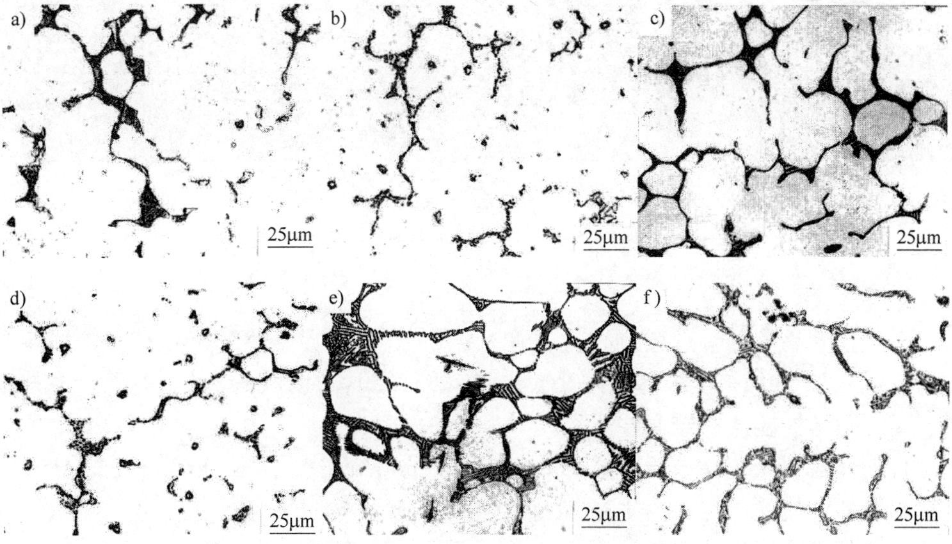

图2-33　Ti对铸态Mg-Al-Ca合金光学金相组织的影响

a) AC505　b) AC505T3　c) AC51　d) AC51T3　e) AC52　f) AC52T4

在高倍扫描电镜下观察，Ti 对晶界 Al_2Ca 相的变质作用更加清楚。由图 2-34 可见，未加入 Ti 的 Mg-Al-Ca 合金的晶界 Al_2Ca 相为粗大的层状结构，Ca 含量越高，其层状特征越明显，组织越粗大（见图 2-34a、c 和 e）。加入 Ti 后，原来连续的层状 Al_2Ca 相完全消失，晶界第二相全部由细小弥散的颗粒状 Al_2Ca 相组成。比较图 2-34b、d 和 f（分别为 AC505T3、AC51T3 和 AC52T3 合金的 SEM 形貌，其 Ca 含量分别为 0.5%、1% 和 2%，Ti 加入量均为 0.1%）可见，Ti 变质后晶界 Al_2Ca 相的量与合金 Ca 含量有关，但其颗粒大小与合金的 Ca 含量和 Ti 的加入量关系不大，其平均颗粒大小均在 1μm 左右，最小颗粒尺寸小于 0.2μm。

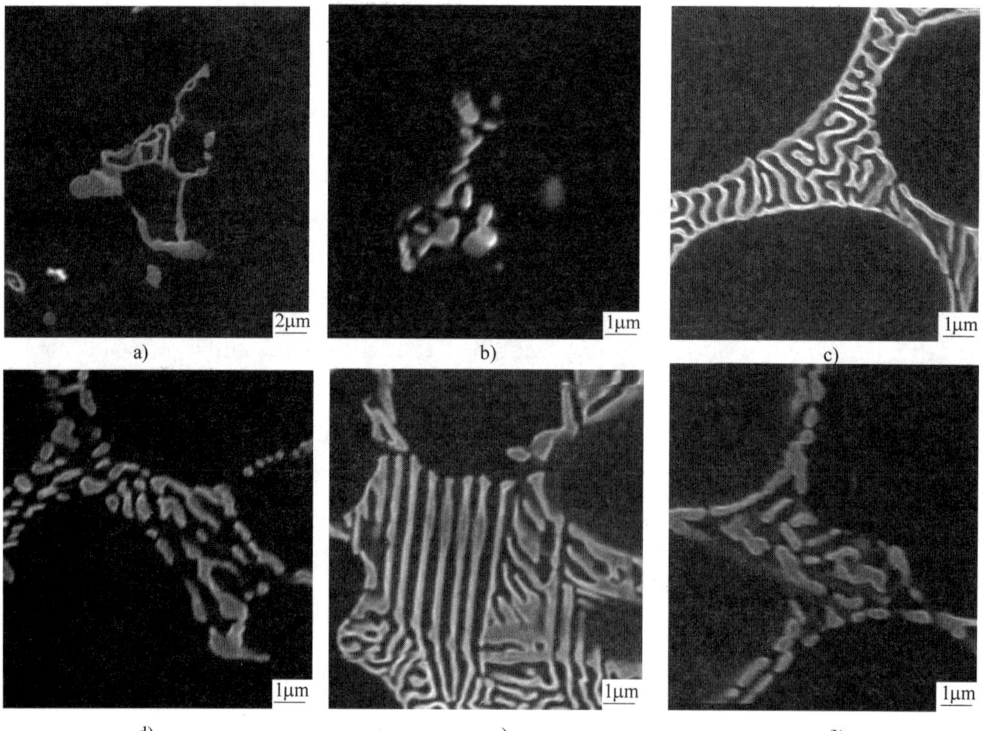

图 2-34　Ti 对铸态 Mg-Al-Ca 合金 SEM 组织形貌的影响

a) AC505　b) AC505T3　c) AC51　d) AC51T3　e) AC52　f) AC52T3

由上述结果可见，Ti 微合金化对 Mg-Al-Ca 合金晶界 Al_2Ca 相具有很好的变质作用，加入 Ti 后分布于晶界的细小弥散的 Al_2Ca 相颗粒，将有利于提高合金的室温、高温力学性能及抗蠕变性能。

Ti 对铸态 AM50 合金不同温度下拉伸性能的影响见表 2-23。Ti 对铸态 AM50 合金室温拉伸性能的影响如图 2-35 所示。可见，随 Ti 含量的增加，合金的抗拉强度和断后伸长率都得到了明显的提高。对于抗拉强度来说，从 AM50 的 191MPa，增加到 AMT3 的 222MPa，增加了 31MPa。加入 Ti 后合金的断后伸长率增加幅度更加明显，比 AM50 合金增加了4% ~5%。通常认为，合金塑性的提高或者晶界第二相的细化可能会降低合金的屈服强度，但加入 Ti 后合金的屈服强度却有所提高，比 AM50 提高了 5 ~7MPa 左右。Ti 的加入使合金的晶粒得到了大幅度的细化，而晶粒尺寸越小，合金的屈服强度越高；同时，加入 Ti 后合金的 $Mg_{17}Al_{12}$ 相虽然细化了，但 $Mg_{17}Al_{12}$ 相的量并未减少，相反晶内 $Mg_{17}Al_{12}$ 相的增多强化了基体，同样能提高屈服强度。因此，晶粒细化和 $Mg_{17}Al_{12}$ 相的均匀弥散分布，是加入 Ti 后合金屈服强度提高的原因。

表 2-23　Ti 对铸态 AM50 合金不同温度下拉伸性能的影响

合金	RT			150℃			200℃		
	R_m/MPa	$R_{p0.2}$/MPa	A（%）	R_m/MPa	$R_{p0.2}$/MPa	A（%）	R_m/MPa	$R_{p0.2}$/MPa	A（%）
AM50	191	82	8.2	123	67	10.6	109	55	13.0
AMT1	218	87	12.0	161	69	15.2	121	58	17.8
AMT2	221	89	12.7	167	72	15.5	120	62	20.7
AMT3	222	88	13.5	170	77	15.8	121	69	24.2

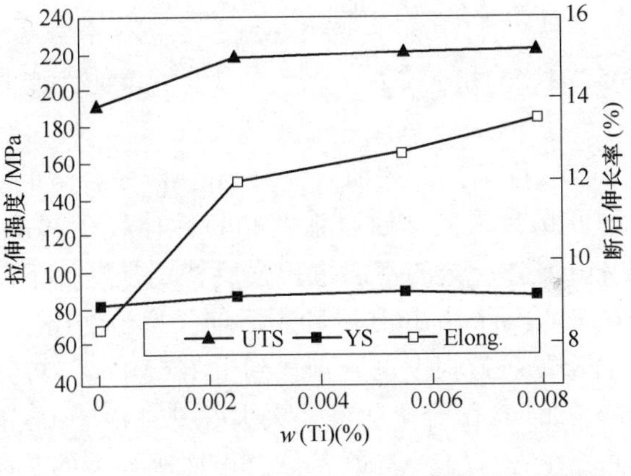

图 2-35　Ti 对铸态 AM50 合金室温拉伸性能的影响

由表 2-23 和图 2-35 不难看出，不同 Ti 加入量的性能相差并不大，合金中只要存在微量的 Ti 就能发挥应有的作用，与加入的 Ti 量关系不大。

Ti 对铸态 AM50 合金 150℃和 200℃高温拉伸性能的影响如图 2-36 所示。由表 2-23 可见，Ti 对合金高温性能的影响规律与室温下基本一致。加入 Ti 的合金高温下的断后伸长率与未加入 Ti 的 AM50 合金相比有明显提高，特别是在 200℃时，AMT3 合金的断后伸长率比 AM50 提高了 10% 以上，增幅超过了 80%，表明 Ti 对 AM50 合金高温塑性的提高非常有效。与室温一样，加入 Ti 的合金的高温屈服强度并没有因为其塑性的提高或 $Mg_{17}Al_{12}$ 相的细化而下降，反而有了较大的提高，AMT3 合金 150℃和 200℃的屈服强度分别比 AM50 合金提高了 10MPa 和 14MPa。同时，从表 2-24 和图 2-36 还可看到，加入 Ti 的合金 150℃下的抗拉强度提高幅度最大，AMT3 合金在室温、150℃和 200℃的抗拉强度分别比 AM50 提高了 31MPa、47MPa 和 12MPa，其中 150℃时的增幅达到了 38%。由以上的分析可以看出，Ti 微合金化不仅能有效地提高 AM50 合金的室温性能，而且对改善合金的高温性能也十分有益。

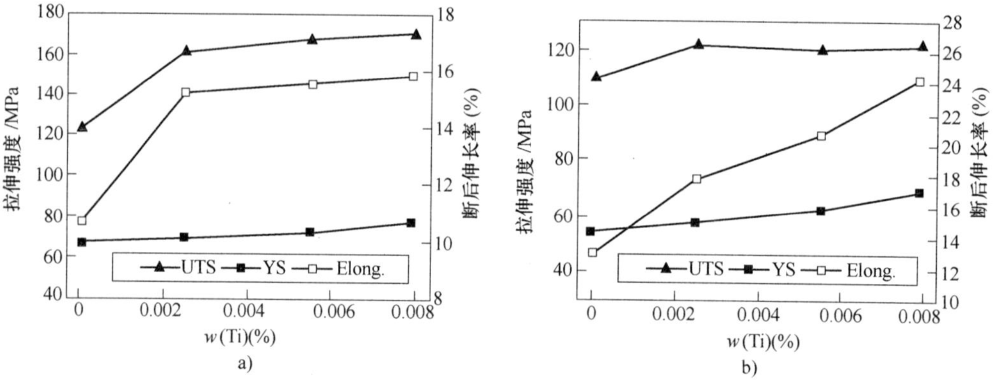

图 2-36　Ti 对铸态 AM50 合金高温拉伸性能的影响

a）150℃　b）200℃

Ti 对铸态 AC505、AC51 和 AC52 合金不同温度下拉伸性能的影响如表 2-24 和图 2-37 所示。

由表 2-24 和图 2-37a 可见，Ti 的加入，对 Mg-Al-Ca 合金的室温力学性能产生了显著的影响，合金的抗拉强度、屈服强度和断后伸长率都得到了明显的提高。如前所述，Ca 使 AM50 基体合金的室温抗拉强度特别是塑性下降，但加入微量 Ti 的 AC505T2 和 AC505T3 合金的抗拉强度和断后伸长率已经略高于 AM50 合金，而 AC51T4 和 AC52T5 合金的抗拉强度也分别达到了 185MPa 和 175MPa，断后伸长率分别为 7.9% 和 6.5%，即 Ti 微合金化已经大大弥补了由于 Ca 的加入而产生的抗拉强度和塑性的降低。在 Ca 提高 AM50 基体合金屈服强度的基础上，Ti 的加入进一步改善了 Mg-Al-Ca 合金的屈服强度，AC505T3、AC51T4 和 AC52T5 合金的屈服强度分别比相应未加入 Ti 的 AC505、AC51 和 AC52 合金提高了 8MPa、10MPa 和 18MPa。

表 2-24　Ti 对 Mg-Al-Ca 合金不同温度下拉伸性能的影响

合金	RT			150℃			200℃		
	R_m/MPa	$R_{p0.2}$/MPa	A（%）	R_m/MPa	$R_{p0.2}$/MPa	A（%）	R_m/MPa	$R_{p0.2}$/MPa	A（%）
AM50	191	82	8.2	123	67	10.6	109	55	13.0
AC505	168	85	6.3	126	73	10.9	117	70	8.5
AC505T2	191	91	8.3	152	87	11.7	129	83	13.0
AC505T3	196	93	9.1	157	90	12.5	132	87	14.1
AC51	156	93	4.9	132	86	8.8	127	76	7.2

（续）

合金	RT			150℃			200℃		
	R_m/MPa	$R_{p0.2}$/MPa	A（%）	R_m/MPa	$R_{p0.2}$/MPa	A（%）	R_m/MPa	$R_{p0.2}$/MPa	A（%）
AC51T2	173	98	7.0	154	94	9.1	133	89	10.2
AC51T3	174	99	7.5	156	95	9.2	139	92	11.2
AC51T4	185	103	7.9	164	101	10.2	143	96	12.6
AC51T5	182	101	7.6	157	98	9.8	140	94	12.3
AC52	137	109	2.2	137	103	3.3	136	98	5.6
AC52T3	162	117	4.2	153	110	8.0	143	104	9.1
AC52T4	168	122	5.3	161	117	9.0	150	110	10.3
AC52T5	175	127	6.5	166	123	9.8	153	117	11.0

对 AM50 合金而言，不同 Ti 加入量的性能相差不大，而对 Mg-Al-Ca 合金，Ti 的加入量对各项力学性能的改善有一定影响。通常 Ti 加入量越大，合金的力学性能提高越多，而且 Ca 含量较高的合金，这种趋势更明显。加入 Ti 量为 0.2% 的 AC51T4 合金比加入 Ti 量为 0.05% 的 AC51T2 合金抗拉强度和屈服强度分别提高了 12MPa 和 5MPa，而 AC52T5 合金（0.4% Ti）则比 AC52T3 合金相应提高了 13MPa 和 10MPa。另外，加入 Ti 较多的 AC51T5 合金的性能又比 AC51T4 略有下降。这些结果说明，Mg-Al-Ca 合金 Ti 微合金化可能有其最佳的 Ti 加入量和熔炼浇注工艺，Ca 含量越高的合金其最佳 Ti 加入量可能越高。关于这方面的内容还需进一步的试验研究。

从合金的实际成分看，不同 Ti 加入量合金的实际 Ti 含量仍然很低。加入量最多的 AC52T5 合金的 Ti 加入量为 0.4%（质量分数），而 Ti 实测含量仅为 0.01%（质量分数），同样说明合金中只要存在微量的 Ti 就能发挥应有的作用。

由图 2-37 可见，Ti 对 Mg-Al-Ca 合金 150℃和 200℃高温拉伸性能的影响规律与室温下基本一致。在 Ca 提高 AM50 基体合金高温强度的基础上，Ti 的加入使合金的高温抗拉强度、屈服强度及断后伸长率又有了明显的提高。AC505T3 合金高温下的断后伸长率已经超过了基体合金，AC51T4 和 AC52T5 则与基体合金相当。温度为 150℃时，AC505T3、AC51T4 和 AC52T5 合金与相应未加入 Ti 的合金相比，抗拉强度提高了 29～32MPa，屈服强度提高了 15～20MPa；而在 200℃下，抗拉强度增加了 15～17MPa，屈服强度增加了 17～20MPa。

与室温性能一样，Ti 对 Mg-Al-Ca 合金性能的提高程度与 Ti 加入量有关，即 Ti 的加入量越大，合金的性能提高越明显（见图 2-37）。例如，加入 Ti 量为 0.2% 的 AC51T4 合金 150℃和 200℃抗拉强度比未加入 Ti 的 AC51 合金分别提高了 32MPa 和 16MPa，而加入 Ti 量为 0.05% 的 AC51T2 合金仅分别增加了 22MPa 和 6MPa。

综合上述的大量试验结果可见，Ti 微合金化不仅能明显提高 AM50 合金的室温和高温性能，而且能同时弥补 Mg-Al-Ca 合金由于 Ca 的存在而造成的断后伸长率降低和室温强度的下降，进一步明显提高合金室温和高温下的各项力学性能。因此，对 Mg-Al 基合金同时进行 Ca 合金化和 Ti 微合金化是提高其高温性能的有效途径。

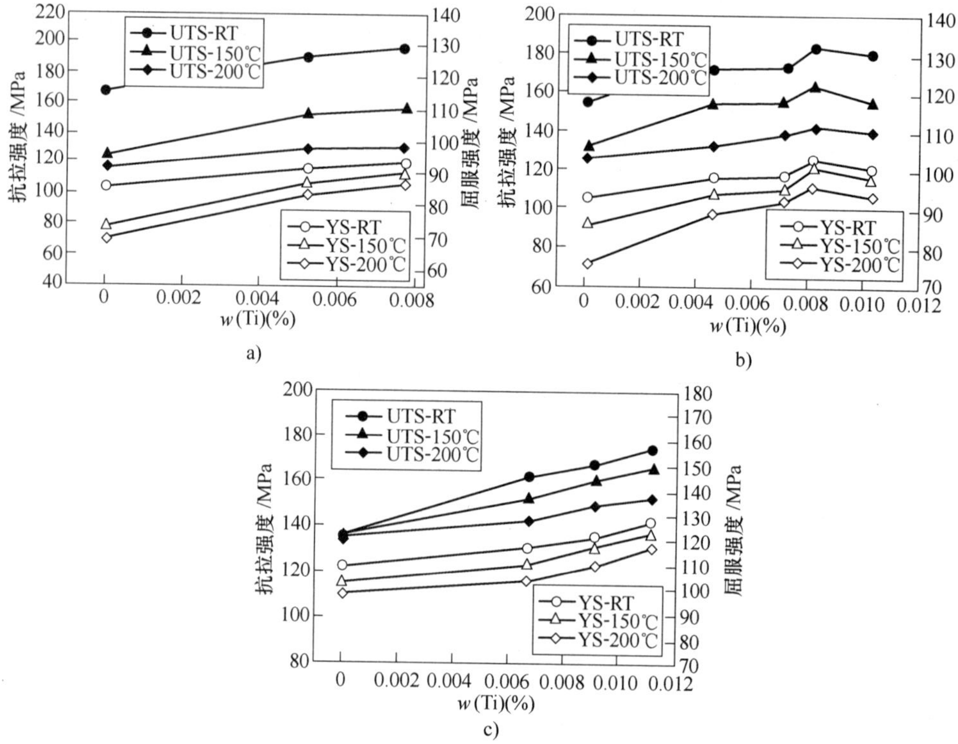

图 2-37　Ti 对 Mg-Al-Ca 合金不同温度下拉伸性能的影响

a）AC505 + Ti　b）AC51 + Ti　c）AC52 + Ti

综上所述，Mg-Al 系列的合金具有良好的铸造性能，且 Al 含量越高，铸造性能越好。然而作为主要合金元素的 Al，实际上对合金的抗蠕变性能是有害的，Al 含量越高，合金的抗蠕变性能越差。因此有必要研究和开发几种不含 Al 的镁合金。

2.3.2　镁-锌系合金

Mg-Zn 二元合金相图较复杂，其中某些转变至今尚未确定。由图 2-38 可知，富镁端于 348℃进行共晶转变 L→α + MgZn。二元系中的 MgZn 化合物具有六方结构，$a=53.3$nm，$c=171.6$nm，熔点为 348℃。在共晶温度（340℃）时，Zn 在 Mg 中的固溶度 $w(Zn)=8.4\%$，300℃时 $w(Zn)=6.0\%$，250℃时 $w(Zn)=3.3\%$，200℃时 $w(Zn)=2.0\%$，150℃时 $w(Zn)=1.7\%$，室温下 $w(Zn)<1.0\%$。因此，在共晶温度以下，Zn 在 Mg 中的溶解度减小，有 MgZn 化合物沉淀。MgZn 化合物对合金性能的影响与 $Mg_{17}Al_{12}$ 相对 Mg-Al 系合金的影响类似，但 MgZn 化合物在 Mg-Zn 系合金中的强化效果更大一些。

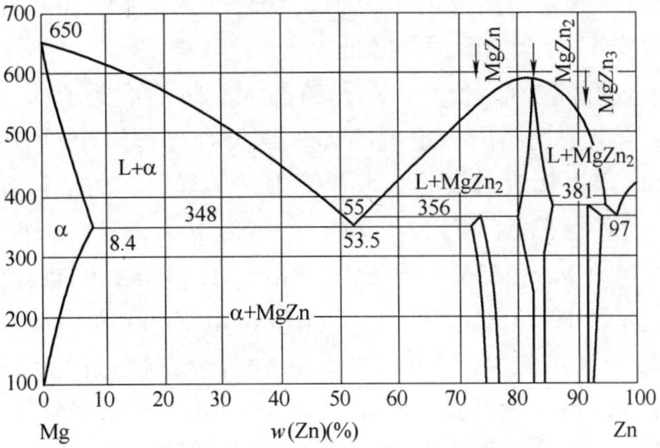

图 2-38　Mg-Zn 二元合金相图

Mg-Zn 系合金组织特征是可能含有 $Mg_{51}Zn_{20}$、Mg_7Zn_3、MgZn、Mg_2Zn_3 或 $MgZn_2$ 等共晶化合物。在 Mg-9Zn 二元合金中由共晶反应生成的离异共晶沉淀物主要为 $Mg_{51}Zn_{20}$，其晶体结构为十二面体配位多面体结构，晶体空间点阵为正交系，空间群为 Immm，点阵常数为 $a=1.4083$nm，$b=1.4486$nm，$c=1.4025$nm。根据 Mg-Zn 二元相图，共晶反应的结果产生了大量的共晶沉淀物 $Mg_{51}Zn_{20}$ 和与之相应的 Mg_7Zn_3。有时能发现在晶界上粗大的 $Mg_{51}Zn_{20}$ 共晶相里还存在一些较小的沉淀相，通过电子衍射证实这种相具有与 $MgZn_2$ 拉弗斯相相同的晶体结构。在共晶区域里共有三种不同的组织形貌，除了 $Mg_{51}Zn_{20}$ 沉淀粒子外，还有另外两种不同形貌的化合物：一种形貌是片状沉淀相 MgZn 相，它是在凝固冷却过程中 $Mg_{51}Zn_{20}$ 部分分解产生的，其反应式为 $Mg_{51}Zn_{20} \rightarrow \alpha(Mg)+MgZn$；另一种形貌是由在共晶体粒子外层的 $Mg_{51}Zn_{20}$ 分解为片状的 α(Mg) 和 MgZn 相，及在此共晶体粒子里层的 $Mg_{51}Zn_{20}$ 分解为 α(Mg) + $MgZn_2$ 相构成的。经 315℃、4h 固溶处理，然后水淬的组织则为 $Mg_{51}Zn_{20}$ 粒子完全分解后形成的中间相与 α(Mg) 交织在一起的紧密混合物。这种中间相具有与 $MgZn_2$ 拉弗斯相一致的晶体结构。

纯粹的 Mg-Zn 二元合金在实际中几乎没有得到应用，因为该合金的组织粗大，对显微缩孔非常敏感。但这一合金有一个明显的优点，就是可通过时效硬化来显著地改善合金的强度。因此，Mg-Zn 系合金的进一步发展，需要寻找第三种合金元素，以细化晶粒并减少显微缩孔的倾向。一些研究表明，在 Mg-Zn 二元合金中加入第三组元铜，将会导致其韧性和时效硬化明显增加。砂型铸造合金 ZC63 [$w(Zn)=6\%$，$w(Cu)=3\%$，$w(Mn)=0.5\%$] 是这类合金的典型代表，在时效状态其抗拉强度、屈服强度和断后伸长率分别达到 240MPa、145MPa 和 5%，高于 Mg-Al-Zn 系合金的 AZ91。在 Mg-Zn 合金中的铜被认为可以提高其共晶温度，因而可在较高的温度固溶，使更多的 Zn 和 Cu 溶入合金中，增加了随后的时效强化效果。在 Mg-Zn 合金中铜的存在，使铸态共晶组织随之改变，α-Mg 晶界及枝晶臂之间的 MgZn 相的形态由完全离异的不规则块状转变为片状。Mg-Zn-Cu 合金的缺点是由于 Cu 的加入导致合金的耐蚀性降低。

Mg-Zn 系合金的晶粒容易长大，Zr 是铸态 Mg-Zn 合金最有效的晶粒细化元素，故工业 Mg-Zn 系合金中均添加一定量的 Zr。这类合金都属于时效强化合金，一般都在直接时效或固溶再接着时效的状态下使用，具有较高的抗拉强度和屈服强度。这类合金的典型代表是 ZK51 和 ZK61，ZK51 在 T5 状态的抗拉强度、屈服强度和断后伸长率分别为 140MPa、235MPa 和 5%。ZK61 在 T5 状态的抗拉强度、屈服强度和断后伸长率分别为 175MPa、275MPa 和 5%。Mg-Zn-Zr 系合金的显微组织为 α-Mg 固溶体加沿晶界分布的 MgZn 化合物。这种合金在铸造时容易出现晶内偏析，Zr 主要集中于晶粒区呈年轮状或花纹状。由中心向外浓度逐渐降低，侵蚀后偏析锌大多富集在晶粒周围，晶界处 Zn 浓度很高，由晶界向晶内浓度逐渐降低，铸造后人工时效的金相组织与铸态组织无明显区别。这类合金的缺点是对显微缩松比较敏感，焊接性能差。然而，只要适当加入稀土元素后，合金的晶粒被细化，形成显微缩松的倾向明显降低，铸态性能得到改善。

在 Mg-Zn（Zn<4%）合金中加入大于 0.5% Ca 在 167℃（440K）以下析出数原子层的细小板条状沉淀物，此时此材料具有良好的抗蠕变性能。其组织为 α(Mg) 基体和黑色化合物 Mg_2Ca 及白色化合物 $Mg_5Ca_2Zn_5$。

往 Mg-Zn 合金中添加稀土元素可以改善合金的铸造性能和提高蠕变抗力，从而发展了 Mg-Zn-RE 合金，其中最有代表性的是 ZE41 和 ZE33 合金，大致相当于我国标准中的 ZM1 和 ZM2 合金。ZE 系列合金的常温屈服强度高，高温性能好，高温性能显著优于 AZ91 合金。

Mg-8Zn-1.5MM 合金共晶相组织有三种不同的共晶相，但从它们的形貌上不能区分彼此。这三种相分别是 T 相、Mg_4Zn_7 相和 $MgZn_2$ 拉弗斯相。T 相主要为三元共晶相 $Mg_{52.6}Zn_{39.5}MM_{7.9}$ 或 $(Mg, Zn)_{92.1}MM_{7.9}$，具有 C 心正交晶体结构，其点阵常数为 $a=0.96nm$，$b=1.12nm$，$c=0.94nm$；Mg_4Zn_7 相有一个 B 心单斜 B2/m 晶体结构，其点阵常数为 $a=2.596nm$，$b=1.428nm$，$c=0.524mm$ 和 $\gamma=102.5°$。

Mg-Zn-Al 合金组织的特征是存在 $Mg_xZn_yAl_z$ 和 MgZn 中间相。在含大约 2% Al 的镁合金里存在 MgZn 化合物，但不存在 $Mg_{17}Al_{12}$ 化合物。例如，ZA102、ZA106 的组织为 α 基体、晶界共晶体 α 相和在晶界沉淀的粗大的 β-$Mg_xZn_yAl_z$ 相。Mg-9% Zn-4.5% Al-0.6% Ca 合金组织的主要共晶化合物是 $Mg_{32}(Al, Zn)_{49}$ 和 MgZn，其共晶化合物的数量随 Zn 和 Al 含量的增加而增加。将 Ca、Sr 加入 ZA142 和 ZA144 合金，能够提高其抗蠕变能力，但 Ca 的作用比 Sr 更明显。Ca 和 Sr 作为溶质虽然一定程度地存在于 Mg 基体中，但是大量地存在于 $Mg_xZn_yAl_z$ 相中。

2.3.3 镁-稀土系合金

稀土是中国的富有资源，同时也是镁合金中的重要元素，对镁合金的性能具有极大的影响。稀土元素可降低镁在液态和固态下的氧化倾向。由于大部分Mg-RE系，如Mg-Ce、Mg-Nd和Mg-La二元相图的富镁区都是相似的，即它们都具有简单的共晶反应，因此一般在晶界存在着熔点较低的共晶组织。这些以网络形式存在于晶界上的共晶体，能够起到抑制显微缩松的作用，只是由于合金中部分Zn在晶界上形成了Mg-Zn-RE相，减轻了一些合金原有的固溶强化效果，导致合金的室温力学性能（强度和塑性）有所降低，但高温蠕变性能得到明显的改善。例如，在Mg-Zn合金中添加一些稀土元素可以显著改善其性能。例如，我国的镁合金ZM2［w(Zn)=3.5%~5.0%，w(Zr)=0.5%~1.0%，w(Ce)=0.7%~1.7%］就是在不含RE的镁合金ZM1［w(Zn)=3.5%~5.0%，w(Zr)=0.5%~1.0%］的成分基础上，添加了一定量的稀土元素，由此增加了组织中共晶体的数量，从而改善了该合金的力学性能。再如，镁合金ZE41［w(Zn)=4.2%，w(Ce)=1.3%，w(Zr)=0.6%］，由于稀土元素提高了镁合金的耐热性能，使其使用温度提高至150℃，其典型的应用是用来制造直升机的变速器壳体。进一步增加Zn的含量，镁合金中会有大块儿的Mg-RE-Zn相在晶界形成，导致合金的脆性增加，并由于降低晶界附近的熔点引起在固溶处理时产生的局部熔化现象。一些研究认为，这些相可在氢气中经长时间的加热而溶解，并将其成功地应用于镁合金ZE63薄壁件。

在铸造镁合金中，稀土元素是改善耐热性最有效和最具实用价值的金属。在稀土金属中，Nd的作用最佳。Nd在镁合金中可导致在高温和常温下同时获得强化，Ce或Ce的混合稀土虽然对改善耐热性效果较好，但常温强化作用差。La的作用在这两个方面均不如Ce。含稀土的镁合金之所以具有较好的耐热性是因为Mg-RE系中α固溶体及化合物相热稳定性较高。Mg-RE系的共晶温度比Mg-Al及Mg-Zn高得多。三价稀土元素被认为提高了电子浓度，可以增强镁合金原子间的结合力，减小了镁在200~300℃的原子扩散速度，特别是稀土金属与镁形成的化合物比$Mg_{17}Al_{12}$和MgZn的热稳定性高。当从室温加热到200℃时，Mg-Nd系中的Mg_9Nd相的硬度下降约20%，而$Mg_{17}Al_{12}$和MgZn相的硬度则减小40%~50%。此外，在150~300℃范围内Nd在镁中的固溶度较小，因而固溶体与第二相之间原子交换作用减弱。这些因素都有助于阻止高温下晶界迁移和减小扩散性蠕变变形。一般认为，稀土镁合金较高的抗蠕变性能主要归功于两个方面，即Mg-RE化合物的弥散强化和其在晶界上对晶界滑移的影响。Mg-RE系合金可在150~250℃下工作。

与在Mg-Zn合金中常常要加入稀土金属一样，在Mg-RE合金中往往也要通过加入Zn来增加合金的强度，加入Zr以细化合金的晶粒组织，并在熔炼过程中起到净化的作用，以此改善镁合金的耐蚀性。例如，镁合金EZ33［w(RE)=3%，w(Zn)=2.5%，w(Zr)=0.6%］，既具有高强度同时又具有高的抗蠕变性能，使用温度可高达250℃。在Mg-RE中有时还要加入Mn，因为Mn具有一定的固溶强化效果，同时降低原子的扩散能力，提高耐热性，并也有提高合金耐蚀性的作用。

镁合金中的另一个重要的稀土元素是Y。Y在Mg中的溶解度是12.5%，并且其溶解度曲线随温度的改变而变化，表明其具有很高的时效硬化的倾向。在 Mg-Y 合金中往往还要加入 Nd 和 Zr。Mg-Y-Nd-Zr 合金系列具有比其他合金高得多的室温强度和高温蠕变性能，使用温度可高达 300℃。此外，Mg-Y-Nd-Zr 热处理后的耐蚀性优于其他所有的镁合金。纯的稀土 Y 在使用中具有一定的困难，其一是价格昂贵，其二是熔点高（1500℃），与氧的亲和力大。一些研究用质量分数约为 75% 的 Y 和 Gd、Er 等重稀土的混合稀土来代替纯的稀土 Y，并通过在 Ar 和 SF_6的惰性气体中加稀土，结果收到了明显的实效，因而开发出一系列商业 Mg-Y-Nd-Zr（WE）系列镁合金，这其中又以 WE54 和 WE43 最为广泛。对于 WE54 合金，其成分范围为：4.75% ~5.5% 钇、3.5% ~4.5% 稀土和 0.4% ~1.0% 锆。稀土是由 1.5% ~2.0% 的 Nd 以及余量包括主要成分铽、铒、镝、钆的重稀土元素组成。Kielbus 研究了时效处理对 WE54 合金组织和性能的影响。研究表明，该合金有明显的时效强化效应，不同热处理条件对合金常温和高温力学性能的影响很大。结果显示在 525℃/8h 固溶，250℃/16h 时效后合金表现出最优异的力学性能。室温抗拉强度达到 333MPa，屈服强度达到 257MPa，断后伸长率为 6.3%。而高温下力学性能没有大幅下降，抗拉强度仍高于 300MPa，屈服强度高于 250MPa。合金的强化主要得益于时效过程中的四阶段析出：S. S. S. S. →β''(DO_{19})→β'（cbco）→β_1(fcc)。而在峰值时效状态，β'相起最主要的强化作用。对于 WE43 合金，其成分范围为：3.7% ~4.3% 钇、2.4% ~4.4% 稀土和 0.4% ~1.0% 锆。稀土是由 2.0% ~2.5% 的 Nd 以及余量包括主要成分铽、铒、镝、钆的重稀土元素组成。经时效热处理优化后的室温抗拉强度为 250MPa，屈服强度为 162MPa，断后伸长率为 2%，其时效析出序列与 WE54 中相似。这两种合金的综合力学性能非常优异，可被应用在 200 ~250℃ 的高温环境，已被广泛用于赛车及航空器（如 Mc Donnell Dougles MD 500 直升机）的变速器壳体中，是目前已被大量商业应用的镁合金中耐热性能最好的镁合金。

近年来，很多学者研究了添加钐（Sm）、钆（Gd）及重稀土元素对镁合金性能的影响，并获得一系列含重稀土的高性能铸造镁合金。对于重稀土元素，除铒（Er）和镱（Yb）外，在镁中的溶解度大约为 10%，元素对合金的强化作用主要来源于固溶强化和析出强化。一般来说，在达到溶解度前，在镁中加入这些重稀土元素的量越多，对合金的强化作用越明显。合金中加入 Gd 和 Dy 后可获得优异的力学性能，尤其是加入量在 10% 以上时。Drits 等研究了不同含量 Sm 对 Mg-Sm 合金性能的影响，结果显示加入 2% ~4% 的 Sm 时合金具有最好的固溶和析出强化效果。除了上述添加重稀土元素后的二元 Mg-RE 合金外，研究发现在此基础上添加 Y 元素能够进一步优化合金的综合力学性能，并且这类合金往往同时加入0.5% ~1% 的 Zr 元素以细化晶粒来增强对合金的强化效果。优化后的铸造 Mg-Gd-Y-Zr 合金在室温和 250℃ 条件下的抗拉强度为 370MPa 和 313MPa，并且具有比 WE 系列合金更优异的抗蠕变性能。郑开云研究了 Nd 加入到 Mg-Gd 合金后对性能的影响，结果显示优化后的 Mg-11Gd-2Nd-0.5Zr 合金在 250℃ 时的抗拉强度为 326MPa。李大全研究了 Y

加入到 Mg-Sm 合金后对性能的影响，结果显示优化后的 Mg-4Y-4Sm-0.5Zr 合金在250℃时的抗拉强度为 275MPa。Peng 等研究了同时加入 Gd 和 Dy 后 Mg-Gd-Dy-Zr 合金的力学性能，结果显示经热处理优化的合金在室温和 250℃时的抗拉强度分别为 355MPa 和 230MPa。以上合金均有望在 250～300℃环境条件下应用。近来，有研究表明在含重稀土的镁合金中加入 Ag 和 Zn 可以进一步提高合金的室温和高温力学性能。王渠东和赵政等发现在 Mg-Gd-Y-Zr 合金的基础上加入 1%～2%的 Ag 可获得异常优异的抗拉强度，铸造态合金抗拉强度为 400MPa。而在 Mg-Gd 和Mg-Y 合金中加入 Zn 获得了比预期更佳的强化效果，这主要得益于 Zn 的加入与稀土元素形成长程有序结构的 LPSO 相，能够极大地提高合金的室温和高温力学性能以及抗蠕变性能，但合金的塑性有所降低。

2.3.4　镁-锂系合金

Li 的密度只有 0.53g/cm^3，Mg-Li 合金系被称为超轻镁合金。Mg-Li 合金属于共晶系，平衡结晶时在 588℃发生共晶反应：L→α＋β。其中 α 和 β 相分别是以 Mg 和 Li 为基的固溶体，β 相为体心立方结构，其塑性高于 α 相，具有较好的冷成形性。在共晶温度下，α 相的溶解度极限是 w(Li)＝5.7%，温度下降，溶解度基本不变。Li 质量分数超过 5.7%以后，由于组织中出现性质较软的 β 相，合金的强度反而下降，塑性则急剧提高；w(Li)＞10%时，合金为单相 β 组织，其强度较低，但在常温和低温时的塑性远远超过普通镁合金，容易加工，铸造的 Mg-Li 合金在室温下就可加工成形，允许变形量达 50%～60%。Mg-Li 合金的缺口敏感性小，焊接容易。但由于 Li 原子尺寸小，原子扩散能力强，因而耐热性很差，在稍高温度（50～70℃）下，二元合金就变得不稳定并过时效，导致在较低载荷下发生过度蠕变，故只适合在常温下工作。加入其他合金元素可在一定程度上提高 Mg-Li 合金的热稳定性。Mg-Li 合金现在已应用在装甲板、航空和宇航的零部件上。

工业 Mg-Li 合金分为三类，即 α、(α＋β) 和 β 型合金。为提高合金的强度，除 Li 外尚需添加其他合金元素，如 Al、Zn、Mn、Cd 和 Ce 等，见表 2-25。Mg-Li 合金的缺点是化学活性很高，Li 极易与空气中的氧、氢、氮结合成稳定性很高的化合物，因此熔炼和铸造必须在惰性气氛中进行，采用普通熔剂保护方法很难得到优质铸锭。此外，Mg-Li 合金的耐蚀性低于一般镁合金，应力腐蚀倾向严重。

表 2-25　Mg-Li 合金中的其他合金元素

合金	组织类型	主要合金元素（质量分数,%）						
		Li	Al	Zn	Mn	Sn	Cd	Ce
MB1	α	4.5～6.0	5.0～6.0	0.6～1.2	0.2～0.8	0.6～1.2	—	—
MA21	α＋β	7.0～10.0	4.0～6.0	0.18～2.0	0.1～0.5	—	3.0～5.0	—
MA18	β	10.0～11.5	0.5～1.0	2.0～2.5	0.1～0.4	—	—	0.15～0.35

2.3.5 其他合金

Mg-Th 系合金也具有很好的抗蠕变性能，其锻件和铸件的使用温度可高达 350℃。就像 RE 元素一样，Th 也能够改善镁合金的铸造和焊接性能。最简单的 Mg-Th 系合金是 Mg-Th-Zr 三元合金，如 HK31 [w(Th)=3%，w(Zr)=0.7%]，其组织有些类似于 Mg-RE-Zr 三元合金，通过适当的热处理，晶内连续析出的 Mg-Th 化合物可以改善镁合金的室温力学性能，相晶界上非连续析出的 Mg-Th 弥散相能够有效地抑制高温时的晶界转动，从而提高了其抗蠕变性能。向 Mg-Th-Zr 中加入 Zn，如 HZ32 [w(Th)=3%，w(Zn)=2.2%，w(Zr)=0.7%] 和 ZH62 [w(Zn)=5.7%，w(Th)=1.8%，w(Zr)=0.7%]，导致了针状相在晶界上的形成，镁合金抗蠕变性能将得以进一步提高。Mg-Th 系合金曾应用于导弹和飞机上，但现在几乎不再应用，因为 Th 属于放射性元素，对人体健康有害。

一些研究还发现 Ag 可以提高 Mg-RE-Zr 合金系的抗拉强度。若富 Nd 混合稀土代替富 Ce 混合稀土，并在加入 RE 的同时加入 Th，其强度将会进一步增加。因此以 Mg-Ag 合金系为基础的 Mg-Ag-RE（Nd）-Zr 合金系，如 QE22 [w(Ag)=2.5%，w(RE)=2%，w(Zr)=0.7%] 合金，或 Mg-Ag-Th-RE(Nd)-Zr 合金系，如 QH21 [w(Ag)=2.5%，w(Th)=1%，w(RE)=1%，w(Zr)=0.7%] 合金，曾用于制造一些飞机零件，如直升机上的着陆轮、齿轮箱壳体和叶轮盖。但自从发现了稀土 Y 的作用后，QE22 和 QH21 已经不再受人们青睐，因为稀土 Y 不但可起到 Ag 的作用，即增加合金的抗拉强度和蠕变强度，而且能够改善合金的耐蚀性，混合稀土 RE 还不像 Ag 那样的贵重。对于 QH21 合金而言，就像 Mg-Th 系合金一样，由于 Th 的放射性，更限制了其广泛的应用。

2.4 变形镁合金

变形镁合金一般是指可用挤压、轧制、锻造等塑性成形方法加工成形的镁合金。美国的变形镁合金材料体系最为完备，合金系列有 Mg-Al、Mg-Zn、Mg-RE、Mg-Li 和 Mg-Th 等，产品类型有板材、型材、线材及锻件，并且开发出了快速凝固高性能变形镁合金、非晶态镁合金以及镁基复合材料。

许多镁合金既可做铸造镁合金又可做变形镁合金。变形镁合金经过挤压、轧制和锻造等工艺后具有比相同成分的铸造镁合金更高的力学性能。变形镁合金制品有轧制薄板、挤压件（如棒、型材和管材）和锻件等。这些产品具有更低成本、更高强度和延展性以及多样化的力学性能等优点。

在变形镁合金中，常用的合金系是 Mg-Al 系与 Mg-Zn-Zr 系。Mg-Al 系变形合金一般属于中等强度、塑性较高的变形镁材料，铝含量为 0~8%，典型的合金为 AZ31、AZ61 和 AZ80 合金，由于 Mg-Al 合金具有良好的强度、塑性和耐腐蚀综合性能，而且价格较低，因此是最常用的合金系列。Mg-Zn-Zr 系合金一般属于高强度材料，变形能力不如 Mg-Al 系合金，常要用挤压工艺生产，典型合金为 ZK60 合金。常用变形镁合金有 AZ31B、AZ61A、AZ80 和 ZK60 等。典型的含稀土的变形镁合金有 ZE10A（Mg-1.5Zn-0.2RE）。由于变形镁合金的开发与应用还不够充分，有关稀土对其组织和性能影响的研究远不如在铸造镁合金中的那么深入，只有少量相关报道。在镁中加锂元素能获得超轻变形镁锂合金，它是迄今为止最轻的金属结构材料，具有极优的变形性能和较好的超塑性能，已应用在航天和航空器上。

变形镁合金的力学性能与加工工艺、热处理状态等有很大关系，尤其是加工温度不同，材料的力学性能可能会在很宽的范围。在 400℃以下挤压，挤压合金已发生再结晶。在 300℃进行冷挤压，材料内部保留了许多冷加工的微观组织特征，如高密度位错或孪生组织。在再结晶温度以下挤压可使挤压制品获得更好的力学性能。

变形镁合金产品中值得注意的两方面是：变形时镁的弹性模量择优取向不敏感，因此在不同的变形方向上，弹性模量的变化不明显；变形镁合金产品压缩屈服强度低于其拉伸屈服强度，因此在涉及如弯曲等不均匀塑性变形时需特别注意。根据镁的这些变形点，在以后的变形镁合金的发展过程中要注意把塑性变形与热处理结合起来，充分利用细晶强化等新工艺方法，通过添加适当的合金元素（特别是稀土元素）改进合金性能，制得先进的变形镁合金材料。

2.4.1　镁-锰系合金

Mg-Mn 系合金包括美国 ASTM 系列的 M1A［w(Mn)=1.2%］和中国国标 GB/T 5153—2003 系列的 MB1［w(Mn)=1.3%~2.5%］和 MB8［w(Mn)=1.5%~2.5%，w(Ce)=0.15%~0.35%］。图 2-39 为 Mg-Mn 二元合金相图，在 652℃发生包晶转变：L+β（Mn）→α 固溶体。在包晶温度下，Mn 在 α 固溶体内的溶解度为 3.3%。随温度下降，固溶度迅速减小，620℃时 w(Mn)=2.06%，455℃时 w(Mn)=0.25%。由于β(Mn)实际上是纯锰，故 M1A 和 MB1 合金的热处理强化作用小，一般在退火状态下使用。

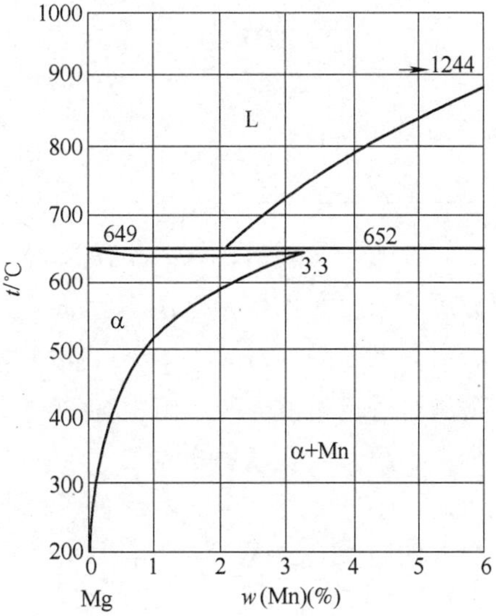

图 2-39　Mg-Mn 二元合金相图

在铸造状态下，虽然 Mn 对镁合金的强化作用很弱，但合金经变形后，强度仍有一定的提高。Mg-Mn 系合金的铸造工艺性能差，凝固收缩大，热裂倾向较高，故 Mg-Mn

系合金都属于变形镁合金。Mg-Mn 系合金存在着挤压效应，挤压制品的强度超过轧制产品。表 2-26 为 MB1 和 MB8 合金力学性能的比较。Mg-Mn 系合金最主要的优点是具有优良的耐蚀性和焊接性。如前所述，Mn 容易同有害杂质元素化合，从而清除了铁对耐蚀性的有害影响，使得腐蚀速度特别是在海水中的腐蚀速度大大降低。

表 2-26　MB1 和 MB8 合金力学性能比较

合金	抗拉强度 R_m/MPa	屈服强度 $R_{p0.2}$/MPa	疲劳强度 S/MPa	硬度（HBW）	冲击韧度 a_K/(J/m^2)	断后伸长率 A_{10}（%）	断面收缩率 Z（%）
MB1	210	100	75	45	60	4	6
MB8	250	170	85	55	120	18	28

MB8 合金由于在 MB1 合金的基础上添加了稀土 Ce，使得铸态的晶粒得到细化，屈服强度，特别是在压缩状态下的屈服强度因晶体中的孪生受到抑制而显著地增长。此合金最适用于制造承受纵向弯曲负荷的结构件。Mn 是提高镁合金耐热性能比较显著的元素之一，但稀土的作用则更加显著。MB1 合金可在 150℃ 以下长期工作，MB8 合金则可在 200℃ 以下长期工作，表 2-27 是 MB1 和 MB8 合金高温性能的比较。如前所述，MB1 平衡状态的显微组织是在 α 固溶体上分布着少量的点状 β-Mn 相。MB8 平衡状态的显微组织与 MB1 相同，只是其中还含有一些在金相显微镜下难以分辨的 Mg_9Ce 化合物。MB1 和 MB8 合金具有良好的冲压、挤压和轧制工艺性能。应力腐蚀倾向小，容易焊接，且 MB1 的焊接性能优于 MB8。这类合金的板材可用于制造飞机蒙皮、壁板及内部零件；模锻件可制作外形复杂的构件；管材多用于汽油、润滑油系统等要求耐腐蚀的管路。

表 2-27　MB1 和 MB8 合金高温性能比较

合　金	抗拉强度 R_m/MPa				屈服强度 $R_{p0.2}$/MPa
	100℃	150℃	200℃	250℃	150℃
MB1	180	130	80	60	45
MB8	200	160	140	120	60

Mg-Mn 系合金浇注时，凝固断面收缩率大、热裂倾向高、合金强度低，强度的提高主要依靠形变强化。由于 Mn 在加热时可以阻碍晶粒的长大，因此合金在退火后力学性能下降幅度不大。同时 Mn 易与 Fe 等有害杂质化合，从而消除了 Fe 等杂质对合金耐蚀性的影响，使镁合金的腐蚀速度特别是海水腐蚀速度大大降低。合金中容易出现锰偏析杂质，它们对合金的抗拉强度、屈服强度、疲劳性能没有明显影响，但对合金的断后伸长率、冲击韧性有一定影响，并随锰偏析夹杂含量的增加而影响加剧。当合金中 Mn 含量为 1.5%（质量分数）时，可获得最佳耐蚀性，但过量的 Mn 反而造成耐蚀性和塑性的下降。合金的工艺塑性（如挤压、冲压等）好，不产生应力腐蚀，一般在退火状态下使用。MB1 合金具有中等强度，优

良的耐蚀性，可以采用氩弧焊甚至氧乙炔焊进行焊接。MB8 则是在 MB1 基础上添加了（0.15～0.3）%（质量分数）Ce 而发展起来的，保持了 MB1 合金的耐蚀性和焊接性能，因 Ce 的晶粒细化作用而使合金的强度有较大幅度提高。

2.4.2　镁-铝-锌系合金

该合金系的美国牌号主要包括 AZ31、AZ61、AZ63、AZ80 等，国内牌号主要有 MB2、MB3、MB5 等。此类合金具有较好的室温力学性能和良好的焊接性能，可制成形状复杂的锻件和模锻件，用于制造飞机内部构件、舱门、壁板及导弹蒙皮等。

Mg-Al-Zn-Mn 系合金是国外发展最早、研究较为充分的合金系。合金中的 Al 能与 Mg 形成固溶体而提高合金的力学性能。当合金中 Al 含量大于 2%（质量分数）时，随着冷却速度不同，铸造组织中可能出现 β 相（$Mg_{17}Al_{12}$或 Mg_4Al_{13}）的质点；当 Al 含量超过 8%（质量分数）后，β 相以共晶形式沿晶界分布。当合金缓冷时，一些晶界上出现“类珠光体”型析出物，这种析出物是固溶体相分解的结果。Mg-8%（质量分数）Al 合金加热至 623K 以上时，大块“类珠光体”开始分解，并随着时间的延长由粗片状转变为细片状和点状析出物。当热处理温度在 683～703K 时，析出相的分解速率很大，约 24h 就可变成单一的具有等轴晶组织和晶界清晰的固溶体。此外，Al 能提高合金的耐蚀性，减小凝固时的收缩，改善合金的铸造性能。Zn 在合金中主要以固溶态存在，对合金的影响与铝相似。但是当 Zn 含量超过 2%（质量分数）时，凝固时有热裂倾向，因此要严格控制其含量。Mn 能提高合金的力学性能及耐蚀性。合金中的 Mn 可以和 Al 生成 $A_{14}Mn$ 或Al_6Mn。Mg-Al-Zn-Mn 系合金具有优异的力学性能和良好的耐蚀性，并可通过变质处理进行晶粒细化。合金中的重金属如 Cu、Fe、Ni 含量低于极限含量时，合金的抗海水腐蚀能力非常好。该合金系中 MB2、MB3、MB5 合金的强度随着 Al 含量的增加而增加。但 Al 含量过高时，会导致合金塑性变形能力降低。MB5 合金的 Al 含量较高，可以进行淬火时效强化处理，但应力腐蚀倾向严重，已被综合性能更好的 Mg-Zn-Zr 系合金取代。

AZ31 挤压组织晶粒尺寸为 15～20μm，如图 2-40a 所示。AZ61 挤压组织如图 2-40b 所示。可见，其组织由 α 相和沿晶界分布的 β 相组成，并存在孪晶组织。但是其组织形态与 AZ80 组织有明显的不同。组织晶粒大小相差悬殊，大晶粒长达 250μm 左右，而小的仅有 10μm 左右。从侧向看，晶粒变形程度非常高，存在形变织构。在晶界或晶内分布着大小不等的，具有规则形状的 Al-Mn 相。这与 Eliezer 在 AZ61 和 AZ31 中观察到的长条状不同。

图 2-40c 所示为 AM60 挤压组织，它是由 α 相和沿晶界分布的 β 相组成。组织很不均匀，存在少量孪晶组织。其组织为大小不等的等轴再结晶晶粒，小晶粒尺寸约为 10μm，大晶粒尺寸约为 150μm，其平均尺寸约为 56μm。在晶界或晶内分布着大小不等的黑色 Al-Mn 相粒子。图 2-40d 所示为镁合金 AZ80 挤压组织，AZ80 晶粒较细小，晶粒度约为 17μm。从图 2-40 中也可以明显地看到挤压流线（图中黑

色呈线状的 β 相代表了挤压方向)。

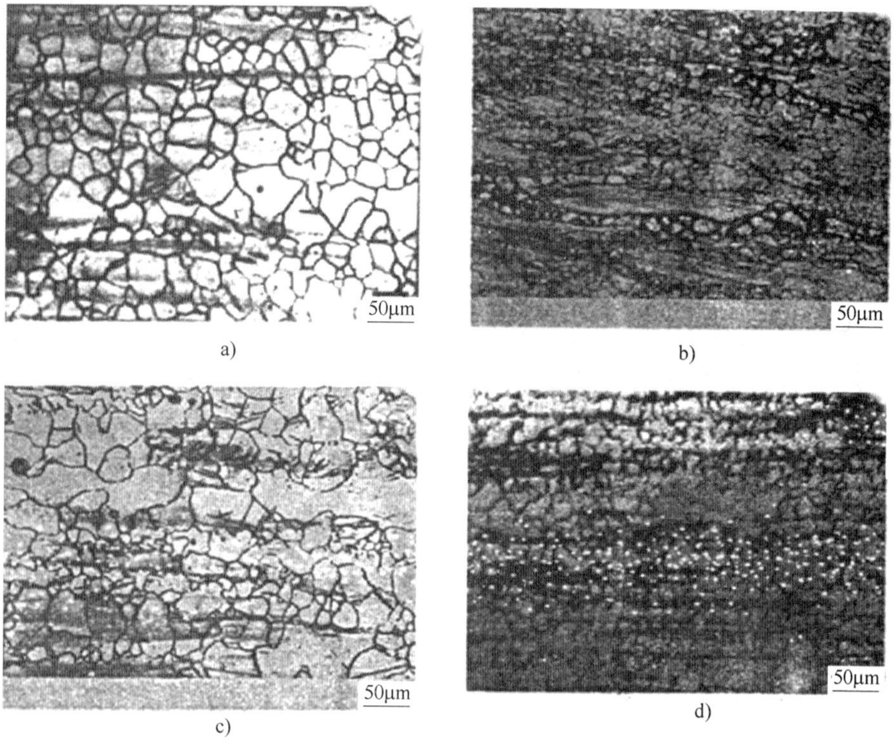

图 2-40　AZ31、AZ61、AM60 和 AZ80 挤压组织

a）AZ31　b）AZ61　c）AM60　d）AZ80

图 2-41 所示为轧制 AM60 的组织形貌。轧制组织较挤压组织均匀，纵向可见高密度孪晶晶粒，其晶粒尺寸很难分辨，只有极少量的晶粒为非孪晶晶粒，在晶界可见到细小晶粒。

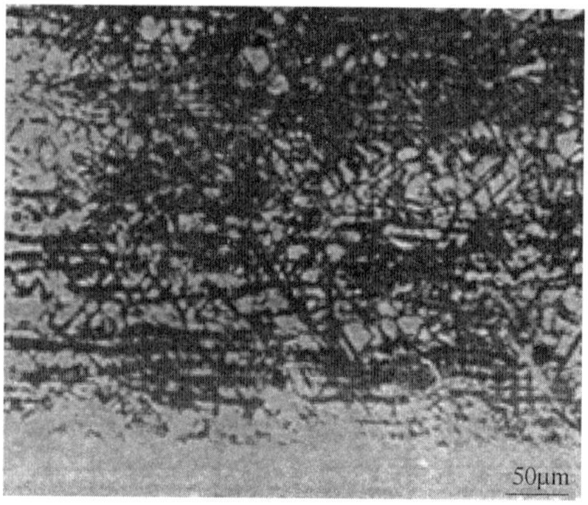

图 2-41　轧制 AM60 的组织形貌

2.4.3　镁-锌-锆系合金

该合金系的美国牌号主要包括 ZK60、ZK61 等，国内牌号主要有 MB15、MBl8、MB21、MB22、MB25，除 MB15 以外，其余可归为试验合金，也可归为含稀土镁合金。此类合金的塑性中等，室温下拉伸屈服强度和压缩屈服强度以及高温瞬时强度均明显优于其他镁合金（如 AZ31 等），且具有良好的成形和焊接性能，无应力腐蚀倾向。镁-锌-锆合金主要用于制造飞机操作系统的摇臂、支座等受力件。

Mg-Zn-Zr 系合金属于高强度镁合金，可通过时效处理来强化，主要强化元素是 Zn，且随着 Zn 含量的增加，合金的抗拉强度和屈服强度皆随之提高，而断后伸长率略有下降。但是，Zn 有引起显微疏松和热裂的倾向，Zn 含量过高对合金的铸造性能和压力加工性能都有不利影响。合金中的 Zr 在熔炼浇注时可作为结晶的核心，从而促使晶粒细化。同时 Zr 还能降低合金元素的扩散速率，阻止晶粒长大。当合金中 Zr 含量为 0.6% ~0.8%（质量分数）时，具有最大的细化晶粒和提高力学性能的作用。另外，Zr 对改善合金耐蚀性和耐热性也有较大作用。在 Zr 含量相同时，对于 Zn 含量大于 4.5%（质量分数）的合金，Zn 含量增加将导致固相线温度降低，使合金铸造工艺性能变坏，加工塑性也大大降低，并且难于焊接。该合金系中最有代表性的合金为 MB15 合金，MB15 是可热处理强化的高强变形镁合金，其工艺塑性低于 MB2、MB3 和 MB5 合金，但室温抗拉强度、屈服强度优于其他镁合金。为了克服高 Zn 含量带来的缺点，国内采用 MB2 来替代 MB15，两者的化学成分和力学性能见表 2-28。MB21 合金具有很好的工艺塑性，室温强度与 MB3 的相近，压缩屈服强度超过 MB3，且耐蚀性和高温性能均优于 MB3 和 MB15。此外国内还研制出了 MB18、MB22 及 MB25 合金。MB25 合金和 MB15 合金一样，也属于高 Zn 含量的 Mg-Zn-Zr 合金。

表 2-28　MB15 和 MB21 合金的化学成分和力学性能

牌号	国外同类合金牌号			化学成分（质量分数,%）				力学性能		
	苏联	美	英	Zn	Zr	RE	Mg	屈服强度	抗拉强度	断后伸长率
								MPa		%
MB15	MA14	ZK60	ZW6	5.5	>0.5	—	余量	225	314	6
MB21	MA15	—	ZW2	3.5	>0.5	0.3	余量	167	255	10

2.4.4　镁-稀土系合金

该合金系的美国牌号主要有 ZE10 等，国内牌号主要有 MB8、MB18、MB21、MB22、MB25 等。镁-稀土系合金是近年来新开发的变形镁合金，具有优异的耐热性和耐蚀性，一般无应力腐蚀倾向，广泛用于制备薄板或厚板、挤压材和锻件等。

在镁中添加稀土元素可显著提高合金的高温性能，并且在铸造过程中还可显著细化合金晶粒。镁能与多种稀土元素如 Ce、Nd 和 La 等形成固溶体，其富镁区为低熔点简单共晶并在晶界处呈网状分布，抑制微孔的形成，从而铸造性能优良。在稀土金属中 Nd 的作用最佳，Nd 使得镁合金高温和常温下同时获得强化。Ce 和 Ce 的混合稀土虽然对改善耐热性效果较好，但常温强化作用较差。La 的作用效果在两方面均不如 Ce。Mg-RE 系的共晶温度比 Mg-Al 和 Mg-Zn 系的高得多，通常认为三价稀土元素提高了合金中的电子浓度，可以增强镁合金的原子结合力，减小了镁在 473 ~573K 的原子扩散速度，特别是镁与稀土金属形成的化合物热稳定性高。另外，在 423 ~573K 范围内 Nd 在 Mg 中的固溶度较小，固溶体与第二相之间的原子交换作用减弱，这些都有助于阻止高温下晶界迁移和减小扩散性蠕变变形。一般认为，稀土镁合金具有较高的抗蠕变性能，主要归因于 Mg-RE 化合物的弥散强化和其在晶界上对晶界滑移的影响。稀土镁合金中添加 Zr，能细化晶粒，改善性能。如果 Zr 的添加量合适，合金强度将进一步提高。

目前开发出的稀土镁合金大多是在已有合金系基础上通过添加稀土元素开发而成的，很好地改善了合金的性能。在国外含稀土的变形镁合金中典型的合金系有 ZE10A（Mg-1.5Zn-0.2RE）、ZE41A 等，此类合金在人工时效后硬度适中，最典型的应用是直升机上的传送箱，产品包括 ZE10A 薄板和板材、ZE42A 和 ZE62 锻件。在国内，研究较多且已经开始应用的镁-稀土系变形镁合金有镁-锰-稀土系（如 MB12、MB14、S122、S127 等合金）、镁-锌-锆-稀土系（如 MB22、MB25、S124、S128 等合金），此外 MB8、MB18 也为含有稀土的变形镁合金。表 2-29 给出了国内几种稀土镁合金的物理性能参数。

表 2-29 镁-稀土系合金的物理性能参数

性能		MB14	S122	S127	S124	S128
密度/(g/cm^3)		1.76	1.80	1.81	1.83	1.93
比热容/[cal/(g·K)]	373K	0.32	0.25	0.245	0.25	—
	473K	0.32	0.256	0.255	0.26	—
	573K	0.33	—	—	—	—
线膨胀系数/$10^{-6}K^{-1}$	293 ~373K	22.67	27.18	27.34	25.92	26.20
	373 ~473K	24.61	28.06	28.10	26.11	26.80
	473 ~573K	31.18	29.28	30.17	28.71	27.20
热导率/[W/(m·K)]	303 K	110.95	—	—	—	—
	373 K	119.32	—	—	—	—
	473 K	123.51	—	—	—	—
	573 K	123.51	—	—	—	—
	673 K	123.51	—	—	—	—
电阻率（293K）/($\Omega \cdot mm^2/m$)		0.0602	0.074	0.093	0.053	0.063（298K）
弹性模量/GPa		42	45.5	45.5	46.6	—

注：1cal =4.1868J。

镁-稀土合金在高温下有较好的塑性，可进行挤压、锻造等压力加工。在轧制过程中，由于镁-锰-稀土合金的热加工温度范围较窄，所以需采用多道次小压下量和重复退火的工艺制度。

1. 镁-锰-稀土合金

稀土元素可显著提高镁-锰系合金的高温强度，特别是持久强度提高幅度更大。该合金系具有良好的耐蚀性，且无应力腐蚀倾向。表2-30给出了稀土元素对镁-锰合金的室温和高温力学性能的影响。表2-31～表2-36给出了镁-锰-稀土合金在室温和高温下的力学性能。

表2-30　镁-锰-稀土系试验合金的力学性能

合金主要成分（质量分数,%）				温度/K	抗拉强度/MPa	持久强度/MPa	断后伸长率（%）
Mn	Nd	Ce	Ni				
2.0	2～4	—	—	293	250～270	—	17～22
				423	190～200	—	24～27
				473	180～190	100～120	25～28
				523	160～180	55～65	25～28
1.85	—	3.1	0.25	293	230～240	—	7～8
				423	180～200	—	15～17
				473	170～180	140～150	17～20
				523	170～180	70～75	17～20
1.83	—	3.24	—	293	230～250	—	6～7
				423	170～180	—	17～18
				473	160～170	80～90	20
				523	140～150	35～40	58～62

表2-31　MB14合金的室温（293K）力学性能（未热处理）

材料品种	抗拉强度/MPa	屈服强度/MPa	断后伸长率（%）	弹性模量/GPa	剪切模量/GPa	泊松比	冲击韧度/(J/m²)	疲劳极限（$N=2\times10^2$）/MPa
模锻叶轮	250	160	10	42	15.5	0.33	40	80
挤压棒材	260	180	10	42	15.5	0.33	—	—

表2-32　MB14合金挤压棒材的室温和高温力学性能（未热处理）

试验温度/K	抗拉强度/MPa	断后伸长率（%）	持久强度 σ_{100}/MPa	持久强度 $\sigma_{0.2/100}$/MPa
293	260	10	—	—
373	230	17	—	—
423	180	17	120～130	100
473	160	22	60～90	30
523	130	25	—	—
573	90	50	—	—

表 2-33 MB14 合金挤压棒材的低温力学性能（未热处理）

试验温度/K	抗拉强度/MPa	断后伸长率（%）	断面收缩率（%）
293	260	10	—
203	270	7.5	11.0
77	290	6.0	8.0

表 2-34 MB12 合金棒材的室温和高温力学性能（淬火及人工时效状态）

试验温度/K	抗拉强度/MPa	屈服强度/MPa	持久强度/MPa	断后伸长率（%）
293	260～290	130～160	—	7～14
473	210～230	110～125	160	13～15
523	180～200	90～120	100	15～20
573	140～160	80～10	60	19～25

表 2-35 镁-锰-稀土合金的室温力学性能

试验合金	材料厚度/mm	状态	抗拉强度/MPa	屈服强度/MPa	断后伸长率（%）	冲击韧度 a_K/(J/m^2)
S122	1～5	M	250	220	8	—
		CS	300	240	7	—
	20～30	R	240	190	7	—
		CS	290	210	6	69
S127	1～5	M	260	200	11	—
		CS	320	240	5	—
	20～30	R	240	180	14	—
		CS	290	230	6	53

表 2-36 镁-锰-稀土合金板材的高温力学性能

合金牌号	板材厚度/mm	状态	373K		423K		473K		523K	
			抗拉强度/MPa	断后伸长率（%）	抗拉强度/MPa	断后伸长率（%）	抗拉强度/MPa	断后伸长率（%）	抗拉强度/MPa	断后伸长率（%）
S122	1～5	M	190	20	170	31	160	26	—	—
		CS	260	16	250	17	230	17	—	—
	20～30	CS	260	8	230	8	210	10	—	—
S127	1～5	MS	190	21	270	26	160	39	150	30
		CS	280	9	260	13	250	19	220	17
	20～30	R	210	16	210	20	200	22	180	20
		CS	280	14	280	17	250	17	220	15

镁-锰-稀土合金主要用于生产各种规格的板材，代替 MB8 合金做飞机蒙皮、壁板及其他在 473K 以下长期使用及在 523K 以下短期使用的结构件。

2. 镁-锌-锆-稀土合金

镁-锌-锆合金中添加稀土元素后，除能改善合金的铸造性能和焊接性能外，还能提高合金的强度。表 2-37 为稀土元素镧和钕对镁-锌-锆合金 293 ~ 523K 温度下力学性能的影响。表 2-38 和表 2-39 分别给出了镁-锌-锆-稀土系试验合金 S124 和 S126 合金的室温和高温力学性能。

表 2-37　镁-锌-锆-稀土合金的力学性能

合金牌号	合金组元	温度/K	抗拉强度/MPa	持久强度/MPa	断后伸长率（%）
试验合金	Mg-Zn-Zr	293	360 ~ 380	—	7 ~ 10
		423	250 ~ 270	—	13 ~ 19
		473	230 ~ 260	80 ~ 85	13 ~ 19
		523	160 ~ 170	30 ~ 35	35 ~ 40
试验合金	Mg-Zn-Zr-Nd	293	380 ~ 400	—	5 ~ 6
		423	250 ~ 260	—	9 ~ 12
		473	220 ~ 250	50 ~ 60	14 ~ 15
		523	150 ~ 170	—	25 ~ 30
试验合金	Mg-Zn-Zr-La	293	350 ~ 390	—	6 ~ 12
		423	260 ~ 280	—	13 ~ 18
		473	230 ~ 250	—	19 ~ 21
		523	150 ~ 180	—	22 ~ 28

表 2-38　镁-锌-锆-稀土合金的室温力学性能

合金	材料品种	状态	抗拉强度/MPa	屈服强度/MPa	断后伸长率（%）	布氏硬度（HBW）	冲击韧度 $a_K/(J/m^2)$
S124	棒材	R	370	360	10	75	60
	锻件	R	350	—	—	—	—
S128	棒材	S	400	390	9	78	87
	锻件	S	330	310	11	76	—
	模锻件	S	350	340	11	76	—

镁-锌-锆-稀土合金可加工成棒材、型材以及各种锻件，可代替 MB15 合金用来制作 473K 以下承受较大载荷的零件。

表 2-39　镁-锌-锆-稀土合金的高温力学性能

合金	温度/K	抗拉强度/MPa	断后伸长率（%）	合金	温度/K	抗拉强度/MPa	断后伸长率（%）
S124	373	270	26	S128	373	360	11
	423	230	28		423	290	15
	473	180	37		473	260	15
	523	130	53		523	220	18

2.4.5 镁-锂系合金

镁合金由于密度低，能够有效减小零部件的质量，很早就应用于航空、航天工业。特别是 Mg-Li 系合金具有很高的比强度、比刚度和塑性，是航空航天领域最具有前途的金属结构材料之一。座舱架、吸气管、导弹舱段、壁板、蒙皮、直升机上机闸等大都采用 Mg-Li 合金制件。在镁中加入锂元素后其结构和性能发生特殊变化。首先，加入锂可进一步降低镁合金的密度。Mg-Li 系合金是迄今为止最轻的金属结构材料，日本已经成功地制备出密度小于水的 Mg-Li 合金，并应用在航天器上。其次，锂的加入可大大提高合金的塑性，使合金具有优良的冷、热变形能力。虽然 Mg-Li 合金固溶强化值和加工硬化效率较低，但是其比强度比常用镁合金高。如果再加入适当元素，还可以进一步提高 Mg-Li 合金的强度。

二元 Mg-Li 合金的耐蚀性和耐热性能均较差。通过多元微合金化，在 Mg-Li 合金中加入 Mn、Al、Sn、Cd 等元素可以有效地改善合金的耐蚀性和耐热性。当 Mn 的质量分数低于 4% 时，添加锰能提高 Mg-Li 合金的耐蚀性，且效果最为显著。Cd、Al、Sn 等元素对 Mg-Li 合金耐蚀性的影响与含量有关。当 Cd 的质量分数小于 4% 时，添加 Cd 可提高合金的耐蚀性，但其质量分数超过 4% 时则会降低其耐蚀性；而对于 Al 和 Sn，当其质量分数为 0.6% ~1.0% 时，合金耐蚀性随着元素含量的增加而下降；当其质量分数超过 1.0% 时，其耐蚀性随含量的增加而稍有提高。在 Mg-Li 合金中添加少量的 Al 和 Ca 不但有助于合金表面形成稳定性较高的 $Mg(OH)_2$ 基化合物保护层而提高合金的耐蚀性，而且也能提高合金的延展性和抗蠕变性能。Si、Sb 等元素则会显著降低 Mg-Li 合金的耐蚀性。此外，Mg-Li 合金在潮湿大气中的应力腐蚀敏感性很大。Mg-13% Li-Al 合金在质量分数为 0.01% 的 NaCl 溶液中进行环形应力腐蚀试验时，合金被腐蚀成粉状。因此，在开发 Mg-Li 系超轻变形镁合金时，必须解决这些问题才能真正发挥其低密度优势。

镁-锂系合金是最有代表性的超轻高比强合金，其密度只有 1.35 ~ 1.65g/cm^3，比一般工业镁合金小 15% ~25%，比铍合金小 25% ~30%，比铝合金小 50%，而比强度则比常用镁合金高，并且具有良好的冷、热变形能力。锂在镁中有较大的溶解度，在共晶温度（862K）下可达 5.5%，但当温度降低时，其溶解度几乎不发生改变，因此，镁-锂合金不存在热处理强化效应。

Mg 与 Li 发生共晶反应后，在合金中会形成体心立方结构的 β 相（Li）。当合金中 Li 的质量分数在 5.5% 以下时，其组织为 Li 固溶于 Mg 晶格中形成的 α 固溶体；当 Li 的质量分数为 5.5% ~10.2% 时，其组织为 α 固溶体及不规则的片状 β 相；当 Li 的质量分数大于 10.2% 时，全部由 β 固溶体组成。β 固溶体为体心立方晶格，有比密排六方晶格的 α 相更高的冷、热变形能力。

镁-锂合金的缺点是化学活性很高，Li 易与空气中的氧、氢、氮结合生成稳定化合物。合金的耐蚀性低于一般镁合金，应力腐蚀倾向严重。由于锂对一些杂质特别敏感，尤其是钠，当钠的质量分数超过 0.06% 时，合金的塑性就急剧下降，给加工过程增加许多困难。另外 Mg-Li 合金在不太高的温度下具有过时效倾向（由于亚稳定相过渡到稳定相所造成），该系列合金耐蚀性差，还具有应力腐蚀倾向，在潮湿大气中的应力腐蚀敏感性很大，但稳定化处理能够消除合金的应力腐蚀开裂敏感性。镁-锂合金力学性能不高，和其他元素 Al、Zn、Si 等合金化后可显著提高抗拉强度和屈服强度。

由于镁-锂合金具有一系列特殊优异的性能，国内外对其进行了大量的研究，并成功开发了一系列牌号的合金。如苏联的 MA18β 型（1.1Li、0.7Al、2Zn、0.3Mn）、HMBla 型（5.0Li、5.5Al、0.8Zn、0.5Mn、0.8Sn）、MA21α + β 型（8.0Li、5.0Al、1.5RE、0.8Mn、4.0Cd）以及美国的 LA41、LS141 等。在国内，目前已经开发出的镁-锂系变形镁合金有 S402、S403 试验合金等。S402 合金的主要物理性能参数见表 2-40。

表 2-40　S402 合金的主要物理性能参数

性能		量值	性能		量值
密度/(g/cm^3)		1.35 ~ 1.37	热导率/[W/(m·K)]	297K	43.54
电阻率（297K）/($\Omega \cdot mm^2/m$)		0.152		366K	41.87
比热容/[cal/(g·K)]	297K	0.346		423K	41.03
	366K	0.347		478K	40.61
	423K	0.348		533K	40.19
	478K	0.350			
	533K	0.350			
线膨胀系数/$10^{-6}K^{-1}$	180 ~ 297K	38.7	弹性模量/MPa		43000
	297 ~ 366K	39.24	熔点/K		580 ± 5
	297 ~ 478K	39.96			

注：1cal = 4.1868J。

在室温下，镁-锂系合金具有较好的塑性，但是随着温度的升高，其强度急剧降低。表 2-41 和表 2-42 分别为镁-锂系合金的室温力学性能和高温力学性能。在低温下，镁-锂系合金仍具有良好的力学性能，在 77 ~ 339K 范围内无冷脆现象，具有良好的切口韧性。表 2-43 为 S402 合金的低温力学性能。

表 2-41　镁-锂系合金的室温力学性能

试验合金	材料品种	状态	抗拉强度/MPa	屈服强度/MPa	断后伸长率（%）
S402	板材（1 ~ 3mm）	M	170 ~ 180	130 ~ 140	14 ~ 17
	棒材	R	150	110	25
S403	板材（1 ~ 3mm）	M	210 ~ 220	150 ~ 160	12 ~ 15
	棒材	R	210	180	10

表 2-42　镁-锂系合金的高温力学性能

合金牌号	温度/K	抗拉强度/MPa	断后伸长率（%）	合金牌号	温度/K	抗拉强度/MPa	断后伸长率（%）
S402	373	85	44	S403	373	170	23
	398	60	39		398	120	35
	423	45	49		423	100	44
	448	30	46		448	70	47
	473	25	57		473	50	73

表 2-43　S402 合金的低温力学性能

温度/K	抗拉强度/MPa	屈服强度/MPa	断后伸长率（%）
20	310 ~ 295	283 ~ 264	11 ~ 14
77	242 ~ 225	202 ~ 194	9 ~ 14
89	230 ~ 210	180 ~ 162	10 ~ 17
144	225 ~ 204	175 ~ 158	10 ~ 15
200	211 ~ 196	165 ~ 148	10 ~ 16
261	197 ~ 179	158 ~ 140	10 ~ 19

镁-锂系合金可以用来生产多种规格的板材、棒材、型材和锻件，主要用作导弹、火箭和宇宙飞船的辅助结构材料及其他要求密度小的材料。镁-锂系合金虽然有较高的比强度和优良的塑性加工能力，但其加工硬化效应小，强度（特别是高温强度）偏低。此外，合金的熔炼铸造比较困难，耐蚀性也比一般镁合金的差，因此必须对镁-锂合金进行全面的研究和改进，以使合金早日得到广泛应用。

2.5　快速凝固镁合金

快速凝固技术的研究开始于 20 世纪 50 年代末 60 年代初，是指在比常规工艺过程快得多的冷却速度（如 10^4 ~ 10^9K/s）或大得多的过冷度（可达几十开至几百开）下，合金以极快的凝固速率（常大于 10cm/s，甚至高达 100cm/s）由液态转变为固态的过程。1959 年美国加州理工学院的 P. Duwez 等采用一种独特的熔体急冷技术，第一次使液态合金在大于 10^7K/s 的冷却速度下凝固。他们发现在这样快的冷却速度下，本来是属于共晶体系的 Cu-Ag 合金中，出现了无限固溶的连续固溶体；在 Ag-Ge 合金体系中，出现了新的亚稳相，而共晶成分为 Au-Si的合金竟然凝固为非晶态的结构。图 2-42 所示为快速凝固引起的显微组织的变化。快速凝固是一种新型的金属材料制备技术，不仅可以大幅度提高传统结构材料的性能，还可以开发出新的合金体系，正逐渐广泛用于新合金材料的研制中。

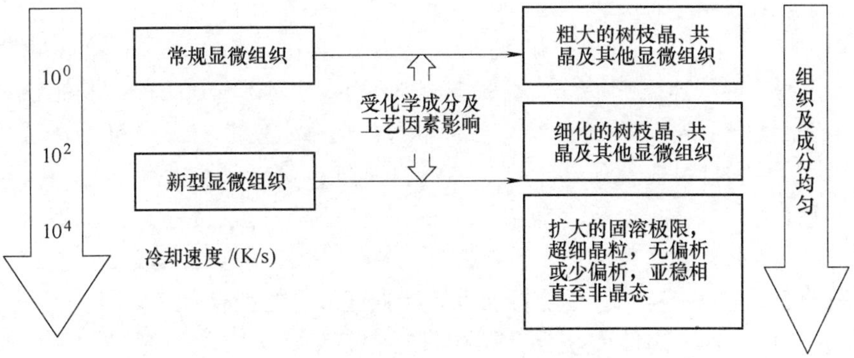

图 2-42　快速凝固引起的显微组织的变化

2.5.1　快速凝固镁合金的制备工艺

镁合金在接近平衡状态的常规凝固条件下，微观组织比较粗大，晶粒尺寸一般在数十微米到数百微米之间，甚至达到毫米级。同时，析出相也比较粗大，而且在高温下极易氧化，因此采用常规铸造方法生产的镁合金室温和高温强度都不是很理想，难以满足高性能结构材料的需求。研究表明，当液态镁合金以极快的冷却速度（$10^5 \sim 10^6$K/s）冷却时，合金的固溶度增加，能够得到细小、均匀的显微组织，并导致一些新相的生成。经快速凝固得到的镁合金材料的力学性能，特别是高温力学性能将得到显著的改善。此外，由于快速凝固，组织均匀细小，降低了第二相的阴极作用，以及由于合金固溶度的增加而增加了合金的电极电位，镁合金的耐蚀性将随之而得到显著的改善。

快速凝固的基本原理是设法将合金熔体分成细小的液滴，减小熔体体积与散热面积的比值，提高熔体凝固时的散热速度，抑制晶粒长大和消除成分偏析。与传统材料制备技术相比，快速凝固技术具有一系列优点，如合金熔体的凝固速度快、冷速高、合金元素过饱和固溶度高、晶粒组织细小、合金成分及组织均匀、容易产生亚稳相等。因此快速凝固材料具有优异的力学性能和耐蚀性。此外，这种技术不仅可以大幅度提高传统结构材料的性能，还可以开发出新的合金体系。目前，快速凝固技术已被广泛用于新合金材料的研制中。

最早将快速凝固技术应用于镁合金研制的是美国陶氏化学公司。国际上快速凝固镁合金的发展经历了以下两个阶段。第一阶段（1950—1960 年），1953 年和 1955 年美国陶氏化学公司先后采用气体雾化法和旋转冷却盘法制备镁合金；第二阶段（1980—至今），美国 Allied Signal 公司开发了平面流变铸造工艺制备镁合金，相继遍布欧美的 15 个研究机构也进一步进行了研究与开发工作。在欧洲，所研究的适合快速凝固的镁合金有 80 多种，它们大多是在 Mg-Al 合金系的基础上加入了 Zn、Re、Si、Sr 和 Ca 等元素。英国研制的镁合金 EA55RS（Mg-5Al-5Zn-5Nd）已适合于商业化生产。大块产品的组织趋于一致，晶粒尺寸为0.3～5μm，组织中含有如$Mg_{17}Al_{12}$、Al_2Ca、Mg_3Nd和$Mg_{12}Ce$等弥散的化合物，其抗拉强度可以超过500MPa，而未经快速凝固的镁合金的抗拉强度仅为200～300MPa。利用快速凝固技术，熔融镁合金先被制成丝带，磨成粉末，在罐中密封，最后被挤压成棒。日本东北大学金属材料研究所开发出了具有高强度、高延展性、耐热、质量小的镁合金。这种镁合金是在急速冷却条件下将镁、锌和钇粉末按一定比例混合，采用高压挤压，其中镁、锌、钇的原子数比例为97∶1∶2。这一组成使新的镁合金既具有高强度，又富有延展性，是目前世界上强度最高的镁合金。

快速凝固技术为高性能镁合金结构材料和新型镁合金的研制开辟了广阔的前景。目前，美国、日本等几个发达国家投入了大量的人力和物力开展快速凝固镁合金的研究，主要集中在航空航天领域。我国在铸造镁合金方面开展的研究较多，而对快速凝固镁合金的研究颇少，处于初步研究阶段。

快速凝固技术所包含的工艺方法很多，按照金属熔体的分散方式和冷却方式可以将其分为三大类：雾化法、模冷法和气相沉积法。惰性气体雾化法是镁合金比较常用的雾化方法，可以用于制备镁合金粉末；模冷法可以制备出纤维状、带状和箔片状产品；气相沉积法则将金属蒸气沉积在低温基底上，冷却速度比模冷法更高，可以获得薄膜材料。图2-43为几种镁合金快速凝固工艺用装置的示意图。

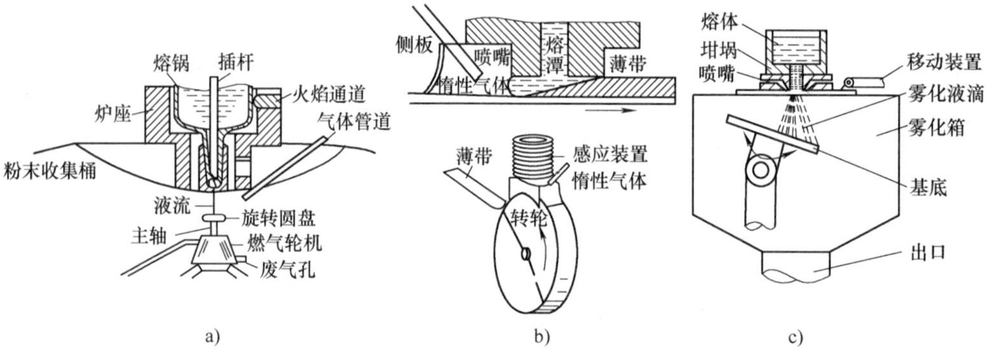

图2-43　几种镁合金快速凝固工艺用装置

a）陶氏化学公司旋转圆盘气体雾化法　b）平流铸造法　c）喷射沉积法

1. 雾化法

雾化法是制备金属粉末的有效方法，主要工艺有双流雾化法（包括亚音速气流雾化法、超声雾化法和高压水雾法）、离心雾化法（包括旋转圆盘法和旋转水法）以及机械等作用力雾化法（包括双辊或三辊雾化法、电动力学雾化法、多级雾化法、快速旋转罩雾化法和多级快冷装置）等。对于镁及其合金，不能采用水或其他溶剂作为雾化介质和冷却剂，一般采用惰性气体。气体雾化法是镁合金比较常用的雾化方法。粉末在固结成形前要进行真空脱气处理，以去除表面吸附的气体、水分等。粉末固结的方法有挤压、轧制、锻造等。陶氏化学公司最早采用旋转圆盘气体雾化法制备镁合金粉末，所用的装置原理如图 2-43a 所示。该公司用自行发明的保护气氛下无预压粉末直接挤压法制备出了性能优异的镁合金结构件，并被用于制作 C133 运输机的地板或固定的装货滑道。由于镁合金粉末易燃易爆，粉末处理困难，该方法不久便被淘汰了。20 世纪 70 年代美国 MIT 的 grant 发展了超声气体雾化技术，在该方法中，使流动速度达到了 2 个马赫数，脉冲频率为 60000 ~ 80000r/s 的惰性气体（N_2、Ar、He）冲击金属流，从而达到更强的雾化效果，并使冷却速度提高到 10^4 ~ 10^5K/s。

2. 模冷法

采用模冷法可以制备出纤维状、带状和箔片状的产品，其制备工艺有枪法（gun method）、双活塞法（twin piston method）、熔体拖拽法（melt drawing）、熔体提取法（melt extraction）、急冷模法（die method）等。这些工艺的共同特点是使金属熔体与冷却模以接触热传导的方式散热，以获得冷速高、凝固速度快、组织细小均匀的产品。

20 世纪 60 年代，大功率枪法快淬技术被用于镁合金，使铝在镁中的固溶度由 11.8%（摩尔分数）提高到 22%（摩尔分数），而弹射快淬法（cata-pult quenching）则将 Mn 的固溶度提高了 2.5 倍。英国 Sheffild 大学采用悬浮熔融法（levitation melting）、双活塞溅射快淬法（two-piston splat quenching）制备了一系列的快速凝固镁合金。20 世纪 70 年代，S. Isserow 和 J. Rizzitano 采用旋转电极法制备了 ZK60 合金粉末，并进一步制备了结构材料，其性能比相应的铸件高 50%。

1977 年，Calka 等首次采用自由射流冷块熔体旋铸（free-jet chill-block melt-spinning）技术生产了镁合金连续带材，并首次制得了 Mg-Zn 非晶，并随后在 Mg-Sn、Mg-Pb 合金中获得了亚稳相，在 Mg-Ni、Mg-Cu、Mg-Ln、Mg-Zn、Mg-Ca 等二元系以及 Mg-Ln-TM（过渡族元素）、Mg-Ni-Ca、Mg-Y-Al、Mg-Y-Ca、Mg-Ca-Al、Mg-Zn-Al、Mg-Al-Ca、Mg-Ni-Y 等三元系合金中获得了非晶相。

1989—1991 年，Norsk Hydro 公司和 Pechiney 公司等开展了类似的研究工作，他们采用熔体旋铸法和平流铸造法（见图 2-43b）制备出了 AZ91 合金条带，晶粒尺寸为 1.5 ~ 5μm，合金耐蚀性显著提高，为普通材料的 4 倍。往 AZ91 合金中添加 Ca、Si 等后，合金的力学性能特别是蠕变抗力明显提高。与普通铸造相比，快速凝固微晶态 AZ91 合金的蠕变速率提高了 100 倍。基于熔体旋铸法制备的镁合金优异的耐蚀性以及非晶态镁合金特性的研究，人们逐渐意识到快速凝固镁合金的众多优点，这极大地推动了镁合金快速凝固的发展。

3. 气相沉积法

气相沉积法的一种典型方式是喷射沉积技术。喷射沉积技术是 20 世纪 90 年代最新发展起来的快速凝固方法，可以用于制备高性能镁合金材料，但目前仍处于实验室阶段。喷射沉积工艺避免了采用模冷、熔体旋铸及气体雾化工艺制备快速凝固镁合金所需要的大量工序，如条、带和丝等的破碎、包套或真空脱气等，生产周期短，生产率高，且喷射沉积镁合金具有冷速高，晶粒细小均匀等特点，从而是制备高性能镁合金的有效方法。如图 2-43c 所示为喷射沉积实验装置图，其主要特点是：①冷却速度高，在喷射沉积过程中，颗粒飞行时的冷却速度可达 10^2 ~ 10^4K/s，沉积物冷却速度可达 10 ~ 10^3K/s，比传统铸造冶金方法的冷速高得多，组织细小均匀，合金成分偏析程度小；②材料的氧化程度小，喷射沉积过程在惰性气氛中瞬时完成，金属氧化程度小，由于液态金属一次成形、工艺流程短，减轻了材料的污染程度；③材料的电化学性能优越，由于喷射沉积坯冷却速度大，组织细小均匀且氧化程度比快速凝固/粉末冶金方法低，因此材料的电化学性能有较大提高；④经济性好，生产周期大大缩短，生产率显著提高，原则上能生产任何金属产品。

4. 大块试样深过冷法

上述快速凝固技术主要是利用熔体的快速冷却来达到大的起始形核过冷和高凝固速率，这些方法所要求的制品尺寸至少在一个方向上必须很小。如能开发一种能够在较大尺寸块状试样中实现快速凝固的技术方法，将具有很广阔的工业应用前景。要实现这样的目的，在原则上有两种途径：一是要选择某些合金系及合金成分，其熔体固有特征应能保证在不太高的冷却速度下达到大的起始过冷和发生快速凝固；二是通过消除和部分消除合金熔体中非均质形核的作用，使较缓慢的冷却过程也能达到大的起始形核过冷和发生快速凝固。在这种想法的基础上，已经加以采用的技术方法有：磁悬浮无坩埚熔炼法及有净化作用的玻璃混合料包裹合金熔体法。表 2-14 为快速凝固工艺在镁合金制备中的应用。

2.5.2 快速凝固镁合金的性能

用快速凝固技术制备的镁合金晶粒尺寸可以减小到原始铸态尺寸的 1/16，枝晶臂间距仅为 5 ~ 8μm，挤压成形后的组织也仅为 3 ~ 10μm，晶粒细化后可以明显地抑制孪晶的形成；与常规工艺制备的镁合金相比，室温的比强度超过 40% ~ 60%，压缩屈服强度和拉伸屈服强度之比由 0.7 增加到 1.1，断后伸长率达到 5% ~ 15%，经过热处理后可达到 22%，在 100℃以上时，具有优良的塑性和超塑性。由于晶粒非常细，疲劳强度为冶金镁合金铸锭的两倍多。快速凝固技术还可以改善镁合金的耐蚀性，这可能是在成形过程中稀土化合物与快速冷却的细晶组织共同作用的结果。镁合金在快速凝固过程中的组织及结构出现一些新的变化，它们主要是：扩大的固溶极限，晶粒细化，无偏析或少偏析的微晶组织，形成新的亚稳相以及高的点缺陷密度等。

1. 力学性能

快速凝固工艺可以显著细化镁合金的晶粒组织，减小甚至消除合金成分偏析，生成细小弥散的沉淀相并分布于晶界和晶粒内，从而大幅度提高镁合金的力学性能。与常规铸造镁合金及现有的铝合金相比，快速凝固镁合金的室温比抗拉强度（UTS/ρ）超过常规 I/M 镁合金及铝合金的 40% ~60%；压缩屈服强度与拉伸屈服强度的比值（CYS/TYS）由 0.7 增加到 1.1 以上，比拉伸屈服强度（TYS/ρ）超过常规 I/M 镁合金及铝合金的 52% ~98%，比压缩屈服强度（CYS/ρ）则超过 45% ~230%；断后伸长率在 5% ~15% 之间，经热处理后可上升至 22%。与其他轻合金比较，快速凝固镁合金在 373K 以上具有优良的塑性变形能力或超塑性，由于晶粒非常细，材料的疲劳强度为 I/M 镁合金的两倍。图 2-44 所示为常规铸锭镁合金与快速凝固镁合金力学性能的比较。

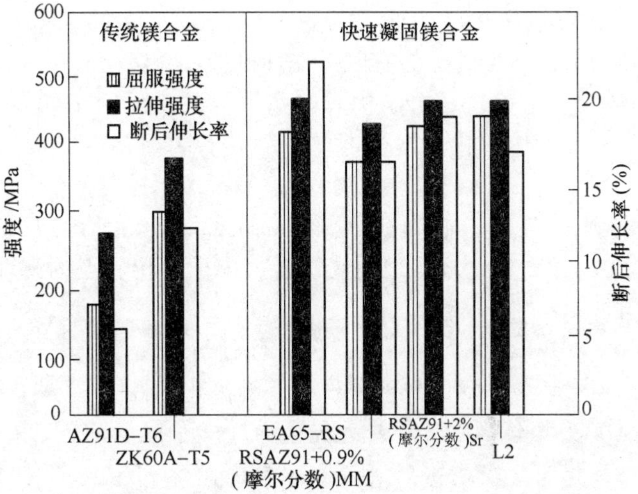

图 2-44 常规铸锭镁合金与快速凝固镁合金力学性能的比较

与常规镁合金相比，快速凝固镁合金的室温强度、延展性、高温力学性能和耐蚀性都有明显的改善。除了强度提高外，通过快速凝固细化晶粒和在合金中加入 Ni、Si、Pd、Sb、Ge、Sc 和 In 等合金元素使合金中形成具有立方结构的相，都有效地改善了镁合金的延展性。此外，快速凝固镁合金的热稳定性比常规镁合金有较大提高，快速凝固镁合金微观组织的均匀化和弥散沉淀相的形成还提高了合金的抗腐蚀能力。另一方面，某些新型快速凝固镁合金还同时具有很好的强度、延展性、耐蚀性和高温稳定性，快速凝固 Mg-(5 ~8)%（摩尔分数）Al-(1 ~2)%（摩尔分数）Zn-(0.5 ~2)%（摩尔分数）X（X = Pr、Nd、Ce、Y）就是其中一种典型合金。陶氏化学公司采用雾化镁合金粉末压实加挤压工艺制备出了 ZK60 合金支撑杆，其抗拉强度达 430MPa，由于基体中含有细小弥散的 Al_3Zr 质点，材料热稳定性能极好。

快速凝固镁合金 $Mg_{97}Zn_1Y_2$ 是目前国际上已报道的抗拉强度最高的镁合金，是近年来的研究热点。该合金的屈服强度和断后伸长率与固结温度有关，分别在

480 ~ 610MPa 和 5% ~ 16% 之间变化；弹性模量为 45GPa；比屈服强度是 AZ91-T6 合金的 4 倍，比 Ti6Al4V 和 7075 铝合金的还高；423K 高温屈服强度高达 510MPa；其在 $1 \times (10^{-2} \sim 10^{0})\ s^{-1}$ 的应变率和 623K 下呈现高应变速率超塑性。有关快速凝固 Mg-(Ag、Sc)-*X* 合金（*X* = Al、Ca、Zn、Y、Mn、Sn 和 Si）的研究表明，$Mg_{97}Zn_{1}Y_{2}$ 和 $Mg_{96.5}Ag_{0.5}Y_{3}$ 合金延展性和硬度匹配最好，可与 $Mg_{97}Zn_{1}Y_{2}$ 媲美，抗拉强度达到 610MPa 且断后伸长率超过 5%。

2. 耐蚀性

快速凝固工艺可以显著改善镁合金的耐蚀性。例如，RSAZ91 合金的腐蚀速率为 0.8mm/年；Pechiney 和 Norsk 开发的新型快速凝固镁合金的腐蚀速率仅为 0.2 ~ 0.6mm/年；含 2% Ca 的 AZ91ET6 的腐蚀速率仅为 0.2mm/年。

快速凝固镁合金耐蚀性的提高有以下几种机理：

1）快速凝固工艺可以将镁合金中影响耐蚀性的杂质元素如 Ni、Cu 等充分固溶到合金基体中，实现均匀化，这样可以减小具有阴极特性的析出相的含量和尺寸，甚至消除这种颗粒；同时，也可以将有害元素控制在危害性较小的区域内。

2）在快速凝固镁合金中加入碱土金属如 Ca 和稀土元素 RE 及 Y 后，减少了沉淀时的阳极活化区。RE 和 Y 还可以提高镁合金中第二相质点的惰性，从而减轻镁合金的腐蚀倾向。

3）含稀土的弥散相或沉淀相可以促进镁合金与腐蚀性气体或盐水环境中的卤族元素反应生产钝化膜，从而起到保护作用，提高耐蚀性。

尽管通过快速凝固技术可以改善镁合金的性能，但目前还存在许多理论和技术问题有待解决。例如，快速凝固镁合金的组织设计、合金之间的相互作用、微观偏析、准晶存在形式及其对合金的性能的作用规律等，大尺寸镁合金管、棒、板、型材及一些结构件的沉积技术、合金的致密化和成形技术，坯料在后续加工过程中的微晶保持技术，在变形过程中的变形理论、强韧化机理、熔炼和如何克服沉积过程中的阻燃等问题，都是开发高性能快速凝固镁合金，并将其应用到工业规模生产所必须解决的关键问题。

2.6 镁基复合材料

自 20 世纪 80 年代末，镁基复合材料已成为金属基复合材料领域的研究热点之一。过去对该材料的大量研究工作主要针对国防和航天应用的需要，随着新型制造工艺的研究发展，镁基复合材料在航天航空、汽车、核工业、运动娱乐以及其他先进的工程方面得到了更广泛的应用。目前关于镁基复合材料的研究工作主要集中于复合体系、复合工艺和材料性能等方面。

2.6.1 镁基复合材料的复合体系

镁基复合材料主要由镁合金基体、增强相和基体与增强相间的接触面-界面组成。

1. 基体合金

常用基体合金目前主要有：Mg-Mn、Mg-Al、Mg-Zn、Mg-Zr、Mg-Li 和 Mg-RE。此外，还有用于较高温度下工作的两个合金系 Mg-Ag 和 Mg-Y。镁基复合材料根据其使用性能选择基体合金，侧重铸造性能的可选择不含 Zr 的铸造镁合金为基体；侧重挤压性能的一般选用变形镁合金。添加少量的合金元素可以起到固溶强化、沉淀强化、细晶强化的作用。Mn 可以提高耐蚀性；Zr 可细化晶粒和提高抗热裂倾向；稀土金属除具有类似 Zr 的作用外，还可以改善铸造性能、焊接性能、耐热性以及消除应力腐蚀倾向；Li 除可在很大程度上降低复合材料的密度外，还可以大大改善基体镁合金的塑性。

2. 增强体

镁基复合材料通常按增强体的形式分类，一般可以分为三种类型：颗粒、短纤维或晶须、连续纤维，见表 2-44。

表 2-44　镁基复合材料增强体分类

增强类型	直径/μm	典型长径比	最常用的材料
颗粒	0.5～100	1	Al_2O_3、SiC、B_4C
短纤维、晶须	0.1～20	50∶1	Al_2O_3、SiC、C
连续纤维	3～140	>100∶1	Al_2O_3、SiC、C

常用的增强相主要有 C 纤维、Ti 纤维、B 纤维，Al_2O_3短纤维，SiC 晶须，B_4C 颗粒、SiC 颗粒和 Al_2O_3颗粒等。长纤维增强金属基复合材料性能好，但造价昂贵，不利于向民用工业发展，另外其各向异性也是阻碍因素之一。颗粒或晶须等非连续物增强金属复合材料各向同性，有利于进行结构设计，可以二次加工成形，可进一步时效强化，并具有高的强度、弹性模量、硬度、尺寸稳定性，优良的耐磨、耐蚀、减振性能和高温性能，已日益引起人们的重视。

（1）SiC 颗粒和晶须　SiC 颗粒和晶须作为镁基复合材料的增强相是研究最多的一种。制备 SiC 增强镁基复合材料的方法主要有两种：一种是利用陶瓷颗粒预制块下造成的真空产生负压实现熔融基体对压实后的预制块的浸润；另一种是分步挤压制造法，已成功制造出 SiC/ZK51A 镁基复合材料。由于镁合金易于同陶瓷增强相表面的氧和氮反应，因此陶瓷增强相同基体镁合金之间的润湿性好，特别是 SiC 可与镁反应生成 Mg_2Si，更有利于提高与基体镁合金之间的润湿性，这也是镁基复合材料与铝基复合材料相比具有的一个重要优点。SiC 颗粒引起的非均质形核，限制了初生相晶粒的生长，可使晶粒细化。SiC 在镁基复合材料中的强化机制主要来自细晶强化、析出强化和增强体的强化，SiC 晶须与颗粒都能显著提高复合材料的室温强度和弹性模量，SiC 晶须作用更明显，SiC 晶须复合材料经低温处理及预变形后残余应力降低，拉伸屈服强度得到改善。

（2）碳（石墨）纤维　碳纤维增强镁基复合材料分为连续和非连续。连续石墨纤维增强镁基复合材料 Gr（连续）/Mg 具有良好的比刚度、抗热形变和机械加工性；非连续石墨纤维增强镁基复合材料 Gr（非连续）/Mg 虽然有些性能不如 Gr（连续）/Mg，但它更经济，成形和加工都有明显的优势。通过合理的定向塑性变形加工，可使在镁基体中原来呈无序排列的短纤维将沿变形方向定向排列，当纤维的长径比超过临界值时，将呈现出接近连续纤维的增强效果。制备此种复合材料采用真空压力浸渍工艺，纤维和基体界面上无化学反应迹象，这种材料阻尼性能无论在室温还是在高温下都优于镁合金，并随着温度升高，效果更明显，抗破坏能力优于 Al_2O_3颗粒增强，温度的变化对界面附近热应力造成的残余应变、位错结构及孪晶都产生影响。但对于含 Al、Li 等元素的镁合金，则易于与纤维反应生成 Al_4C_3、Li_2C_2化合物损失碳纤维，不利于复合材料的性能。对于此类情形，可以采用在碳纤维表面加涂层的方法解决，如在纤维表面进行 C-Si-O 梯度涂层处理后，界面结合强度明显提高。

（3）Al_2O_3颗粒和纤维　Al_2O_3颗粒增强镁基复合材料一般采用挤压铸造法，陶瓷相 Al_2O_3很易被镁基体腐蚀，有不连续 MgO 形成，在界面上还可看到少量粗大的共晶 $Mg_{17}Al_{12}$析出相，经过长时间时效处理后，界面有较多的 $Mg_{17}Al_{12}$时效析出相，此时基体合金内也观察到很多片状 $Mg_{17}Al_{12}$连续析出物：

$$3Mg + Al_2O_3 = 2Al + 3MgO$$

Al_2O_3纤维增强镁基复合材料室温下产生的界面张力主要受基体影响，而在高温下主要受 Al_2O_3纤维控制。对于 Al_2O_3/Mg 复合材料，由于在界面处不可避免地要发生界面反应，界面结合过强，从而导致复合材料的应用性能不高，所以其应用前景不大。

（4）B_4C 颗粒　目前关于 B_4C 颗粒和镁合金的界面相容性及界面化学反应的研究报道相当有限，B_4C 易于氧化，进而在其表面形成低熔点的（450℃）非晶 B_2O_3 薄膜。在通常的制备温度下，非晶 B_2O_3薄膜会与 Mg 发生反应：

$$4Mg_{(L)} + B_2O_{3(L)} = MgB_{2(S)} + MgO_{(S)}$$

生成的 MgB_2可以提高 Mg 熔体与 B_4C 之间的润湿性，从而获得很高的界面结合强度。

上述情况表明，SiC 和 B_4C 比较适合于制备镁基复合材料，由于其在镁合金中的稳定性高，可以用于熔体搅拌工艺，所需时间短、分散均匀性也较高。

在制备镁基复合材料时，制备方法对增强相的选择有不同要求。采用喷射沉积和快速凝固/粉末冶金法时，由于制备时不会诱发各种界面化学反应，故增强相的选择比较自由。选择铸造法时，由于熔体与增强相直接接触，接触时间长，温度高，易于诱发界面化学反应，故要慎重选择增强相。

2.6.2　镁基复合材料的制备工艺

镁基复合材料的制备工艺基本上都是参照铝基复合材料来做的，但因基体镁合金化学性质很活泼，制备过程的高温阶段都需要真空、惰性气体、CO_2+SF_6混合气体来保护以防氧化，因此在制备过程中对试验条件的要求要高于铝基复合材料。主要的制备方法有粉末冶金法、熔体浸渗法、半固态搅拌熔铸法、喷射沉积法以及目前仅用于Mg-Li基复合材料的薄膜冶金法。

1. 粉末冶金法

首先将镁合金制成粉末，然后与增强相颗粒混合均匀，放入模具中压制成形，最后热压烧结，使增强相与基体合金复合为一体，该方法与常规粉末冶金法差别不大，只是镁合金的制粉过程需要防氧化保护。通过不同的粉末冶金条件制备的镁基复合材料的结构与性能也是不同的。一般情况下，增强相颗粒尺寸增大，复合材料的屈服强度和抗拉强度降低。机械合金化工艺也能用于制备镁基复合材料，工艺原理同粉末冶金方法有些类似。这种工艺方法所制备得到的镁基复合材料，颗粒增强相能够在镁基体中均匀弥散分布。利用粉末冶金工艺和机械合金化工艺都可以制备出具有优良储氢性能的镁基复合材料。粉末冶金法制备的复合材料增强体分布均匀，体积分数任意可调，但工艺设备复杂，小批量成本高。

2. 熔体浸渗法

其原理是通过压力，将熔融的镁合金渗入到陶瓷纤维中。它包括挤压铸造法和真空浸渗法。氧化铝纤维、SiC晶须以及碳纤维等增强的镁基复合材料，均可用熔体浸渗技术方法进行制备。熔体浸渗法工艺分为预制块制备和压力浸渗两个阶段，使镁合金液在压力下渗入预制块中凝固后形成复合材料。预制块制备的过程是，首先将增强相分散均匀，然后模压成形，最后经烘干或烧结处理使之具有一定的耐压强度。利用挤压铸造方法制备连续纤维复合材料，可以发现在压力冲击过程中存在着纤维移动现象。为避免预制块在加压过程中受损开裂产生铸造缺陷以及减少增强相纤维在压力下的损伤，有研究者探讨了两步加压挤压铸造工艺，该法的加压过程是在浸渗阶段压力较低（0.4~0.5MPa），凝固过程的压力较大(100MPa)。真空浸渗法的预制块一般处于真空状态，基体合金液在真空造成的负压下渗入预制块中。熔体浸渗法工艺简单，成本低、易于批量生产；界面结合良好，复合材料力学性能较高，但难于直接制备形状复杂的零件；增强体体积分数有一定限制。

3. 半固态搅拌熔铸法

半固态搅拌熔铸法就是靠桨叶旋转产生的机械搅拌作用使半固态镁基体合金熔体形成涡流来强制引入增强颗粒，在增强颗粒与先凝固的金属晶粒混合均匀后再升温浇注，凝固后得到复合材料的方法。GenSasaki等尝试用半固态搅拌熔铸法制备了$Al_{18}B_4O_{33}$晶须增强的镁基复合材料。所制$Al_{18}B_4O_{33}$/AZ91D复合材料的铸态强度达到了398MPa，比AZ91D镁合金增加了57.9%；而$Al_{18}B_4O_{33}$/ZK60复合材料的铸态强度为234MPa，反而比ZK60镁合金降低了9.7%。分析认为，前者强度高是$Al_{18}B_4O_{33}$不但细化了合金的晶粒，而且界面反应程度很低，$Al_{18}B_4O_{33}$晶须有效地增强了合金；而后者中的 $Al_{18}B_4O_{33}$ 晶须遭到了很大的损伤，而且界面反应严重，加入 $Al_{18}B_4O_{33}$ 晶须反而降低了材料的性能。由此可知，在半固态搅拌熔铸中选择合适的复合体系也是应该研究的问题。姜启川等将烧结的 Al-TiC 预制体加入到镁熔体中，进行半固态搅拌铸造，制备了 TiC/AZ91 复合材料。该复合材料的抗拉强度为 214MPa，比 AZ91 提高了 33.7%；布氏硬度为 83HBW，比 AZ91 提高了 38.3%。试验证明，TiC 和基体有比较好的润湿性，而且 TiC 颗粒细小，呈圆形分布，对镁基复合材料有良好的增强效果。

半固态成形可以减少宏观偏析，使陶瓷颗粒在基体内分布均匀，降低凝固收缩和成形温度，很大程度上降低了镁在高温下的氧化烧损，减小危险性。而且该工艺可以进行连续操作，有希望用于大规模工业生产，但是现在半固态设备要求复杂，成本高，且镁基复合材料的半固态工艺还不成熟，限制了半固态成形方法的广泛应用。

4. 喷射沉积法

喷射沉积法是把液态镁或者镁合金在高压惰性气体喷射下雾化，形成熔融纯镁或者镁合金喷射流，同时将增强颗粒喷入熔融纯镁或者镁合金射流中，使液固两相混合并共同沉积到经预处理的衬底上，最终凝固得到颗粒增强镁基复合材料，其原理如图 2-45 所示。

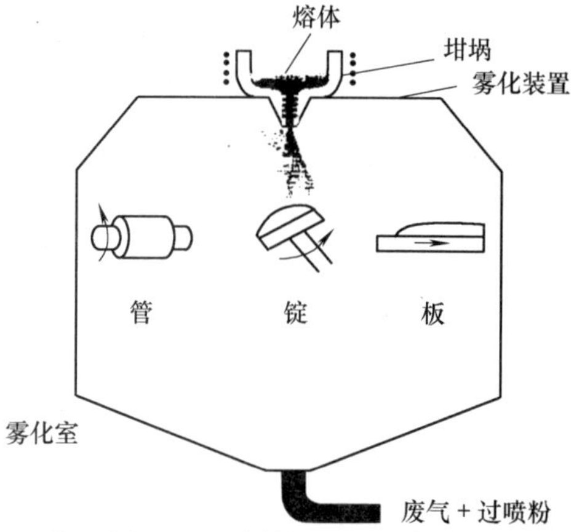

图 2-45　喷射沉积法示意图

MoguchiA 等用自己设计的试验结构溅射仪器溅射 Mg-10% Ce 和 Mg-5% Ca 镁合金，溅射的同时同步注射 SiC 颗粒，制备了镁基复合材料。复合材料的致密度高于 95%，在挤压后材料的致密度高于 99%。这种方法制备的复合材料中，SiC 颗粒的含量可达到 18.8%，复合材料的弹性模量和硬度都有较大的提高，但抗拉强度提高不明显。喷射沉积法制备的复合材料颗粒在基体中分布均匀、无偏聚、无界面反应。但是颗粒与金属界面属于机械结合，抗拉强度有待进一步提高，另外制备的复合材料一般存在孔洞，不适合生产近终形零件。而且制备所需设备昂贵，制备过程中气氛要求严格，有比较大的危险性，所以关于喷射沉积法制备镁基复合材料的研究很少。

2.6.3　镁基复合材料的性能

在镁基复合材料中，增强相对基体起强化作用，有助于提高基体合金的硬度及屈服强度，其中弹性模量数值大小依次为：碳纤维 > 碳化硅 > 氧化铝 > 复合材料 > 基体合金。因此，一般说来，随着增强相含量增加，由于增强相的强化作用，复合材料的抗拉强度上升，断后伸长率则相应下降。此外，通过热挤压工艺或者粉末冶金工艺等获得的复合材料，由于所获得的材料晶粒尺寸变小，显微结构更加致密，因此性能要比常规铸造条件下的性能有所提高。

1. 力学性能

A. Luo 等的研究表明，所加入的增强相可以细化基体合金的晶粒组织。这种细化机制有三种，一种是增强相表面作为基体合金的非均匀形核位置而提高形核速率；二是增强相从基体中吸收热量，提高界面处的冷速；三是增强相通过阻碍晶界的移动而阻碍晶粒的长大。由于上述原因，在同等条件下制备的复合材料的晶粒尺寸比合金晶粒尺寸要小得多。例如，AZ81/SiCp 复合材料基体的晶粒尺寸约为 AZ81 合金晶粒的 1/3，这种复合材料的力学性能也比较高。

表 2-45 为铸态 SiCp/AZ91 复合材料的常温力学性能，从表中可以看出，随着 SiC 陶瓷颗粒体积分数的增加，颗粒增强镁基（AZ91）复合材料的抗拉强度和弹性模量均增加，断后伸长率和基体镁合金相比显著下降。在 SiCp/Mg 界面上形成的金属间化合物在承受载荷时首先破裂，致使复合材料过早破坏。

表 2-45　铸态 SiCp/AZ91 复合材料的常温力学性能

制备工艺	材　料	SiC 体积分数（%）	R_m/MPa	E/GPa	A（%）
铸造	AZ91	0	311	45	21
搅拌铸造	SiCp/AZ91	9.4	236	47.5	2
搅拌铸造	SiCp/AZ91	15.1	236	54	1
搅拌铸造	SiCp/AZ91	20	328	80	2.5

对铸态复合材料进行压延可使复合材料的力学性能大大提高，见表 2-46。与基体合金相比，室温时复合材料弹性模量提高 76%，屈服强度提高 52%，抗拉强度提高 32%，抗压强度提高 111%。高温时不论是基体还是复合材料，强度和弹性模量均下降，但断后伸长率提高。特别值得一提的是，复合材料在高温（150℃）时，抗拉强度可保持在 215MPa，比室温下基体的抗拉强度稍低。因此，高温时增强相对基体能发挥较好的增强作用。压延后的镁基复合材料力学性能明显改善的原因是：陶瓷颗粒增强相在基体内分布得更均匀，消除了复合材料内部的缩松、缩孔以及搅拌时产生的气孔等缺陷。

表 2-46　铸态镁基复合材料压延后的常温和高温力学性能

材料	SiC 体积分数（%）	颗粒尺寸/目	t/℃	$R_{p0.2}$/MPa	R_m/MPa	R_{mc}/MPa	E/GPa	A（%）
SiCp/AZ31B	20	600	25	251	236	179	79	5.7
			150	154	215	158	56	10.4
		1000	25	270	341	197	79	40
			150	167	215	167	68	9.2
AZ31B	0		25	165	250	85	45	12
			150	105	170	95	—	39

2. 断裂特征

从断口形貌上分析，镁基复合材料有三种断裂机制：①基体控制机制，断口表现为晶间断裂；②颗粒和基体脱开，即界面控制机制；③颗粒开裂促进裂纹扩展，以致复合材料失效。

Purazrang 等用 SiC 和 Al_2O_3纤维增强 AZ91 时，认为晶间断裂是由于颗粒或纤维与基体间热膨胀性差异造成的断裂应力，进而形成裂纹源和裂纹沿晶界扩展。另外颗粒间的聚合易使颗粒与基体之间存在吸入的气体，形成空洞，也可能成为沿晶断裂的裂纹源。Inem B 等通过 SEM、TEM 和 EDS 手段分析，发现用 15vol% SiC 增强 ZCM630（Mg-6.0%Zn-3.0%Cu-0.5%Mn）时，SiC 和 Mg 界面处富集共晶晶粒 Mg_2Si 和 30～500nm 的共晶片，这种层片状共晶与 SiC 结合更紧密。从断口形貌上分析，这种断裂是 SiC 与基体脱黏造成的。另外还发现颗粒开裂的现象，可能是由于凝固或淬火过程中热冲击导致 SiC 上的裂纹扩展并最终开裂。

3. 耐磨性能

镁合金基体中分布有强度、硬度都较高的陶瓷颗粒增强相时，陶瓷颗粒在磨损过程中将起到支撑载荷的作用，减少了镁合金基体的黏着磨损。另外，镁基复合材料强度较高，因而镁基复合材料具有优良的耐磨性。表 2-47 列出了纯 Mg 和 Mg-30%（体积分数）SiCp 复合材料的磨损率。

从表 2-47 可以看出，镁基复合材料比纯镁的磨损率低两个数量级。通过对 Al_2O_3颗粒增强 AZ91 镁合金的磨损行为的研究表明，少量的 Al_2O_3（1%，质量分数）就可以显著提高基体合金的耐磨性。Susan 等人对 SiC 颗粒增强 AZ91 镁合金复合材料的磨粒磨损行为进行了研究，结果表明，随着 SiC 颗粒体积分数的增加，耐磨性提高。体积分数小于 3% 时，粗 SiC 颗粒（320 目）增强的复合材料的耐磨性优于细 SiC 颗粒（1000 目）增强的复合材料。当体积分数大于 3% 时，颗粒大小对复合材料的磨粒磨损影响不大。

表 2-47　纯 Mg 和 Mg-30%（体积分数）SiCp 复合材料的磨损率

负载/N	磨损率/（10^{-7}g/m）	
	Mg	Mg-30% SiC
5	244.10	7.435
10	328.45	9.9
50	374.55	1.789

注：滑动速度为 0.5m/s。

4. 耐蚀性

Mikucki 等人按照 ASTMB117-73 标准，对 SiC 颗粒增强 AZ91 镁合金进行了盐雾腐蚀测试。结果表明，SiC 含量在某一临界值以下，腐蚀速率基本不变；超过这个临界值后，腐蚀速率有适度提高。总的来说，SiC 颗粒增强 AZ91 镁合金复合材料的耐蚀性是非常好的。高姗、赵浩峰等主要研究了镁基复合材料原样和热处理试样在 NaCl、HCl、Na_2CO_3溶液中的腐蚀情况，并对它们的腐蚀速率进行了比较。

结果表明，镁基复合材料试样在 Na_2CO_3溶液中的腐蚀速率最小，镁基复合材料试样在碱性溶液中比较耐腐蚀。

参考文献

[1] 黄伯云，李成功，石力开，等．有色金属手册：上册［M］．北京：化学工业出版社，2009.

[2] 曾正明．实用有色金属材料手册［M］．2版．北京：机械工业出版社，2008.

[3] 陈振华，等．镁合金［M］．北京：化学工业出版社，2004.

[4] 陈振华．耐热镁合金［M］．北京：化学工业出版社，2007.

[5] 丁文江，等．镁合金科学与技术［M］．北京：科学出版社，2007.

[6] 张津，章宗和，等．镁合金及应用［M］．北京：化学工业出版社，2004.

[7] 王渠东，王俊，吕维洁．轻合金及其工程应用［M］．北京：机械工业出版社，2015.

[8] 刘楚明，朱秀荣，周海涛．镁合金相图集［M］．长沙：中南大学出版社，2006.

[9] 杨重愚．轻金属冶金学［M］．北京：冶金工业出版社，2002.

[10] 许并社，李照明．镁冶炼与镁合金熔炼工艺［M］．北京：化学工业出版社，2006.

[11] 陈振华．变形镁合金［M］．北京：化学工业出版社，2005.

[12] 黎文献．镁及镁合金［M］．长沙：中南大学出版社，2005.

[13] 徐河，刘静安，谢水生．镁合金制备与加工技术［M］．北京：冶金工业出版社，2007.

[14] 潘复生，韩恩厚．高性能变形镁合金及加工技术［M］．北京：科学出版社，2007.

[15] 刘正，张奎，曾小勤．镁基轻质合金理论基础及其应用［M］．北京：机械工业出版社，2002.

[16] 马图哈 K H. 材料科学与技术丛书：第8卷（非铁合金的结构与性能）［M］．丁道云，等译．北京：科学出版社，1999.

[17]《工程材料实用手册》编辑委员会．工程材料实用手册：第3卷（铝合金　镁合金）［M］．北京：中国标准出版社，2002.

[18] 王渠东，吕宜振，曾小勤，等．稀土在铸造镁合金中的应用［J］．特种铸造及有色合金，1999（1）：40-44.

[19] 熊玉华，李培杰，曾大本．大块非晶合金的研究进展［J］．材料工程，2002（10）：43-47.

[20] Avedesian M M，Baker H. Magnesium and magnesium alloys［J］．Corrosion Third Edition，1998，59（8）：54-57.

[21] Kainer K U. Magnesium Alloys and their Applications［M］．Weinheim：Wiley-VCH，2000.

[22] Friedrich H E，Mordike B L. Magnesium Technology-Metallurgy，Design data，Applications［M］．Berlin：Springer，2005.

[23] 何上明．Mg-Gd-Y-Zr（-Ca）合金的微观组织演变、性能和断裂行为研究［D］．上海：上海交通大学，2007.

[24] 郑开云．Mg-Gd-Nd-Zr 系高强耐热镁合金组织与性能研究［D］．上海：上海交通大学，2008.

[25] 李大全．Mg-Y-Sm-Zr 系镁合金组织性能研究［D］．上海：上海交通大学，2008.

[26] 郑江．Mg-Sm-Zn-Zr 合金的微观组织、力学性能和蠕变机制研究［D］．上海：上海交通大学，2010.

[27] 高岩．Mg-Y-Gd-Zn-Zr 镁合金组织、性能及其蠕变行为研究［D］．上海：上海交通大学，2009.

第3章

镁合金的熔炼

3.1　镁合金熔体与周围介质的作用

在镁合金材料及部件的制备工艺中，合金的熔炼是重要的环节。它影响合金熔体的质量，进而影响产品的最终性能。影响镁合金熔体质量的因素很多，主要有原材料的品质、所使用的熔剂、熔炼方法和装置等。同时，与其他金属相比，镁和镁合金的化学活性很高，在熔炼过程中极易与空气中的氧气、水蒸气、氮气等发生化学反应生成难溶于镁液的 MgO 和 Mg_3N_2 等化合物形成“氧化夹杂”，严重影响镁合金的质量。此外，镁及镁合金的耐蚀性对杂质元素，如 Fe、Ni、Cu 等非常敏感，从而使镁合金的熔炼工艺平添了许多自身的特点。因此，必须重视镁合金的熔炼工艺，否则不仅会降低熔体质量，甚至还会产生危险。

3.1.1　镁与氧的作用

金属与氧的亲和力大小通常可由它们氧化物的生成热和分解压来判断，氧化物的生成热越大、分解压越小，则与氧的亲和力就越强。镁与 1g 氧气化合时放出 598J 的热量，而铝放出 531J 的热量。氧化物的生成热和分解压数值表明，镁与氧的化学亲和力要比铝与氧的大。镁与铝的另一区别是，镁被氧化后表面形成疏松的氧化膜，其致密度系数 $\alpha=0.79$（Al_2O_3的 $\alpha=1.28$），这种不致密的表面膜会在金属液面上产生张应力，使其下部进一步氧化燃烧。镁的氧化动力学曲线呈直线形式，可见氧化速率与时间无关，氧化过程完全由反应界面控制。镁的氧化与温度关系密切，温度较低时镁的氧化速率不大；温度高于 773K 时，氧化速率加快；当温度超过熔点 923K 时，其氧化速率急剧增加，遇见氧即发生激烈的氧化而燃烧，放出大量的热。反应生成的氧化镁导热性极差，使反应界面所产生的热不能迅速向外散发，进而提高了界面上的温度，这样恶性循环势必加速镁的氧化，燃烧反应更加激烈。反应界面的温度也越来越高，甚至可达 3123K，远高于镁的沸点

(1380K)，引起镁熔体大量汽化，最终发生爆炸。

金属的抗氧化能力取决于表面膜阻碍反应物通过的能力，也就是说取决于表面膜的致密度系数。致密度系数 α 是金属氧化物和生成该氧化物所消耗金属体积的比值。如果氧化物的体积小于生成这些氧化物所消耗金属的体积，则氧化速度将与时剧增；如果氧化物的体积超出生成它的金属体积，则氧化速度将随时间的增长而减小。各种金属元素的 α 值见表 3-1。

表 3-1　各种金属元素的 α 值

元素	Cu	Fe	Ni	Mg	Al	Zn	Pb	Sn	Ca	Na	K	Be	Si
α 值	1.74	2.18	1.50	0.78	1.27	1.64	1.27	1.33	0.65	0.58	0.45	1.68	1.88

由上述 α 值可知，Al、Be、Si 等元素的 α 值大于 1，即氧化膜中产生压应力。由于氧化膜的抗压强度比抗拉强度大，在较高的压力下氧化膜也不破裂，因此氧化膜是致密且连续的，使氧与金属的接触受到氧化膜的限制。随着氧化膜的增厚，氧化速率迅速降低，这对金属液的继续氧化有很好的抑制作用。而另外一些元素，如 Mg、Ca、Na、K 等 α 值小于 1，生成的金属氧化物的体积小于氧化反应所消耗掉的金属的体积，这说明氧化膜是疏松的。氧可以通过氧化膜的缝隙直接到达金属液，这样氧化膜对金属液就没有保护作用，因此金属的氧化速度不变。

由此可见，铝在熔化过程中，一般无须特殊保护，而镁及其合金在全过程中都需要进行保护。

在镁合金中现在已知的只有 Mg-Be 和 Mg-Ce-La 两个合金系的氧化速度比纯镁小。

镁和其他元素形成的各种化合物，其 α 值大小是鉴别它对熔体镁合金保护作用的标志。值得注意的是，即使生成物是同样的，但由于伴生产物不同，其保护作用并不一样。镁合金和组元形膜反应式及 α 值见表 3-2。从表 3-2 可以看出，熔体镁合金的保护措施还大有选择余地。

表 3-2　镁合金和组元形膜反应式及 α 值

形膜反应式	α 值
$2Mg + O_2 = 2MgO$	0.71（有些资料显示为 0.78 ~ 0.79）
$Mg + H_2O = MgO + H_2\uparrow$	0.71
$3Mg + N_2 = Mg_3N_2$	0.79
$Mg + S = MgS$	1.26
$3Mg + SO_2 = MgS + 2MgO$	0.92
$Mg + CO = MgO + C$	1.08
$2Mg + CO_2 = 2MgO + C$	0.90
$Mg + CO_2 = MgO + CO$	0.71
$3Mg + 2BF_3 = 3MgF_2 + 2B$	1.32
$Mg + 2HF = MgF_2 + H_2$	1.32
$3MgO + 2BF_3 = B_2O_3 + 3MgF_2$	3.10
$Mg + H_2O = Mg(OH)_2 + H_2\uparrow$	1.74

3.1.2 镁与氢的作用

氢的原子半径甚小，在自然界中它是唯一可渗透进固体金属的气体。镁与氢的作用可分为四个过程：表面吸附、扩散、溶解和化学作用。

1. 表面吸附

氢气分子首先在金属表面聚集，气态分子以极小的力完成其物理吸附。而活性吸附的力，相当于化学作用力。活性吸附是在更高温度下进行的。气体的吸附量与其蒸气压和温度有关。

2. 扩散

扩散是气体原子进入金属纵深的一个基本过程。它是固态金属原子无序热运动的结果。吸附是扩散的前提，向金属进行扩散的气体，只有具有活性吸附能力才有可能实现扩散。

应当指出，氢在金属中的扩散速度比其他气体快得多。[H] 扩散穿透金属是以原子和离子形式进行的。[H] 扩散容易的原因就在于其原子半径小于金属的结晶晶格常数。温度的升高能加速 [H] 的迁移过程。

金属的表面和组织对扩散过程实际也有影响。表面粗糙程度的增加将增大吸附面积，因此在低压情况下将大大提高其扩散速度。表面的氧化膜影响 [H] 的渗透。

3. 溶解

[H] 在镁中的溶解度比铝大得多，它们一般相差两个数量级。氢的主要来源是潮气，即

$$Mg + H_2O \xlongequal{} MgO + 2[H] \tag{3-1}$$

4. 化学作用

[H] 和镁不形成化合物，它在镁中呈间隙固溶体存在。但 [H] 和镁合金中的其他组元可形成稳定的化合物。

在室温下 [H] 和铈可生成 CeH_3。在 473 ~ 573K 时氢化速度最大。973K 前为 CeH_3，高于 973K 时则形成 CeH_2，该氢化物在 1073 ~ 1173K 时实际上仍是稳定的。

[H] 和锆形成稳定的化合物 ZrH_2，ZrH_2 析出时呈微细的六角形或直角形的薄片。锆使 [H] 在镁中的溶解度增大，而 [H] 又使锆在镁合金中的溶解度减小，因为 ZrH_2 在镁合金中是不溶解的。[H] 对锆在镁合金中溶解度的影响见表 3-3。

表 3-3 [H] 对锆在镁合金中溶解度的影响

[H]含量/(mm^3/100g 金属)	锆含量（质量分数,%）		
	固溶的	未固溶的	总计
10	0.50	0.07	0.57
20	0.42	0.08	0.50

（续）

[H]含量/(mm^3/100g 金属)	锆含量（质量分数,%）		
	固溶的	未固溶的	总计
30	0.33	0.09	0.42
32	0.35	0.10	0.45
45	0.28	0.17	0.45
53	0.34	0.10	0.44
60	0.23	0.19	0.42

从表3-3可以看出，随着［H］含量增加，锆在镁合金中的溶解度减小，锆的损失增大。

［H］的有害作用是在镁合金的凝固过程中，随着温度降低其溶解度减小，使合金产生显微疏松。不少研究者得出结论，在工业条件下，当氢含量大于15cm^3/(100g 金属）时，则能在Mg-Al-Zn系合金中出现显微疏松。

镁合金中的气体问题曾有一阶段未引起足够重视，这是由于在最常用的标准类镁合金中疏松问题比较严重，疏松与气孔很难截然分开，因此常常掩盖了气孔存在的问题。而且由于镁合金熔体凝固时氢在其中的溶解度的相对变化值比较小，仅为氢在铝中溶解度变化相对值的几十分之一，因此在冷却较快的铸件薄壁处氢很易过饱和地溶于镁合金中而不形成气孔，铸件厚壁处在使用冷铁飞冒口时易使部分氢被排至冒口中，部分则过饱和地溶于较快冷却的铸件表层中。因此，气孔问题在生产中表现得不突出。但由于对镁合金质量的要求日益增高，而镁合金中的气体常常加剧了疏松，故对镁合金熔体的除气也显得非常重要。

3.1.3　镁与氮气的作用

镁与N_2发生式（3-2）的反应。在室温下反应速度极慢，当镁处于液态时，反应速度加快，温度高于1000℃时，反应很激烈。不过此反应比Mg-O、Mg-H_2O反应要缓慢得多。反应产物Mg_3N_2系粉状化合物，不能阻止式（3-2）反应继续进行，同时Mg_3N_2膜也不能防止镁的蒸发，所以N_2不能防止镁熔体的氧化和燃烧。

$$3Mg + N_2 = Mg_3N_2 \tag{3-2}$$

Mg_3N_2为立方晶格，晶格常数a=9.95nm。Mg_3N_2不稳定，与水起反应而分解，其反应式为

$$Mg_3N_2 + 8H_2O = 2NH_4OH + 3Mg(OH)_2 \tag{3-3}$$

由此可见，进入镁合金中的Mg_3N_2将影响金属的耐蚀性。

3.1.4　镁与氦、氖、氩等惰性气体的作用

氦、氖、氩等惰性气体均不与镁发生化学反应，可防止镁溶液的燃烧。但在这些气氛中，镁熔体不能生成防护性的表面膜，故不能阻止镁的蒸发，而镁在熔

点以上有较高的蒸气压。

3.1.5 镁与某些防护性气体的作用

1. 镁与二氧化碳的作用

一般认为 CO_2 与镁在高温下产生式（3-4）的反应。

$$2Mg + CO_2 = 2MgO + C(\text{无定型}) \tag{3-4}$$

试验证明，处于各种温度下的镁，在干燥、纯净的 CO_2 中，其氧化速率均很低，这与表面膜中出现了无定型碳密切相关。这种无定型碳存在于氧化膜的孔隙中，提高了镁表面膜的致密度系数，使 $\alpha = 1.03 \sim 1.05$。带正电荷的无定型碳，还能强烈地抑制镁离子（Mg^{2+}）透过表面膜的扩散运动，故也能抑制镁的氧化。在干燥、纯净的 CO_2 中，在 700℃左右镁熔体表面形成有金属色泽的薄膜。此膜具有一定的塑性，但随着温度的升高，表面膜逐渐变厚、变硬，致密度逐渐降低，随后发生开裂，失去了保护作用，镁开始燃烧。此外，当 CO_2 中含有混合空气或水汽时，CO_2 气体的防护性将下降。

2. 镁与二氧化硫的作用

SO_2 对镁熔体也有一定的防护作用。SO_2 与镁熔体发生式（3-5）和式（3-6）的反应，并在镁熔体表面生成很薄而较致密的带有金属色泽的 MgS · MgO 复合表面膜，可抑制镁的氧化。当 SO_2 从气氛中消失时，该表面膜就会破裂，镁熔体即发生燃烧。如果温度高于 750℃，此时膜也将破裂，起不到保护的作用，相反 SO_2 将与镁熔体发生剧烈反应生成大量硫化物夹杂 MgS（式 3-5）和 $MgSO_4$（式 3-7）。国外有资料报道，在 SO_2 气氛下熔炼镁，若在熔炼表面上出现“菜花头”状的燃点时，有可能发生爆炸。用 SO_2 做防护性气氛曾发生过爆炸事故，现在很少使用。

$$3Mg + SO_2 = 2MgO + MgS \tag{3-5}$$

$$2Mg + SO_2 = 2MgO + S \tag{3-6}$$

$$MgS + 4SO_2 + 4MgO + 4O_2 = 5MgSO_4 \tag{3-7}$$

3. 镁与六氟化硫的作用

目前国内外在熔炼镁合金中越来越多地使用 SF_6 气体来防止镁熔体的氧化燃烧。SF_6 是一种无色、无味、无毒的气体，相对分子质量为 146.1，密度为空气的 5 倍。从分子结构看，一个硫原子被 6 个氟原子紧紧包围，具有化学惰性结构，在常温下极其稳定。通常将 SF_6 气体加高压后变成液态，储存于专用的耐高压瓶中备用。

温度较高（500℃）时，SF_6 将会发生分解，生成有毒的低氟化合物 S_2F_{10}、SF_4 等。但在生产条件下的含量不大于保护气体总体积的 1/1000，这些氟化物均在安全允许值之内。

由 X 射线衍射分析证明，在高温时，SF_6 与镁发生化学作用。表面膜中有 MgF_2 生成。使疏松的 MgO 膜转变为由 $MgO + MgF_2$ 组成的连续、致密的混合膜，因而含 SF_6 的气氛有防止镁熔体氧化燃烧的作用。SF_6 与镁所发生的可能化学反应如下：

$$2SF_6 = 2SF_4 + nF + (1 - n/2)F_2 \tag{3-8}$$

$$Mg + 2F = MgF_2 \tag{3-9}$$

$$Mg + F_2 = MgF_2 \tag{3-10}$$

氧化增重试验证明，SF_6对镁熔体的防燃烧作用与其含量有关，空气中SF_6含量过低（体积分数小于0.01%）或过高（体积分数大于1%），镁的氧化增重曲线均属于直线型，无防护作用。当SF_6的体积分数处于0.01%～1%之间时，氧化增重曲线呈抛物线型，有防护作用。当保护气氛中SF_6的体积分数大于1%时，不仅镁的抗氧化效果下降，而且气氛对设备还具有严重的腐蚀作用，如图3-1所示。

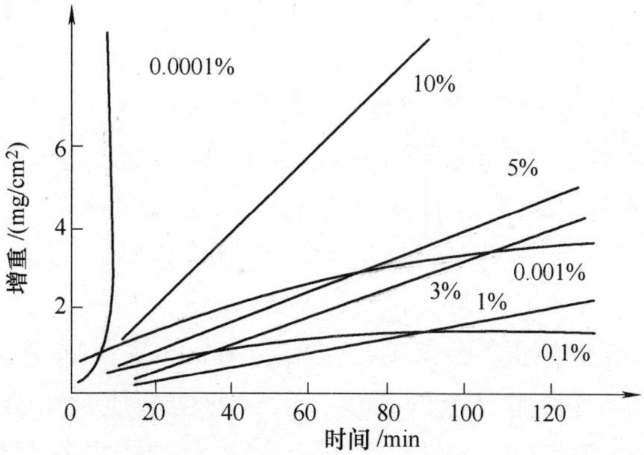

图3-1 镁在不同含量（体积分数）SF_6气氛中氧化增重曲线

综上所述，CO_2、SO_2、SF_6等气体在不同条件下对镁熔体具有不同的保护效果，主要是生成了不同的表面膜。其次，这些气体的密度大于空气，在一定程度上起到了隔绝Mg-O反应的作用。同时也减弱了镁熔体对水汽的敏感性。其中以SF_6气体防燃效果最佳，欧美等国已将SF_6气体作为防护剂，用于镁合金压铸、连续铸锭及浇注铸件等。但由于SF_6具有很强的“温室效应”，为CO_2的23900倍。为此，国际镁业协会与挪威科技大学合作正在研究和开发新的保护气体以替代SF_6，初步发现$C_2H_2F_4$、$C_4F_9OCH_3$具有与SF_6相近的保护作用。

3.1.6 镁与水的作用

镁无论是固态还是液态均能与水发生反应，其反应方程式见式（3-11）和式（3-12）。在室温下，反应速度缓慢，随着温度升高，反应速度加快，并且$Mg(OH)_2$会分解为水及MgO，高温时只发生式（3-11）的反应。在相同条件下，镁与水之间的反应，要比镁与氧之间的更激烈。

$$Mg + H_2O = MgO + H_2\uparrow + Q \tag{3-11}$$

$$Mg + 2H_2O = Mg(OH)_2 + H_2\uparrow + Q \tag{3-12}$$

当熔融镁与水接触时，不仅因生成氧化镁放出大量的热，而且反应产物氢与周围大气中的氧迅速作用生成水，水又受热急剧汽化膨胀，结果导致猛烈的爆炸，引起镁熔体的剧烈燃烧与飞溅。所以，熔炼镁合金时，与熔体相接触的炉料、工具、熔剂等均应干燥。

镁与水的反应也是镁熔体中氢的主要来源，它与镁合金铸件的主要缺陷——缩松的产生有密切关系。

3.1.7 镁与熔剂的作用

为防止镁溶液的氧化燃烧，生产中一直采用在熔剂层保护下的熔炼。镁合金熔剂有两种作用：①覆盖作用，熔融的熔剂借助表面张力的作用，在镁熔体表面形成一连续、完整的覆盖层，隔绝空气，阻止 $Mg\text{-}O_2$、$Mg\text{-}H_2O$ 反应，防止了镁的氧化，也能扑灭镁的燃烧；②精炼作用，熔融的熔剂对非金属夹杂物具有良好的润湿、吸附能力，并利用熔剂与金属的密度差，把金属夹杂物随同熔剂自熔体中排除。

镁或镁合金熔剂应当具有的性质：①低于纯镁或镁合金的熔点；②足够高的液体流动性和表面张力，以便在熔融的金属上造成连续的覆盖膜；③黏滞性，以便熔剂能够在合金的浇注温度与金属分离，防止熔剂进入铸型中；④润湿坩埚壁和炉底的能力；⑤精炼的能力，即从合金液中除掉非金属夹杂物的能力；⑥在700～800℃ 时，密度要大于合金的密度，以保证熔剂质点由合金液中沉淀下来；⑦不与镁及其合金的其他组分起化学反应；⑧不与炉子材料起化学反应。几种熔化镁的保护熔剂的成分配比见表 3-4。

表 3-4 几种熔化镁的保护熔剂的成分配比

<table>
<tr><th rowspan="2">编号</th><th colspan="7">主要成分（质量分数,%）</th><th colspan="4">杂质含量（质量分数,%）≤</th><th rowspan="2">用途</th></tr>
<tr><th>$MgCl_2$</th><th>KCl</th><th>NaCl</th><th>$CaCl_2$</th><th>CaF_2</th><th>$BaCl_2$</th><th>MgO</th><th>$NaCl_2$ + $CaCl_2$</th><th>不溶物</th><th>MgO</th><th>H_2O</th></tr>
<tr><td>RJ-1</td><td>40～46</td><td>34～40</td><td rowspan="5">—</td><td rowspan="5">—</td><td>—</td><td>—</td><td rowspan="2">—</td><td>7</td><td>1.5</td><td>1.5</td><td>2</td><td>洗涤熔炼和浇注工具</td></tr>
<tr><td>RJ-2</td><td>38～46</td><td>32～40</td><td>3～5</td><td>5.5～8.5</td><td>8</td><td>1.5</td><td>1.5</td><td>3</td><td>ZM-1 合金精炼覆盖剂</td></tr>
<tr><td>RJ-3</td><td>34～40</td><td>25～36</td><td>15～20</td><td>5～8</td><td>7～10</td><td>8</td><td>1.5</td><td>—</td><td>3</td><td>ZM-1 合金精炼覆盖剂</td></tr>
<tr><td>RJ-4</td><td>32～38</td><td>32～36</td><td>8～10</td><td>—</td><td rowspan="4">—</td><td>8</td><td>1.5</td><td>1.5</td><td>3</td><td>ZM-1 合金精炼覆盖剂</td></tr>
<tr><td>RJ-5</td><td>24～30</td><td>20～26</td><td>13～15</td><td>12～16</td><td>8</td><td>1.5</td><td>1.5</td><td>2</td><td>ZM-1 至 ZM-3 合金精炼覆盖剂</td></tr>
<tr><td>RJ-6</td><td></td><td>54～56</td><td>1.5～2.5</td><td>2.7～2.9</td><td rowspan="2">—</td><td>—</td><td>8</td><td>1.5</td><td>1.5</td><td>2</td><td>ZM3 合金精炼覆盖剂</td></tr>
<tr><td>光卤石</td><td>44～52</td><td>36～46</td><td>—</td><td>—</td><td>—</td><td>7</td><td>1.5</td><td>1.5</td><td>2</td><td>洗涤熔炼和浇注工具</td></tr>
</table>

镁合金熔剂主要是由 $MgCl_2$、KCl、CaF_2、$BaCl_2$ 等氯盐、氟盐的混合物组成的。熔剂中采用碱金属和碱土金属的卤化物是因为它们的化学稳定性高。几种盐按一定比例混合，使熔剂的熔点、密度、黏度及表面性能均能较好地满足使用要求。

镁合金熔剂的主要成分是 $MgCl_2$，它对镁熔体具有良好的覆盖作用及一定的精炼能力。$MgCl_2$ 的熔点为 708℃，易与其他盐混合形成低熔点盐类混合物，如无水光卤石［$w(MgCl_2)=44\%\sim52\%$，$w(KCl)=32\%\sim46\%$］，其熔点仅为 400～480℃，因此流动性好，在镁熔体表面能够迅速地铺展成一层连续、严密的熔剂层。$MgCl_2$ 也能很好地润湿熔体表面的氧化镁，并将其包覆后转移到熔剂中去，消除了由氧化镁所产生的绝热作用，使镁在氧化中产生的热量能较快地通过熔剂层散出，避免镁熔体表面温度急剧上升。$MgCl_2$ 还能与空气中的氧及水汽反应生成 HCl、Cl_2、H_2 等，其反应式见式（3-13）～式（3-17）。反应生成的 Cl_2、HCl 又能迅速和镁反应生成一层 Mg_2Cl_2，盖住无熔剂的镁熔体表面。这样，HCl、Cl_2、H_2 等保护性气氛及 $MgCl_2$ 薄层覆盖均能有效地阻止镁与氧、水的作用，防止氧化，抑制燃烧。试验证明，在镁熔体表面撒上一层干的 $MgCl_2$ 粉，即使没有形成连续的覆盖层，同样也能扑灭燃烧，而其他熔剂只能起到机械隔绝的作用。$MgCl_2$ 的良好精炼作用在于液态的 $MgCl_2$ 对 MgO、Mg_3N_2 的润湿性好，能有效地吸附悬浮于熔体中的这些夹杂。此外，$MgCl_2$ 还具有化学造渣的作用，见式（3-17），形成的产物 $MgCl_2\cdot5MgO$ 能从熔体中沉淀出来。可见，$MgCl_2$ 在精炼过程中起主要作用。

$$2MgCl_2+O_2=\!=\!=2MgO+2Cl_2 \tag{3-13}$$

$$MgCl_2+H_2O=\!=\!=MgO+2HCl \tag{3-14}$$

$$2HCl+Mg=\!=\!=MgCl_2+H_2 \tag{3-15}$$

$$Mg+Cl_2=\!=\!=MgCl_2 \tag{3-16}$$

$$MgCl_2+5MgO=\!=\!=MgCl_2\cdot5MgO \tag{3-17}$$

在 $MgCl_2$ 中加入 KCl 后，能够显著降低 $MgCl_2$ 的熔点、表面张力和黏度。KCl 的另一作用是提高熔剂的稳定性，即减少高温时 $MgCl_2$ 的蒸发损失，使 $MgCl_2$ 的蒸气压下降。KCl 和 $MgCl_2$ 质量分数各占 50% 的熔剂蒸气压最小。KCl 的存在还大大抑制 $MgCl_2$ 加热脱水的水解过程（部分转化为 MgO 和 HCl），减少 $MgCl_2$ 在脱水操作时的损失。

$BaCl_2$ 的密度大，964℃ 液态时的密度为 $3.06g/cm^3$，20℃ 固态时的密度为 $3.87g/cm^3$。可作为熔剂的加重剂，以增大熔剂与镁熔体之间的密度差，使熔剂与镁熔体更易于分离。$BaCl_2$ 的熔点为 960℃，黏度较大，加到熔剂中也能加大熔剂的黏度。

CaF_2 比无水光卤石密度大，20℃时固态密度为 $3.18g/cm^3$，964℃时液态密度为 $2.53g/cm^3$，而光卤石的密度仅 $1.58g/cm^3$，故也可加大熔剂密度。CaF_2 加到

KCl、NaCl、$CaCl_2$等盐中，如加入量超过共晶点，则使熔剂的黏度剧增，故可用作增稠剂。在含有足够量 $MgCl_2$的熔剂中，加入 CaF_2可提高熔剂的稳定性和精炼能力，因两者之间可发生反应，见式（3-18）。

$$CaF_2 + MgCl_2 = MgF_2 + CaCl_2 \quad (3\text{-}18)$$

MgF_2在氯盐中溶解度很小，它的存在改变了 CaF_2的溶解度随着温度变化而显著改变的特点。所以加入少量 CaF_2即可使熔剂稠化，也不会因温度波动而使熔剂性能不稳定。MgF_2的存在，还可提高熔剂的精炼能力，其原因是 MgF_2对 MgO 有化合造渣的能力。也有人认为加入氯盐后，提高了 MgO 在熔剂中的溶解度。少量的氟离子可适当提高熔剂与镁熔体间的表面张力，改善精炼效果。因此，熔剂中一般均加入 CaF_2。

熔剂对镁熔体的铺展、覆盖、精炼能力的好坏和熔剂的成分配比有着密切关系。配制好的合格熔剂如保存不当，吸湿后（熔剂吸湿性强，特别是 $MgCl_2$）使含水量超过标准，加到镁熔体中就会产生大量氧化夹杂。熔剂中的 $MgCl_2$与水作用生成 MgO，在液面上结成小团，不能很好地铺展、覆盖，失去了精炼的作用。水量较多时，熔剂与镁熔体接触会产生火花，甚至会引起镁熔体的飞溅性爆炸。

镁合金熔炼过程中使用的材料还有硫黄、硼酸（HBO_3）、氟附加物（$NH_4BF_4 \cdot NH_4HF \cdot NH_4F$）、烷基磺酸钠（RSONa）等，用以防止镁熔体在浇注及充填铸型时发生氧化、燃烧。

硫与镁接触时，一方面受热蒸发（硫的沸点为 444.6℃）形成 SO_2防护性气体；另一方面与镁熔体反应，在其表面形成严密的 MgS 膜（致密度系数 $\alpha = 0.95$），以减缓镁熔体的氧化。

HBO_3受热后即脱水生成硼酐（B_2O_3），它与镁反应还原出硼，与镁形成致密的 Mg_3B_2保护膜。B_2O_3还可与溶液表面的 MgO 反应，生成 $MgO \cdot B_2O_3$，它是致密的釉质保护膜，能防止镁熔体的燃烧。

氟附加物与镁熔体接触后即分解出 HF、NH_4等防护性气体，并在镁熔体表面形成致密的 MgF_2及 Mg_3N_2保护膜，具有良好的防护作用。但由于产生大量的氟化物气体，这些有害气体严重损害人的身体健康，腐蚀厂房设备，污染环境，近年来已基本被 RSONa 所取代。

型砂中加入质量分数为 2% ~4% 的 RSONa 和 1.5% ~2.5% 的 HBO_3，可防止镁在充填铸型过程中的燃烧，因为 RSONa 受热后既能分解出 SO_2、CO_2等防护性气体，又能与镁熔体反应生成 MgS 等致密膜。

镁合金熔体一般不用石墨坩埚或耐火材料炉衬（坩埚），因为 SiO_2与镁生成不溶于镁熔体的 Mg_2Si，这是镁合金中最有害的杂质，能降低合金的塑性和耐蚀性。故炉料中的砂粒必须清理干净，以防止硅进入镁熔体中。生产上一般使用铸钢或钢板焊接坩埚，因为铁在镁熔体中的溶解度极小。

3.2 镁合金的熔炼保护方法

3.2.1 熔剂保护

1. 常用熔剂的成分和性能

(1) 无水光卤石 化学成分（质量分数）为：44% ~52% $MgCl_2$，32% ~46% KCl，其余为其他氯盐。它由天然光卤石矿（$MgCl_2 \cdot KCl \cdot 6H_2O$）脱水而成。在我国，仅柴达木的盐湖中就有很大的储量，成本较低。

无水光卤石的熔化温度在673 ~753K之间，在镁的熔炼温度下处于液态，黏度较小，易在镁液表面铺展。由此可见，光卤石具有很好的覆盖性能。

无水光卤石中的主要成分是$MgCl_2$与KCl。高温下$MgCl_2$能部分与大气中的O_2和H_2O等反应，而在镁合金熔体表面形成HCl及H_2的保护气氛，也减缓了镁合金熔体的氧化，液态$MgCl_2$对合金熔体中的MgO、Mg_3N_2等夹杂物具有良好的湿润能力，并能与MgO形成$MgCl_2 \cdot 5MgO$复合化合物，因此无水光卤石具有一定的精炼性能。

无水光卤石中KCl的存在显著地降低了熔化温度（纯$MgCl_2$熔点为991K，而无水光卤石为673 ~753K）。由于KCl的表面张力、黏度均较小，故它的存在显著降低了表面张力和黏度。

无水光卤石的缺点是其密度（973K下为1.58g/cm^3）与镁液的密度（973K下为1.544g/cm^3，ZM-5为1.61g/cm^3）相差过小，且其黏度也过小；如用来熔镁时，由于不易与镁液分离而产生熔剂夹杂。此外，其精炼性能也不够。因其黏度小，不会过多地黏附在浇包和工具上，故它一般被用来做洗涤坩埚中的熔剂和配制其他镁合金熔剂的原料。

(2) RJ-1熔剂 化学成分（质量分数）为：92% ~95%无水光卤石及5% ~8% $BaCl_2$。$BaCl_2$具有较大的密度，室温下为3.87g/cm^3。它主要是作为加重剂加入的，加入后将使熔剂在973K下的密度由原来的1.58g/cm^3约增至1.69g/cm^3，显著增加了熔剂与镁合金熔体间的密度差。$BaCl_2$有较大的黏度，加入后也使熔剂黏度有所增加；用于固定式坩埚熔炼时容易将表面覆盖层推开而不致过快地闭合。但其黏度仍显不足，精炼性能也需进一步提高，故它一般仅用于洗涤坩埚，或用作固定式坩埚熔炼的覆盖剂。

(3) RJ-2熔剂 化学成分（质量分数）为：92% ~95%无水光卤石，5% ~8% $BaCl_2$，另加3% ~5% CaF_2（即100% RJ-1熔剂 +3% ~5% CaF_2）。由于CaF_2的加入，提高了熔剂的黏度和精炼性能。

在含有足够数量$MgCl_2$的RJ-2熔剂中加入3% ~5% CaF_2后，由于不溶的固态MgF_2质点的出现，提高了熔剂的黏度。

RJ-2 熔剂中加入 CaF_2 可提高精炼性能，是由于生成的 MgF_2 具有与 MgO 化合而造渣的能力。还有人认为是由于加入氟盐后提高了 MgO 在熔剂中的溶解度的缘故。

CaF_2 有较大的密度，室温下为 3.18g/cm^3，故 CaF_2 的加入也提高了熔剂的密度，加 3% ~5% CaF_2 后熔剂在 973K 下的密度将增至 1.74g/cm^3。由此可见，RJ-2 熔剂的黏度、精炼能力及密度均较 RJ-1 熔剂有进一步的提高，其覆盖、精炼性能也较好，通常用于固定式坩埚的熔炼。

（4）RJ-3 熔剂　化学成分（质量分数）为：75% 无水光卤石，15% ~20% CaF_2，7% ~10% MgO。CaF_2 及 MgO 均作为“增稠剂”，即为了提高熔剂的黏度而加入。MgO 既不溶于氯盐，也不与氯盐发生化学反应，它的加入，仅为机械地混入氯盐中而使其稠化。因此，当用 MgO 稠化熔剂时，熔剂较易产生分层现象，不像加入 CaF_2 那样均匀。如仅用 MgO 稠化熔剂，当将覆盖剂层推开时，合金熔体表面上很容易留下一薄层黏度很小的液态氯盐。尤其当熔剂中不含 $MgCl_2$，也未加入氟盐时，由于其他氯盐对 MgO 的湿润能力较差，将使 MgO 以干粉状浮在液态氯盐上，这种 MgO 粉很易混入镁合金熔体而形成夹杂。由此可见，在加入 MgO 以稠化熔剂时，熔剂成分中应含有 $MgCl_2$，最好应同时加入氟盐。

RJ-3 熔剂中含有较多数量的 CaF_2 及 MgO，其黏度高于 RJ-2 熔剂，所以它不宜用于固定式坩埚熔炼。由于其黏度适当，在熔炼过程中仍能保证良好的覆盖。

RJ-3 熔剂中 CaF_2 的数量超过了 MgO，故它也有良好的精炼性能。但如 CaF_2、MgO 的量进一步增加，将使熔剂强烈稠化，以致不能很好地吸附氧化物，反而导致精炼性能的显著下降。

MgO 与 CaF_2 一样有较大的密度，RJ-3 成分中它们的含量也较多。故其成分中无须再加入 BaF_2 作为专门的“加重剂”，RJ-3 熔剂在 973K 下的密度约为 2g/cm^3。

综上所述，RJ-3 熔剂有良好的覆盖、精炼性能，尤其是它易于与镁合金熔体分离。当镁液过热至 1123K 以上，并保持一段时间后，镁合金熔体表面的 RJ-3 熔剂覆盖层能迅速自行变稠，最后结成一层硬壳，很容易从液面上将其扒除。RJ-3 熔剂广泛用作可提出式坩埚熔炼时的熔剂。

镁合金熔剂常用盐类的物理性质及作用见表 3-5。

表 3-5　镁合金熔剂常用盐类的物理性质及作用

盐类名称	分子式	熔点/K	沸点/K	密度/(g/cm^3)			在熔剂中起的作用
				固态（293K）	液态		
					密度/(g/cm^3)	试验温度/K	
氯化镁	$MgCl_2$	991	1685	2.18	1.69	995	覆盖、精炼
氯化钾	KCl	1045	1773	1.99	1.52	1045	降低熔剂熔点
氯化钠	NaCl	1073	1686	2.17	1.54	1087	降低熔剂熔点
氯化钙	$CaCl_2$	1047	1873	2.15	2.06	1053	降低熔剂熔点

（续）

盐类名称	分子式	熔点/K	沸点/K	密度/(g/cm^3)			在熔剂中起的作用
				固态（293K）	液态		
					密度/(g/cm^3)	试验温度/K	
氯化钡	$BaCl_2$	1028	1833	3.87	3.06	1037	加重剂，并提高黏度
氟化钙	CaF_2	1651	2773	3.18	2.53	1653	提高黏度、密度和精炼能力
无水光卤石	$MgCl_2$、KCl等	760	—	—	1.58	973	洗浇包、熔化工具用，熔剂原料
氟化镁	MgF_2	1669	2633	2.47	—	—	提高精炼能力

2. 镁合金熔剂的配制工艺

目前广泛采用的熔剂基本上是碱土金属氯化物和氟化物的混合盐类。熔剂的配料成分见表3-6，熔剂的配制工艺见表3-7。

表3-6 熔剂的配料成分

牌号	配料成分（质量分数,%）						
	光卤石	RJ-1	$BaCl_2$	KCl	CaF_2	$CaCl_2$	MgO
RJ-1	93	—	7	—	—	—	—
RJ-2	88	—	7	—	5	—	—
	—	95	—	—	5	—	—
RJ-3	75	—	—	—	17.5	—	7.5
RJ-4	76	—	15	—	9	—	—
	—	82	9	—	9	—	—
RJ-5	56	—	30	—	14	—	—
	—	60	26	—	14	—	—
RJ-6	—	—	15	55	2	28	—

注：1. 配制成分分上下两格时，上格表示使用光卤石的配比，下格表示使用RJ-1熔剂的配比。

2. $BaCl_2$、$CaCl_2$中水的质量分数超过5%时，应在393~423K下烘干。光卤石和RJ-1熔剂中水的质量分数超过3%时，在磨碎前必须重熔。

表3-7 熔剂的配制工艺

牌号	配制方法	备注
光卤石	将光卤石装入坩埚，升温至1023~1073K，备用	定时清理坩埚底部熔渣并补充新料
RJ-1	按表3-6配料，装入坩埚，升温至1023~1073K，保持至沸腾时停止，搅拌均匀，浇注成块	冷却后装入密闭容器中备用，RJ-1通常由熔剂厂供应

（续）

牌号	配制方法	备注
RJ-2	将 RJ-1 熔剂和 CaF_2 装入球磨机中混磨成粉状，用 20～40 目筛过筛	RJ-1 熔剂中水的质量分数超过 3%时，必须经 923～973K 重熔至沸腾为止，浇注成块后再次球磨成粉
RJ-3	按表 3-6 配料，装入球磨机中混磨成粉状，用 20～40 目筛过筛	配好的熔剂应装入密闭容器中备用
RJ-4 RJ-5 RJ-6	按表 3-6 配料，除 CaF_2外，均装入坩埚，升温至 1023～1073K，保持至沸腾停止，搅拌均匀，浇注成块。破碎后与 CaF_2 一起装入球磨机中混磨成粉状，用 20～40 目筛过筛	配好的熔剂应装入密闭容器中备用

3. 传统熔剂的不足之处

含有氯盐和氟盐的熔剂，不仅在熔剂配制过程中产生大量的 Cl_2、HCl 和 HF 等有害气体，同时在镁合金熔炼过程中也还会产生第二次气体排放，极大地腐蚀环境、污染空气。使用这种熔剂熔炼通常会带来以下问题：

1）氯盐和氟盐高温下易挥发产生某些有毒气体，如 HF、Cl_2等。

2）所用熔剂的密度一般较大，如 RJ-2 熔剂的密度在 2.0g/cm^3 以上，大于镁合金的密度。因此，在熔炼过程中熔剂会下沉，需要不断添加熔剂。而且部分熔剂作为熔渣残留在合金液中形成夹杂物，降低合金的力学性能。这也是使用熔剂熔炼后镁合金中的常见缺陷。

3）熔剂挥发的气体，如 HCl 有可能渗入合金熔体中，成为材料使用过程的腐蚀源，加速材料腐蚀，降低使用寿命。

鉴于上述原因，寻找氯盐和氟盐的代用材料，或者减少氯盐和氟盐的使用量，减少污染，提高保护效果，是开发镁合金熔体保护熔剂的努力目标。

4. 新型无公害熔剂

几年前研制成功并已在生产商广泛使用的无公害覆盖剂 JDMF 具有较低的熔点(653～673K)，适当的表面张力，在合金熔炼温度下熔化成液态，自动形成连续的覆盖层。覆盖剂中有特殊的无机添加物，此无机添加物会持续地放出惰性气体，使覆盖剂发泡。镁合金熔体表面从而受到熔剂-气体的复合保护。此覆盖剂还能在炉中长时间静置不破碎下沉，有效时间大于 3h，大大减少了覆盖剂的使用量，从而减少了有害气体。同样，无公害精炼剂 JDMJ，由于配方独特，液态密度、黏度合适，具有良好的精炼效果，同时兼有覆盖保护作用。实践表明，这种熔剂使用时释放出来的气体远远低于排放标准，有利于环境保护和操作者的身体健康。这两种熔剂的化学成分见表 3-8。

表 3-8　无公害覆盖剂、精炼剂的化学成分

成　分	质量分数（%）		成　分	质量分数（%）	
	JDMF	JDMJ		JDMF	JDMJ
$MgCl_2$	65 ~ 74	43 ~ 55	CaF_2	4 ~ 7	10 ~ 15
KCl	10 ~ 20	20 ~ 30	发泡剂	2 ~ 3	1
NaCl	15	20 ~ 30	$BaCl_2$	—	3 ~ 5
$CaCl_2$	3 ~ 5	3 ~ 5			

5. 熔剂保护镁合金的生产工艺流程

熔剂保护镁合金的生产工艺流程如图 3-2 所示。该生产工艺过程是将粗镁（原镁或结晶镁）、各种金属元素经过预处理后，加入熔炼炉中，在熔剂的保护下进行熔炼。熔炼温度为 973 ~ 1073K，熔炼后可用各种除杂剂进行除杂处理，除杂后获纯净的合金熔体（熔体的组成必须进行炉前分析），再浇注成形。镁合金锭必须进行表面处理，然后再用热风干燥，即获得了商品镁合金锭。

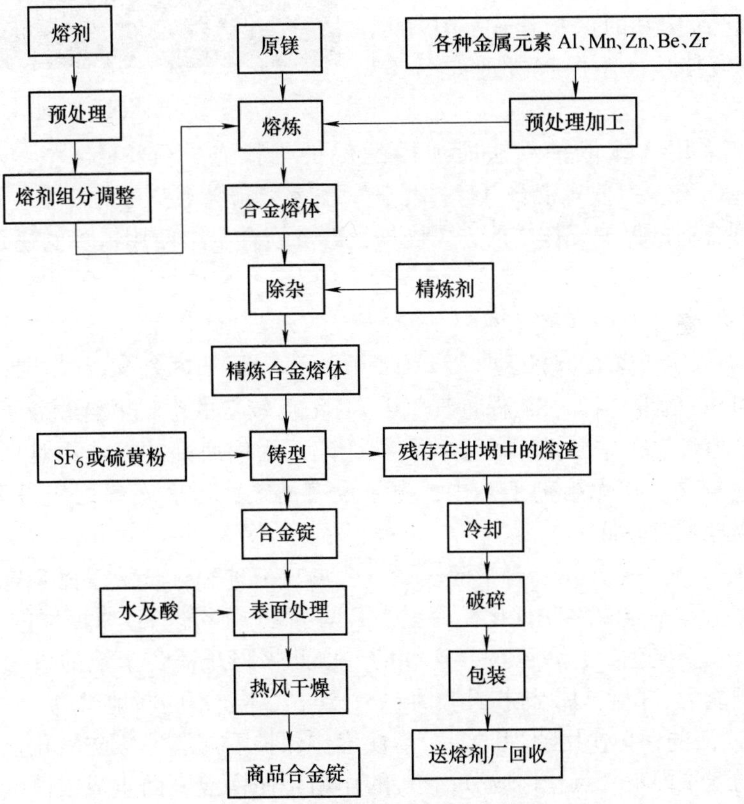

图 3-2　熔剂保护镁合金的生产工艺流程

3.2.2 气体保护

1. 气体保护机理

20 世纪 70 年代之前，熔炼镁合金主要是采用熔剂进行保护，这种方法虽然能够起到良好的阻燃作用，但容易产生熔剂夹杂，导致产品力学性能和耐蚀性下降，制约了镁合金的应用。而且，熔剂与镁合金熔体反应生成腐蚀性烟气，破坏设备，恶化工作环境。20 世纪 70 年代初，无熔剂熔炼技术的开发与应用引起人们的关注。

保护气体的阻燃机理主要是气体与镁液发生反应，在熔体表面生成不同防护作用的表面膜，这些膜致密度较大，能够阻止反应继续进行，也能够阻止镁液的蒸发。其次，这些气体密度大于空气，在一定程度上隔绝镁与氧的反应。大量试验研究表明，CO_2、SO_2、SF_6等气体对镁合金熔体可以起到良好的保护作用，其中以SF_6的效果最佳。气体保护机理如图 3-3 所示。

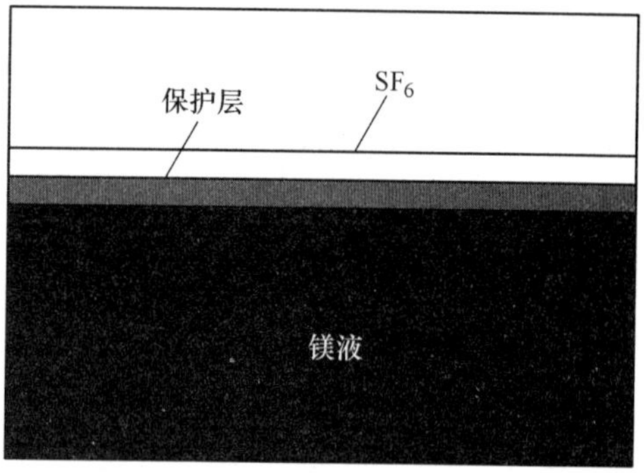

图 3-3 气体保护机理示意图

因此，采用气体保护方法时所用的保护气体有空气/SF_6、空气/CO_2/SF_6、SF_6/N_2 和 SO_2/N_2/空气等混合气体。尽管“温室效应”使 SF_6的使用受到了限制，但在未找到合适的保护气体之前，国内外在熔炼镁合金中使用最多的还是 SF_6混合气体。

2. SF_6混合气体的保护气氛

SF_6保护气氛主要有两种，一种是干燥空气与 SF_6的混合物，另一种是干燥空气与 CO_2和 SF_6的混合物。SF_6保护气氛中 SF_6浓度较低的空气混合物就可以提供保护。在熔剂熔炼工艺中，细小的金属颗粒会陷入坩埚底部的熔渣中难以回收，因而熔体损耗较高。在无熔剂工艺中，由于没有熔剂，坩埚底部熔渣量大大减少，从而熔体损耗相对较低。

SF_6连同空气一起作用于合金液表面，会形成一种和合金液暴露于空气中形成的氧化镁完全不一样的改性氧化镁薄膜，其间混入了少量的致密度大的 MgF_2，这一层薄膜是有金属色泽、致密的、连续的。以此来阻止镁合金液的进一步氧化而获得了保护能力。但它只能维持几分钟，故混合气体要不间断地供应。

SF_6对镁液的保护作用原理同一般惰性气体保护不同。一般防氧化保护是使金属液面上的气氛中不含氧化性成分。SF_6的作用是使镁液表面生成很薄、很致密的一层保护性膜。

与 RJ 熔剂熔炼及采用惰性气体保护熔炼相比，SF_6气体保护熔炼具有以下特点：

1）SF_6是一种无毒、无味的气体，对人体不会直接造成危害。

2）SF_6气体用量较少，通常 SF_6与空气、CO_2、Ar 或 SO_2等气体混合使用，在两种 SF_6保护气氛中，只要加入少量的 SF_6就能起到保护作用，因此成本低。

3）SF_6不会对镁液产生污染，用 SF_6保护熔炼可以大大减少由于熔剂熔炼而带来的夹渣缺陷，有效降低镁合金铸件的腐蚀速率，提高耐蚀性。因此，SF_6气体保护熔炼已经成为国外镁合金熔炼中广泛采用的生产技术。

在用 SF_6混合气体保护镁合金熔体时，空气是一种必不可少的组元，空气中有氧存在才使这一抗氧化剂起作用。如果剔除空气，只用 SF_6一种气体则不能保护镁合金熔体，因为 MgO 膜中只要混入少量的 MgF_2后就能成为有效的保护膜，所以 SF_6这一组元是极微量的。

SF_6防止镁合金熔体的氧化作用也受温度的影响。试验证明，温度升高，镁的氧化倾向加大，SF_6含量也应当相应增加，通入镁合金熔体表面最小的 SF_6含量推荐值见表 3-9。

表 3-9 通入镁合金熔体表面最小的 SF_6含量推荐值

温度/K	SF_6含量（体积分数,%）	
	无 搅 拌	有 搅 拌
928	0.02	0.04
1023	0.03	0.08
1033	0.04	0.12
1053	0.05	0.85
1083	0.06	1.00

合金元素对空气/SF_6的防护作用也有一定影响，如含铝的合金 AZ91，其氧化倾向比纯镁低；含锌、锆合金的氧化倾向更小；而含稀土的合金，其氧化倾向比纯镁的还要高。一些研究结果表明，当温度高于 978K 时，混合通入一定量的 CO_2有助于提高保护的效果，不同温度下保护型混合气体中的最佳成分见表 3-10。

表 3-10 不同温度下保护型混合气体中的最佳成分

温度/K	混合气体的推荐成分（体积分数,%）	保护效果
923～978	空气＋（0.04～0.2）SF_6	非常好
923～978	75 空气＋25CO_2＋0.2SF_6	非常好
978～1033	50 空气＋50CO_2＋0.3SF_6	非常好

SF_6的防护作用还受气氛干燥程度的影响。镁合金熔体在潮湿的 SF_6气氛中要比在干燥气氛中氧化严重。水的存在会极大地加剧镁的氧化，气氛中的水分能促使产生有毒的 HF，并使镁的高温氧化加剧，因此有必要在生产中设置气体干燥设备。

为了得到SF_6混合气体保护镁合金熔体的满意效果，关键是SF_6的浓度与混合气体的流量，SF_6浓度过高或混合气体流量过大，不仅造成浪费，而且有严重副作用。所以在调整浓度与流量时，必须做到有效、安全、节约。混合气体的消耗量取决于熔体的表面积、熔体温度、罩壳密封有效性、密封罩容积的大小、加料和舀料的频率以及熔体的搅动程度等。究竟需要多大容量，根据实践可以这样估算，每分钟流量是密封容积的5%。在使用时按实际工况再做调整，如按估算的流量通入密封罩后，熔体表面出现火苗，说明流量不够，这时应试着缓慢地加大流量，直到火苗熄灭；若按估算的流量通入密封罩后未见火苗，则试着缓慢地减少流量，当微微出现火苗时，再适当地增加一些流量，直到火苗熄灭为止。

3. 采用SF_6气体保护需注意的问题

在配制混合气体时，一般应采用多管道、多出口分配，尽量接近液面且分配均匀，并且需要定期检查管道是否堵塞和腐蚀。

（1）操作实践　操作人员应认识到气体保护在每个工序的重要性，这些工作包括加料、熔化、处理、出料、合金化、变质处理、精炼等。需要注意，稍不留心忘记关闭窗口就会使供应的SF_6大量流失。浇注温度、液面高度和给料速度都是影响保护气体供应的重要工艺参数。浇注温度应在许可的范围内控制尽量低，温度波动应控制尽量小，液面高度应在保护气体出口处尽量保持恒定。初始液面形成保护层需要的保护气体比维持保护层需要的保护气体量要小，为保持平衡，液面的破坏要尽量小，特别是在搅拌、出料等操作时尤其注意。

（2）SF_6对坩埚壁的侵蚀　SF_6在熔体上气氛中通过分解形成HF和SO_2气体，坩埚壁上的反应产物为FeF_3及Fe_2O_3，在潮湿状态下两种气体形成酸化物，会被吸收到坩埚壁上疏松的氧化皮上。酸化物质再结合到金属表面区，由此处的高温引起严重的腐蚀，其腐蚀速率随着SF_6浓度的增加而加快。SF_6浓度过高会使坩埚起皮增加，起皮会与镁液进一步发生剧烈反应。此外，反应还可能生成SO_2和SO_2F_2，它们会与水蒸气发生反应，然后被起皮吸收，进一步腐蚀坩埚。因此，要控制好SF_6的浓度和消耗量。

（3）人身安全　SF_6气体无毒，但密度大，如果在空气中累积，有可能引起缺氧，产生窒息，所以车间必须注意通风。在高温下，SF_6会缓慢分解，生成多种有毒的氟化物，如S_2F_{10}、SF_4。它们进一步水解后生成氟化氢、氟化磺酰和氟化亚硫酰。这些反应生成物非常活泼而且具有腐蚀性。所以保护气体使用的SF_6必须纯净。正常情况下，这些生成物浓度很低，对人体基本没有危害。

（4）环境保护问题　SF_6具有很强的吸收长波能力，并在空气中滞留时间长，其温室效应为CO_2的23900倍。虽然目前对温室效应贡献不大，但其潜在的影响很大。SF_6是影响镁合金生命周期评价指标的主要因素，也是制约镁合金成为21世纪绿色材料的关键因素。2000年，国际镁协会（IMA）呼吁镁界人士重视开发新的保护气体代替SF_6。

（5）节能措施　在开发出新的保护气体之前，估计 SF_6 的应用还会进一步扩大。为减少 SF_6 的消耗，改进熔炉设计是重要的措施。设计熔化炉时，要使熔体表面积与体积比最小，坩埚和盖子之间要很好的配合与密封，并且设计工艺时尽量减少开盖的次数。在设计炉盖时应充分考虑几何因素，如果熔体上方空间太大，则输送保护气体时产生对流，且保护气体高温区域过大，与熔体反应产生的副产品较多，会影响熔体质量；为防止炉盖变形，需采用10mm 以上的低碳钢，也可以使用加强肋。耐火纤维垫圈可以在炉盖、炉体、坩埚之间实现很好的密封，要特别小心防止其机械破坏或熔体损坏。

4. SF_6 气体的混合装置简图

如图 3-4 所示，压缩空气经球阀、滤油减压器、精滤器、聚油过滤器后，进入冷冻式干燥器干燥后再经过吸附式油蒸汽过滤器、减压阀，以 0.35MPa 的压力进入混合控制箱。CO_2、SF_6 高压气瓶中气体分别经过减压阀 10、12，同样以 0.35MPa 的压力进入混合控制箱。之后，压缩空气、CO_2、SF_6 再经各自的减压阀 16、19、20，以 0.07MPa 左右的压力分别进入带有节流器的流量计 15、21、22，流出后混成一股，成为混合气体进入坩埚的密封罩内去保护镁合金熔体。

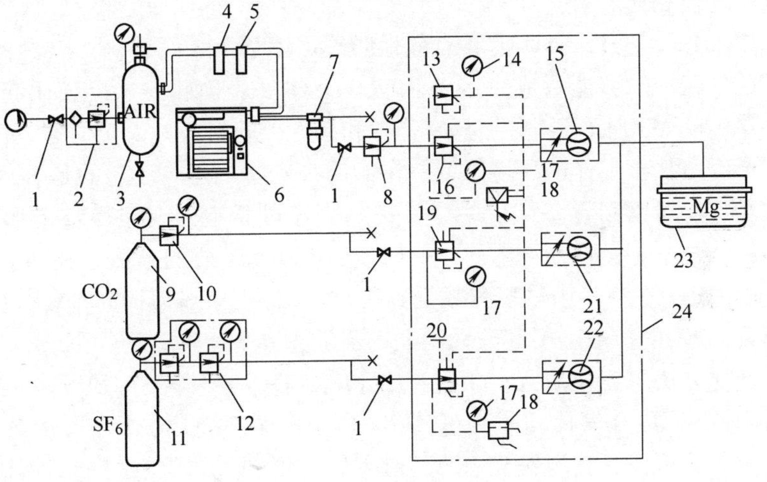

图 3-4　SF_6 保护气氛的气体混合装置简图

1—球阀　2—滤油减压器　3—空气储气罐　4—精滤器　5—聚油过滤器　6—冷冻式干燥器　7—吸附式油蒸汽过滤器　8、10、12、13、16、19、20—减压阀　9—CO_2 气瓶　11—SF_6 气瓶　14、17—压力表　15、21、22—流量计（带节流器）　18—压力继电器　23—镁熔体　24—控制柜

减压阀 13 是减压阀 16、19、20 的先导控制阀。调节减压阀 13 的压力就可以使减压阀 16、19、20 的出口压力，即压缩空气、CO_2、SF_6 的压力同时增加或减小，从而使各自的流量也同时增加或减小，其目的是维持三种气体原来设定的比例近似不变。为此要求减压阀 16、19、20 的出口压力为同一数值并与控制压力相等。

两个压力继电器 18 用于压缩空气和 SF_6 的失压报警，当压缩空气或 SF_6 压力低于 0.2MPa 时，压力继电器动作，发出声光报警信号。用空气压力来控制三种气体的压力与流量，必须保证正常的空气压力。

5. 减少 SF_6 用量的具体措施

（1）采用合理的防护性气体的混合比　采用合理混合比的防护性气体，主要目的是取得既安全又可靠的防护效果，气体混合装置既能控制浓度也可控制流率。这种装置还配备有气压机及空气干燥器。最为主要的是控制好熔体表面气体的浓度。熔体上部大气的容积小，气体应该通过几个喷嘴以高速度供给炉子，以保证在熔体上的大气中有可靠均匀的浓度，分配管可以固定在炉盖的下部。推荐在离开金属液水平面 100 ~ 150mm 处喷吹，每个喷嘴喷出的气流速度要达到 5 ~ 10m/s，以补偿熔体上空气中的浮力。同样重要的是气体的供应管道要有足够截面积，以保证每根导管保持同等的容量。为了减少 SF_6 的分解，所混合的空气务必要干燥。

（2）炉子密封要好　炉子应该密封以减少泄漏。顶盖与坩埚之间采用耐火纤维密封垫效果好。炉盖只宜移动式，不宜用铰链式开启方法。炉子操作的窗口也尽可能具有密封性。加料时为避免外界空气窜入，可采用双移动门，防止在直接打开时与外界环境相通。

（3）以 SO_2 取代 SF_6　SO_2 能够有效地防止熔体整个表面氧化，以少量的 SO_2 出现在炉子的气氛中时，能形成一定 MgO 及 $MgSO_4$ 的表面膜。这层膜比起在空气中所形成的单纯的 MgO 而言，更加具有弹性和韧性，能有效地保护熔体。但是，SO_2 有毒性，要对所从事工作的环境采取一定的防护措施。还应注意的是 SO_2 与潮湿的空气一接触，将对钢制设备产生腐蚀，进一步还可观察到在坩埚壁上形成沉积物和反应产物，在不利的条件下从炉子处还会引起金属液的喷溅。Hydro 的经验认为，炉子中的 SO_2 在空气中体积分数低到 0.5%，即可以对熔体起到安全保护作用。对环境而言，SO_2 的扩散会引起酸化物质的沉淀，其危害性则不大了。

（4）其他方法　美国的 Air Liquid 公司开发了一种回收 SF_6 的方法。这种方法是把用后的含 SF_6 混合气体回收，分离出 SF_6，再循环使用，使 SF_6 不散失到大气中。这种方法的原理是利用聚合物薄膜对空气中不同气体的透过能力不同的特性。这种聚合物薄膜在多年之前就已用于石油化工业，用来从混合气体中分离氢和二氧化碳，现在又用于制取低成本氮气。分离 SF_6 比分离氮气更容易，因为 SF_6 分子动力学直径比 N_2 大 30%。Air Liquid 公司已研制出成套设备来回收 SF_6，目前正式用于半导体制造业。实践证明，用后的混合气体中含 SF_6 的体积分数可提高到 0.5% ~5%。SF_6 的收得率达到 98%。

德国的亚琛工业大学铸造研究所拟建一套集熔化与压铸为一体的封闭型镁合金生产工艺系统，如图 3-5 所示。熔炼是在密封的坩埚内进行。浇注是通过固定的吸管将镁合金熔体送入压铸型腔底部。坩埚及压铸腔内都通有氩气，不用 SF_6 气体保护。这套工艺系统将可以有效解决镁合金熔炼及浇注过程中的熔体保护问题。

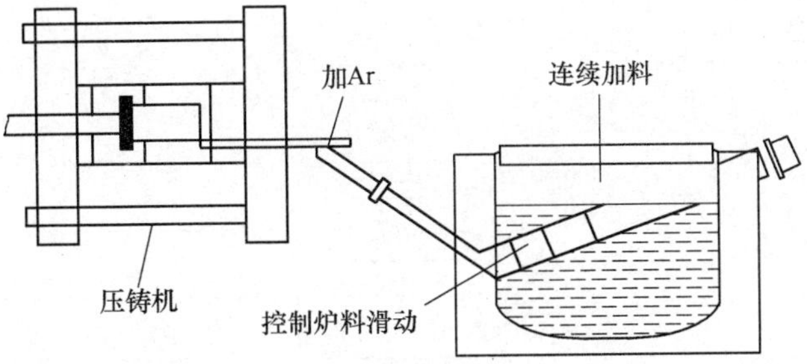

图 3-5 采用 Ar 保护的全封闭熔炼及浇注工艺系统示意图

国际镁协会提出在当前情况下可以采取以下四项措施，来减少 SF_6的消耗。

1）改进坩埚炉盖的密封性，减少 SF_6的泄漏。

2）研究自动加料、吸取镁液装置。

3）优化保护气体的供气系统，使气体在镁液表面分布更合理，更有效。

4）优化混合气体的组成及 SF_6的含量。

6. 气体保护镁合金熔炼工艺流程

气体保护镁合金的生产工艺流程如图 3-6 所示。该工艺中，首先严格控制原材料的质量。原料进熔化炉前，先在预热炉中预热到一定温度。加入熔炼炉中后，在气体保护下进行熔炼。熔化、精炼、合金化结束后，将合金熔体送入静置炉中静置一段时间，精炼过程中严格控制温度、时间、操作方法以及精炼后合金熔体的静置时间。浇注前镁合金熔体经陶瓷过滤器过滤，除去夹杂物。熔体的组分必须进行炉前分析。浇注用半连续浇注机，浇注前刮干净残留在锭模表面的涂料，锭模使用一段时间后最好用喷砂除去残留涂料，喷上新的涂料。为了使涂料与锭模结合紧密，最好加入少量水玻璃。喷涂之后将锭模充分预热，使模膛内部干燥。整个过程均采用 SF_6混合气体或惰性气体保护，既改善了劳动条件，减轻了环境污染，又生产出了合格的镁合金。

3.2.3 合金化阻燃保护

镁合金中能够降低其活性的元素是铍和钙。在镁中添加微量的金属铍（质量分数为 0.002% ~0.01%），可以提高镁熔体的抗氧化能力。由于铍是镁的表面活性元素，富集于镁熔体表面，致使表面铍含量约为合金中含铍量的 10 倍，并优先氧化。氧化铍的致密度系数 $\alpha=1.71$，故氧化铍可以形成致密的复合氧化膜。但铍具有一定的毒性，不但对人体有害，而且废弃的炉渣危害环境，过量的铍还会引起晶粒粗化，降低合金的力学性能，并加大热裂倾向。当温度高于 1023K 时，铍对提高镁的抗氧化的作用大大降低，而镁合金的熔炼温度一般均高于 1023K，因此用加铍防止镁熔体氧化仅是一种辅助措施。镁合金的熔铸必须采用有效措施，才能防止镁的氧化燃烧。

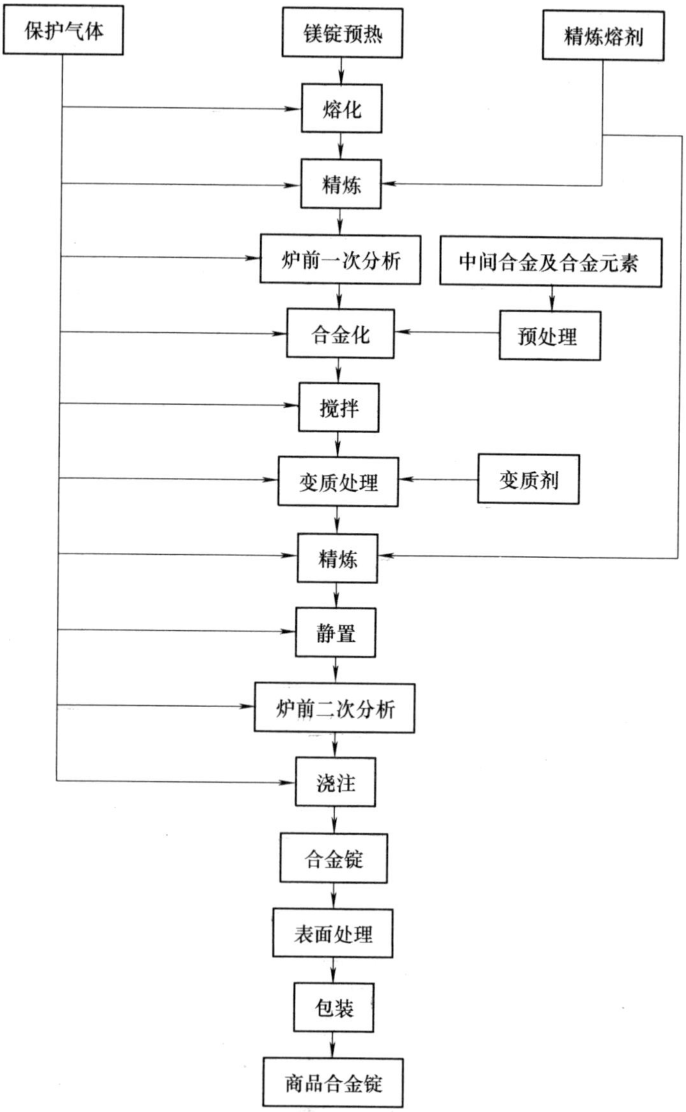

图 3-6　气体保护镁合金的生产工艺流程

日本较早研究了加 Ca 防止镁合金燃烧的问题，Sakamoto 等测定了含质量分数为 1% ~5% Ca 的镁合金的燃点，结果表明加入质量分数 1% 的 Ca 能够提高燃点 250℃，质量分数 5% 的 Ca 的镁合金，其氧化膜即使在 970℃ 的大气中暴露 60min，氧化膜也没有增厚的现象。含 Ca 镁合金熔体表面所形成的氧化膜由两层组成：上层是 CaO，下层是 MgO-CaO 混合膜。CaO 层的厚度与暴露时间无关，MgO-CaO 混合膜层厚度随时间增加，含 Ca 的氧化膜具有阻止氧渗入镁液和抑制熔体表面镁挥发的作用，由此提高了镁合金的燃点。

但值得注意的是，添加过多的 Ca 会影响镁合金的一些其他性能。质量分数超过 0.3% 的 Ca 会降低镁合金的焊接性能；铸造镁合金中质量分数为 0.5% 以上的 Ca 会增大合金的脆性，降低合金的力学性能；在含 Al 的镁合金中，Ca 会阻碍 Al 在镁中的溶解过程，增加镁合金热处理的难度。

稀土元素也有提高镁合金阻燃性的作用，镁合金的起燃温度随着稀土加入量的增加而增加。这主要是因为稀土作为表面活性元素，富集于镁合金表面，阻碍了镁与氧的接触。

经过多年的研究，上海交通大学轻合金精密成形国家工程中心发明了能够在大气中直接熔炼的压铸阻燃镁合金及其熔炼和压铸工艺，铸造阻燃镁合金及其熔炼和铸造工艺，耐热压铸阻燃镁合金及其熔炼和压铸工艺，塑性变形阻燃镁合金及其熔炼和塑性变形工艺，成功开发了具有良好阻燃效果的阻燃镁合金。

3.3 镁合金熔体的处理

3.3.1 镁合金熔体的净化处理

1. 除气处理

溶入镁合金熔体的气体主要是氢气。镁合金中的氢主要来源于熔剂中的水分、金属表面吸附的潮气以及金属腐蚀带入的水分。氢在镁熔体中的溶解度比在铝熔体中大 2 个数量级，凝固时的析出倾向也不如铝那么严重（镁熔体中氢的溶解度为固态的 1.5 倍），用快冷的方法可以使氢过饱和固溶于镁中，因而除气问题往往不被重视。但镁合金中的含气量与铸件中的缩松程度密切相关。这是由于镁合金结晶间隔大，尤其在不平衡状态下结晶间隔更大，因此在凝固过程中如果没有建立顺序凝固的温度梯度，熔体几乎同时凝固，形成分散细小的空洞，不易得到外部金属的补充，引起局部真空，在真空的抽吸作用下，气体很容易在该处析出，而析出的气体又进一步阻碍熔体对孔洞的补缩，最终缩松更加严重。试验表明，在生产条件下，当 100g 镁含氢量超过 14.5cm^3 时，镁合金中就会出现缩松。工业中常用的除气方法有以下几种。

（1）通入惰性气体　一般在 750 ~ 760℃ 下往熔体中通入占熔体质量 0.5% 的 Ar，可将熔体中的氢含量由 150 ~ 190cm^3/kg 降至 100cm^3/kg。通气速度应适当，以免熔体飞溅，通气时间为 30min，通气时间过长将导致晶粒粗化。

（2）通入氯气　通氯气是传统的除气工艺。氯气经石墨管引入镁合金熔体中，处理温度为 725 ~ 750℃，时间为 5 ~ 15min。温度高于 750℃ 生成液态 $MgCl_2$，有利于氯化物及其他悬浮夹杂的清除。如果温度过高，则形成的 $MgCl_2$ 过多，产生熔剂夹杂的可能性增加。氯气除气会消除 Mg-Al 合金加“碳”的变质效果，因此用氯气除气应安排在“碳”变质工艺之前进行。

(3) 通入六氯乙烷　一般在750℃左右往镁合金熔体中通入六氯乙烷(C_2Cl_6),通入量不超过熔体质量的0.1%。C_2Cl_6是镁合金熔炼中应用最普遍的有机氯化物,它可以同时达到除气和晶粒细化的双重效果。C_2Cl_6的晶粒细化效果优于$MgCO_3$,但除气效果不及Cl_2。生产中常常用C_2Cl_6和六氯代苯等有机氯化物对镁合金熔体进行除气,这些氯化物以片状压入熔体中,与氯气除气相比具有使用方便、不需专用通气装置等优点。

(4) 联合除气法　先向镁合金熔体内通入CO_2,再用He吹送$TiCl_4$,可使熔体中的气体含量降到60~80cm^3/kg(普通情况下为130~160cm^3/kg)。其除气效果与处理温度和静置时间有关,750℃的除气效果不及700℃。

现在生产中多采用边加精炼剂边通入氮气或氩气的方法精炼,既可以有效地去除熔体中的非金属夹杂物,同时又除气。不但精炼效果好,而且可以缩短作业时间。

2. 精炼处理

镁的化学活性很强,空气中的氧、氮、水汽等均能与镁反应生成难溶的氧化镁等非金属夹杂。非金属夹杂的存在不仅严重恶化合金的力学性能,还伴生缩松、气孔等缺陷。镁合金精炼的目的就是要消除上述夹杂,净化溶液。目前生产中主要使用精炼熔剂进行精炼。熔剂精炼法是用熔剂洗涤镁合金熔体,利用熔剂与熔体的充分接触来润湿夹杂物,并将其聚合于熔剂中,随同熔剂沉降于坩埚底部。为达到此目的,熔剂应当具有良好的润湿、吸附夹杂的能力。精炼工艺还应当设计正确以防止产生新的夹杂。精炼温度一般控制在710~730℃,精炼后静置10~60min,使熔渣充分沉析。

生产中也有使用C_2Cl_6作为精炼剂进行精炼的,用C_2Cl_6处理镁合金熔体兼有变质和精炼双重作用。特别在无熔剂精炼(以防护性气氛熔炼)Mg-Al合金时,更显示了它的优越性,其机理是C_2Cl_6在镁合金熔体中迅速分解出氯、碳等,氯与镁能生成$MgCl_2$,起精炼作用,碳则起到如前所述的晶粒细化作用。此外C_2Cl_6分解所产生的气体还兼有除氢的作用。C_2Cl_6精炼的主要问题是在坩埚下部较大范围内产生絮状的悬浮性熔渣,经X射线衍射和电子探针分析,其主要成分为$MgCl_2$及MgO。解决方法是通氩气再进行吹洗,使熔渣上浮、下沉,或者再用熔剂精炼1min。

镁合金所采用的变质剂,易与其他高熔点杂质形成高熔点金属间化合物而沉降于炉底。这些难溶杂质和变质剂在镁合金中的溶解度小,熔点高,且密度比镁大。当它们相互作用时可将合金中的可溶杂质去掉,这对合金是有利的,但降低了变质剂的效果。

镁合金中常见的几种相互排除的组元(实际上互为沉降剂)见表3-11。

表 3-11 几种相互排除的组元

沉降剂	Mn	Zr	Be	Ti	Co
去掉的元素	Fe	Fe、Al、Si、P Be、Mn、Ni（去掉量小）	Fe、Zr	Fe、Si	Ni

减少镁合金中铁、镍、硅杂质的含量可提高其耐蚀性。由于 Ti 在 800 ~ 850℃时在镁中的溶解度较大，但当低于700℃时 Ti 溶解度急剧降低，并和铁、硅形成高熔点金属间化合物而沉降。用 Ti 或 $TiCl_4$ 作为精炼剂时，铁在合金中的质量分数能从 0.035% ~0.4% 降至 0.005% ~0.01%。因此，工业上采用海绵钛来除去熔体中的铁、硅，以提高合金的耐蚀性，除铁效果一般可达 50% ~60%。

含锆的镁合金，应严格限制硅、铝、锰杂质的含量。当硅、铝、锰的质量分数各自超过 0.1% 时，合金中的锆含量将大为降低。熔炼 Mg-Al-Zn 合金时，熔剂用量为熔体质量的 1.0% ~1.5%；熔炼含锆镁合金时，熔剂用量要达到熔体质量的 6% ~8%，甚至有时高达 10%，其中 1.5% ~2.0% 用于精炼。含锆镁合金熔炼比较困难，如果操作不当，则合金容易出现高熔点夹杂。

由于在精炼过程中，不断有熔剂撒到金属表面，熔剂融化后进入金属。精炼结束后，为防止表面金属氧化燃烧，要向金属表面撒覆盖剂。覆盖剂一般是 20% 的硫粉和 80% 的精炼剂的混合物。表面精炼剂熔化后，逐渐向金属中渗透，这无疑给金属增加了外来杂质。为解决这一问题，采用氩气保护方法，避免杂质的进入，但要在较密闭的氩气环境中进行精炼和浇注才有效，在敞开容器表面喷氩气阻止表面燃烧效果不大。在精炼及浇注温度不太高的情况下，采用喷硫粉的方法制止熔体金属的表面氧化和燃烧效果较好。将装有硫粉的盒中通入一定的风量，喷出的硫粉冲向金属表面燃烧，减轻了金属的表面氧化，防止了外来精炼剂的进入。

3.3.2 镁合金熔体的变质处理

1. 镁合金的变质原理及常用的变质剂

铸锭及铸件易产生局部晶粒大小悬殊现象，所以要对镁合金进行变质处理，以细化晶粒。变质处理能显著提高镁合金的力学性能，改善铸造性能，减少热裂、疏松等铸造缺陷。

镁合金在熔炼过程中细化晶粒的方法有两种，即变质处理和强外场作用。变质细化的机理是在合金液中加入高熔点物质，形成大量的形核质点，以促进熔体的形核结晶，获得晶粒微细的组织。后者的基本原理是对合金熔体施以外场（如电场、磁场、超声波、机械振动和搅拌等）以促进熔体的形核，并破坏已形成的枝晶，成为游离晶体，使晶核数量增加，还可以强化熔体中的传导过程，消除成分偏析。此外，快速凝固技术也能提高镁合金的形核率，抑制晶核的长大而显著细化晶粒组织。变质处理在镁合金生产中应用非常广泛。

变质处理是提高镁合金铸件性能的重要途径。镁合金晶粒越细小，其力学性能和塑性加工性能越好。在熔炼镁合金过程中变质操作处理得当，则可以降低铸件凝固过程中的热裂倾向。此外，镁合金经过变质处理后铸件中的金属间化合物相更细小且分布更均匀，从而缩短均匀化处理时间或者至少可以提高均匀化处理效果。因此，镁合金的变质处理尤为重要。

目前，熔炼镁合金时常用的变质剂有含碳物质、C_2Cl_6和高熔点添加剂，如 Zr、Ti、B、V 等。

（1）含碳变质剂　碳不能固溶于镁中，但可与镁反应生成 Mg_2C_3和 MgC_2化合物。碳对 Mg-Al 系或 Mg-Zn 系合金具有显著的晶粒细化作用，而对 Mg-Mn 系合金的细化效果非常有限。

工业上常用的含碳变质剂有菱镁矿（$MgCO_3$）、大理石（$CaCO_3$）、白垩、石煤、焦炭、CO_2、炭黑、天然气等。其中 $MgCO_3$、$CaCO_3$最为常见。

（2）C_2Cl_6　C_2Cl_6是镁合金熔炼中最常用的变质剂之一，可以同时达到除气和细化晶粒的双重效果。对 ZM5 合金而言，C_2Cl_6的变质处理效果比 $MgCO_3$好得多。此外，也可以采用 C_2Cl_6和其他变质剂进行复合变质处理，其效果更好。在 Mg-Al 合金熔体底部放置 C_2Cl_6或环氯苯片也可以达到细化晶粒和除气的双重目的。

（3）其他变质剂　锆对 Mg-Zn 系、Mg-RE 系和 Mg-Ca 系等合金具有明显的晶粒细化作用，是目前镁合金熔炼中较常用的晶粒细化剂。

在添加等量锆的情况下，锆合金化条件不同，其晶粒细化效果存在显著差异。通常，Mg-Zr 合金熔体中的加锆量稍高于理论值。只有熔体中可溶于酸的锆过饱和时，Mg-Zr 合金才能取得最佳的晶粒细化效果。由于熔体中还可能存在各种污染物，导致生成不溶于酸的锆化物，因此熔体中尽可能不要含铝和硅。此外，有必要保留坩埚底部含锆的残余物质（包括不溶于酸的锆化物）。为了防止液态残渣浇注到铸件中，浇注后坩埚中要预留足量的熔融合金（大约为炉料质量的 15%）。浇注时要尽量避免熔体过分湍流和溢出，并且熔炼工艺中要保证足够的静置时间。

2. Mg-Al 系合金的变质处理

（1）过热变质法　“过热变质法”是 Mg-Al 系合金早期使用的一种变质方法。过热变质处理是浇注前将熔体温度升高并保温一段时间后再降温至浇注温度进行的工艺过程，即把镁合金过热到 1123 ~ 1173K，立即提出坩埚，令其快冷至浇注温度进行浇注，可获得良好的细化效果。如果将熔体过热至 1073K 进行变质处理同时加以搅拌，将显著增加细化效果。在 1013 ~ 1053K 加强搅拌并静置，也能使晶粒细化。

将 AZ91E 合金过热处理（1123K 保温 15min）后以 275. 5K/s 的速度冷却，经 873K 铜型淬火得的试样与未过热处理的 873K 铜型淬火试样相比，过热处理后的试样中晶粒明显细化，且形成以“外来物质”为中心的树枝晶，而未过热处理的试样中的“外来物质”并未生成树枝晶。能谱分析表明，该“外来物质”由 Al、C 和 O 或由 Al、C、Mn、Si 和 O 组成，其中 AZ91E 合金中 Mn 和 Si 是杂质元素，据此推测过热处理过程中形成了 Al_4C_3 或 Al_2CO 化合物（Al_2CO 中的氧可能是磨试样过程中与水反应而引入的）。过热处理对 Mg-Al 系合金的细化机理是在过热处理过程中生成了大量可以作为非均质结晶的晶核，从而增多了晶粒的形核数量，细化了晶粒组织。过热处理虽然可以细化晶粒，但由于熔体温度的升高使氧化和吸气现象更加严重，而且由于杂质和熔体合金的密度均减小，不利于杂质的分离，反而降低了铸锭质量。

Mg-Al 系合金的变质剂及其用量和处理温度见表 3-12。Mg-Al 系合金经过变质处理后还需要精炼。ZM1、ZM2、ZM3、ZM4 和 ZM8 合金采用锆对合金进行晶粒细化，不需要进行过热变质处理。

表 3-12　Mg-Al 系合金的变质剂及其用量和处理温度

变　质　剂	用量（占炉料的质量分数，%）	处理温度/K
碳酸镁或菱镁矿	0.25～0.5	983～1013
碳酸钙	0.5～0.6	1033～1053
六氯乙烷	0.5～0.8	1013～1033

（2）加碳变质法　加碳变质处理是目前常用的晶粒细化方法。在熔体中加入一定量的 $MgCO_3$、$CaCO_3$、C_2Cl_6 等含碳的化合物，在高温下碳化物分解还原出碳，碳又与铝生成大量弥散分布的 Al_4C_3 难熔质点。由于 Al_4C_3 与镁同属密排六方晶格，晶格常数与 δ-Mg 仅差 4%，故可作为外来晶核，使基体晶粒细化。C_2Cl_6 比 $MgCO_3$ 变质处理的效果要好，前者比后者变质处理的镁合金力学性能会提高 10%～20%，且在变质后 2h 进行浇注，合金仍保持良好的细化效果。

影响“碳”变质效果的因素是加碳变质处理后，随着熔体静置时间的增加，晶粒将逐渐粗化（工艺上规定变质处理后 45min 之内必须浇注完毕）；加碳变质、剧烈搅拌与短期升温至 1073K 随后快冷至浇注温度相结合，将会进一步增强细化晶粒的作用；合金中含有一定量的锰有利于细化晶粒，且 Al-Mn 中间合金中锰的质点越细小、分布越均匀，对合金的细化效果越好。

1）加 $MgCO_3$。$MgCO_3$ 在加入熔体后即受热分解为 MgO 及 CO_2，CO_2 与镁发生下列反应：

$$2Mg + CO_2 \rightarrow 2MgO + C$$

$$3C + 4Al \rightarrow Al_4C_3$$

镁合金熔体中产生大量弥散 Al_4C_3 质点，呈悬浮状态并在凝固过程中充当形核基底，因而使合金晶粒显著细化。

加 $MgCO_3$ 变质处理的工艺过程为将占镁合金熔体质量 0.3%～0.4% 的 $MgCO_3$ 包紧在铝箔中，用钟罩分成 2～3 批压入 993～1003K 的熔体中，钟罩约浸入熔池深一半处，并缓慢地水平移动，直至液面不再冒气泡时即可将钟罩取出，再加下一批 $MgCO_3$，变质延续 8 ~ 12min。变质完毕后应在 45min 内浇注完毕以免失效。如果变质后不进行第二次精炼，则变质处理后应静置 10 ~ 15min 方可浇注，以使在变质时可能搅起的坩埚底部的熔渣能较充分地沉淀下来。有些工厂在变质后（或第二次精炼后）静置期间将熔体升温至 1023 ~ 1073K，其目的不单在于加速熔体中夹杂物的沉淀和促使熔体表面熔剂层的稠化（如用 RJ-3 熔剂时），还在于这能使加碳变质后效果有进一步提高，使晶粒更为细化。

多数工厂使用小块状的菱镁矿（含 90% 以上 $MgCO_3$，我国东北大石桥产）来代替以往使用的 $MgCO_3$ 粉，加入量为 0.4%（质量分数）时效果很好，使用块状菱镁矿变质时合金的力学性能（R_m 及 A）较用 $MgCO_3$ 粉变质时有明显提高。从变质操作而言，使用块状菱镁矿时反应也较为缓慢。这是因为粉状 $MgCO_3$ 的表面积比块状菱镁矿大得多，这使其分解反应进行得比较快。由于粉状 $MgCO_3$ 在压入合金熔体后分解较快，故 CO_2 气泡的生成比较快、气泡比较大、上浮较快，因此其作用不是很好。而菱镁矿则分解较慢、气泡较小、上浮较慢，其作用更好，变质效果也较好。

使用菱镁矿不仅变质效果好，且因其为天然矿物，价格较纯的 $MgCO_3$ 大大降低。但采用菱镁矿时应进行化学分析以鉴定其质量，必须使用含杂质少、含 $MgCO_3$ 量较高的矿石，否则将会由于增加了镁合金熔体中的杂质而严重降低铸锭或铸件的质量。

为了降低气泡的生成速度，在使用粉状 $MgCO_3$ 时应将其填紧在铝箔中，在加入前将其塞紧在钟罩内，然后装上挡板。通常均采用封闭式的钻有许多小孔的钟罩，这也是为了使 $MgCO_3$ 分解后残留的 MgO 不致混入熔体，而能随同钟罩从熔池中取出。如果装填不紧或从钟罩中掉出，则粉状 $MgCO_3$ 分解极快，使它与熔体的作用降低，变质效果变差。钟罩大小应与熔池相适应，通常都希望变质剂能分几批加入，这可使作用好一些，但如批数过多，变质持续时间过长，则又将发生熔体来不及浇完而变质就开始失效的现象。

2）加 $CaCO_3$。也有使用 $CaCO_3$（白垩粉、大理石小块）进行变质处理的，可获得较好的效果。其操作过程与加 $MgCO_3$ 时基本上相似。但由于 $CaCO_3$ 的分解温度较 $MgCO_3$ 高，加 $CaCO_3$ 时需采取更高的加入温度（1033 ~ 1053K）。根据试验，$CaCO_3$ 的加入量一般为熔体质量的 0.5% ~0.6%。

由于 $CaCO_3$ 的变质温度较高，变质时熔体的氧化较 $MgCO_3$ 变质时有显著的增加，而且在变质后也不再进行第二次精炼（如在变质后再降温进行精炼和静置，将造成来不及浇完就已变质失效的情况），在用 $CaCO_3$ 变质时很可能增加了熔体中氧化夹杂的数量。因此，用 $CaCO_3$ 变质的方法不如用 $MgCO_3$ 变质的方法普及。

3）加 C_2Cl_6。C_2Cl_6 对 Mg-Al 系合金之所以具有变质作用，是由于 C_2Cl_6 遇镁合金液后，分解成 C_2Cl_4 和 Cl_2，而 C_2Cl_4 与镁合金液反应产生 C，C 与 Al 反应生成

Al_4C_3（呈弥散的细小质点），Al_4C_3可作为结晶晶核，细化晶粒。C_2Cl_6变质法只适用于 Mg-Al 系合金。

试验指出，在 1013 ~ 1033K 加入 C_2Cl_6效果较好，其中以 1023K 时加入效果最好。C_2Cl_6加入量控制在熔体质量的 0.5% ~ 0.6% 为最好。

C_2Cl_6的加入方法是将 C_2Cl_6与 RJ-2 熔剂 1∶1 的混合物（以降低反应速度）用铝箔包紧或压成块状，分 3 ~ 4 批加入，变质处理时间为 10 ~ 20min。

试验中发现，用 C_2Cl_6变质存在夹渣问题，可能是类似铝合金用 C_2Cl_6精炼后产生的黏稠熔渣，这种熔渣密度与镁合金熔体密度相近，因而有部分悬浮状态存在于熔体中。变质后采用 0.1% 的 RJ-2 熔剂精炼 1min，除夹渣效果良好。

C_2Cl_6变质的优点：C_2Cl_6变质处理时反应较快，使熔炼时间缩短；变质后熔体放置 2h 仍具有良好的力学性能；除气效果好；由于 C_2Cl_6遇镁合金液后分解，产生的 C_2Cl_4和 Cl_2以气泡上浮时减少了熔体中的氢含量，使熔体补缩疏松时的阻力减少，减少了疏松的出现。缺点是加入 C_2Cl_6后反应激烈，操作要注意安全。

由于 Zr 和 Al 易形成稳定的化合物 Al_3Zr，而 Al_3Zr 晶体为体心正方型，晶格常数（a = 4.315nm，c = 16.93nm）与 Mg 相差很大，而且形成 Al_3Zr 将造成合金中 Al 和 Zr 的损失，所以 Mg-Al 系合金中不能用 Zr 细化晶粒。

3. Mg-Zn、Mg-RE 系合金的变质处理

（1）加锆细化晶粒　上述变质方法只适用于 Mg-Al 系合金，对于 Mg-Zn、Mg-RE系合金只有加锆才能显著细化晶粒。采用锆变质处理不含铝的镁合金主要是由于锆和镁具有相似的六方晶格和晶格常数，可作为镁的成核基底，从而细化晶粒。锆含量对 Mg-Zn 系合金晶粒细化的影响如图 3-7 所示。由图 3-7 可见，当锆的质量分数大于 0.60% 时，Mg-Zn 合金晶粒明显细化。

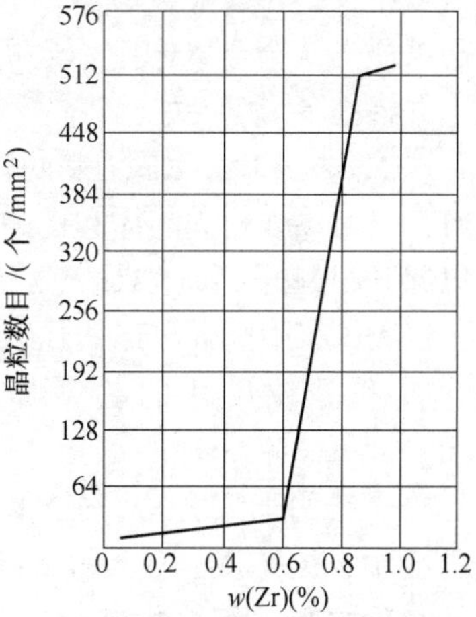

图 3-7　含锆量对 Mg-Zn 系合金晶粒细化的影响

1937 年，人们发现 Zr 对镁晶粒有明显的细化效果，并开始了对镁及镁合金晶粒细化剂的研究。从 Mg-Zr 系二元相图（见图 3-8）可以看出，Zr 在液态镁中的溶解度很小，发生包晶反应时镁液中仅能溶解约 0.6%（质量分数）的 Zr。当锆的质量分数大于 0.6% 时，镁熔体中出现大量难熔的 α-Zr 质点，它与 Mg 同属密排六方晶格，两者的晶格常数如下：

Mg：a = 0.320nm，c = 0.512nm。

α-Zr：a = 0.323nm，c = 0.514nm。

可见，两者具有良好的共格关系，α-Zr 符合作为晶粒形核核心的“尺寸结构

相匹配”原则，所以 α-Zr 能成为 α-Mg的结晶核心，镁液中形成的大量 α-Zr 弥散质点使晶粒显著细化。但是，Zr 的加入量不可能很大，从相图中可以看出，当温度达到673K 时镁液中仅能溶解 0.7% 的 Zr。

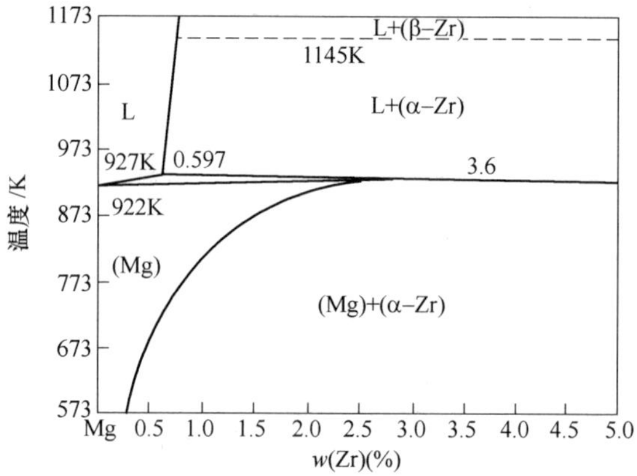

图 3-8　Mg-Zr 系二元相图

锆还与镁合金中的氢形成 ZrH_2 固态化合物，从而大大降低镁合金熔体中的含氢量，对减轻疏松有利。锆的化学活性很强，与炉气中的氧、氮、氢、CO、CO_2 及合金中的铁、铝、硅、锰、钴、镍、锑、磷等均能生成不溶于镁的化合物，沉积于坩埚淤渣中，从而使合金中的含锆量下降。生产中锆的实际加入量一般为合金成分需用量的 3 ~ 5 倍。锆的熔点高、密度大，在镁合金熔体中难以溶解，无法以纯锆的形式加入，多以 Mg-Zr 中间合金或锆盐的形式加入。

锆使 Mg-Zn 系合金晶粒细化的原因是在熔炼时锆溶解到镁合金中，在浇注凝固过程中，锆在镁合金熔体中的溶解度随温度下降而降低，这样就使得有大量难熔的锆质点从合金熔体中弥散析出，增加了镁合金结晶时的晶核，所以使晶粒细化，并提高了力学性能。

以 Mg-Zn 和 Mg-RE 为基的合金系，该系的有效细化剂是锆。加锆既可以细化晶粒，又可以强化固溶体和提高合金的耐蚀性。该系合金锆含量为 0.3% ~0.9%，可以起到很好的变质效果。

以 Mg-Zr 中间合金形式加入的锆，它有着长时间的细化效应。MB15 合金中，锆含量和晶粒尺寸的关系如图 3-9 所示。

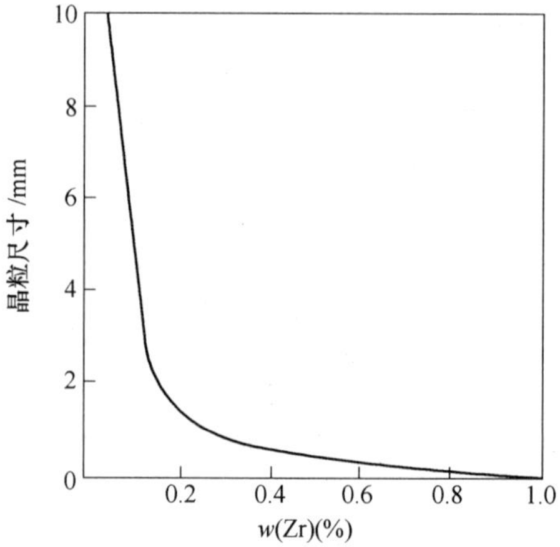

图 3-9　锆含量和 MB15 合金晶粒尺寸的关系

(2) 锆的加入方法　在熔炼各类镁合金中，熔炼 Mg-Al 合金的工艺简单，其价格低，综合性能好。而熔炼 Mg-Zr 合金就比较难，如何加锆，是生产含镁锆合金的主要问题。也就是说解决了镁加锆问题就解决了大批新型镁合金的主要生产问题。如高强的 Mg-Zn-Zr 系，耐热的 Mg-RE-Zr 和 Mg-Th-Zr 系，高强和耐热的 Mg-Ag-Nd-Zr 系以及综合性能优异的 Mg-Y-Zr

系等新型镁合金。镁合金加锆的主要困难存在于以下原因。

1）锆熔点高（为2123K）、密度大（6.5g/cm^3），而镁的熔点低（为924K）；密度小（为1.74g/cm^3），因此加入镁液中的锆呈固态时难以溶解，并且锆与镁液密度差大易于沉淀或形成密度偏析。

2）锆在镁合金熔体中溶解度小，在镁液中为0.6%，在镁锆合金液中小于1%，因此既难于把锆加入镁液形成合金，也难于以此制造成分均匀的Mg-Zr中间合金。

3）锆的化学活性很强，高温易和大气或炉气中的O_2、N_2、H_2、CO_2、CO反应，生成不溶化合物（ZrO、ZrN、ZrH_2、ZrC），使锆损耗增加。

4）许多元素阻碍加锆，镁液中Fe、Al、Si、Mn、Co、Ni、Sb、P、H等均能和锆形成不溶化合物（Fe_2Zr、Al_3Zr、$SiZr_2$等），并在坩埚底部沉淀，因而降低了合金熔体中含锆量。

由于以上几个方面的障碍，对含锆镁合金熔炼工艺的要求很严格。例如，可溶锆量分总锆量和溶解锆量的控制，其中溶解锆量是有效锆，但在熔炼时必须保证足够的总锆量。镁合金加锆的方法很多，包括化合物加锆、混合盐加锆、中间合金加锆等，其中加锆盐的处理温度较高，处理不便，并且反应残留物会留在熔体中降低镁合金的腐蚀性；而加中间合金较好，使用方便，非金属夹杂少，合金化效果好，但是制造中间合金仍然存在上述问题。

4. 其他合金系的变质处理

Mg-Mn系合金是难于用锆细化晶粒的。对Mg-Mn系合金来说，可用碳做细化剂，但碳和碳化物细化晶粒的效应时间很短，不能适应6～8h熔铸工艺时间的要求。稀土元素的加入可使Mg-Mn系合金的晶粒细化，如加入0.5%Sc+0.3%～0.5%Sm或0.2%～0.8%La均可以使Mg-Mn系合金的晶粒细化。

Mg-Al-Zn-Mn系合金（MB3、MB5、MB2、MB7）的晶粒大小与杂质铁的含量有关。以MB3合金而言，根据铁含量不同，其晶粒粗化程度见表3-13。

表3-13 铁含量对MB3合金的影响

铁含量（质量分数,%）	<0.005%	0.006%～0.02%	>0.02%
晶粒大小	粗晶粒	中等晶粒	细晶粒

该系合金中含有微量的锆、硅、铍时，其晶粒将被粗化。例如：锆的质量分数为0.002%时晶粒大为粗化；硅的质量分数大于0.08%时，不可能有细晶；当铍的质量分数大于0.001%时，则出现柱状晶和粗晶。

MB3合金形成柱状晶的倾向性，与其杂质含量有关。当铁的质量分数大于0.01%，或硅含量大于铁含量时，铸锭横截面上形成大量的柱状晶。为防止产生柱状晶，应将MB3合金中杂质含量控制在一定范围内。

在MB1和MB8合金中，铁对晶粒细化也有作用。在MB1和MB8合金中使晶粒粗化的杂质是铝，而不是锆和硅。当铝的质量分数高于0.02%时，不可能得到细晶组织。铍对MB1和MB8合金晶粒的粗化作用和MB3合金相似。在MB8合金中加入少量的锆（以Mg-Zr中间合金形式加入）可得到细晶组织。

另外在MB8合金中，如果杂质铝的质量分数超过0.025%，将使晶粒粗化。而当铝的质量分数为0.014%～0.025%时，则可细化晶粒，尤其与强冷的工艺条件相配合浇注的扁锭效果更好。

在实际生产中，浇注MB8合金可利用含铝的镁合金一级废料把铝的含量调到最佳范围。

对于MB3、MB8和MB15，若将杂质控制在表3-14所列范围内，则铸锭既可得到细晶，又没有金属间化合物。

表3-14 杂质的控制范围

合金牌号	杂质含量（质量分数,%）≤							
	Fe	Si	Al	Mn	Zr	Ni	Cu	Be
MB3	0.02～0.04	0.05	—	—	0.002	0.004	0.05	0.001
MB8	0.03～0.05	0.05	0.02	—	0.002	0.005	0.05	0.001
MB15	0.03	0.05	0.03	0.05	—	0.005	0.05	0.001

3.4 镁合金的废料回收

3.4.1 镁合金废料的来源

国际标准化组织（ISO）“轻金属及其合金”委员会“镁及镁合金”分委员会（ISO/TC79/SC5）于2001年3月就提出了编制镁及镁合金废料分类分级国际标准的提案，内容是对压铸及加工生产线上任何阶段产生的所有类型废料进行分类分级，这说明了镁合金废料分类的重要性。该分类分级有利于加强镁合金的回收利用，节约资源和降低生产成本，促进国际贸易，消除贸易壁垒等。该提案将镁合金废料分为八级，见表3-15。

Magnesium Elektron公司认为镁合金废料应按合金牌号分类，并按形状、清洁度、化学成分分级。表3-16所列为MEL（Magnesium Elektron）公司的镁合金废料分类。

该提案和MEL公司仅仅是对压铸及机械加工废料进行分类，随着镁合金应用数量的增加及范围的扩大，报废的镁合金零部件逐年增加，所以镁合金废料可分为两大类，即压铸及机械加工废料和报废的镁合金零部件。

表 3-15 镁及镁合金废料分类

级　别	类别描述	来　源	典型举例
1类	清洁并已分类的废料	压铸工序产生的	流道结块、铸口、飞边、毛刺及废零件
2类	清洁并已分类的废料，但其中混有木制夹杂物和钢铁夹杂物	压铸工序产生的	含有钢铁夹杂物的废铸件
3类	沾有油漆和油污的1类和2类废料	压铸工序产生的	
4类	干燥、清洁的机械加工碎屑和切屑	压铸件无润滑机械加工时产生的	机械加工碎屑和切屑
5类	沾有油和水的机械加工碎屑和切屑	压铸件用油或油水乳状液润滑机械加工时产生的	机械加工碎屑和切屑
6类	不含盐类物质的炉渣	清洗熔炼时产生的	炉渣
7类	含有盐类物质的炉渣	在干燥条件下进行的模铸过程产生的	炉渣
8类	除以上1~7类以外的废料。多种牌号的合金随意混合并且已经长时间放置		

表 3-16 MEL 公司镁合金废料的分类

清洁废料			低级废料		
1A	高级清洁废料	废铸件、饼形废料等	4	有污染的金属废料	被油水污染、含有滚筒磨料、砂粒等含硅污染物以及铝合金、铜合金等金属杂质和不含镁的垃圾等
1B	大表面积清洁废料	薄壁件等			
2	含有铁或铝的清洁废料	未被铜污染，如果被铜污染，应看作特殊情况	5A	未被污染的碎片、碎屑或切屑	清洁、干燥、无污染
			5B	污染的碎片、碎屑或切屑	被油水污染
3	表面涂装过的废件	含或不含铁或铝；未被铜污染。如果被铜污染，应看作特殊情况	6A	不含熔剂的残渣	干燥且不含氧化硅的坩埚淤渣、浮渣等
			6B	含熔剂的残渣	干燥且不含氧化硅的坩埚淤渣、浮渣等

1. 压铸废料和机械加工废料

压铸废料和机械加工废料来自压铸产品的生产和加工。目前我国镁合金废料主要来自压铸产品和加工。2000 年以前，我国的镁合金压铸业还未得到发展，因而产生的废料也较少。2000 年后，日本及韩国等在我国建立了电子产品生产基地，由于这些产品的外壳大多采用镁合金压铸件，因而极大地带动了我国镁合金压铸业的发展。2000 年以前，我国基本没有镁废料的进出口贸易，但随着压铸业的发展，已有企业取得了镁合金废料的进口权，从镁压铸业较为发达的日本等国进口少量镁合金废料。现在我国已建成了生产汽车和摩托车零部件及电子产品壳体等产品的镁合金基地。同时，我国已经越来越快地融入国际大环境中，国外一些镁厂已经将生产基地转移到我国，主要发展方向就是镁合金压铸业。

2. 报废的镁合金零部件

20 世纪 90 年代以来，国际上主要金属的发展趋势表明，金属镁的用量以每年大于 20% 的速度连续保持快速增长，2004 年全球镁用量近 50 万 t。

镁合金良好的回收性使其具有大的发展潜力。镁合金产品的加工和应用近几年在国际上已经形成需求市场，具有市场容量大、层次多的特点。全球镁合金压铸件 90% 用于汽车配件的制造。我国近几年轿车产量年平均增长 15%，镁合金在汽车工业上的用量逐年增加。电子及通信产业在我国发展迅速，镁合金在这方面的应用也已经开始，这也是我国镁合金应用的一大领域。随着高品质镁合金的开发，在一些尖端领域镁合金也得到应用，所以随着镁合金使用范围的扩大，我国报废的镁合金零部件也会日益增多。

从资源和环保的角度出发，对回收报废镁合金部件的需求会越来越大。而这些报废的镁合金零部件的回收和再利用也存在环保问题。目前，世界各镁生产大国都十分关注报废镁合金零部件的再生及相关课题的研究开发，借鉴国外先进技术，开发适合我国国情的废料回收技术，已成为我国当前一项非常紧迫的任务。

3.4.2 镁合金回收技术

镁的化学性质活泼，镁合金废料中往往含有大量氧化物及 Fe、Ni、Cu 等杂质元素。这些杂质会显著降低镁合金的力学性能和耐蚀性。因此，去除氧化物和杂质元素是镁合金废料回收要考虑的首要问题。压铸和机械加工废料有清洁废料和低级废料之分。清洁废料污染较少，回收后生产的铸锭或铸件质量可与原生镁合金相当，符合 ASTM 标准；低级废料如，切屑、飞溅物、溢流、浮渣、淤渣等含有较多氧化物且污染较严重，回收时须经过特殊处理才能达标；而经过涂层的报废镁合金零件拆卸和分类价格昂贵，还要清洗表面的喷漆和涂层，回收时必须考虑经济和环境保护问题。

镁合金废料回收的工艺流程如图 3-10 所示。

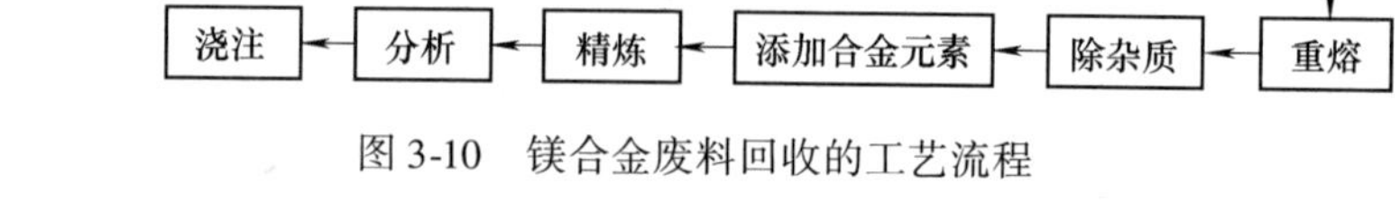

图 3-10　镁合金废料回收的工艺流程

镁合金废料回收有两种方法。其一是将回收的镁合金废料分类、破碎、酸浸，除去表面的涂层后用熔剂精炼法加氩气底吹法除净合金熔体中的各种夹杂物。该方法必须解决废料分类的方法和设备、酸浸采用的工艺及设备、废液的净化处理等问题，工艺较为复杂。其二是将回收的镁合金废料分类后直接在熔炼炉中精炼。重熔废料时会产生较多的氧化物，需用特殊的过滤器将它们从废气中分离出来并稀释，挥发物及气体经过二次除尘达标后排放，熔体用熔剂精炼法 + 氩气底吹法除净各种夹杂物。该方法增加了收尘装置的投资费用，但工艺较简单。

1. 镁合金废料回收方式

(1) 厂内回收　厂内回收直接在压铸机旁边进行，这样可以立即把干净的次品铸件放回坩埚。但这种方法只能处理小批量废品，要求材料无氧化和其他杂质。这里要对材料做很精细的分析和金相检验。欧洲镁压铸厂多采用厂内回收方式，废料在生产体系中封闭循环，不仅能保证压铸厂原料价格相对稳定，而且能保持整个生产体系的平衡。

(2) 厂外回收　建立专业的回收厂，处理的量较大，并日益受压铸厂的青睐。该方式加工废料的数量要达到1500t/年以上回收设备才可满负荷运转。该方式可处理各种废料，并能保证合适的质量，产生一定的经济效益。在不同压铸厂，废料因不同的加工工艺、不同的设备、不同的能耗而不一样。铁的含量可以通过锰来控制，铝和锌可以通过合金化操作或加大纯镁的投入比来调整，但镍和铜、硅则很难。例如，要把一炉合金中镍含量由 20×10^{-6} 降到 10×10^{-6}，理论上可以向炉中投入一半的纯镁，即使不考虑费用，在实践中这种方法也很难操作。

如何处理废品，不能简单按百分比来衡量回收。当从外部买回废料来加工时，又有可能带来其他的风险。北美和日本的镁压铸厂多采用厂外回收，通过专业镁合金回收厂处理废料。

(3) 废旧汽车上镁合金零部件的回收　现有轿车的制造材料主要是合金钢、塑料、铝合金和镁合金四大方面。由于镁合金有良好的特性，如密度小、塑性变形性能和表面处理性能好、合适的强度、焊接性和可成形及易于回收等，故镁合金在轿车上的用量在不断增加。

镁合金在轿车上的应用，无论零部件数量还是总质量目前均低于铝合金，但由于镁合金的密度比铝合金低1/3，比强度和比刚度较高，使得镁合金在轿车上的用量有逐步超过铝合金的趋势。

工业发达国家在旧轿车上回收轻合金的方法，最初是采用人工拆卸，即人工分解旧轿车，然后将各种材料和零件依类放置，这样镁合金零部件可按变形合金或铸造合金，或者不同合金系进行回收再生。后来回收旧轿车上材料已从回收零部件的旧模式转向回收原材料的新模式，即人工拆卸零部件转向机械化、半自动化回收原材料。再后来又较多采用切碎机切碎旧轿车主体后再分别回收不同的原材料，具体做法一般如下：

1）轿车内所有液态物排放后，用水冲洗干净。

2）先局部地将易拆卸下来的大件拆卸下来。

3）将旧轿车拆卸下的大件和未拆卸的旧轿车剩余体分别进入切碎机系统流水线，先压扁，然后在多刀刃旋转切碎装置上切成碎块。

4）流水生产线对碎块进一步处理，其顺序是全部碎块通过空气吸道。利用空气抽力吸走轻质塑料碎片；通过磁选机吸走钢铁碎块；通过浮选装置，利用不同浓度的浮选介质分别选走密度不同的镁合金和铝合金；利用熔点不同，分别熔化分离出铝、锌，最终剩下的是高熔点的铜。

这种回收方法流程合理，成本相对来说也不很高，但对回收镁合金来说并非完美无缺，最大的缺点是轿车上的镁合金属于不同的合金系，既有变形合金又有铸造合金，经破碎浮选后不能再进一步分离，成为不同合金的混合物，这就给随后重熔合金的化学成分和杂质元素控制带来相当大的困难，大多数情况下仅能作为重熔铸造合金使用，降低了使用价值和广泛性。

为了解决镁合金重熔回收后成分复杂，使用价值降低的问题，可采取以下措施：

1）改进设计和工艺，提高轿车主要部件的易装配性和易拆卸性，使大部件易于人工装配和拆卸。

2）在满足使用条件下，尽量采用相同的合金系或合金化元素相同的合金，如镁合金主要采用 Mg-Al-Zn 系的 AZ91 合金和 Mg-Al 系的 AM60 合金。美国通用汽车公司对所有的镁合金零部件都用 AZ91 压铸。即使这样，也会存在杂质元素铁含量过高的问题，为了改善 AZ91 的特性，轿车采用高纯 AZ91 合金制作零件。

3）用回收的镁合金零部件、碎块重熔后配制另一种新合金（如用原镁锭冲淡，将主组元和杂质元素的含量范围扩大等）。

4）轿车上镁合金回收件的重熔再生。旧轿车上镁合金回收件再生的基本工序是重熔、净化熔体和浇注。

合理有效地回收旧轿车的镁合金零部件，降低回收成本，克服再生合金中成分混杂的缺点，提高经济效益和避免环境新污染等都是需要继续研究的重要课题。

2. 镁合金废料的前期处理

镁合金废料必须按照分类标准进行分类贮存，也可以按处理的方法进行贮存。为了防止污染，镁合金废料的运输和贮存最好用干净的并加有盖子的回收桶或者干净的回收袋包装，在回收桶和回收袋上标明废料的类别及名称。镁合金废料贮存时应放置在干燥、通风良好、单独存放镁合金废料的房间内，禁止与可燃物放置在同一场所，存放镁合金废料的地点不可漏雨。

在镁合金废料熔炼前必须先对镁合金废料进行分类处理，处理方法如下：

1）清洁并已分类的废料可直接进行熔炼。

2）清洁并已分类的废料，但其中混有木制夹杂物和钢铁夹杂物的废料必须将夹杂物去除后方可入炉熔炼。

3）沾有油漆和油污的 1 类和 2 类废料必须将油漆和油污去除后再进行熔炼，

去除的方法有：湿喷法，该法是用压缩空气将含有研磨料的水高速喷在镁合金废料上，去除其上的油漆和油污；溶剂法是用含有碱性物质的溶剂按一定的比例加水稀释后制成溶液，溶液保持在一定的温度下，对镁合金废料进行脱脂去油，取出后用清水清洗，烘干后用于熔炼；烘烤法是将带有油漆和油污的镁合金废料在高温下进行烘烤，将油污烧掉后进行熔炼。

4）干燥、清洁的机械加工碎屑和切屑经过压力机压成块状后加入炉中进行熔炼。

5）沾有油和水的机械加工碎屑和切屑较难处理，最好的办法是用专门的炉子在高温和真空下汽化后进行回收。

6）对于不含盐类物质的炉渣和含有盐类物质的炉渣烘干后放入熔炼炉中进行熔炼。

7）多种牌号的合金随意混合并且已经长时间放置的废料选出杂物、烘干，投入熔炼炉中熔化，取样分析后根据成分再决定熔炼何种牌号的镁合金。

3. 镁合金废料的熔炼方法

（1）镁切屑的重炼工艺　镁切屑应按合金牌号及质量分类收集存放，潮湿的切屑应进行烘干，有油污的切屑还应进行脱脂。

由于镁切屑加热时易燃烧，且切屑中含有大量氧化物，后者进入熔剂后又将降低熔剂的流动性，因此熔化切屑时应采用熔点较低且流动性较高的无水光卤石或 RJ-1 熔剂，在熔炼时则采用 RJ-1 熔剂。由于镁切屑易燃烧，故其加入温度应较低，熔剂用量也应大些。

熔化时先在炉内或坩埚中加入占炉料质量 15% 的无水光卤石（或 RJ-1 熔剂），形成熔池后，在 973～993K 下用勺将少量切屑分批混入熔剂中，使其与熔剂很好地混合。大的较厚的切屑应先加，然后再加小切屑。待熔完后在 983～993K 下用 RJ-2 熔剂精炼 15min，使小珠状的镁液汇合起来，并使氧化物进入熔剂。然后升温至 1123K，静置 25～35min，使镁液中的熔渣充分地沉淀下来后，降温至 953～973K 浇入预热的锭模中。熔剂总消耗量约为炉料质量的 25%。

（2）镁切屑真空蒸馏法　镁切屑真空蒸馏回收法的原理是利用金属元素的蒸气压不同，在一定的温度下使镁与其他元素分离，达到提纯的目的。镁具有较高的蒸气压，则先挥发，其他金属仍为固态，挥发的气态镁在带水冷装置的结晶器上逐渐冷凝为镁块。但镁与锌的蒸气压相近，所以在真空状态下镁与锌均呈气态，由切屑表面挥发，因此可回收镁中含有微量的锌，这种纯镁只能用来配制含锌的镁合金。

真空蒸馏设备主要由蒸馏罐和炉体、供电和自动控制系统、真空系统等三大部分组成。蒸馏罐和炉体要有很好的强度和刚度，铸钢或焊接蒸馏罐不允许有裂纹、砂眼及缩孔等缺陷存在，要认真进行水压密封试验。供电系统要求供电平稳，控制可靠。对于真空方面，通常要求真空度在 4～13Pa，排气量在 1000L/min 以上就可满足需要。各真空管道中间应安装一个缓冲器，以防止操作不慎，真空泵内机油倒流入炉内引起事故。

镁切屑真空蒸馏的工艺通常采用通电预热镁切屑至573～633K，保持1.5～2h，蒸馏温度为993～1033K，有的采取上部温度为1003K，下部温度为1063K。

经过实践证明，蒸馏镁锭的质量是符合要求的。用它来配制的ZM-5浇注铸件，力学性能和合金的金相组织均符合标准规定的要求。

真空蒸馏法不但质量好，而且比其他方法经济。采用此法时镁的回收率可达75%～90%，而重熔法只有65%～75%。

应当指出的是，如工艺操作不当，在开炉取镁阶段可能会引起爆炸。当吊起的结晶器与炉口有一缝隙时，首先出现耀眼的闪光，随之产生爆炸巨响，严重地影响安全，对此必须给予重视。爆炸原因可能是结晶器温度过高，而结晶器温度过高是由冷却水开关失灵引起的，这样导致蒸馏罐内的蒸馏镁得不到及时的冷凝，无法结晶，蒸发的镁原子悬浮在坩埚内，当开盖取镁时大量冷空气流入，镁原子与空气中的氧气化合产生放热反应：

$$Mg + O_2 \rightarrow MgO + Q$$

镁在空气中燃烧时，不仅可以产生3123K以上的高温，而且镁粉在空气中的浓度局部超过20～25mg/L时，在一定条件下（当蒸馏罐内有473～573K的残留温度）就会引起爆炸。

为了防止爆炸事故的发生应采取以下措施：

1）保持冷却水开关使用灵活，保险可靠。

2）严格控制水的流量及冷却水温度。

3）严格控制镁切屑质量并降低装料数量，一般装料量不超过坩埚总容量的70%。坩埚出炉后放入水冷装置中（或在空气中冷却），冷却时间不少于8h。

（3）熔解法　熔解法根据精炼过程中是否采用熔剂，分为熔剂法和无熔剂法。

熔解法回收镁合金的基本工艺流程如图3-11所示。

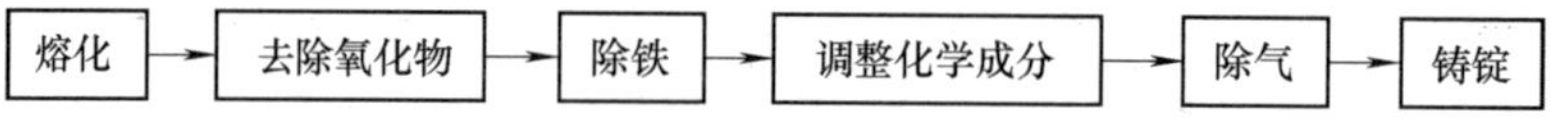

图3-11　熔解法回收镁合金的基本工艺流程

1）熔剂法适用于表面附着有油、脱模剂、润滑剂的切屑、粉末、薄板，以及被腐蚀、污染和表面处理过的镁合金废料。它要求熔剂能很好地吸附杂质，且能与镁合金熔体完全分离，以避免产生熔剂夹杂，否则会显著降低回收镁合金的力学性能和耐蚀性。具体方法有坩埚炉法和盐浴槽法。

①坩埚炉法。传统的镁合金熔化、精炼是使用熔剂的坩埚炉法，适用于中小规模镁合金压铸厂进行废料回收。其基本工艺流程如图3-12所示。图3-13所示为坩埚炉法回收装置示意图。

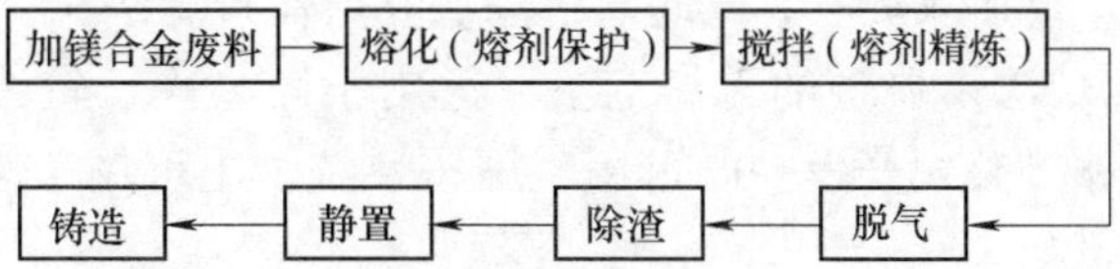

图 3-12　坩埚炉法回收镁合金的基本工艺流程

坩埚法的工艺要点是首先在坩埚底部加入底熔剂，加热到熔融状态后加入镁合金废料。废料要在坩埚内炉料处于半固态时逐渐加入，必要时应随时添加覆盖剂。当熔体温度达到938K时加入精炼剂精炼30～40min，在精炼过程中要进行搅拌，使非金属夹杂物与熔剂充分接触并被熔剂吸附，可根据需要对回收合金的成分进行调整。在953～983K吹氩气除气，并在953～973K静置30min。最后去除熔池表面的渣，在保护气氛下铸成合金锭。

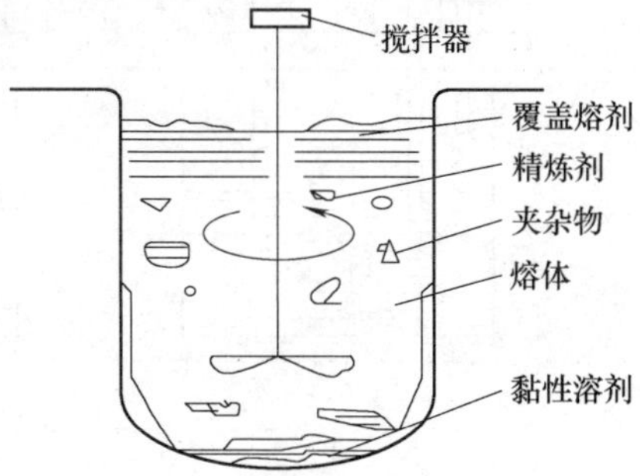

图 3-13　坩埚炉法回收装置示意图

坩埚炉法存在的问题：熔炼过程会放出有害的卤化氢气体；产生含镁淤渣，造成金属浪费，且除渣困难；熔剂易污染再生的金属液，产生熔剂夹杂。

②盐浴槽法。盐浴槽法是Norsk Hydro公司开发的镁合金废料回收法，其装置如图3-14所示。精炼炉为多室结构，各分室由带过滤网的小孔相连，镁合金液在各个分室中逐步净化，最后被输送到保温炉进行化学成分调整。该法可处理各类废料，尤其是边角料，回收锭质量可与原合金锭媲美。该法要求熔剂密度介于固态镁合金与液态镁合金之间，且易与熔体分离。加入熔剂到盐熔池中，固态废料受热熔化后靠重力与杂质分离，镁合金熔体在盐熔池上面，密度大的杂质沉在盐熔池底部成为淤渣，盐熔池可阻止淤渣重新进入镁合金熔体。

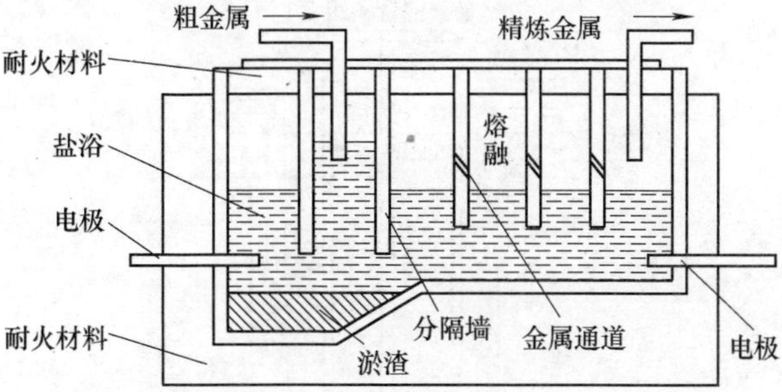

图 3-14　盐浴槽法精炼炉

该法的优点：提纯效果好，镁合金回收质量高；熔化温度稳定；盐浴槽充当金属熔体的储存器，适用于镁合金废料的大规模连续回收，经济效益高。

2）无熔剂法。包括双炉法氩气底吹过滤法和熔体过滤法。

①双炉法。双炉法是典型的无熔剂法，适用于回收体积较大的清洁的镁合金废料，由 Norsk Hydro 公司开发，既可用于压铸系统，也可用于废料回收，其回收装置如图 3-15 所示。

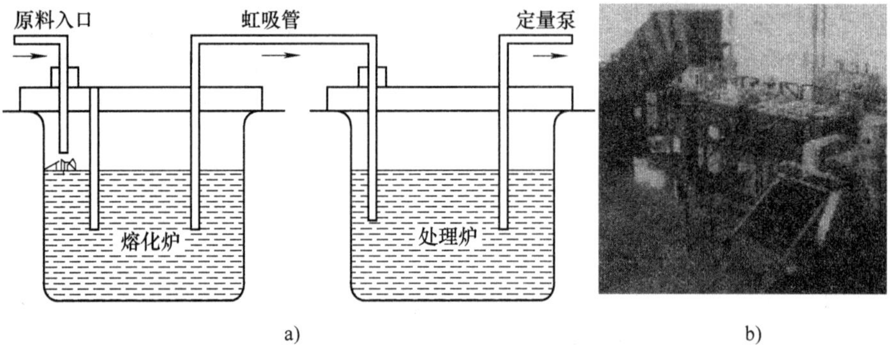

图 3-15　双炉法回收装置

a）示意图　b）实物图

该装置包括熔炼炉和带有定量泵的处理炉，中间用虹吸管进行熔体传输。熔炼时采用 SF_6/空气等气氛进行保护，不使用熔剂，避免了熔剂夹杂。该方法适合于处理清洁的镁合金废料。

与坩埚炉法相比，双炉法的优点：加料熔化操作与金属熔体处理和定量浇注操作分开；杂质上浮至熔池表面，不会被虹吸管传送到处理炉中；处理和定量浇注炉内的温度控制显著改善，浇注温度波动很小。

②氩气底吹过滤法和熔体过滤法。这两种方法都属于无熔剂法，尚处于试验阶段。

氩气底吹过滤法是陶氏化学公司开发的，如图 3-16 所示。

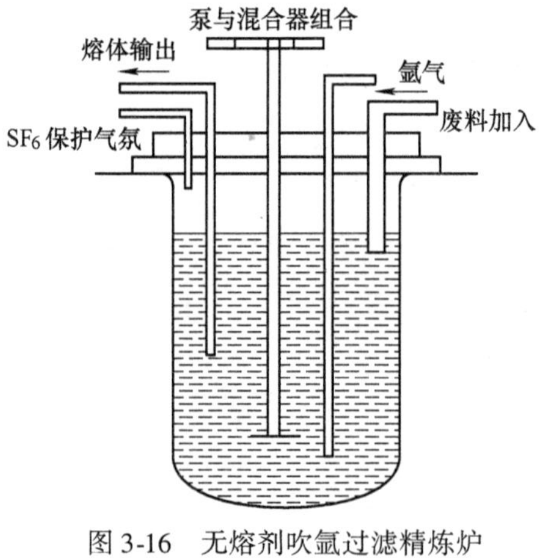

图 3-16　无熔剂吹氩过滤精炼炉

该法的基本工作原理是在熔池底部吹氩气，产生的细小气泡在上浮过程中对熔体起搅拌作用，促进杂质分离。

熔体过滤法则是利用离心过滤器从镁合金熔体中分离夹杂物的再生方法。

参 考 文 献

[1] 黄伯云，李成功，石力开，等．有色金属手册：上册［M］．北京：化学工业出版社，2009.
[2] 曾正明．实用有色金属材料手册［M］．2 版．北京：机械工业出版社，2008.
[3] 陈振华，等．镁合金［M］．北京：化学工业出版社，2004.
[4] 陈振华．耐热镁合金［M］．北京：化学工业出版社，2007.
[5] 丁文江，等．镁合金科学与技术［M］．北京：科学出版社，2007.
[6] 张津，章宗和，等．镁合金及应用［M］．北京：化学工业出版社，2004.
[7] 王渠东，王俊，吕维洁．轻合金及其工程应用［M］．北京：机械工业出版社，2015.
[8] 刘楚明，朱秀荣，周海涛．镁合金相图集［M］．长沙：中南大学出版社，2006.
[9] 杨重愚．轻金属冶金学［M］．北京：冶金工业出版社，2002.
[10] 许并社，李照明．镁冶炼与镁合金熔炼工艺［M］．北京：化学工业出版社，2006.
[11] 黎文献．镁及镁合金［M］．长沙：中南大学出版社，2005.
[12] 徐河，刘静安，谢水生．镁合金制备与加工技术［M］．北京：冶金工业出版社，2007.
[13] 潘复生，韩恩厚．高性能变形镁合金及加工技术［M］．北京：科学出版社，2007.
[14] 刘正，张奎，曾小勤．镁基轻质合金理论基础及其应用［M］．北京：机械工业出版社，2002.
[15] 马图哈 K H. 材料科学与技术丛书：第 8 卷（非铁合金的结构与性能）［M］．丁道云，等译．北京：科学出版社，1999.
[16]《工程材料实用手册》编辑委员会．工程材料实用手册：第 3 卷（铝合金　镁合金）［M］．北京：中国标准出版社，2002.
[17] 王渠东，吕宜振，曾小勤，等．稀土在铸造镁合金中的应用［J］．特种铸造及有色合金，1999（1）：40-44.
[18] 周娜，董杰，靳丽，等．镁合金化阻燃的研究进展［J］．材料导报，2009，23（11）：109-112.
[19] 彭建国，王渠东，曾小勤，等．镁合金抗氧化及合金化阻燃研究进展［J］．轻合金加工技术，2005，33（4）：16-20.
[20] Avedesian M M，Baker H. Magnesium and magnesium alloys［J］．Corrosion Third Edition，1998，59（8）：54-57.
[21] Kainer K U. Magnesium Alloys and their Applications［M］．Weinheim：Wiley-VCH，2000.
[22] Friedrich H E，Mordike B L. Magnesium Technology-Metallurgy，Design data，Applications［M］．Berlin：Springer，2005.
[23] 曾小勤．阻燃镁合金及其阻燃机理研究［D］．上海：上海交通大学，2000.

第 4 章

镁合金的液态成形

4.1　镁合金重力铸造和低压铸造

镁合金具有较强的铸造工艺适应性，几乎所有的铸造方法都可以用来生产镁合金铸件。其中，砂型铸件、金属型铸件比熔模铸件和消失模铸件应用更广泛。镁合金铸件成本在很大程度上取决于铸锭价格、铸造性能以及所要求进行的热处理类型。铸锭价格随稀土金属、锆和钍含量的增加而提高，同时成分稍微变化也影响热处理成本。某一特定部件选择铸造方法时应综合考虑以下因素：零件的结构设计、用途、性能要求、铸件总数量以及合金的铸造性能。

4.1.1　砂型铸造

砂型铸造投资少、工装准备时间短，适于大铸件、小批量生产。Mg-Al-Mn 合金和 Mg-Al-Zn 合金流动性好，适合铸造，但是合金凝固时形成显微缩松的倾向较大，铸件的气密性较差。ZK 系合金如 ZK51A 和 ZK61A 具有较高的强度、屈服强度和塑性，但显微疏松倾向大，不适合铸造耐高压零件，且热裂倾向大，难于焊补。Mg-RE-Zr 合金铸造性能好，显微疏松倾向和壁厚敏感性低，气密性好，比较适合砂型铸造，因此在航空领域应用的一些大型稀土镁合金铸件多用砂型铸造法生产。ZE41A 和 EZ33A 合金强度高且抗蠕变性好，铸造性能优良，可以制造非常复杂的铸件，且进行 T5 态时效处理便可强化，主要用于中温环境中。含钍镁合金如 ZH62A 和 HZ32 是基于航空发动机对高温镁合金的要求而发展起来的，它们不仅高温力学性能优异，而且铸造和焊接性能良好。含钍镁合金也易氧化，因此在熔炼和浇注过程中要特别注意其氧化问题。

1. 造型用模

生产实际中，人们利用与零件外形特征相同的木模、金属型和树脂模等来制造砂型。下面简要介绍这些模具的特点。

(1) 木模 木模通常用作手工造型。

(2) 金属型和树脂模 在大批量生产镁合金铸件时对模样的磨损很大，因此常常采用金属型。金属型耐磨损，可以反复使用多次。树脂模生产周期短，因此，大量生产同一规格的铸件时也可采用树脂模，采用树脂模也能大大提高铸件的产量。

(3) 快速造型模 快速造型模是指三维物体在*XY*平面（水平面）和垂直于水平面的*Z*轴方向进行造型。现在，人们通常采用具有紫外线硬化特性的液态树脂固化造型。快速造型法大大提高了模型的生产率。

2. *铸型型砂与芯砂*

大多数镁合金铸造厂家生产的铸件质量范围大且尺寸范围很宽，需要调整铸型型砂、抑制剂的种类与数量来满足铸造厚截面的要求。型砂必须具有很高的透气性，使得金属-铸型界面上产生的气体可以自由地逸出，但是颗粒粗大的型砂将导致铸件表面非常粗糙，因此，需要权衡铸件表面质量和铸造气体排放的重要性。由于大部分添加物降低型砂透气性，因而通常采用颗粒比较粗大的型砂。型芯中的气体可以通过在型芯中钻辅助通道来排放，这些通道能够通过型芯座将气体快速排放到铸型外部，有时也使用辅助抽气法。

对于小型铸型，自然黏结的型砂使用效果很好。由于黏土含量比较高且均匀性差，从而需要仔细控制黏结剂含量以获得良好的铸造效果。型砂混合物如SiO_2砂经清洗和分级后充当型砂，我国西部和南部膨润土充当黏结剂并严格控制添加量得到的混合物可以获得更好、更一致的铸造效果。西部膨润土的基本性质不同于南部膨润土，前者韧性高（高强度和低变形），通过两者混合使用，可以实现最佳的性能匹配。黏结剂用煤油进行稀释，就HZ合脂而言，合脂与煤油的质量比为10∶8。表4-1列出了制作镁合金铸造用型砂和芯砂的各种工艺材料及技术要求。

表4-1 制作镁合金铸造用型砂和芯砂的各种工艺材料及技术要求

名称	技术标准	规格	用途
硅砂（铸造用硅砂）	GB/T 9442	SO_2含量≥90%，粒度50/100～70/140目，直径0.300/0.150～0.212/0.106μm，含水量≤1.5%，颗粒形状球形、球形－方形	配制型砂、芯砂
黏土砂（红砂、铸造用硅砂）	GB/T 9442	颗粒形状球形-方形，含泥量5%～15%，粒度100/200目	配制型砂、芯砂和膏料
铸造用木浆废液黏结剂		密度（293K）1.27～1.30g/cm^3，黏度（303K）15～35Pa·s，pH=4.6～7.0，平均含量≥50%	黏结剂、配膏料
糖浆		葡萄糖含量≥45%，密度1.25～1.30g/cm^3，水分≤50%	配制型砂

（续）

名　称	技术标准	规　格	用　途
T99-1	津 Q/HG2-14	黏度：14～20Pa·s（298K，涂-4 黏度计），固体含量≥50%	配制芯砂
烷基磺酸钠（RSO_3Na）		有效物≥28%，不皂化物≤6%，含盐（NaCl）≤6%，pH=7～9	砂型防护剂
膨润土	JB/T 9227	温压强度>50kPa，湿压强度>1.5kPa	配制型砂、芯砂和膏料
铸造用合脂		HZ、HM-1、HM-2	配制芯砂
硼酸	GB/T 538	二级	膏料、型砂、砂防护剂
硫黄粉	GB/T 2449	含硫量≥99%，粒度 100 目	配制芯砂和防护剂
滑石粉	GB/T 15342	滑石含量≥80%，碳酸钙≤3.5%，一级品或二级品过 300 目，筛下物≥99%	配制膏料和脱模剂
松香	GB/T 8145	软化点≥343K	制通气线
石蜡	GB/T 446	熔点≥321K	制蜡
煤油	GB 253		稀释剂、脱模剂和配制芯砂
糊精	HGB 3507		配制膏料

镁合金铸造用型砂、芯砂的成分配比和物理性能见表 4-2。型砂、芯砂的配制程序和时间控制见表 4-3。在型砂和芯砂的配制过程中必须注意以下几点。

1）硅砂必须干净、无煤屑草根等杂物，并存放在干燥的地方，其含水量（质量分数）不超过 1.5%。

2）硫黄、硼酸、膨润土均应存放在干燥处，使用时用筛孔边长为 0.5～1mm 的筛子过筛。

3）回用旧砂用筛孔边长为 2～3mm 的筛子过筛，配制时旧砂温度不能高于 40℃。

4）混砂机必须清理干净，并调整好内外刮板及碾轮的有效位置（碾轮最低边缘至碾盘的距离为 20～30mm）。

5）配制好的新砂和旧砂，在使用前必须用松砂机松散，然后停放 1.5h 以上，进行均匀处理。

6）旧砂回用时，必须去掉浇注后型腔表面烧蚀层，为了保证型砂的性能，在配制旧砂时可以加入 1/3 的新砂，混合后使用。

7）不干净的膨润土必须过筛后才可使用，块状的膨润土不能使用。

8）大件可使用面砂及背砂。

表 4-2 镁合金铸造用型砂、芯砂的成分配比和物理性能

名称		质量配比											物理性能			
		石英砂	黏土砂	膨润土	纸浆残液	T99-1	合脂	烷基磺酸钠	糖浆	硼酸	硫酸	水	湿度(%)	湿压强度/MPa	湿透气性/mL	抗拉强度/MPa
芯砂	合脂砂	100		1~1.5	0.5~1		1.5~2			0.3	1	适量	2~4	>0.008	>100	0.3~0.8
	纸浆砂	100		2.5~3	3.5~4.5	煤油 0.2				0.3	1	适量	3~4	>0.012	>100	0.25~0.4
	油砂	100		1.5~2	1.5~2	2.5~3				0.3	1	适量	2.5~3.5	>0.008	>100	0.5~0.8
	浇口油砂	100		1~1.5		3.5~4				0.3	1	适量	2.5~3.5	>0.008	>80	>0.6
型砂	新砂	80	20	4~5				4~4.5	0.8~1.1	2.5~3		适量	4~5.5	0.04	>50	—
	旧砂	100						0.5~1				适量	4~5.5	0.04	>40	—

表 4-3 型砂、芯砂的配制程序和时间控制

名称	配制程序
合脂砂	硅砂+膨润土+硫黄+硼酸（干混 2~5min）→加纸浆残液黏结剂（混 3~5min）→加合脂黏结剂（混 3~5min）→加水（混 10~15min）→出砂
纸浆残液砂	硅砂+膨润土+硫黄+硼酸（干混 2~5min）→加纸浆残液黏结剂（混 3~5min）→加煤油→加水（混 5~10min）→出砂
油砂与浇口油砂	硅砂+膨润土+硫黄+硼酸（干混 2~5min）→加纸浆残液黏结剂（混 3~5min）→加 T99-1 黏结剂（混 3~5min）→加水（混 10~15min）→出砂
新砂	硅砂+膨润土+硫黄+硼酸（干混 2~5min）→加烷基磺酸钠+糖浆（混 3~5min）→加水（混 10~15min）→出砂
旧砂	旧砂（干混 1~2min）→加烷基磺酸钠+水（混 5~10min）→出砂

基于型砂混合物发展起来的衍生物，如改进型砂膨润土，采用油作为混合物黏结剂，使用效果很好。配制型砂时，必须经常或定期对型砂进行性能和成分检测，并且混制时要进行成分控制。每配制一种芯砂都必须进行物理性能检验，当不合格时，允许在规定的范围内调整成分。型砂、芯砂停放时间超过 24h，必须重新做物理性能检验，试验合格后才能使用。从根本上说，型砂混合物类型很大程度上取决于铸造工艺和铸件要求。

镁合金铸造的关键问题是镁合金在熔融过程中易与铸型发生反应影响镁合金铸件的质量，所以阻止两者之间的反应是实现镁合金砂型铸件成功生产的前提。在砂型中浇注镁合金时，镁容易与铸型中的水分反应生成 MgO 并析出 H_2；在热量

集中的部位，镁与 SiO_2 反应生成 MgO 和 Mg_2Si。此外，空气可以通过砂型与铸件间的空隙进入熔体，促使镁合金燃烧。为了阻止镁合金与铸型之间的反应，可以在铸型型砂和型芯芯砂中添加适量的抑制剂如硫粉、硼酸等。抑制剂的添加量主要取决于砂型中水分的含量，此外，抑制剂的添加量还与浇注温度、镁合金种类和铸件截面厚度等因素有关。浇注温度越高，反应越剧烈，则需要添加的抑制剂也越多。铸件截面越厚，冷却速度越慢，则抑制剂特别是挥发性抑制剂越容易从铸型表面损耗，因而远离厚截面的铸型区域需要补充抑制剂。这些抑制剂与镁合金反应生成一层稳定性较高的膜，阻碍氧化反应的连续进行，反应式如下：

$$Mg + S = MgS \tag{4-1}$$

$$Mg + 2BF_3 = 3MgF_2 + 2B \tag{4-2}$$

$$Mg + 2HF = MgF_2 + H_2 \tag{4-3}$$

为防止镁合金氧化燃烧，普通砂型铸造时必须在铸型中加防燃保护剂。但目前国内外使用的防燃保护剂在高温下都会产生有毒气体，对环境和设备都造成严重影响。而采用石墨砂型铸造镁合金，可在不加防燃保护剂的条件下获得质量优良的铸件。因为石墨砂型铸造镁合金时，表面氧化膜中由于 C 原子的渗入而形成 Mg-C 复合膜，其致密度较好，具有良好的防燃保护性能。同时采用石墨砂型铸造镁合金不需要使用保护剂，可以改善工作环境。

目前，湿砂造型工艺应用十分广泛，湿砂造型是最早采用的工艺，以水与天然黏土或者膨润土的混合物为黏结黏料。膨润土混合物中通常加入二甘醇以降低含水量，防止型砂干燥。通常，这些湿砂混合物中的含水量达 2.0% ~4.0%，从而需要添加较多的抑制剂。制造湿砂型铸型时，混制型砂时只需要加入少量的添加剂而不需要使用高成本的型砂回收系统，因而砂型铸造成本很低。然而，湿砂铸型工艺不适合生产形状复杂的铸件，且铸件尺寸精度低，不能达到当前许多应用零部件的要求。

近年来，铸型和型芯制造技术发展很快，使湿砂铸型工艺的应用日益减少。第二次世界大战期间，壳型、型芯和铸型造型技术得到了很大的发展，接着 CO_2/水玻璃砂技术也得到了广泛应用。CO_2/水玻璃砂技术最早是为制造型芯而开发的，特别适合于制造铸型，铸型尺寸精度大大提高，且分离特性比早期油砂型芯好得多，但是型砂的再生利用非常困难。与湿砂造型相比，CO_2/水玻璃砂工艺制造的铸型干燥后剩余水汽少得多，从而可以大大降低抑制剂的添加量。此外，往型芯箱中通入 CO_2 气体可以使砂型完全硬化。油砂型芯容易产生变形，而湿砂铸型工艺可以消除大部分变形并显著节约能源。由于湿砂型芯变形小，制完就可以马上投入应用。

酚醛、尿烷、呋喃和环氧树脂等的化学自硬化工艺或气体硬化工艺是继 CO_2/水玻璃砂工艺后发展起来的更为先进的硬化技术。气体硬化技术是指通过空气、CO_2、SO_2、甲基甲酸或有机烷来实现型芯硬化。型芯的硬化技术因制芯方法而异。

通常，采用特殊硬化技术制造的铸型和型芯的性能比湿砂铸型或油砂烧结型的型芯的性能好得多。硬化技术的改进使铸造业也能够制造出形状非常复杂的砂型铸件。

金属冷铁或锆砂能够提高镁合金铸件的局部凝固速度，实现最佳的凝固方式。通常采用与镁合金熔体相容的专用物质来密封，防止熔体渗漏或飞边。非氧化性乙炔轻微灼烧铸型时，碳会沉积在铸型表面，从而提高熔体流动性。

3. *砂芯*

砂芯按大小、复杂程度与厚度情况可分为以下两类：一类是中小型简单薄壁砂芯；另一类是50kg以上的（不包括冷铁）大型复杂厚壁砂芯，或不重但垫砂很厚的砂芯。除了小型砂芯外，通常大部分砂芯由SiO_2型砂混合物制成，颗粒大小与铸型的砂接近。小型砂芯，特别是细长砂芯，砂芯与铸型用砂不同。铸型通常由型砂混合物制成，以再生型砂为主。在砂芯中添加新型砂对主型砂系统会产生有利的脱硫效果。砂芯用型砂混合物中也必须添加抑制剂，抑制剂种类通常与铸型的类似。砂芯用黏结剂种类也与铸型的类似。镁合金比热容低，分离型砂时会产生大量的热，因而合理选择黏结剂种类和控制其含量非常重要。

制作砂芯前，需要准备冷铁、芯骨、烘板、通气线、芯盒和过滤器等，具体要求见表4-4。砂芯的制作过程见表4-5。镁合金铸造用砂芯的烘干规范见表4-6。

表4-4 制作砂芯前的准备

名　称	要　求
冷铁	按标准要求准备
芯骨	铁丝或薄钢板使用前经退火处理以消除弹性，按要求成形备用
烘板	常用烘板有铝质和铁质两种，新烘板使用前必须经过时效处理，烘板应平整，烘板使用前如有污垢、黏砂应清理干净
通气线	选用塑料线、蜡线或松香线。松香线按85%～90%的松香和10%～15%的煤油（质量分数）倒在加热容器中搅拌至松香全部溶解，再倒入30～50℃温水中，待凝固后，按所需直径搓成线；制作蜡线时，将石蜡加热熔化，将棉线浸入石蜡中，拉制成线
芯盒	检查芯盒是否配套齐全、装拆是否灵活，并清理干净
过滤器	按标准要求准备

表4-5 砂芯的制作过程

工序名称	内　容
制造砂芯	1）清理芯盒，涂撒脱模剂（煤油、滑石粉） 2）安放冷铁，为防止冷铁脱落，可在冷铁非工作面涂胶、膏料（膏料用膨润土加适量热水配制） 3）填砂，安放芯骨（芯骨不能外露），摆放通气线，吊钩、过滤器，再填砂捣实，刮去芯盒型面上多余芯砂，开通气沟，打开芯盒，然后进行修整
烘干砂芯	湿砂芯一般应在制造后2h以内进炉烘干，超过2h但不超过8h时，装炉前必须喷一层清水或硼酸水溶液（30%硼酸和70%水）

（续）

工序名称	内容
清理、修补与组合砂芯	1）清除浮砂和垫砂，打磨披缝和毛刺，疏通通气孔 2）对修补后不影响铸件形状与尺寸的砂芯出现小块破损的地方可用型砂进行修补 3）对大块脱落的砂芯，可用纸浆残液做黏结剂进行修补 4）组合砂芯用57%滑石粉、35%黏土砂、8%糊精、6%~8%硼酸水溶液加适量水配成的膏料做黏结剂 5）砂芯受潮、未烘透，存放时间超过24h和砂芯涂料、组合、修补后都必须补烘。补烘温度为160~180℃，保温时间不少于1h，补烘前砂芯上喷一层硼酸水溶液
检验砂芯	1）烘透砂芯，使用油类黏结剂的砂芯烘干后为深棕色，使用纸浆残液等亲水黏结剂的砂芯烘后应为棕黄色，砂芯发黑且表面松散为过烘，砂芯嫩黄、破碎，检查砂芯中心部位呈潮湿状为未烘透 2）砂芯应光洁平整，尺寸准确，无外露芯骨、通气眼、冷铁位移、通气孔不通、缺块、掉砂和转接半径太小等缺陷，用蜡线等形成的通气道是否畅通可采用吹烟法检查，相邻铁之间间隙应为3~5mm

表4-6 镁合金铸造用砂芯的烘干规范

砂芯类别	烘干温度/℃	保温时间/h	烘干温度/℃	保温时间/h	烘干温度/℃	保温时间/h
一类	190±10	2~2.5				
二类	160±10	1~1.5	200±10	3~3.5		
一、二类混合	160±10	1	200±10	1	190±10	2~2.5

注：1. 砂芯入炉前，炉内温度不应高于140℃。
2. 砂芯烘干后随炉冷却时间不少于2h。
3. 一类砂芯在不过烘的情况下允许按（140±10）℃保温3~4h的烘干规范，二类砂芯允许按如下规范进行烘干：（140±10）℃保温0.5h，升温至（160±10）℃保温0.5h，再升温至（200±10）℃保温3~4h。

理想的型砂应具备以下特性：

1）能通过钻孔来排气且不会降低砂芯的性能。

2）储藏时间长且质量不受气候影响。

3）储存时稳定性高，不会发生变形。

4）某些情况可在大型砂芯内安装冷铁实现铸件的定向凝固。

在没有砂芯烘炉或底板时，通常选择具有一定强度和尺寸稳定性的砂芯黏结剂和砂芯系统来防止砂芯下沉。目前，镁合金砂型铸件用砂芯已广泛采用CO_2/水玻璃砂工艺。此外，热箱法制砂芯应用也较为广泛。

4. 镁合金砂型铸造的特点

镁合金活性很高，铸件凝固收缩大，容易产生热裂和氧化皮，特别是浇口、浇道、冒口处理不当时容易产生缺陷。镁合金与铝合金相比，其凝固温度范围宽（见表4-7），单个冒口的效果较差，容易产生微疏松。表4-8列出了多个镁合金的铸造性能。在铸造镁合金时应该注意以下几点：

1）浇注时应避免熔体紊流、氧化和卷入空气。

2）浇注时在浇口等处产生的氧化物应该彻底清除，防止流入铸型内。

3）浇注时熔体不与铸型和保护气体发生反应。

4）镁合金密度小、比热容小、冷却速度快，应考虑铸型冷却和冒口温度梯度的最适合化问题。

5）有效地利用冷铁。

表 4-7　镁合金的凝固温度范围

合　　金	熔化点/℃	凝固点/℃	合　　金	熔化点/℃	凝固点/℃
AZ63	610	455	EZ33	645	545
AZ91	595	470	QE22	645	545
AZ92	593	443	ZE41	645	525
ZK51	640	560	AC4C	610	555
ZK61	635	520			

表 4-8　镁合金的铸造性能

合　　金	铸造开裂性	耐　压　性	流　动　性	发生微疏松倾向
AZ63	3	3	3	3
AZ91	2	2	2	2
AZ92	2	2	2	2
AM100A	2	2	2	2
ZK51	3	3	3	3
ZK61	3	3	3	3
EZ33	1	1	1	1
QE22	2	2	2	2
ZE41	2	1	1	1

注：3、2、1 分别代表程度的大小。

考虑到上述情况，浇口、浇道、内浇口和冒口等的设计思路如下：

(1) 浇口和浇道　镁及镁合金具有特定的化学和物理性质，人们在镁合金浇口技术方面已开展了大量研究。镁合金特别是稀土镁合金和含钍镁合金容易氧化、密度低，熔体湍流将导致氧化皮和氧化膜（废渣）卷入金属液流中，使铸件出现夹杂或表面砂孔等缺陷，因而避免铸型中熔体的湍流效应是所有铸造工艺的目标。为此，将熔体倒入铸型时，要尽量避免金属液的紊流。

重力浇注系统是镁合金最常用的浇注系统。镁合金熔体经过浇口杯沿直浇道流入铸型底部的横浇道系统。一个铸型可以有一个或多个直浇道，直浇道通常是锥形的，便于熔体填满铸型底部而防止空气进入铸型。在熔体进入铸型型腔前，通过放置筛网或过滤器除去金属液流中的氧化物，避免熔体湍流，从而大大减少铸件缺陷。此外，过滤器还能调节进入铸型型腔的金属液流流量。

横浇道有利于去除残渣。相对直浇道而言，增大横浇道的横截面积将降低熔体流动速度，便于在熔体进入铸型型腔前完全去除氧化物。因此横浇道的横截面积通常很大，甚至比最后一道浇口还要大，在任何熔体通过浇口进入铸件前，都必须完全填满横浇道。因此，多个铸件宜在上模箱中成形或者使用横浇道位于下模的三分模。浇注时必须防止金属溅射，如果横浇道的横截面积比直浇道大，浇口总截面积比横浇道大，就可以达到这个目的。习惯上三者之间的面积比为1：2：4或1：4：8。为了避免吸气和氧化物夹杂，铸型内熔体不允许从高处向低处流动。特别是在薄壁部位可以采用快速浇注、提高浇注温度和铸件周围密集分布浇口来避免滞留。金属浇注时要尽量避免铸型厚壁部分和薄壁部分处于同一水平面上，否则会导致熔体滞留，采用适当的浇口系统可以解决这一问题。

（2）冒口　冒口的重要作用是在铸件凝固收缩时补充熔体。镁合金由于热容量和密度小，砂型铸造时收缩倾向大，要求采用多冒口或大冒口浇注系统。一些镁合金成本高且冒口多，有必要增加冒口的补缩效率，但会降低铸件质量。采用保温冒口可提高铸造断面收缩率，减少再生利用的加工碎屑量。

（3）冷铁　冷铁在重力浇注系统的应用十分广泛，可以促进镁合金铸件从下至上逐层凝固或定向凝固进程，防止缩孔，使铸件中远离直浇道的厚壁或凸起部分获得与定向凝固一致的效果。同时，冷铁可以大大加快周围金属的凝固，起到细化晶粒的作用，从而即使是无锆镁合金也可以获得细小晶粒和优异的力学性能。冷铁材料可以用普通铸铁、钢和铜等。冷铁使用时表面必须清洁干净，加热除去水分后再涂上煤油。

（4）落砂　质量不到90kg的小型镁合金铸件，在260℃以上冷却时应保持铸件不动。此外，镁合金具有热脆开裂倾向，不宜立即从铸型中取出铸件，否则铸件开裂。铸件越大，开箱前需冷却的时间越长。传统的方法是采用带电磁冷铁的振动筛将铸件从铸型中取出来，然而这种工艺会产生噪声和灰尘。目前，通常采用钢弹轰击打碎铸型的方法取出铸件，同时需要进行适当的工艺控制，以避免铸件表面剥蚀并用酸浸洗铸件去除表面污染，提高铸件的耐蚀性。为了不影响耐蚀性，最好使用非金属磨料介质如Al_2O_3来清理铸件。

4.1.2　金属型铸造

用铸铁、钢或其他金属材料制造铸型获得铸件的工艺方法称为金属型铸造法。金属型铸造有以下优点：

1）由于金属型的冷却速度快，可使合金的晶粒细化、组织致密，从而提高了铸件的力学性能。

2）铸件的尺寸精度高、表面质量好、机械加工余量少。

3）金属型易实现机械化、自动化，适合大批量生产。

但金属型铸造法也有以下缺点：

1）金属型铸型的成本高。

2）金属铸型的排气困难，设计难度大。

通常，适合砂型铸造的镁合金也可以进行金属型铸造，但 Mg-Al-Zn 系合金（如 AZ51A 和 ZK61A）除外。Mg-Al-Zn 系合金热脆开裂倾向大，不宜采用金属型铸造。如果能够采取措施降低镁合金常见的热脆倾向，那么可以相对经济地生产所有铸件。设计足够的起模斜度是一项比较合适的措施，能最大限度地降低镁合金件的热脆开裂倾向。此外，取出金属芯时要特别小心，不要在热铸件上施加应力；如果使用两个或多个型芯，则应该同时取出。只有零件满足金属型铸造的结构工艺时，才考虑选择该工艺。通常，金属型铸造主要有两类：使用金属型芯或砂型型芯。金属型铸造不能铸造形状复杂的镁合金零件，特别是具有深肋和复杂型芯的零件。

金属型铸造工艺成本高，一般用于批量生产，但是也可以用于小批量生产高致密性的镁合金件。

1. 金属型设计的基本原则

金属型铸造铝合金的原则基本上适用于铸造镁合金。金属型设计的基本原则是以能够制备出良好的、几何尺寸精度合乎要求的铸件为前提，在制造成本最低的条件下保证铸型使用寿命最长。金属型结构与浇注工艺有关，具体浇注工艺过程有：金属型的浇注、闭合和开启均需手工操作；浇注在手动机床上进行；浇注在机动或气动分型的机床上进行；浇注在传送装置上进行。

为了满足金属型铸造的要求，应注意以下几点：

1）只有能够制作整个金属型芯时，才可以全部在金属型中铸造；若零件中有内凹部，需要使用配合金属型芯，那么最好还是使用带砂芯的铸型。

2）金属型铸件不宜出现尖角、壁厚急剧变化的表面、内部轮廓复杂的分型线和平行壁面。

3）在多数情况下铸型的分型面为 2~3 部分，有时由 4 个或更多的部分组成相互垂直的分型面，如果零件的几何形状允许，则最好把它完全做在底板上或一个不活动的侧边上，而其他活动部分仅形成冒口或浇口系统。

4）选择铸件的浇口位置时，应当使铸件在浇注时得到数目最少的水平分型面，面积较大的铸件平面应当处于水平位置，并且在浇注时采用倾斜铸型的方法。

5）铸型的主要空腔应当尽可能制成出口朝上，以便冒口位于铸件的顶端，保证补给铸件足够的金属。

6）设计时必须保证铸型容易开启和闭合，凸出边缘的倒圆半径必须足够大。

7）铸件中的凹部和空腔最好用活块（型芯）来形成，为了不阻碍铸件的自由收缩，型芯在冒口中金属凝固之前取下来，取型芯时必须异常平稳，不要偏斜，以免因热脆性大而生成裂纹。

8）必须保证气体由型腔中很好地逸出，为此，在金属型的分型面上应当顺着金属液流的方向做 2～3mm 的沟槽。

9）选择金属型的壁厚时，应当考虑镁合金比热容比其他金属小的特点。

10）铸件复杂且金属型的热规范不能保证自然热交换时，应当采用人工加热法将铸件的各个不同部分根据铸件的性质加热到不同的温度。

金属型设计的主要数据见表 4-9。

表 4-9　金属型设计的主要数据

设计参数		量　值
最小壁厚/cm		3
最小圆角半径/cm	对于小型铸件	3
	对于中型铸件	5
	对于大型铸件	8
通气孔/cm		0.2～0.4
最小斜度	表面	1°
	型芯	2°30′

设计参数		量　值
极限孔/cm	最小直径	6～8
	在最小直径条件下的最大深度	40～50
机械加工余量/cm	小型铸件	1.5～2
	中型铸件	2～3
	大型铸件	≥3
合适的金属型壁厚与工件壁厚之比		1.5～2.0

2. 浇注系统

金属型铸造可以采用顶注式、立缝式、底注式三种类型的浇注系统。为了避免在浇注过程中金属不平稳地进入铸型而形成熔渣，金属应当以较低的速度进入铸型。小工件以及有大平面的较大工件常常经过冒口浇注；蛇行直浇道能减少因夹渣而造成的废品；采用立缝式浇注系统时，立缝宽度应当比砂型铸造的大一些；采用底注式浇注系统时，最好是通过砂芯引入金属。

3. 镁合金金属型铸造的特点

金属型铸造镁合金开裂倾向特别大，除了在金属型设计上采取措施外，还必须刮掉缺陷处铸件表面的涂料。厚截面工件不能通过安置冒口来补给金属，但可以采用型芯来进行局部冷却。此外，并不是所有的金属型铸造都需要安置冒口。延长浇注时间、提高铸型温度和低温浇注可以降低镁合金开裂倾向。大多数情况下，提高铸型温度是防止铸件产生缩孔和裂纹等缺陷最有效的方法。如果在金属型铸造时使用砂芯，那么砂芯内放置冷铁将影响镁合金的结晶过程。金属型工作温度为 250～300℃，型芯温度为 300～400℃，浇注温度取决于镁合金铸件的性质和复杂程度，一般为 700～760℃，有时可升至 780℃。

在浇注之前，金属型上要涂特殊涂料，防止镁合金熔体与型壁之间发生黏结，以便于铸件的取出。为了避免金属与涂料反应，往往在涂料中加入硼酸。镁合金金属型铸造用涂料的配制和金属型的准备类似于铝合金，配制涂料的工艺材料见表 4-10，涂料的组成与应用部位见表 4-11。石棉粉、氧化锌和滑石粉在配制前应在 700～800℃下焙烧，保温 2～3h，去除结晶水。石棉粉磨碎后用筛孔为 0.5mm 的筛子过筛。配制涂料时，先将水玻璃溶解在 60℃以上的热水中搅拌均匀，接着将按比例称量好的各种材料混合均匀，然后倒入水玻璃溶液中搅拌均匀。

表 4-10 配制金属型涂料用工艺材料

材料名称	技术标准	技术要求	用途
碳酸钙	HG/T 2226	Ⅱ型一、二级；CaO_3≥97%，水分≤0.4%	型面涂料
氧化锌	GB/T 3185	工业一级	型面涂料
二氧化钛	GB/T 1706	TiO_2≥90%	型面涂料
石棉粉		一、二级品	需保温部分用涂料
滑石粉	GB/T 15342	一、二级品滑石粉≥80%，粒度300目≥99%，SiO_2≥25.7%，Na_2O≥10.2%，密度1.40~1.56g/cm^3	涂料
水玻璃	JB/T 8835		
铸造用石墨	GB/T 3518		润滑
机械油	SH/T 0360—1992	N32、N46	润滑
硼酸	GB/T 538	二级品，过100目	防护剂

表 4-11 镁合金铸造用金属型涂料的组成与应用部位

牌号	化学成分（质量分数,%）						用途
	碳酸钙	氧化锌	石棉粉	滑石粉	水玻璃	热水	
镁-0	20	—	300	—	50	800	浇冒口涂料
镁-1	50	—	—	100	25~30	500	小件用型面涂料
镁-2	100	—	—	50	25~30	500	大中件用型面涂料
镁-3	50	100	—	50	50	650	型面涂料
镁-4	—	50	50	—	20	300	从浇冒口到型面的过渡区用涂料

对表面粗糙度有要求的铸件，配制好的涂料在使用前应经孔径为0.1~0.3mm的筛网过筛；对表面粗糙度要求更高的铸件，涂料则应通过由六层白纱布组成的过滤器过滤。金属型型面应使用能保证铸件表面光洁的型面涂料，冒口部位应使用保温涂料。铸件壁厚度增加时涂料层相应减薄，铸件薄壁处应喷涂较厚的涂料。喷涂涂料时，先喷涂浇冒口部位，再喷涂型面。涂料厚度在无特定工艺规范情况下可参照表4-12进行。冒口及其他需要缓慢冷却的部位，可将用水浸透的石棉板涂上水玻璃贴紧在预热至100℃左右的所需部位，再喷上一层0.2mm以上的冒口涂料。喷涂后，在型面和浇冒口部位均匀喷上一层硼酸溶液（10%~15%硼酸+85%~90%热水）。

表 4-12 金属型涂料厚度

涂料部位	浇冒系统	厚壁部位	薄壁部位
涂料厚度/mm	1.5~3	0.05~0.3	0.2~0.5

浇注前必须检查金属型及传动结构是否完好无损。在保证质量的前提下，生产一般铸件时，浇冒口涂料通常一星期重新喷涂一次，但每天应将烧损和玷污的

涂料层除去，适当喷涂一层新涂料；型面涂料每班至少一次。表 4-13 给出了工艺规范无特殊规定时金属型的预热方法、预热温度和保温时间。金属型在使用前要放入箱式电阻炉内预热，大的金属型应采用专门的预热器预热。

表 4-13　金属型的预热方法、预热温度和保温时间

金属型外廓尺寸/mm	预热方法	预热温度/℃	保温时间/h
$<200\times300\times400$	箱式电阻炉	300～500	≥1
$(200\times300\times400)\sim(300\times400\times600)$	箱式电阻炉	300～500	≥2
$>300\times400\times600$	专用预热器	300～500	≥4

4.1.3　消失模铸造

消失模铸造技术是将与铸件尺寸形状相似的发泡塑料模型黏结组合成模型簇，刷涂耐火涂层并烘干后，埋在干硅砂中振动造型，在一定条件下浇注液态金属，使模型汽化并占据模型位置，凝固冷却后形成所需铸件的方法。对于消失模铸造，有多种不同的叫法。国内主要的叫法有“干砂实型铸造”“负压实型铸造”。

消失模铸造是一种近无余量、精确成形的新型铸造技术，它具有许多的优点。例如：型砂不需要黏结剂，铸件落砂及砂处理系统十分简便，容易实现清洁生产；铸件没有分型面及起模斜度，可使铸件的结构好；加工装配时间缩短，铸件成本可以下降 10%～30% 等。故它被称为“21 世纪的新型铸造技术”以及“铸造中的绿色工程”。

镁合金的特点非常适合消失模铸造工艺，因为镁合金的消失模铸造除了具有以上特点外，还具有以下的特性：

1）镁合金在浇注温度下，泡沫模样的分解产物主要为烃类、苯类和苯乙烯等气态物质，它们对充型成形时极易氧化的液态镁合金具有自然的保护作用。

2）采用干砂负压造型避免了镁合金液与型砂中水分的接触和由此而引起的铸件缺陷。

3）与目前普遍采用的镁合金压铸工艺相比，其投资成本大为降低，干砂良好的退让性减轻了镁合金凝固收缩时的热裂倾向；金属液较慢和平稳的充型速度避免了气体的卷入，使铸件可经热处理进一步提高其力学性能。

所以镁合金的消失模铸造具有较巨大的应用前景。

铝合金消失模铸造在国外已经相当普及，镁合金与铝合金的熔化浇注温度也相差不大，但镁合金与铝合金之间的凝固特性和化学性能方面的差别，使镁合金消失模铸造中产生了很多问题，特别是浇不足和氧化燃烧等。镁合金和铝合金液体之间的流动性差异是浇注中最大的潜在障碍。由于镁合金低的密度和比热容，汽化泡沫模所需要的热量来自高温液态镁合金的潜热从而阻碍了充型，而且镁合金的结晶温度范围宽，因此消失模铸造充型时金属液的压射冲头作用小，极易过早停止流动，产生浇不足缺陷。镁合金的化学反应可能通过镁合金砂型铸造工业

中应用的阻燃剂和辅助使用高孔隙率的模样涂料进行控制，还可以采用可控气氛进行防止浇注时的氧化燃烧。例如，高密度的泡沫模会吸收更多的热量，产生更多的液态和气体产物，降低镁合金的充型性。但泡沫模在浇注过程中产生的还原性气氛降低甚至阻止镁合金的氧化燃烧，保证了镁合金在加工成形过程中的安全性，也有利于保证镁合金熔体的洁净优质。

1. 消失模铸造工艺

消失模铸造作为新的铸造工艺方法，可用于生产有色及钢铁金属动力系统的零件，包括：气缸体、气缸盖、曲轴、变速箱、进气管、排气管及制动毂等铸件。其工艺流程图如图4-1所示。下面逐项对消失模铸造工艺流程进行简介：

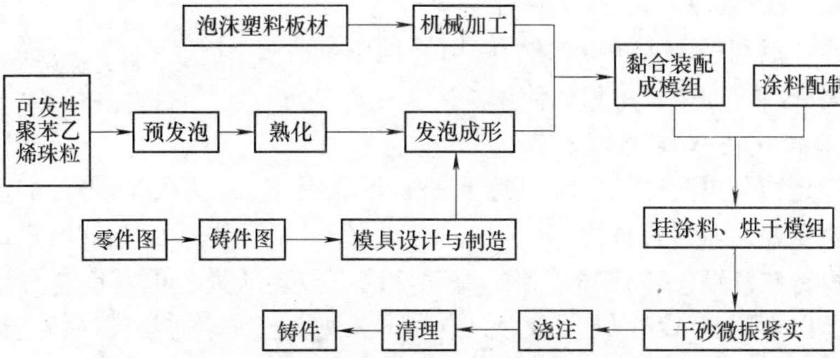

图4-1　消失模铸造工艺流程图

（1）预发泡　模型生产是消失模铸造工艺的第一道工序，复杂铸件如气缸盖，需要数块泡沫模型分别制作，然后再胶合成一个整体模型。每个分块模型都需要一套模具进行生产，另外在胶合操作中还可能需要一套胎膜，用于保持各分块的准确定位，模型的成形工艺分为两步，第一步是将聚苯乙烯珠粒预发泡到适当密度，一般通过蒸汽快速加热来进行，此阶段称为预发泡。

（2）发泡成形　经过预发泡的珠粒要先进行稳定化处理，然后再送到成形机的料斗中，通过加料孔进行加料，模具型腔充满预发泡的珠粒后，开始通入蒸汽，使珠粒软化、膨胀、挤满所有空隙并且黏合成一体，这样就完成了泡沫模型的制造过程，此阶段称为蒸压成形。

成形后在模具的水冷腔内通过大流量水对模型进行冷却，然后打开模具取出模型，此时模型温度升高但强度较低，所以在起模和储存期间必须谨慎操作，防止变形及损坏。

（3）黏合装配成模组　模型在使用之前，必须存放适当时间使其熟化稳定，典型的模型存放周期多达30天，而对于用设计独特的模具所成形的模型仅需存放2h，模型熟化稳定后，可对分块模型进行胶黏结合。分块模型胶合使用热熔胶在自动胶合机上进行。胶合面接缝处应密封牢固，以减少产生铸造缺陷的可能性。

（4）浇注　模型簇在砂箱内通过干砂振动充填坚实后，铸型即可浇注，熔融金属浇入铸型后，模型汽化被金属所取代形成铸件。图 4-2 为消失模铸造工艺的砂箱和浇注示意图。

在消失模铸造工艺中，浇注速度比传统空型铸造更为关键。如果浇注过程中断，砂型就可能塌陷造成废品。因此为减少每次浇注的差别，最好使用自动浇注机。

(5) 落砂清理　浇注之后，铸件在砂箱中凝固和冷却，然后落砂。铸件落砂相当简单，倾翻砂箱铸件就从松散的干砂中掉出。随后将铸件进行自动分离、清理、检查并放到铸件箱中运走。

干砂冷却后可重新使用，很少使用其他附加工序，金属废料可在生产中重熔使用。

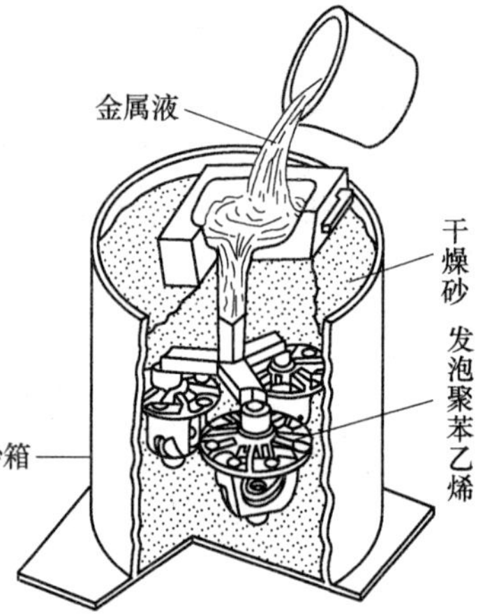

图 4-2　消失模铸造工艺的砂箱和浇注示意图

2. 镁合金消失模铸造的流动性

流动性是指金属液充填铸型型腔并获得形状完整、轮廓清晰铸件的能力。流动性是合金重要的铸造性能之一，是铸造工艺设计必须考虑的关键因素。尽管目前对消失模铸造铸铝、铸铁和铸钢的流动性已有较多研究，但对镁合金还未深入研究，本节以常用的 AZ91 镁合金为例，论述多种工艺因素对消失模铸造镁合金流动性的影响规律，为镁合金消失模铸造提供理论指导。

传统砂型铸造的流动性通常用浇注“螺旋形流动性试样”的方法来衡量，消失模铸造镁合金的流动性定义为合金置换泡沫模的长度。

消失模铸造镁合金的常见工艺因素包括：涂料特性、真空度、浇注温度、浇注系统结构、模样的几何形状、模样材料的性质。各因素的变化水平见表 4-14。

表 4-14　镁合金消失模铸造的常见工艺因素变化水平

工艺因素		变化水平
涂料类型		高透气性→低透气性
涂料层数		1　2　3
真空度/MPa		0　0.01　0.02　0.03　0.04　0.05
浇注温度/℃		690　710　730　750
浇注系统结构	直浇道高度/cm	10　20　30
	内浇口尺寸/cm	0.6×0.5　0.6×1　0.6×2　0.6×3
	浇口比	1.25∶1.04∶1　0.56∶0.83∶1
	内浇口位置（距直浇道距离）/cm	4　9.5　15　20.5
模样的几何形状	模样厚度/cm	3　6　12
	模样宽度/cm	2　4　6　8
发泡聚苯乙烯的密度/(g/cm^3)		0.013　0.017　0.024

(1) 涂料对流动性的影响　传统的空型铸造的充型过程受流动力学规律控制，但是消失模铸造，因为型腔中泡沫模的存在，其充型过程主要受泡沫模在金属液的热作用下的熔化分解速度和泡沫模热解产物的排除速度控制。支撑铸型以阻隔干砂进入型腔的涂料在充型过程中起非常重要的作用，因为金属液的热量和泡沫模的热分解产物都必须通过涂料层排出铸型的型腔，同时因为干砂的透气性远高于涂料的透气性，故整个系统的透气性主要取决于涂料透气性的大小。涂料的透气性、液态分解产物的吸收能力和保温性能是影响消失模铸造充型过程的三个非常重要的性质。

(2) 真空度对流动性的影响　目前铝合金消失模铸造生产几乎不采用抽真空措施，而对于镁合金消失模铸造来说，在不抽真空的情况下，镁合金的充型能力很低，无法采用消失模铸造生产铸件。但是，采用抽真空后可大幅地提高镁合金的流动性，因此抽真空是镁合金消失模铸造的一个必不可少的工艺因素。

(3) 浇注温度对流动性的影响　在不抽真空时，提高浇注温度对提高流动性效果不明显。而在 0.03MPa 的真空度下（尤其是在涂料较薄时），镁合金流动性随浇注温度的增大明显提高，以至于 12mm 厚的泡沫模在温度高于 710℃时模样均全部充满，这表明真空度、涂料和浇注温度之间有较强的交互作用。

在抽真空或涂料透气性较高时，提高浇注温度，提高了泡沫模的熔化速度，其热解产物能够迅速通过涂料层排除型腔，这样的热解产物大大减轻了对金属流动前沿所施加的反作用力。同时，金属液过热度的提高延迟了金属的凝固，因此合金的流动性随浇注温度的增大而迅速提高。

(4) 浇注系统结构对流动性的影响　传统空型铸造的浇注系统的设计是以流动力学规律为指导进行的，首先选择控制充型速度、阻流面积和适用于浇注金属的浇口比，然后在保证充型完整、最小冲蚀和合适温度场的情况下确定出内浇道的位置、横浇道和直浇道的尺寸。而消失模铸造浇注系统的设计主要是依靠经验来进行的，产品研制周期长。关于铸铁和铝合金的浇注系统对消失模铸造充型过程影响的研究不能简单地移植到镁合金消失模铸造上来，这是因为镁合金液的密度和焓较小，其充型过程与其他合金必然不一样。因此浇注系统结构对镁合金流动性的影响以及对生产中浇注系统的设计具有重要的理论意义。

(5) 模样的几何形状对流动性的影响　对于厚度相同而宽度不同的模样，其模数可以认为是相同的。在单位表面积的焓保持不变的情况下，充型过程主要取决于模样的周长。随着模样宽度的增大，模样周长的增大为模样热解产物的排除提供了更大的排除通道，因此流动性随之增大。

在模样宽度保持一定时，随模样厚度的增大，一方面增大了模样的模数，从而增大了模样单位表面积的焓；另一方面，模样周长的提高也增大了模样热解产物的排除通道，因此提高了 AZ91 镁合金的流动性。

3. 镁合金消失模铸造的充型机制

与受流动力学控制的传统空型铸造工艺的充型不同，消失模铸造的充型过程因型腔中泡沫模的存在主要受模样在流动前沿的金属液的热作用下的分解产物从金属-模样界面传输至金属-模样-涂料界面并通过涂料层的排除过程控制。

因此，抽真空措施改变了金属前沿的流动形态，不抽真空时，金属前沿呈微凸形平缓地向前推进；抽真空时，因在模样分解产物的排除方向上存在一个正压力梯度，金属液优先沿模样壁充填型腔使流动金属前沿呈不规则的凹形形态。提高真空度，金属液流前端沿壁部分将领先于中心增长速度，增大了流动形态的不规则程度。

浇注方式对流动形态的影响不大。与顶注式和侧注式相比，底注式充型最为平稳。与不抽真空相比，充型时间在抽真空时明显缩短，且充型时间随真空度的提高而减小。浇注方式对充型时间的影响较小，表现在底注式浇注充型时间最长，其次为侧注式，最短为顶注式。

不抽真空时金属的充型速度较小，且充型速度随充型过程的进行持续减小。抽真空时在充型过程中金属充型速度的变化很大，并且呈现不出任何的规律。充型速度的起伏幅度随真空度、浇注温度和模样厚度的增大而增大。

提高真空度、浇注温度及模样厚度都有利于增大镁合金消失模铸造的平均充型速度。真空度是决定平均充型速度的一个最为关键的工艺因素，而模样厚度的影响最小。在真空度较低时，真空度与浇注温度之间对平均充型速度的影响具有很强的交互作用。但在真空度较高时，该交互作用以及真空度的影响大大减弱。除此之外，其他的被测试工艺因素间对平均充型速度的影响无明显的交互作用。

抽真空对金属-模样界面间的模样热解和热解产物的排除过程有着重要的影响，在试验基础上建立了镁合金负压消失模铸造充型过程的模型。

4. 镁合金消失模铸造的传热特性

在消失模铸造充型过程中，型腔中泡沫模样的存在使液态金属流动前沿的传热行为明显比空型铸造复杂。一方面，泡沫模样从移动的金属-模样界面吸热熔解可以看成是一个复杂的Stefan（辐射）传热过程，其传热介质是金属-模样界面间连续生成并通过涂料层排除的模样液态和气态热解产物。模样热解产物不仅影响Stefan传热介质的大小，从而决定其效果，即使金属-模样界面间隙小于0.05cm也能大幅度阻止热量从液态金属传向泡沫模样，而且本身也通过对流作用带走部分热量；另一方面，由于消失模铸造充型过程中金属-涂料界面存在液态热解产物和消失模铸造采用干砂造型，充型的液态金属通过这一涂料层向周围干砂散热的过程也与传统的铸造工艺不同。镁合金具有较小的密度和结晶潜热，其单位容积的液态金属的焓非常低，因此镁合金消失模铸造充型时温度下降较快。工艺因素对镁合金消失模铸造充型过程中的传热影响主要表现在两个方面：第一，传热的方式；第二，传热的时间。充型过程中模样热解及热解产物的排除速度（或金属的充型速度）影响了充型时液态金属前沿与模样浇注的接触时间，因而决定了不同传热方式的传热效果。充型后铸件内的温度场分布直接反映了铸件在消失模充型过程中的金属传热行为以及不同工艺因素对金属散热的影响。

（1）不抽真空时镁合金消失模铸造充型过程中的传热　在不抽真空充型时，液态金属的散热主要通过以 Stefan 方式熔解模样并以热传导方式向铸型进行散热，而热对流的影响非常小。在充型过程中液态金属平稳、缓慢的向前充型，并且金属流动前沿的充型速度不断下降。一方面，金属流动前沿与冷涂料及周围干砂接触时间的持续增长，传向铸型的热量增多，同时，金属-模样间液态产物与高温金属液接触时间的延长又导致较多的液态产物汽化分解，从而进一步增加了模样热解所消耗金属液的热量，因而，金属前沿的温度将不断降低；另一方面，随后进入型腔的金属液温度很高（接近浇注温度），它与涂料层的接触时间越来越短，并且所接触涂料层的温度因流过金属液的加热越来越高，从而向铸型的热量散失越来越小，因此，金属充型完毕时从浇口至铸件末端形成了正的温度梯度。若提高浇注温度，金属-涂料界面间较多的液态模样热解产物汽化分解消耗了更多的热量，同时金属流动前沿与冷铸型间较大的温差也增大了热量的散失，因此，金属前沿的温度下降较快；此外，由于金属液的温度较高，金属液－涂料层间的散热温差增大提高了金属液的沿程温度损失，因此，铸件内的平均温度增大，同时也提高了铸件内的温度梯度。若提高模样的厚度，不但单位散热表面积内金属液的焓增大，而且金属的充型速度也有所提高，因此，金属液向铸型的散热对金属液的温度降低作用较小，铸件的平均温度提高，同时随后进入型腔的金属液温度因热量散失造成的温度降低较小，充型完成后铸件内的温度梯度增大。在金属充型过程中，金属液与冷涂料层间的传热温差很大，涂料层的温度升高较快。增大浇注温度提高了涂料层的升温速度。金属-涂料界面间的泡沫液态热解产物具有较大的热阻，铸件与周围干砂间的传热只是通过砂粒之间极小的导热接触面传出，其传热能力很低，因此，铸件周围干砂的温度只是略有增大，远离铸件干砂处的温度没有什么变化。

（2）抽真空时镁合金消失模铸造充型过程中的传热　抽真空浇注时，液态金属充型速度显著增大，减少了金属前沿与液态产物的接触时间以及型腔内金属液向铸型散热的时间。因而，在单位流程内因模样熔解和向铸型散热而造成的金属流动前沿的温度降低要比不抽真空时小得多。然而，在充型过程中因浇口杯附近的塑料薄膜被烧掉，铸型内为保持恒定的真空度，大量空气从该处吸入铸型内。由于抽真空减少了涂料外壁与周围干砂以及干砂砂粒间的间隙，这些冷空气在涂料外壁及周围干砂砂粒微隙间以很大的速度流动，强烈的热对流效果将极大地提高充型金属液冷却速度，从而热对流超过辐射、热传导成为金属液散热的主要方式。随着模样离烧损的塑料薄膜的距离增加，吸入铸型的冷空气对充型金属液的热对流冷却作用迅速降低，因为其周围冷空气的数量、流动速度都很低。其次，抽真空使液态金属与涂料表面紧密接触，提高了液态金属-涂料界面间的传热系数；同时抽真空紧实了铸型，提高了涂料外壁与周围干砂及干砂砂粒间的热传导接触面积，金属向涂料层及周围干砂的热传导速度增大。此外，抽真空不仅提高了液态金属-涂料界面传热，导致涂料层微隙内较多液态产物汽化；而且增大了金属-模样-涂料界面及金属-涂料界面间泡沫热解产物的排除速度，这些热解产物将迅速带走大量的热量。因此，充型金属液的冷却速度迅速增大，其平均温度急剧降低，同时涂料的温度提高，而涂料外壁周围干砂的温度则变化不大。

从浇口杯附近烧掉的塑料薄膜处吸入的冷空气对充型金属液的对流冷却作用取决于该处金属液的停留时间。由于在抽真空时金属液的充型速度的变化很大并且无规律可循，当金属前沿的充型速度较低时，浇口杯附近的金属液的停留时间较长，冷空气的对流冷却作用使其温度降低较大，在充型完毕时这些金属液所处位置的温度将较低；反之，当金属前沿的充型速度较高时，浇口杯附近的金属液在充型完毕时所达到位置的温度就较高。因此，在充型过程中及充型完毕时，铸件内不断变化的金属液的温度与其位置也没有明显的关系。此外，金属流动前沿以不规则的紊流状态充型（可能使温度较低的金属前沿向后流动而被其后的金属液流取代）也是造成型腔内金属液温度不均匀的另一个原因。

若提高真空度，尽管金属液充型平均速度的提高减少了冷空气与充型金属液的对流冷却作用时间，然而，一方面，较高的真空度增强了液态金属与涂料表面紧密接触，提高了金属-涂料界面的传热系数；另一方面，铸型内为保持较高的真空度，不仅吸入的新鲜冷空气流量增大，而且涂料外壁与周围干砂以及干砂砂粒间间隙的减小增大了该处冷空气的流动速度，因而吸入冷空气的对流散热效果提高，金属液的平均温度降低。若提高浇注温度，一方面，增大了充型金属液的温度，另一方面，提高了平均充型速度，从而缩短了冷空气的对流换热时间，因此，充型完毕时，铸件的平均温度及涂料层温度的升高速度增大。然而，对流换热温差的增大又极大地提高了冷空气的对流换热效果，导致铸件的平均温度增大的幅度减小。模样厚度的提高不仅增大了铸件单位散热面积的焓，而且金属液平均充型速度的提高减少了金属液的散热时间，因此，充型后铸件的平均温度增大。吸入铸型冷空气的对流作用同样导致铸件平均温度增大的幅度减小。由于金属液充型速度的起伏幅度随真空度、浇注温度和模样厚度的增大而增大，容易理解在充型过程中铸件内温度变化的幅度随真空度、浇注温度、模样厚度的增大而提高。

因此，在镁合金消失模铸造充型和凝固期间真空度对铸件的传热起着不同的作用。充型过程中，从浇口杯附近吸入铸型的冷空气所引起的对流冷却作用，超过辐射和热传导作用，成为金属液散热的主要方式，充型金属液的冷却速度显著增大；然而，抽真空降低了凝固期间金属-涂料界面的传热系数，导致铸件的冷却速度下降。

不抽真空时，泡沫模样的吸热分解和不断向冷铸型散热造成充型完毕时，从浇口至铸件末端形成了正的温度梯度。铸件的温度梯度随浇注温度、模样厚度的增大而增大。抽真空时，充型完毕时型腔内金属液的温度骤然下降，铸件内温度的分布具有较大的起伏并且没有明显的规律。铸件内温度变化的幅度随真空度、浇注温度、模样厚度的增大而提高。铸件的平均温度随着真空度的增大而降低，随着浇注温度、模样厚度的增大而提高，但其提高的幅度比不抽真空时小。

无论是否采用抽真空措施，铸件内不同部位的凝固时间随着离浇道距离的增大而增大；提高浇注温度和模样厚度明显增大了铸件的凝固时间和铸件定向凝固倾向。抽真空对铸件凝固时间的影响取决于浇注温度，在浇注温度较高时抽真空明显增大了铸件的凝固时间，但在浇注温度较低时，抽真空反而使铸件的凝固时间略有减小。

4.1.4　低压铸造

低压铸造是在低压气体作用下使液态金属充填铸型并凝固成铸件的铸造方法。它是介于重力铸造（如砂型铸造、金属型铸造）和压力铸造之间的一种铸造方法，是液态合金在压力下，自下而上地充填型腔、并在压力下结晶，以形成铸件的工艺过程。由于所施加的压力较低（22～70kPa），所以称为低压铸造。

低压铸造的工作原理如图4-3所示，在装有金属熔体的密封容器中通过干燥的压缩气体，作用在金属液面上。金属液自下而上经过浇道进入铸型，待金属液充满型腔后，增大气压，型腔里的金属在一定压力作用下凝固成形。当卸去压力时，未凝固的金属液回落到坩埚内。低压铸造与重力铸造相比，可以防止铸型内金属熔体的紊流，并以层流充填，混入的氧化物较少，熔体浇注的速度可以控制，可以制造高品质的铸件。低压铸造用的铸型可以是砂型、壳型、陶瓷型，也可以是金属型、石墨型等。在低压铸造基础上进一步改进，使液态金属在差压下充型、在压力下凝固的方法称为差压铸造，它是低压铸造的一种特殊形式。

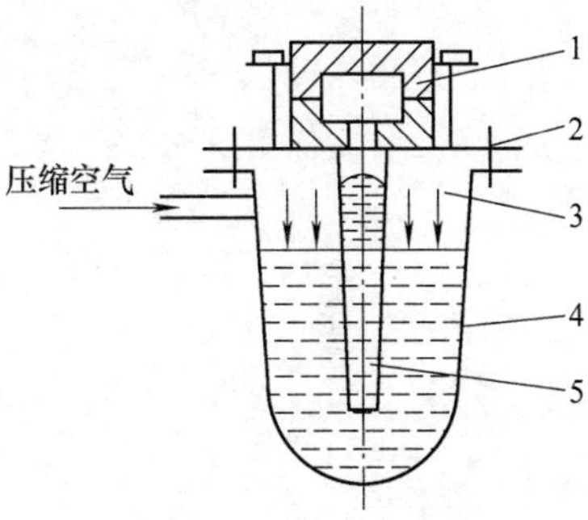

图4-3　低压铸造的工作原理
1—铸型　2—密封盖　3—坩埚
4—金属液　5—升液管

低压铸造最初主要用于铝合金铸件的生产，之后进一步扩展用途，生产熔点高的铜铸件、铁铸件和钢铸件。我国已于20世纪70年代将这种方法成功地用于铸造万吨级大型船舶用铜合金螺旋桨和2000马力柴油机球墨铸铁曲轴等重要零件。

低压铸造的优点是：金属液在压力下充型，有利于铸造薄壁铸件；铸件的致密性得到提高；底注充型平稳，可减少因金属液冲击飞溅而引起的氧化夹杂；浇冒口系统简单，金属利用率可达80%以上；劳动条件得到改善，并可实现机械化和自动化，生产率高。

1. 低压铸造的工作原理

低压铸造实际是重力铸造和压力铸造的有机结合，其实质是物理学中的帕斯卡原理在铸造方面的具体运用，根据帕斯卡原理有

$$p_1F_1H_1 = p_2F_2H_2 \tag{4-4}$$

式中，p_1为金属液面上的压力；F_1为金属液面上的受压面积；H_1为坩埚内液面下降的距离；p_2为升液管中使金属液上升的压力；F_2为升液管的内截面积；H_2为金属液在升液管中上升的距离。

由图 4-3 可知，由于F_1远远大于F_2，因此，当坩埚中液面下降高度H_1时，只要在坩埚中金属液面上施加一个很小的压力，升液管中的金属液就能上升一个相应的高度。这就是“低压”的来源。

把干燥的压缩空气或惰性气体通入密闭容器（坩埚）中的金属液面上，在气体压力作用下，金属液沿升液管上升，通过浇口平稳地进入铸件型腔中，并在气体压力作用下，充满整个型腔，直到铸件完全凝固。切断液面上的气体压力，升液管中、浇口中没有凝固的金属液在重力作用下回到坩埚中，完成一次浇注过程。

2. 低压铸造的工艺流程

通常低压铸造的工艺流程为：准备合金液、模具等→密封坩埚、扒渣→装配、固定模具→通气升液→平稳冲型→增压凝固→卸压→卸模→取出铸件。

低压铸造装置如图 4-4 所示。缓慢地向坩埚内通入干燥的压缩空气，金属液受气体压力的作用，由下而上沿着升液管和浇注系统充满型腔，如图 4-4b 所示。开启铸型，取出铸件，如图 4-4c 所示。

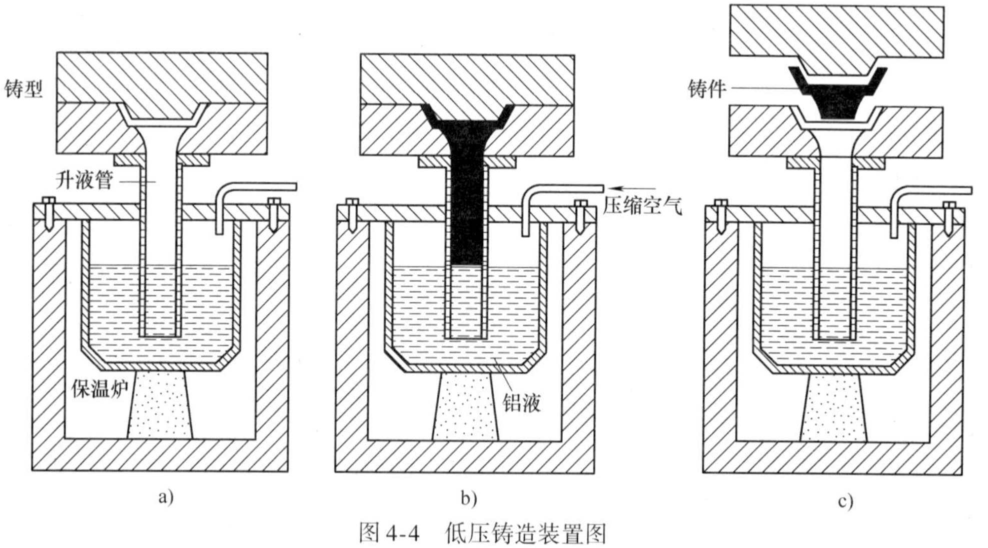

图 4-4　低压铸造装置图

a）合型　b）压铸　c）取出铸件

低压铸造的工艺规范包括充型、增压、铸型预热温度、浇注温度，以及铸型

的涂料等。

（1）充型和增压　升液压力是指当金属液面上升到浇口，所需要的压力。金属液在升液管内的上升速度应尽可能缓慢，以便于型腔内气体的排除，同时可使金属液在进入浇口时不致产生喷溅。

（2）充型压力和充型速度　充型压力是指使金属液面上升到铸型顶部所需要的压力。在充型阶段，金属液上升速度就是充型速度。

（3）增压和增压速度　金属液充满型腔后，再继续增压，使铸件的结晶凝固在一定大小的压力作用下进行，这时的压力称为结晶压力。结晶压力越大，补缩效果越好，最后获得的铸态组织也就越致密。但通过结晶增大压力来提高铸件质量，不是任何情况下都能采用的。

（4）保压时间　型腔压力增至结晶压力后，在结晶压力下保持一段时间，直到铸件完全凝固所需要的时间称为保压时间。如果保压时间不够，铸件未完全凝固就卸压，型腔中的金属液将会全部或部分流回，造成铸件“放空”报废；如果保压时间过长，这不仅降低工件的断面收缩率，而且会造成浇口“冻结”，使铸件出型困难，故生产中必须选择一适宜的保压时间。

（5）铸型温度及浇注温度　低压铸造可采用各种铸型，对非金属型的工作温度一般为室温，而对金属型的工作温度就有一定的要求。

关于镁合金的浇注温度，实践证明，在保证铸件成形的前提下，越低越好。

（6）涂料　当用金属型低压铸造时，为了提高其寿命及铸件质量，必须刷涂料；涂料应均匀，涂料厚度要根据铸件表面粗糙度及结构来决定。

3. 低压铸造模具及设备

（1）低压铸造模具　低压铸造所用的铸型，有金属型和非金属型两类。金属型多用于大批、大量生产的有色金属铸件，非金属铸型多用于单件小批量生产，如砂型、石墨型、陶瓷型和熔模型壳都可以用于低压铸造，而生产中采用较多的还是砂型。但低压铸造用砂型的造型材料的透气性和强度比重力浇注高，型腔中的气体，全靠排气道和砂粒孔隙排除。

为充分利用低压铸造时液体金属在压力作用下自下而上地补缩铸件，在进行工艺设计时应考虑使铸件远离浇口的部分先凝固，浇口最后凝固，使铸件在凝固过程中通过浇口得到补缩，实现顺序凝固。常采用下列措施：

1）浇口设在铸件的厚壁部位，而使薄壁远离浇口。

2）用加工余量调整壁厚，以调节铸件的方向性凝固。

3）改变铸件的冷却条件。

对于壁厚差大的铸件，用上述一般措施又难于得到顺序凝固的条件时，可采用一些特殊的方法，如在铸件厚壁处进行局部冷却，以实现顺序凝固。

（2）低压铸造设备　低压铸造设备一般由保温炉及其附属装置、铸型开合系统和供气系统三部分组成。按铸型和保温炉的连接方式，可分为顶注式低压铸造机和侧注式低压铸造机两种类型。

1）保温炉及其附属装置。它由熔体、熔池、密封盖和升液管所组成，是低压铸造机的基本部分。保温炉的炉型很多，如焦炭炉、煤气炉、电阻炉、感应炉等。但目前广泛使用的是电阻加热炉，其次是电热反应炉。

2）供气系统。在低压铸造中，正确控制对铸型的充型和增压是获得良好铸件的关键，这个控制完全由供气系统来实现。根据不同铸件及其要求，供气系统可以任意调节，工作要稳定可靠，结构要使维修方便。

4. 低压铸造的特点

低压铸造具有以下特点：

1）充型压力和充型速度便于控制，故可适应各种铸型，如金属型、砂型、熔模型壳、树脂型壳等。由于充型平稳，冲刷力小，且液流和气流方向一致，故气孔等缺陷减少。

2）铸件组织较砂型铸造致密，对于镁合金铸件针孔缺陷的防止效果尤为明显。

3）由于省去了补缩冒口，使金属的利用率提高到90% ~98%。

4）由于提高了充型能力，有利于形成轮廓清晰、表面光洁的铸件。

5）设备简单，劳动条件较好，易于机械化和自动化。

其主要缺点是升液管寿命短，且在保温过程中金属易氧化和产生夹渣。

此外，设备较压铸简单、投资较少。低压铸造目前主要用来生产质量要求高的铝、镁合金铸件。

4.2 镁合金压力铸造

压力铸造（简称压铸）具有效率高、自动化且适合大批量生产金属材料零部件等特点，是一种近无切削的特种铸造方法。该方法适合于生产铝、镁和锌等有色合金的零部件，基本原理是液态或半液态金属在高压作用下，以较高速度充填到模具中，并在压力作用下凝固而获得所需铸件。压铸经常被称为高压铸造，以区别重力铸造和低压铸造。

压力铸造要求合金熔体具有良好的流动性、充型性。镁及其合金的熔点低，大多数合金的流动性比较好；镁的比热容低，其铸件容易获得高的冷速；密度低，因而在适中的压铸压力下可以获得理想的致密度较高的铸件。因此，镁合金比较适合压铸成形。由于镁的流动性优于铝、锌，可以压铸出薄壁件，原材料消耗少，大大降低成本，因而在汽车工业中大量采用镁合金压铸件实现减重。目前，压铸技术在镁及其合金产品的生产中得到了广泛应用，成为镁合金铸件的主要生产方法。北美、欧洲和日本是镁合金压铸件用量较多的国家和地区，其中80%镁合金压铸件用于汽车生产。

北美是镁合金用量最多的地区，以美国和加拿大为代表。正在推行的“PNGV”（新一代交通工具）合作计划，包括通用、福特和克莱斯勒三大汽车集团，其原型车用镁合金压铸件约40kg，这一计划极大地促进了镁合金压铸件的开发与应用。在汽车行业的带动下，镁合金在通信、计算机等行业的应用也在不断扩大。

欧洲的镁合金用量仅次于北美，其主要代表为德国。早在20世纪20年代德国就开始了镁压铸件的生产，长期以来，在镁合金压铸技术领域一直处于世界领先地位。1997年，德国联邦科技教育部牵头，组织慕尼黑工业大学及多所研究单位联合大众公司等20多家生产企业对压铸、模具制造、半固态成形、表面处理等课题进行联合攻关，取得了丰硕的成果，显著地促进了镁合金在德国工业领域中的应用。

在亚洲，镁合金压铸的发展也十分迅速。日本镁合金压铸在电子工业中的应用方兴未艾，在计算机、电视机、移动电话、摄影器材等领域有着广泛的应用。目前，日本的各家汽车公司也都生产和应用了大量的镁合金壳体类压铸件。我国台湾地区也已成为世界最大的镁合金3C产品生产基地，主要产品以计算机、移动电话等外壳为主。我国大陆地区镁合金压铸的产业化刚刚起步，基础相对薄弱，但我国发展镁合金压铸的优势得天独厚。我国目前在镁工业方面有3项“世界冠军”，即储量、生产和出口。我国镁资源十分丰富，已探明菱镁矿储量约27亿t，白云石储量40亿t，青海柴达木盆地的33个盐湖中共含镁盐约31.5亿t，也就是说我国镁合金压铸的发展有可靠的原料来源。

近10年来我国的汽车、计算机、通信等行业发展迅猛，单就汽车行业来讲，轿车拥有量增幅高达90余倍，汽车轻量化、高速、节能等问题日益突出。虽然我国镁合金的大量应用还处于襁褓之中，但镁业工作者正在加紧努力赶超世界先进水平，镁合金在航空航天、汽车、3C等领域的应用都取得了实质性进展。上海乾通汽车附件有限公司、一汽集团镁合金产业化基地、隆鑫集团重庆镁业公司等都已初具规模，镁合金压铸件的生产能力和产量增长势头强劲。预计镁合金压铸件在国内外市场应用的主要产品为3C产品及其他轻工业消费品、电动车及汽车零件等。

4.2.1　压铸镁合金体系

目前已有的压铸镁合金有AZ、AM、AE和AS系，其常规化学成分见表4-15。显然，适合压铸的镁合金种类比重力铸造镁合金少得多。由于铝能提高镁合金的铸造性能、强度和耐蚀性，从而是压铸镁合金最主要的合金化元素。大多数压铸镁合金为铝镁合金，铝的质量分数一般为3%～9%。锰则能提高镁合金的耐蚀性。我国的压铸镁合金牌号为YM5，化学成分（质量分数）为：Mg（Bal.），Al7.5%～9.0%，Zn0.2%～0.8%，Mn0.15%～0.5%。

表 4-15 压铸镁合金的常规化学成分

合金种类	化学成分（质量分数,%）				
	Al	Zn	Mn	Si	RE
AE42	4.0	—	0.2	—	2.5
AM20	2.1	—	0.4	—	—
AM50A	4.9	—	0.4	—	—
AM60A	6.0	—	0.4	—	—
AM60B	6.0	—	0.4	—	—
AS21	2.2	—	0.2	1.0	—
AS41A	4.25	—	0.2	1.0	—
AS41B	4.25	—	0.2	1.0	—
AZ91A	9.0	0.7	0.15	—	—
AZ91B	9.0	0.7	0.15	—	—
AZ91D①	9.0	0.7	②		

① 铜、镍和铁含量较低的高纯度合金。

② 如果铁的质量分数超过 0.005%，则铁锰的质量比小于 0.032。

AZ91 是最常见的压铸镁合金，具有低比热容和较高的冷却速度，从而铸造性能优良。此外，还具有高强度、耐腐蚀和低成本等特点。

随着铝含量的增加，镁合金枝晶晶界处析出 $Mg_{17}Al_{12}$ 相，导致塑性和断裂韧度下降。通常采用降低铝含量、减少锌含量或消除锌，并添加锰的做法来提高镁合金的变形性能，于是形成了 Mg-Al-Mn 系合金如 AM20、AM50 和 AM60 等（锰的质量分数为 0.2% ~0.4%）。该系合金强度不高，但延展性优于 AZ 系合金。目前，AM60 和 AM50 合金广泛地用于制作汽车仪表板支撑件、转向盘附件和座椅框架等安全部件。鉴于降低铝含量在某种程度上会影响镁合金的铸造性能，因此选材时应考虑选用力学性能合乎要求的高铝含量镁合金。

重金属夹杂会降低镁合金的抗盐水腐蚀能力，因此要严格控制重金属杂质含量。AZ91A 和 AZ91B 是两种广泛应用的压铸镁合金，其唯一区别是 AZ91A 中铜含量比 AZ91B 高。AZ91D 具有优良的铸造性能和强度，AM60A 和 AM60B 具有优良的延展性和减振性，AM60B 的抗盐水腐蚀能力优于 AM60A。压铸镁合金中锰含量差别很大，这主要取决于其他合金元素存在时铁和锰的互溶度，高纯压铸镁合金中铁的质量分数不超过 0.005%。

为了提高压铸镁合金在 393K 以上的蠕变强度，通过添加硅或稀土金属元素生成金属间化合物相来稳定晶界，形成了 AS 系和 AE 系合金如 AS21、AS41 和 AE42 等。这些合金的室温力学性能良好，高温强度和蠕变抗力明显高于 AZ91 合金。值得注意的是，这些合金需要控制较低的铝含量。目前主要有两种 AS 系列合金如 AS41A 和 AS41B，AS41A 的铜含量比 AS41B 高，抗盐水腐蚀能力差。通常在压铸镁合金中添加 $(5 \sim 15) \times 10^{-4}\%$（质量分数）的铍来减轻熔体的氧化。

许多研究表明，压铸过程中晶界附近发生非平衡凝固形成 $Mg_{17}Al_{12}$ 和 α-Mg 离异共晶是 Mg-Al 系合金高温力学性能恶化的根本原因。针对这一特点，20 世纪 70 年代开发出了 ZA 型高锌镁合金，其中 ZA85 合金室温力学性能与 AZ91 接近，抗蠕变性能比 AZ91 高。AE 系合金通过添加稀土元素和降低铝含量来提高晶界相的稳定性，从而抗蠕变性能大大提高，甚至还开发了完全不含铝的 MEZ 合金。与高铝镁合金相比，AE42 和 MEZ 合金的屈服强度和抗拉强度较低，而 423K 以上的蠕变抗力大大提高。

4.2.2 压铸件结构设计

压铸件设计是压铸技术中的首要环节，既要满足工件的使用性能和要求，又要符合压铸工艺要求。设计出的工件要便于压铸生产，不易形成铸造缺陷，有利于保证铸件质量，压型结构简化，加工制造工艺简单。

1. 压铸件分型面的确定

压铸件的分型面对压铸型的结构设计、加工及铸件质量（尤其是尺寸精度）有很大的影响。分型面的设计至关重要，其设计一般应遵循以下几个基本原则：

1）分型面宜取在压铸件的最大截面上，开型时铸件应留在动型中，以便于压铸件的取出。

2）尽量将尺寸精度要求高的部分分布于同一半型中，以保证压铸件的尺寸精度。

3）浇注系统和排气系统布置合理，压型结构尽可能简化。

2. 压铸件的壁厚

设计压铸件时，力求零件壁厚均匀，易于填充，否则压铸件容易产生挠曲、变形和裂纹。镁合金的充型能力良好，壁厚可以稍薄，正常壁厚以 2 ~ 4mm 为宜。一些特殊的小型件最小壁厚可以达到 0.6mm。通常，镁合金压铸件的壁厚可以薄到铸件壁至浇口距离的 1/100。薄壁部位冷速快，容易获得良好的力学性能，但充型能力稍差，成形困难，容易产生表面缺陷。如果所采用合金的压铸工艺性和充型能力良好，则壁厚可减薄至 0.8mm。壁厚过大，则容易产生气孔、缩孔及疏松等缺陷。对于有强度和刚性要求的镁合金零件，不宜单纯加大壁厚，而建议采用加强肋来提高强度。在设计压铸件时，确定合适的壁厚和保证壁厚的均匀性同样重要。对于镁合金薄壁件，需要在尽可能短的时间内完成填充，填充速度可高达 100m/s，一般填充时间较短，为 0.01 ~ 0.03s，模具温度较高，为 523 ~ 553K。镁合金压铸件允许最小壁厚与其表面积的关系见表 4-16。

表 4-16　镁合金压铸件允许最小壁厚与其表面积的关系

最小壁厚/mm	表面积/m^2	最小壁厚/mm	表面积/m^2
1.3	≈0.0025	3.5	≈0.06
1.8	≈0.01	4.0	≈0.09
2.3	≈0.025	5.0	≈0.12
2.8	≈0.04		

3. 起模斜度

通常，与模具分型面垂直的大部分表面应该有一定的起模斜度，以便取出铸件，建议采用2°~5°，有时也采用1°~3°，甚至0°。镁合金的热收缩特性允许采用较小的起模斜度，甚至比铝合金的还小，因而具有很强的竞争力。

4. 收缩力

镁合金零件壁厚较薄，加强肋多，铸件凝固收缩力相当大，必须预留足够的顶出位置，并且分布要均匀，使顶出时保持平稳，铸件才能不发生变形和破坏。在设计零件的形状时，考虑铸件的收缩变形非常重要。

5. 其他设计特征

早期镁合金压铸件的设计主要依靠经验，现在已建立起了镁合金压铸件设计数据库。以下一些基本原则仍然适用：

1）选择简单的充填方式。

2）采用足够的倒角。

3）采用足够的圆角（相连的两壁转接处应有足够的工艺圆角，以避免应力集中而导致开裂，这对脆性较大的镁合金来说尤为重要；此外工艺圆角还有助于金属液在转角处的流动）。

4）相邻部位之间壁厚逐渐过渡，远离浇口的部位尽量减小壁厚。

5）消除内部侧凹。

6）采用加强肋来提高薄壁部分的强度和刚性。

7）倒圆尽可能大（大于锌合金压铸件）。

8）避免光滑的平整表面。

9）文字和其他不太深的表面特征宜凸出在工件表面，而不宜凹陷下去。

10）避免或减少抽芯部位，避免有交叉的型芯。

6. 铸件表面粗糙度

通过严格控制工艺参数可以降低镁合金压铸件的表面粗糙度值。这些工艺参数包括模具温度、型腔充填时间、模具润滑程度、金属熔体温度、铸件在模具中的停留时间和模具的表面粗糙度。

7. 尺寸重复性和公差

压铸是一种精密铸造工艺，但仍有几个因素会影响铸件的最终尺寸。这些因素包括铸件结构、合金成分及线收缩率、尺寸线性变化、半模或其他模具组件间的偏移和部分线性分离以及铸件和模具的变形等。其中铸件和模具的变形还会影响到铸件的平直度和弯曲度。压铸件尺寸波动与模具精度有关。一些在单模内成形的零件只受线性尺寸变化的限制。模具温度、铸件脱模温度、淬火速率、铸件应力松弛和模具精度等的正常波动都会导致线性尺寸变化。除模具精度外，所有这些参数都与模具设计和结构无关，因此要加强对工艺过程的控制来减少压铸件尺寸变化。通常公差只代表常规操作，没有考虑尺寸变化受模具或移动件的影响，如果这些因素不能忽略，就必须加大公差来补充它们对铸件尺寸的影响。影响合金的综合线收缩率的因素很多，如合金成分、性能、铸件结构特点和压铸工艺等。对于镁合金来说，当收缩受阻程度较大时，其综合线收缩率 $K=0.4\%\sim0.6\%$；当收缩受阻程度适中时，$K=0.5\%\sim0.7\%$；当收缩受阻程度小时，$K=0.6\%\sim0.8\%$。

4.2.3　压铸型的设计

在设计压铸用铸型时，必须考虑以下几个因素：铸件的形状及分型面的位置；有利于金属熔体顺利地充型，气体排出顺畅，铸件能获得较高的冷速；铸件尺寸精度高，缺陷少；铸型加工方便，其构件（平板、阴模、阳模、推杆、截断器和底座等）尽可能标准化，容易拼装。

在设计铸型时，必须遵守以下几个原则：

1）铸型的分型面应当与铸件截面的最大平面一致，最大的腔应当位于动模中（凸出部分应当位于动模中，否则很难从铸型中取出铸件），使用嵌块以避免折线或曲线的分型面。

2）根据铸件的形状在压型平板上做通气孔，通过铸型第二次试验后再做最后定型。

3）避免有复杂内腔和需要使用组合型芯的铸件。

4）在制造多型腔的铸件时，最好在这样的铸型中铸造相同的零件，或者在必要时铸造同一类型的零件（质量和外廓尺寸相同）。

5）在确定铸型尺寸时要考虑金属的收缩，型芯和铸型凸出的部分都会阻碍金属收缩。除金属的收缩外，铸型在加热时膨胀也会影响到铸件的最终尺寸。因此，计算铸型尺寸时应当从合金的计算收缩量中减去铸型的膨胀值。

4.2.4　压铸设备

液态金属压铸机是镁合金压铸最主要的设备。压铸机分冷室压铸机和热室压铸机两大类，两者在镁合金压铸中应用很广泛，一般根据零件的大小来选择设备。通常，质量低于1kg的铸件采用热室压铸机进行压铸，质量高于1kg的铸件采用冷室压铸机进行压铸。

一般来说，为铝合金设计的冷室压铸机也能用于镁合金。镁和铝两者的重要差别是密度和比热容不同，镁的密度小，惯性小，在相同的压铸下流速较快，从而在同一模具中镁合金充填时间比铝合金短。对于流程长的镁合金薄壁工件，要求充填时间非常短。正因为如此，一些镁合金压铸机要求注射设备的最大柱塞速度超过10m/s，铸件静压力30~70MPa。对于薄壁铸件，压力增强效果非常有限。

近年来，全自动化的压铸设备也逐步得到了应用，该设备主要由以下部分组成：铸锭预热装置（最低预热温度423K）、预热铸锭装炉系统、熔融金属气体保护系统、熔炼炉、熔融金属计量系统、可进行压射控制/检测的压铸机、模具温度控制器、模具喷射设备、自动化工件脱模装置、工件冷却舱、压力机、工件和碎屑运输装置。

1. 热室压铸机

热室压铸机的特点是压射单元与熔炉组合成为主机的一个部分，被压射的金属液可以较容易地在一个封闭管道内流动，从而避免金属液氧化、燃烧和成渣，热损失降低至最低程度。镁合金用热室压铸机基本结构及工作原理如图4-5所示。

压铸机工作过程如下：当压射活塞上升时，镁合金熔体通过入口进入到压室内，然后被往下运动的活塞沿着管道压到压铸模具内凝固成形。然后，活塞回升，多余的熔体回流到压室内。打开模具就可取出压铸件。热室压铸机生产工序简单，生产率高，容易实现自动化；金属消耗少，工艺稳定，压入型腔中的液态金属干净、无氧化物夹杂，铸件质量好；可以生产薄壁件。但压室、压铸冲头和坩埚长期浸在镁液中，影响使用寿命，对这些热作件材料要求较高。镁合金热室压铸机更适合生产一些薄壁而外观要求较高的零件，如移动电话和掌上电脑外壳等，但由于镁合金热室压铸机是采用冲头直接将镁合金液经过封闭的鹅颈和喷嘴压入金属型型腔，因此压射时增压压力较小，一般不适用于汽车、航天航空等大型、壁厚、载荷大的零件。合理的设计压铸结构，可以延长熔体的流动距离，进而制备出面积更大的薄壁件，壁厚尺寸最小可以达到0.6mm。

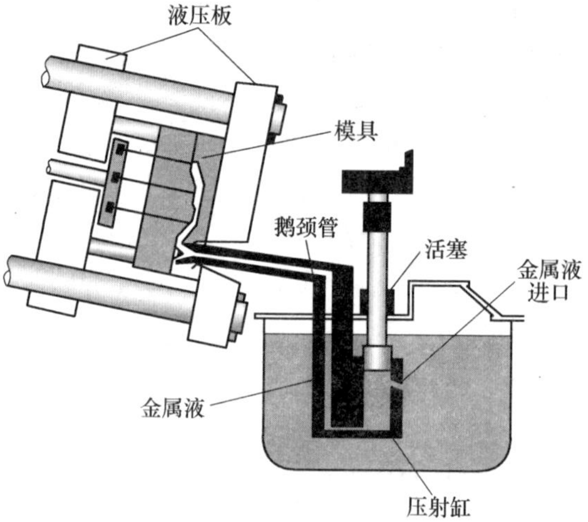

图4-5 热室压铸机基本结构及工作原理

在热室压铸过程中，压射冲头、冲头环、压室和鹅颈浇壶等零件始终浸泡在金属液中。镁合金压铸的工作温度比锌合金高473K以上，即使选用特种高合金钢制造热作件，其使用寿命也比压铸锌合金的短得多，并且失效后更换工作量非常大。而且，热室压铸机生产率高（每小时可压铸100次以上），金属液热损失少，是压铸小型镁合金薄壁件的主要选择，但是并非所有的镁合金都适用于热室压铸。通常选用锁型力低于400t的机型为宜，机型越小优点越突出。目前镁合金和铝合金已广泛采用热室压铸。热室压铸机性能的参数指标为：压射压力 >20MPa，空压射速度 >6m/s。

2. 冷室压铸机

冷室压铸机的压室与保温坩埚炉是分离的。压铸时从保温坩埚中舀取金属液倒入压铸机压室进行压射。压室与冲头间歇地与金属液接触，工作条件较好。根据压室与压射机构的相对位置，冷室压铸机可分为立式压铸机（垂直放置）和卧式压铸机（水平放置）。

立式压铸机的压室和压射机构互相垂直。镁合金熔体被加入到压室中后，在压射冲击的作用下，迫使反料冲头下降，由喷嘴处压入到模膛内，待凝固成形后，压射冲头回升退回压室，同时反料冲头在液压系统的作用下上升，切断直浇道与余料间的连接并将余料顶出，取出余料后，使反料冲头复位，取出压铸件。

卧式压铸机的压室和压射机构处于水平位置，其工作原理如图4-6所示，从熔炉中舀出的镁合金熔体被浇到压室中后，被压射冲头推进，经浇道压入到型腔内。待铸件凝固成形后，借助压射冲头向前推进，将余料与铸件一起推出，再由推杆推出。

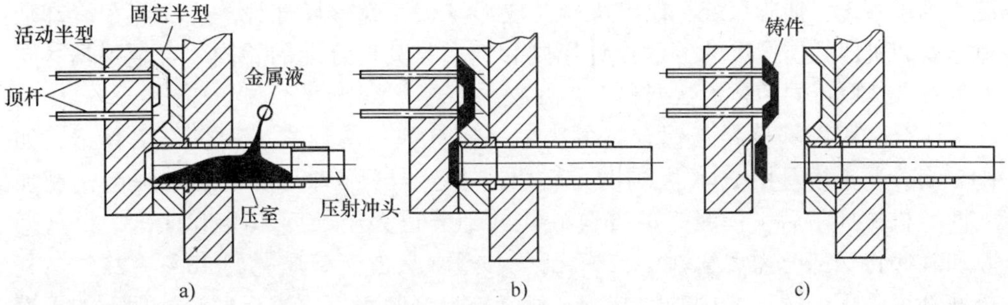

图4-6　卧式压铸机工作原理

冷室压铸机的结构示意图如图4-7所示。它的压射压力和压射速度均比热室压铸机的高，适合于生产对速度、刚度和致密性都有要求的受力件、安全件和复杂结构件。通常冷室压铸机的锁型力最大可达4500t，因此大型工件都采用冷室压铸机进行生产。冷室压铸机中压室与熔炉分离，因而压室和冲头更换非常简便。然而，冷室压铸机需要增加一个人工或自动浇料程序，对小件而言，生产率比同吨位的热室压铸机稍低，但没有热作件更换不便和故障频繁等缺陷。冷室压铸机的工艺指标为：压射压力大于50MPa，增压时间20ms（大型机可稍长），空压射速度8m/s。表4-17列出了冷室压铸与热室压铸工艺的比较。与热室压铸相比，采用冷室压铸法生产薄壁件时，可以通过提高压射力的方式来消除铸件在凝固收缩时形成的缺陷，相应地提高了熔体的充填速度。

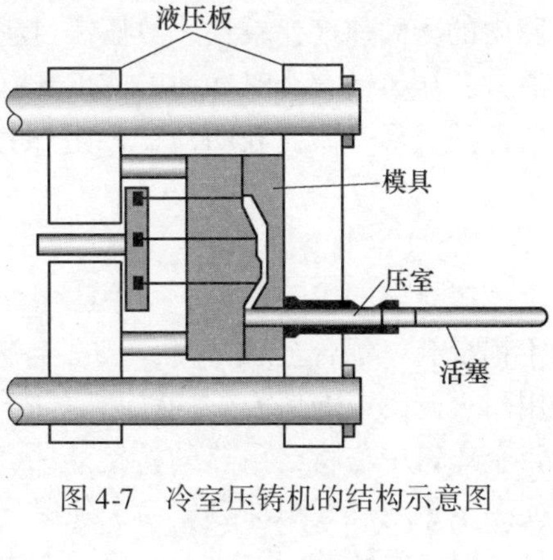

图4-7　冷室压铸机的结构示意图

表 4-17　冷室压铸与热室压铸工艺的比较

项　　目	热室压铸	冷室压铸	项　　目	热室压铸	冷室压铸
设备吨位/kN	3150	6000	表面质量	好	有飞边
压射压力/MPa	200	400	模具寿命/次	600000	约 400000
压射频率/(次/h)	150	200	材料回收量（%）	40	—
最小壁厚/mm	0.6	1.2			

4.2.5　镁合金的压铸工艺

1. 压铸工艺装置

压铸工艺装置是指压铸型、切边模、气密试验工具、清理工具以及专门检验工具的统称，其中压铸型与压铸机同等重要。镁合金压铸型的整体结构、浇口系统、排溢系统、抽芯系统、顶出机构、成形零件、成形尺寸计算、加热和冷却通道、安装机器的连接尺寸等的设计原则和构思与其他合金的相同。合金根据各自的特点来选取不同的技术数据和工艺参数。

镁合金用模具材料与铝合金的类似，模具和型芯通常采用热作工具钢，如 H13 钢。通常模具用 H13 优质钢为软化退火态，依靠球形碳化物来提高机械加工性。机械加工后，模具型腔部分硬化并部分退火至硬度 46～48HRC。模具型腔和某些特殊部分需要采用 H13 钢制造，通常只占模具质量的 20%～25%，其余部分可采用低碳钢或中碳钢制造。通常模具型腔表面要进行发蓝处理。如果模具型腔表面有厚度为 0.4μm 左右的渗氮层，则可以显著延长模具寿命。喷射大约 25000 次后，有时需要进行应力松弛和模具表面再抛光以保持低的表面粗糙度值。

镁合金单位体积的比热容比铝合金小，且铁在镁合金液中的溶解度很低，从而镁合金压铸型的寿命比铝合金的长得多，正常情况下为两倍以上。镁合金在模膛内的凝固速度比较快，故压铸过程不能太长，这便于克服凝固收缩产生的影响。通常，压铸镁合金时冲块的速度比压铸铝合金时的速度大 30% 以上，这有利于薄壁件的成形。研究表明，镁合金压铸件的抗拉强度大小受压射时冲头速度的影响很大。

2. 熔体制备

镁合金的熔炼在第 3 章中已做详细介绍，这里不再多述。镁合金压铸过程不同于铝合金。铝合金压铸时，液态金属通常从中心熔炼装置转送到每一台压铸机中用耐火砖砌成的保温炉内，再采用自动浇勺舀取金属液注入喷射缸体中；而在镁合金压铸中，将已预热的铸锭装入每台压铸机上自带低碳钢坩埚的熔炉中，一般使用电炉或燃气炉加热。为了确保安全，在浸入熔融金属前铸锭必须在 423K 以上预热以除去铸锭上的水分，将预热的铸锭以恒定的速度自动送入熔体中，避免金属熔体液面产生波动，从而增强熔体表面的保护。否则，金属液产生波动时，将导致坩埚壁上生成金属残余物，形成氧化物和碎屑。最好在送料口安置盖板，防止空气进入炉内或炉内保护气体的渗漏。此外，金属液面较低时会消耗更多的熔体保护气体。

单炉熔炼镁合金时，熔体中总存在成分偏析，因此一般采用双室熔炼炉熔炼。整个熔炼炉内都需要充满保护性气体。这种熔炼方法对热室压铸和冷室压铸都比较适应。

(1) 保护气氛熔融　镁合金具有很强的氧化倾向，必须防止液态金属氧化，以减少金属的损耗及氧化物夹杂进入到压铸件中形成夹杂等缺陷。多年来，常采用保护性熔剂覆盖在熔融金属表面来防止氧化，然而这种工艺在压铸技术中存在一些操作上的困难，特别是在热室压铸中，这种困难更加严重。目前，镁合金压铸行业大多采用保护性气氛。

表4-18列出了压铸高纯镁合金熔体用保护气氛，它们基本上是无毒无味的。熔体周围气氛或保护气氛中水汽含量过高时，将降低熔体保护效果。因此，需要降低干燥空气中的水汽含量（体积分数低于0.1%）。此外，空气湿度大的地区保护气体中会经常季节性地混入一些CO_2，这也会影响熔体保护效果。

表4-18　压铸高纯镁合金熔体用保护气氛

熔体温度/K	推荐用保护气氛[1]（体积分数,%）	操作条件		
		表面搅动	熔剂保护[2]	熔体保护效果
923～978	空气+0.04SF_6[3]	无	无	极好
923～978	空气+0.2SF_6	有	无	极好
923～978	75空气/25CO_2+0.2SF_6	有	有	极好
978～1033	50空气/50CO_2+0.3SF_6	有	无	极好
978～1033	50空气/50CO_2+0.3SF_6	有	有	好

① 水汽含量低于0.1%（体积分数）的干燥空气。

② 本操作之前已有熔剂保护。

③ 最低浓度。

在重力铸造工艺中有时可以用氩气来代替保护性气氛中的干燥空气，但在压铸工艺中禁止使用。与压铸相比，重力铸造用的存储和浇注设施要开放些，可以在氩气保护下进行熔炼。液态镁蒸气压高，在密闭设备内形成富镁的薄层。如果保护气氛中含有氩气，则设备内表面会镀上一层极薄的固态镁，在开启设备去除熔渣和残屑时，薄镁层容易发生爆炸。SF_6能降低液态镁的蒸气压并减轻设备内表面形成固态镁薄膜的倾向，向设备中通入少量氧（或者允许少量氧渗入）可以形成氧化镁沉积层，进一步降低爆炸反应倾向。

SF_6浓度越高，对坩埚的损耗越大，因此浓度不宜超过0.5%（体积分数）。特别是在高温下，如果SF_6的浓度超过一定比值，坩埚内可能发生剧烈反应甚至爆炸。因此，必须仔细控制气体混合物的组成，并使用针对气体混合物失效的报警装置。此外，带盖的坩埚不宜采用纯 SF_6气体。含 SF_6的保护气体相当昂贵，并且 SF_6存在潜在的全球温室效应，应尽可能降低 SF_6的排放。

（2）熔体成分控制与精炼　金属原料的纯度、熔炼和处理方式是影响优质镁合金压铸件（无氧化物或熔剂污染、耐蚀性优异）生产的主要因素。高纯 AZ91D 合金抗盐水腐蚀性非常好，这与合金中 Cu、Ni 和 Fe 含量极低有关。此外，合金中 Fe/Mn 比值必须控制在允许的极限值内。随着熔炼过程的进行，熔体中可能出现硼、锰和铝的损耗，从而有必要对熔体进行定时分析。铝能提高镁合金的强度、硬度和可铸性，但是铝含量过高会产生脆性。锌的作用与铝类似。此外，必须控制锰含量。

采用新型高纯压铸镁合金生产铜、镍和铁含量极低的铸件时，应该特别注意原材料选择、熔炼和熔体处理等。要严格控制原材料的铜、镍含量，选择铜、镍含量比较低的重熔铸锭，采用不含铜或镍的熔炼设备。

镁合金通常在铁或钢制设备中进行熔体处理，因此必须采取特殊的保护措施避免熔体中铁的富集。在合金铸锭生产中往熔体中添加锰可以控制铸锭中的铁含量，通过形成含铁和锰的金属间化合物颗粒来去除多余的铁，在铸造温度下铁元素将达到饱和。如果温度波动小，锰含量低，则铸锭中铁含量不会增加。温度变化对镁合金成分的影响见表 4-19。

表 4-19　温度变化对镁合金成分的影响

元　　素	热过程的影响
Al	铝稍微损失，主要是因为熔体表面氧化层中富铝
Zn、Si、RE	这些元素在镁合金熔体中溶解度高，在熔体处理过程中含量比较稳定
Be	添加（5～15）$\times10^{-6}$kg 的铍来防止熔体表面氧化，在合金熔炼过程中损失较多，在热循环过程中损失更严重
Mn、Fe	为了避免镁合金熔体中铁固溶量减少，添加了少量锰，温度下降时铁和锰的含量下降，温度上升时，其含量会缓慢上升。这反映了金属间化合物沉淀与固溶体的差异。由于坩埚壁溶解出少量的铁，因此铁、锰含量不能达到添加时的数量，而在高铁含量和低锰含量间建立平衡
Ni	镍影响镁合金的抗腐蚀性，成品内镍含量低于 0.002%，如果采用高镍不锈钢坩埚，镍含量会增加
Cu	铜也降低镁合金的抗腐蚀性，但最高允许含量高于镍。回收的镁合金部件可能导致镁合金富铜，使铜含量高于最高极限值

市售镁合金可能含有多种金属间化合物或非金属化合物夹杂。为了定量评价镁合金的洁净度，对定量金属进行过滤并测定过滤器中收集的夹杂物含量。表 4-20 列出了市售镁合金铸锭中常见的杂质。压铸车间采用的熔炼和熔体处理工艺也会影响镁合金压铸件成品的洁净度。

表 4-20　市售镁合金铸锭中常见的杂质

杂　质	来　源	特　性
金属间化合物颗粒	除铁过程中沉淀析出产物	晶体粒子（0.5～15μm）
盐	电解产物	NaCl、$CaCl_2$ 和 KCl 等氯化物
氧化物/氮化物粒子	与空气反应的产物	粒子积聚（1～100μm）
氧化膜	与空气/SF_6（SO_2）混合物反应的产物	长条形薄膜（0.1～1μm 厚，10～150μm 长）

3. 压铸温度

在压铸生产中，合金的浇注温度和模具的工作温度对熔体的充型成形、凝固过程以及模具的使用寿命和生产率都有很大的影响，必须严格控制。一般来说，AZ91 合金热室压铸温度为 923～953K，低铝含量镁合金为 933～963K。压铸是一个循环工艺，模具温度分布具有重复性。多数压铸机操作人员用油来加热和冷却模具，一般动模和定模内都有油道。通常，模具温度范围为 473～533K，温度波动越小越好。

生产镁合金压铸件时，必须选择合理的浇注温度。如果镁合金熔体温度过高，则凝固收缩大，铸件容易产生裂纹，晶粒粗大及粘型；温度太低则会产生浇不足、冷隔和表面裂纹等缺陷。合理的浇注温度应当是在保证理想充型条件下采用较低的浇注温度。在压射压力较高的情况下也可以降低浇注温度，甚至在半固态下进行压铸，但含硅量高的镁合金不适于半固态压铸。在开始压铸时，有必要将模具预热到一定的温度，便于熔体充型、成形。镁合金压铸型的预热和工作温度见表 4-21。模具温度影响镁合金压铸件质量，温度过高或过低将导致铸件中出现热裂和收缩等缺陷。

表 4-21　镁合金压铸型的预热和工作温度

铸件结构特点		铸件壁厚≤3mm		铸件壁厚＞3mm	
		结构简单	结构复杂	结构简单	结构复杂
温度/K	预热温度	423～453	473～503	393～423	423～453
	工作温度	453～513	423～453	423～453	473～503

4. 压铸过程

压铸过程对镁合金件质量和模具寿命等有较大的影响，因此需要合理控制压铸过程。

（1）模具润滑　通常压铸镁合金用模具润滑剂与压铸铝合金的类似。模具润滑剂可以降低黏滞倾向，多数情况下采用水基润滑剂。铁在镁合金中的溶解度非常小，因而压铸镁合金模具黏滞程度比铝合金的低，所以喷涂次数可以减少。镁的体积比热容只有铝的 2/3，几乎不需要使用模具润滑剂来做冷却介质。压铸镁合金时，应该尽可能地缩短使用模具润滑剂时间，一般为铝的 50%，并且采取措施避免熔体被炭化润滑剂污染。镁合金通常使用高浓度润滑剂来降低模具的含水量。

镁合金润滑剂与铝合金相同，效果很好，若使用自动化系统，可以很好地实现模具润滑。

（2）充填时间　充填时间与镁合金熔体的流动特性及温度、模具温度、铸件的结构形状及壁厚等工艺参数有关，可以通过压射比压、压射速度和内浇口尺寸来调整，一般为0.01～0.2s。为了减少铸造缺陷，充填时间是设计压铸浇口系统和确定铸造温度的一个重要因素。使用北美压铸协会的浇口公式可以计算充填时间，即

$$t = 0.0346\left[\frac{(T_m - T_f + 2.5S)}{T_f - T_d)}\right]T \tag{4-5}$$

式中，t 为充填时间（s）；T_m 为金属温度；T_f 为最低流动温度；S 为进料时的最大固相量；T_d 为模具温度；T 为平均壁厚（mm）。

（3）内浇口速度　镁合金压铸时的内浇口速度随铸件结构类型而异，通常为30～80m/s。薄壁件的浇口速度可到100m/s，铸件壁厚大于5mm时浇口速度可以低于30m/s。由于镁合金熔体的充型速度大，熔体喷射时产生的搅动作用将带走模具表面的氧化物涂层、润滑剂和脱模剂等，但有利于提高镁合金铸件的组织均匀性。为了获得弥散分布效果理想的组织，内浇口的浇注速度应达到90～100m/s。然而，提高浇口速度会导致模具磨损增加。此外，内浇口速度过高时，镁合金同样会与型腔壁面相互焊合而产生黏模现象。通常，在不影响铸件质量的前提下应尽可能地减小浇口速度。

（4）压射压力　热室压铸时合金熔体充型压力一般为20～30MPa。冷室压铸的充型压力要大一些，一般为40～80MPa。

现代压铸机具有能提供压射力分布图精细调节的控制设备和能够显示每次压射铸造参数的计算机数据记录系统。完整压射曲线图的数据量非常大，包括速度和压力变化。因此，大部分系统只能记录生产控制用关键参数。压射分布曲线可以用来详细研究模具充填顺序。金属流量受到约束时，流动速度减小，熔体压力增加，从压射图可以确定模具型腔的充填时间。此外，压射图也能说明机器存在的问题。例如，压射第一阶段压力增加，说明压射缸体的摩擦力大。热室压铸机模具充填完毕后活塞快速移动是压射装置磨损的征兆。

（5）保压时间　压铸时合金熔体的凝固过程要持续一段时间，为了获得高质量的镁合金压铸件，必须对压铸件保压一段时间，其长短与合金特性及铸件壁厚有关。厚壁铸件所需的保压时间较长，反之，保压时间可稍短一些。

4.2.6　镁合金压铸技术的发展趋势

传统的压铸技术使镁合金熔体以高速的紊流状态充填压铸型腔，使型腔内气体（包括空气、保护性气氛和模具表面润滑剂所产生的挥发物）无法排出，形成高压微孔或溶解在合金内，甚至在充模过程中产生气隔，中断充模过程。这些气

孔在高温下析出或膨胀导致铸件变形和表面鼓包，因此传统压铸方法生产的镁合金压铸件类似于其他合金的压铸件，不可以进行热处理强化，也不能在较高温度下使用。

近20年来，为了消除这些缺陷、提高压铸件的内在质量和扩大压铸技术的应用范围，人们相继开发和应用了一些新的压铸方法，如真空压铸、充氧压铸和半固态压铸等。与传统压铸技术相比，这些新方法在消除镁合金压铸件铸造缺陷和提高力学性能及表面与内在质量上具有极大的优越性。

1. 真空压铸技术

真空压铸是通过在压铸过程中排除型腔内气体而消除或减少压铸件内的气孔和溶解气体来提高压铸件的力学性能和表面质量。真空压铸过程中冲头速度最大达10m/s，充型时间一般为20～30s。真空压铸镁合金铸件的最小壁厚可达1.5～2.0mm，铸件强度比普通压铸件可提高10%以上，韧性可提高20%～50%。此外，真空压铸还可以提高AM合金的延展性，如AM50的断后伸长率由普通压铸的15%提高到19%。

目前，人们已经成功地采用真空压铸法生产出AM60B镁合金汽车轮毂和转向盘。由于真空压铸对镁合金压铸件性能的改善不如铝合金显著，从而镁合金真空压铸技术应用并不十分普遍。

2. 充氧压铸技术

充氧压铸也称为无气孔压铸。充氧压铸是在金属熔体充型前，将氧气或其他活性气体充入型腔，置换型腔内的空气，金属液充型时，活性气体与充型金属熔体反应生成金属氧化物微粒弥散分布在压铸件内，从而消除了压铸件中的气体，使镁合金压铸件可以进行热处理强化。日本轻金属公司用充氧压铸技术生产出了AZ91镁合金计算机整体磁头支架、汽车轮毂等产品。

3. 压缩成形技术

美国俄亥俄精密成形公司研究了一种镁合金压缩成形技术，是在整个压铸件表面加压的成形方法。镁合金压铸件在压力作用下凝固，改善了金属的微观组织，减小了晶粒尺寸和空隙率，铸件致密均匀，且生产出的铸件性能接近锻件，可用于生产性能要求高、形状复杂的镁合金铸件。

4. 大型热室压铸机和冷室压铸机

热室压铸机的锁型力一般在7.84MN以下，通常用于生产质量不大的薄壁压铸件，压铸件最适合的质量在1.35kg以下。英国Kirk Precision公司采用专门设计的热室压铸机生产镁合金自行车车架，锁型力为9.8MN，压铸单件质量达2.5kg的自行车架的生产能力为70件/h。该机配有ABB Robotics公司提供的取件机器人。美国White Metal Cating公司生产的外形尺寸为610mm×610mm的计算机镁合金外壳也是用大型热室压铸机生产的。目前，对热室压铸机的改进主要包括：采用蓄能器增压，压射柱塞的压射速度可达6m/s；感应加热鹅颈管和喷嘴保持最适宜的温度；采用双炉熔化保温，并采用绝热装置和再循环管道，精确保持熔池温度；易磨损件进行镀铬以提高其使用寿命。

在冷室压铸机方面，美国 Prince 公司 1986 年研制了第一台锁型力达 11.76MN 的大型镁合金冷室压铸机。1990 年又研制出了锁型力达 13.72MN 的大型镁合金冷室压铸机，该机集镁合金熔化、压铸于一体，并采用了取件机器人，使整台机组成为一个完整的压铸生产单元。该公司制造的镁合金冷室压铸机的压射柱塞最大速度达 8.9m/s，增压速度变化时间控制在 20ms 以内，金属熔体所受的最小静压为 4.9MPa。德国奥迪汽车仪表板的长度为 1440mm，壁厚为 3.5mm，质量为 4.2kg，其是在装有自动浇注机构的锁型力为 24.5MN 的冷室压铸机上压铸的。用冷室压铸机生产的镁合金压铸件还有汽车座椅框架和轮毂等。

4.3 镁合金挤压铸造

挤压铸造是采用低的充型速度和最小的扰动，使金属液在高压下凝固，以获得可热处理的高致密铸件的铸造工艺。研究表明，当充型速度小于 2m/s、充型压力大于 70MPa 时，即可获得较好的铸件。目前全世界约有 300 台挤压铸造机，主要用于生产汽车、自行车、空调、阀、泵等产品的零件。

挤压铸造工艺原理是：合金熔体被倒入到模具的型腔内，在挤压铸造机压射冲头（也称冲头）的机械压力作用下被挤压成形，并在压力作用下凝固。这种工艺的特点是：铸件组织致密度高甚至可达到完全致密，气孔、疏松、缩孔等缺陷少，晶粒组织细小均匀，力学性能有时可达到合金锻件的水平；铸件在压力状态下凝固成形，可以防止铸件变形开裂；工艺简单，操作方便灵活，自动化水平高，成品率高。该技术可用于生产强度高、气密性好的壁板类铸件或铸锭，如各种阀体、机架、汽车轮盘、车门等，铸件质量从几十克到三十多千克。

4.3.1 挤压铸造的分类

挤压铸造分为直接挤压铸造和间接挤压铸造两种。

直接挤压铸造法适于生产形状简单的对称结构铸件，如活塞、卡钳、主气缸等。其工艺特点是无浇注系统，充型压力直接施加在型腔内的金属熔体上，充型金属液凝固速度快，所获得铸件组织致密、晶粒细小，但浇注金属液需精确定量。

间接挤压铸造法的特点是充型压力通过浇道传递给充型金属液。与直接挤压铸造法相比，间接挤压铸造法难在铸件凝固过程中保持较高压力，不利于生产凝固温度区间大的合金铸件，铸件的成品率也较低，但它不需要配置精确的定量浇注系统，生产柔性好，因此，目前其应用要比直接挤压铸造法广泛。尤其是称为垂直挤压铸造（Vertical Squeezing Casting，VSC）的间接挤压铸造法在铸件凝固过程中可保持高达 100MPa 的压力，能够生产内部无缺陷的复杂形状铸件，大大拓展了挤压铸造的应用范围。用 VSC 法生产的铸件最大尺寸取决于机器的能力。其缺点是由于充型速度太小，部分金属液在充型过程中冷凝，无法生产壁厚小于 4mm、形状复杂的薄壁铸件。

4.3.2 挤压铸造的发展

1. 挤压-低压铸造

挤压-低压铸造的特点是将挤压铸造与低压铸造及电磁定量浇注泵合成一体，具有下列优点：

1）缩短了从供料到挤压之间金属液的停留时间，不但可以减少铸件中的不均匀凝固，而且缩短了铸件生产的循环周期。

2）生产过程中金属液与空气隔绝，有效地防止了镁合金液的氧化甚至燃烧。

3）镁合金液可在较低温度下保温和浇注，因此可生产形状复杂的薄壁镁合金铸件，但其设备投入很高，限制了其更广泛的工业应用。

2. 挤压-流变铸造

这种挤压铸造与流变铸造相结合的铸造工艺，可在同一工作单元内实现对熔体的搅拌、压射及施加挤压压力。安装在压射室外围的电磁搅拌装置用于搅拌降温过程中的熔体，当达到特定固相分数所要求的搅拌时间后，压射冲头将浆料压入型腔并保压。这种工艺可充分利用两种铸造成形方法的长处，弥补流变铸造本身的局限，提高了铸型寿命。

4.4 镁合金半固态成形

金属材料的凝固加工技术不仅要求金属熔体具有良好的流动性，能够顺利地充型成形，并能补缩以消除缩孔、疏松等缺陷；而且希望凝固组织细小，晶粒呈等轴状，无成分偏析，组织均匀，加工件的致密度高，以获得组织性能优异的产品。为了提高铸件的尺寸精度和质量，人们研究开发出了多种铸造新技术，如压力铸造、挤压铸造和精密铸造等，其本质是利用外力来提高合金熔体的流动和充型性能。

然而，金属熔体在凝固过程中的流动性能除了与自身的特性有关，还与熔体中初生相的形态、尺寸、体积分数有关，于是开发了半固态成形技术。采用半固态成形技术可以生产出高性能的镁合金零部件。

4.4.1 半固态成形技术简介

半固态成形技术，本质上是将金属熔体在凝固过程中由于受到强烈搅拌而形成的一种含有一定固相颗粒的固液混合浆料进行成形的技术。根据工艺流程不同，半固态成形工艺分为流变成形和触变成形两类。前者是指在金属凝固过程中，对熔体施加强烈的搅拌，充分打碎树枝状的初生晶体，得到一种液态金属中均匀地悬浮着一定数量球状初生相的固液混合浆料（固相含量可达到50%[⊖]），即流变浆料，然后直接成形加工；后者是指将流变浆料凝固成铸锭，按需要将铸锭分割成一定大小，并二次加热至金属的半固态区进行成形加工。

半固态成形工艺具有以下特点：

1）成形温度较普通铸造的低，不仅降低了能耗，而且由于合金在凝固时已释放了部分结晶潜热，因此减轻了对模具的热冲击，模具寿命大幅度提高。

2）半固态浆料成形压力低，容易制备大件，成形速度快，可以成形结构和外形复杂的零部件。

3）工艺简单。半固态浆料的凝固收缩小，铸件的尺寸精度高，大大减少了机械加工量，可以生产薄壁零件，实现近净成形。

4）铸件组织微细且均匀，半固态铸件的组织一般为微细的等轴晶组织，消除了传统铸件中的粗大树枝晶或柱状晶，大大减少了铸件内部气孔、缩松、偏析等缺陷。半固态浆料在充型时以层流形式平稳地流入模膛内，不会像液态金属一样形成湍流和溅射，这既有利于减少气体的卷入和氧化，提高铸件的内部与表面质量，还可以减轻对模具的热冲击和表面冲刷作用。

5）铸件力学性能优异。

6）适用范围广。凡是相图上存在固液两相区的合金系都可以进行半固态成形，如铁基、铝基、锌基、镁基、铜基等合金材料。

7）容易实现连续化和自动化生产，过程可控性较强。

相对而言，流变铸造工艺简单，能耗（不需二次加热）和铸件成本低，但半固态金属浆料的保持和输送要求严格且困难，自动化生产困难，从而发展非常缓慢。国内外工业应用的半固态铸造技术主要是指触变铸造技术。在触变铸造前，首先要制备半固态坯料，因而成本高，二次加热增加了能耗，工艺过程较复杂，但容易实现自动化生产，因而得到较大发展。

近年来，世界各国研究人员在研究金属铸造技术的同时，将塑料注射成形原理应用于半固态铸造工艺中，形成了流变和触变注射成形新工艺，它们集半固态金属浆料的制备、输送、成形等过程于一体，较好地解决了半固态浆料的保存、输送、成形控制等问题，这使半固态铸造技术的工业化应用成为可能。

4.4.2 镁合金半固态成形用原材料的制备

半固态成形过程一般包括非枝晶组织坯料的制备和半固态成形两个阶段。制备具有非枝晶组织的优质坯料是半固态成形的前提。无论从经济角度还是从过程稳定性角度看，半固态金属及合金坯料的制备都处于非常重要的地位。

⊖ 体积分数。

1. 半固态组织的特征

合金熔体在普通铸造过程中一般容易形成树枝状晶体、柱状晶体或粗大的等轴状晶体，这种组织会大幅度提高熔体的黏度，降低其流动性。若在凝固过程中对熔体施以强烈搅拌，在剪切力作用下，上述树枝状组织被破碎，并随着搅拌时间的延长而形成等轴状的固相，这种熔体的黏度和流动性较好。典型的半固态组织是由细小等轴的初始固相颗粒和残余的液相组成。这种无枝晶组织的半固态浆料具有独特的流变学特性，即触变性和伪塑性，可用表观黏度来表征流变性的好坏。影响表观黏度的因素很多，主要有浆料中固相颗粒的体积分数、固相颗粒的形状大小及粒度分布、颗粒间的相互作用及聚集状态、浆料的剪切速率和冷却速度等。

搅拌方式、剪切速率、熔体温度、冷却速度和搅拌时间等都影响半固态合金组织。合金熔体在强烈搅拌作用下，结晶形成的枝晶被破碎，枝晶碎片在流动熔体的作用下逐渐球化，形成等轴状固相颗粒，其球化速率取决于抗剪强度和搅拌速率。

2. 非枝晶组织半固态浆料的制备

根据原材料所处状态的不同，可将具有非枝晶组织半固态浆料的制备方法分为：液相法、固相法和其他方法。

（1）液相法　该方法是采用外场如机械搅拌、电磁场和超声波等对熔体进行处理，破碎初生的固相枝晶组织，并形成球状颗粒。

1）机械搅拌法是最早采用的一种半固态浆料制备方法，分为间歇式和连续式两种。机械搅拌法的工艺参数（搅拌温度、搅拌速度、冷却速度等）难以控制，容易卷入气体，搅拌器与熔体接触容易造成污染，工艺重复性差，难以保证产品质量的一致性，并且坯料中固相颗粒的尺寸较大，一般为200μm。此外，机械搅拌法生产率低、固相体积分数只能限制在30%～60%。由于镁合金比较活泼，搅拌时容易产生严重的氧化、燃烧问题，因此，搅拌设备在设计方面要考虑这些因素。目前，该方法还未应用于镁合金的生产中，只有一些研究性的试验报道。

日本学者在镁合金的半固态搅拌及成形工艺方面进行了系统研究，重点研究了AZ91D合金在半固态加工过程中的组织演变规律，并开发出相关的镁合金半固态成形设备。长冈技术科学大学研究了AZ91D合金在半固态搅拌、凝固过程中材料的组织和性能特点，设计了一种半固态搅拌装置，在搅拌镁合金时，为了防止氧化、燃烧，装置内通入了SF_6和CO_2混合气体（比例1∶100），熔体温度通过热电偶测量和控制。搅拌在钢制坩埚内进行，搅拌结束后，将坩埚放入水槽中冷却，通过改变搅拌杆的臂长来控制搅拌强度。

2）电磁搅拌法是利用旋转电磁场在金属液中产生感应电流，金属液在洛仑兹力作用下产生运动，实现搅拌。这是一种非接触式的搅拌方法，它可以克服机械搅拌法所存在的不足之处而成为一种主要的搅拌方式。从搅拌时金属液的流动方式来分有水平式和垂直式两种；从旋转磁场产生的方式可分为交变电磁场和永磁场两种。主要工艺参数有搅拌功率、冷却速度、金属液温度、浇注速度等。电磁搅拌能使金属液产生三维流动，增加搅拌效果，所制备的铸锭晶粒尺寸一般可达60μm，为球状等轴晶组织。电磁搅拌法克服了机械搅拌的大部分缺点，不污染金属浆料，不会卷入气体，可实现连铸，生产率高，且电磁参数控制方便灵活，是目前工业化生产中应用最为广泛的方法。但是设备投资大，工艺复杂，成本高。另外，这种搅拌方法仅限于小直径（150mm 以下的）锭坯的制备，锭坯内外组织不均匀。

（2）固相法　固相法的原理是采用粉末冶金法和喷射沉积法制备出的具有等轴晶粒组织的合金锭坯，将其加热到半固态温度区间，以获得具有球状固相悬浮于液相中的半固态浆料；或是采用挤压、拉拔、轧制、锻造或扭转等方法将普通铸造合金锭坯强烈地塑性变形，破坏锭坯中的枝晶组织，然后将其加热到再结晶温度以上使之再结晶，获得细小的晶粒组织，然后将坯料加热到固-液两相线之间的温度形成半固态浆料，该方法又被称为应变诱发激活法（strain-induced melt activation，SIMA）。与其他方法相比，它增加了一道变形工序，且只适合于制备直径小于 60mm 的坯料。

（3）其他方法　通过控制合金熔体的凝固速度，或加入变质元素，抑制枝晶组织的形成，形成含有等轴颗粒的细晶组织，再加热到固-液两相区也可以获得半固态浆料。主要工艺参数有变质元素种类、加入量、熔体温度和保温时间等。

近年来，又开发出了一些新的非枝晶组织制备方法，如控制浇注温度法、超声波处理法、剪切-冷却-滚动法等。

4.4.3　半固态成形工艺

1. 流变成形

所谓流变成形是采用各种方法制备出半固态合金浆料，进行压铸或挤压成形的一种工艺方法。半固态浆料与全液态合金熔体显著不同，不能直接进行重力铸造，必须依靠一定的压力来完成浆料的流动充型过程，也可以直接进行模锻，这类工艺也称为流变铸造。

尽管流变铸造技术在半固态技术发展的初期被认为是一种合金制品生产新技术，但一直未能实现工业化生产，这可能与采用搅拌法制备的半固态浆料质量有关系。由于采用棒式或叶轮式机械搅拌法制备的浆料中，存在粗大蔷薇状颗粒(尺寸一般在几百微米至毫米级之间)，这种浆料的流变性不够理想，不能很理想地铸造或锻造成形。采用电磁搅拌法又会产生退化的等轴枝晶组织，这也不适于后续的直接铸造成形，除非保温时间足够长以实现颗粒的球化。此外这些方法的生产率低，工艺过程可控性不强，但是流变铸造法的工艺简单、能耗低。为了将该技术投入应用，Helmut Kaufmann 等研究开发了一种新的流变铸造工艺（new rheocasting，NRC)，其基本思想为：采用合适的工艺促使 α 晶粒强制均匀形核，并通过控制冷却使之生长成为球状粒子。

2. 触变成形

触变成形是将具有触变组织的合金锭坯重新加热到半固态温度区间，形成所需的浆料，进行压铸、挤压或锻造成形的工艺，是一种近净成形工艺。由于半固态金属坯料加热、输送方便，易于实现自动化操作，因此，触变成形是目前应用最为广泛的半固态金属成形方法。

1）二次加热在半固态触变成形之前，先要进行半固态重熔加热。首先根据加工零件大小切取相应质量或体积的坯料（具有非枝晶组织），再加热到半固态温度成形加工。二次加热的目的之一是获得不同工艺所需的固体体积分数；其二是将有些工艺如电磁搅拌、化学晶粒细化法等获得的细小枝晶碎片进行球化处理，为触变成形创造有利条件。对于金属半固态成形，坯料的半固态重熔加热是一个重要过程，它要求坯料的加热温控精度高，即使 1 ~ 2K 的温度误差也会显著影响坯料的组织，同时，成形工艺还要求坯料的重熔加热要具有一定的速度。为了保证坯料的重熔加热精度、加热速度和温度均匀性，目前普遍采用电磁感应加热，但它的缺点是能量利用率低。

除了电磁感应加热方式外，半固态金属及合金坯料的重熔加热也可以采用电阻炉、盐浴炉加热，加热温度可以很精确，并可以直接测温，坯料不易坍塌，但所需加热时间较长，因而显微组织容易粗大、坯料表皮氧化加重。为了实现精确加热金属坯料，对加热中的坯料进行温度监控尤其重要，AEG 公司开发了能量测量法，Buhler 和 EFU 公司开发了感应圈涡电流法，还可以采用尖针侵入法，这些方法都可以实现坯料加热的温度监控，从而使金属及合金的半固态成形过程更加稳定可靠。

2）成形工艺根据半固态浆料的成形方式不同，可分为触变铸造、触变挤压、触变锻造和触变轧制等几种工艺。触变压铸法是半固态压铸工艺中的重要方法，其中水平式冷室压铸又是主要的工艺路线。半固态挤压工艺和普通的热挤压工艺情况基本相同，被加热到半固态的坯料（通过控制温度来保持其固态形状，避免自重造成的形状破坏）被放入到挤压模膛体内，挤压成最终产品。由于半固态浆料的晶界强度很低，坯料变形抗力很小。该工艺所需挤压力仅是普通热挤压的 1/4 ~ 1/5，这样就可以在较大范围内调节挤压比，提高产品的致密度。半固态坯料在锻模内可以锻造成形状复杂的零部件，成形力低，工艺简单。该工艺的关键因素是模具结构、温度、坯料的固相量、锻压设备的性能等。

目前所使用的工业用触变成形装置如图 4-8 所示。该装置由高速射出机构、原料输送部、螺杆、套筒和喷嘴组成。整个机构与塑料的注塑机很像。首先将镁合金锭加工成细颗粒状，将此种镁合金颗粒装入料斗中，强制输送到机筒中，机筒中旋转的螺杆驱使镁合金颗粒向模具方向运动，当其到达机筒加热部位时，合金颗粒呈部分熔融状态，在螺旋体的剪切作用下，具有枝晶组织的合金料形成了具有触变结构的半固态镁合金，当其累积到一定体积时，被高速（5.5m/s）注射到抽成真空的预热型腔中成形。半固态合金在外力作用下可以像热塑性塑料一样流动成形，但触变注射成形的温度、压力和螺杆旋转速度远远高于注塑设备。成形的加热系统采用了电阻和感应加热的复合工艺，将合金加热至（582±2）℃，固相体积分数达60%，同时通入氩气进行保护。蓄积的半熔化镁合金通过螺杆的高速前进射向金属模具的模膛内。

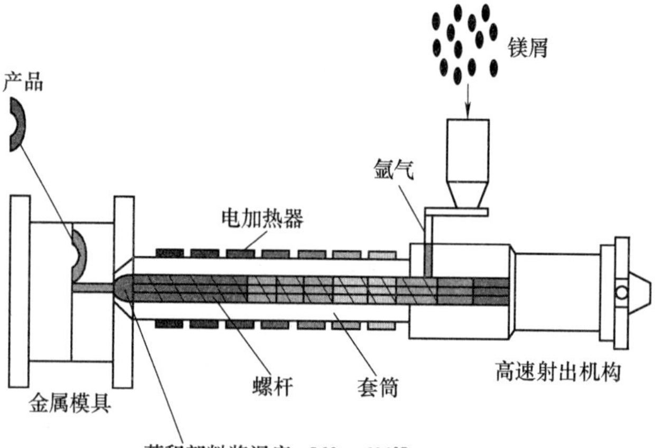

图4-8 触变成形装置示意图

4.4.4 镁合金半固态成形技术的发展与应用

半固态金属成形因具有许多独特的优点而在国内外得到广泛应用。触变成形作为一种可实现商业化生产的半固态加工工艺，在近净成形方面极具竞争力。此外，它还符合经济环保要求。

美国在半固态金属成形领域处于领先地位。Alumax公司在1994年建立了第一个用半固态技术生产汽车零件的工厂，每年可生产2400万个零部件。1996年在阿肯色州筹建了第二个半固态技术专业厂，目前该厂能生产质量为10g～10kg，最大直径为500mm的零件。1995年该公司生产出了500多万件汽车及其他零件，包括汽车空调箱体、火箭支架底座、制动、发动机燃料输送系统和悬挂件等。此外，美国还有数家公司如Linherg Corporation、CML International、Formcast、Johnson Controls、Hot Metal Molding和Madison-Kipp等都已经或正准备采用半固态成形技术生产铝合金或镁合金零件，其产品主要着眼于汽车市场。

瑞士Buhler公司用合型力为18MN的压铸机生产出了铝合金汽车悬挂件、自行车零件和汽车转向齿轮等，并已系列化生产供应世界各地用户。目前，该公司还采用与半固态压铸铝合金相同的主要设备制备了半固态镁合金压铸件。

意大利、日本和德国等也开展了半固态成形铝合金及镁合金的研究，并在汽车领域得到了广泛的应用。日本 Shigehara Kamado 等采用半固态成形技术在 716K 下制备了 Mg-13. 5% Zn-8. 1% Al-0. 1% Ca 系合金。高锌和铝合金半固态成形合金具有固相粒子均匀化分布的均匀组织，并且高温抗拉强度高于 AZ91D。国内半固态铸件的生产报道较少，在半固态理论研究方面，只有上海交通大学轻合金精密成形技术研究中心等少数几所大学和研究所开展了一些工作。半固态金属成形制品的主要市场是汽车工业，主要生产方式为触变铸造。目前国内以轿车为中心的汽车工业、摩托车工业发展迅猛，为压铸件提供了广阔的市场。由于镁合金压铸件对实现汽车轻量化、高速、节能和环保等整体功能效果显著，镁合金压铸件的需求量很大。采用半固态成形法生产镁合金零件可以加速我国汽车工业的发展，提高汽车工业的水平。

4.5 镁合金连续铸造

连续铸造技术是 19 世纪中后期提出的一种铸造成形技术，最早用于低熔点有色金属的浇注，如铜、铝等。20 世纪 50 年代后开始用于钢材的工业化生产。目前，连续铸造技术的开发和应用已成为衡量一个国家金属工业发展水平的标志之一。

连续铸造是将液体金属连续地浇入到通水强制冷却的金属型（即结晶器）中，又不断地从金属型的另一端连续地拉出已凝固或具有一定完结厚度的铸件。当铸件从金属型中拉出达到一定长度时，可以在不间断浇注的情况下，将铸件切断，也可以在铸件达到一定长度时，停止浇注，以获得一定长度的铸件。有时人们把后面一种连续铸造法称为半连续铸造。

4.5.1 连续铸造的工艺与设备

1. 常规连续铸造

连续铸锭示意图如图 4-9 所示，先在结晶器下端插入引锭形成结晶器的底，当浇入一定高度的金属液后开动拉锭装置，铸锭便随引锭下降，这样金属液不断地从结晶器上端浇入，连续地将铸锭从结晶器下端拉出。

首先介绍一下结晶器，它是连铸中的一个关键设备。在镁合金铸造时，热负荷升高和不稳定性会导致滑动结晶器工作壁磨损和扭曲；结晶器壁温度场的脉动特征会导致工作壁在热循环负荷下产生疲劳现象。采用低熔点熔渣，虽然散热量平衡、热循环负荷消除以及工作壁寿命提高，但避免不了工作壁的扭曲，保证不了冷却系统的安全可靠运行。

扭曲对结晶器的使用寿命有决定性的影响，且使铸造一开始就可能在结晶器壁出现挂锭现象，从而破坏了正常的热传导状态，有损铸锭质量。减少扭曲，提高结晶器寿命，不仅可以大大提高铸锭的质量，而且可以减少加工工作壁的费用和节省重新安装结晶器所花费的时间，从而大大缩短了连铸机停产的时间，提高生产率。因而具有重要的经济价值和实际意义。通过理论计算和试验研究，在提高结晶器寿命方面获得了以下结论：

1）按比例减少滑动结晶器的高度，采用较窄宽度的水冷槽，可以减少结晶器工作壁的扭曲变形。

2）结晶器材料的综合物理参数对使用寿命有决定性的影响，选用的原则是尽量降低结晶器材料的弹性模量、工作壁的热膨胀系数、速度。

3）改进结晶器的结构，采用组合式滑动结晶器或应用开槽的滑动结晶器。

结晶器的水冷受以下参数的影响：

1）水压。为使浇入结晶器的金属液迅速凝固和保护结晶器避免受热过度，结晶器内的冷却水须有较快的流速，故水压不宜过低。

2）冷却水。温差结晶器的进水和出水的温差小说明冷却强度大。温差的大小对拉管的速度和结晶器的寿命影响很大。一般温差在 6 ~ 20℃之间，小管温差取上限。

3）水流量。结晶器中水的流量和水压与进出水管径及水隙等结构有关。水量过小会影响冷却强度。一般水的流量可根据进出水的温差是否适当加以调整，其流量为 0.10 ~ 2.12m^3/min。

根据结晶器轴线在空间的布置特点，基本上可把连续铸锭方法分为两种类型：立式连续铸锭和卧式连续铸锭，如图 4-9 所示。

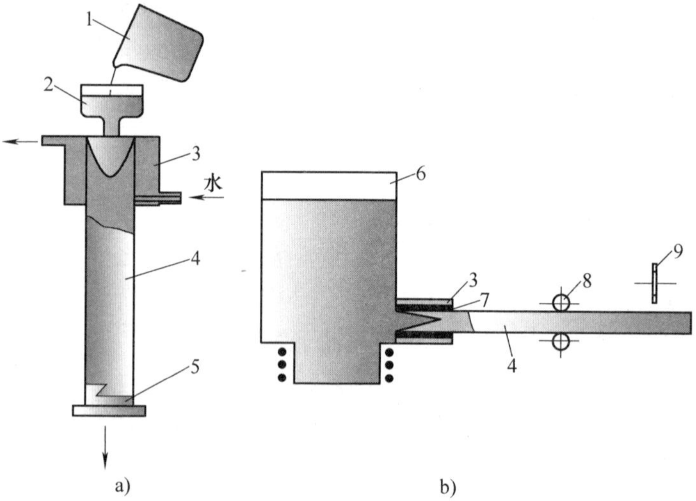

图 4-9　连续铸锭示意图

a）立式连续铸锭　b）卧式连续铸锭

1—浇包　2—浇口杯或中间浇包　3—结晶器　4—铸坯　5—引锭

6—保温炉　7—石墨工作套　8—引拔辊　9—切割机

（1）立式连续铸锭　立式连续铸锭示意图如图 4-9a 所示。结晶器的轴线垂直而立，它常用导热性较大的纯铜或铜合金制成。结晶器内部通以冷却水。浇注开始前，先把引锭上提，封住结晶器的下口，液体金属逐渐浇入结晶器中，待结晶器内金属液上升至一定高度时，结晶器下部的金属已凝固了一定的硬壳厚度。这时，引锭便开始下移，并从结晶器中拉出已凝固的铸件。此时，在结晶器上部仍继续以一定的速度浇注金属，以保持结晶器内金属自由表面的高度。为了减少凝固铸锭自型中拔出时所遇到的阻力，结晶器在工作时常做一定频率和振幅的上下振动，同时沿结晶器内壁刷油，油燃烧后在结晶器内壁上形成的煤烟可起一定的润滑作用。结晶器内金属的散热方向为向四周和向下，故在铸锭上部和下部中心形成如图 4-9a 所示的液穴。铸锭拔出的速度越大，向铸锭下部的散热条件越差，则铸锭中形成的液穴会越长。太长的液穴会使铸锭中心部位形成缩孔。所以，为了缩短液穴，也为了提高生产率，常在结晶器的下面安装喷水装置作为二次冷却区，使自结晶器中拔出的铸锭在结晶器外经受水的激冷。

铝合金、镁合金锭材的连续铸造也常用这种方法，但一般只采用半连续铸造法。

立式连续铸锭法所需车间面积较小，但常要求有较高的厂房，机器结构也较复杂。

（2）卧式连续铸锭　图 4-9b 所示为卧式连续铸锭示意图，在这种连续铸锭机上，结晶器的轴线水平布置，在其型腔部位是一石墨工作套。结晶器一端与保温炉相连，故液体金属可自动地充填结晶器型腔。铸锭的拔出是脉冲式的，即拔出一定长度后，稍停，再拔，如此周而复始地进行。铸锭的拨出速度由引拔辊的转数控制，当铸锭达到一定长度时，切割机以与铸锭相同的速度往右移动，同时切割机进刀将铸锭切断。

卧式连续铸锭厂房高度较低，机器均设在地面上，结构简单，易于维修，可节省基建投资。而由于液体金属可由保温炉直接进入结晶器，可防止产生氧化、夹杂。不足之处是所需车间面积较大。

2. 热型连续铸造

热型连续铸造法又称为大野连铸法（Ohno Continuous Casting，OCC），是日本千叶工业大学教授大野笃美（A. Ohno）于 1978 年发明，并于 1986 年首次发表的，其原理如图 4-10 所示。

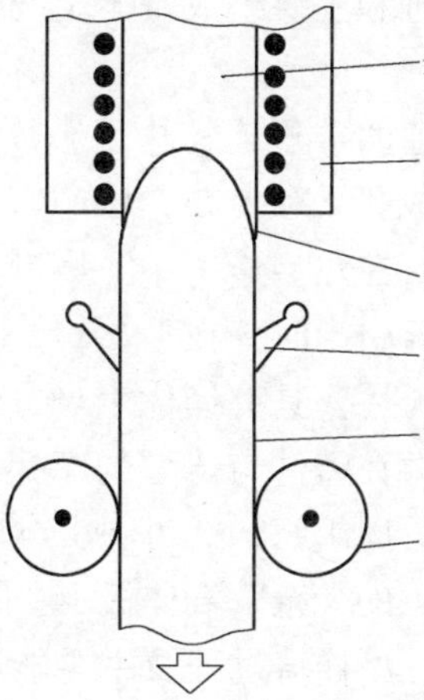

图 4-10　热型连铸原理图

与普通连铸法的根本区别是：它的铸型（结晶器）不进行强制冷却，而是加热至高于被铸金属的液相线温度以上，并通过型外喷射冷却，使热量沿拉铸方向由铸型出口向冷却区传输，从而使金属液在铸型出口端凝固结壳并被连续拉出。因此，热型连铸法具有下述特点：

1）在铸型出口端与冷却区之间有悬殊的温差和高的温度梯度，型内金属液的热量主要沿拉铸方向单方向传输，造成有利于单向凝固的条件，可铸得长度不受限制的单晶和柱晶。

2）金属液在铸型出口端凝固结壳，显著减小铸件与型壁的摩擦磨损，可铸得表面非常光洁的复杂截面形状的薄壁型材。

3）沿拉铸方向单向凝固，补缩良好，且可将金属液中的气体和杂质从凝固前沿排斥到型内金属液中，获得纯净致密的铸材，还可获得单晶或柱状晶材料。

根据铸造合金和铸材形状及尺寸的不同，目前已开发出各种热型连铸装置。其中最常用的是水平热型连铸装置，如图4-11所示。

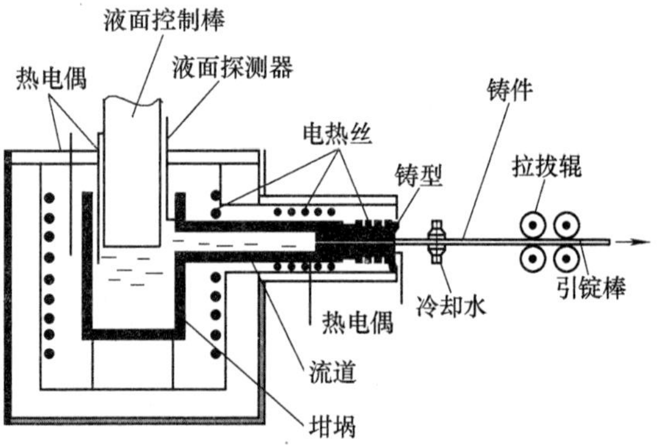

图4-11　水平热型连铸装置示意图

水平热型连铸装置主要用于连铸直径较小的棒材，由坩埚熔炼炉、金属液流道、铸型、喷射冷却系统、拉拔辊及监控系统组成。坩埚、流道和铸型由电热丝加热，热电偶控温，坩埚内金属液面高度由液面探测器和液面控制棒监控，通过调节控制棒插入熔池的深度，使坩埚内熔池液面高度保持恒定。已开发的其他类型热型连铸装置有竖直上拉、竖直下拉、水平带状和双金属热型连铸装置等。竖直上拉热型连铸装置主要用于连铸高熔点合金，竖直下拉热型连铸装置主要用于连铸大直径铜材，水平带状热型连铸装置主要用于连铸铝、镁合金带材。它们的工艺原理和主要组成基本上与水平热型连铸相同，但在装置结构和铸型结构上各有特点。

在普通的常规连铸中，金属液在结晶器内结晶，并垂直于器壁向中心生长，中心易形成孔洞和夹杂，由于铸件与结晶器壁的摩擦力，还须振动结晶器或铸件以利脱模。在热型连铸中，铸型加热至结晶温度以上，型内不发生结晶，当金属液由引锭棒引出时，在型出口处对其冷却，造成晶体向铸型方向生成。众多晶粒经竞争生长后，具有择优生长方向的晶粒最终得以生长成单晶。由于型内不发生凝固，不存在铸件与铸型的摩擦力，因此热型连铸的特点有：①可获得无限长单晶或定向凝固组织；②可一次成形获得截面形状极其复杂的铸件；③铸件无气孔、缩孔，卷入的夹杂及气体极少；④熔炼及铸造设备紧凑。

(1) 热型连铸过程及主要影响因素　由于铸型温度高于合金液相线温度，且在铸型出口端与冷却点之间沿拉铸方向有很大的温度降，以至可忽略垂直于拉铸方向的传热，因此可认为在连铸件内由铸型到冷却点只存在沿拉铸方向的单向热传导，从而只需研究一维温度场对铸件凝固和晶体生长的影响。

水平热型连铸温度场测定装置通过将套有内径为1.2mm的不锈钢管的铠装热电偶固定在引锭棒中心并伸入铸型，在拉铸过程中连续测定铸材中心由型内至型外的温度变化。拉铸开始后，由于型外冷却点对铸材的激冷作用，铸造金属在铸型出口端的温度急剧下降至凝固点以下，形成很大的温度梯度。若不考虑过冷，可以认为达到凝固点的位置就是固液界面的位置。可知，该位置就在型内紧邻出口处。至于拉铸时型内金属液的最高温度比拉铸前高的原因，可能是来自坩埚的补充金属液比型内金属液温度高及在铸型出口处金属放出凝固潜热所致。由温度场曲线可计算出固液界面前沿液相的温度梯度GL。这就表明GL随铸型出口温度升高和冷却距离缩短而增大，拉铸速度对GL无影响。

纯金属凝固过程在铸型内的温度场、固液界面位置是关乎热型连铸过程稳定和连铸件质量极其重要的控制目标。若界面进入型内过多，则连铸件在型内已凝固结壳，其与型壁的摩擦力增大，易使铸件表面粗糙甚至拉断；若界面在型外过多，则连铸件易拉漏。测定温度场的目的，就是要确定固液界面位置及了解影响其变化的各种因素。通常纯金属热型连铸时，其固液界面位置的变化范围应控制在型内离出口端1~2mm内。

对于合金，由于其凝固是在某个温度范围内进行的，因此沿铸件轴向存在一个固液两相区。测定温度场同样可确定固液两相区的位置和长度，以及工艺变量对其的影响。

关于固液界面的形状，大野根据其晶粒脱离理论认为应向液相区凸出；Soda根据计算机模拟结果认为，拉铸速度低时界面微凸，但随着拉铸速度的提高，界面形状逐渐变凹。但各种有关界面形状的理论推导和计算结果，尚未得到充分的试验结果予以证实。另外，热型连铸凝固过程的温度场，也可通过传热学计算求出。

(2) 工艺变量对固液界面和固液两相区位置的影响　影响固液界面和固液两相区位置的主要工艺变量是铸型出口温度、冷却距离和拉铸速度。

铸型出口温度是影响凝固前沿温度梯度的重要因素，铸型出口温度越高，凝固前沿温度梯度就越大。铸型出口温度对固液界面位置和固液两相区的位置及长度的影响也很大。在冷却距离为13mm时，固液界面位置与铸型出口温度和拉铸速度的关系如图4-12所示。由图可知，铸型出口温度越低，固液界面进入铸型的距离就越长，这与凝固过程温度场所显示的是一致的；当铸型出口温度相同时，固液界面位置还与拉铸速度呈线性关系，拉铸速度越高，固液界面进入铸型的距离就越短，但拉铸速度对界面位置的影响不如出口温度大。随着铸型出口温度的升高，位于型内的液固两相区与全液区的界面至出口的距离缩短，位于型外的液固两相区与完全凝固区的界面至出口的距离变长；由于两相区/液相区界面外移的距离大于两相区/固相区界面的外移距离，结果使两相区长度缩短并外移；当两相区外移到一定程度时，便发生拉漏。

冷却距离对固液界面位置及固液两相区的位置和长度的影响极其强烈，由图 4-12 可知，当铸型出口温度和拉铸速度固定时，固液界面进入铸型的距离随冷却距离的缩短而急剧增大，且这种关系是非线性的，冷却距离越短，固液界面位置对冷却距离的变化就越敏感，界面位置就越不稳定。热型连铸合金的液相区和固相区的界面位置都随冷却距离的增大沿型内至铸型出口方向外移，尤其是其与固相区的界面外移幅度更大，结果导致液相区长度增大；当冷却距离大于 10mm 后，液相区与固相区的界面移至型外，当冷却距离达到 28mm 时，便出现拉漏。

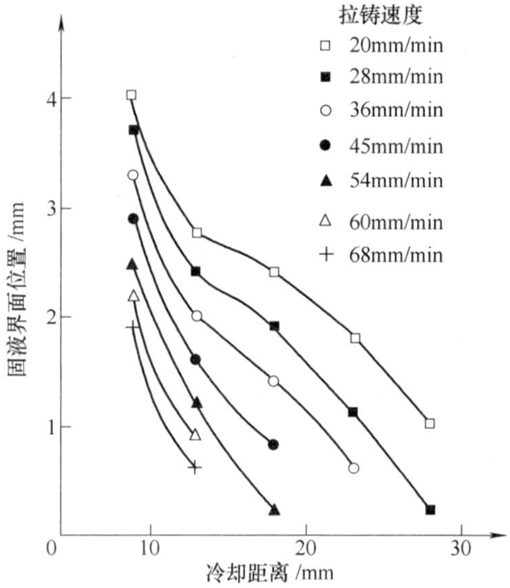

图 4-12　冷却距离对固液界面位置的影响

拉铸速度对纯金属和合金的固液界面位置和固液两相区的位置和长度的影响比较大。随着拉铸速度的加快，纯金属固液界面的位置在型内向铸型出口方向移动，冷却距离越小，移动距离越大，当固液界面移至在型内距铸型出口 5mm 时便出现拉漏。拉铸速度的变化不会改变合金凝固前沿的温度梯度，因此不会改变固液两相区的长度，而只改变其位置，即随着拉铸速度的提高，固液两相区由型内向型外移动。

实际上，铸型出口温度、冷却距离和拉铸速度对固液界面位置或固液两相区的位置和长度的影响是互相关联的，综合调整这三个工艺变量，即可使固液界面或液固区保持在合适的位置，保证热型连铸过程稳定和获得优质连铸件。

（3）工艺变量对热型连铸件质量的影响

1）表面质量。在工艺变量控制合适的条件下，热型连铸件表面非常光洁，甚至犹如镜面。获得非常光洁的热型连铸件需满足的必要条件是：①凝固表面是自由表面，若凝固表面与型腔壁接触，则铸件表面粗糙度在正常情况下要比型腔壁粗 1～2 级；②凝固前沿能获得充分的轴向补缩。对轴向补缩不良的热型连铸件表面的 SEM 三维形貌观察表明，在粗糙表面上有突起物。其背射电子像表明该突起物是凸出在共晶组织基底上的树枝状初生晶的枝晶臂，其形成原因是凝固收缩时，铸件表面得不到充分的轴向补缩而凹陷，使先凝固的初生晶突起在共晶组织上。导致轴向补缩不良的原因是凝固前沿轴向温度梯度较小，不能形成良好的沿轴向单向凝固的条件，以及与铸型连通的坩埚内金属熔池液面高度较低，金属液温度较低，不能有效克服树枝状初生晶的阻力沿轴向对凝固前沿进行充分的补缩。铸型出口温度对热型连铸件表面粗糙度也有影响。随着铸型出口温度的降低，连铸件表面越来越粗糙，并继而出现逐渐严重的热裂纹。其原因在于固液界面位置随铸型出口温度的降低而逐渐向型内移动，使拉铸过程中铸件与型壁间的摩擦阻力越来越大，导致铸件表面质量逐渐下降，当摩擦阻力增大到一定程度时，便发生拉裂，在铸件表面形成热裂纹。铸型出口温度和冷却距离对凝固前沿温度梯度、固液界面位置、固液两相区的位置和长度都有很大影响，拉铸速度虽然不影响凝固前沿的温度梯度和固液两相区的长度，但它对固液两相区和固液界面的位置也有明显影响，因此它们对铸件的凝固方式和轴向补缩条件都有显著的影响。适当地调整这三个工艺变量的相互关系，达到适宜的凝固前沿温度梯度、固液界面或固液两相区的位置和沿轴向单向凝固的补缩条件，就能获得表面非常光洁的热型连铸件。

2）拉漏。拉漏是热型连铸过程中发生的一种故障，此时大量金属液从铸型出口处无控制地流出，操作被迫中断。拉漏发生的原因是铸型出口区金属液表面张力所产生的附加压力不能平衡金属液静压射冲头。由于金属的表面张力较大，若连铸件的截面尺寸较小，则表面曲率半径较小，所产生的附加压力就较大，足以平衡金属液的静压射冲头，就不易拉漏，甚至固液界面位置移至型外也不致拉漏。对于纯金属来说，一般以固液界面位置作为拉漏的判据，当固液界面位置移至型外时通常会发生拉漏。固液界面的位置直接与铸件在铸型出口处的温度有关。由于测温比测定固液界面位置容易，因此常以金属液的凝固温度代表固液界面位置。当拉铸 ϕ8.5mm 锡棒时，无论拉铸速度如何变化，固液界面位置均在铸棒上温度为 232℃处，当铸棒在型外 0.3mm 处的温度达到该温度时就出现拉漏。对于合金，由于其无固液界面，且固液两相区与全液区和全固区的界面位置也都不能作为拉漏的判据，因此用铸棒在铸型出口处的温度作为拉漏判据更有实际意义。

3）结晶形态的控制。根据晶体生长规律，当凝固前沿液相温度梯度（GL）与固相生长速度（R）之比 GL/R 逐渐减小时，晶体生长形态就由胞状晶依次向枝状晶和等轴晶转变。热型连铸工艺变量的改变会引起 GL 或 R 的改变，导致铸材结晶形态的改变。Soda 等人在热型连铸铜棒时发现：当拉铸速度 <50mm/min 时可获得单晶组织，拉铸速度 >50mm/min 时就会出现亚晶界，有时还会出现离散晶粒；拉铸速度低时晶体生长方向是随机的，拉铸速度高（达 120mm/min）时，晶体以 <001> 晶向择优生长。拉铸开始时，由于引锭棒的激冷作用在其表面形成等轴晶层；随着拉铸的继续，在等轴晶基底上生长成单向凝固的多晶组织；由于各晶粒在不同晶向上的择优生长，使生长方向与热流方向不一致的晶粒逐渐被淘汰，最后获得单晶。这一过程一般要拉铸 500～1000mm 后才能完成。为了缩短这一过程，有人采用缩颈法来加快淘汰沿其他晶向生长的晶粒以获得单晶。该法先以正常速度拉铸一定长度后，突然提高拉铸速度使铸件直径缩小，再恢复正常拉铸速度，如此交替数次后，由于缩颈处晶粒数减少，生长方向减少，当减少到只剩一个晶向时，便形成单晶。热型连铸的单晶镁可压延成5μm厚的箔，用作耳机的振动膜；另外，用热型连铸的铝硅合金单晶可拉制成直径为25μm的细丝，用作集成电路的引线；热型连铸的单晶铜拉制成的细丝已用于高级视听器材的接线和扬声器线圈等。这些金属单晶材料具有极好的耐腐蚀、耐疲劳和抗高温蠕变性能，以及优异的磁学性能和电学性能，在传输信号时不会失真。

（4）热型连铸铸件的性能　热型连铸可获得单晶或定向凝固组织，具有一系列与多晶材料不同的性能。

1）良好的塑性加工性能。共晶成分的 Sn_2Zn 合金是公认的塑性加工性能差的材料。普通铸造方法 Sn_2Zn 合金在压缩率30%时就出现裂纹，而热型连铸的这种合金在压缩率100%时仍不出裂纹。连铸 ϕ4mm Sn_2Zn 的线材，可以直接拉伸成ϕ0.1mm的丝而无须中间退火。

2）耐蚀性。99.98%的镁分别用金属型和热型连铸后，放入5%盐水溶液中做腐蚀试验，结果很明显，热型连铸单晶材料的抗腐蚀性比多晶材料的优越得多。

3）抗疲劳性能。Al-4%Cu合金分别用金属型和热型连铸铸成ϕ6mm的线材，做90°循环弯曲试验，结果金属型铸线材弯曲3～5次就断，热型连铸的则可弯曲到30次，且弯曲后硬度比普通材料的高。

4）减少偏析。由于热型连铸时铸件冷却快，凝固界面基本上以平面推进，可以大大减轻晶内偏析、晶界偏析及宏观偏析，有利于提高合金的性能。此外，这种凝固方式也有利于消除气孔、缩孔及夹杂等缺陷。

3. 半连续铸造

用半连续铸造法生产变形镁合金铸锭，就是将液态金属镁通过分配漏斗注入结晶器，液态金属与结晶器内壁接触，部分热量通过内壁传递给一次冷却水而凝固。此后通过喷射到铸锭表面的二次冷却水进一步降低铸锭温度。变形镁合金铸锭的质量可用力学性能和铸锭缺陷（冷隔、气孔、疏松、裂纹、夹杂、偏析）来评定。

目前国内一般生产厂家对变形镁合金圆铸锭的力学性能不做具体要求，而是通过随后的均热、挤压、矫直、热处理等生产工艺来确保制品的力学性能。在铸造生产中仅以铸锭几何尺寸、合金成分及铸锭有无冶金缺陷（冷隔、气孔、疏松、裂纹、夹杂、偏析）为主要检验指标。但某些特殊生产厂家对变形镁合金圆铸锭的力学性能有严格要求，目前的生产工艺很难满足，尤其是小规格变形镁合金铸锭。

半连续铸造AZ91D镁合金在不同铸造速度下的微观组织如图4-13所示。由图可见，铸造速度较低（14.5cm/min）时，得到的枝晶组织绝大部分熔断，解离成为球状和蔷薇状的小晶粒，铸锭中心处的组织虽也大部分熔断，但仍存在个别枝晶和较大的蔷薇状晶粒；当速度升高到16.5cm/min时，边部组织与低速相比变化不大，熔断仍然十分显著，但铸锭中心处的枝晶比低速时有所增多；速度进一步增大到 19cm/min，边部组织中开始出现较大的枝晶节与大蔷薇状枝晶共存的组织，但边部的枝晶比中心处略少。值得强调的是，即使当铸造速度高达 19cm/min 时，铸锭并未出现热裂现象。

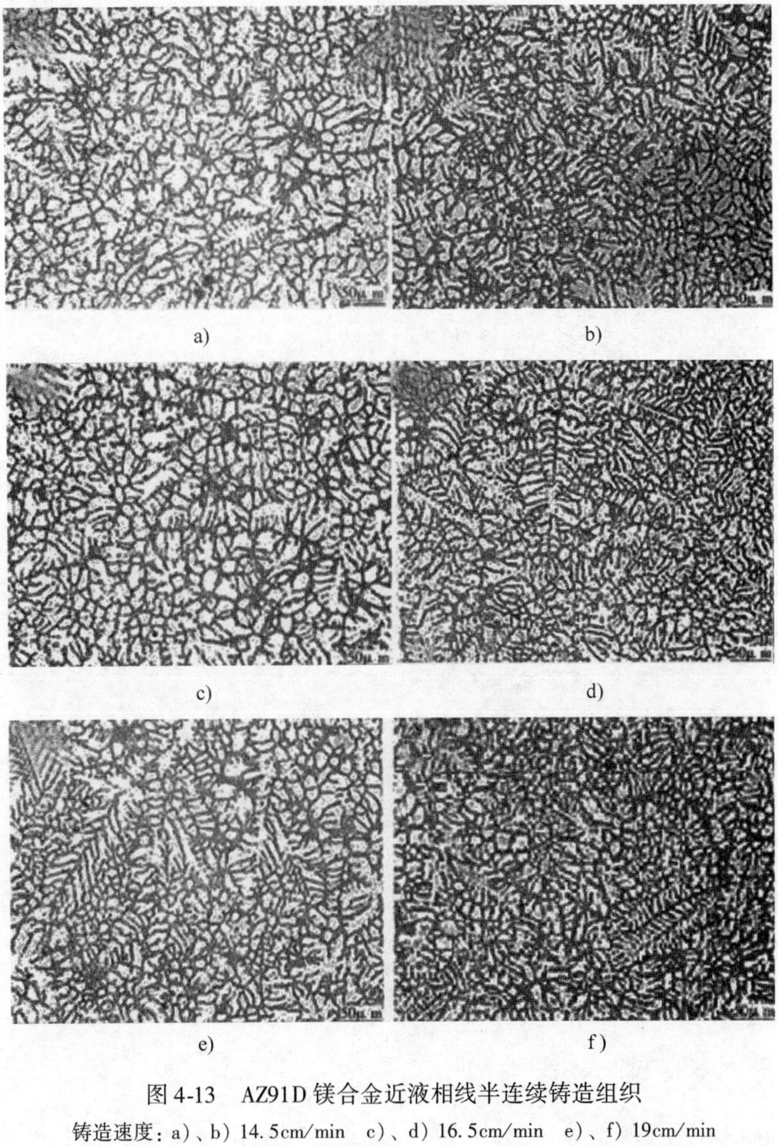

图 4-13　AZ91D 镁合金近液相线半连续铸造组织

铸造速度：a)、b) 14.5cm/min　c)、d) 16.5cm/min　e)、f) 19cm/min

取样位置：a)、c)、e) 铸锭边部　b)、d)、f) 铸锭心部

比较三种速度下边部与中心处的组织差异，可以看出，在低速和高速情况下，差异均较小，不同的是低速下为蔷薇状与球状晶粒共存的组织，而高速下为枝晶与大蔷薇晶粒共存的组织。对于中等速度条件下，边部与中心的组织差别较大。

也即，随着铸造速度的变化，中心组织与边部组织差异的变化规律是由小到大，再由大到小。

铸造速度对组织的影响是通过改变铸锭横截面的温度分布以及液穴的深度造成的。铸造速度低时，冷却能够深入到铸锭的中心部位，边部和中心的温度相差不大，形成的液穴很浅，整个铸锭断面的温度场相对均匀，几乎同时大量形核，枝晶的生长得以抑制，所以边部和中心的组织相差不大，均为细小的球状晶和蔷薇晶；铸造速度增加，相同冷却水流量下，边部冷却仍很快，温度迅速下降，但冷却不足以到达中心，使中心温度高，断面温度梯度相对较大，从而形成较深液穴，组织相应为边部球状晶和蔷薇晶，中心枝晶开始生长，边部和中心组织差异变大；铸造速度进一步增加，冷却只能在铸锭表面极有限范围内进行，该范围外，断面的温度梯度再次趋向均衡，但此时温度较铸造速度低时高，形核有所减少，致使枝晶在一定程度上得以生长。但相对于常规铸造来说，由于铸造是在近液相线下进行的，仍保留有许多小的球状晶和蔷薇晶。

4.5.2 连续铸造的特点

连续铸造法，可以用来制造钢、铁、铝合金、镁合金等断面形状不变的长铸件，如铸锭、板坯、棒坯、管子和其他形状均匀的长铸件。

与其他铸造方法相比，连续铸造方法的优缺点归纳为：

1）铸件迅速冷却，其结晶细，组织较致密。连续浇注、结晶的过程又会使铸件在整个长度上的组织均匀。

2）因无浇冒口，可节省金属消耗。

3）生产工序简单，生产过程易于机械化，生产率高。

4）如把连续铸造获得的高温铸锭立即进行轧制加工，则可省去一般轧制前对铸锭的加热工序，提高生产率。

5）应用范围有一定局限性，只能生产断面不变的长铸件。

半连续铸造法，由于铸锭组织结构好，铸锭的致密性高——没有气孔和疏松现象，铸锭截面上的性能均一，生产过程连续性强，成品率与生产率高，劳动强度小，因而被广泛用于生产各种规格的变形镁合金铸锭。

鉴于以上特点，连续铸造在国内外应用广泛，如连续铸锭和连续铸管等。

4.5.3 镁合金连续铸造的展望

随着新型连续铸造技术以及相关技术的发展，特别是现代控制技术的飞跃发展，传统有色合金连续铸造设备将向高效率、高品质、大型化、智能化方向发展，而新型有色合金连续铸造设备的开发则将更多地注重新材料连续铸造技术开发方面。

1）随着连铸连轧技术的发展，高度自动化的高速连铸连轧机系列已经成为镁合金连续铸造设备发展的一种趋势，而且该种连铸连轧机正在向高产能方向发展。

2）随着新型连续铸造技术的开发和应用，如热顶铸造（HT）技术、电磁铸造（EMC）技术、双流浇注（DSPCC）技术和热型铸造（OCC）技术的发展，与新型连续铸造技术相关的连续铸造设备开发也成为镁合金连续铸造设备发展的一个方向。

3）采用连续铸造技术制备某些新型材料要求开发专用的连续铸造设备，如某些复合材料连续铸造设备的开发特别值得关注。发展连铸是我国冶金工业进行结构优化的重要手段，将使我国金属材料生产的低效率、高消耗现状得到根本改变，并推动产品结构向专业化方向发展。近终形连铸、单晶连铸、高效连铸、连铸坯热送热装等先进连铸技术的发展将非常活跃，而且将带动一系列新型材料的研制开发。

4.6　镁合金喷射沉积

1. 喷射沉积技术的基本原理

快速凝固技术是制备高性能合金材料的理想技术，但是工艺复杂、粉末在制备和储存过程中容易氧化或污染，难以制备大尺寸零部件，从而发展和应用受到一定的限制。为了解决这一矛盾，1968 年英国 Swansea 大学 A. R. E. Singer 教授首次提出一种新型的快速凝固新工艺，即喷射沉积或喷射成形工艺，并于 1970 年予以公开报道。1974 年英国 R. G. Books 等人成功地将喷射沉积技术应用于锻造坯的生产中，并逐渐发展成著名的 Osprey 工艺，成立了 Osprey 金属有限公司。此后，Books 等人对 Osprey 工艺进行了深入研究，开发了一系列喷射沉积合金系，设计和制造了多种 Osprey 成套设备，制备了传统方法难以制备的高合金和超合金管、环、筒、棒状坯件，并且申请了多项专利。Osprey 工艺已成为喷射沉积技术的代名词。20 世纪 70 年代后期，美国麻省理工学院 N. J. Grant 教授和加州大学欧文（Irvine）分校的 Lavernia 等人采用超声雾化法将金属熔体雾化成极细的液滴，然后沉积在一个水冷基体上，发展成了液体动压成形（LDC）工艺。实际上，LDC 工艺和 Osprey 工艺均属于喷射沉积，只是前者更加强调雾化液滴的微细效果和沉积坯的冷却效果。

喷射沉积技术是一种节能、低消耗、低成本的近净成形快速凝固新技术，是继锻造冶金和粉末冶金技术之后的第三类材料制备新技术，在美国、英国、日本等工业发达国家已经实现了产业化，创造了巨大的经济和社会效益。该技术被誉为发展中国家飞速发展材料加工业的“蛙跳技术”，不仅在军事、国防工业中有着重要应用，而且在民用工业如汽车等行业中也占据了重要地位。

喷射沉积技术的原理是：将熔融金属或合金在惰性气氛中雾化，形成颗粒喷射流，直接喷射在较冷的基体上，经过撞击、聚结、凝固而形成沉积物，这种沉积物可以立即进行锻造、挤压或轧制加工，也可以是近净成形产品，它是一种介于铸造冶金和粉末冶金之间的技术，同时兼备了两者的大部分优点，并且克服了各自的主要缺点。

2. 喷射沉积技术的特点

与其他快速凝固技术相比，喷射沉积技术具有更为广阔的发展前途，其主要特点表现在以下几个方面：

（1）冷却速度高　在喷射沉积过程中，颗粒飞行时的冷却速度可达 10^2 ~ 10^4K/s，沉积物冷却速度可达 10^1 ~ 10^3K/s，比传统铸造冶金方法的冷速高得多，在沉积物中能够得到快速凝固态组织，组织细小均匀，合金成分偏析程度小。若采用合适的喷射沉积工艺，沉积坯的冷速还可以更高。例如，坩埚移动式喷射沉积工艺中沉积坯的冷速达到 10^4K/s 以上。

（2）材料氧化程度小　喷射沉积过程在惰性气氛中瞬时完成，金属氧化程度小。由于液态金属一次成形、工艺流程短，减轻了材料的污染程度。

（3）材料力学性能优越　由于喷射沉积坯冷却速度大，组织细小均匀且氧化程度比快速凝固的低，因而材料的综合力学性能达到或高于快速凝固材料，明显优于铸造材料，如断裂韧度 K_{IC} 有较大改善。这些材料可以满足特殊领域的要求。

（4）材料电化学性能优越　喷射沉积工艺克服了快速凝固和粉末冶金工艺产生的污染物，氧、氧化物弥散相和氢等的含量很低，因此材料电化学性能有较大提高。

（5）经济性　喷射沉积是一种近净成形技术，工艺简单，产品生产工艺大大简化，生产周期大大缩短，生产率显著提高。

（6）灵活性　喷射沉积工艺原则上能生产任何金属产品，如高性能金属基复合材料、双金属和多金属材料及摩擦材料等。

参考文献

[1] 黄伯云，李成功，石力开，等．有色金属手册：上册［M］．北京：化学工业出版社，2009.
[2] 曾正明．实用有色金属材料手册［M］．2 版．北京：机械工业出版社，2008.
[3] 陈振华，等．镁合金［M］．北京：化学工业出版社，2004.
[4] 陈振华．耐热镁合金［M］．北京：化学工业出版社，2007.
[5] 丁文江，等．镁合金科学与技术［M］．北京：科学出版社，2007.
[6] 张津，章宗和，等．镁合金及应用［M］．北京：化学工业出版社，2004.
[7] 王渠东，王俊，吕维洁．轻合金及其工程应用［M］．北京：机械工业出版社，2015.
[8] 许并社，李照明．镁冶炼与镁合金熔炼工艺［M］．北京：化学工业出版社，2006.
[9] 黎文献．镁及镁合金［M］．长沙：中南大学出版社，2005.
[10] 徐河，刘静安，谢水生．镁合金制备与加工技术［M］．北京：冶金工业出版社，2007.
[11] 刘正，张奎，曾小勤．镁基轻质合金理论基础及其应用［M］．北京：机械工业出版

社，2002.

[12] 马图哈 K H. 材料科学与技术丛书：第 8 卷（非铁合金的结构与性能）[M]. 丁道云，等译. 北京：科学出版社，1999.

[13]《工程材料实用手册》编辑委员会. 工程材料实用手册：第 3 卷（铝合金 镁合金）[M]. 北京：中国标准出版社，2002.

[14] Avedesian M M, Baker H. Magnesium and magnesium alloys [J]. Corrosion Third Edition, 1998, 59 (8): 54-57.

[15] Kainer K U. Magnesium Alloys and their Applications [M]. Weinheim: Wiley-VCH, 200.

[16] Friedrich H E, Mordike B L. Magnesium Technology-Metallurgy, Design data, Applications [M]. Berlin: Springer, 2005.

[17] Paliwal M, Jung I H. The evolution of the growth morphology in Mg-Al alloys depending on the cooling rate during solidification [J]. Acta Materialia, 2013, 61 (13): 4848-4860.

[18] Qiu D, Zhang M A, Taylor J A, et al. A new approach to designing a grain refiner for Mg casting alloys and its use in Mg-Y-based alloys [J]. Acta Materialia, 2009, 57 (10): 3052-3059.

[19] 刘子利. 镁合金消失模铸造工艺的应用基础研究 [D]. 上海：上海交通大学，2002.

第5章

镁合金的固态成形

大多数镁合金具有密排六方结构，因此镁合金被认为是一种难以塑性变形、压力加工成形性能差的金属材料。同时，大多数镁合金具有比较良好的铸造性能，使得目前镁合金产品以铸件，特别是压铸件为主。然而，镁合金铸件的力学性能不够理想，产品形状、尺寸存在一定的局限性且容易产生组织缺陷。研究表明，镁合金在热变形（如挤压、轧制、锻造等）后，组织明显细化，铸造缺陷被消除，力学性能得到很大提高。此外，通过塑性加工可以生产出尺寸、规格多样的棒、管、型材、线材、板材及锻件产品，并且可以通过调整塑性变形和热处理工艺来控制材料的组织和性能，获得比镁合金铸件更高的力学性能，满足不同场合对镁合金结构件使用性能的要求，扩大镁合金的应用范围。

5.1 镁合金的塑性变形理论

镁合金在室温下只有三个几何滑移系和两个独立滑移系，不足以满足多晶体均匀变形的 Von-Mises 准则，其塑性比面心立方和体心立方晶体都低。通常，对称性低、滑移系少的密排六方金属在加工过程中易出现孪生，其塑性变形能力更多地依赖于滑移与孪生的协调动作，并最终受制于孪生。滑移与孪生的协调动作是密排六方合金塑性变形的一个重要微观特征。因此，了解和掌握镁的塑性需要对其晶体滑移与孪生的微观机制进行细致的分析。

5.1.1 镁合金的滑移

1. 镁合金的晶体结构与位错

金属材料的塑性变形主要是通过位错运动实现的，即金属材料的塑性变形与晶体内的位错结构特征密切相关，而位错特征通常又取决于材料的晶体结构。纯镁及大部分镁合金均具有密排六方晶体结构，其轴比 $c/a=1.623$，接近理想的密排值 1.633。镁合金的晶体结构如图 1-1 所示，在其上标明了一些指数较低的重要晶面和晶向。

根据 Berghezan 等采用八面体（双四面体）对密排六方晶体中位错的分析可知，在密排六方镁合金中，主要存在以下几种可能的位错：

（1）a 位错　柏氏矢量为 $a/3<11\bar{2}0>$ 的单位位错。这是镁合金内柏氏矢量最小的位错，其柏氏矢量位于（0001）基面并沿基面各条底边方向，即图 5-1 中 *AB*、*BC*、*CA*、*BA*、*CB* 及 *AC*。a 位错是镁合金中运动能力最强的位错，能沿基面、棱柱面及锥面发生滑移。

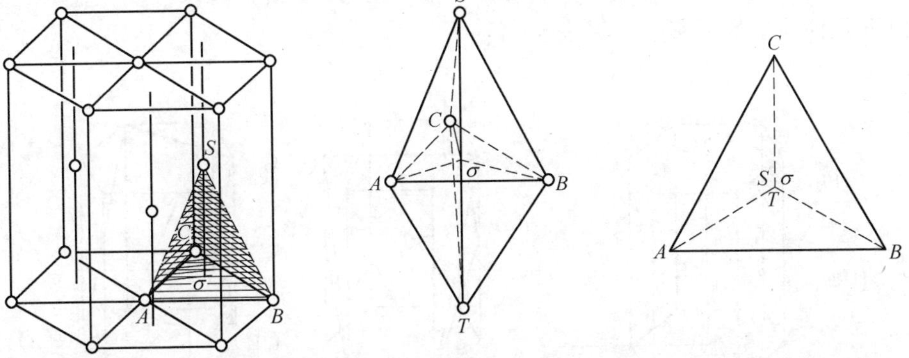

图 5-1　密排六方点阵中的柏氏矢量

（2）c 位错　柏氏矢量为 $c<0001>$ 的单位位错，垂直于基面，以矢量 *ST* 与 *TS* 表示的两种全位错。与 a 位错一样，c 位错也属于镁合金中的全位错。

（3）c + a 位错　柏氏矢量为 $\sqrt{c^2+a^2}<11\bar{2}3>$ 的全位错，即图 5-1 中 *SA/TB* 表示的十二种全位错，*SA/TB* 可看作 *ST* 与 *AB* 矢量之和，从几何上可理解为两倍于 *SA* 与 *TB* 中点连线的矢量。c + a 位错可以是纯刃型位错、纯螺型位错或混合型位错，其中纯螺型位错的稳定性最高，而纯刃型位错的稳定性最低。与 a 位错相比，c + a 位错柏氏矢量大，晶面间距小，因为位错芯较窄，运动能力较差而不易发生滑移。

（4）不全位错　不全位错又称为部分位错或者偏位错，其实质是相应层错的边界线：

1）柏氏矢量为 $c/4$［0001］，垂直基面的四个不全位错，即 σS、σT、$S\sigma$ 和 $T\sigma$。

2）柏氏矢量为 $a/3\sqrt{3}<\bar{1}100>$ 的 Shockley 基面不全位错，即 $A\sigma$、$B\sigma$、$C\sigma$、σA、σB 和 σC。

3）柏氏矢量为 $\sqrt{\frac{a^2}{3}+\frac{c^2}{3}}/6<2\bar{2}03>$，由上述后两种位错合并组成的不全位错，表示为 *AS*、*BS* 等。

2. 镁合金中的独立滑移系（见图5-2）

在镁合金的晶格中，$\langle 11\bar{2}0\rangle$晶向是原子排列最紧密的方向，也是最易发生滑移的方向。包含$\langle 11\bar{2}0\rangle$晶向的晶面主要有（0001）基面、三个$\{10\bar{1}1\}$棱柱面和六个$\{10\bar{1}1\}$锥面，棱柱面和锥面等非基面滑移一般只有在应力集中较严重的晶界附近才能发生。此外，$\langle 11\bar{2}3\rangle$晶向是潜在的滑移方向，包含$\langle 11\bar{2}3\rangle$晶向的晶面包括$\{10\bar{1}0\}$、$\{11\bar{2}1\}$、$\{10\bar{1}2\}$及$\{11\bar{2}2\}$等锥面。按照滑移方向分类，可将镁合金的滑移分为a滑移和c＋a滑移；而按照滑移面分类，则可分为基面滑移和非基面滑移（包括棱柱面滑移和锥面滑移）。概括起来，镁合金中主要存在以下几种独立的滑移系（见表5-1）：

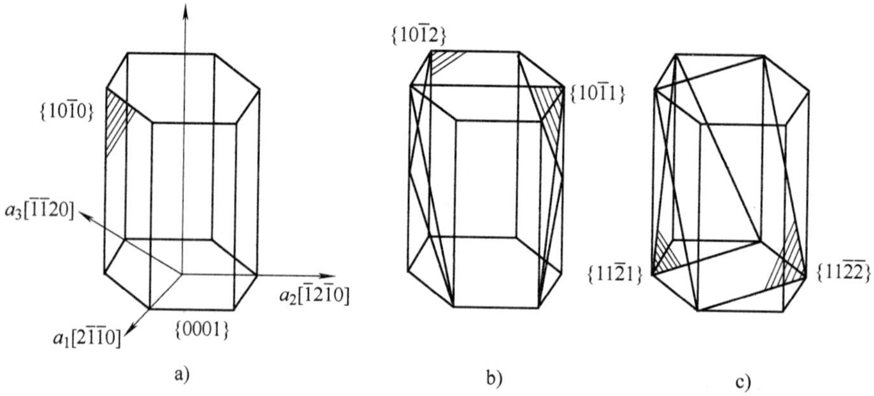

图5-2　镁的滑移面和滑移方向

表5-1　镁合金中的独立滑移系

滑移系	滑移面	滑移方向	独立滑移系数量
基面滑移	(0001)	$\langle 11\bar{2}0\rangle$	2
棱柱面滑移	$\{10\bar{1}0\}$	$\langle 11\bar{2}0\rangle$	2
	$\{11\bar{2}0\}$		
锥面滑移	$\{10\bar{1}1\}$	$\langle 11\bar{2}0\rangle$	4
	$\{11\bar{2}1\}$	$\langle 11\bar{2}3\rangle$	5
	$\{11\bar{2}2\}$		

（1）基面滑移系　（0001）基面是镁合金中原子排列最紧密的晶面，因此这是镁合金中最基本的滑移系，其实质是柏氏矢量为$a/3\langle 11\bar{2}0\rangle$的单位位错的滑移（通常称为a滑移），其中滑移面为（0001）基面，滑移方向为$\langle 11\bar{2}0\rangle$晶向。由于每组基面上有$[11\bar{2}0]$、$[\bar{1}2\bar{1}0]$、$[2\bar{1}\bar{1}0]$三个滑移方向，因而基面滑移共有三个滑移系。但沿$[2\bar{1}\bar{1}0]$方向的滑移可由$[11\bar{2}0]$与$[\bar{1}2\bar{1}0]$两个方向的滑移叠加而成，因此从晶体学的角度看，基面滑移实际上只能提供两个独立的滑移系。

（2）棱柱面滑移系　镁合金中常见的另一种滑移系即为棱柱面滑移系。棱柱面滑移也属于柏氏矢量为 $a/3<11\bar{2}0>$ 的单位位错的滑移。根据滑移面的不同，有两种类型的棱柱面滑移系，即 $\{10\bar{1}0\}$ 和 $\{11\bar{2}0\}$ 滑移，两者的滑移方向均为 $<11\bar{2}0>$。棱柱面滑移一共能提供两个独立的滑移系。在室温附近，镁合金棱柱面滑移的临界分切应力远大于基面滑移，因此一般情况下不易启动。但当温度升高或晶粒尺寸细化至 10μm 以下时，棱柱面滑移可在镁合金的塑性变形过程中发挥重要作用。

基面滑移系和棱柱面滑移系一共只能提供四个独立的滑移系，不能充分满足 Von-Mises 准则。尤为重要的是，基面滑移和棱柱面滑移皆为 a 位错滑移，滑移方向为平行于基面而垂直于 c 轴的 $<11\bar{2}0>$ 方向，无法协调沿 c 轴方向的应变。因此，要想使多晶镁合金具有均匀塑性变形的能力，必须借助孪生或充分开动其潜在的锥面滑移系。

（3）锥面滑移系　镁合金中的锥面滑移分为 a 位错滑移和 c + a 位错滑移。a 位错锥面滑移一共能提供四个独立的滑移系，但从晶体学角度分析可将其看成是基面滑移和棱柱面滑移综合作用的结果（基面和棱柱面滑移系之间的交滑移），并不能提供新的独立的滑移系。最重要的锥面滑移是 c + a 位错滑移。如前所述，c + a 位错是镁合金中最常见的两种全位错之一，由于其柏氏矢量较大，一般情况下不易发生滑移，是镁合金中潜在的滑移系。当变形温度升高或晶粒细化时，c + a 位错滑移将被激活。锥面滑移系可用通式 $\{hkil\}<11\bar{2}3>$ 表达，其中最常见的 $\{hkil\}$ 晶面包括 $\{10\bar{1}1\}$、$\{11\bar{2}1\}$、$\{10\bar{1}2\}$ 及 $\{11\bar{2}2\}$，滑移方向则为稳定的 $<11\bar{2}3>$ 晶向。

位错的 c + a 滑移在 hcp 金属的塑性变形过程中发挥着重要作用。对 c + a 位错滑移在 hcp 金属塑性变形中作用的研究，不仅对从根本上了解位错机理，而且对合金的设计和加工具有十分重要的意义。特别是当 c 轴与外力方向平行而处于硬取向状态时，为了协调多晶体相邻晶粒之间的变形，c + a 锥面滑移及孪生就显得尤为重要。在 hcp 金属中，$\{hkil\}<11\bar{2}3>$ 锥面滑移能提供五个独立的滑移系，特别是其滑移方向为 $<11\bar{2}3>$ 晶向，能很好地协调沿 c 轴方向的变形，即使在基面和棱柱面滑移系不能启动的情况下也能完全满足 Von-Mises 准则。从这点上讲，$\{hkil\}<11\bar{2}3>$ 锥面滑移与面心立方金属及体心立方金属中的 $\{111\}<110>$ 和 $\{110\}<111>$ 滑移系相似。换言之，$\{hkil\}<11\bar{2}3>$ 锥面滑移能减小镁单晶的塑性各向异性，从而使塑性以及加工性能得以改善，因此，通常将镁合金中的 c + a 位错滑移称为锥面滑移。与棱柱面滑移一样，锥面滑移的临界切应力在室温附近时比基面滑移大得多。研究表明，镁合金多晶体内锥面滑移一般发生在应力高度集中的区域，如晶体表面或界面、晶界和孪晶界附近及晶粒内部 a 位错和 c 位错的交界处。

3. 影响镁合金滑移的因素

尽管镁合金中只有两个基本的基面独立滑移系，但同时还存在棱柱面和锥面等潜在的滑移系。弄清这些滑移系在什么条件下能够被激活而开动，对充分发挥和改善镁合金的塑性变形能力具有十分重要的意义。影响镁合金滑移的因素非常复杂，不仅与材料组织结构等本身性能有关，而且取决于变形工艺参数。一般而言，影响镁合金滑移的主要因素包括变形温度、变形速度、合金元素、晶粒度及初始织构等。

（1）变形温度　温度是影响镁合金滑移和塑性变形能力的关键因素，主要表现在两个方面：一是影响镁合金的滑移模式，即温度不同时，能开动的滑移系也不相同。一般，当温度低于498K时，多晶镁合金的塑性变形以滑移和孪生为主，滑移模式主要为$\{0001\}$ $<11\bar{2}0>$基面滑移。这是因为在此温度范围内，镁合金非基面滑移系的临界剪切应力比基面滑移系要大两个数量级左右。温度升高到498K以上时，由于原子活动能力强，非基面滑移系与基面滑移系之间的临界剪切应力差值减小，棱柱面和锥面等潜在非基面滑移系可以通过热激活启动，从而使镁合金的塑性变形能力得到大幅度提高。变形温度的另一影响在于通过对相组成的影响而改变其塑性变性能力。绝大多数镁合金在室温附近时为多相合金，塑性变形时，由于各相性能不同，因此易在各相之间存在不均匀变形并导致附加内应力的产生，引起裂纹。温度升高时，析出相的溶解度增大，甚至可完全固溶于镁基体中成为单相合金，从而使镁合金的塑性变形能力得到大幅度提高。

（2）变形速度　变形速度对镁合金滑移的影响比较复杂。一般而言，纯镁及大部分镁合金的室温塑性均随变形速度的降低而有所改善，高温超塑性成形时，变形速度过大或过小都难以获得大的断后伸长率。变形速度对滑移的影响主要是通过两方面发挥作用：一是热效应，即在变形过程中引起变形体的温度变化，进而影响滑移及其他热变形行为。其次，变形速度会对镁合金的加工硬化行为及位错运动产生影响。变形速度过高时，不利于相邻晶粒之间滑移的传播和连续性，容易引起晶界附近大的应力集中。此时单纯的滑移难以释放应力，必须依靠孪生或裂纹的萌生或扩展来协调变形并释放应力。但在细晶镁合金中，当变形速度极快时，晶界和孪晶界处的裂纹反而可能来不及扩展。

（3）合金元素　合金元素对镁合金滑移的影响主要表现在三个方面：一是改变合金层错能。在常规镁合金中，大部分合金元素都会降低合金的层错能，使位错滑移由基面转入非基面的激活能急剧增大，非基面滑移更加困难；二是导致镁合金的晶体结构发生变化。如锂、铟、银等合金元素能降低镁合金c/a值，使镁合金即使在较低的温度下也具有良好的延展性；三是合金元素的添加可能会改变合金的相结构及其分布来影响塑性变形模式。

（4）晶粒度　晶粒度对镁合金滑移的影响主要表现在以下三个方面：一是使位错滑移程缩短，变形更加分散均匀；二是使晶粒发生转动和滑移，使得晶粒取向发生变化，结果使软取向晶粒的进一步变形受阻，而硬取向晶粒变形变得容易；三是晶粒细化能激活镁合金中棱柱面和锥面等潜在的非基面滑移。

(5) 初始织构　镁合金单晶具有很强的塑性各向异性，而多晶镁合金在力学性能上表现出与单晶镁合金相似的某些特征。变形镁合金塑性较差的一个重要原因在于其变形制品中常存在强烈的基面纤维织构和板织构，织构的存在会对镁合金的塑性变形行为和力学性能产生重要影响。如具有初始基面织构的镁合金轧制板材，其横向性能往往优于轧向的。织构对镁合金塑性变形行为的影响，其实质是改变各滑移系，特别是基面滑移系的 Schmid 因子的大小，产生织构强化或软化而实现的。

5.1.2 镁合金的孪生

镁合金的密排六方结构对称性低、滑移系少，在滑移受阻时，应力往往会积累而出现孪生变形。与滑移相比，孪生本身对晶体变形量的直接贡献是较小的。但是，由于孪晶的形成改变了晶体的位向，从而使其中某些原处于不利的滑移系转换到有利于发生滑移的位置，可以激发进一步的滑移和晶体变形。这样，滑移与孪生交替进行，相辅相成，可使晶体获得较大的变形量。

1. 镁合金中的孪生模式及孪生要素

一般，hcp 结构金属中孪生主要发生在 7 种锥面上，即一级 $\{101k\}$ ($k=1$, 2, 3) 和二级 $\{112k\}$ ($k=1$, 2, 3, 4) 锥面，且孪生模式和孪生要素及孪生切变受 c/a 值的影响。hcp 金属中常见的孪生模式和孪生要素见表 5-2。其中最为典型的孪生模式是 $\{10\bar{1}2\}$ 孪生和 $\{10\bar{1}1\}$ 孪生。

表 5-2　镁合金中常见的孪生模式和孪生要素（$\gamma=c/a$）

K_1	K_2	η_1	η_2	N_t	N_s/N_t	q	s
$\{10\bar{1}2\}$	$\{10\overline{12}\}$	$<10\overline{11}>$	$<\bar{1}01\bar{1}>$	8	3/4	4	$\frac{\gamma^2-3}{\sqrt{3}\gamma}$
$\{10\bar{1}1\}$	$\{10\overline{13}\}$	$<10\overline{12}>$	$<30\bar{3}2>$	32	7/8	8	$\frac{4\gamma^2-9}{4\sqrt{3}\gamma}$
$\{11\bar{2}2\}$	$\{11\overline{24}\}$	$\frac{1}{3}<11\overline{23}>$	$\frac{1}{3}<22\bar{4}3>$	12	2/3	6	$\frac{2(\gamma^2-2)}{3\gamma}$
$\{11\bar{2}1\}$	$\{0002\}$	$\frac{1}{3}<\bar{1}\ \bar{1}26>$	$\frac{1}{3}<11\bar{2}0>$	8	1/2	2	$\frac{1}{\gamma}$

注：K_1—孪晶面，K_2—第二不畸变面，N_s—发生切变的原子数量，N_t—每个孪晶单元中的原子数，q—孪晶中包含的 K_1 的数量，s—孪生剪切量。

(1) $\{10\bar{1}2\}$ 孪生　根据最小切变准则，切变量小的孪生有限发生。在镁合金（及所有 hcp 结构金属）中，$\{10\bar{1}2\}$ 孪生的切变量最小，因而这也是最容易发生的孪生。其孪生要素和切变量为：

$K_1=\{10\bar{1}2\}$；$K_2=\{10\bar{1}\ \bar{2}\}$；$\eta_1=<10\bar{1}\ \bar{1}>$；$\eta_2=<101\bar{1}>$；$P=\{1\bar{2}10\}$

$s=\sqrt{3}(\gamma^2-3)/3\gamma=-0.13$

尽管 $\{10\bar{1}2\}$ 孪生是镁中最常见的孪生，但并不是任何情况下都能发生。对纯镁和所有镁合金而言，$\{10\bar{1}2\}$ 孪生为拉伸孪生，只有沿 c 轴方向受拉或者沿垂直于 c 轴方向受压时才能发生。此外由孪生切变量可知，当 $\gamma=\sqrt{3}$时，$s=0$，此时也不能发生 $\{10\bar{1}2\}$ 孪生。

（2）$\{10\bar{1}1\}$ 孪生　在镁中 $\{10\bar{1}1\}$ 为压缩孪晶，存在 $q=4$ 和 $q=8$ 两种模式。对 $q=4$ 的孪生模型，$\{10\bar{1}1\}$ 为第一类孪生，孪生切变量仅大于 $\{10\bar{1}2\}$ 和 $\{22\bar{4}1\}$（理论预算）孪生，其孪生要素为：$K_1=\{10\bar{1}1\}$，$\eta_2=<41\bar{5}3>$；K_2和 η_1 则为无理量。$\{10\bar{1}1\}$ 孪生常在673K以上的高温塑性变形过程中发生，但很少以单一的形式出现。在镁中，$\{10\bar{1}1\}$ 和 $\{30\bar{3}4\}$ 晶面分别与基面成61.9°和54.6°夹角，在实际观察中容易将两者混淆。其中基于 $q=8$ 的低切变量 $\{10\bar{1}1\}$ 孪生模型，其孪生模式为：

$K_1=\{10\bar{1}1\}$；$K_2=\{10\bar{1}\ \bar{3}\}$；$\eta_1=<10\bar{1}\ \bar{2}>$；$\eta_2=<30\bar{3}2>$；$P=\{1\bar{2}10\}$

$$s=\frac{4\gamma^2-9}{4\sqrt{3}\gamma}=0.138$$

在镁合金中，除表5-2中所列孪生类型外，还存在其他类型的孪生系，如 $\{30\bar{3}4\}$、$\{10\bar{1}3\}$、$\{11\bar{2}3\}$、$\{10\bar{1}4\}$、$\{10\bar{1}5\}$、$\{2\bar{2}05\}$ 等。其中 $\{10\bar{1}3\}$ 与 $\{10\bar{1}1\}$ 孪晶类似，它们都具有大致相同的切变量和切变机制，$\{30\bar{3}4\}$ 是 $\{10\bar{1}1\}$ 和 $\{10\bar{1}2\}$ 型的双孪晶。

2. 影响镁合金孪生的要素

（1）晶粒取向　具有择优取向的多晶体，其塑性变形行为表现出与单晶体相似的某些特征。孪生的“极性”或单向切变特征，使晶粒取向对孪生模式的启动具有重要影响，并引起塑性变形时应力-应变曲线的变化。与bcc金属中低温孪生导致变形开始阶段应力显著下降的情形不同，在hcp金属中孪生不会导致明显的应力下降。如对于具有强基面纤维织构的镁合金样品，其大部分晶粒均以 $\{0001\}$ 基面平行于挤压方向。在此取向下，位错的a滑移不能发挥作用，$\{1012\}$ 拉伸孪生在压缩变形时才能发生，结果导致拉伸和压缩时的应力-应变曲线出现明显差异，拉伸时的屈服强度明显比压缩时的高。

（2）变形温度　一般而言，温度越低，孪生对塑性变形的贡献越大。这是因为在低温范围内，尽管大部分孪生模式的孪生应力随温度降低而提高，但这种趋势不如流动或屈服应力升高的趋势明显，即孪生应力小于非基面滑移临界分切应力的可能性随温度降低而增大。在镁合金中，虽然部分孪生模式的孪生应力在低温时比非基面滑移的临界切应力要大，但与滑移或交滑移不同，孪生形核不是热激活过程，而是一个应力激活过程。镁合金低温变形时，易因滑移系少而在晶界附近产生大的应力集中，并且变形温度越低，全位错塞积倾向越大，由此引起的应力集中也越严重。这种大的应力集中可促进孪晶形核，并协调塑性变形。而孪生位错皆为不全位错，不像全位错那样容易因加工硬化而失去运动能力。因此孪晶晶核一旦形成，则可在较宽的温度范围内长大。当变形温度升高时，虽然孪生所需的临界切应力减小，但此时交滑移和非基面滑移也可启动，且镁合金高温变形时极易发生动态再结晶，因而应力集中程度减小，不利于孪晶的形核。因此在高温下孪生对塑性变形的贡献减小，此时具有热激活特征的交滑移和非基面滑移则成为释放应力集中、协调塑性变形的主导机制。

(3) 应变速度　孪生应力对应变速度十分敏感，应变速度对孪生的影响与变形温度的影响相似。一般而言，随着应变速度的增加，孪生的倾向增大。这是因为应变速度增大时，交滑移及晶界滑移等主要由速度控制的塑性变形机制可能来不及进行，结果在晶界或第二相等处引发局部应力集中，从而促进孪生。特别是在室温附近高速变形时，孪生将成为镁合金塑性变形的主要机制。此外，应变速度对镁合金孪晶形貌和分布也会产生影响。

(4) 晶粒尺寸　晶粒尺寸对镁合金孪生具有重要影响，在大小晶粒并存的镁合金中，滑移、孪生等晶内塑性变形机制和晶界滑移等晶间塑性变形机制将同时对材料的塑性应变做出贡献。通常，孪生主要发生在粗晶内部，而细晶镁合金中只有当变形温度很低、变形速度极快时才会产生大量孪晶。这是因为粗晶内位错滑移程大，晶界附近应力集中严重。而细晶组织不仅位错滑移程短，更为重要的是细晶镁合金容易通过交滑移、非基面滑移和晶界滑动以及动态回复等过程来释放局部应力集中，应力状态难以满足孪晶形核的要求。

5.1.3 镁合金的晶间塑性变形及晶界滑移

镁合金的滑移和孪生均属于晶内塑性变形机制。在多晶镁合金中，必须考虑晶界在塑性变形过程中的作用。晶界结构的特殊性导致其附近容易进行位错的攀移及原子的扩散等活动，并吸收滑移至晶界的位错。一些晶间塑性变形机制可在塑性变形过程中发挥重要作用。镁合金中最重要的晶间变形机制是相邻晶粒之间的相对滑动及晶界滑移。

晶界滑动是晶界附近一定厚度的区域内沿最大剪切应力的方向进行的剪切变形，是晶粒之间不均匀变形协调的结果。晶界滑动可以通过两种方式实现，一种是晶粒的滑动，另外一种是晶粒的转动。晶界滑移的主要特征为：即使在很大的应变下晶粒也不会被拉长，而是保持等轴状；变形样品表面微观形貌呈现凹凸不平的台阶；晶界取向差分布不会发生明显的变化等。此外，晶界滑移往往会导致局部地区特别是三叉晶界处严重的应力集中，因此，材料的断裂主要是由晶界处孔洞的形成和聚集引起的，其端口往往呈晶间断裂的特征。

镁合金中的晶界滑移通常只有在高温低应变速度的条件下才能发生。一般随着变形温度的提高，晶界滑移对材料总应变的贡献增大。特别是在变形量很大的情况下（如超塑性变形时），晶界滑移甚至可称为最主要的塑性变形机制。但在细晶镁合金中，即使在室温和总变形量较小的情况下也可能发生明显的晶界滑移。

5.2 镁合金的挤压成形

挤压是对放在挤压筒内的坯料施加压力，使之通过模孔而成形为特定截面形状制品的加工方法。

5.2.1 镁合金挤压的类型

镁合金挤压方法的分类标准很多，基本上可按三个基本特征分类：按挤压型材的类型，按挤压坯料相对挤压筒的移动特点，按挤压时所采用的工具类型及工艺装备。按挤压坯料相对挤压筒的移动特点可把挤压方法分成三种：正向挤压（见图5-3a），反向挤压（见图5-3b），正向和反向的联合挤压。

1. 正向挤压

镁合金的正向挤压是目前挤压生产中应用最广的一种方法，其挤压过程如图5-3a所示。挤压时，将坯料放入挤压筒中，在挤压杆的压力作用下，使金属通过模孔而流出，得到与模孔尺寸形状相同的挤压制品。正向挤压法的主要特点是在挤压过程中，挤压筒固定不动，坯料在挤压杆压力作用下，沿挤压筒内壁移动，挤压金属的流动方向与挤压杆的运动方向相同，故称为正向挤压。

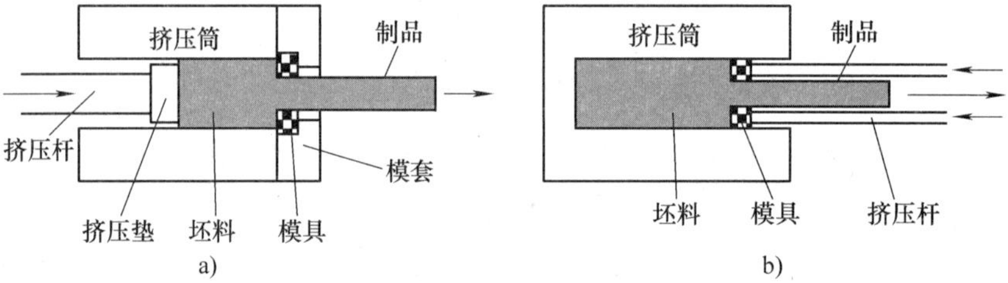

图5-3 镁合金挤压过程基本原理
a）正向挤压 b）反向挤压

正向挤压法有诸多优点：灵活性大，可生产各种挤压制品；成形方法较简单，可在任何挤压设备上采用这种方法；制品的表面质量高。采用正向挤压时，模具附近形成很高的金属弹性区（不发生塑性变形），这样就能够排除挤压缺陷从毛料与挤压筒接触面流入型材表面的可能性。此外，在变形区中，毛料表面层发生很大的剪切变形，引起了金属层的剧烈变化，形成了型材的表面层，使型材的表面质量得到改善。

正向挤压法也存在局限性：为克服金属与挤压筒内表面的摩擦力需要消耗大

量能量，这部分力可占到全都挤压力的40%～60%，其大小与毛料长度和挤压比有关；在正向挤压时，由于金属沿断面的流动速度很不均匀，在大型型材上也可能产生内部分层，这种分层在宏观组织和超声波检验时就会显露出来；挤压全过程不稳定，导致了变形的不均匀性，使得型材沿其全长和横断面上的组织和力学性能不均匀。挤压时，型材的表面层，特别是在剧烈变形的部位，经受了很大的剪切变形，热处理时，会引起明显的集聚再结晶，在具有挤压效应的合金型材中形成粗晶环。粗晶环部分的强度性能要比没有产生再结晶的中间部分低。只有采取特殊措施，如采用不经均匀化的铸锭和提高挤压前铸锭的加热温度才能减小粗晶环的宽度，但这些措施都会使挤压机的生产率显著降低。

2. 反向挤压

反向挤压可用来制造轴对称的管状镁合金工件，特别是带有薄壁或不规则截面且不能用其他金属生产的工件。镁合金的反向挤压原理如图5-3b所示，其主要特点是在挤压过程中，坯料与挤压筒之间无相对运动，从而改变了在挤压筒中金属流动的力学条件，改善了变形的不均匀性，降低了所需的挤压力。

反向挤压法的主要优点是：变形区靠近模孔附近，所需挤压力小，挤压速度高，金属流动均匀，制品的组织和性能均匀，可减少甚至消除粗晶环缺陷，几何废料少等。

反向挤压法的主要缺点是需要采用带有长行程挤压筒的挤压机，制品的表面质量欠佳，所能挤压制品的规格尺寸有限等。

5.2.2　镁合金挤压的特点

与锻造、轧制工艺相比，通过挤压方法进行镁合金产品生产加工具有以下优点：

1）挤压具有比锻造更为强烈的三向压应力状态，金属可以发挥其最大的塑性。这对于塑性变形能力较差的镁合金来说尤为重要。通过挤压工艺，可以有效细化镁合金的晶粒组织，提高合金的强度和塑性。

2）挤压法工艺具有极大的灵活性，操作方便，在一台设备上仅通过更换模具即可生产各种板、管、棒、型材，各种形状产品可在一道工序成形。挤压产品品种多、规格全，适合现代市场要求的多品种、小批量、短交货期的生产方式。

3）产品尺寸精度高，表面质量好。

但镁合金主要适用于温挤压和热挤压。且采用挤压法生产镁合金制品时存在一些缺点：

1）镁合金的废料损失一般较大，因为挤压压余和缩孔占锭坯比例较大。

2）挤压所需的变形力较大，且由于材料与模具之间的摩擦力较大，模具磨损较快。

3）挤压制品的组织和性能沿长度和断面上不够均匀。

尽管如此，对于镁合金这种塑性变形能力差的金属，挤压法仍不失为一种较好的塑性加工方法。目前已采用挤压法生产出各种不同型号的镁合金板、棒、管、型材。

5.2.3 镁合金的挤压工艺

1. 镁合金的挤压工艺流程

挤压制品的生产工艺流程，常因材料的品种、规格、供应状态、质量要求、工艺方法及设备条件等因素而不同，应按具体条件来合理选择与制订。镁合金常规生产工艺流程为：铸锭加热→一次挤压→切取中间坯料→加热→二次挤压→人工时效→拉伸（辊式）矫直→剪切→检查→氧化上色→成品包装入库等。

（1）铸锭　生产用于挤压的镁合金铸锭时，通常采用铁制或钢制的永久性厚壁铸模，或采用铜制或铝制的空心圆柱形铸模。通过喷水或是在铸模外周使用水套方式进行快速冷却，可制得具有细小晶粒组织的镁合金铸锭，且很少存在化合物的偏析。铸造后，通常要对铸锭进行铣面处理（采用机械加工方法去除铸造外皮）。铣面程度取决于合金成分和铸造表面的纤维组织。

（2）锭坯　镁合金锭坯是通过对已铣面铸锭进行预挤压来生产的，以便破碎铸件的显微结晶组织和改善其在随后挤压过程中的加工性能。在预挤压过程中所产生的断面减缩量，必须达到足以将其铸造组织变为变形组织。预挤压后的镁合金锭坯在后续的压力加工前不需要再次铣面处理。

（3）预热　挤压前，铸锭或锭坯要在电加热炉或燃料炉中进行预热，以达到要求的加工温度。在低于出现共晶组织的最低温度条件下，不需要采用惰性气体或保持还原性气氛。但是在预加热供挤压用的粉末坯块时，通常要使用保护性气体。由于用于挤压镁合金的温度远低于各种镁合金的熔点，故只要合理地控制温度，就不会出现火灾危险。但必须使温度保持均匀，而且在炉子的前几个加热区内避免出现较大的温差和局部高温。配备有炉内空气循环风机的炉子，可提供最均匀的加热性能。

在装载炉料时，应当使循环空气可以畅通地通过所有坯料。避免采用密集堆放或“积木式”装载方式，因为这种装载方式会使炉料的中心温度降低，并在边缘和暴露表面产生过热现象。若温度过高，则会由于热脆性而使坯料产生裂纹，而温度过低，又会出现剪切裂纹。在装入镁合金炉料时，务必注意不要同时装入铝合金，因为如果两种合金一旦接触，将形成低熔点共晶体，这将导致火灾的发生。炉子应当清理干净，以免有任何残留铝屑或沉积物与镁金属相接触。

（4）工模具　由于挤压工模具工作条件十分恶劣，要求工模具必须具备高的强度和硬度，高的耐热性和耐磨性以及良好的淬透性。为了满足上述要求，挤压镁合金用工模具材料都采用合金钢制造，如热挤压模具钢 H13，其热处理硬度为 48 ~50HRC。工模具应始终保持清洁状态，通常采用酸洗和机械抛光来清洗挤压组件以保持挤压筒和模具的清洁。

为避免挤压筒、挤压垫和模具在典型的推压阶段对坯料产生激冷作用，故挤压前需将工模具预热到与坯料相同的温度，该温度应低于挤压温度25℃左右，以补偿挤压过程中由坯料与挤压筒之间的摩擦和金属变形所引起的温升。

与其他金属一样，采用桥型模、异型孔挤压模或多孔模可挤压出管形和其他中空镁合金型材。由于镁合金的再焊合性能差，因此也可使用穿孔针来生产管材：首先用穿孔针对坯料进行穿孔，然后继续在穿孔针上对坯料进行挤压。也可使用空心挤压锭代替实心锭进行管材生产，其生产方法为首先通过铸造或机械加工来提供空心锭，然后在位于挤压轴中的中央芯轴上进行挤压。

（5）挤压工艺　挤压制品的力学性能不仅与合金牌号相关，还和所采用的挤压工艺有关。镁合金主要挤压工艺参数有：挤压温度、挤压比、挤压速度、挤压力、润滑情况等。

镁合金的挤压温度与合金种类和挤压件形状有关，其典型挤压温度范围为300～450℃。同时，合理的挤压温度的选择还与特定的合金牌号和挤压形状有关。因温度对镁合金的塑性变形特征影响很大，因此可以通过调节挤压温度来适应不同挤压比的要求。镁合金挤压比范围一般为（10∶1）～（100∶1），如果坯料是挤压坯而不是铸造坯，则挤压比可以更高。镁合金坯料在变形过程中会产生大量热量，为防止坯料的温度超过固相线温度而导致开裂，在挤压过程中必须充分冷却。

在挤压过程中必须采用润滑剂，这样可以减轻坯料与挤压筒之间的摩擦，降低挤压力，有利于金属流动，同时润滑剂还可以起到隔热作用，从而提高模具寿命。

部分挤压件需要进行矫直，可以采用辘轳对挤压件施加压力矫直或采用拉伸机拉直。

当挤压过程结束后，通常将模具拉离挤压筒，并将成品件上的压余剪掉，再将压余清理出挤压筒并将其用作重熔废料。

也可采用连续挤压成形工艺，就是将放置在挤压筒中的新坯料与先前的坯料对焊在一起，以保证可以进行连续挤压。但必须在坯料上由铸造或机械加工方法加工出纵向沟槽，用来释放新旧坯料对焊过程中所捕获的空气。通常采用剪切或锯切方法将成品挤压件的焊接区去掉，并用作重熔废料。

为了获得细密而均匀的显微组织，镁合金挤压件脱模后需对其采用强制空冷或水冷进行淬火。淬火过程中，防止冷却水与热模具直接接触，以免导致模具开裂。

2. 正向挤压时金属的流动

镁合金在热挤压过程有两个基本特点：

1）挤压过程中，由于镁合金坯料对工模具的黏着作用，可产生接近于剪切屈服强度的接触摩擦应力。这将使挤压坯料的表面层和中间层之间的剪切变形量产生很大差别，变形的不均匀性增加。

2）镁合金的变形温度不高，可以保证挤压坯料和工具的加热温差不大。另外，镁合金热容量小、导热性好，沿挤压断面和长度方向，温度梯度小。因此，与其他挤压坯料和工具加热温差很大的金属及合金（铜合金、钢）相比，可以减小变形的不均匀性。这两个特点对金属的流动性质产生相反的影响。

当挤压镁合金时，其他条件相同的情况下，变形的不均匀性在很大程度上取决于坯料与挤压筒之间的接触摩擦力。第一点，在挤压时，坯料与挤压筒之间的摩擦力阻碍金属表面层的运动，使得坯料表层金属沿纵向相对坯料中心被压缩而镦粗，横向尺寸增大。靠近挤压垫的坯料表面层金属的横向增宽最大，在这里作用着最大的轴向应力。轴向应力随着坯料和挤压筒接触长度及摩擦应力值的增加而增大，使坯料的内层金属明显地收缩，在挤压筒和模具连接处产生阻碍金属流动区（死区）。第二点，不存在挤压过程的稳定阶段。表面层和中心层的变形都是随着挤压过程的进行而不断增大。但是，由于表面层变形的增大较快，因此随着挤压过程的进行增加了变形的不均匀性。这就造成了沿挤压型材的断面和长度上力学性能的差别。第三点，在坯料与挤压筒接触处金属的阻碍区内的摩擦力很大，使薄的坯料表面层很难流入模孔，挤压制品可以获得优质表面。这个特点有着特殊意义。不润滑的正向挤压尽管有许多缺点，但在生产重要用途的型材上却得到了最广泛的应用。当生产那些挤压后不需要机械加工或者只在型材表面很小一部分上进行机械加工（如铆接前钻孔、开槽等）时，这一点尤其重要。

用圆形坯料挤压异形型材时，与挤压圆棒相比，重要的特点是沿型材断面变形的不均匀性更为明显。变形不均匀性增加的主要原因是坯料与挤压制品的横断面间没有几何相似性。型材断面的不对称性越大，则变形的不均匀性也越大。变形的不均匀性使断面的各个部分都力图以不同的速度流动，但金属的整体性却阻碍了这一点的实现。这就引起很大的附加应力，后者对挤压型材的几何形状和质量都有显著的影响（断面上有个别缩孔，充填不满的模孔，型材的纵向弯曲和扭拧）。当受拉应力作用的断面上附加应力很大时，可能出现横向裂纹，在受压应力作用的断面上，可能产生局部橘皮（波纹）。因此减小金属流动的不均匀性是设计工具时所要解决的最重要问题之一。

5.2.4 挤压镁合金的性能

挤压态镁合金的综合力学性能要明显高于铸态（见表 5-3 和表 5-4），挤压成形过程对合金材料的力学性能的改善机理可从以下两个方面来加以分析：

1. 挤压成形过程中组织结构显著细化

镁合金的形变再结晶温度很低，在挤压温度范围内（230 ~ 400℃），镁合金就可以发生完全的动态再结晶。通过这种动态再结晶过程，使合金的微观组织得到细化，试验拍摄的显微照片证实了这一点。再结晶后的晶粒几乎为等轴晶，沿挤压方向有规则地呈带状排列，这一形貌特征表明再结晶过程与变形过程是同时发生的。晶粒的大小是材料性能的重要指标，通常晶粒越小材料的性能越好。晶粒大小影响材料的性能，因为晶界是位错运动的障碍，在一个晶粒内部，必须塞积足够数量的位错才能提供必要的驱动力，使相邻晶粒中的位错源开动并产生宏观可见的塑性变形。因而，减小晶粒尺寸将增加位错运动障碍的数目，使屈服强度得到提高。经过挤压后的合金，由于柱状晶和粗大枝晶被破碎，通过动态再结晶使晶粒均匀化和细化，使材料性能提高。

例如，ZK60 合金经 150℃挤压后抗拉强度上升到 500MPa 以上，这可归因于晶粒细化。因此可以通过调节挤压参数来控制材料微观组织，如降低挤压温度和挤压速度，可获得更细小的晶粒，增加挤压比也能进一步细化晶粒，从而获得较大的断后伸长率。

2. 挤压过程中发生了疏松焊合

由于模膛形状、浇注温度、冷却速度等因素的影响，合金在形成铸锭之后，往往会形成许多铸造缺陷。挤压成形会对其中的几种缺陷进行弥补，使合金材料综合力学性能得到改善：

1）挤压过程中，柱状晶和粗大枝晶被破碎，使偏析均匀化。

2）通过气孔的压合，使材料的致密度提高。

3）在三向压应力作用下，铸造产生的缩孔和疏松可以得到焊合，减少缺陷。

因此，挤压成形可细化晶粒、改善材料微观组织、弥补铸造缺陷，使得材料的综合力学性能得到了大幅度的提高。挤压态和挤压时效态镁合金的典型和最低力学性能见表 5-3 和表 5-4，从表中也可看出变形镁合金经过人工时效处理后强度显著提高。

表 5-3　挤压镁合金的典型力学性能

合金及状态	最小尺寸或面积	抗拉强度/MPa	拉伸屈服强度/MPa	断后伸长率[①]（%）	压缩屈服强度/MPa	抗剪强度/MPa	承载强度/MPa	承载屈服强度/MPa	硬度（HBW）
AZCOM-F	<0.635cm	255	186	13	97	—	—	—	49
	0.635～3.81cm	255	193	15	90	—	—	—	49
	3.81～6.35cm	255	186	14	90	—	—	—	49
	6.35～12.7cm	255	186	15	90	—	—	—	49
AZ31B-F	<0.635cm	262	193	14	103	131	386	234	49
	0.635～3.81cm	262	200	15	97	131	386	228	49
	3.81～6.35cm	262	193	14	97	131	386	228	49
	6.35～12.7cm	262	193	15	97	131	386	228	49
AZ61A-F	<0.635cm	317	228	17	—	159	448	262	60
	0.635～6.35cm	310	228	16	131	152	469	276	60
	6.35～12.7cm	310	214	15	145	152	469	290	60

（续）

合金及状态	最小尺寸或面积	抗拉强度/MPa	拉伸屈服强度/MPa	断后伸长率①（%）	压缩屈服强度/MPa	抗剪强度/MPa	承载强度/MPa	承载屈服强度/MPa	硬度（HBW）
AZ80A-F	<0.635cm	338	248	12	—	152	469	331	60
	0.635～3.81cm	338	248	11	—	152	469	331	60
	3.81～6.35cm	338	241	11	—	152	469	331	60
	6.35～12.7cm	290	248	9	—	152	469	331	60
AZ80A-T5	<0.635cm	379	262	8	234	165	414	393	82
	0.635～3.81cm	379	276	7	241	165	414	400	82
	3.81～6.35cm	365	269	6	221	165	469	372	82
	6.35～12.7cm	345	262	6	214	165	469	365	82
ZK60A-F	$<12.9cm^2$	338	262	14	228	165	524	386	75
	$12.9\sim19.4cm^2$	338	255	14	193	165	524	345	75
	$19.5\sim32.3cm^2$	338	248	14	186	165	524	338	75
	$32.3\sim258cm^2$	331	255	9	159	179	517	303	75
ZK60A-T5	$<12.9cm^2$	365	303	11	248	179	545	407	82
	$12.9\sim19.4cm^2$	359	296	12	214	172	538	365	82
	$19.5\sim32.3cm^2$	352	290	14	207	—	531	359	82

① 标距长度为50.8mm。

表5-4　挤压镁合金的最低力学性能

合金及状态	最小尺寸或面积	抗拉强度/MPa	拉伸屈服强度/MPa	断后伸长率①（%）	压缩屈服强度/MPa
AZCOM-F	<0.635cm	234	138	7	—
	0.635～3.81cm	234	145	7	76
	3.81～6.35cm	228	145	7	76
	6.35～12.7cm	214	131	7	69
AZ31B-F	<0.635cm	241	145	7	—
	0.635～3.81cm	241	152	7	83
	3.81～6.35cm	234	152	7	83
	6.35～12.7cm	221	138	7	69
AZ61A-F	<0.635cm	262	145	8	—
	0.635～6.35cm	276	165	9	97
	6.35～12.7cm	276	152	7	97
AZ80A-F	<0.635cm	296	193	9	—
	0.635～3.81cm	296	193	8	117
	3.81～6.35cm	296	193	6	117
	6.35～12.7cm	290	186	4	117
AZ80A-T5	<0.635cm	324	207	4	—
	0.635～3.81cm	331	228	4	193
	3.81～6.35cm	331	228	4	186
	6.35～12.7cm	310	207	2	179

（续）

合金及状态	最小尺寸或面积	抗拉强度/MPa	拉伸屈服强度/MPa	断后伸长率①（%）	压缩屈服强度/MPa
MIC-F	<0.635cm	207	—	2	—
	0.635～3.81cm	221	—	3	—
	3.81～6.35cm	221	—	2	—
	6.35～12.7cm	200	—	2	—
ZK40A-F	$<19.5cm^2$	234	207	5	124
ZK40A-T5	$<19.5cm^2$	255	234	4	138
ZK60A-F	$<12.9cm^2$	296	214	5	186
	$12.9\sim19.4cm^2$	296	214	5	179
	$19.5\sim32.3cm^2$	296	214	5	172
	$32.3\sim258cm^2$	296	214	6	138
ZK60A-T5	$<12.9cm^2$	310	248	4	207
	$12.9\sim19.4cm^2$	310	248	4	193
	$19.5\sim32.3cm^2$	310	248	4	172
	$32.3\sim64.5cm^2$	310	234	6	159
	$64.5\sim161.3cm^2$	310	234	6	152
	$161.3\sim258cm^2$	296	214	6	138

① 标距长度为50.8mm。

5.3 镁合金的轧制成形

镁合金板材一般采用轧制成形的方法生产，轧制的产品有：平直薄板、厚板、卷曲薄板、圆环、加工板、精制板。如前所述，室温下密排六方晶体结构的镁合金塑性变形仅限于在基面{0001}<$11\bar{2}0$>的三个滑移系，在本质上决定了镁合金的塑性变形性能较差。镁合金的冷轧较为困难，一般道次压下量只有10%～15%，变形率再高会发生严重的裂边，甚至无法轧制。因而，轧制生产镁合金板材时，通常要进行三次或更多次的反复加热与热轧。根据合金成分不同，热轧可在300～450℃之间进行。

镁合金轧制板材的原材料多采用带有圆弧形侧边的扁形铸锭。根据合金的加工性能、工艺和技术条件的不同，生产镁合金板材的坯料有挤压或锻造扁坯和直冷连续铸锭。按照厚度的不同，可将镁合金轧制板材分为厚板和薄板，一般镁合金厚板厚度范围为11.0～70.0mm，薄板厚度为0.8～10.0mm。厚板通常可以在热轧机上直接生产，而薄板一般采用冷轧和温轧两种方式生产。

5.3.1 镁合金轧制工艺

1. 中厚板轧制

镁合金中厚板的生产工艺流程为：铸锭铣面→铸锭均匀化→加热→热轧开

坯→精整（剪切、矫直）→氧化上色→涂漆包装等。

（1）铸锭　用于轧制的镁合金铸锭的生产方法与用于挤压的相同。轧制前，通常要对铸锭进行铣面处理，铣面程度主要取决于合金成分和铸造表面的纤维组织。如用的是挤压坯料，则在加热前可不再铣面。一般而言，如铸锭材料具有细小的晶粒尺寸和均匀的第二相分布，则具有良好的轧制性能。

镁及镁合金产品质量的高低，在很大程度上取决于铸锭的质量。镁合金铸锭的缺陷主要有：锰偏析、冷隔、氧化夹杂及熔剂夹渣、铸锭裂纹和晶粒粗大等。这些缺陷是由于合金本性和不合理的熔铸工艺等因素造成的。它们对产品质量的影响见表5-5。

表5-5　铸锭缺陷对产品质量的影响

缺陷类型	对产品质量的影响
锰偏析	锰偏析是M1A、AZ31B、MB3、MB8合金薄板最常见的废品之一
冷隔	由于冷隔使热轧板材表面会产生裂口甚至导致铸锭的开裂。这种缺陷主要是由于铸锭铣面量不够而未将冷隔铣削掉
氧化夹杂及熔剂夹渣	这种缺陷往往在板材很薄的情况下才会暴露，它会降低产品的力学性能和耐蚀性
铸锭裂纹	铸锭表面存在裂纹会导致热轧时铸锭的开裂
铸锭晶粒粗大	粗大晶粒的铸锭，在热轧时会产生严重的裂边和表面裂纹，降低成品率

（2）预热　镁合金轧坯预热方法类似于挤压坯料，预热炉采用带有空气循环系统的电加热炉或燃料炉。装炉前应清除锭坯上及炉子内的一切细屑和杂质，以免有任何残留铝屑或沉积物与镁金属相接触，因为如果镁铝两种合金相接触会形成低熔点共晶体，导致火灾的发生。在预热过程中，万一发生燃烧，应先将轧坯拉出炉外扑灭火焰，用石棉布或玻璃布密封炉子，隔绝空气灭火。在装载炉料时，应当使循环空气可以畅通地通过所有坯料，避免采用密集堆放或“积木式”装载方式。应保证气体循环速度，循环速度最好能达到40次/min或更快些，以保证炉内温度保持均匀，避免出现较大的温差和局部高温，炉内温差以不大于±6℃为宜。

（3）轧制温度　温度是镁合金轧制过程中最重要的工艺参数。低温轧制时，高的应力集中可导致孪晶形核和切变断裂；轧制温度过高时，晶粒容易长大而使板材热脆倾向增大。轧制温度应保证合金具有最好的塑性变形能力。镁合金轧制温度范围主要取决于合金性质，一般为225～450℃，在此温度区间和中等应变速率条件（$0.3s^{-2}$）下，易发生动态再结晶而使轧制性能得到明显改善。Hosokawa等研究了轧制温度对AZ31镁合金成形性能的影响，结果表明，当轧制温度超过225℃（225～400℃）时，轧制压下量可达85.7%以上而不出现裂纹；而在200℃以下的温度轧制时，成形性能变差，易出现裂纹。表5-6为几种镁合金板坯热轧的工艺参数。

表 5-6　几种镁合金板坯热轧的工艺参数

材料牌号	合适温度范围/℃	最佳温度/℃	压下量
M1A	360~510	480~510	8%~12%
MB8	370~510	480~510	5%~10%
ZK60A	340~400	380~390	5%~10%

镁合金中厚板的组织和性能主要取决于终轧温度。随着终轧温度的提高，除断后伸长率提高外，抗拉强度、屈服强度和压缩屈服强度普遍下降。板材的再结晶程度也随着终轧温度的提高而升高。因此为稳定中厚板的力学性能，必须严格控制终轧温度。热轧时一般用猪油、石蜡或含石墨的四氯化碳溶液做润滑剂。镁合金热轧过程中常见缺陷及消除方法见表 5-7。.

表 5-7　镁合金热轧过程中常见缺陷及消除方法

缺陷种类	产生原因	消除方法
铸锭开裂	铸锭质量不好，冷隔没铣掉；铸锭加热温度过高或过低；道次压下量过大	提高铸锭质量，消除冷隔；正确执行铸锭加热制度，防止过烧或温度不够，合理分配道次压下量
表面裂纹及裂边	铸锭晶粒粗大；铸锭加热时间短、热轧温度过低或压下量过大；轧辊温度过低；润滑不当，轧辊温度或板坯温度降低	改进铸造工艺，细化晶粒，延长加热时间；正确执行轧辊预热制度，保证轧辊温度符合要求；适当润滑，润滑量不宜过大
力学性能不合格	热轧终了温度过高或过低；道次压下量分配不合理；热轧温度过高或过低	严格控制热轧温度范围，合理分配道次压下量
金属压入	裂边产生的金属屑落到板坯上；导卫夹持过紧，带下的碎屑落在板坯上；轧辊黏附的金属屑脱落在板坯上；热轧前铸锭表面黏附金属屑	装炉前对铸锭表面和板坯端部要进行清理；轧辊黏附有金属时要及时清理；导卫操作要适当
波浪	轧辊辊形控制不当；压下量分配不合理	冷却或加热轧辊，调整好辊形；调整压下量
镰刀形	辊缝没调整好；送料不正；板片波浪太大	调整好辊缝，正确送料；调整压下量
尺寸超差	压下量调整与压下指针指示不正确；轧辊辊形控制不好	开车前调整压下与压下指针指数；预热好轧辊，控制好辊形及适当调整压下量

2. 薄板轧制

镁合金薄板的常规生产工艺包含热轧、粗轧、中轧和精轧等工序，主要工艺流程为：铸锭铣面→铸锭均匀化→加热→热轧开坯→温整（剪切矫直）→板坯剪切下料→板坯加热→粗轧→酸洗→加热→中轧→中断或下料→加热→精轧→产品退火→精整（剪切、矫直）→氧化上色→涂漆包装等，如图 5-4 所示。

(1) 板坯加热　板坯加热温度一般比铸锭温度低 30~60℃，其加热时间的长短主要取决于加热温度、板坯厚度、装炉量的多少及采用加热炉的形式。常用的板坯加热炉有箱式电阻空气循环加热炉和链条或履带式空气循环电阻加热炉。

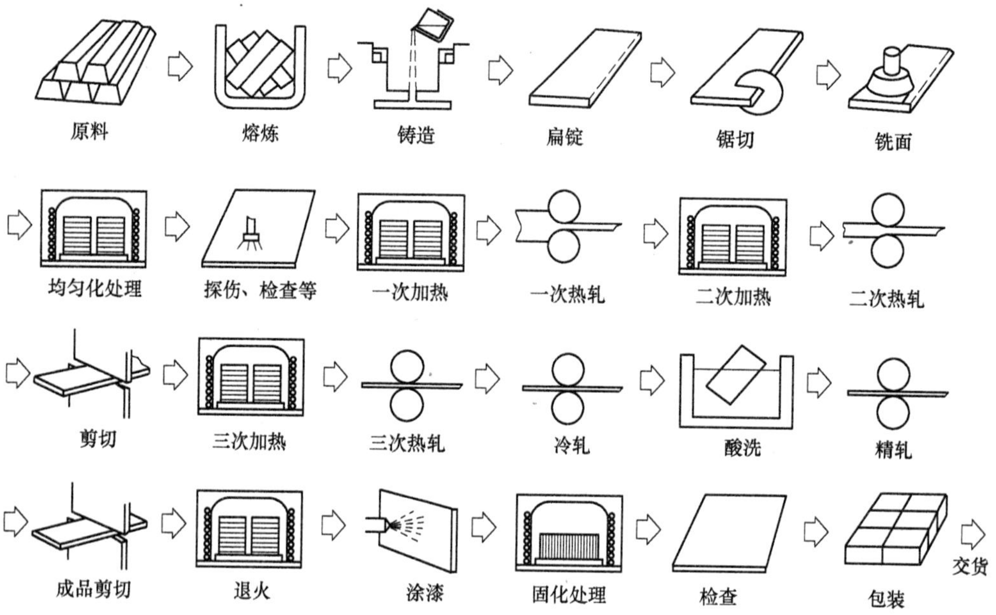

图 5-4 镁合金板材轧制工艺流程

(2) 粗轧　镁合金的粗轧基本属于热轧。在粗轧过程中，由于压下量比较大，在干轧的情况下轧辊温度上升快，粘辊严重。在薄板生产中粗轧板坯的最终厚度一般为 5 ~ 6mm，特殊情况为 3mm。粗轧中应注意：开轧的头两道次应尽量提高压下量，减少道次，此后道次压下量逐步减小；粗轧动作尽量快，时间短；应保证轧辊预热温度。

(3) 中轧和精轧　在镁合金的中轧和精轧过程中，随着轧制道次的增加，板坯温度逐渐降低，轧件可以得到与冷轧制品相似的性能。中轧和精轧的道次压下量取决于轧辊温度、轧制速度和润滑条件。在干轧的情况下，道次压下量的分配原则是多道次和小压下量。

镁合金中轧和精轧时，轧辊的温度维持在 200 ~ 250℃ 最佳。轧辊温度过低会降低合金的轧制性能和表面质量；而温度过高难以保证板材平直度。为避免以上问题，生产中可采取的措施有：降低开轧温度，降低轧制速度或减少道次压下量，采用合适的润滑。

镁合金薄板常见缺陷产生原因及消除方法见表 5-8。

表 5-8　镁合金薄板常见缺陷产生原因及消除方法

缺陷种类	产生原因	消除方法
表面裂纹	道次压下量过大；粗轧时终轧温度过低；轧辊温度过低；润滑不均匀或量过大	合理分配道次压下量；粗轧时提高板坯温度，操作要快；提高轧辊温度；适当润滑

（续）

缺陷种类	产生原因	消除方法
裂边	轧辊两边有油或水；轧辊温度过高、过低或凸度过大；板坯晶粒粗大；总压下量过大	及时擦净辊面的油和水；及时调整轧辊辊形；调整轧辊温度；细化晶粒；严格执行工艺
压折	轧辊温度过低或辊形不当；压下量过大；喂料不正	提高轧辊温度，调整辊形，合理分配道次压下量
凹陷或压坑	轧制过程中板材的飞边或毛刺落入板片上，轧制后剥落造成；轧辊温度过低，总压下量超过限度，板坯头尾脆裂落在板面上造成压坑；非金属压入，在酸洗后造成压坑	加强清理、检查；适当提高轧辊温度，轧制中加强修理；减少总加工量；及时清理非金属压入
性能不合格	成品轧制的总压下量控制过小；退火温度过高或过低；轧辊温度过高	严格控制成品的总压下量；严格执行退火制度；轧辊温度控制适当
麻面	轧辊温度过高，粘辊严重；压下量过大造成粘辊	降低轧辊温度，及时清辊；减少道次压下量

（4）热处理　由于轧制态属于加工硬化状态，故得到的抗拉强度及屈服强度很高，但是合金整体的塑性较差，断后伸长率低。要想得到具有较好强度与塑性搭配的合金，则需要在轧制加工后进行退火热处理。镁合金在退火过程中所发生的变化主要是加工组织的再结晶过程。镁合金完全再结晶主要取决于温度，要获得最高的常温力学性能，其退火温度应选择在靠近完全再结晶温度范围内。退火温度过高易使晶粒长大，导致性能的降低。除压下量外，热轧和精轧的终了温度也影响镁合金的开始再结晶温度。终轧温度越高，开始再结晶温度也越高。

退火热处理工艺中，除加热温度外，保温时间对合金力学性能的影响也很大。图5-5反映了保温时间对AZ31B-H24薄板室温力学性能的影响，并提供了适合设计使用的最低性能值。不同温度下，AZ31B-H24合金的强度随保温时间的延长而下降，高温下多次保温的效果具有累加性。AZ31B-H24薄板通常在160℃以下热变形，以免退火后室温力学性能低于所规定的最低值。如果能仔细控制保温时间，那么镁合金也可以在160℃以上退火。

（5）矫直　镁合金冷作硬化的敏感性大，矫顽力很高，低温下很难矫平，因此厚板在较高温度矫直。密排六方结构的镁合金滑移系少，一般采用辊式矫直而不是拉伸矫直。在合适的矫直温度下可反复矫直，矫直次数对产品力学性能无明显影响。镁合金薄板矫直有两种方式，即板材退火后冷却至室温后进行矫直的冷矫方式，以及板材加热至200～300℃或利用退火后板材的余热进行矫直的热矫方式。

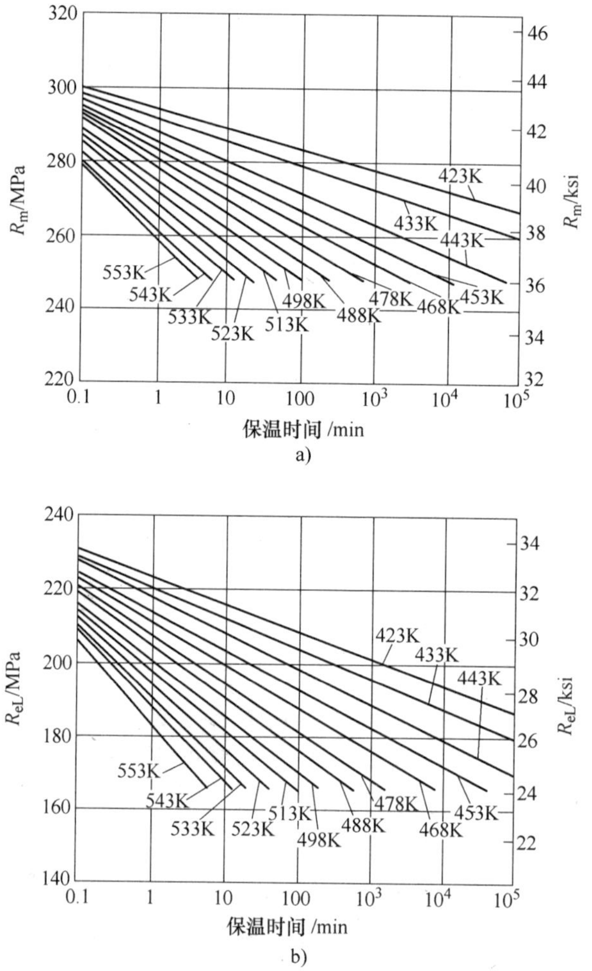

图 5-5　保温时间对 AZ31B-H24 薄板室温力学性能的影响

a）抗拉强度　b）屈服强度

注：图示数据是由厚 1.63mm 的薄板试验测得的，对厚度不超过 6.35mm 的板材也基本适用。

5.3.2　轧制镁合金的性能

加工硬化应变量和最终精轧后冷却退火过程中的应变量决定了镁合金板材的最终力学性能。通常采用产品状态来表示这两个因素的综合效果，一般采用 O 表示完全退火，H 表示加工硬化后的硬度级别。硬度分为 8 级，分别用数字 1 ~ 8 来表示，用 H1 表示加工硬化后所达到的硬度级别，但是同样的硬度水平可以通过冷变形后退火得到，用 H2 表示。如半硬化材料可根据达到硬度级别所采取的工艺路线不同分别用 H14 或 H24 表示。实际上，镁合金材料很少加工到硬度高于 H16 和 H26。不同状态 AZ31B 镁合金板材的典型力学性能和最低力学性能分别见表 5-9 和

表 5-10。

表 5-9 AZ31B 镁合金板材的典型力学性能

状态	厚度/cm	抗拉强度/MPa	拉伸屈服强度/MPa	断后伸长率[①]（%）	压缩屈服强度/MPa	剪切强度/MPa	承载强度/MPa	承载屈服强度/MPa
O	0.041~0.152	255	152	21	110	179	455	255
	0.153~0.634	255	152	21	110	179	455	255
	0.635~1.270	248	152	21	90	172	448	234
	1.271~5.080	248	152	17	83	172	448	228
	5.081~7.620	248	145	17	76	172	448	221
H24	0.041~0.634	290	221	15	179	200	531	324
	0.635~0.951	276	200	17	159	193	496	310
	0.952~1.270	269	185	19	131	186	483	276
	1.271~2.540	262	155	17	110	179	469	255
	2.541~5.080	255	159	14	97	179	455	241
	5.081~7.620	255	145	16	83	179	455	241
H26	0.635~0.951	276	207	16	165	193	496	317
	0.952~1.113	276	193	13	152	193	496	303
	1.114~1.270	276	193	13	152	193	496	303
	1.271~1.905	276	193	10	131	193	496	276
	1.906~2.540	269	179	10	124	193	483	269
	2.541~3.810	262	172	10	110	186	469	255
	3.811~5.080	262	165	10	103	179	469	248

① 标距长度为 50.8mm。

表 5-10 AZ31B 镁合金板材的最低力学性能

状态	厚度/cm	抗拉强度/MPa	拉伸屈服强度/MPa	断后伸长率[①]（%）	压缩屈服强度/MPa
O	0.041~0.152	221[②]	124	12	83[③]
	0.153~0.634	221[②]	103	12	83
	0.635~1.270	221[②]	103	12	59
	1.271~5.080	221[②]	103	10	69
	5.081~7.620	221[②]	103	9	55
H24	0.041~0.634	269	200	6	165[③]
	0.635~0.951	262	179	8	138
	0.952~1.270	255	165	8	110
	1.271~2.540	248	152	8	90
	2.541~5.080	234	138	8	69
	5.081~7.620	234	124	8	62
	>7.620	200	97	8	55

（续）

状态	厚度/cm	抗拉强度/MPa	拉伸屈服强度/MPa	断后伸长率①（%）	压缩屈服强度/MPa
H26	0.635～0.951	269	186	6	152
	0.952～1.113	262	179	6	145
	1.114～1.270	262	179	6	124
	1.271～1.905	255	172	6	117
	1.906～2.540	255	159	6	110
	2.541～3.810	241	152	6	103
	3.811～5.080	241	145	6	97

① 标距长度为50.8mm。
② 完全退火状态最大可达到276MPa。
③ 仅适用于厚度≥0.16cm时。

作为一种塑性变形工艺，轧制也能改善镁合金的组织性能。曾荣昌等研究表明，轧制可显著提高镁合金AM60的力学强度，并细化晶粒，改善微观组织。轧制方式对镁合金的性能影响很大，不同的轧制工艺可能得到性能迥异的产品。张青来等研究了轧制方式对AZ31镁合金薄板组织和性能的影响。他们采用交叉轧制和单向轧制两种热轧工艺都制备了具有良好组织状态的AZ31镁合金薄板，采用交叉轧制的薄板，其断后伸长率显著提高，$R_{p0.2}$和R_m明显下降；单向轧制时，则出现相反的结果。可见，交叉轧制能有效地减轻材料的各向异性，加强了材料内部组织的均匀性和等轴化作用。

5.4 镁合金的锻造成形

近几年镁合金压铸件在汽车行业中的用量急剧增长。虽然现代铸造工艺能够制造出形状复杂的轻质产品，但其力学性能不是很理想。镁合金锻造工艺作为一种近净成形技术，是一种提高材料性能的理想方法。

锻造是一种借助工具或模具在冲击或压力作用下加工金属机械零件或零件毛坯的方法。与其他加工方法相比，锻造加工生产率高，锻件形状和尺寸稳定性好，并有优良的综合力学性能。此外锻造变形可消除材料内部缺陷，如锻（焊）合孔洞、压实疏松、破碎碳化物，使非金属夹杂沿变形方向分布，减弱或消除成分偏析，从而获得均匀、细小的晶粒组织。

5.4.1 镁合金的可锻性及锻造特点

可锻性主要包括锻造时合金的塑性（极限镦粗比）及变形抗力，并受合金成分、组织和锻造工艺条件的综合影响。镁合金的可锻性取决于三个因素：合金的固相线温度、变形速率和合金毛坯的晶粒大小。适于锻造成形的镁合金有Mg-Al-Zn

系、Mg-Zn-Zr 系和 Mg-Y-RE 系合金。Mg-Al-Zn 系合金的原材料来源广泛，生产成本低，因此被广泛用于制备镁合金锻件。但 Mg-Al-Zn 系合金铸件的实际晶粒尺寸不适合直接锻造成形，在锻造前必须对铸锭进行预挤压处理以获得合乎要求的细晶组织，提高合金的可锻性。Mg-Zn-Zr 系和 Mg-Y-RE 系合金中含有 Zr、Y 及 RE 等细化晶粒的合金元素，可以得到具有细晶组织的结构，使合金呈现出良好的塑性变形性能。Mg-Y-RE 系合金可用于对高温强度有特别要求的工件。

镁合金的锻造成形技术与铝合金的基本相同，两者相比较而言，镁合金的锻造成形具有以下特点：

1）镁合金在高温时表面摩擦因数较大，流动性差，黏附力大且充填较深的垂直不通孔较为困难，因此镁合金锻造时，内外圆角半径和肋厚等都比铝合金的大。

2）镁合金锻造用材料多采用挤压毛坯，可以在挤压前进行均匀化处理，减小力学性能的各向异性。

3）镁合金是热的良导体，为避免高温坯料与温度较低的模具接触发生激冷而产生龟裂，锻造时应预热模具。

4）镁合金对变形速率非常敏感，当变形速率增加时，镁合金的塑性显著下降。因此，对于较复杂的镁合金锻件需以多次成形。为了避免晶粒长大，应逐步降低各次锻打的温度。

在镁合金的开模和闭模锻造生产中，锻造成形设备多采用液压式压力机或低速机械式压力机，而很少在锻锤或快速压力机上进行镁合金的锻造加工，因为镁合金的塑性差，且对变形速率很敏感，快速成形时合金很容易发生开裂，如 AZ80A 合金。在液压机或压力机上进行锻造时，加工变形量可达 60% ~ 90%。而在锻锤或快速压力机上锻造的加工变形量不超过 30% ~ 50%。表 5-11 列出了镁合金锻造时允许的变形程度。

表 5-11　镁合金锻造时允许的变形程度

合金牌号	允许变形程度（%）		合金牌号	允许变形程度（%）	
	锻　锤	压　力　机		锻　锤	压　力　机
M1A	80 ~ 85	85 ~ 90	ZK60A	30 ~ 40	90
AZ31B	30	80	MB8	70	70 ~ 80
AZ61A	20 ~ 30	60	MB11	25 ~ 30	50 ~ 60
AZ80A	不宜锤上锻造	25 ~ 30	MB14	50 ~ 70	80

5.4.2　镁合金的锻造方式

镁合金锻造工艺按方式可分为自由锻造和模型锻造；按锻造温度可分为热锻、温锻和冷锻，由于镁合金冷加工性能差，所以一般采用热锻。

1. 自由锻造

自由锻造是采用油压机或锻锤在平砧上锻造出方形、圆形、圆盘和圆环等形状比较简单零件的锻造方法。由于镁合金变形能力差，所以用锤头锻造镁合金铸块时，应注意控制每次锻造时的压下量。自由锻造很难加工大型部件。

2. 模型锻造

模锻是采用锻模锻造成给定形状锻件的锻造方法。根据锻件接近最终形状的程度又可分为毛坯（雏形）锻造、普通锻造和精密锻造三大类。

毛坯锻造因锻造角半径较大，肋和棱角较厚，且制品的锥度较大，因此要得到最终形状还需做进一步加工处理。毛坯锻造压力一般为147～294MPa，是三种模锻方式中最小的。

普通锻造是模锻中最常用的方法，比毛坯锻造更接近部件的最终形状，锻造后圆角较小，肋比较薄。普通锻造压力一般在245～392MPa之间。

精密锻造在三种模锻方式中所得部件最接近最终形状，锻件尺寸精度高，所需锻造压力高，一般为392～784MPa。

3. 等温锻造与等温精密锻造

（1）等温锻造　等温锻造与常规锻造的不同之处，在于它消除了毛坯和模具之间温度差的影响，使热毛坯在加热到锻造温度的恒温模具中以较低的应变速率成形，从而减少了在常规锻造时由于变形金属表面激冷而造成的金属流动阻力和变形抗力的增加，以及变形金属内部由于变形不均匀而引起的组织性能的差异，有效降低了模锻时的变形抗力，可以在现有小型设备上实行较大锻件的成形，也使复杂程度较高的锻件精密锻造成形成为可能。这项技术也是目前国际上实现净成形或近净成形的重要方法之一。

镁合金与铝合金等其他材料不同，其锻造特点之一是热锻次数不宜过多，每加热、锻造一次，强度性能下降一次。尤其当锻前加热温度高、保温时间长时，下降的程度更大。镁合金的锻造温度范围窄（150℃左右），但其热导率很大［167.25W/(m·℃)］，接近钢的两倍。锻造时如果模具温度较低，则导致坯料迅速降温，尤其是在薄壁处，使金属塑性降低，变形抗力增大，充填型腔困难。图5-6和图5-7分别为镁合金等温锻造模具和装置结构示意图。

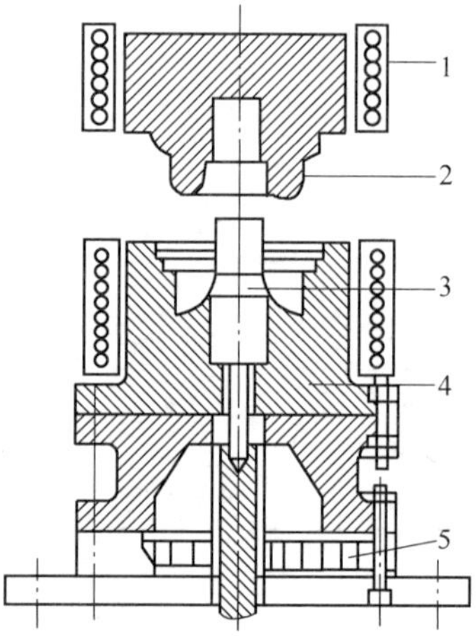

图5-6　感应加热的等温锻造模具

1—感应圈　2—上模　3—顶杆
4—下模　5—水冷板

镁合金的等温锻造具有以下工艺特点：

1）等温锻造一般在运动速度较低的液压机上进行。根据锻件的外形特点、复杂程度、变形特点、生产率要求以及不同的工艺类型，选择合理的应变速率。

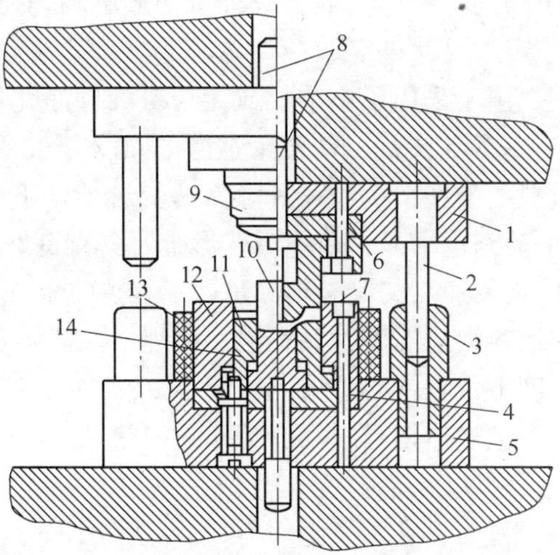

图5-7 电阻加热的等温锻造装置

1、5—模座 2—导柱 3—导套 4、6—垫块 7—锻件 8—顶杆 9—凸模

10—坯料 11—浮动芯 12—型圈 13—电阻加热圈 14—固定芯

2）等温锻造时坯料一次变形程度很大，如再配合适当的热处理或形变热处理工艺，锻件就能获得非常细小而均匀的金相组织，不仅避免了锻件缺陷的产生，还可保证锻件的力学性能，减小锻件的各向异性。

3）等温锻造方法能使形状复杂、壁薄、肋高和薄腹板类锻件一次模锻成形，不仅改变了模锻设计方法，还实现了组合件整体锻造成形。通过简化零件外形结构及结构合理设计，等温锻造能达到近净成形，减低材料消耗，缩短制造周期和制造费用的目的。

（2）等温精密锻造　等温精密锻造是在等温模锻基础上发展起来的一种先进的模锻新工艺。其工艺过程为：将加热到模锻温度的毛坯，置入加热到相同温度并保持不变的组合式精密锻模中，施加适当压力，保持一定时间，使毛坯以低应变速率完成锻造过程，从而得到符合各项技术要求的精密锻件。

等温精密锻造技术的研究始于20世纪60年代。由于模具材料的缘故（要求在加热到锻造温度时，仍具有良好的耐磨性、变形抗力、抗回火能力及热稳定性等），锻造温度较低的镁铝合金首先得到了发展。

镁合金等温精密锻件具有以下优点：

1）余量小、精度高、复杂程度高，锻后加工余量小或局部加工，甚至不加工。

2）锻件纤维连续、力学性能好、各向异性不明显。由于等温精密锻造毛坯一次变形量大且金属流动均匀，锻件可获得等轴细晶组织，使锻件的屈服强度、低周疲劳性能及抗应力腐蚀性能显著提高。

3）锻件无残余应力。由于毛坯在高温下以极慢的应变速率进行塑性变形，金属充分软化，内部组织均匀，不存在常规锻造时变形不均匀所产生的内外应力差，消除了残余应力，热稳定后尺寸稳定。

4）材料利用率高。由于采用了小余量或无余量锻件净化设计，使常规锻造时的锻件材料利用率10% ~30%提高到等温锻造时的60% ~90%。

5）提高了金属材料的塑性。由于在等温慢速变形条件下，变形金属中的位错来得及回复，并能发生动态再结晶，使得难变形金属具有良好的塑性。

等温精密锻造的模具及加热装置必须满足以下几点要求：

1）将模具加热到坯料锻造温度，并在锻造过程中保持温度不变。

2）长期在变形温度下，工件必须保证性能不变。

3）保持锻压设备与被加热模具之间有可靠的绝热缘。

精密锻造液压机应满足以下要求：

1）可调速，工作行程的速度调节范围为0.1 ~0.001mm/s。

2）可保压，工作滑块在额定压力下可保压30min以上。

3）高的封闭高度和足够的工作台面，以便安装模具、加热装置、冷却板、隔热板等。

4）带顶出装置。

5）有控温系统。没有专用设备时，可采用工作行程速度较低的液压机。必要时，可在油路中安装调速装置，以降低滑块速度。

在等温状态下，不存在飞边冷却问题。在飞边槽尺寸相同时，桥部阻力小于常规模锻。因此，等温精密锻造应采用小飞边槽。

5.4.3 镁合金的锻造工艺

1. 镁合金锻造的主要工序

（1）锻坯 合金晶粒的大小直接影响合金材料的可锻性，因而镁合金锻造坯料在铸造时都对晶粒进行了细化。尽管如此，铸锭材料的微观组织有时仍不能满足直接锻造成形工艺的要求。通常要先将铸锭进行均匀化退火，再加以较大变形率的挤压。通过对铸锭进行挤压，可细化晶粒，得到锻造成形所需的组织结构，从而改善材料的可锻性，提高成形速度。表5-12列出了镁合金铸锭均匀化退火规程。

表5-12 镁合金铸锭均匀化退火规程

合金牌号	浇注温度/℃	退火温度/℃	保温时间/h	冷却方式
M1A	720 ~750	410 ~425	12	空冷
AZ31B	700 ~745	390 ~410	10	空冷
MB3	710 ~745	380 ~420	6 ~8	空冷
AZ61A	710 ~730	390 ~405	10	空冷
AZ80A	710 ~730	390 ~405	10	空冷
MB8	720 ~750	410 ~425	12	空冷
ZK60A	690 ~750	360 ~390	10	空冷

镁合金锻坯下料一般采用锯切而不采用剪切的方法，以防止在切口处形成裂纹。铸锭在锻造前应进行表面机械加工，对坯料和棒料也应消除表面缺陷，以防在锻造中发生开裂。一般镁合金挤压棒材表面都带有粗晶环，锻造前还应进行车皮。

(2) 锻坯预热　镁合金锻坯的预热方法类似于挤压坯料，通常采用燃料炉或电阻炉进行预热。由于镁合金的锻造温度远低于其熔点，因而只要合理控制加热温度便不会发生燃烧，但是必须保证坯料温度均匀，且必须避免预热区存在大的温度梯度和局部过热。通常在480℃以下预热坯料时不需要使用惰性或还原性保护气氛。

随温度的升高，镁合金的塑性成形能力增强。但是，如果成形温度过高，将会导致镁合金锻件的力学性能降低，出现软化现象。大多数变形镁合金不能通过热处理强化。如果加热温度过高、保温时间过长或加热次数过多，则再结晶充分，造成晶粒粗大。这种粗大晶粒和软化现象在后续热处理中也不能消除，所以对坯料的加热过程必须严格控制。图5-8所示为ZK60A镁合金在保温8h后测得的力学性能变化情况。但由于镁合金在加热过程中原子扩散速度慢，强化相的溶解需要较长时间，故实际采用的加热时间还是比较长。锻造时，坯料加热及保温时间可按每毫米坯料直径或厚度1.5~2min计算，为避免发生加热软化和晶粒长大，镁合金材料总的加热时间最好不超过6h。

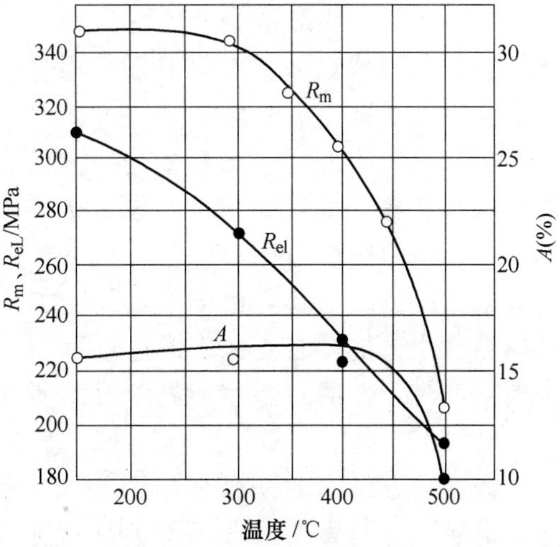

图5-8　ZK60A镁合金的软化曲线（保温8h）

(3) 锻模及其预热　由于镁合金的锻造温度相对较低，一般采用低合金热作模具钢就能满足锻造模具的要求。镁合金锻模总体上可以按照铝合金锻模的设计规范进行模具设计。但是，镁合金的流动性差，比较适合于单型腔模锻。对于形状复杂且尺寸较大的镁合金锻件，多采用自由锻制坯，单型腔模锻。锻模型腔表面质量要求较高，表面粗糙度值应控制在$Ra \geqslant 0.2\mu m$，因为高的表面质量一方面有利于锻造过程中金属的流动，另一方面可以防止锻件产生表面粗糙、划伤或其他锻造缺陷。

镁合金的比热容小、导热性好，而且其锻造温度区间窄，锻造时与冷模具接触会产生激冷而降低锻件的充型能力，甚至导致锻件开裂，因此模具必须预热。在锻造过程中锻件与模具的接触面积大，接触时间长，因此锻模的温度不能比锻坯的温度低太多。对于环轧用模具，由于铸件与模具的接触面积小，接触时间相对较短，因而对锻模温度的要求不太严格。此外，在轧制变形过程中产生的温升可以补偿散热导致的热量损失，所以环轧用模具只需稍微加热就可以避免激冷。

（4）润滑　锻造镁合金时，通常使用弥散分布于轻质油或煤油中的细小石墨作为润滑剂。将润滑剂涂抹或喷涂在热的模具上，当载体油燃烧完毕后，在模具表面仅留下一层石墨薄膜。对铸锭进行局部锻造后，通常再次对模具进行稍微润滑，有时还可以在锻造前先将锻坯预热至100～150℃后在水基或油基石墨中浸渍一次，使坯料表面得到一层均匀的石墨润滑层。模具温度较低时，使用含水的胶态石墨作为润滑剂有助于净化工作环境。无论选用何种润滑剂，润滑剂的涂层都应该以极薄且能够完全覆盖工作面为原则。对于黏附到铸件上的浓稠石墨沉积物，必须进行清理，因用酸洗会使锻件表面出现严重的点蚀或坑蚀，因此最好采用喷砂法清除石墨膜。

（5）锻造压力　对镁合金进行镦粗时，两平板模间的锻造压力如图5-9所示。在正常的锻压速度条件下，锻造压力先增大，然后随着镦粗压下量的增加而略微减小，这可能是由于锻造过程中金属变形时产生的热量致使温度升高所引起的。

密排六方结构的镁合金塑性差、变形抗力较大，需要的锻造压力值高。例如，在正常的锻造温度和使用平模的条件下，镁合金AZ31B所要求的锻造压力高于碳钢、合金钢和铝材，而低于不锈钢，见表5-13。镁合金在流入深模膛方面不如铝材那么顺利。如果在典型的铝结构件锻造中需要采用两套模具，则完成相同结构镁合金件的锻造就可能需要使用三套模具。

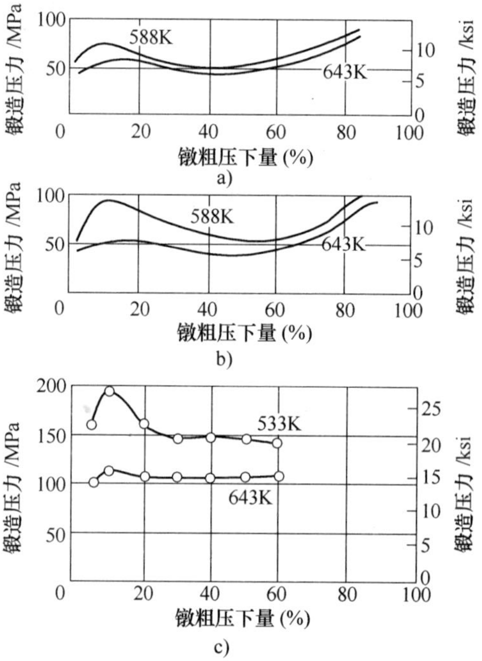

图5-9　镁合金锭坯在两平板模间镦粗时所需的锻造压力

a）AZ80A合金，应变速率0.11s^{-1}　b）AZ61A合金，应变速率0.11s^{-1}　c）AZ31B合金，应变速率0.7s^{-1}

表5-13　各种材料在镦粗率为10%时所需的锻造压力

锻造金属种类	锻造温度/℃	锻造压力/MPa
1020钢	1260	55
4340钢	1260	55
6061铝合金	455	69
AZ31B镁合金	370	110
304型不锈钢	1205	152

在闭模锻造中的锻造载荷和压力，将随锻件形状的不同而有很大变化。例如，飞边尺寸的微小变化都将导致锻造载荷发生很大的变动，如图5-10所示。

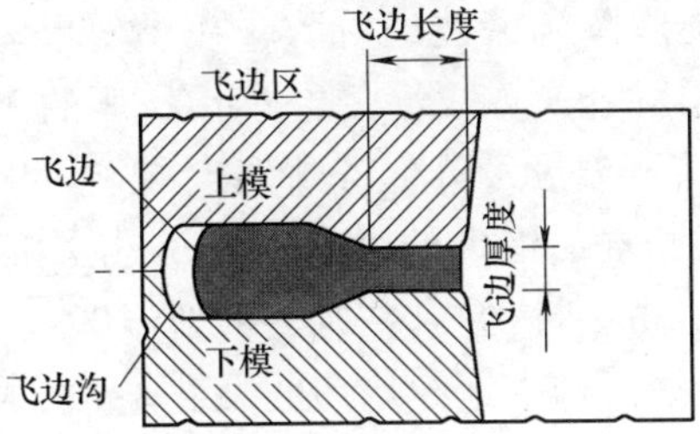

飞边尺寸		锻造载荷/MN
飞边长度/mm	飞边厚度/mm	
3.8	1.2	2.7
2.5	0.64	3.5
5.0	0.64	4.9

图5-10 飞边尺寸对镁合金锻造载荷的影响

(6) 锻造温度 镁合金锻造温度取决于锻造合金的种类。Mg-Al-Zn系合金的最高锻造温度约为420℃，如前所述，在225℃以上时锥面 $\{11\bar{2}2\}$ $\langle 10\bar{1}0\rangle$ 滑移系也可开动，使得滑移系增多，塑性成形性增强，因此最低理论锻造温度为225℃。工业生产中Mg-Al-Zn系和Mg-Zn-Zr系合金的锻造温度一般为250℃～400℃。大多高温镁合金要求在较高的温度下锻造成形，并延长铸锭的保温时间以溶解共晶相，以解决锻造过程中的开裂问题。如高温镁合金ZW系列锻件和模具的温度一般为400℃～450℃。镁合金在上述温度范围外进行锻造时，将导致力学性能下降，锻件开裂或模具难以充填等。表5-14列出了常用变形镁合金的锻造温度及模具温度。

表5-14 常用变形镁合金的锻造温度及模具温度

合金	锻造温度/℃	模具温度/℃	合金	锻造温度/℃	模具温度/℃
ZK21A	300～370	260～315	ZE62	300～355	300～345
ZK60A	290～385	205～290	QE22A	345～385	315～370
AZ31B	290～345	260～315	MB3	250～450	—
AZ61A	315～370	290～345	MB8M	280～350	—
AZ80A	290～400	205～290	MB8Y2	230～250	—
HM21A	400～525	370～425	MB22	350～450	230～320
EK31A	370～480	345～400	MB25	320～390	200～300
ZE42A	290～370	300～345			

镁合金通常是在与固相线温度相差不超过55℃的范围内进行锻造。但高锌合金（ZK60）除外，此类合金有时含有少量在锭坯固化过程中形成的低熔点共晶体。当锻造此类合金时采用的温度大约超过315℃（共晶体熔点）时，将会产生严重的开裂现象。为了避免这种情况发生，可将锭坯在较高温度下保持足够长的时间以使共晶体发生分解，并恢复到更高的固相线温度。

合理地选择锻造温度，需综合考虑成形工艺的需要以及对锻件性能的要求。

镁合金锻件的力学性能通常取决于锻造过程中所产生的应变硬化程度。锻造温度越低，其应变硬化效果越显著，然而温度过低时锻件容易开裂。锻造形状复杂的镁合金锻件时，为避免锻件开裂，可采用逐步降温的多次锻造法，通过两步或三步锻造操作以获得最终的截面轮廓外形。逐步降温锻造还可防止在小变形区再结晶的发生，以避免再结晶而降低锻件的力学性能。如果使用经过预挤压的 Mg-Al-Zn 合金坯件，则锻造温度必须低于先前的挤压温度。降低锻造温度除了可以控制再结晶外，还有利于保留残余应变硬化效果，提高锻件的力学性能。Xing Jie 等人利用逐步降温多向锻造（Multi-Directional Forging，MDF）技术，锻造温度从 350℃逐步降低到 150℃，应变速率为 $3\times10^{-3}s^{-1}$，得到了组织均匀的高性能 AZ31 镁合金，晶粒细化到了 230nm。

锻造温度对所需锻造压力有很大影响。图 5-11 表明了利用液压机锻造镁合金 AZ31B，镦粗率为 10% 时温度对所需锻造压力的影响，并与 6061 铝合金相比较。

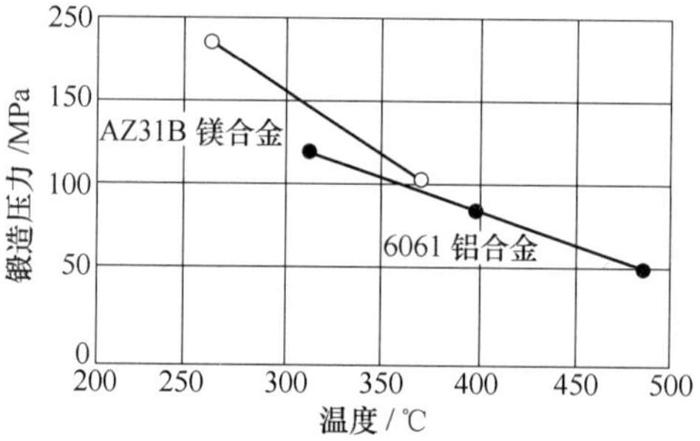

图 5-11　锻造温度对所需锻造压力的影响

（7）切边和清理　镁合金在低于 220℃时塑性很差，对拉应力很敏感；在高温时质地很软，黏性大，易拉伤。切边时可以采用带锯切割和铣切的冷态裁边，也可以采用切边模热切。带锯切割和铣切适用于生产批量不大、形状较简单或尺寸大的镁合金锻件，它不会产生切边裂纹，又省去了切边模制造。当用切边模切边时，采用咬合式模具，尽可能使凸凹模的间隙小或无间隙，避免切边裂纹的产生，切边温度应控制在 200 ~ 300℃。裁边后分两步清理镁合金锻件，首先喷砂以除去镁合金锻件表面残留的润滑剂，然后在质量分数为 8% 的硝酸和 2% 的硫酸混合溶液中浸洗，再用温水冲洗。必要时，可将清洁的锻件浸入重铬酸盐溶液进行处理，以防止出现腐蚀现象。

2. 镁合金锻件的热处理

镁合金锻件的热处理与铝合金基本相同，但热处理强化效果不如铝合金好。镁合金锻件锻后通常在空气中冷却，也可以直接进行水淬以防止晶粒长大。对于可以进行时效强化的合金，水淬可获得过饱和固溶体组织，在最后的时效处理过程中，有利于沉淀析出。镁合金的过饱和固溶体比较稳定，自然时效几乎起不到强化作用。除零件要求具有较高的塑性外，一般采用人工时效。表 5-15 列出了镁合金锻件常用的热处理规范。

表 5-15　镁合金锻件常用的热处理规范

合金牌号	退火			固溶处理			时效处理		
	温度/℃	保温时间/h	冷却方式	温度/℃	保温时间/h	冷却方式	温度/℃	保温时间/h	冷却方式
M1A	320~350	0.5	空冷						
AZ31B	280~350	3~5	空冷						
AZ61A	320~350	0.5~4	空冷						
AZ63A	320~350	4~6	空冷	分级加热					
				330~340	2~3				
				375~385	4~10	热水			
AZ80A	350~380	3~6	空冷	410~425	2~6	空冷或热水	175~200	8~16	空冷
				410~425	2~6	空冷或热水			
							175~200	8~16	空冷
ZK60A							170~180	10~24	空冷
				505~515	24	空冷	160~170	24	空冷
MB3	250~280	0.5	空冷						
MB8	250~350	1	空冷						

ZK21A、M1A、AZ61A、M3、M8 及 AZ31B 合金不能通过热处理强化或强化作用不大，通常在锻态（F）下使用或只经软化退火处理。退火的目的是消除应力，提高尺寸稳定性，降低腐蚀倾向和对应力集中的敏感性，减少或消除各向异性。

EK31A 锻件可以进行固溶和人工时效处理以改善性能；AZ80A 锻件可采用固溶处理，必要时也可进行固溶加人工时效处理；ZK60A 锻件锻造后可直接采用不同温度的人工时效处理。

镁合金在高温下晶粒长大倾向严重，因而热处理温度不宜过高。否则会造成锻件晶粒粗大，降低力学性能及耐蚀性。

3. 镁合金锻件缺陷及其防止措施

(1) 裂纹　镁合金由于塑性低，流动性差，抗剪强度不高，对缺口十分敏感，所以在锻造特别是在锤上锻造时很容易开裂。在水压机上锻造和模锻时，由于应变速率低，裂纹缺陷大大减少。

为了防止镁合金锻造时产生裂纹，必须采取以下措施：

1）在满足性能要求的前提下，要选择尽可能高的始锻温度。例如，MB2 镁合金棒材坯料在水压机上镦粗时，当变形温度低于 420℃ 特别是低于 400℃ 时，近 90% 的制品都产生了裂纹；当始锻温度稍高于 420℃ 时，就能有效地避免裂纹的产生。

2）锻造时用的工具表面要光滑，模膛表面的表面粗糙度应在 $Ra0.16\mu m$ 以下，并采用良好的工艺润滑剂。

3）尽可能采用三向不等值压应力状态，如采用型砧锻造或者在闭式模具中进行模锻。

（2）折叠起皮　镁合金在热态下具有很大的外摩擦因数，从而锻件容易卡模，难以起料，并且容易产生起皮、折叠。这一点对于薄板带肋、冷却很快的模锻件而言尤为突出。此外，锤上模锻比压力机上模锻更容易产生这类缺陷。

为了消除这类缺陷，应该采用以下措施：

1）设计锻件时，肋顶和肋根的圆角半径要尽可能大一些，肋和腹板要适当加厚，肋间距不能太大。同时，在选择分型面时，尽可能选择有利于金属流动的反挤压成形的分型面。

2）制造模具时，模膛的研磨抛光方向最好与模锻过程中金属流动的方向一致，并且抛光的表面粗糙度应尽可能达到 $Ra0.16\mu m$ 以下。

3）为了防止折叠、湍流等缺陷，应该选择大小合适、形状合理的坯料；对于形状复杂的锻件，应采用多套模具逐步成形的工艺。

4）在工艺操作上应当注意正确放料，均匀抹油，缓慢下压。

5）每次模锻后模具要彻底修伤，以大的圆角过渡，同时注意清除缺陷。

（3）飞边裂纹　镁合金锻件最容易产生飞边裂纹。这是由于镁合金在220℃以下塑性很差，而高温时质地很软，黏性很大，因此低温切变时容易拉裂，高温切边时容易拉伤。一般推荐在220～300℃之间热切，镁合金锻件不宜采用模具切边，而应采用带锯切边或铣边。

（4）力学性能偏低　镁合金锻件可能由于变形程度不够，坯料选择不合适，或者加热时间太长，加热次数太多和变形温度太高出现力学性能偏低等问题，甚至达不到技术要求指标。因此，为了获得较高的力学性能，应该严格控制其始锻温度、终锻温度、加热时间和加热次数。

（5）表面腐蚀　镁的电极电位比其他金属低。镁合金表面形成的氧化膜，在潮湿的大气中，特别是与氯化物等溶液接触时，更易引起镁的锈蚀，在锻件表面出现点状腐蚀斑。被腐蚀的镁合金呈暗灰色粉末状，经喷砂或酸洗处理，腐蚀点成为凹坑或小孔洞。为防止点状腐蚀，锻造时不能采用含有盐类的润滑剂，锻后镁合金锻件应及时脱脂、酸洗、吹干。如果需要长期存放，则应发蓝处理或脱脂包装。最近开始采用不氧化上色的塑料包装，效果也很好。

5.4.4　锻造镁合金的性能

镁合金锻件的力学性能受诸多因素的影响，主要包括变形程度、终锻温度及变形方式等。一般来说，镁合金锻件的力学性能随变形量的增大而提高，随锻造温度的升高而降低。变形方式对锻件力学性能的影响主要是通过改变其各向异性特征来实现的。

密排六方晶体结构的特征注定了镁合金变形时的不均匀性，使得材料在强度上具有各向异性。以镁合金的镦粗为例，试验显示金属主要是沿垂直于镦粗的方向流动，也就是金属往施力方向的侧方向流动。由于加工硬化及变形织构的形成，造成镦粗方向的抗压强度比侧方向要大；而在材料的流动方向或侧方向，则比镦粗方向有更大的抗拉强度，如图 5-12 所示。

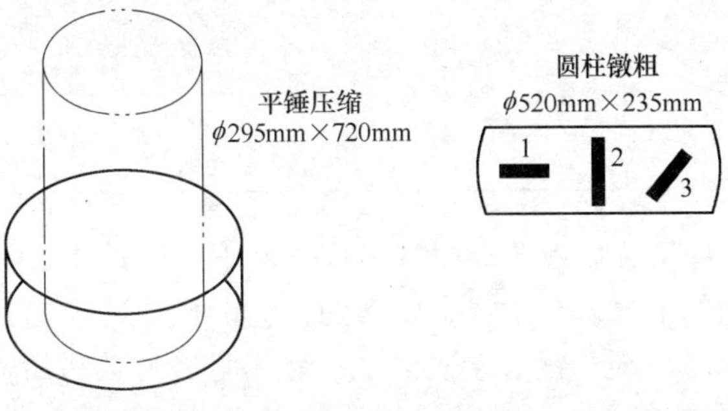

项目	屈服强度 $R_{p0.02}$/MPa			屈服强度 $R_{p0.2}$/MPa			抗拉强度 R_m/MPa		
方向	1	2	3	1	2	3	1	2	3
拉伸	94	85	58	181	140	117	230	160	185
压缩	71	104	63	118	203	108	416	398	352
压缩与抗拉强度比	0.75	1.25	1.2	0.65	1.45	0.9	1.8	2.5	1.9

图 5-12 单向压缩 AZ80 合金抗拉强度、屈服强度与晶体取向的关系

镁合金锻件的这种各向异性特征对承受径向载荷的部件（如轮毂等）是有利的，然而在大多数工程应用中，通常要求其拉伸性能具有各向同性。为防止锻件产生各向异性，应在锻造过程中使锻件的不同方向都能产生足够的变形。三轴锻造技术可以控制镁合金三个方向上的镦粗过程，能有效避免各向异性。另外，三轴锻造技术还可以很好地应用于手工锻造工艺，如图 5-13 所示。同时，对每次锻造的变形量要进行合理控制，如果变形截面缩减率超过 50%，则产生的各向异性将足以抵消上一次变形所产生的各向异性，使锻件不具备各向同性。

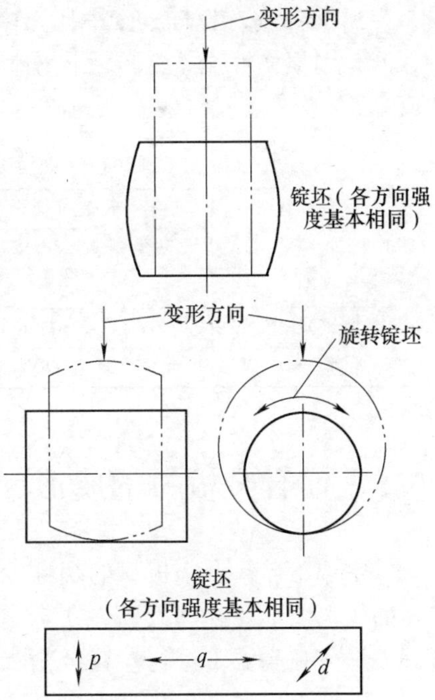

图 5-13 三轴锻造示意图

镁合金锻造汽车轮毂是镁合金的一个重要应用，但这对其安全性及性能提出了很高的要求。如结构与铝合金轮毂完全相同的 ZK30 镁合金锻造轮毂质量仅为 6. 8kg，比同规格的铝合金轮毂轻约 35%。由于采用了三

轴锻造技术，镁合金部件各个不同部位的应变均在 12% ~14% 之间，且拉伸性能呈现各向同性，其力学性能见表 5-16。

表 5-16　ZK30 镁合金锻造轮毂的力学性能

试样部位	方向	屈服强度 $R_{p0.2}$/MPa	抗拉强度 R_m/MPa	断后伸长率 A（%）
轮边缘	轴向	248	302	13.7
	切向	196	266	12.3
轮/盘	轴向	157	260	14.9
	切向	203	265	12.3

镁合金轮毂的疲劳强度由循环弯曲试验来表征，其试验参数及结果见表 5-17。在尺寸和结构相同的情况下，镁合金轮毂的抗疲劳性能约为铝合金轮毂的 8.5%。适当加大壁厚尺寸可以提高镁合金轮毂的抗疲劳性，并获得所需的疲劳性能，但是这意味着轮毂质量会增加。有限元计算和分析结果表明，质量减小为 10% ~15%时（与铝合金相比），镁合金轮毂与铝合金轮毂的抗疲劳性能相当。与其他材质轮毂相比，锻造镁合金轮毂具有质量小、抗疲劳性能好和耐冲击等优点；但与铝合金轮毂相比，其耐蚀性较差，且制造成本较高。锻造镁合金轮毂的性能特点如下：

1）与铸造镁合金轮毂相比，锻造镁合金轮毂质量减小 5% ~10%；强度高、韧性好，耐损伤性能较好；由于微观组织无孔洞，耐压力密封性高；成本较高。

2）与锻造铝合金轮毂相比，锻造镁合金轮毂质量减小 10% ~15%；强度和韧性低，耐损伤性能差；接触损伤性能差；低表面压力和不同的摩擦因数；更高的成本。

表 5-17　锻造镁合金及铝合金轮毂的疲劳性能

项　　目	ZK30 镁合金锻件	AA6082-T6 铝合金锻件
车轮质量	6.8kg	10.5kg
硬度	66.9HRB	78HRB
测试力矩	3000N·m	3000N·m
试验转数	84000 转	1064000 转

5.5　镁合金板材的成形

室温下，镁合金板材的塑性变形能力较差，其冷成形只限于具有很大弯曲半径的中等变形。在高温下，镁合金板材的塑性变形要比在室温下容易得多，因而其成形多在高温下进行。镁合金板材成形所使用的方法和设备与其他合金基本相同，不同点主要是在高温下进行成形时所采用的工具和技术有所不同。板料及模具的加热设备有加热炉、板式加热器、电加热器、传热液体、感应加热、加热灯等。

5.5.1　镁合金的冲裁成形

冲裁是将板材的一部分从另一部分分离，获得所需形状的毛坯或零件。冲裁工艺不但可以加工具有复杂轮廓形状的平面零件，而且也可以用于已成形为零件的修边、切口等工序。

冲裁过程中，当冲裁凸模与板材接触时，凸模和凹模刃口开始切入金属，会带动邻近的金属进入间隙，形成塌角；当刃口继续压入金属时，金属受到模具侧面的挤压而形成光滑的表面，通常称之为光亮带；在产生裂纹后，直到裂纹贯穿金属板材的全部厚度，在分离过程中，形成粗糙的断裂带；而毛刺的产生则是在发生裂纹时形成的，毛刺上与刃口接触的侧面是在刃口压入金属的过程中形成的，而毛刺的另一个侧面是在产生裂纹的过程中形成的。

1. 冲裁间隙

冲裁间隙是冲裁过程中一个很重要的工艺参数。冲裁间隙不但影响冲裁过程的力学参数（冲裁力、推件力、卸料力等），还影响冲裁件结果，即冲裁断面的质量（塌角和毛刺的大小、光亮带与断裂带宽度的比例、冲裁断面的平整程度）。此外，冲裁间隙的大小对模具的寿命也有很大的影响。间隙对冲裁断面质量的影响如图 5-14 所示。

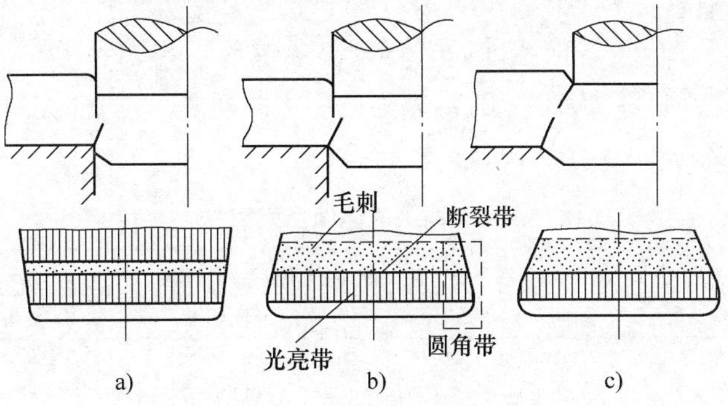

图 5-14　间隙对冲裁断面质量的影响

a）间隙过小　b）间隙合适　c）间隙过大

当冲裁间隙过小时，由凸模刃口和凹模刃口萌生的剪裂纹是不重合的，不能实现两裂纹相遇的分离过程。这时，裂纹会进入板材的内部。在随后凹模的下降过程中，会形成二次剪切的光亮带，而且深入到板材内部的裂纹会在冲裁过程结束后残留下痕迹，破坏冲裁断面的平整程度。

当冲裁间隙过大时，由凸模刃口和凹模刃口萌生的剪裂纹也是不重合的。两个剪裂纹之间的金属最后被切、折、拉断，所以冲裁断面也不平整。

当冲裁间隙合适时，由凸模刃口和凹模刃口萌生的剪裂纹在凹模下降过程中恰好重新相遇，导致顺利的分离，形成规则的冲裁断面。

在冲裁非规则形状零件时，采用凸模和凹模中两点之间的距离来确定凹模间隙。当周边间隙分布不合理时，凸模和凹模的刃口会迅速磨钝并且还会发生单面的磨损。如果凸模和凹模的定位发生了偏离，将会导致凸模刃口和凹模刃口的碰撞，使模具磨钝甚至破裂。

因此，在冲裁模设计过程中，必须合理确定冲裁间隙。对于冲裁间隙的确定通常有理论计算法和查表选取法。冲裁间隙不但与材料的种类、厚度有关，还与冲裁件断面质量要求和尺寸精度以及生产条件等有关。

在采用理论计算时，可用下式来计算合理的冲裁间隙：

$$z = 2(t - h_0)\tan\beta = 2t(1 - h_0/t)\tan\beta$$

式中，h_0为产生裂纹时的凸模压入深度（mm）；t 为板材厚度（mm）；β 为最大切应力方向与垂线间夹角（即裂纹方向角）。

通常板材越厚、越硬或塑性越差，h_0/t 值越小，合理间隙值越大；材料越软，h_0/t 值越大，合理间隙值越小。对于镁合金，由于其硬度较低，塑性差，所以在厚度一定的情况下，可选取比其他材料更大的间隙值。

采用查表法选取合适间隙值时，由于实际情况的差异，还应根据其他条件进行适当的修正。对于厚度小于 10mm 的镁合金板材，一般将其冲裁单面间隙比值分为五类：第一类 $C/t = 17\%$（其中，C 为冲裁间隙，t 为板材厚度），适合于对冲裁件质量要求不高的零件；第二类 $C/t = 6\%$，适合于一般冲裁件，模具寿命高；第三类 $C/t = 4\%$，适用于对冲裁件质量要求高的零件；第四类 $C/t = 2\%$，适用于要再加工的冲裁件；第五类 $C/t = 0.75\%$，适用于断面要求垂直的冲裁件。表 5-18 给出了镁合金冲裁时凸凹模间隙的一些经验数据。

表 5-18　镁合金冲裁时凸凹模间隙（在直径上）

板材厚度/mm	0.6	0.8	1.0	1.2	1.5	2.0	2.5	3.0	3.5	4.0	5.0	6.0
间隙/mm	0.02	0.035	0.045	0.052	0.07	0.09	0.13	0.14	0.17	0.19	0.22	0.26

冲裁毛刺给冲裁过程带来许多不利影响。毛刺可使冲裁表面边缘的厚度增大，降低冲裁尺寸精度，在使用或装配过程中划伤工件表面，且冲裁件在使用过程中，毛刺脱落可造成设备运转中的障碍或其他故障。所以，在冲裁过程中必须减小和消除毛刺。由于在普通冲裁中无法消除毛刺，所以人们开发出一些无毛刺冲裁的方法，主要有反向平压法、往复冲裁法、拉力分离法、圆角模拉伸冲裁法等。

在生产中，为了提高冲裁件的质量，发展了精密冲裁，采用精密冲裁可以获得不存在断裂带的冲裁件，在冲裁表面上全部都是光亮带。精密冲裁方法主要有强力齿形压边精密冲裁法、对向凹模精密冲裁法、阶梯凸模负间隙精密冲裁法等。

2. 冲裁力

在冲裁过程中，冲裁力的大小以及凸模开始作用时冲压力的大小和材料的硬度有关，材料的硬度越高则冲裁力越小。镁合金板材的冲裁与一些特硬材料的冲裁相类似，即全部厚度的剪裂是在凸模进入材料不深时发生的，这与镁合金的塑性变形能力较差有关。冲裁力的计算一般采用经验公式：$P = Lt\tau$，式中，L 为冲裁刃口（剪切线）的长度；t 为板材的厚度；τ 为剪切抗力。由于该式是在基于剪切区内和凸模作用方向一致的剪切应力是均匀分布的条件下建立的，所以计算是存在误差的。因此，在采用该式计算镁合金板材的冲裁力时，需进行适当的修正。

5.5.2 镁合金的弯曲成形

弯曲是将材料弯曲成一定角度和形状的工序。在弯曲过程中，作用在坯料上的力，一开始即在材料中产生了弹性变形，随后作用力逐渐增大，当其达到某一最大值时，坯料发生塑性变形。外力去除后，已变形的坯料不能恢复原来的形状，而是呈模具的形状。弯曲所用的材料有板材、棒材、管材和型材。镁合金弯曲成形模具如图5-15所示。

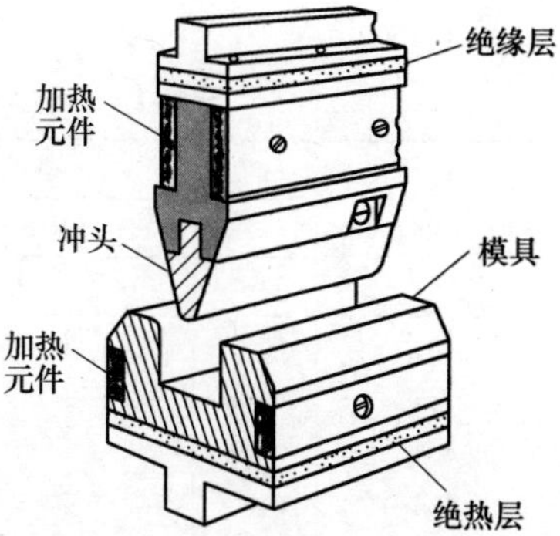

图5-15 镁合金弯曲成形模具

弯曲既可以在压力机（曲柄压力机、液压机、摩擦压力机）上进行，也可以在专用的弯板机、弯管机、辊弯机、拉弯机和自动弯曲机上进行。根据制件和所用设备的特点，弯曲可分为压弯和辊弯两类，所制得弯曲件的基本类型包括开式、半封闭式、封闭式、重叠式、多向弯曲等。

1. 弯曲变形分析

在弯曲变形过程中，材料的变形具有以下规律：

1）弯曲变形区主要在零件的圆角部分，而直壁部分基本没有变形。

2）在变形区内，板材试样的外层纵向纤维（靠近凹模一边）受拉而伸长，内层纵向纤维（靠近凸模一边，试样放在凹模上由凸模压弯）受压而缩短；从内、外表面到试样中心，其缩短和伸长的程度逐渐减小；在缩短和伸长两个变形区之间，有一层纤维的长度不变，称为中性层。

3）中性层向内表面方向移动，偏离原先正中位置。

4）弯曲变形区试样变薄。

5）弯曲区内试样的断面发生了畸变，中性层以内由于纵向纤维的缩短而使横向增宽，中性层以外则由于纵向纤维的伸长而使横向收缩；弯曲试样断面的畸变一般在窄料（板材宽度小于板材厚度的2倍）弯曲时才比较明显，而在宽料（板材宽度大于板材厚度2倍）弯曲时，断面畸变不大。

6）弯曲系数 $K_w = r/h$（式中，r 为弯曲半径；h 为弯曲板材的厚度）是衡量弯曲件变形程度的主要标志，K_w值越小，变形程度越大，制件越容易在外层开裂。

2. 最小弯曲半径

由上述分析可知，对于厚度为 h 的镁合金板材，存在一个最小弯曲半径 r_{min}。而最小弯曲半径 r_{min} 不仅取决于材料的力学性能、厚度和热处理状态以及模具结构等，还与板材的平面方向性、侧面和表面的质量有关。因此，为了正确设计弯曲件和选择合理的弯曲工艺规程，必须了解允许的最小弯曲半径。当弯曲半径大大超过平板毛坯的厚度时，中性层与毛坯厚度的中间层十分靠近；而当弯曲半径比毛坯厚度略大些、相等或者略小时，中性层即向内表面移动。

最小弯曲半径一般可用下式表示：$r_{min}=K_{wmin}h$，式中的最小弯曲系数可查表 5-19。

表 5-20 为镁合金直角弯曲的最小相对弯曲半径，随着温度的升高最小相对半径减小。

表 5-19　最小弯曲系数 K_{wmin} 与弯曲温度及角度的关系

变形温度/K	合金 MB1					合金 MB8				
	弯曲角					弯曲角				
	180°	30°	60°	90°	120°	180°	30°	60°	90°	120°
293	9～11	8～10	7～9	6～8	5～7	7～9	6～8	4～5	4～6	3～5
373	8～9	7～8	6～7.5	6～7	5.5～6.5	6～7	5～6	4～5	4～5	3～4
423	7～8	7～8	6～7	5～6	4.5～5.5	5～6	5～6	6～6	4～5	3～4
473	6～8	6～7	5～6	4～5	3.5～4.5	4～6	4～6	4～5	3～5	2～4
523	5～6	5～6	4～5	3～4	2.5～3.5	3～5	3～5	2～4	2～4	2～3
573	3～4	3～4	3～4	2～3	1～3	1～2	2～3	2～3	1～3	1～2

表 5-20　镁合金直角弯曲的最小相对弯曲半径

合　金	状态	以板材厚度倍数表示的最小弯曲半径						
		20℃	100℃	150℃	200℃	260℃	315℃	370℃
AZ31B	-O	5.5	5.5	4.0	3.0	2.0	—	
	-H24	8.0	8.0	6.0	—			
HK31A	-O	6.0	6.0	6.0	5.0	4.0	3.0	2.0
	-H24	13.0	13.0	13.0	9.0	8.0	5.0	3.0
HM21A	-T8	9.0	9.0	9.0	9.0	9.0	8.0	6.0
	-T81	10.0	9.0	9.0	9.0	9.0	8.0	6.0
ZE10A	-O	3.0	2.0	1.0	—			
	-H24	8.0	8.0	6.0				

当弯曲板与板材轧制方向成 20°～60°时，K_{wmin} 取中间值；随着毛坯厚度的增加以及在垂直纤维的方向进行弯曲时，K_{wmin} 的值应取接近于上限。

3. 弯曲回弹

在镁合金的弯曲过程中，当弯成一定角度的坯料从模具中取出后，由于金属的弹性回弹，会导致工件弯曲角度及半径发生变化。影响回弹值大小的主要因素是材料的力学性能和弯曲系数 K_w。回弹值与材料的屈服强度 R_{eL}成正比，与弹性模量 E 成反比，与弯曲系数 K_w成正比。K_w越小，弯曲变形程度越大，则回弹值越小。因此，在保证制件不开裂的条件下，减小压弯凸模的圆角半径是减小回弹的有效办法。

为了减小回弹还可从工艺上采取措施，如采用校正弯曲代替自由弯曲，控制模具间隙，选取拉弯工艺等；在制件设计上改进某些结构，如采用加强肋以增加弯曲区材料的刚度和塑性变形程度；采用弧面顶件器以造成制件底部的局部弯曲，当制件从凹模中取出后，由于曲面部分回弹伸直而使两侧产生负回弹，从而补偿了圆角部分的正回弹。

4. 镁合金弯曲的加热

镁合金弯曲成形一般在加热状态下进行，但当弯曲变形程度不大时，也可在室温下成形。目前镁合金弯曲模具的加热方式有内置式和外置式。内置式是将加热元件内置于弯曲模具内，具有模具操作方便的优点，但是模具制造繁杂程度增加，体积增大。外置式可采用气炬、电阻炉或带有加热设备的专用机床上加热。采用气炬加热时温度难以控制，主要靠操作人员的经验判定，所以制件质量不稳定。不过该种方式操作灵活，对设备、模具要求较低，所以适合于单件、小批量生产。采用外置式电阻炉加热，可有效地控制模具的温度，但会给操作带来一定的麻烦。在带有加热设备的专用机床上进行，温度控制精确、操作方便，但对设备要求较高，仅适合于精度要求高、大批量生产。

根据生产中实际情况，镁合金毛坯既可在单独的加热炉中进行，也可与模具一起加热。由于镁合金的热导率较大，采用单独加热的方式时需要考虑在毛坯取放过程的热量损失。如果连同模具一起加热，则加热时间过长或温度过高都会引起镁合金材料的组织、性能发生变化。

除了工件和模具需要预热外，镁合金的弯曲成形操作与其他金属大致相同。顶模和底模由钢制成，如果允许工件冷变形，则可以将钢制冲头安装在橡胶模具中并固定在一卡盒内。金属冲头和模具应该精抛光，以免划伤工件表面。

5. 弯曲力的计算

为了选择弯曲用的冲压设备，必须计算弯曲力。弯曲力的大小不仅与毛坯尺寸、材料的力学性能以及弯曲半径、凸凹模间的间隙等有关，而且与弯曲方式以及毛坯在弯曲过程中产生反压力推件器的有无等有很大的关系。

弯曲力的理论计算非常繁杂，很不实用。因此，在生产中常采用经验公式或经过简化的理论公式进行计算。

1）自由弯曲时的弯曲力

V 形件弯曲力：
$$P_{自}=\frac{0.6KBt^2R_m}{R+t}$$

U 形件弯曲力：
$$P_{自}=\frac{0.7KBt^2R_m}{R+t}$$
式中，$P_{自}$为自由弯曲在冲压行程结束时的弯曲力（kN）；B 为弯曲件的厚度（mm）；t 为弯曲件材料厚度（mm）；R 为弯曲件的弯曲半径（mm）；R_m为材料的抗拉强度（MPa）；K 为安全系数，一般取 $K=1.3$；

2）校正弯曲时的弯曲力
$$P_{校}=Fq$$
式中，$P_{校}$为校正弯曲力（kN）；F 为校正部分阴影面积（mm^2）；q 为单位校正力（kN/mm^2）。

5.5.3 镁合金的拉深成形

与其他金属一样，可利用拉深成形将镁合金板材加工成各种筒形件。当拉深深度小于直径的1/2时，一般称为浅拉深；大于直径的1/2则称为深拉深。如果一次拉深难以达到要求的深度时，则可采用多次拉深成形。

拉深的缩减率可表示为：$(D-d)/D\times100\%$。式中，D 为板料直径；d 为冲头直径。退火镁合金板可以冷拉深至缩减率为15%～25%。在高温条件下，缩减率可以提高到70%。

成形速度对镁合金的可拉深性有很大影响，低的成形速度通常可获得较大的拉深率。因而，镁合金的拉深成形多在速度较低的液压式压力机上进行。拉深模具或成形垫块材料的选择主要取决于变形剧烈程度和工件数量的影响。一般情况下，可选用未进行淬火硬化的低碳钢或铸铁。以下情况时建议采用淬火工具钢：

1）生产批量超过一万件。

2）要求有低的表面粗糙度值。

3）公差要求严格，不允许模具出现明显磨损。当批量更大时，可采用 W_1 或 O_1 工具钢；当拉深成形过程较为剧烈时，应采用耐磨性更高的 A_2 或 D_2 之类的工具钢。

拉深过程中，板料的夹持压力一般可在最小夹持力至5MPa之间变化。一般的拉深成形，板料夹持压力的范围为0.35～1.38MPa。为得到合适的零件壁厚，板料夹持压力可以通过试算法得出。

一般情况下，镁合金圆筒深拉深成形所需的压力 F 可采用经验公式估算：$F=\pi d\delta R_m(D/d-k)$。式中，F 为压力；D、d 同前；δ 为板厚；R_m 为一定温度下的抗拉强度；k 是关于镁的常数（0.8～1.1）。高温下拉深某种镁合金时，有时还可利用该合金的抗拉强度值来估算所需的拉深力。防止起皱所需的压紧力取决于毛坯的厚度和温度，一般为拉深力的1%～10%。

拉深时的润滑非常重要，因为磨耗将随着温度的增高而增大，如果板料与模具间的摩擦力足够大，可能导致拉深工件薄壁的撕裂。润滑不但可避免工件拉毛和工具上黏附金属，还可降低拉深力。成形温度低于120℃时，可采用油脂、润滑脂或石蜡进行润滑。在120～230℃之间可采用肥皂润滑剂，这是一种水溶液，可采用浸渍或涂刷后在空气中干燥的方式润滑，而且用热水可以很容易地将其清洗干净。高于230℃时，则必须用胶质石墨或二氧化钼润滑，但这两种材料对镁都成阴极，使用后必须完全清除干净以防止电化学腐蚀。清除的方法有机械清除法和铬酸-硝酸盐化学清洗法。

5.6　镁合金的其他成形方式

5.6.1　镁合金的旋压成形

1. 镁合金手工旋压

旋压成形是指用一个或几个旋轮对旋转中的金属毛坯施以高压，使其逐点流动产生塑性变形，最终获得所需形状和尺寸的空心薄壁回转体零件的过程。由于手工旋压用工模具的价格低廉，对于小批量生产时，手工旋压比压力机成形更经济。当压力成形的工模具形状很复杂时，也可利用手工旋压进行较大批量生产。

（1）设备及工具　用于镁合金手工旋压的设备及工具与用于其他金属的基本相同，主要区别是当镁合金需要加热时，所用的工模具（旋轮）需用金属制成，并应具有控制坯料温度的装置。对于小批量的旋压生产，通常可以采用手提式喷灯加热坯料，并利用热敏碳棒指示温度；进行大批量旋压生产时，最好在旋压机床上安装热稳定的可控加热装置。

（2）旋压工艺　旋压坯料通常选用退火态镁合金薄板。由于镁合金比其他金属的温度敏感性更强，从而镁合金手工旋压件的质量很大程度上取决于操作人员的技术水平。多种形状的镁合金旋压制品，尤其是薄板坯料，可由熟练的技术人员在不加热的情况下制得，因为他们能巧妙地利用旋压时工模具与工件间的摩擦所产生的大量热量。当板料厚度较大时，则金属板料必须加热后才能进行旋压，加热温度一般为260～315℃。

无论旋压成形是在冷态还是热态下进行，都应当使用润滑剂。开始旋压时，通常使坯料边缘的速度达到610m/min。

（3）公差　手工旋压镁合金件的公差见表5-21。

表5-21　手工旋压镁合金件的公差

工件直径/mm	公差/mm
<455	±0.8
455～915	±1.6
>915	±3.2

(4) 挤压圆管的旋压　手工旋压可以用来闭合或扩张挤压圆管的管端。闭合挤压圆管端部的工艺过程是：缓慢地强力旋转位于圆管端部的半球形杯子（旋压工具），直到圆管端部被闭合并具有旋压工具相同的半球形状。该工艺几乎可在任何能夹持工件和旋转杯形工具的机床上进行。通常使用的是钻床。用润滑脂或肥皂作为润滑剂有利于提高产品的质量，并可延长旋压工具的寿命。在大多数情况下，闭合圆管的端部时可不必进行加热。

圆管进行旋压扩口时有两种方法。一种是将一固定芯轴插入管内，再将其与管外的固定模具相顶推；第二种是在外部固定模上利用旋转的内部锥形芯轴旋压或轧制成喇叭形张口。所需的扩口形状通常决定了优选的工艺方法。

圆管扩口机上有一个固定的外模和一个可旋转的且可调偏心距的锥形芯轴，芯轴的转速大约为1600r/min。通过偏心芯轴对圆管施加向外模上压靠力，从而实现扩口。镁合金圆管扩口时应当预热外模，最好选用置于模具固定部件中的电加热装置，预热温度大约为260℃。待扩口的圆管也应预热到相同的温度。镁合金圆管扩口可采用旋压用润滑剂。

2. 镁合金强力旋压

强力旋压中的锥形旋压（按正弦规律位移的旋压）法和管式旋压（按体积规律位移的旋压）法均可用于镁合金。强力旋压是基于普通旋压而发展起来的。普通旋压是用尾顶块将毛坯夹紧在芯模上，通过芯模旋转和旋轮逐次进给而将毛坯成形；强力旋压则是用尾顶块将毛坯夹紧，通过芯模旋转和旋轮的进给运动，使毛坯逐渐减薄并贴靠芯模而成形，其中旋轮的运动轨迹由靠模或导轨来确定。

(1) 设备及工具　镁合金的锥形旋压和管式旋压都需要使用专用设备，但除热旋压时所需的喷管或者其他加热设备外，强力旋压所使用的设备与用于其他金属的基本相同。因此，芯轴和旋轮必须采用不会受热软化的合金工具钢制造。大多采用经淬火硬化处理的H12或H13工具钢，硬度达54～58HRC。

(2) 工艺过程　强力旋压镁合金时可以不加热。但通常采用的工艺是：大部分加工在热状态下进行，随后在冷态下进行精加工；或者在热状态下粗加工，然后在稍低温度（温态）下精加工。表5-22给出了用于HK31A和HM21A镁合金的两种不同的工艺过程，采用表中所述工艺所得的壁厚缩减率高达80%。不论金属是在冷态下或是温态下进行精加工，都必须遵循交替旋压和加热的原则。

表5-22　强力旋压两种镁合金的工艺过程①

镁合金		工艺过程
冷精加工	HK31A	在(425±30)℃热粗加工至成形。在455～480℃热处理30～60min②，冷加工到厚度的全部缩减率至少25%（每道次用低缩减率），315～330℃热处理1h
	HM21A	在(455±30)℃热粗加工至成形。在480～510℃热处理30～60min③，冷加工到厚度的全部缩减率15%～25%（每道次用低缩减率），(370±16)℃热处理1h

（续）

镁合金		工艺过程
温精加工	HK31A	若必要，在（425±30）℃热粗加工至成形。在455～480℃热处理30～60min②，在315～370℃温加工到厚度的全部缩减率>50%，用最少道次。在250℃热处理16h
	HM21A	若必要，在（455±30）℃热粗加工至成形。在480～510℃热处理30～60min③，在315～370℃温加工到厚度的全部缩减率>50%，用最少道次。在230℃热处理16h

① 成形后HK31A的性能接近H24回火状态，HM21A的性能接近T8回火状态。
② 希望能安全迅速冷却，但其临界值比HM21A小。
③ 应在5min内从热处理温度冷却到315℃或更低些。

5.6.2 镁合金的橡皮模成形

许多飞机用镁合金零件都是采用成形模在液压机上通过橡皮模成形。根据橡皮模成形零件的形状，可以分为：按外凸曲线成形的零件和带有外凹轮廓的零件。通常，曲线的外部轮廓常常按直线分开，直边零件利用橡皮板成形，其实质与弯曲相同。橡皮板成形工艺还可用来制造加强肋和下陷（滚褶）等，以及增加或降低孔的刚度等。通过来自橡皮模的压力使环绕着模枕的坯料成形，这就是橡皮模成形法。镁合金的橡皮模成形通常采用液压机。由于仅使用一个成形模枕而不需模具，所以工具的结构很简单（见图5-16）。

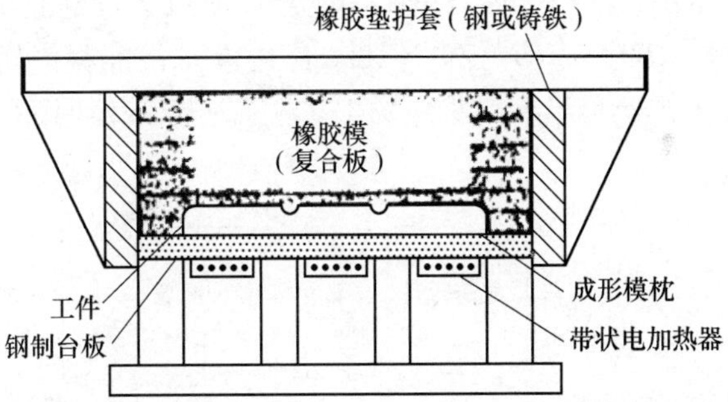

图5-16　高温下镁合金橡皮模成形时所用的工具与加热装置

室温成形尤其是生产批量较小时，成形模枕可用木头或胶木板制成；生产批量大时，成形模枕可选更耐用的铝、镁、锌等的合金制成。但在冷态下成形镁合金时需采用大的圆角半径。

高温下进行橡皮模成形时，成形模枕需采用在工作温度和压力下不发生过量蠕变的金属制造。成形温度在230℃以下，成形模枕可用铝、镁、锌等的合金制成；在230℃以上成形时，需用钢制模枕。

当在高达315℃高温成形时，橡皮模需采用特殊复合固体橡胶或复合板。橡胶硬度是一个很重要的因素，其硬度范围通常为（邵氏A）：40～70。

1. 加热

如图 5-16 所示用带状电加热器加热钢制台板，通过传导将热量传递给未固定的成形模枕。也可在炉中单独加热模枕，再将其放置到台板上，这时需在热模枕与冷台板之间放置绝热的耐火毡。

2. 成形压力

橡皮模成形的压力是板料厚度和成形温度的函数。就大多数工件而言，最适宜的压力值为 6. 2MPa。在要求压力集中于一点或者金属坯料承受的应力达到全压前开始流动的情况下，需使用偏转棒。

一些复杂的成形操作需要分两步进行：将一部分成形的工件从压力机上取下，手工消除褶皱，然后放回压力机上进行最终成形。当一步成形时，可以将耐热橡胶薄板放置在坯料上或者与橡皮模相连，以保护橡胶。

3. 收缩凸缘

与同样厚度的其他金属（如铝）相比，成形无褶皱的镁合金收缩凸缘可采用更高的压缩百分比。微小褶皱可在凸缘成形后用手工方法消除。如零件出现严重的褶皱，可利用模枕上的花槽或凹坑来予以修正。在成形过程中利用冲制板压平褶皱也很有效。

利用橡皮模成形时，镁合金薄板的热处理状态对拉延凸缘的拉伸量有很大影响。H24 态时，拉伸量为 40%；O 态时，拉伸量为 70%。150℃条件下，利用橡皮模成形不同厚度的 AZ31B-O 和 AZ31B-H24 镁合金薄板的拉延凸缘时，相应的拉伸极限如图 5-17 所示。160℃成形 AZ31B-H24 合金板时，推荐使用的最小凸缘半径为合金板厚度的 5 倍，模具半径为板厚的 1/2 左右，以补偿回弹。

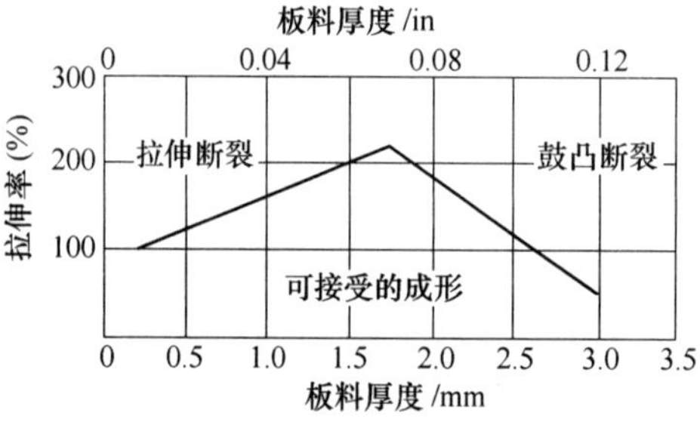

a)

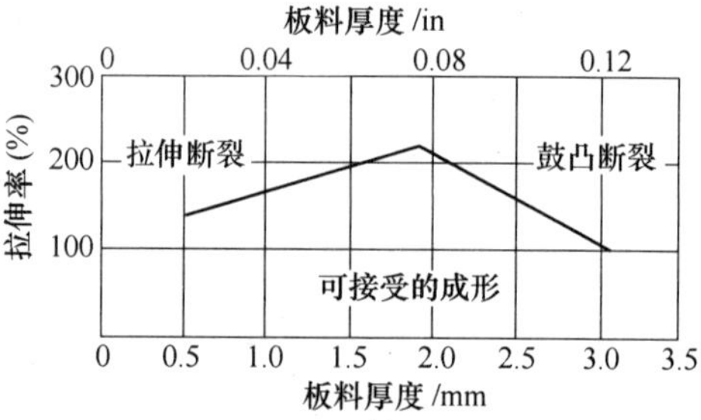

b)

图 5-17　150℃橡皮模成形不同厚度镁合金薄板拉延凸缘时的拉伸极限

a）AZ31B-O 合金　b）AZ31B-H24 合金

4. 卷边

橡皮模成形还可实现镁合金板材的内部卷边和外部卷边，其中外部卷边更容易实现。通常用比值 w/h 来表示成形卷边时的难度，其中，w 为卷边的宽度，h 为卷边的高度。卷边实质上也是一种拉延过程，而 w/h 的比值与最大拉延比有关。

卷边时，外部卷边可用相同或更高的 w/h 比值来成形。卷边的最小边缘尺寸应≥9.6mm，且各个卷边之间的中心距应≥19.3mm。

5. 手工成形

在橡皮模成形后，可在模枕和工件仍处于高温状态时通过手工成形来略微改善工件的尺寸精度。可使用皮革或塑料成型工具来修正微小的不均匀现象或改善凸缘的角度。为避免损伤模枕，不能使用硬质工具进行修正。

5.6.3 镁合金的锤锻成形

批量小且要求工件的回弹量最小时，可采用锤锻成形法生产浅而形状不对称的镁合金产品。但制品质量取决于操作人员的技术水平。除需要加热外，镁合金的锤锻成形与其他金属的基本相同。冲头和模具都可以采用锌合金，有时也可使用铅制冲头，但铅制冲头容易发生粘连，导致镁合金薄板腐蚀。生产批量超过50件时，建议采用铸铁冲头和模具。

锤锻成形优先选用退火态镁合金板材。由于工件冷却速度很快，通常在5s内会下降16~25℃，因而板料最好在锤锻附近加热。锤锻成形一个零件需要锤击10次左右，各次锻打之间应该重新加热工件。当板材厚度小于1.3mm时，加热5min，厚度为1.3~3.18mm时需加热9min。锤锻成形的初始阶段常在模具中使用耐热橡胶垫，在最终成形前将其拆除。

模具可在锤锻附近的炉子内加热，或者用喷管或环形燃烧器加热。小型模具可置于锤锻床身上的电热铸铁台板上加热，但这种加热方式不适合大型模具。有时也采用电加热装置或传热流体来加热冲头和模具。

高温成形有利于减少或消除工件的回弹，因而镁合金的锤锻成形总是选择所允许的尽可能高的温度。必须仔细控制金属的变形率，特别是在金属工件存在严重变形或金属状态为H24时。对于成形难度大的工件，冲头下落的速度应减缓，并应通过连续多次锤击来实现成形。

5.6.4 镁合金的拉张成形

镁合金的拉张成形与其他金属基本相同，只是一般在高温下进行。成形温度低于230℃时，可采用铝、镁、锌等的合金制成的模子或模枕；采用电阻加热的含有丝网的混凝土模枕使用温度也可高达230℃；成形温度高于230℃时，应该使用铸铁模枕。对工具和金属工件用电加热或辐射加热时，热量合理分布非常重要，因此加热装置应放置在成形的关键区。

为避免撕裂金属工件，在拉张成形镁合金时不宜使用带锯齿形的夹头。另外，在金属工件和夹头之间放置粗刚玉砂纸或纱布，以防止撕裂工件。

对于小曲率模枕上进行的差动式拉张，实际可行的最大拉张率约为15%。如需留出一定的回弹余量，则最大拉张率为12%。实际上，镁合金在高温条件下的回弹量通常很小，因此在总拉张率基础上增加1%就可以补偿可能出现的回弹。在镁合金拉张成形生产中，通常采用较高的拉张系数，以减少工序数量。

采用润滑剂可以减少拉张成形过程中板料与模具之间的摩擦力，从而减小拉张力及板料中的应力。润滑剂还可以减少起皱的趋势以及工件筒壁的变薄量，改善工件的表面质量，并降低模具的磨损。

尽管在大多数情况下，没有褶皱产生是拉张成形的一个优点，但在制造非对称性的小曲率工件时也会起皱，通过适当控制模具结构则可以有效避免起皱。

5.7 镁合金的焊接

镁合金的铸造成形及塑性成形等零部件的制造都离不开焊接，铸件缺陷的修补同样离不开焊接。与铝合金相比，镁合金比热容小、熔化潜热低，因而所需输入的焊接功率低，且允许采用高的焊接速度。但镁合金在焊接时更易形成热脆性较大的氧化膜、疏松及夹渣，其焊接工艺更为复杂。

目前常用的焊接方法一般都适用于镁合金的焊接。镁合金焊接最先采用的是氧炔焊接法。然而镁金属性质活泼，氧炔焊接时需使用焊剂来保护熔融金属，由于缺乏适用于镁合金的焊剂使该法的应用受到限制。目前，镁合金件的焊接大多都是采用电弧焊，主要包括钨极惰性气体保护电弧焊（Tungsten Inert Gas Welding，TIG/Gas Tungsten Arc Weld，GTAW）和熔化极惰性气体保护电弧焊（Metal Inert-gas Welding，MIG/Gas Metal Arc Welding，GMAW）。此外，大多数镁合金还可采用下列焊接方法：电阻焊、摩擦焊、激光焊、钎焊、电子束焊、气焊、爆炸焊和超声波焊等。

5.7.1 镁合金的电弧焊

电弧焊是利用电弧作为焊接热源来进行焊接的。由于镁合金的化学性质活泼，很容易与空气中的氧气和氮气发生化学反应，使得焊缝组织出现夹杂缺陷，所以相对保护性较差的焊条电弧焊、埋弧焊、二氧化碳气体保护焊等焊接方法不适于镁合金的焊接。在实际的应用和研究中，主要采用的是钨极氩弧焊和熔化极氩弧焊等采用氩气作为保护气体的焊接方法。

1. 电弧焊接性

相比较而言，变形镁合金的焊接性能较好，不受材料生产工艺的影响；而铸造镁合金的焊接性较差，且受生产工艺的影响。如压铸镁合金就不如砂型铸造和金属型铸造镁合金的焊接性能好，这主要是因为材料中气体的含量会影响材料的焊接性。因而，需要焊接加工的镁合金零部件，在原材料的制备过程中应尽量采取措施降低其含气量。

表5-23列出了一些可以焊接的镁合金，并用A～D级表示其电弧焊接时的相

对焊接性。镁合金的相对焊接性评定的主要依据是对裂纹的不敏感性，同时也在一定程度上考虑其接头强度。在最佳的焊接状态以及适宜的接缝结构条件下，所有的镁合金均可达到60% ~100%的接头强度。

表 5-23 镁合金电弧焊接时的相对焊接性

合 金	等 级	合 金	等 级
变形镁合金		AZ92A	B
AZ10A	A	EK30A	B
AZ31B、C	A	EK41A	B
AZ61A	B	EQ21	B
AZ80A	B	EZ33A	A
M1A	A	K1A	A
ZE10A	A	QE22A	B
ZK21A	B	ZE41A	B
ZK60A	D	WE43	B -
铸造镁合金		WE54	B -
AM100A	B +	ZC63	B -
AZ63A	C	ZK51A	D
AZ8La	B +	ZK61A	D
AZ91C	B +		

注：A—优秀；B—良好；C—中等；D—焊接性有限。

对于 Mg-Al-Zn 合金（AZ31B、AZ61A、AZ63A、AZ80A、AZ81A、AZ9lC 和 AZ92A），质量分数低于10%的铝可细化晶粒结构，从而有利于焊接操作；然而铝的质量分数超过1.5%的 Mg-Al-Zn 系合金对应力腐蚀很敏感，因此必须采取措施消除残留的焊接应力。另外，锌的质量分数超过1%时将增加其热脆性，导致焊接裂纹的产生。因而，锌含量高的 ZH62A、ZK51A、ZK60A 和 ZK61A 合金对裂纹很敏感，焊接性能较差。

2. 焊丝和填充金属

选择适合的焊接焊丝或填充金属有利于改善镁合金的焊接性能，得到性能良好的焊缝。MIG 焊接时最常用的四种焊丝和填充金属的化学成分见表 5-24。焊丝和填充金属的选择是由基体金属的成分来决定的（见表 5-25）。

表 5-24 镁合金气体保护电弧焊的四种焊丝和填充金属的化学成分（按 AWSA5.19 标准）

焊丝和填充金属	化学成分（%）										
	Al	Be	Mn	Zn	Zr	RE	Cu	Fe	Ni	Si	其他	Mg
AZ61A	5.8 ~7.2	0.0002 ~0.0008	≥0.15	0.4 ~1.5	—	—	≤0.05	≤0.005	≤0.005	≤0.05	≤0.30	余量
AZ101A	9.5 ~10.5	0.0002 ~0.0008	≥0.13	0.75 ~1.25	—	—	≤0.05	≤0.005	≤0.005	≤0.05	≤0.30	余量
AZ92A	8.3 ~9.7	0.0002 ~0.0008	≥0.15	1.7 ~2.3	—	—	≤0.05	≤0.005	≤0.005	≤0.05	≤0.30	余量
EZ33A	—	—	—	2.0 ~3.1	0.45 ~1.0	2.5 ~4.0	—	—	—	—	≤0.30	余量

表 5-25　镁合金焊接时填充金属的选择指南

基体金属	填充金属 AM100A	AZ10A	AZ31、AZ31C	AZ61A	AZ63A	AZ80A	AZ81A	AZ91C	AZ92A	EK41A	EZ33A 或 HK31A	K1A 或 HZ32A	LA141A	M1A、MG1	QE22A	ZE10Z	ZE41A	ZK21A	ZK51A、ZK60A、ZK61A
AM100A	AZ92A、AZ101	—	—	—	—	—	—	—	—	—	—	—	—	—	—	—	—	—	—
AZ10A	AZ92A、AZ32A	AZ61A	—	—	—	—	—	—	—	—	—	—	—	—	—	—	—	—	—
AZ31B、AZ31C	AZ92A	AZ61A、AZ92A	AZ61A、AZ92A	—	—	—	—	—	—	—	—	—	—	—	—	—	—	—	—
AZ61A	AZ92A	AZ61A、AZ92A	AZ61A、AZ92A	AZ61A、AZ92A	—	—	—	—	—	—	—	—	—	—	—	—	—	—	—
AZ63A	①	①	①	①	AZ92A	—	—	—	—	—	—	—	—	—	—	—	—	—	—
AZ80A	AZ92A	AZ61A、AZ92A	AZ61A、AZ92A	AZ61A、AZ92A	①	AZ61A、AZ92A	—	—	—	—	—	—	—	—	—	—	—	—	—
AZ81A	AZ92A	AZ92A	AZ92A	AZ92A	①	AZ92A	AZ92A、AZ101												
AZ91C	AZ92A	AZ92A	AZ92A	AZ92A	①	AZ92A	AZ92A	AZ92A、AZ101	—	—	—	—	—	—	—	—	—	—	—
AZ92A	AZ92A	AZ92A	AZ92A	AZ92A	①	AZ92A	AZ92A	AZ92A	AZ101	—	—	—	—	—	—	—	—	—	—
EK41A	AZ92A	AZ92A	AZ92A	AZ92A AZ92A	①	AZ92A	AZ92A	AZ92A	AZ92A	EZ33A	—	—	—	—	—	—	—	—	—
EZ33A 或 HK31A	AZ92A	AZ92A	AZ92A	AZ92A	①	AZ92A	AZ92A	AZ92A	AZ92A	EZ33A	EZ33A	—	—	—	—	—	—	—	—
K1A 或 HZ32A	AZ92A	AZ92A	AZ92A	AZ92A	①	AZ92A	AZ92A	AZ92A	AZ92A	EZ33A	EZ33A	EZ33A	—	—	—	—	—	—	—
M1A、MG1	AZ92A	AZ61A、AZ92A	AZ61A、AZ92A	AZ61A、AZ92A	①	AZ61A、AZ92A	AZ92A	AZ92A	AZ92A	AZ92A	AZ92A	AZ92A	②	AZ61A、AZ92A	—	—	—	—	—
ZE41A	②	②	②	②	①	②	②	②	②	EZ33A	EZ33A	EZ33A	②	②	EZ33A	②	EZ33A	—	—
ZK21A	AZ92A	AZ61A、AZ92A	AZ61A、AZ92A	AZ61A、AZ92A	①	AZ61A	AZ92A	AZ92A	AZ92A	AZ92A	AZ92A	AZ92A	②	AZ61A、AZ92A	EZ92A	AZ61A、AZ92A①	AZ92A	AZ61A、AZ92A	
ZK51A、ZK60A、ZK61A	①	①	①	①	①	①	①	①	①	①	①	①	①	①	①		①	①	EZ33A

① 一般不用于焊接结构。
② 无试验数据。

由于 Th 元素具有较强放射性，大多数 Mg-Th 合金已停止使用，但某些 Mg-Th 系铸造合金仍在使用，如 HK31A、HZ32A 和 ZH62A。对 ZH62A 合金不推荐采用焊接加工，有关 HK31A 和 HZ32A 焊接时填充金属的选择方式与 EZ33A 和 K1A 的相同。

AZ61A 焊丝或填充金属具有抗裂纹敏感性的倾向，通常用于焊接含铝的镁合金加工产品。AZ92A 焊丝或填充金属在焊接 Mg-Al-Zn 系铸件和 Mg-Al 系合金件时，显示出极小的裂纹敏感性。上述两种焊丝或填充金属都可用于 AZ10A、AZ31B、AZ31C、AZCOML、AZ61A、AZ80A、ZE10A 和 ZK21A 合金的自身焊接或合金之间相互焊接，也可用于这些合金之一与 EK41A、EZ33A、K1A、QE22A 和 ZE41A 合金的焊接，但后一类合金相互焊接时建议选用 EZ33A 填充金属。用 EZ33A 填充金属焊接变形镁合金或铸造镁合金后，可得到高温力学性能极佳的接头结构。

接头高温力学性能优良，然而存在严重的焊接裂纹，不能用于含铝镁合金的焊接。变形镁合金与铸造镁合金之间进行焊接时，填充金属的选择一般遵循上述原则，但也有例外，如当焊接变形镁合金和铸造镁合金时，除了 AZ101 填充金属可用 AZ61A 或 AZ92A 替代外，焊丝或填充金属的选择应参照上述推荐实例。

当含铝的铸造镁合金与同类合金焊接时，建议采用 AZ101A 或 AZ92A 作为焊丝或填充金属。实际上，对于大多数焊接工艺均可采用与基体金属成分相同的焊条。

3. 保护气体

镁合金电弧焊保护气体的选择原则与铝合金相似，一般仅选用惰性气体，其中氩气最常用。实践证实，用氦气和各种氩氦混合气体作为保护气体也可获得满意效果，但氦气的成本较高，且要达到同样的效果所需氦气量为氩气的 2 ~ 3 倍，而且氦气将提高射流电弧传输所需的电流值并增大焊接飞溅，因而一般不使用纯氦气。与铝合金一样，镁合金焊接时必须保证保护气体的高纯度，因为镁合金对杂质含量相当敏感，气体杂质会影响焊接速度、焊接表面的凝固、焊接外观以及孔隙度。

4. 接头结构

镁合金焊接时，接头结构的选择原则是避免表面张力小的熔融金属从焊道脱落，并能使待焊接材料有效的连接。当采用 TIG 焊接时，适用的材料厚度随使用电流类型的不同而变化（电流类型可分为：交流、直流/焊条为负极、直流/焊条为正极）；采用 MIG 焊接时则随熔滴过渡形式的不同而变化。

修整边缘的方法有：铣削、锯切、剪切、电弧切割、錾平、刨削、特型铣、喷砂和锉削。板厚不超过 2mm 时通常只需单边切削；如板厚度超过 2mm，最好采用双边切削。通常双斜角优于单斜角结构，因为双斜角可降低在焊接过程中产生扭曲的可能性。

拼装：待焊接件在对接端面应紧密配合，通常允许底部可留 1.6mm 的间隙，但最好不留。当使用临时点焊时，第一个点的位置应尽可能靠近焊缝端部。最佳实用方案为：当板材厚度不超过 1.65mm 时，焊点间的中心距为 25 ~ 50mm；当厚度为 1.65 ~ 6.4mm 时，焊点间的中心距为 100 ~ 125mm。

焊接夹具：为防止待焊件在焊接过程中发生错位，焊接夹具必须具有足够的刚度。压条应施加足够的压力以避免端面重叠或向上翘离托条。在焊接镁合金薄板时，通常使用带凹槽的焊接垫板以防止多余金属流失和减小工件变形，其材料可以采用低碳钢、不锈钢、镁、铝或铜。垫板上凹槽的深度取决于基体金属的厚度、所使用的焊接方法、焊缝处有无底部开口等因素。使用焊接垫板时，接头根部应采用惰性气体保护以避免表面氧化，保护气体通过垫板上的孔导入。当空间受限制不能使用垫板时，有时可在接头的根部涂覆化学焊剂，以使根部更加平滑和改善焊透性。

5. 表面预处理

为保证焊接质量，待焊接的镁合金表面不能有油脂、润滑剂、氧化物、铬酸盐或其他转化涂层。清理方法的选择主要取决于待焊接部件的种类及污染程度。当沉积油污较多时，首先应采用溶剂清洗，然后用机械清理法最终脱脂，机械清理时可采用铝或不锈钢毛刷、氧化铝砂布或不锈钢丝刷。用溶剂脱脂后，也可用化学清洗法代替机械清理，化学清洗工序可分为碱洗和酸洗。碱洗的目的是清除所有油性材料和铬酸盐的转化涂层，通常用于清洗钢材的强碱性清洗剂也适用于镁。焊前酸洗方案见表 5-26。

表 5-26　焊前酸洗方案

酸洗类型	成　分	操作规程	用　途
光亮酸洗	180g 铬酸，40g 硝酸铁，3.8g 氟化钾，水 3L，温度 16～38℃	浸渍 0.25～3min，随后用冷水和热水冲洗，晾干	脱脂后使用，以清除氧化物。可得到耐蚀的光亮清洁表面，为焊接或钎焊做准备
点焊清洁剂	1 号槽：10mL 浓硫酸，水 1L，温度 21～32℃ 2 号槽：180g 铬酸，0.5mL 浓硫酸，水 2L，温度 21～32℃	在 1 号槽内浸渍 0.25～1min，冷水中冲洗，随后在 2 号槽内浸渍 3min，冷水冲洗，晾干	脱脂后使用，以清除氧化物为点焊做准备。可均匀地降低表面电阻
铬酸-硝酸盐酸洗	180g 铬酸，30g 硝酸钠，水 2L，温度 21～32℃	为清除石墨，在 80～100℃ 的 100g/L 氢氧化钠溶液中预浸 10～20min，冲洗，而后在铬酸-硝酸盐中浸渍 3min，温度 21～32℃，搅动溶液和工件	清除热成形板材上残留的石墨润滑剂，清除轧制鳞屑和焊接前来自装配零件上的杂质

焊丝或填充金属在使用前，表面也必须采用机械或化学方法进行清理。对于未全部用完的焊丝或填充金属应妥善保管，以防止被污染。

6. 焊前预热和焊后热处理

镁合金焊接前预热与否，主要取决于产品形状、截面厚度和约束程度。对于厚截面材料，特别是对焊缝约束小的情况，焊前很少预热；对于具有较大约束的薄件（尤其是对高锌合金）常常需要预热，以防止产生焊接裂纹。预热温度可根据合金成分及约束度大小来确定。一般来说，镁合金的最高预热温度不应超过该合金的淬火温度，以免焊件的力学性能发生明显改变。常见铸造镁合金的焊前预热温度和焊后的热处理见表 5-27。在实际应用中，常用的预热温度通常低于表 5-27 中的最高温度值。

表 5-27 常见铸造镁合金的焊前预热温度和焊后的热处理

合金	合金热处理状态①		最高预热温度②③	焊后的热处理③
	焊接前	处理后		
AZ63A	T4	T4	175～380	0.5h/390℃
	T4 或 T6	T6	175～380	0.5h/390℃ +5h/220℃
	T5	T5	260④	5h/220℃
AZ81A	T4	T4	175～400	0.5h/415℃
AZ91C	T4	T4	175～400	0.5h/415℃
	T4 或 T6	T6	175～400	0.5h/415℃ +4h/215℃⑤
AZ92A	T4	T4	175～400	0.5h/410℃
	T4 或 T6	T6	175～400	0.5h/410℃ +4h/260℃
AM100A	T6	T6	175～400	0.5h/415℃ +5h/220℃
EK30A	T6	T6	260④	16h/205℃
EK41A	T4 或 T6	T6	260④	16h/205℃
	T5	T5	260④	16h/205℃⑥
EQ21	T4 或 T6	T6	300	1h/505℃⑥ +16h/200℃
EZ33A	F 或 T5	T5	260④	2h/345℃⑦ +5h/215℃
HK31A	T4 或 T6	T6	260	16h/205℃或 1h/315℃ +16h/205℃
HZ32A	F 或 T5	T5	260	16h/315℃
K1A	F	F	—	—
QE22A	T4 或 T6	T6	260	8h/530℃⑥ +8h/205℃
WE43	T4 或 T6	T6	300	1h/510℃⑥ +16h/250℃
WE54	T4 或 T6	T6	300	1h/510℃⑥⑧ +16h/250℃
ZC63	F 或 T4	T6	250	1h/425℃⑥ +16h/180℃
ZE41A	F 或 T5	T5	315	2h/330℃ +16h/175℃⑦
	F 或 T5	T5	315	16h/250℃或 2h/330℃ +16h/177℃
ZH62A	F 或 T5	T5	315	2h/330℃ +16h/175℃⑦
ZK51A	F 或 T5	T5	315	48h/150℃
ZK61A	T4 或 T6	T6	315	2～5h/500℃ +48h/130℃

① T4—固溶处理；T6—固溶处理 + 人工时效；T5—人工时效；F—铸态。

② 无拘束件及大型件通常不需预热（或只局部预热）；受拘束的薄件必须预热到表中推荐温度以避免焊缝开裂。当表中所给温度为单值时，预热温度可从室温至给出值之间选择。预热温度范围 175～380℃仅适用于受拘束的薄件。

③ 单值温度为最高许用温度，必须采用炉中控制以保证温度不超过此值。当温度超过 370℃时建议采用 SO_2 或 CO_2 保护气体。

④ 预热时间不超过 1.5h。

⑤ 在 170℃下加热 16h 可代替在 215℃加热 4h。

⑥ 二次热处理前，在 60～105℃水中水淬。

⑦ 这种热处理可根据实际需要选用，以便更大程度地消除应力。在 345℃进行消除应力处理时，将使 EZ33A 的高温蠕变强度有所降低。

⑧ 二次热处理后空冷。

7. 镁合金电弧焊方法

（1）镁合金的钨极氩弧焊（TIG） 钨极氩弧焊是以钨棒作为电极的气体保护电弧焊方法，钨棒在电弧中是不熔化的，故又称为不熔化极氩弧焊或惰性气体保护焊，有填充和不填充金属两种方法。实际中常用的保护气体除了纯氩气外，也可以采用纯的氦气或氦氩混合气体。焊接时具有电弧稳定性高、保护效果好、热量集中并易于控制、飞溅少等优点，但是此种焊接方法的成本高、对工件焊前准备要求较多、需要特殊的引弧装置（一般会对其他设备的正常工作有一定的影响）。

由于电流反接时有所谓的“阴极雾化”作用，能够清理焊接时镁的氧化物和氮化物，但是在工件上的发热量远小于正接，效率低。所以在焊接镁合金时常采用交流电，一般是正向和负向都是正弦波形，但是正接时间应大于负接时间，这样既能保证较高的效率，又能清理焊缝夹杂物，效果很好。

在镁合金的钨极氩弧焊时，主要的焊接规范有：焊接电流、电弧长度、焊接速度、保护气流量等。电流和速度是能量输入的参量，有时也采用线能量密度表示这两者，电流越大、速度越慢，能量的输入就越大，相应的焊接效应如熔深、熔宽、热影响区（Heat Affected Zone，HAZ）宽度就越大。电弧长度是与焊接材料有关的参量，对于镁合金一般采用0.5～2mm的电弧长度就能满足焊接过程中能量转换效率和加热效果的要求（有关于电弧形态的专门研究）。保护气流量是保护效果的参量，会随着焊接速度的增大略有增加，对于镁合金TIG焊接采用7～10L/min就可以获得理想的效果。以上参量可由一些辅助设备精确控制，在焊接电弧稳定时可以获得良好的焊缝成形和性能，但是在起弧时（也就是始焊点）会产生如未焊透、氧化等缺陷，实际中往往采用先通保护气体，然后起弧，最后行走的步骤可以减弱上述缺陷（因为焊缝的成形和性能受最后一次焊接条件影响最大）。对于有填充金属的TIG焊，还要考虑焊丝的送丝速度、预热、与基体金属的匹配问题等。

（2）镁合金的熔化极氩弧焊（MIG/MAG） 采用能够熔化的导电焊丝代替钨极作为电极即成为熔化极氩弧焊，如果只用氩氦等稀有气体作为保护气体则称为MIG焊，如果除了稀有气体外还有如CO_2或O_2等混合气体作为保护气体则称为MAG焊，由于镁合金易于氧化，一般MIG应用较多。

由于采用的是焊丝作为电极，电流密度增大，所以与TIG焊相比MIG焊能形成更深的熔池，焊接质量更高。但是它对于焊前的准备更加严格，而且抗风能力差，不能再户外焊接。其焊接参数与有填充金属的TIG焊类似。

在镁合金MIG焊接时，常采用的焊接工艺是亚射流过渡氩弧焊。但电弧电压低于射流过渡氩弧焊临界值时，会出现熔滴过渡频率降低、熔滴增大的现象，这就是亚射流过渡氩弧焊。在这种焊接规范下，能有效地避免氧化夹杂卷入焊缝、熔透不足以及氧化严重等缺陷。

8. 镁合金电弧焊的新发展

（1）激光-TIG复合热源焊接工艺 在镁合金的钨极氩弧焊中，由于镁合金的热导率大的因素，使得镁合金的 TIG 焊有很大的熔宽和热影响区（HAZ），但是熔深就相对较小，造成深宽比不大，难以焊接镁合金厚板，它的应用受到了一定的限制。近年来，由于克服激光焊接能量小，镁合金对激光的光谱吸收因数低，不能焊接厚板和对对接焊缝的接头精度的要求高的缺点，人们提出了把电弧焊和激光两种热源相结合的焊接方法——激光-电弧复合热源焊接（Laser-arc hybrid welding）。此种焊接方法将两种热源的优点结合到一起，既能发挥电弧热源的焊接热量输入大的优点，又能发挥激光焊接能量输入快的特点。

因为钨极氩弧焊（TIG）在镁合金的应用较多，所以在镁合金的焊接领域 TIG 和激光的复合热源研究较为深入，简称 TIG-Laser 复合热源焊接。

激光和电弧两者在结合的过程中不是简单的求和，而是存在所谓的复合机理。一方面，试验证实镁合金熔化前后，镁合金对激光的光谱吸收因数会发生明显的突变，当为固态时，光谱吸收因数仅为 10% ~30%，一旦熔化后急剧增到 50% 甚至更高；另一方面，由于激光焊接会产生光致等离子体（激光焊接时会详细讲述），它是一种能导电的物质形态，它的存在能使电弧的放电通道更容易维持，因而电弧也就更稳定，除此之外，根据最小电压原理，电弧总是选择放电最容易的通道放电，因此等离子体还会吸引电弧，所以把电弧和激光相耦合就会相得益彰。当把电弧放在激光之前时，电弧会熔化镁合金表面，这就使得镁合金对激光的光谱吸收因数增大，甚至形成小孔或穿孔，得到更大的熔深，这时以增大光谱吸收因数为主，稳定电弧的效果不好，电弧的挺度没有提高或提高不大；当把激光放在电弧之前时，由于激光产生的等离子体能吸引电弧，使得电弧的挺度提高，对镁合金的加热效果更好，另外，由于激光的方向性很好，定位准确，加之它又能把电弧紧紧地吸引过来，因此电弧不会像单 TIG 焊那样左右摆动，很稳定且抗干扰能力很强，能形成很美观的焊缝。关于电弧和等离子体有专门的电弧形态研究，不在这里详述。

TIG-Laser 复合热源焊接的主要焊接参数有：焊接电流、焊接速度、保护气流量、激光功率、电弧长度、激光的离焦量和电弧与激光焦点的距离（D_{LA}）。焊接电流和焊接速度是控制能量输入的参量，也可以用线能量密度来统一表示，电流越大、速度越慢，能量的输入就越大，熔深、熔宽和 HAZ 宽度也越大；由于复合热源的焊接峰值温度要高于单 TIG 焊，所以保护气流量一般要大于 TIG 焊，大约 12L/min；激光功率一般和熔深关系较大，所以功率越大熔深也越大，而熔宽和 HAZ 宽度变化不大，但是激光的功率越大激光器的成本越高，所以实际中都是选择尽量高的激光功率（未焊透）；电弧的长度选择与单 TIG 焊相同（有时会略小一些）；离焦量就是激光的焦点距离工件表面的距离，一般焊接镁合金时会选择在表面以下，这样能更容易形成深宽比大的接头形貌；电弧与激光焦点的距离是控制两种热源复合效果的重要参数。试验发现，当 $D_{LA}=0$ 时，复合效果反而不好；如果 $D_{LA}=1\sim2$mm 就会得到好的效果。实际上焊接效果对 D_{LA} 是很敏感的，有时相差零点几毫米都会产生显著的影响，所以 D_{LA} 的选择都是依靠经验或多次试验摸索出来的。需要说明的是，现在复合热源的数值模拟还不能加入 D_{LA} 这个控制参量。

（2）A-TIG 焊接工艺　TIG 焊接的应用很普遍，但是在应用的过程中人们一直不满足它熔深浅的缺点，于是人们提出了活性焊工艺（A－TIG）。它实际上是在待焊区域表面涂上一层很薄的活性助焊剂（activating flux），然后再施行 TIG 焊，这种工艺能大大提高熔深，在实际中应用十分广泛。

关于活性焊的机理现在的研究正在深入中，主要有阳极斑点收缩、表面张力改变和电弧力影响等模型，试验中发现以上三种因素都在焊接过程中起作用，熔深的增加也是共同作用的结果。

现在常用的活性助焊剂有氯化物（氯化钠、氯化镉和氯化钙等）、氧化物（二氧化钛等）及其混合活性助焊剂。

5.7.2　镁合金的电阻焊

1. 镁合金电阻焊的工艺特点及分类

电阻焊属于一种压焊。焊接时，将焊件压紧于两极之间，并通以电流，利用电流流经焊件接触面及邻近区域产生的电阻热将其加热到熔化或塑性状态，使两个分离的金属表面粘接到一起，而形成焊点、焊缝或对接接头。电阻焊可分为点焊、缝焊和对焊，这些都可用于镁合金板材和挤压件的连接。

针对镁合金的焊接，应用最广的是交流点焊。其主要的焊接规范有：焊接电流、焊接时间、电极压力和电极头端面尺寸等。焊接电流和焊接时间是能量输入参数，它们控制镁合金焊点的温度。电极压力和电极头端面尺寸控制焊接时焊接点的接触面积和电流密度，也就是散热状态和焊点形态。这四个焊接参数是相互影响的，要相互配合才能得到高质量的焊接接头。

由于镁合金的比热容小而热导率大，所以点焊时一般采用硬规范，即使用大的焊接电流和短的焊接时间，才能保证焊点的温度足够高，又不至于因散热快而浪费能源。基于此，设备多选用交流电焊机，且该焊机应具有储能和自动控制的功能。此外，有时在熔核凝固过程中还需要采用双压系统提高锻接力，以减少焊缝内部的不均匀性。

在异种金属焊接上，如果另一种金属的熔点与镁合金相近（如铝）则可以进行焊接，但是要严格控制焊接规范，一般使两种均达到塑性状态即可，不应超过熔点（两种金属中以熔点低的为准），因为金属一旦熔化就会形成合金，在凝固的过程中就会形成金属间化合物，也就是脆性相，它的存在能强烈地降低接头的性能，应严格控制它的含量。对于熔点相差很大的金属（如钢），一般不能用电阻焊的方法进行焊接，但是由于镁合金有较低的熔点，可以进行一些零载荷（低载荷）的连接，如在镁合金上安装热电偶等。

缝焊是将焊件装配成搭接或对接形式，置于两滚轮电极之间，滚轮加压焊件并转动，连续或断续送电，产生的一个个熔核相互搭叠，形成一条密封的连续焊缝的电阻焊方法。实际上是点焊的变形，只是缝焊过程较点焊更为复杂一些。

对焊又可分为电阻对焊和闪光对焊。电阻对焊的原理与点焊类似，只是直接用工件作为电极，在焊点上施加焊接压力。闪光对焊时，将焊件装配成对，接通电源，并使焊接的两端面逐渐接近并达到局部接触，利用电阻热加热这些接触点(产生闪光)，使端面金属熔化。端部在一定深度范围内达到预定温度后，迅速施加顶锻力，完成焊接过程。

电阻焊与铆接或其他焊接方法相比，具有下列优点：熔核形成时始终被塑性环包围，熔化金属与空气隔绝，冶金过程简单；加热时间短、热量集中，热影响区和变形小；不需要焊丝、焊条等填充材料，焊接成本低；操作简单，易于机械化、自动化生产，改善了劳动条件；生产率高，且无噪声及有害气体。

电阻焊目前还缺乏可靠的无损检验方法，焊接质量只能靠工艺试样和焊件的破坏性试验来检验，靠各种监控技术来保证；点、缝焊的搭接接头增加了构件的质量，而且在两夹板间的熔核周围形成夹角，降低了接头抗拉强度和疲劳强度；设备的功率大，机械化、自动化程度较高，使设备成本较高、维修较困难。

2. 镁合金电阻焊的新发展

现在人们已经能用计算机软件对点焊进行数值模拟，根据模拟的结果，可以调节焊接规范和各种参数来控制焊接质量。但是由于点焊除了上述主要的焊接规范外，还与电流波形、环境温度等因素有关，所以点焊的数值模拟还需要进一步的探索和研究。

由于点焊的接触面为一个一个的焊点，所以很容易产生应力集中，另外由于点焊本身的抗剪强度很低，这些都限制了点焊的应用。所以人们提出了把点焊和胶接相结合的新的连接技术——胶接点焊。它既能消除点焊应力集中和强度低的缺点，又能摒弃胶接易老化、耐热性差等缺点，取长补短，现在已经在美国通用公司得到应用。

5.7.3　镁合金的摩擦焊

摩擦焊是一种压焊方法，它是在外力作用下，利用焊件接触面之间的相对摩擦运动和塑性流动所产生的热量，使接触面及其邻近区金属达到黏塑性状态并产生适当的宏观塑性变形，通过两侧材料间的相互扩散和动态再结晶而完成焊接的。

在镁合金的焊接领域内，由于传统的连续驱动摩擦焊（continues drive friction welding）对于镁合金的结构件形状要求较高，以及镁合金本身的绝对强度不高，所以在镁合金的各种摩擦焊接方法中，以镁合金的搅拌摩擦焊和惯性摩擦焊应用最为广泛，本节也仅介绍这两种摩擦焊接方法。

1. 镁合金摩擦焊的分类

(1) 搅拌摩擦焊（friction stir welding）　搅拌摩擦焊是英国焊接研究所推出的

一项专利技术，其原理如图 5-18 所示。当采用搅拌摩擦焊时，先使搅拌头旋转，然后把施焊特形指棒伸入被焊金属内部，依靠施焊特形指棒与金属之间摩擦产生的热量使金属软化，并搅动软化金属，从而达到连接两个结构件的目的。

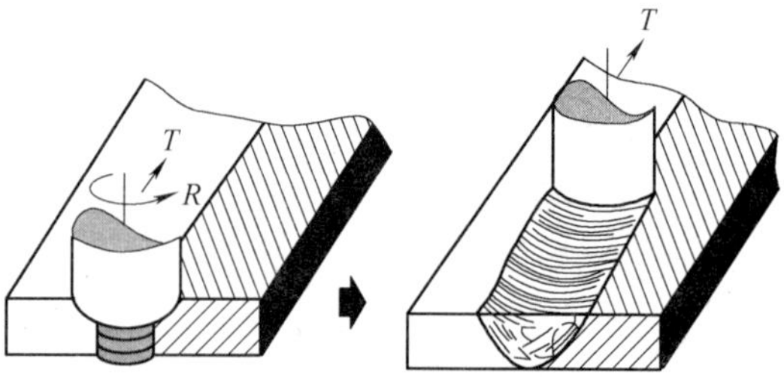

图 5-18　搅拌摩擦焊原理示意图

从其焊接原理可知，搅拌摩擦焊对于焊接构件形状要求不高，可应用于焊接镁合金板材的对接等。除了具有普通摩擦焊接技术的优点外，搅拌摩擦焊还可以进行多种接头形式和不同焊接位置的焊接。但因为摩擦力的作用，有可能使焊件发生振动和偏移而影响焊接质量，所以焊件必须刚性固定，这也限制了这种工艺的应用；另外，在对焊焊缝处会有轻微塌陷存在，这主要受对接的尺寸精度影响，而且在焊接结束时会有一个小孔留下，这是退出搅拌头时造成的，如果采用一些辅助工艺又会造成材料的浪费，有些生产场合又不允许使用这些工艺。总之，这些都会影响焊缝的质量和美观，所以此种工艺还有待进一步的完善。

（2）惯性摩擦焊（inertia friction welding）　惯性摩擦焊是另外一种典型的摩擦焊工艺。在惯性摩擦焊过程中，旋转焊件与一个飞轮相连。焊接时，飞轮首先被加速到设定的转速，以动能形式储存所需的能量，随后电动机通过离合器与主轴脱离。当移动焊件在轴向压力作用下向旋转焊件靠拢、压紧后，储存在飞轮中的动能通过摩擦逐渐转换为热能，而飞轮转速则不断降低，直至主轴停止转动。保压一段时间后，焊接结束。在焊件表面速度降低到约 1m/s 时，会出现一个比连续驱动摩擦焊大得多的后峰值扭矩，该扭矩与轴向压力一起，使轴向缩短量急剧增大，从而起到顶锻作用。

惯性摩擦焊具有如下特点：控制参量少（只有压力和转速），便于实现自动控制；焊接参数稳定性好，接头质量稳定；能在短时间内释放较大的能量，适用于焊接大截面结构；焊接周期短，热影响区窄；无须制动装置，焊机结构简单。

（3）其他的摩擦焊接新工艺　其他的摩擦焊接新工艺有：线性摩擦焊（linear friction welding）、嵌入摩擦焊（friction plunge welding）、第三体摩擦焊（third-body friction welding）、相位控制摩擦焊（phasing control friction welding）、径向摩擦焊（radial friction welding）、摩擦堆焊（friction surfacing）等，在镁合金中都有所应用。

2. 镁合金摩擦焊的优点

（1）固相焊　由于在焊接过程中没有金属熔化，即没有冶金过程，因此也就没有偏析、夹杂、气孔等冶金缺陷，所以焊接接头的力学性能要好于熔焊的接头性能；另外由于加热速度快和在压力下冷却，所以会使得组织细化、致密、均匀，无明显的热影响区。

(2) 工艺适应性强　摩擦焊焊接温度低，不易形成镁铝合金相（脆性相），因而可焊接一些焊接性很差的高铝含量镁合金，如 AZ91。另外，也适用于镁和异种材料的焊接（熔点相差太远的金属除外）。摩擦焊的接头被认为是比较可靠的。另外，由于摩擦焊的种类繁多，所以它还有广泛的结构尺寸和接头形式适应性。

(3) 焊接过程可重复性高　由于控制参量少（只有压力、时间、速度和位移，惯性摩擦焊只有转速和压力两个），使得焊接的自动化易于实现、操作方便，如果使用计算机自动控制能大大提高焊接的精度。

(4) 低耗、高效、绿色　由于摩擦焊的热效率高（摩擦生热），因此与其他焊接方法相比，摩擦焊能耗仅为它们的 20% 左右，同时也不用填充材料；因为能量利用率高，所以焊接效率自然高，如果采用机械上下料和自动焊前处理，摩擦焊的效率会比其他方法高几十倍；在焊接过程中不会产生火花、放射、高频等有害环境，所以摩擦焊也是一种绿色的焊接工艺。

然而摩擦焊对工件的形状要求较高，一般至少有一个是旋转件。随着新工艺的推出，这个问题正逐渐地被解决，前面提到的搅拌摩擦焊就是为了解决平板对接问题提出的，且已成功地用于镁合金焊接。

5.7.4 镁合金的激光焊

把激光引入焊接领域可以说是焊接工艺的一次飞跃，因为激光焊接具有能量密度高、焊接速度快、深宽比大、热影响区窄等优点，这些都是传统的焊接工艺所不具备的，因而激光一出现在焊接领域应用就迅速得到推广。镁合金的激光焊接是借鉴铝合金的激光焊接工艺发展而来的，因为镁铝两种金属具有很多相似的焊接性，所以在研究镁合金激光焊接工艺时常常采用与铝合金相同的研究方法，同时也可以得到很多相似的结果。

1. 激光焊机理

激光是一种强度高、单色性好、方向性强的相干光，聚焦后的激光束能量密度极高，在极短时间内光能转变成热能，使金属瞬间熔化，凝固后形成焊接接头，其原理如图 5-19 所示。根据激光功率密度的大小可以分为传热焊和深熔焊。

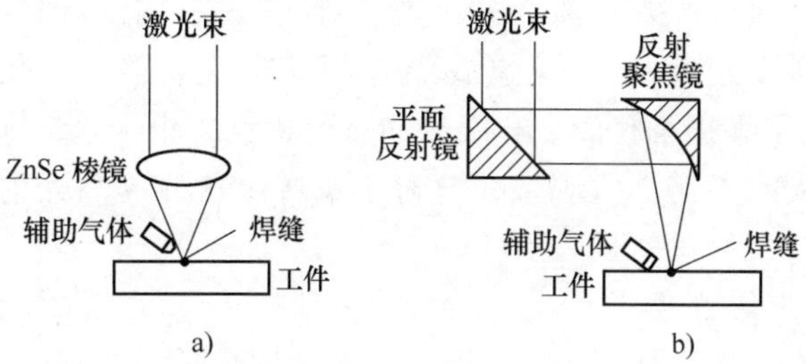

图 5-19　激光焊接原理示意图

a) 传热焊　b) 深熔焊

（1）传热焊　在焊接过程中，激光束光斑功率密度小于 $10^5 W/cm^2$ 时，金属材料表面将所吸收的激光能转变为热能，可将金属表面加热到熔点与沸点之间，然后通过热传导方式把热能传向金属内部，使熔化区逐渐扩大，凝固后形成焊点或焊缝，其熔深轮廓近似为半球形。此种焊接方式称为传热焊。由于激光束光斑功率密度小，大部分被金属表面反射，光的光谱吸收因数较低，焊接熔深较浅，焊接速度较慢，所以传热焊主要适用于厚度小于 1mm 的薄板和小件的焊接。

（2）深熔焊　当激光束光斑功率密度足够大（$\geqslant 10^6 W/cm^2$）时，金属在激光的照射下被迅速加热，其表面温度在极短的时间（$10^{-8} \sim 10^{-6}s$）内升高到沸点，使金属熔化和汽化。金属蒸气的逸出对熔化的液态金属产生一个附加压力，在激光光斑下产生一个小凹坑。继续汽化时，产生的金属蒸气一方面压迫坑底的液态金属使小坑进一步加深；另一方面，向坑外飞出的蒸气将熔化的金属挤向熔池四周。最后在液态金属中形成一个细长的孔洞。当金属蒸气的反冲压力与液态金属的表面张力、重力平衡后，形成一个稳定的小孔而进行焊接，因此称为深熔焊。它主要适用于厚件和大件的焊接。

2. 镁合金激光焊过程中的主要物理现象

（1）光致等离子体　镁合金在激光的作用下，镁的金属蒸气吸收了激光的能量而电离形成等离子体，焊接过程中保护气体也会产生等离子体，但是由于它们的电离能远远大于镁合金的电离能，所以产生的量也很少，主要是镁的等离子体。等离子体能够吸收和散射激光、改变焦点位置、降低激光功率和热源的集中程度等，从而影响焊接效果。等离子体通过逆韧致辐射吸收激光能量，降低了到达镁合金表面的激光能量，但是等离子体也可以通过不同渠道把热量传给工件。等离子体的形态是研究激光焊接的重要方法，通过找出等离子体的形态和浓度与焊接质量的关系，可以实现对焊接过程的自动精确控制。在复合热源焊接中，等离子体还可以给电弧提供放电的通道，稳定焊接过程。另外需要说明的是，不同波长的激光和等离子体的作用效果是不同的，如 CO_2 激光要比 YAG 激光更易受等离子体的影响。

（2）壁聚焦效应　在激光深熔焊时，当小孔形成以后，激光束将进入小孔。当光束与小孔壁相互作用时入射激光并不能全部被吸收，有一部分将由孔壁反射在小孔内某处重新会聚起来，这一现象称为壁聚焦效应。整个小孔相当于一个“黑体”。壁聚焦效应是焊接小孔产生和维持的重要机制，正因这样才使得深熔焊比传热焊对激光有更大的光谱吸收因数，这对于镁合金这样的高光谱反射因数金属显得尤为重要。

3. 镁合金激光焊分类

（1）脉冲激光焊　类似于点焊，但是每个焊点的尺寸都很小，只有微米数量级，因此可以应用于微型、精密器件的焊接。主要焊接规范有：脉冲能量、脉冲时间、功率密度和离焦量。脉冲能量决定了加热能量大小，主要影响金属的熔化量；脉冲宽度决定焊接时的加热时间，它影响熔深及热影响区（HAZ）大小。需要说明的是，当脉冲能量一定时，对镁合金有一个最佳的脉冲时间（如 YAG，500W、3.9ms、40Hz），当脉冲能量改变时脉冲时间也应相应改变。功率密度主要决定以何种焊接方式进行焊接，对于镁合金一般都选择深熔焊。离焦量是指焊接时焊件表面离聚焦激光束最小斑点的距离，若两者重合，离焦量为零，当焦点在表面上方离焦量为正，反之为负。当选择适当的负离焦量可以获得最大熔深。

（2）连续 CO_2激光焊　连续 CO_2激光器的功率可达数千瓦至数十千瓦，能满足实际的高速、厚板焊接要求。其主要的焊接规范有：激光功率、焊接速度、光斑直径、离焦量和保护气体等。激光的功率和光斑直径决定了激光的功率密度，功率密度越大熔深就越大，所以想增加熔深可以提高激光的功率，也可以减小光斑直径，尤以减小直径效果显著。焊接速度也影响熔深，主要是因为热输入增加了，所以速度降低熔深增加，但是速度降低所造成的热输入增加不光增加熔深还增加了熔宽，而且熔深越深熔宽增加越显著，从深宽比角度看会有一个最佳焊接速度。离焦量主要是影响深熔焊的壁聚焦效应，当选择一个适当的离焦量（负离焦量）时，会有最大的熔深，无论是增加还是减小此值，都会使熔深减小，这是因为当壁聚焦效应不显著时，孔小且不稳定，使得对激光的光谱吸收因数降低，所以熔深减小，在最大熔深两侧近似对称。保护气体的种类和流量不仅影响保护的效果，更能影响焊接过程的等离子体的特征。当保护气体的流量增大时，不仅改善了镁合金表面的散热条件，还能吹走等离子体，减少它对激光能量的吸收散射等消耗，从而增加熔深。另外，保护气体的性质也能影响等离子体的成分。首先，保护气体的电离吸收热量可以降低温，从而降低等离子体的浓度。其次，保护气体的分子的大小也能影响电子和正离子的复合速率，越轻的分子使复合速率下降得越明显，所以氦气效果最好，氩气最差。但是在低激光功率下这种分别不明显。

4. 镁合金激光焊的新发展

由于激光焊接的温度很高，容易造成金属的消耗，以及镁对激光的光谱吸收因数较低，因此镁-镁、镁-铝等相互焊接时会造成焊缝窄、应力集中、形成金属间化合物（脆性相）等缺陷，所以焊接接头的强度低、抗剥离性差，有时不能满足实际要求；胶焊则和激光焊相辅相成，因而人们提出了激光胶焊工艺（Laser-banding）。在深入研究的过程中，发现激光和胶两者不是简单地结合在一起，而是有一些相互作用，如胶的加入会使得熔深增加等，所以这种新的工艺必有其广泛的应用前景。

5.7.5 镁合金的钎焊

钎焊是采用比母材熔点低的熔化金属材料做钎料，放置于工件的需焊接部位，将工件与钎料一起加热到钎料的熔点，使液态的钎料浸润填置工件间需焊接部位的缝隙，从而使工件（母材）实现连接的一种焊接技术。即在钎焊过程中必须采取加热措施使钎料熔化，而母材不熔化。

根据所用钎料的性质进行分类，钎焊可分为硬钎焊和软钎焊两大类。硬钎焊使用的是硬钎料，其熔点高于450℃；软钎焊使用的是软钎料，其熔点在450℃以下（450℃作为分界线是人为规定的，因此软和硬是相对的）。对接头强度要求不高时，可采用软钎焊；对接头强度要求比较高时，则采用硬钎焊。但是，除特殊情况（如制造电子触点）外，不推荐使用软钎焊连接镁合金。

钎焊镁合金的钎剂以氯化物和氟化物为主，但钎剂中不能含有与镁剧烈反应的氧化物（如硝酸盐等）。钎剂在钎焊过程中的主要作用有：清除母材和钎料表面的氧化物，为液态钎料的铺展填缝创造必要的条件；以液体薄层覆盖母材和钎料表面，隔绝空气而起保护作用；改善液态钎料对母材的润湿，起界面活化作用。

按钎焊时加热方式的不同，硬钎焊可分为火焰钎焊、炉中钎焊和浸渍钎焊等多种工艺。这些都适于镁合金的连接，但以浸渍钎焊应用最多。

火焰钎焊时可使用氧-燃气或空气-燃气。天然气火焰温度低，可避免焊件过热，比较适合火焰钎焊。焊前，将钎料放在接头处，并洒上或涂上钎剂。为避免母材过热，应以圆周运动方式提供热量，且供热时间应限制在足以使钎料熔化并浸入接头的范围之内。

采用炉中钎焊时，钎料应预先放在接头内及接头周围，并在接头处洒一层干粉钎剂。接头间隙宜为0.10～0.25mm。因用水或酒精调配的糊状钎剂会妨碍钎料的流动，不宜使用。炉中钎焊时应严格控制钎焊温度，以保证基体金属的过烧能减至最低程度，并预防镁燃烧。钎焊时间应是钎料完全流布所需的最短时间，以防钎料过分扩散和镁燃烧。通常在钎焊温度下保温1～2min足够完成钎焊过程。有时随工件厚度及定位夹具的不同，可适当延长或缩短。钎焊后应将零件在空气中自然冷却，不要强迫通风，以免变形。

浸渍钎焊是把焊件局部或整体浸入盐混合物溶液或钎料溶液中，靠这些液体介质的热量来实现钎焊过程。进行浸渍焊接时，应组装好待焊零件并预先放置好钎料，将其固定在夹紧装置（最好用不锈钢制作）内，在炉中预热450～480℃，以驱除湿气并防止热冲击。在钎剂浴中零件加热很快，小件30～45s，而大件也只要1～3min。由于钎剂熔池体积大，加热比较均匀，所以浸渍钎焊质量较好，应用较多。

参考文献

[1] 陈振华. 变形镁合金［M］. 北京：化学工业出版社，2005.
[2] 丁文江，等. 镁合金科学与技术［M］. 北京：科学出版社，2007.
[3] 陈振华，等. 镁合金［M］. 北京：化学工业出版社，2004.
[4] 张津，章宗和，等. 镁合金及应用［M］. 北京：化学工业出版社，2004.

[5] 王渠东，王俊，吕维洁．轻合金及其工程应用［M］．北京：机械工业出版社，2015.
[6] 潘复生，韩恩厚．高性能变形镁合金及加工技术［M］．北京：科学出版社，2007.
[7] 罗大金，程贵生，等．镁合金锻压成形与模具［M］．北京：中国轻工业出版社，2010.
[8] 徐河，刘静安，谢水生．镁合金制备与加工技术［M］．北京：冶金工业出版社，2007.
[9] 黎文献．镁及镁合金［M］．长沙：中南大学出版社，2005.
[10] 周海涛．Mg-6Al-1Zn 镁合金高温塑性变形行为及管材热挤压研究［D］．上海：上海交通大学，2004.
[11] 王迎新．Mg-Al 合金晶粒细化、热变形行为及加工工艺的研究［D］．上海：上海交通大学，2006.
[12] 范立坤．AZ31 镁合金板料轧制及拉深成形研究［D］．上海：上海交通大学，2008.
[13] 周海涛，曾小勤，王渠东，等．AZ31 镁合金型材挤压工艺和组织性能分析［J］．轻合金加工技术，2003，31（9）：28-30.
[14] Galiyev A，Kaibyshev R. Superplasticity in a magnesium alloy subjected to isothermal rolling［J］. Scripta Materialia，2004，51（2）：89-93.
[15] Chang T C，Wang J Y，Lee S. Grain refining of magnesium alloy AZ31 by rolling［J］. Journal of Materials Processing Technology，2003，140（1）：588-591.
[16] 周海涛，马春江，曾小勤，等．变形镁合金材料的研究进展［J］．材料导报，2003，17（11）：16-18.
[17] Koike J，Kobayashi T，Mukai T，et al. The activity of non-basal slip systems and dynamic recovery at room temperature in fine-grained AZ31B magnesium alloy［J］. Acta Materialia，2003，51（7）：2055-2065.
[18] 程永奇，陈振华，傅定发．镁合金拉深工艺的研究与进展［J］．热加工工艺，2004（11）：52-55.
[19] Yoshihara S，Nishimura H，Yamamoto H，et al. Formability enhancement in magnesium alloy stamping using a local heating and cooling technique：circular cup deep drawing process［J］. Journal of Materials Processing Technology，2003，142（3）：609-613.

第6章

镁合金的表面处理

镁合金耐蚀性差，大大限制了其在结构材料方面的应用。镁合金表面处理是镁合金研究的一个重要主题。近几十年来，冶炼、焊接，特别是表面处理技术的发展使镁合金的腐蚀防护问题取得了很大进展，并已成为一门专业技术。除了传统的改变合金元素成分、优化热处理工艺得到更优良的组织形态以及化学氧化、阳极氧化等表面处理手段来提高耐蚀性外，新的工艺方法，如激光表面合金化等也不断出现。镁合金表面处理主要是为了改善其外观和耐蚀性，随服役条件、外观要求、合金成分及加工形式不同，对选择的表面处理和保护的要求相差很大。通常采用的表面处理方法有：化学转化、阳极氧化、有机涂装与金属镀层保护。这些涂层方法的成本及防护效应可以在很宽的范围内调整，化学转化膜只能提供室内环境下有限的保护，阳极氧化膜是多孔的，在盐雾或其他恶劣环境中使用必须用油漆或树脂封孔处理。金属镀层成本高，只用于特殊场合。

6.1 镁合金的表面清洗

附着在镁合金表面的氧化物、脱模用润滑剂、铸造剥离剂和切削油等污物会影响镁合金表面保护膜的完整性而导致腐蚀。镁的表面清洗与其他金属一样，是化学氧化处理或阳极氧化处理前必不可少的重要工序，影响随后保护膜层的质量。镁合金表面清洗包括机械清洗和化学清洗两大类，见表6-1。

表6-1 镁合金的表面处理方法

清洗种类	方法	作用
机械法	研磨、喷丸、滚磨、钢丝刷、砂带磨、旋转磨等方法	去除表面顽固的氧化物、表面偏析和调整表面粗糙度
溶剂法	石油类（灯油、轻油、汽油）、芳香类（苯、甲苯、二甲苯）、卤族（三氯乙烯、四氯乙烯和其他）	去除碱清洗前的一切油脂

（续）

清洗种类	方法	作用
碱洗法	加热碱浴、氢氧化钠、碳酸钠、焦磷酸盐	去脱脂和氧化皮
酸洗法	磷酸、硫酸、氢氟酸、硝酸、醋酸、硝酸铁、L-谷氨酸	去除喷丸处理的污物和铸件表面的偏析、表面活化

6.1.1 机械清洗

在机械清理前应先用溶剂将油及油脂等有机污物去除。机械清洗常用研磨和粗抛光，干或湿喷砂清理，钢丝刷和湿盘磨或棒磨（振动修饰）等方法来完成。

1. 研磨和粗抛光

采用砂布带、砂布轮、旋转锉清理砂型铸件。砂布带通常用来去除毛刺和压铸件的表面缺陷，如模印和脱模拉痕。如果铸件表面无大的污染隐患，可以不用研磨和粗抛光。

2. 干砂喷丸清理

干砂喷丸是经常用于镁合金铸件清理的方法。很多铸造厂用硅砂，偶尔也用钢砂、玻璃球或切丝锌丸、铝丸。干砂喷丸主要用于清理镁合金砂型铸件，以显露出主要表面缺陷。一般铸件在落砂后应立即进行喷丸。干砂喷丸也用于酸洗前表面清理。用硅砂或钢砂喷丸处理，在常规操作条件下清理效果都很好，但钢砂嵌入镁表面容易导致表面腐蚀。大多数干砂喷丸处理都对镁表面的耐蚀性有不利的影响（见表6-2），这种影响必须通过随后的酸洗或其他处理来校正，以保持合金固有的耐蚀性和最终的保护效果。干砂喷丸对耐蚀性的不利影响主要是铁污染，其机理并不是简单的铁迁移，而是在高能冲击时与氧化铁发生的化学反应。但即使采用了非铁介质喷丸，如用刚玉或玻璃砂，由于氧化铁杂质可以从钢制设备上引入，同样也会出现这种情况。

表6-2 表面机械处理对AZ91压铸件盐雾腐蚀影响

处理	平均腐蚀速度（76h暴露）/(mm/年)
铸态表面	0.9
振动磨光	0.75
钢丝刷刷光	1.675
玻璃珠喷砂（直径为0.7mm、压力为415kPa）	4
玻璃珠喷砂（直径为0.11mm、压力为415kPa）	15.75

3. 湿盘磨或棒磨

镁合金压铸件表面的压铸润滑油和其他表面污染物，常用湿盘或振动棒磨削结合去污剂和表面处理剂来清洗，这些工序兼有清洗和磨光作用。为防止污染物积累和重新污染工件表面，使溶液很好地流入介质中是非常重要的。湿盘和振动棒多应用于高纯合金工件的终饰处理，也用于链锯、草场和花园设备、运动器材和电动工具等产品部件涂装前的预处理或清理。

4. 钢丝刷清理

钢丝刷可用于镁合金板的中间清理和电弧焊或电阻焊前去除氧化物。采用钢丝刷清理镁合金表面时，施加的压力是一个重要参数，压力大小应既能有效去除表面氧化物，又不产生凿眼。表面最终的光滑程度取决于钢丝刷的齐整程度和钢丝的组成。

6.1.2 化学清洗

镁合金表面化学清洗方法有溶剂清洗法、蒸汽去脂法、乳化清洗剂法、碱洗法和酸洗法。

1. 溶剂清洗法

溶剂清洗法用来脱脂（如加工润滑油、蜡、淬火油、防腐蚀油、抛光化合物以及其他可溶性污物和污染）和去除固体颗粒（如加工灰尘和碎屑）。在溶剂溶解了油或蜡后，冲洗时可夹带着金属屑被洗掉，这一过程必须在碱洗、涂装和化学处理之前以及机械加工和成形前后进行。在通常情况下，溶剂清洗是最佳的选择，这取决于要去除残留油的数量。

2. 蒸汽去脂法

蒸汽去脂法是较好的方法，用于镁的化学清洗。方法、设备和溶剂与其他金属用的相同。最常用的溶剂是三氯乙烯和全氯乙烯。亚甲基氯能有效去除铸件表面上多余的浸渍有机树脂，且不去除孔中的物质。这些溶剂对镁合金无不利影响，但溶剂混合物中含有甲醇时不可用于镁合金的清洗。

3. 乳化清洗剂法

乳化清洗剂是有机溶剂分散于水中形成的混合物，可用作脱脂和抛光剂。乳化清洗剂应是中性或碱性，pH 值为 7 或偏上，这样才不腐蚀镁表面。乳化清洗剂能去除大的油污，但会残留少量油污，必须在随后碱洗过程中去除。乳化清洗剂中水与溶剂不相溶，在使用前应先试验，以避免对金属产生腐蚀或点蚀。

最近开发的环保型的清洗剂，以天然柠檬为基础，与活化剂和去污剂混合，已成功地应用于镁工件。用于镁合金的清洗剂在应用前应试验其安全性和有效性。

4. 碱洗法

碱洗是涂装、化学处理和镀膜前最常用的清洗方法。碱洗也用于清理镁合金上的铬酸盐膜。与铝合金相比，一般碱液不腐蚀镁合金（除了 ZK60A），但焦磷酸盐和一些全磷酸盐对镁合金有轻微腐蚀，即使这些碱液的 pH 值在 12.0 以上，对镁合金腐蚀也不显著。所有适用于低碳钢的高浓度碱液或苛性碱浸泡液对镁合金的清洗效果也很令人满意。不论是用浸泡法还是阴极法清洗都有同样的效果。镁合金碱液的pH值都在11.0或更高。苛性碱液一般基于氢氧化钠、磷酸盐、碳酸盐和硅酸盐，倾向于两种或更多种的组合使用，还加入一些天然树脂酸盐或作为乳化剂的合成活化剂。通常使用的苛性碱液的浓度为35～75g/L，温度为71～100℃。用来喷射清洗的苛性碱液不能含表面活性润滑剂，泡沫太多有碍操作。喷射的机械作用，可以增强去污能力。在碱洗后应彻底漂洗，以防止浸蚀和处理液的污染。例如，带入酸液中黏附的肥皂，形成一层油性表面膜，会对随后在酸液中处理的工件造成污染。有些类似的表面污染碱洗除不掉，随后需要采用合适的酸洗液处理。

5. 酸洗法

酸洗在镁合金处理过程中的重要性常被低估，与表面结合紧密或不溶于溶剂或碱液的污染物需要用酸洗法去除。这些污染物包括自然形成的氧化物、嵌入的砂粒或钢砂、铬酸盐膜、焊接残留和烧过后的润滑油。压铸件原始铸造表面有富铝的偏析区，能阻止转化膜溶液的反应。正确选择酸洗液对镁合金的涂饰有以下作用：

1）去除在前面制造和处理工艺过程中引入的促进腐蚀的表面污染。已经证明酸洗可减小本已很小的高纯AZ91E-T6在盐雾试验中的腐蚀速度。

2）去除氧化膜和存放时防腐用的旧转化膜。

3）提供一个能接受化学转化膜的干净表面，这对于在中等酸性pH=4～5的工艺操作特别重要，如铬酸盐或磷酸铁处理时其本身无显著的腐蚀或去除效果。在选择酸洗处理时，要考虑去除污染的类型、要处理的镁合金类型和允许的去除尺寸及要求的外观。

当镁合金产品裸露态使用或有一层干净涂饰，希望能提高其耐蚀性，同时又能提供有吸引力的外观时，可以用硝酸铁、醋酸-硝酸或磷酸浸蚀。硝酸铁酸洗可沉积一层不可见的氧化膜，使表面钝化，提高耐蚀性。醋酸-硝酸和磷酸浸蚀液充当多价螯合剂，可有效清除镁合金表面甚至不可见的微量金属，从而抑制局部电化学腐蚀。尽管所有这些方法均能增强耐蚀性，但硝酸铁和磷酸浸蚀效果最好。

6.1.3　研磨和抛光

机械研磨主要用于修整合金表面以备其后的化学处理或镀膜。它不作为最后处理，因为暴露的新鲜表面在多数环境中很快形成了氧化膜/污物膜。根据要求的外观，最常使用的机械研磨法有滚筒清理、抛光或擦光、振动研磨、纤维刷、砂带磨和干湿砂喷丸。玻璃砂喷丸使用直径为0.10～0.25mm的球形玻璃砂，产生光洁毛面。也可用切丝塑料丸和铝丸做研磨介质。这些介质对工件造成的污染小，其影响可随后通过轻微腐蚀处理（如用硝酸铁浸蚀）去除。氧化铝或玻璃砂湿砂喷丸造成的污染比干砂要轻。不能采用钢砂做研磨介质，钢砂研磨降低工件耐蚀性，而要恢复其耐蚀性必须进行深度腐蚀，这样又会破坏机械研磨的效果。

1）滚筒研磨一般指干滚筒研磨，只限于小的和相对薄的镁合金工件的最终研磨，这些工件表面的去除量必须控制在最小。湿砂滚筒研磨用来去毛刺、研磨、抛光、磨光和上色。

2）振动砂磨可以去除试件表面脏物、氧化物、薄飞边，并对铸件进行清洗。根据工件表面状态和要求的研磨程序，选择陶瓷和塑料介质。为控制研磨行为，研磨液中的添加剂必须与镁相配合。酸性添加物腐蚀镁表面，不可使用。合适的浸蚀和干燥对于在振动研磨与随后操作的间隔时间里保护表面很重要。

3）抛光与磨光不用于最终研磨，但可用于其他涂饰，如化学镀、电镀的表面准备。镁合金的抛光或磨光工艺规程与铝合金的很相似。镁合金压铸件抛光去除的金属要比铝合金的小，以尽量保留相对致密的铸造表面。标准的抛光盘和砂带用于去除镁合金工件的粗糙表面、砂箱分离线和其他表面缺陷。根据表面粗糙度和最终研磨的要求，可使用尺寸在0.280～0.045mm的氧化铝或碳化硅磨料。

铁或其他重金属颗粒不能用作镁合金铸件的抛光磨料，因为这些金属嵌入表面后会在工件贮存时产生局部腐蚀或导致化学处理或电镀前浸蚀过程中发生点蚀。对于大型铸件在磨光前需要先抛光重要表面；对于工件上曲率半径小的部位使用细粒的抛光带，复杂部位的抛光使用组合轮或布轮。抛光剂使用无油脂的化合物，抛光膏粒度为0.070～0.045mm。擦光或柔性轮抛光也可以用于镁合金。抛光时，将无油脂的研磨剂涂在布轮子表面慢慢转动。镁合金表面可以磨得很光滑。光亮研磨可以采用布轮和氧化铝或碳化硅微粉。彩色磨光可使用干石灰化合物，不能使用带单质铁或其他重金属的砂剂。

6.2 镁合金的表面镀

所有的工业电镀系统在适当的预电镀之后都可用于镁合金。但是，只有锌和镍这两种金属能直接电镀到镁合金上，在工业生产中，其镀层不被用作最终表面镀层，而是用作基底镀层，在其上再镀以其他常用的电镀金属。这种获取有效镀层所需要的特殊工艺过程是由镁合金基体的两个基本特性决定的：高电化学活性（氧化倾向）和易受大多数酸洗液的快速化学腐蚀。

镁的电镀准备工作原则上与许多其他金属相似。首先，必须对镁合金进行清洗，除去所有的表面杂质。然后，根据所期望的表面粗糙度对其进行抛光。可以用以下一种或多种抛光方法达到这一目的：玻璃或塑料喷丸、酸洗、滚筒清洗或抛光和去毛刺。由这些处理带来的表面杂质必须通过另外的清洗方法清除。根据污物的类型，适用的清洗方法有蒸汽去脂、乳化剂清洗和碱洗。最后，在其能接受镍或锌镀层之前必须对镁的表面进行化学活化。

6.2.1 表面镀镍

镁合金化学镀镍有两种方法：一种是传统的陶氏浸镍，另一种是直接化学镀。前者工艺稳定，镀层效果较好，但溶剂含有铬离子有一定的毒性，使用受到了限制；后一种方法由于工艺简单，毒性小，废水处理简单，镀层结合好，成为近年来的发展方向。

镁镀镍之前必须先进行两道酸洗处理，一道是用铬酸—硝酸溶液酸洗，另一道是用氢氟酸溶液酸洗。这些预处理一般称为镁的化学蚀洗工艺。

典型的直接化学镀镍工艺流程：碱性脱脂→电解脱脂→浸蚀→氢氟酸浸蚀→化学镀镍→烘烤。

图6-1所示为镁及镁合金材料直接镀镍工艺过程。表6-3列出了图6-1中的溶液成分和工作条件。表6-4列出了镁及镁合金材料酸性化学镀镍与电镀镍法的工作条件。

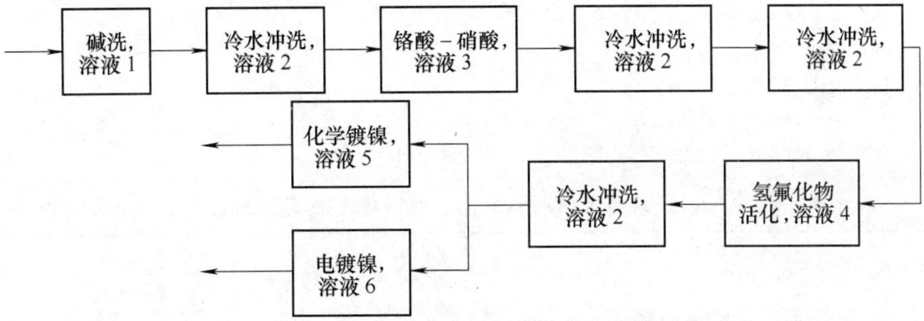

图6-1 镁及镁合金材料直接镀镍工艺过程和溶液成分

表6-3 图6-1中的溶液成分和工作条件

溶液序号	溶液类型	成分	含量/(g/L)	工作温度/℃	周期时间/min	槽体材料
1	碱洗液①	②	②	82~100	3~10	低碳钢
2	冷水冲洗③	水		室温	1/2~1	低碳钢
3	铬酸-硝酸酸洗液④	CrO_3	120⑤	21~32	1/3~1	低碳钢⑥
		70% HNO_3	150			
4	氢氟酸活化剂	50% HF	360⑦	21~32	10	加衬低碳钢⑧
5	化学镀镍⑨	碱性碳酸镍	9.7	77~82	⑩	加衬低碳钢⑪
		氢氟酸（50% HF）	10			
		柠檬酸	5.2			
		氟化氢铵	10			
		次磷酸钠	20.3			
		氢氧化铵	28			
		水	余量			

（续）

溶液序号	溶液类型	成分	含量/(g/L)	工作温度/℃	周期时间/min	槽体材料
6	电镀镍[12]	碱性碳酸镍	120	49～60	⑩	带衬的低碳钢
		氢氟酸（100% HF）	43			
		柠檬酸	40			
		润滑剂（如十二烷基硫酸钠）	0.7（1）			

① 在碱洗之前可以有蒸汽去脂、乳化剂清洗或机械清理，其后可以用冷水冲洗，然后可在冷水冲洗和硝酸酸洗之前用铬酸盐、硝酸铁或磷酸酸洗。这三种酸中究竟选择哪一种取决于所允许的金属去除量。

② 溶液的类型和浓度取决于表面的脏污程度。

③ 用足量的新水彻底清洗、搅动。

④ 溶液必须通风。

⑤ 针对含铝的合金；对不含铝的合金，浓度为60g/L的CrO_3和120g/L的70% HNO_3。

⑥ 或者用衬有乙烯的低碳钢。

⑦ 用于含5%以上的铝的合金。对所有其他的合金，溶液含90g/L 50% HF，加水达3.8L的体积。

⑧ 衬以聚乙烯、合成橡胶或乙烯基材料。

⑨ 建议搅动工件，溶液pH值（比色分析）为4.5～6.8。

⑩ 时间取决于所要求镍层厚度。

⑪ 衬以聚乙烯、萨纶树脂或人造荧光树脂。

⑫ 要求采用直流电，需要搅动阴极棒，溶液pH值（比色分析）为3.0。

表6-4　镁及镁合金材料酸性化学镀镍与电镀镍法的工作条件

酸性化学镀镍		电镀镍	
成分和条件	数值范围	成分和条件	数值范围
碱性碳酸镍/(g/L)	10	碱性碳酸镍/(g/L)	120
50% HF的氢氟酸/(g/L)	6.4	100% HF的氢氟酸/(g/L)	43
柠檬酸/(g/L)	5.2	柠檬酸/(g/L)	40
氟化氢铵/(g/L)	10	润滑剂（如十二烷基硫酸钠）/(g/L)	1
次磷酸钠/(g/L)	20	水	余量
氢氧化铵/(g/L)	28	pH（比色分析）	3.0
水	余量	工作温度/℃	48～60
pH（比色分析）	4.5～6.8（优选6.5）	电流密度/(A/dm^2)	3～10
工作温度/℃	76～82	阴极棒搅动速度/(m/s)	0.06～0.08
需要搅动	轻微的机械搅动		
镀镍速度/(μm/h)	20～25		

从某种程度上讲，两道化学蚀洗处理可产生表面点蚀，为镀层沉积提供机械锚固作用。在这种粗糙表面镀以镍基底镀层以后，镀层表面不如锌浸镀工艺所获得的表面那么明亮或光滑。但与锌镀层相同的是镍镀层可接受任何标准的电镀，包括镉、锌、铜、黄铜、镍、黑镍、铬、金、银和铑。化学镀层，如金或银也可施加到这种最初的镀镍层上。

虽然这种酸性化学镀镍的镀层能够满足一般环境下的焊接性、硬度和耐蚀性，但对于黏附性和耐蚀性要求高的场合，将其作为最终镀层是不能令人满意的。例如，在盐喷这样的苛刻环境下，这种镀层所特有的多孔性和镍与镁之间剧烈的电化反应可迅速渗透至镁基体。由于这一原因，大多数应用于工业生产的镁的化学镀镍工艺，均采用浸镀锌加电镀铜取代其中的铬酸酸洗准备工序。锌浸镀处理是极为严格的，因为它决定着后续镀铜的均匀性及完整性。在此阶段产生的任何镀层缺陷均会使以后的处理失效。这种镀锌工艺必须满足特定合金及新产品形态的要求。

为了能有效工作，必须按下列方式制备酸性化学镀镍溶液：

1）在室温下，将碱性碳酸镍缓慢加入氢氟酸内并搅动，在该槽液中加入总用水量的大约1/10，形成氟酸镍。

2）生成氟酸镍的反应完成后，加进其余量的水。

3）顺序加进柠檬酸、氟化铵和次磷酸钠。

4）加氢氧化铵，使溶液的初始pH值达到6.5，并在工作过程中还要定期添加氢氧化铵，以提高溶液的pH值，保持pH值为6.5。

5）使用不锈钢或其他适当的过滤器将溶液彻底过滤。只能使用塑料类过滤助剂，因氟化物会浸蚀普通的硅酸盐类材料。

6）将槽液加热到正常工作温度范围内。建议采用经过蒸汽或燃气加热的热水套进行均匀的外部加热。溶液的局部过热或较长时间的过热都会导致槽液的变质和非正常的减少。为了使镍不至于黏附在槽壁上，使用衬有0.5mm厚的喷烤型乙烯基塑料的低碳钢或不锈钢做镀槽。

浸蚀可在腐蚀性较强的体积分数为90%的磷酸或对镁不腐蚀的浓度为180g/L的CrO_3溶液中进行，目的是去除镁表面的氧化膜。若金属在铬酸和硝酸的混合酸中进行，时间为20~60s。直接化学镀镍需要采用氢氟酸（体积分数为5.5%）浸蚀活化，以在镁合金表面产生氟化物薄膜，抑制镍在镁上的起始沉积速率，从而获得均匀、致密、结合力良好的转化膜层，为自催化沉积提供很好的底镀层，减少镁的氧化以及化学镀液对镁的腐蚀。后处理是在铬酸（CrO_3，浓度为2.5g/L）或重铬酸钠（$Na_2Cr_2O_7 \cdot 2H_2O$，浓度为120g/L）溶液中于88~100℃浸泡10min，以改善耐蚀性。在200℃下烘烤1h，以提高结合力。

6.2.2　表面镀锌

在脱脂和机械清理（如果需要）、碱洗、酸洗和表面活化之后，将镁零件浸泡在一种非电解化学槽液中，直接给基体金属镀上一薄层锌，从而为以后的电镀做好准备。镀锌工艺所要求的基本工艺步骤如图6-2所示，其工作条件和工作槽的材质见表6-5。这一浸渍处理之后，在进一步进行任何其他标准电镀之前，必须采用触击电镀铜的方法对此2.5μm厚的特薄镀锌层进行保护。

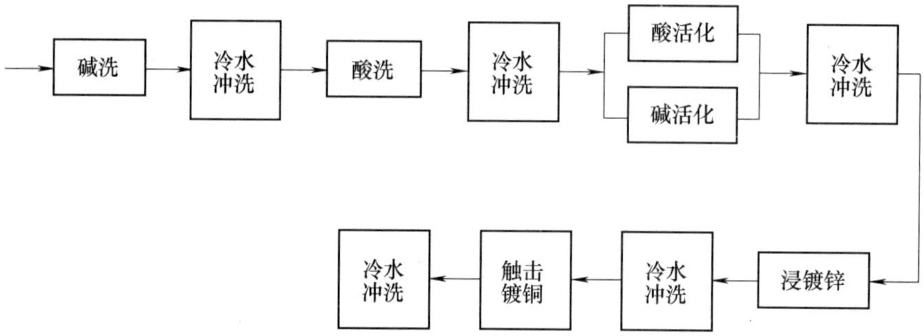

图 6-2　镁合金表面的镀锌和触击镀铜工艺的基本步骤

表 6-5　图 6-2 中的各槽溶液配方和工作条件

操作工艺	周期时间/min	溶液温度/℃	槽体材料
碱洗①	3～10	87～100	低碳钢
酸洗	1/2～1	21～32	陶瓷或不锈钢②
酸活化	1～5	21～32	橡胶、聚乙烯或乙烯基塑料
碱活化	2～5	76	不锈钢
浸镀锌	1～3	79～85③	不锈钢
触击镀铜④	6～10	65～71	低碳钢、橡胶
冷水冲洗	1/2～1	室温	低碳钢

① 在此之前也许需要溶剂清洗、机械清理，或两者兼有之。
② 含有氟化物的混合溶液要求采用聚乙烯、乙烯基或合成橡胶衬层。
③ 最好有自动温控。
④ 最好用阴极棒搅动，连续过滤和自动温控。

1. 碱洗

可采用浸渍清洗或阴极电清洗，或者两者结合使用。强碱性溶液用于去除脱脂性固体物质和其他表面杂质。钢铁用的商业化碱性清洗剂效果良好。碱洗后应当用酸浸的方法去除氢氧化物厚膜或其他耐碱性清洗剂的固体杂质。

2. 酸洗

根据镁合金的成分和产品的形态，可在电镀之前使用表 6-6 所列的溶液酸洗。所有镁的标准合金和产品都可以使用硝酸法进行酸洗和化学增亮。

表 6-6　电镀之前可使用的酸洗溶液成分及工作条件

镁合金产品通用的酸洗溶液		板材、挤压材和锻件的酸洗溶液	
铬酸（CrO_3）/(g/L)	180	冰醋酸（CH_3COOH）/(mL/L)	280
硝酸铁[$Fe(NO_3)\cdot 9H_2O$]/(g/L)	40	硝酸钠/(g/L)	80
氟酸钾 KF/(g/L)	3.5～7	温度/℃	21～32
温度/℃	21～32	时间/min	1/2～2
时间/min	1/2～1		

在不允许或仅允许很小尺寸变化的场合，可使用三氧化铬含量为180g/L的铬酸水溶液，并在其沸点以下的任何温度对零件进行酸洗。只要不存在氯化物杂质，这种酸浸将能去除氧化物、腐蚀物和其他污物，并且没有明显的金属去除。

3. 表面活化

为了能在镁的表面获得一种黏附性强、均匀的镀锌层，必须将零件浸泡在一种特殊的酸或碱溶液中，使镁的表面活化。酸性活化槽液可以除去由以前的酸洗或清洗操作留下的氧化物或铬酸盐薄膜，对基体金属仅有最小的浸蚀。它还会产生一个等势面，可使其上的镀锌层均匀分布。普通使用的酸性活化水溶液的成分和工作条件见表6-7。

表6-7　普通使用的酸性活化水溶液的成分及工作条件

硝酸（85% H_3PO_4）/(g/L)	氟化氢铵（NH_4HF_2）/(g/L)	温度/℃	时间/min
340	100	21～32	0.5～2

明显低于21℃的酸性活化槽液可造成电镀层的黏附性低下。这种槽液所用的低碳钢槽需加聚乙烯、合成橡胶或乙烯基材料的衬层。

碱性焦磷酸盐活化溶液也可以去除氧化物和其他的薄膜。由于其碱性特点，它不会溶解挂架触点金属。所以，在挂架触电相邻区域浸渍时，很少甚至没有铁和铜等金属的沉积。这种分散镀层会妨碍后续的锌镀层的正常沉积。这种溶液的成分和工作条件见表6-8。

表6-8　碱性焦磷酸盐活化溶液的成分和工作条件

焦磷酸四钠（$Na_4P_4O_7$）/(g/L)	四硼酸钠（$Na_2B_4O_7$）/(g/L)	氟化钠（NaF）/(g/L)	温度/℃	时间/min
40	70	20	76	2～5

这种槽液不得在高出76℃很多的温度下操作，因为碱溶液有在冲洗之前使零件表面干燥的趋势。因此，从热活化剂向热水冲洗的转移要尽可能快。而且，在碱性活化处理时，还必须用不锈钢槽盛放这种碱液。

也可以使用另外的供选择的活化槽液为镀锌槽制备表面，表6-9列出了其中的几种。应当注意的是不得使用玻璃或陶瓷元件接触任何一种活化液，少量的硅酸盐即可毒化它们。

表6-9　用于镀锌处理的替换性活化槽液

活化剂酸碱性	成　分	浓度/(g/L)	
		公　称　值	范围
酸性	草酸（$(CO_2H)_2$）	5	2～10
碱性	焦磷酸钾（$K_4P_2O_7$）	60	50～150
碱性	碳酸钠（Na_2CO_3）	15	10～20

4. 镀锌涂层

标准的镀锌槽液是以焦磷酸盐、锌盐、氟化盐的水溶液为基础的，如果需要，还可以用少量碳酸将碱性调整到适当的范围。焦磷酸盐可溶解氧化物和氢氧化物膜并形成水溶液性络合物。在特定的 pH 值、温度和槽液浓度下有效地去除杂质薄膜的同时，可镀上一层很薄的金属锌层。加氟化物是为了控制锌的淀积速率。在很大程度上，锌镀层的质量和黏附取决于淀积的速度，速度太快，通常会产生黏附性较小的涂层。常用的镀锌溶液的配方和工作条件见表 6-10。

表 6-10　常用的镀锌溶液的配方和工作条件

成　分	含量/(g/L)	项　目	工作条件
一水硫酸锌（$ZnSO_4 \cdot H_2O$）	30	pH	10.0～10.6（最优为 10.2）
焦磷酸四钠（$Na_4P_4O_7$）	120	温度/℃	79～85
氟化钠（NaF）或氟化锂（LiF）	5		
碳酸钠（Na_2CO_3）	3		

如果焦磷酸盐与锌之比保持在适当范围内，并且氟化物的浓度也保持在所指定的水平，则表 6-10 中的槽液成分可在一定范围内变化。制备这种槽液所用的水应不含铁和其他重金属盐类。可以用普通的自来水，但最好用去离子水。

制备这种槽液的第一步是将 $ZnSO_4 \cdot H_2O$ 在室温下溶解在水中，然后将溶液加热到 60～82℃，并慢慢加进 $Na_4P_4O_7$，同时搅动。在进一步搅动 5～10min 或更长时间（取决于搅动的程度和温度）之后，首先形成的白色松软的沉淀物（焦磷酸锌钠）产生溶解。再加进氟化物，然后加碳酸盐。受溶解度限制，可用氟化锂自动调节溶液的氟化物含量。氟化锂可放在悬置于槽液中的一个布袋里。

所加入的碳酸盐量是产生适当的 pH 值所需要的平均值，应根据该溶液实际的 pH 值确定。必要时，可以加硫酸或磷酸来降低 pH 值。

该槽液工作温度为 79～85℃。为了防止分层现象，要轻轻搅动，尤其是在加水补充蒸发损失时。浸渍时间取决于合金成分、槽液温度、表面预处理和其他工艺参数，一般为 1～3min，但对含铝的合金可达 10min。锌镀层的最佳厚度为 2.5～3.8μm。

浴槽必须用不锈钢制造。除了厚镀镍层外，低碳钢将造成溶液中有过量的铁杂质。

正如活化槽液一样，不允许玻璃或陶瓷元件接触镀锌液，很小量的硅酸盐便可使镀锌液失效。这种镀锌槽液工作寿命相当长，并可通过分析和定期添加来保持。最终，由于溶解的量的增多和其他杂质的污染而必须废弃。

在镀锌涂层之后，必须立即在氰化物槽液中进行触击电镀铜。在浸入电镀槽液之前，必须使工件与阴极棒之间有电接触。如果接着要在碱浴或改进型的无腐蚀氟化镍浴中进行电镀，3μm 或更薄的铜镀层便可胜任。但是，如果随后要用酸浴电镀，电镀后要对工件进行彻底中和清洗。

在某些应用中，由于零件的复杂性或基体金属的疏松性，可能必须增加触击电镀铜的最大厚度。压铸件，由于疏松多孔，如果接下来的电镀溶液是酸性的，一般需要稍厚的最小镀层厚度。

触击电镀铜时，首先施以电流密度高达 3～4A/dm^2 的电流，持续 0.5～1min，然后再将电流密度降至 1.5～2.5A/dm^2。在高电流密度下延长触击电镀时间会导致黏附性低劣并产生气泡。这种快速镀铜完成之后，可进行通常采用的其他金属电镀。

为了不至于引起镀锌层破裂，在触击电镀铜期间必须防止气体产生。为了防止铜在其上的浸镀，当零件进入镀铜溶液时，必须施加 0.5～1V 的电压。然后，在零件就位时再将电压提升到要求的密度。

6.2.3 金属涂层及其他特殊涂层

镁合金可以采用金属涂层来保护，施镀方法包括电镀、离子镀和化学镀等。由于镁合金易燃烧，一般不采用热浸镀和热喷镀。镁合金的金属镀层一般采用电镀方法，主要涂层有 Cu、Ni-Cr-Cu 涂层。化学镀膜层通常为 Ni-P 涂层。

通常在镁合金表面进行电镀或化学镀是很困难的，其原因如下：

1）镁合金十分活泼，表面迅速形成的氧化镁阻止了金属膜层与基体之间形成金属-金属键。

2）镁是碱土金属，在普通溶液中与其他金属离子的置换反应十分强烈，而转换后的结合十分松散。

3）第二相（如稀土相、γ 相等）具有不同的电化学特性，可能导致沉积不均匀。

4）无法得到致密性很高的铸件，并且表面存在杂质，基体表面孔隙和夹杂可能成为镀层孔隙的来源。

5）镀层标准电位高于镁合金基体，从而必须保证镀层无孔，否则任何一处通孔都会增大腐蚀电流，引起严重的电化学腐蚀，这可能比涂覆前效果更差。

因此，一般采用化学转化膜法先镀锌，然后镀铜。其工艺流程为：脱脂→酸洗→活化→浸锌→预镀铜→电镀。当镁合金表面镀上一层铜后，即按普通电镀方法在铜镀层上镀需要的金属。

通常先镀铜，再化学镀镍，然后镀所需的金属，这样镀层的结合力较好。

目前，镁合金表面电镀或化学镀方法有 ASTM 统一标准，标准的有陶氏化学公司的镀锌法，主要为 Ni、Ni-P 合金涂层。陶氏化学公司镁合金电镀或化学镀工艺见表 6-11。镀锌法存在工艺复杂、结合不牢固等一系列缺点。针对这些缺点，特别是对酸洗和活化处理改进，Oslen 提出了 Norsk Hydro 工艺，其酸洗配方为：$C_2H_2O_4$ 10g/L，润湿剂 0.5g/L。活化液为碱性溶液，其配方为：$K_4P_2O_7$ 65g/L、Na_2CO_3 15g/L。Dennis 在此基础上提出了以 $K_4P_2O_7$/Na_2CO_3 溶液作为活化液的

WCM 工艺。

表 6-11 陶氏化学公司镁合金电镀或化学镀工艺

序号	工序名称	工艺条件
1	丙酮或三氯乙烯脱脂	—
2	水洗	—
3	阴极清洗	—
4	水洗	—
5	酸洗，配方 1：CrO_3 180g/L，$Fe(NO_3)_2 \cdot 9H_2O$ 40g/L，KF3.5g/L 配方 2：CrO_3 180g/L	腐蚀速率约为 3μm/min；室温；配方 1 时间为 2min，配方 2 时间为 2～10min；腐蚀速率慢
6	水洗	—
7	活化， 配方 NH_4HF_2 105g/L，H_3PO_4 200g/L	室温；时间为 2min
8	水洗	—
9	镀锌， 配方：$ZnSO_4 \cdot H_2O$ 30g/L，$Na_4P_2O_7$ 120g/L，LiF 3g/L，Na_2CO_3 5g/L	温度 80℃；时间为 8min；pH = 10.2～10.4
10	水洗	—
11	氰化物预镀铜，配方 1：CuCN38～42L，KCN 64.5～71.5g/L，KF 28.5～31.5g/L 配方 2：CuCN38～42g/L，NaCN 50～55g/L，Na_2CO_3 30g/L，$KNaC_4H_4O_6 \cdot 4H_2O$ 40～48g/L	起始电流密度为 5～10A/dm²；工作电流密度为 1～2.5A/dm²；时间为 6min；温度为 45～60℃；pH = 9.6～10.4
12	水洗	—
13	电镀或化学镀	—

6.3 镁合金的表面化学转化膜处理

镁表面自然形成的膜具有一定的保护性，但保护作用十分有限，且由于其 pH 值为 10.5，增大了进一步涂装的难度。于是人们研制开发了表面处理方法，将自然本性为碱性的镁表面转化为中性，从而有效地改善了膜层的保护性，使进一步涂装变得容易。转化膜处理就是目前较为广泛使用的一种方法。

转化膜处理是用化学或电化学的方法处理金属表面，从而产生一层与金属表面化学结合的金属氧化物、铬酸盐、磷酸盐或者其他化合物的膜层。镁表面的转化膜主要用于为镁基体提供腐蚀保护和提供良好的油漆底层。转化膜通过作为金属表面与环境之间的低溶解度的隔离障碍或者通过含有耐蚀化合物而保护基体免受腐蚀。虽然转化膜单独提供的保护作用有限，但是对海运和贮存过程的防护，特别是对机械加工表面的长期防护是有效的。

转化膜处理的工艺特点是设备简单，操作方便，适用范围广，不受工件尺寸大小和形状的限制。其主要缺点是传统的处理溶液含有铬元素，毒害性很大，所生成的转化膜以铬化合物为基，而铬化合物是高毒性的致癌物。于是近年来又发展了一些无铬转化膜处理方法。

6.3.1 铬酸盐转化涂层

铬酸盐转化膜处理（铬化处理）是镁合金最常用的表面处理工艺之一，也是比较传统的表面处理工艺，其机理是金属表面的原子溶于处理溶液中，水或氧还原形成 OH^- 离子，引起金属表面与溶液界面 pH 值上升，促使在含有六价和三价铬化合物的表面沉积一层薄的复杂的铬－金属凝胶，这种混合物含有结晶水，具有自修复功能。但如果在高于 323K 的环境中使用，铬酸盐转化膜失去结晶水，使自修复能力丧失，从而导致膜层的耐蚀性大大降低。现有的研究表明，铬酸盐处理只能降低腐蚀速率，不能完全抑制腐蚀。一般可以用作最终封孔工艺之前的前处理或者电镀之后的后处理，从而改善膜层的耐蚀性和与油漆或黏结剂的结合性能，或提供一种装饰性膜层。

纯的铬酸溶液一般不被用于形成转化膜，因为膜层沉积速率太慢。通常处理溶液中需要添加一些作为沉积催化剂的其他阴离子，如醋酸根离子、甲酸根离子、硫酸根离子、氯化物离子、氟化物离子、硝酸根离子、磷酸根离子以及氨基磺酸根离子等。在控制铬酸盐膜层的形成方面，溶液的 pH 值是最重要的因素。沉积态凝胶非常软，但是干燥后硬化成为憎水、不易溶解以及更耐磨的膜层。这些膜层通过它们的自愈合性能以及六价铬在与湿气接触时缓慢释放的抑制效应提供一层与周围环境不反应的障碍层。六价铬在腐蚀期间被还原形成一种不溶解的三价铬，该三价铬能终止氧化腐蚀。转化膜的保护效果与膜层厚度成正比，为了维持膜层的保护性能，膜层不能经受高温（>66℃），因为这会降低膜层的厚度，并使膜层的自愈合能力丧失。只有膜层保持其水合状态，膜层才可保持其自愈合特性。转化膜在较高温度下使用时，必须通过封孔或在转化膜顶部涂漆加以改善。

镁经过铬酸盐转化膜处理后，会在其表面形成一层较为致密的 $Mg(OH)_2$ 和 $Cr(OH)_3$ 混合层，在混合层外部还有一层多孔 $Cr(OH)_3$ 层，上面的多孔层是由于 $Mg(OH)_2$ 从致密层选择性溶解而产生的。增加致密层的厚度可以抑制镁在氯化物溶液中腐蚀。增加溶液中的铬酸盐浓度，可以增加致密层中 $Cr(OH)_3$ 的数量，从而改善膜层的保护性能。研究表明，在铬酸钝化液中加入锌离子可以改善铬酸盐膜的性能。铬酸盐转化膜可以为镁及其合金在温和的服役条件下提供良好的腐蚀保护，可以显著降低 AZ31C、AZ63A 以及 AZ91C 镁合金在盐雾试验中的腐蚀。然而，该膜层薄且通常不适合于作为户外使用的最终膜层。表 6-12 所列为常见的镁及其合金铬酸盐转化膜处理的溶液成分和工艺条件。

表 6-12 常见的镁及其合金铬酸盐转化膜处理的溶液成分和工艺条件

编号	成分		温度/K	时间/min	应用范围
1	重铬酸钾/(g/L)	15～20	343～353	0.5～2	各种镁合金
	氯化钠/(g/L)	0.75～1.25			
	硝酸/(g/L)	15～25			
2	重铬酸钾/(g/L)	35～40	368～373	40～50	铸镁、镁半成品
	氟化钠/(g/L)	50～100			
3	重铬酸钾/(g/L)	80～100	333～343	0.5～2	MB1
	铬酐/(g/L)	3～4			
	硫酸铵/(g/L)	3～4			
	60%醋酸/(mL/L)	8～15			

有文献报道了采用商业化工艺，MX1、MX3 和 MX7 在 AZ91D 镁合金上形成的铬酸盐转化膜的结构。MX1 工艺在表面产生铬酸镁膜层，MX7 工艺在表面产生磷酸镁膜层，而 MX3 工艺产生一种含有一些镁和铝的氧化物和氟化物的非晶态氧化铬膜层。腐蚀研究表明，含有显著数量氧和铬的转化膜，如 MX3 工艺转化膜具有最好的腐蚀保护性能。另一项研究报道了用陶氏 7 商业化转化膜工艺在 AZ91D 压铸镁合金和纯镁上形成的转化膜的结构。在 AZ91D 上的膜层结构是颗粒状的，而在纯镁上观察到的膜层结构是多孔胞状结构，而且在界面处被一层阻挡层与基体分开。该结构类似于阳极氧化膜的结构。两种情况下所生成的膜都由 MgF_2、$MgO_x(OH)_y$、$NaMgF_3$、Cr_2O_3 及 NH^{4+} 组成。在 AZ91D 上也发现了其他的化合物，如 $AlO_x(OH)_y$、$FeO_x(OH)_y$ 及 Mn^{4+}。

已经在 Mg-Li 合金上开发了一种铬酸盐转化膜，该膜层的厚度为 8～11μm，在湿热循环试验条件下具有优异的附着力，膜层的光学和油漆基底性能不受湿热循环试验的影响。

一种新的含有可溶性硅酸盐的亚铬酸盐溶液中沉积铬－硅膜层，所生成的膜层是多孔状的，使其适合于做进一步的工艺处理，如涂油漆等。然而，初始转化膜的耐蚀性较差。

几点说明如下：

1）具有细晶粒微结构的基体的铬酸盐转化膜的效果最好。

2）其他金属的共沉积对转化膜是有害的。

3）为了获得最佳膜层，必须进行适当的表面清洗和前处理。

4）在进行铬酸盐处理后应对基体进行适当的漂洗以去除任何可能与膜层发生反应的残余的酸或碱。

5）转化膜应在低温（70℃）空气中进行干燥，最长干燥时间为 10min。

镁经过铬酸盐转化处理后，必须立刻清洗并干燥，严禁相互叠放，以免在湿空气中造成腐蚀。还应该注意，如果铬酸盐转化膜出现局部缺损，可以采用局部铬酸盐转化处理进行修复，常见的修复液成分见表6-13。修复操作一般手工进行，先用酒精棉球擦拭有缺损的部位，在室温下用浸有修复液的棉球反复涂抹缺陷处，直至生成均匀膜层，最后用蒸馏水冲洗残渣，用脱脂棉擦干净并干燥。如果膜层出现缺陷（如脱落、鼓泡、烧伤、锈蚀或颜色不均匀等），不能用局部修复法进行修复时，必须将转化膜褪掉，然后按原来的铬酸盐转化膜处理条件重新处理。表6-14 所列为常用的镁材铬酸盐转化膜的褪膜溶液和工艺条件。

表 6-13 镁及其合金铬化处理局部修复液成分

编号	溶液成分		应用范围
1	氧化镁/(g/L)	8~9	镁的成形物件
	铬酐/(g/L)	42	
	硫酸/(mL/L)	0.6~1.0	
2	重铬酸钾/(g/L)	10	镁材
	硒酸/(g/L)	20	

目前，对于镁合金转化膜质量的评定还没有统一的标准，因此仍采用一些最常见的膜层质量鉴定方法来评定。一般要求转化膜外观均匀、致密，颜色均匀，无黑斑、花斑、锈蚀、鼓泡、裂纹、擦伤、针孔等缺陷，与基体结合良好。合金表面成分不均匀，这对使镁合金形成均匀的转化膜是一个大的挑战。

表 6-14 常用的镁材铬酸盐转化膜的褪膜溶液和工艺条件

编号	褪膜处理过程1				褪膜处理过程2				应用范围
	成分		温度/K	时间/min	成分		温度/K	时间/min	
1	HNO_3（质量分数,%）	5	室温	0.5~1	—		—	—	对尺寸要求低
2	NaOH/(g/L)	260~300	343~353	5~10	铬酐/(g/L)	50~250	室温	0.5~1	对尺寸要求严格

6.3.2 非铬酸盐转化涂层

前面介绍了镁及其合金的铬酸盐转化膜处理，由于其处理溶液中有大量的铬元素存在，很容易对环境造成污染，同时铬化合物是高毒性的致癌物，因而限制其应用推广。于是人们又发展了无铬处理技术来替代铬酸盐处理，下面就简单介绍一下其中的一些处理方法。

1. 磷酸盐-高锰酸盐转化膜处理

磷酸盐-高锰酸盐转化膜处理是一种很好的替代铬酸盐处理的方法。通常在转化膜处理前，要对试样表面进行适当的前处理，保证表面清洁，无油污或其他有机污染，无锈皮和氧化物等。

人们采用含有磷酸钠-高锰酸钾的溶液对 AZ91D 和 WE43A 合金进行转化膜处

理，可以在合金表面获得均质、非粉状、均匀的转化膜。对该膜层耐蚀性进行对比发现，在AZ91D镁合金表面转化膜上观察到了纤维状的腐蚀状态，使点蚀深度减到最小，而WE43镁合金上的膜层与铬酸盐膜的腐蚀行为一样。

该处理方法所得到的转化膜能够提供良好的油漆附着力。对AM60B压铸镁合金采用此方法处理，并进行电涂（E-Coated），膜层结合良好，证明该转化膜具有良好的油漆基底性能。在AZ91D镁合金上试验该处理方法，发现用磷酸酸洗（前处理）和随后磷酸盐-高锰酸盐处理的样品具有极好的耐蚀性和油漆基底性能，而且磷酸盐-高锰酸盐处理工艺可以在很宽的条件范围内操作而不影响所产生的膜层的耐蚀性。

该转化膜成块的晶体由磷酸盐化合物组成，具有良好的耐蚀性和油漆基底性能。一般认为对膜层质量影响最大的因素是处理溶液的磷酸盐浓度和pH值。高锰酸盐能为膜层提供锰，而且作为在镁表面上沉积金属锰的加速剂。

此外，也有研究得到锰型转化膜层。在清洗和表面活化后，将镁合金样品浸入含有高锰酸钾和硝酸或者氢氟酸的溶液中进行处理。在含有硝酸的溶液中形成的膜层较厚而且含有晶体二氧化锰，其耐蚀性与用标准的铬酸盐处理工艺所获得的耐蚀性相当；在含有HF的溶液中形成的膜层非常薄而且其结构是非晶态的，含有氟化镁、氢氧化物和锰的氧化物。

2. 磷酸盐转化膜处理

磷酸盐转化膜处理常作为涂装打底工序，有效地替代铬化处理，尤其是在严重的腐蚀环境中，磷酸盐处理无论是单独作为保护层还是作为涂装底层，都优于铬酸盐处理。在一些装饰性镁合金表面处理上的应用范围日益扩大。

采用磷酸氢二铵的溶液处理镁基样品，不需要任何前处理即可在表面上形成一层含有磷酸镁及其水合物以及磷酸氢镁的保护膜层，该膜层对于随后的粉末涂层具有良好的附着性能。用含有钠离子、凝聚的磷酸盐离子和硼酸盐离子的溶液处理镁也能得到一层附着性能良好的膜层，尤其是很好的粉末涂层的底层。将镁基活塞浸入磷酸铁溶液中可以形成一层薄的磷酸镁，该层磷酸镁作为发动机中燃料燃烧产物的一种黏结剂和润滑剂在活塞表面形成保护层。由磷酸锌组成的转化膜也有一定的附着力和耐蚀性，这种膜层是在含有锌离子、锰离子、磷酸盐离子以及氢氟酸的溶液中形成的。

3. 氟锆酸盐转化膜处理

氟锆酸盐转化膜处理方法是一种很有前景的替代铬化处理的方法。锆作为第Ⅳ副族元素，在水溶液中以一种类似于铬的方式形成连续的三维聚合金属或者金属氧化物基体组织存在，这使得氟锆酸盐转化膜成为一种可供选择的、环境友好的转化膜层。氟锆酸盐处理的实质是将镁基体浸入含锆离子的酸性水溶液中，在含有机或无机氧离子的化合物中进行稳定化处理，干燥连续的聚合氧化锆层即可获得耐蚀性良好的膜层。

对 AZ91D 和 AM50A 镁合金采用氟锆酸盐处理，随后用环氧树脂－聚酯粉末膜层涂装进行检验，结果表明该处理方法具有与铬酸盐转化膜层类似的油漆附着力性能。该转化膜在温和的腐蚀环境中具有合理的耐蚀性，但对石头的刨削抗力极差，限制了其在更严酷服役条件下的应用。于是，产生了氟钛酸盐处理方法。钛、锆同为第Ⅳ副族元素。单独的氟钛酸盐处理在严酷的腐蚀环境中不能提供适当的腐蚀保护，然而氟钛酸盐 + E-Coat + 粉末涂料的结合对于在温和环境的使用是有效的。

对 AZ91HP 镁合金进行氟锆酸盐处理，所得到的转化膜主要含有 Zr-Mg-Al 的氧化物和氢氧化物。膜层由两层组成，第一层连续地覆盖金属表面而且是多孔和非晶态的，第二层由富含 $MgO/Mg(OH)_2$的单个晶体颗粒组成。该膜层具有良好的耐蚀性，而且干燥温度达到200℃时也不会影响膜层质量。

最新研究发现，由第Ⅳ副族和第Ⅲ副族元素的混合物组成的转化膜层体系，具有比简单的氧化锆体系好的耐蚀性，因为膜层中的氧化还原组分是模仿铬酸盐氧化还原模型的。

但是，氟锆酸盐转化膜处理方法对硬水的杂质或前处理液中的组分具有较高的敏感性，所以有必要在处理前用软化水对其进行漂洗。

4. 其他转化膜处理

现在有文献报道的转化膜处理工艺还有很多，如锡酸盐转化膜处理。有人研究将 AZ91B +0.5% Si 镁合金置入在一种浸镀锡溶液或者一种锌酸盐溶液中进行处理，所形成的膜层具有一定的耐蚀性，但都很薄。也有人研究了 ZC71 和 ZC71 + 12% Si 金属基复合材料的锡酸盐处理工艺，将样品浸入某种锡酸盐溶液中处理一定时间后，在这两种材料上都形成一层厚 2～3μm，连续的、附着力好的晶体 $MgSnO_3$转化膜。他们认为膜层的形核生长在大约需要 20min，初始形核发生在试样表面的阴极位置，晶体长大成为 2～5μm 的颗粒直到它们汇聚。膜层不断形成，腐蚀电位也不断增加，这说明膜层的确对表面有一种钝化作用。

同样，采用含有苯甲酸钠、葡萄糖酸钠和某种有机酸的溶液可以在 AZ91D 上形成彩虹色的且具有网状裂纹的转化膜，该膜层的耐蚀性比铬酸盐处理的样品稍好，而且转化膜的形态能为油漆提供良好的基底，从而进一步改善所处理的镁部件的耐蚀性。

对 AZ91D 镁合金先用羟基醋酸溶液酸洗，紧接着再在有机功能硅烷化合物中进行转化膜处理，生成具有良好的油漆附着力膜层，该膜层在盐雾试验中的耐蚀性较好。

此外，在镁及 WE43 镁合金上的铈、镧、镨转化膜层具有一定的腐蚀保护性能。一般样品经过抛光，在水和甲醇中清洗并干燥后，浸入 $Ce(NO_3)_3$、$La(NO_3)_3$ 或 $Pr(NO_3)_3$溶液进行转化膜处理，即可在表面形成一层可见的、有一定黏性的膜层，这种膜层可以提高镁及其合金的耐蚀性，但该膜层很容易去除，而且在试验的缓冲溶液中延长浸入时间将使其性能恶化，因而该膜层的保护性能是短期的。

有人研究了在不同金属上生成以铈为基的转化膜工艺，认为最佳的膜层是在pH值为2.5的氯化铈和双氧水溶液中形成的。对于铝来说，加入有机光亮剂后，腐蚀速率将从7μg/(m^2·s)降低到1.5μg/(m^2·s)，该技术可应用于镁。

6.3.3 镁合金表面的阳极氧化

通常，转化膜处理分为两个大类：化学转化膜处理（即无电转化膜，包括铬酸盐处理和非铬酸盐处理）和电化学转化膜处理。阳极氧化属于后者，是一种重要的表面处理方法，也是镁合金最基本的、应用较广的表面处理方法。阳极氧化是一种通过电化学作用在金属和合金上产生一层厚且稳定的氧化物膜层的电解工艺，成本比大多数化学转化膜处理高，可用于一些特殊要求的场合，如提高油漆在金属上的附着力、作为染色的基底、作为一种钝化处理等。工业上常用的阳极氧化电解液有硫酸、铬酸和草酸等，早期使用的溶液中含有铬的有毒化合物，而且废液的处理成本很高，容易污染环境，于是后期又开发了高锰酸盐、硼酸盐、硫酸盐、磷酸盐、可溶性硅酸盐、氢氧化物和氟化物等为主的无铬电解液。

一般对阳极氧化电解液的选择应该遵循以下三个原则：

1）氧化膜的生成速率需大于电解液对膜层的溶解速率。

2）所生成的氧化膜应该具有良好的力学性能和理化性能，如膜层的结合强度、韧性、耐蚀性、耐磨性、吸附性、硬度等。

3）电解液成分简单、成本低、稳定性好、安全无毒副作用、对环境友好和对电能消耗少等。

镁合金阳极氧化电解液分为酸性电解液和碱性电解液两大类。早期的阳极氧化电解液是酸性的，而后发展起来的碱性溶液由于能够为膜层提供某些优异的特殊性能，而受到人们的青睐。应该指出，电解液成分对镁合金阳极氧化膜的成分、结构和性能有极大的影响，因而调整电解液成分可以得到不同性能的阳极氧化膜。镁合金阳极氧化膜中不仅含有合金元素的氧化物，还含有溶液中经热分解、电化学作用并沉积到其表面的其他氧化物，后者是在初始形成膜的介电强度达到所施加电压时所产生的。

镁合金阳极氧化装置一般由电解槽（通常包括搅拌装置、循环装置和冷却装置等）和电源组成（见图6-3），常用的电源模式有三种：直流（DC）、脉冲直流（Pulsed DC）和非对称交流（Unbalanced AC）。早期的阳极氧化只能采用直流电源，随着工艺的不断发展，人们又开发了脉冲直流和非对称交流电源，能提高镁合金阳极氧化膜的性能。就阳极氧化而言，对氧化电源的研究工作是一项十分重要的研究课题，也是研究的热点之一。

镁合金的阳极氧化处理步骤包括：机械前处理；脱脂，清洗和酸洗；电解抛光或抛光；阳极氧化处理；染色或后处理；封孔。阳极氧化膜的内层为阻挡层，外层为胞状结构层，每个胞都含有一个孔隙，其大小取决于电解质种类及其浓度、温度、电流密度、电压和电源模式。孔隙的大小和密度决定阳极氧化膜层的封孔程度和质量。同时，正是由于有这些空隙的存在，为其他盐类、聚合物能够浸入氧化膜层提供了可能，从而使之具有某些特殊的性能，如装饰美观性、润滑性、高耐磨性、强耐蚀性等。

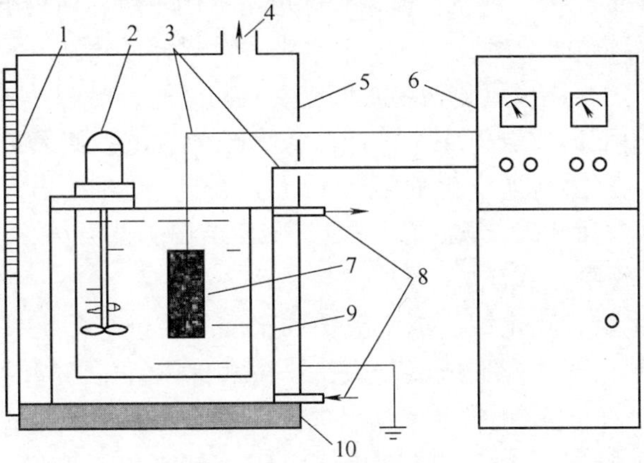

图6-3 阳极氧化装置

1—观察窗 2—搅拌器 3—连接线 4—排气孔 5—接地容器 6—电源 7—工件 8—冷却系统 9—电解槽 10—绝缘板

在进行阳极氧化处理前，试样表面必须彻底清洗干净，保证无油污、残渣裂纹、孔隙、夹杂或其他有机污染，模锻件应除去毛刺，尖锐边缘和圆角应处理光滑，以确保阳极氧化膜层完整、与基体结合良好，避免产生不均匀的膜层，如果膜层含有缺陷将使腐蚀加快。

镁合金阳极氧化处理的难点是由于合金中因分离的合金相所产生的电化学不均匀导致生成附着力和耐蚀性差的膜层；在具有深槽、窄孔隙或尖角特征形状工件的所有区域都难以获得均匀的深镀能力；在处理过程中，表面局部加热，尤其是在厚膜层的情况下，会影响基体金属的疲劳强度；此外，所产生的膜层是一种脆性陶瓷材料，其力学性能可能不适用于所有应用。

1. 阳极氧化成膜机理

镁合金的化学、电化学反应活性较高，阳极氧化时产生的激发态物质很多，发生一系列的物理与化学变化，使得镁合金的阳极氧化过程相当复杂。关于阳极氧化的成膜机理也没有统一定论，目前提出了以下几种说法：

1）Zozulin 认为随着阳极氧化电压的升高，达到膜层的击穿电压时，就会在其表面产生火花放电现象。火花放电使得先生成的阳极氧化膜发生部分熔解，在外有电场的作用下产生金属离子和大量的离子态氧，它们相互反应形成熔融物，在外界电解液的“冷淬”作用下，形成氧化膜。

2）Khaselev 等人解释了火花放电的原因，认为是电子雪崩的结果。在火花放电前，在金属-溶液界面处有偶尔细微的电子放电，这使得表面已生成的薄而致密的无定型氧化膜局部受热，当达到某一临界值时，小范围的电子放电发展为大范围的持续电子雪崩，从而导致了火花放电现象的出现。Young 等则认为由于热作用而引起电击穿，在界面膜层存在一临界温度 T_m，当膜层局部温度 $T > T_m$ 时，便产生电击穿。Yahhlom 提出了由机械作用引起电击穿的观点，认为电击穿与否主要取决于氧化膜/电解液界面的性质。

3）Albella 认为，阳极氧化初期时形成多孔的薄膜，电解液进入孔洞之中，在外加强电场的作用下形成放电中心，产生等离子体放电，使氧负离子、电解液中的阴离子与基体金属溶解所产生的阳离子迅速结合，同时放出大量的热，使得形成的氧化膜在基体表面熔融、烧结形成具有陶瓷结构的膜层。

2. 酸性氟化物阳极氧化

电解液成分主要有氟化铵、重铬酸钠和磷酸等。进行阳极氧化时，通过表面镁与六价铬之间的化学反应形成氧化膜，镁被六价铬氧化，同时六价铬被还原成三价铬。为了保证在金属/电解质界面处的反应物浓度，电源模式选择非对称交流电最好，所产生的膜层由六价铬和三价铬组成，同时也含有铬酸镁、磷酸镁、氢氧化镁和氟化镁。

$$Cr_2O_7^{2-} + 14H^+ + 6e^- \rightarrow 2Cr^{3+} + 7H_2O$$

$$Mg \rightarrow Mg^{2+} + 2e^-$$

这种氧化膜层在高湿度、高温、热循环试验和热真空试验时具有较高的稳定性。此外，这种膜层还具有高的太阳能光谱吸收因数、高的红外线 IR 发射率和良好的光学性能，因此被认为适合于某些太空应用。目前已有报道该技术在 ZM21 镁合金上的应用。

3. 陶氏 17 工艺

由陶氏化学公司在 20 世纪 50 年代开发的化学处理工艺 No. 17 可应用于各种形式和系列的镁合金上。该工艺产生一种两阶段、两层的膜层，第一层是在低压下所沉积的一层厚约 5.0μm 的绿色或黄褐色透明层，这种薄的膜主要用于涂装打底。上面的第二层是在高压下形成的，它是一层厚度约为 30.4μm 的深绿色层，具有良好的耐磨性、油漆附着力和耐蚀性。用该技术所处理的 AZ91D 合金在大气环境下的耐蚀性可达 3 年，其耐蚀性比转化膜层优越。

镁合金的陶氏 17 工艺既可采用直流电也可采用交流电，产生氧化膜的本质是一样的，后者设备成本低，使用较为普遍。采用交流电时，工件成对悬挂，对于工件上的异质金属（铝除外）在阳极氧化前必须做隔离处理。一般的陶氏 17 工艺流程如下：蒸汽脱脂→碱洗→冷清洗→阳极氧化处理（交、直流）→冷清洗→热清洗→烘干→封孔。表 6-15 所列为陶氏 17 工艺电解液成分和工艺条件，表 6-16 所列为用来处理不同镁合金所推荐的终极电压。

表 6-15　陶氏 17 工艺电解液成分和工艺条件

电解液成分和工艺条件	直流电源	交流电源
NH_4HF_2/(g/L)	360	240
$Na_2Cr_2O_7 \cdot 2H_2O$/(g/L)	100	100
H_3PO_4 (85%) /(g/L)	90	90
温度/℃	71~82	71~82
电流密度/(A/dm^2)	0.5~5.0	0.5~5.0
制备亮绿色薄膜		
终极电压/V	75	75
处理时间/min	2.5~3	4~5
电流消耗/A·s	540~645	860~1075
制备黑绿色厚膜		
终极电压/V	100	100
处理时间/min	15	23
电流消耗/A·s	3230	4950
封闭处理（可选）		
硅酸钠水溶液/(g/L)	53	
温度/℃	93~100	
处理时间/min	15	

表 6-16　陶氏 17 工艺阳极氧化镁合金，1.858A/m^2时推荐使用的终极电压

制件类型	合金	低压膜			高压膜		
		电源	终极电压/V	时间/min	电源	终极电压/V	时间/min
挤压件	AZ31B、AZ61A	交	70	3.5	交	90	15
	M1A、ZK60A	直	75	2.5	直	95	11
	AZ80A	交	60	5	交	75	24
		直	65	4	直	80	16
铸件	AZ63A	交	60	5	交	75	24
	AZ91C	直	65	4	直	80	16
	EK30A	交	70	5	交	90	24
	EK41A	直	75	4	直	95	16
	HK31A	交	70	3.5	交	90	15
		直	75	2.5	直	95	11
板材	AZ31B	交	70	3.5	交	90	15
	HK31A	直	75	2.5	直	95	11

陶氏 17 工艺的要求如下：

1）溶液的配制。先量取需要用水量的一半，并将其加热到 71℃后缓慢加入氟化铵，再加入其他化学试剂，最后加水至所需用量。溶液应加热到 82℃后剧烈搅拌 5 ~ 10min，当溶液冷却至室温时，必须重新加热到 82℃并做搅拌。

2）溶液的控制和再生。依据是对氟、重铬酸盐、磷酸盐的化学分析。若处理时间延长或终极电压升高，则表示溶液已经失效，必须对溶液进行失效补充。通常每升溶液处理量达到 $0.5m^2$后，需要添加一些组分，添加的数量由失效溶液的化学分析标准方法来决定。

3）处理设备。阳极氧化的电解槽和加热线圈通常用低碳钢制成，也可用合成橡胶或乙烯树脂做内衬，槽子与工件之间要保持足够的距离，以防止接触和烧损。挂具、夹具一般要求选用同种或相近材料来做，也可以选用 5052 和 5056 铝合金材料。

研究证实，采用陶氏 17 工艺使纯镁和 AZ91D 镁合金上阳极氧化膜层在界面处有一层薄的阻挡层，阻挡层上覆盖有一层圆柱状的多孔层，膜层在纯镁上的生长是通过在金属-膜层界面处形成氟化镁和水合氧化镁以及膜层在空隙底部的溶解而进行的，氟化镁和 $NaMgF_3$的结晶是在上面的多孔层进行的。在 AZ91D 合金上形成的膜层是不均匀的，其原因很可能是在晶界和表面孔隙处存在 Mg-Al 金属间化合物离子。然而，膜层的生长机理是类似的，在这些膜层里也发现了具有 MgF_2晶体颗粒的多孔胞状结构。

4. Anomag 工艺

该工艺是 Magnesium Technology Licensing 有限公司发明的一种具有专利权的处理工艺，该工艺的阳极氧化电解液由氨水和磷酸氢铵钠组成。所产生的膜层是一种 MgO-$Mg(OH)_2$混合物，根据所加入的添加剂不同还可能含有另外的化合物，如 $Mg_3(PO_4)_2$。由于体系中氨的存在抑制了火花的形成，从而排除了对冷却设备的需要。依所加添加剂（如氟化物和铝酸盐）的种类和浓度不同，所产生的膜层颜色可以从半透明到珍珠色。

采用 Anomag 工艺所生成氧化膜的厚度和性能与溶液成分、温度、电流密度和处理时间有关，膜层具有与其他阳极氧化工艺类似的胞状微结构。压铸镁合金采用 Anomag 工艺处理，并用粉末涂层涂装后具有良好的油漆附着力和极好的腐蚀保护性能。研究表明，采用这种工艺对 AZ91D 镁合金进行处理，合金表面会形成一层孔隙直径约为 6μm，孔隙率为 13% 的多孔膜层。封孔和涂油漆可以将孔隙尺寸和孔隙率分别降低到 3μm 和 4%。膜层化学成分主要由 $Mg_3(PO_4)_2$组成。经阳极氧化，阳极氧化 + 油漆，阳极氧化 + 封孔处理的所有样品通常腐蚀速率都显著降低。对于镁来说，最好的效果是用 Anomag 工艺处理后紧接着进行油漆和封孔。与未处理的金属相比，用这种方法处理的样品的腐蚀速率降低了 97%。三步处理法已表明可以降低电化学腐蚀速率，但阳极氧化或者阳极氧化 + 油漆不进行封孔却不能降低电化学腐蚀的速率。

与未处理样品相比，采用 Anomag 工艺处理过的 AZ91D 样品的疲劳试验表明，其疲劳性能未发生改变。对于腐蚀疲劳性能而言，在低应力水平下，膜层似乎可以提高腐蚀疲劳抗力；而在高应力水平下，与未处理样品相比却没有变化。然而，有趣的是经过封孔的 Anomag 膜层在这些试验中的性能非常差，可能是热固化过程对基体金属产生了影响。

对 Anomag 工艺进一步的开发工作在于降低成本、选择工艺所采用的化学试剂、得到优化的膜层厚度等方面。

5. HAE 工艺

如果没有其他金属嵌入或者附着在镁工件上，HAE 处理对各种成形方法和合金系的镁合金都是有效的。与陶氏 17 工艺一样，该工艺也产生一种由两层组成的膜层，在低压下产生一层 5μm 厚的淡褐色底层，在高压下产生一层厚 30μm 的深棕色膜层。类似于陶氏 17 工艺阳极氧化膜，HAE 工艺膜也是多孔的，经过树脂或涂漆密封处理后具有极好的耐蚀性。深棕色膜层硬度高而且具有良好的耐磨性，但对镁基体的疲劳强度有负面影响，尤其当基体较薄时。该技术处理过的 AZ91D 合金在大气环境下的耐蚀性可达 3 年之久，与转化膜层相比具有优越的耐蚀性。

HAE 处理需要冷却，以保证温度控制在 32℃以下。工件要具有大致相同表面积的成对挂起，施加恒定电流，嵌入的任何异质金属必须在阳极氧化前做屏蔽处理。一般的 HAE 处理溶液组成和工艺条件见表 6-17，其工艺流程为：蒸汽脱脂→碱洗→冷清洗→HAE 阳极氧化→冷清洗→重铬酸盐-双氟酸盐浸蚀→空气吹干→加热湿气时效。

表 6-17 HAE 处理溶液组成和工艺条件

溶液组成/(g/L)	氢氧化钾	165
	氢氧化铝	34①
	氟化钾	34
	磷酸三钠	34
	锰酸钾②	19
	水	余量至 3.7L
温度/℃		室温~32
电流密度/(A/dm²)		1.5~2.5
终极电压/V	第一阶段膜	65~70
	第二阶段膜	80~90
处理时间③/min	第一阶段膜	7~10
	第二阶段膜	60
浸蚀溶液组成/(g/L)	重铬酸钠	20
	氟化氢铵	100
	水	余量至 3.7L
温度/℃		21~32
浸蚀时间/min		1
时效	温度/℃	77~85
	相对湿度（%）	85
	时间/h	7~15

① 对特别硬耐磨的深棕色膜，溶液中氢氧化铝为 45~53g/L。

② 可用等质量的高锰酸钾来代替，加入高锰酸钾时应先溶于水中再加入，还需加入 43g 氢氧化钾。

③ 与电流密度有关，电流密度增加，处理时间可缩短，对常规膜，电流密度推荐使用 2A/dm²。

HAE 处理的工艺要求如下：

1）溶液的配制。先用一半的水溶解氟化钾和磷酸三钠，再加入溶解了氢氧化铝的氢氧化钾水溶液。

2）溶液再生。该处理液的使用寿命很长，溶液失效后，在不停搅拌条件下每升溶液加入3.7～7.5g的锰酸钾或高锰酸钾，铝加入原始量的15%～20%，氟和磷的消耗很慢，可每隔6个月按原始量的15%～20%加入。

3）后处理。阳极氧化后，将工件彻底水洗，浸入浸蚀液中约1min，不需水洗，用热风吹干。在炉子中时效7～15h，可极大地促进膜的耐蚀性。

4）设备。阳极氧化电解槽采用双层焊接结构，冷却板或线圈用低碳钢制成。挂具用镁合金，在液面以下用合适的乙烯树脂带保护，可用钢夹将挂具夹到母线上。

6. Cr-22 处理法

Cr-22 处理的一般工艺流程：蒸汽脱脂→碱洗→冷清洗→阳极氧化→冷清洗→封闭，表6-18给出了其溶液组成和工艺条件。

表 6-18　Cr-22 处理法溶液组成和工艺条件

溶液组成和工艺条件		膜的类型	
		绿色①	黑色②
溶液组成③/(g/L)	CrO_3	25	50
	质量分数50%的HF	36	35
	质量分数85%的H_3PO_4	50	50
	NH_4OH	220	220
操作温度/℃		88～91④	85④
电流密度/(A/dm²)		1.5⑤	2.5⑥
处理时间/min		12～15	12～15
终极电压/V	一般厚度的膜	320	320
	厚膜	350～380	350～380
封闭处理⑦	硅酸钠（质量分数,%）	10	
	温度/℃	85～100	
	浸渍时间/min	2	

① 绿色膜厚度为10～28μm，常用20μm。
② 黑色膜厚度为5～25μm，常用13μm。
③ 可用蒸馏水或去离子水代替自来水。
④ 推荐使用有效范围为74～93℃。
⑤ 推荐使用有效范围为1.0～3.0A/dm²。
⑥ 推荐使用有效范围为2.0～3.0A/dm²。
⑦ 两种类型均可使用，用于不再涂装的工件。

Cr-22 处理的工艺要求如下：

1）溶液的配制。量取规定水量的一半，将各组分按顺序依次加入，并不停搅拌，当其完全溶解后，加入余量水，然后加入足够的氨水，调节 pH 值为 8。在 $15A/dm^2$ 电流密度下阳极氧化，每升溶液处理 $0.6m^2$ 之后进行再生。为了减小处理液的蒸发损失，使用聚乙烯膜覆盖溶液表面。

2）设备。电解槽和加热线圈用低碳钢制成，不能用铜、黄铜或锌来制作与溶液接触的设备，挂具用镁合金制成。

目前通过变化溶液成分、温度和电流密度，不再用高电压也可以生成绿色和黑色膜层，在含有铬酸盐、钒酸盐、磷酸盐和氟化物的阳极氧化水溶液中可以生成硬质黑色保护层。这些膜层经过适当封孔后可以为未涂漆的零件提供良好的耐蚀性，当然该膜层主要还是用作油漆基底。

7. Tagnite 工艺

Tagnite 表面处理工艺是由 Technology Application Group 公司发明的一种无铬阳极电沉积表面处理工艺，包含产生一层与普通阳极氧化膜层相容的、与基体牢固结合的底层。前处理可以有两种方法：①浸入氟化铵溶液中；②在含有氢氧化物和氟化物的水溶液中电解处理。阳极氧化电解液由含有氢氧化物、氟化物和硅酸盐的水溶液组成，采用高于 300V 的直流电，在表面产生一层类似陶瓷的 SiO_2 层。该工艺能成功地涂覆齿轮箱的内部通道和不通孔，即使在有机涂装前，膜层的摩擦磨损抗力、油漆附着力以及耐蚀性都比陶氏 17 和 HAE 工艺高，未密封试样的耐盐雾试验达到 336h，对膜层进行表面封孔可以进一步改善其耐蚀性。

8. 微等离子体氧化

微等离子体氧化（Micro Plasma Oxidation，MPO）又称为微弧氧化（Micro-Arc Oxidation，MAO）、阳极火花沉积（Anodic Spark Deposition，ASD）、阳极脉冲陶瓷化（Anodic Pulse Ceramic，APC）、等离子增强化学表面陶瓷化（Plasma Enhanced Chemical Ceramic coating，PECC）、火花放电阳极氧化（Anodischen Oxidation unter Funkentlandung，ANOF）或等离子电解氧化（Plasma Electrolytic Oxidation，PEO），是近年来在普通阳极氧化基础上发展起来的一种在金属表面原位生长陶瓷膜的新技术。它不同于传统的阳极氧化，将处理电压提高，突破了普通阳极氧化处理电压范围的法拉第区，进入高电压放电区，在阳极区产生等离子体放电，使阳极区表面局部温度达到2000℃左右，甚至更高，在化学氧化、电化学氧化和等离子体氧化共同作用下，直接在金属表面原位生长陶瓷膜，其硬度、致密度、耐磨性和耐蚀性都强于普通阳极氧化膜。

微等离子体氧化技术设备简单，对处理工艺条件要求不苛刻，一般的 CVD（化学气相沉积）、PVD（物理气相沉积）、PCVD（等离子化学气相沉积）法需要有特殊的真空、高温或低温设备，成本高。而微等离子体氧化只需要简单的电源设备和冷却搅拌系统，其前处理只需要脱脂处理。同时，它能在形状复杂工件及空心工件上形成较均匀的膜，对工件本身的形状要求不苛刻。该膜层适应性较强，由于在微等离子体氧化过程中电解液组分或离子强烈参与了微等离子体区的物理化学作用，能改变膜层的相组成，生长出渗有特定元素的氧化膜，使膜层具有特殊的性能，满足不同生产应用的需要，实现膜层的功能设计。目前这方面的研究还比较少。

微等离子体氧化工艺流程比较简单，一般为：脱脂→去离子水清洗→微等离子体氧化处理→水洗→干燥。镁合金的微等离子体氧化电解液以碱性居多，常用的有硅酸盐体系、铝酸盐体系、磷酸盐体系等。电源模式以交流居多，通常认为在这种模式下所获得的膜层更加致密，耐蚀性更好。

该工艺的膜层通常由内部致密层和外部疏松层两层构成，随工艺条件、电解液体系等的不同，致密层与疏松层的比例也不相同，一般认为致密层多的耐蚀性好。在处理过程中，通过控制电流密度、终极电压、氧化时间等因素来调节致密层与疏松层的比例。应该指出的是，氧化处理电源的选择也是十分重要的，但目前在这方面的研究很少。

6.4 镁合金阳极氧化涂层的密封与着色处理

6.4.1 镁合金阳极氧化涂层的密封

通常情况下，阳极氧化镁是不密封的。简单的水合作用是不可能对镁阳极氧化膜的孔隙进行密封。与铝相比，镁阳极氧化膜的密封工艺类似于混凝土浇筑，而且大部分都含有用物理方法引入孔隙并固化的试剂。如极细的 SiO_2 粒子，这些粒子随后与 CO_2 反应固化成为玻璃状物质。到目前为止，该工艺仍在试验研究阶段，固化条件需精确，SiO_2 悬浮物的黏度也必须仔细控制。这种密封的结果非常硬且脆。

还有采用有机树脂密封（如环氧树脂）。因为铸件潜在的脱气问题，在尽可能避免高的脱气温度的条件下，固化可以常温完成。

镁合金压铸件上的阳极氧化涂层的密封原因之一是防止电化学腐蚀。当镁部件与其他金属部件相连接时，有电化学腐蚀，目前采用绝缘隔离垫片。如果镁部件经阳极氧化和密封，镁合金部件连接时可省去绝缘隔离垫片。

为了获得耐磨和耐蚀膜层，必须对阳极氧化膜进行封孔。可以通过将水合碱性金属物沉积进入孔隙来密封多孔的氧化物膜层，可通过在热水中煮沸、蒸汽处理、重铬酸盐封孔和油漆封孔来完成。这种膜层不适合于作为仅有的表面处理膜，但是它们能为腐蚀保护体系提供极好的油漆基底。

阳极氧化膜是多孔的，其孔隙率约为 35%，易污染，耐蚀性差。此种膜若染色后不封闭，则易褪色。对阳极氧化膜或电解着色生成的膜进行处理，对孔进行封闭，以提高其抗污染、耐腐蚀的能力称为封闭处理（密封）。

封闭处理方法有多种：热水（80～100℃）密封、蒸汽密封、金属盐密封、有机物密封、涂漆密封和常温密封等（见表6-19）。

表6-19 镁合金氧化膜的密封处理

密封方法	填充介质	pH	温度/K	时间/min	应用范围	氧化膜颜色
蒸汽密封	水蒸气	—	>373	20	冷着色零件	无色
热水密封	热蒸馏水	6~7	363~371	30	镁及其合金	无色
油脂密封	凡士林或石蜡	6~7	>373	0.5~1	镁及其合金	无色
铬酸盐密封	5%~10%重铬酸钾	6~7	≈373	30	镁及其合金	黄色
水玻璃密封	5%硅酸钠	碱性	≈373	20~30	镁材防冻件	无色
环氧树脂密封	10%环氧酚醛树脂	—	室温	1~3s	镁材在393K下干燥2h	无色
醋酸盐密封	醋酸钠5g/L、醋酸钴1g/L、硼酸8g/L	—	363~371	20~30	抗晒氧化件或装饰品	紫色

6.4.2 镁合金阳极氧化涂层的着色

镁的膜层是不透明的，会被酸迅速腐蚀，因此许多用于铝阳极氧化的着色方法不适用于镁阳极氧化膜层的着色。

阳极氧化镁的着色传统的做法是采用油漆或者粉末涂层，在缺乏一定的表面处理步骤的情况下，油漆的附着力不佳。由于粉末涂层需要烘烤固化，当温度超过粉末涂层固化温度（即200℃）时，铸件将产生脱气问题，导致粉末涂层起泡。应采用降低固化温度、减小气泡的粉末涂装工艺。

如果采用无火花工艺，用染料在产生广泛的颜色和纹理方面是有效的，而且将增加涂层的耐盐雾性能。如果阳极氧化膜层被划伤或穿透也不会发生腐蚀，有一些彩色染料通过表面化学反应黏附到表面上可以保证好的附着力。

阳极氧化膜的着色可以通过以下途径实现：在阳极氧化后立即将有机染料或者无机原料吸入膜层；通过第二步电解沉积无机金属氧化物和氢氧化物进入膜层的孔隙中；通过整体阳极氧化着色。后者是通过在阳极氧化电解液中加入有机成分。该有机成分在阳极氧化过程中分解并形成颗粒，并在膜层生长时进入膜层。通过干涉着色（interference coloring）工艺可以控制颜色。干涉着色及控制孔隙结构，通过干涉光从孔隙顶部和底部的反射而产生颜色。这种工艺在生产过程中难以控制。

氧化膜着色染料可以分为有机染料和无机染料。按其pH值也可分为酸性染料、中性染料和碱性染料。一般选择有机染料溶液的浓度为3~5g/L，无机染料的浓度为10~200g/L。膜层颜色的深浅可以通过染料溶液浓度来控制。常用的镁合金氧化膜着色方法及工艺条件见表6-20。

表 6-20　常用的镁合金氧化膜着色方法及工艺条件

无机染料					有机染料				
名　　称	含量 /(g/L)	温度 /K	时间 /min	颜色	名　　称	含量 /(g/L)	温度 /K	时间 /min	颜色
铁氰化钾	10~50	363~373	10~20	蓝色	酸性元青	3~5	353~363	10~30	黑色
氯化铁	10~100				酸性黑	3~5	353~363	10~30	黑色
铁氰化钾	10~50	353~363	20~30	褐色	茜素黄	1~3	333~343	10~30	金黄
硫酸铜	10~100				玫瑰精	1~5	343~353	10~30	桃红
醋酸钴	50~100	363~373	20~30	黑色	酸性枣红	125	343~353	10~30	枣红
高锰酸钾	15~25				纯天蓝	2~3	343~353	10~30	天蓝
重铬酸钾	50~100	363~373	20~30	金黄	孔雀绿	1~5	343~353	10~30	绿色
醋酸铅	100~200				碱性紫	3~5	343~353	10~30	紫色
硫代硫酸钾	10~50	363~373	20~30	黄色	酸性橙黄	1~3	343~353	10~30	蛋黄
高锰酸钾	10~50				碱性褐	3~5	343~353	10~30	褐色
重铬酸钾	40~60	363~368	20~30	黄色	茜素黄	3~5	343~353	10~30	红黄
					茜素红	1~3			

6.5　镁合金的表面气相沉积涂层

气相沉积处理方法广泛地用于各种金属表面处理，该技术在镁合金上的应用也较为广泛，相继研发了各种气相沉积方法，包括化学气相沉积、物理气相沉积等。

6.5.1　化学气相沉积

化学气相沉积（Chemical Vapor Deposition，CVD）可以定义为通过气相化学反应在受热的表面沉积一种固体，它是利用加热、等离子体激励或光辐射等方法，将气态或蒸汽态的化学物质在衬底表面反应并沉积固态薄膜。该工艺是 20 世纪 60 年代初发展起来的，广泛地用于提纯材料、研制新晶体、沉积各种薄膜等，尤其是在半导体微电子工业及硬质刀具涂层工业上具有十分重要的意义。

化学气相沉积的优点：①可以在远低于熔点的温度下沉积难熔材料；②可以获得接近理论密度的膜层；③容易控制沉积层中晶粒尺寸和方向；④在大气压下进行加工，膜层具有良好的附着力；⑤不受遮蔽效应的限制，在有深槽、高细长比和复杂形状的零件上也能涂上膜层；⑥沉积速率高，可产生厚膜。但是，该工艺也有一些缺点：①要求基体金属具有一定的高温热稳定性；②其化学反应物是有毒性的，因而必须采用封闭系统；③有毒固体副产品也可能产生，这将增加废物处理成本；④由于需要较高的沉积温度，故其能耗成本较高。目前，开发了一些工艺（如等离子体和有机金属 CVD）在一定程度上降低了其对高温的要求。

1. 化学气相沉积的基本原理

首先要确定一个合理的沉积反应，根据沉积过程的需要，对沉积反应的选择通常应满足以下几点要求：

1）反应剂在室温或不太高的温度下最好是气态，或有较高的蒸气压，而且纯度要很高。

2）通过沉积反应能够形成所需要的膜层，而其他反应物均容易挥发。

3）沉积反应要容易控制。

按照反应类型的不同，化学气相沉积又可以分为热分解反应沉积、氢还原反应沉积、化学合成反应沉积和化学输运反应沉积。

热分解反应是最简单的沉积反应，一般在简单的单温区炉中进行，将衬底在真空或惰性气氛下加热到一定温度，这时导入反应气态源物质使之发生热分解，就能在衬底上沉积所需的固态材料层。源物质和热解温度的选择是十分重要的，必须予以重视，否则就不能获得所需的沉积层。

化学合成反应沉积是使用最普遍的一种方法，由两种或两种以上的气态物质在加热的衬底表面上发生化学反应而沉积出固态薄膜。从理论上来讲，一般的无机材料都可以通过合适的反应合成而得。

化学输运反应沉积是把所需沉积的物质作为源物质，使之与适当的气体介质发生反应形成气态化合物，然后这种化合物经过化学迁移或物理作用输运到与源物质区温度不同的沉积区，再发生逆向反应生成源物质而沉积出来。这里的气体介质作为一种媒介，气态化合物只是中间过渡产物。

2. 影响沉积质量的因素

(1) 沉积温度　沉积温度是化学气相沉积过程中最重要的工艺条件之一，它决定了沉积膜的成分、结构、物质。一方面，沉积温度影响气相的过饱和度和气态物质沉积出固相的相对活度，进而影响沉积膜的化学组成及性能；另一方面，不恰当的沉积温度可能会加大来自反应器材料杂质对沉积膜的污染，影响膜层的性能。

(2) 反应混合物　气相沉积的必要条件是气相必须是过饱和的。气相物种的分压决定着固相的成核和长大，从而决定沉积的速率和沉积膜的结构。因此，反应混合物的分压和相对比例对沉积质量有很大的影响。

(3) 系统内压和气体流速　这两个因素对沉积过程有直接作用，进而影响到膜层生长的质量。一般而言，在低压下沉积膜的均匀性和附着力较好，但压力太低沉积效率也低。若压力过大，则沉积膜粗糙且附着性差。提高流速使生长速率增大，但同时也可能加快杂质的输运，降低膜层的质量。

(4) 衬底　化学气相沉积通常是在衬底表面上进行的，因而衬底表面的好坏将直接影响沉积质量的好坏，这是一个比较关键的因素。衬底表面的污物、机械损伤都会使沉积膜取向无序或造成严重的宏观缺陷。另外，沉积膜与衬底的结晶学取向关系极为密切，它们之间的晶格结构和原子间距是否有合理的匹配，它们的热膨胀系数是否相近，这些都直接影响膜层的附着性以及膜层内应力的大小。

（5）系统装置　前面提及过，化学气相沉积要求密封的系统，因而对系统装置的要求也特别严格，要求严格密封。同时，反应管内部的结构形式影响气流的状态，从而影响气体的混合程度和均匀性，进而影响沉积速率和膜层的均匀性。此外，系统装置自身的材料可能被引入膜层中形成杂质，这是必须重视的。

3. 镁合金的化学气相沉积工艺

由于镁合金自身性质的局限性，沉积温度不可能太高，于是在普通化学气相沉积的基础上，研发了一些新的技术，如金属有机化学气相沉积（MOCVD）和等离子体辅助 CVD 等。

与传统 CVD 相比，MOCVD 的优点在于：沉积温度低；可沉积单晶、多晶和非晶的多层膜或超薄膜；可规模化生产；沉积能力强；膜层组分容易调整。利用该技术在 400℃下可以在镁合金上获得厚度 $<0.5\mu m$、无裂纹、附着力好的膜层。在 NaCl 溶液中的腐蚀电位从 $-1.457V$ [饱和甘汞电极（Saturated Calomel Electrode,(SCE)] 增加到 $-0.74V$（SCE），在极化期间，膜层发生部分溶解，但仍然是均质的。若膜层均质、无孔隙和裂纹，则可以肯定镁合金在中性氯化物溶液中的一般耐蚀性将得到改善。

等离子体辅助 CVD 技术已成功地用在 AZ91D 和 AS21 镁合金上沉积附着力好、硬度分别为 1400HK0.01 和 1530HK0.01 的 ZrCN 和 TiCN 膜层。这些膜层是在低沉积温度（180℃）下从有机金属 tetrakis（diethyl）-amino 金属混合物中沉积的，沉积层的表面形貌光滑并具有柱状断裂表面（columnar fracture surface）。

此外，通过 CVD 工艺在 AZ91 镁合金上生成的 SiO_2 膜层在 NaCl 溶液浸泡 240h 后无可见的腐蚀斑点，在酸溶液和有机溶剂中是稳定的。同时，化学气相沉积膜也可以作为附着力良好的中间膜层，为后处理打好基底。

6.5.2　物理气相沉积

物理气相沉积（Physical Vapor Deposition，PVD）技术是利用蒸汽或溅射等物理形式把金属从靶源移走，然后通过真空或半真空空间使这些携带能量的蒸汽离子沉积到基片或零件的表面形成膜层，这就涉及在某一基体上从气相沉积原子或分子。该工艺包括真空沉积、溅射沉积、离子镀、脉冲激光沉积及扩散沉积。

PVD 工艺在镁表面精饰方面的作用可分为两部分：耐磨、耐蚀保护膜层的沉积和具有独特耐蚀性的块状镁合金的制备。

镁基体的 PVD 膜层需要面对一些挑战：沉积温度必须低于镁合金的稳定温度（180℃），而且在该低温下必须具有良好的附着力和良好的耐蚀性。对于大部分 PVD 工艺，基体温度必须在 400～500℃，然而在沉积期间通过采用脉冲偏压可以显著降低沉积温度。

采用 PVD 工艺在 AZ91 镁合金上制备的 TiN 膜层附着力好且无孔隙。通过引入化学镀 Ni-P 中间层，这些样品的承载能力可以显著改善。在 AZ91D 镁合金上物理气相沉积 Cr 和 CrN 的多层膜层，这些膜层具有良好的附着力和耐磨性能，但由于在膜层中存在孔隙，因而耐蚀性较差。与单层 Cr 层和单层 CrN 层相比，Cr 和 CrN 多层膜的耐蚀性略有增加。还有一种方法就是用纯镁和镁合金来沉积涂覆到镁合金上，这样膜层的耐蚀性提高，这是由于在合金中降低了引起电偶腐蚀的其他合金元素。表 6-21 所列为不同合金在质量分数 1% 的 NaCl 溶液中进行浸泡试验后的失重结果以及 AZ31 合金样品用纯镁涂覆后的失重结果。

表 6-21　不同合金在质量分数 1% 的 NaCl 溶液中进行浸泡试验后的失重结果以及 AZ31 合金样品用纯镁涂覆后的失重结果

样　　品	失重/(mg/cm^2)
3N-Mg	75
AZ31	3.5
AZ91	0.7
6N-Mg	0.2
被涂纯镁的 AZ31，蒸汽源为 AZ91E	0.3
被涂纯镁的 AZ31，蒸汽源为 3N-Mg	0.6

用纯镁膜层所获得的腐蚀保护性能与 AZ91 和 6N-Mg 镁合金的耐蚀性相当。在 AZ31 基体上用 PVD 法沉积 3N 或 AZ91 镁合金的微结构，用原子力显微镜确定沉积膜层是由多面体镁颗粒组成的，这些颗粒在沉积的初始阶段是以孤立态的形式存在的，而后随着沉积的进行长大并覆盖表面。尽管由于在表面形成 $Mg(OH)_2$ 导致某种均质腐蚀而产生轻微的颗粒鼓泡，但是在质量分数 1% 的 NaCl 溶液中，在这些试样上未观察到非均质腐蚀。

采用 PVD-PLD 工艺在镁基体上涂覆钛和钛合金材料。聚焦的激光束被用于加热和汽化钛和钛合金靶材，靶材蒸汽沉积在镁或镁合金基体上形成一层薄膜。该技术的缺点之一是其必须在低压（10^{-6} ~ 10^{-8} Torr㊀）条件下完成，而且也是一种存在遮蔽效应的工艺。

另一种由 Daimler Chrysler 公司发明的专利工艺描述了一种在镁材上制备耐蚀膜层的工艺，该专利所描述的腐蚀保护层可以通过火焰喷涂、等离子体喷涂或溅射获得。通过在浇注镁之前涂覆铸造模具，通过共挤出法（Co-extrusion）或电镀都可以在镁材的某一表面区域形成膜层。被保护的镁材是不含铁、镍或铜的高纯镁材。膜层由一种含有钛、锆或镁做基体再添加一定金属添加剂的合金组成。添加剂由碱金属、碱土金属、稀土金属和钇组成，金属来自周期表中第Ⅳ或更高

㊀ 1Torr = 133.322Pa。

周期的ⅡA～ⅤA 主族的金属和锰。碱金属、碱土金属、稀土金属和钇具有比镁更低的静电位，因此可以做阴极保护下面的金属不被腐蚀；来自周期表中第Ⅳ或更高周期的ⅡA～ⅤA 主族的金属和锰具有高的析氢过电位，通过使阴极半反应中毒而保护金属镁。腐蚀保护层的厚度至少应为 0.2mm 才有效。该专利给出了在 AM50A 镁合金和 Mg-Mn、Mg-Pb、Mg-In 样品之间测量负接触电流密度的例子的位置。

将多层材料用作轻金属上的耐摩擦、耐冲蚀和耐磨损的涂层材料。这种涂层包括沉积有 Cr、Nb、Ni、Ti、Zr，它们的氮化物和碳化物或 C 和 N 在这些金属中的固溶体组成的一种中间层，这种中间层可以由单层或厚度分别为 0.5～60μm 的几层组成，最后一层是厚度为 5～60μm 的钨基涂层，如 W、WC、WN 和钨合金。

6.5.3 类金刚石膜层

类金刚石膜（Diamond-Like Carbon，DLC）是一类性质类似于金刚石膜，具有高硬度、高电阻率、良好的光学性能等，同时又具有自身独特摩擦学特性的非晶碳膜。该膜于 1971 年首次由 Aisenberg 和 Chabot 在室温条件下制得，随着研究的深入，人们发现类金刚石膜集多种优点于一身，是一种很有应用前景的新型薄膜材料。

类金刚石膜的基本成分是碳，是一种亚稳态的非晶态材料，其碳原子间的键合方式是共价键。由于碳源和制备方法的不同，类金刚石膜可分为含氢和不含氢两大类，前者通常采用物理或化学气相沉积的方法制备，而后者通常采用物理气相沉积制备。当然，类金刚石膜还可以采用许多不同的工艺制备，如离子注入、等离子体增强 CVD 工艺等。

现在已成功地利用等离子体增强 CVD 工艺在镁上制备非晶氢化 SiC 和类金刚石膜。采用阳极极化法对生成的类金刚石膜进行耐蚀性检测的研究表明：在存在 NaCl 的情况下，各种电位下的腐蚀电流密度降低；在含有氯化物的溶液中，腐蚀电流变大，电位产生一个较大的正偏移。类金刚石膜在微观下检查无腐蚀迹象。人们用 CVD 工艺在镁合金上制备具有良好润滑性能、耐蚀性、附着力以及光滑性的类金刚石碳膜，并采用甲烷和一种等离子源离子注入方法在镁上制备附着力良好的类金刚石碳膜。该工艺通过离子注入在金属和类金刚石膜之间产生一层碳成分逐渐变化的界面。

应该说，类金刚石膜在镁合金上的应用是很有前景的，尤其是在一些特殊性能要求的服役环境，对扩展镁合金的应用有重要的意义。

6.5.4 离子注入及扩散涂层

1. 离子注入

离子注入就是将某种元素的原子电离，在高压电场中使其加速获得高速度，以此注入固体材料表面，以改变材料表面的物理化学性能。离子注入可使金属材料表面陶瓷化、金刚石化，由于离子是依靠高速硬挤到金属内部中，它和金属原子掺和在一起，没有明显的界面，所以不容易剥落。

离子注入是将某一表面暴露在一束离子化的颗粒中，离子被嵌入并在基体的间隙位置被中和形成固溶体，材料的整体性能未被改变。目前该技术在镁方面的应用信息很少，然而针对 AZ91 注入 N_2^+ 的腐蚀保护研究表明，采用一定剂量的离子可以抑制镁的腐蚀。

2. 浸入金属等离子体中的离子注入与沉积

在金属等离子体中的离子注入与沉积（MPIID）工艺中，基体被浸入一种金属等离子体中并在样品上施加脉冲负高压，从等离子体提取离子，然后加速到基体并注入。在脉冲暂停期间，低能金属离子在表面沉积。金属等离子体通常是由阴极弧光放电产生的。MPIID 在金属沉积之前，通过去除其表面氧化物和产生一层离子注入的混合层。该技术在镁上沉积铬，膜层厚度为 200 ~ 300nm，这些膜层的腐蚀行为受到所形成的相互混合层的强烈影响，当颗粒含量降低时，腐蚀电位变得更加不活泼，说明样品的钝化增加，这归因于膜层缺陷数量。该技术的主要限制是其遮蔽效应性质，这使得难以加工复杂形状的零件。

3. 扩散涂层

通过加热在惰性气氛中与粉末涂层材料接触的待处理零件即可获得扩散涂层，该工艺通过涂层材料在高温下向基体材料内部扩散而生成合金涂层。最近，该技术已被用于 AZ91D 镁合金上制备铝扩散涂层。扩散涂层是在 450℃下，在某一种惰性气氛中将镁在铝粉中热处理 1h 而形成，在表面形成一层厚 750μm 的 Mg-Al 金属间化合物，所形成的金属间化合物层具有表面裂纹，但是在反应层与镁合金基体界面附近却未观察到裂纹和孔隙，所生成的表面层主要由 α-Mg 和 β-$Mg_{17}Al_{12}$ 组成。

6.6　镁合金的表面涂覆

6.6.1　涂装

涂装一般作为镁合金产品生产的最终工艺，是决定产品是否完成的最终环节，因而必须予以充分的重视。涂装必须在表面进行完善的处理后方能进行。对镁合金进行涂装之前，可先对样品进行转化膜或阳极氧化处理，处理方法及其电解液成分见表 6-22。经过处理后，在表面上含有大量氧和铬的转化膜层或厚阳极氧化膜层能为油漆涂层提供较好的附着力和外观，而且涂覆表面的油漆具有极好的耐蚀性，在 4000h 盐雾试验和 3 年大气试验后无起泡和腐蚀迹象。

表 6-22　镁合金涂装的前处理方法

处理方法	电解液成分
JIS-1	Na_2CrO_7、HNO_3
JIS-2	Na_2CrO_7、CaF_2
JIS-7	Mn（H_2PO_4）、NaF、Na_2CrO_7
陶氏 22	Na_2CrO_7、$KMnO_4$、H_2SO_4
陶氏 17	NH_4HF_2、Na_2CrO_7、H_3PO_4
HAE-A	KOH、KF、Al（$OH)_3$、$KMnO_4$、Na_3PO_4
HAE-B	KOH、KF、Al（$OH)_3$、$KMnO_4$、Na_3PO_4
U-5	Na_2SiO_3、羧酸盐、氟化物

镁合金涂装最重要的就是选择一种适当的底漆，在镁上使用的底漆应该耐碱性且以树脂为基材，如聚乙烯丁缩醛、丙烯酸树脂、聚氨酯、乙烯环氧树脂和烘干的石炭酸，加入铬酸锌和二氧化钛原料可以提高涂层耐蚀性。在一种丙烯酸油漆中加入导电聚吡咯（Conductive Polypyrrole，CP）对有机涂层腐蚀保护效果的影响：在一定的电化学条件下，导电聚吡咯被认为会与涂层中缺陷处的金属发生反应而保护金属，但是在某些情况下，腐蚀也会被加速。由聚吡咯所获得的保护效果还没有充分了解，目前提出了四种可能的机理：①涂层作为一层障碍层；②导电聚吡咯作为牺牲阳极；③当导电聚吡咯改变氧化还原态时释放腐蚀抑制离子；④导电聚吡咯可以稳定氧化物钝化涂层。要精确确定防腐机理还需要做进一步的研究。然而，该研究表明，在油漆体系中加入少量的导电聚吡咯可以提高耐蚀性。

镁合金表面涂装可以是单层的，也可以是多层的。如在压铸 AZ91D 镁合金上涂两层：第一层是含有环氧树脂的底层，其厚度为 25 ~ 30μm，在 170℃下固化 20min；第二层是一种丙烯酸油漆树脂，厚度为 25 ~ 30μm，在 150℃下固化 20min。

6.6.2　热喷涂

热喷涂技术是采用气体、液体燃料或电弧、等离子弧等做热源，将涂层材料，如金属、陶瓷、金属陶瓷或聚合物，加热到接近熔点或熔点以上，形成熔融或半熔融物，所产生的熔融物液滴在一种高速气流里被雾化并喷射沉积到基体上，形成附着牢固的表面涂层。该技术包括火焰喷涂、线材喷涂、爆炸喷涂、等离子体喷涂及高速火焰喷涂等。

热喷涂的优点：能产生熔化但不分解的任何材料的涂层；在沉积过程中基体被加热最小；能剥离和再喷涂磨损或破坏的涂层而不改变零件的性能和尺寸。

缺点：有遮蔽效应，不能喷涂小的深孔，尤其是平行于喷涂方向的表面；由于其固有的孔隙率，也需要进行封孔；为了获得光滑的表面需要进行机械抛光；在处理过程中产生的粉尘、烟气、噪声以及光辐射等，影响健康和安全。

与涂装一样，热喷涂首先应选择合理的喷涂材料，同时考虑喷涂粒子与基体材料的物理相溶性和化学相溶性。物理相溶性包括密度、熔点、表面张力、热膨胀系数等参数，而化学相溶性包括相互能否发生化学反应及化学亲和能力等。例如，针对AZ91D镁合金可选择喷涂材料为$Al_2O_3+TiO_2$，因为$Al_2O_3+TiO_2$陶瓷涂层具有较高强度和耐磨性，并且Al_2O_3和AZ91D表面喷铝防护层有较好的物理、化学相溶性和结合强度。

在喷涂前必须对基体进行清洗和粗化，如采用表面预先喷砂处理，然后进行热喷涂处理，随后进行封孔，所得涂层能经受腐蚀环境并具有良好的导电性能。

6.6.3 粉末涂层

粉末涂层（Powder Coating）技术是一种将有颜色的树脂固化粉末涂敷在基材上，然后加热使聚合体熔化而获得均匀、致密、无孔的涂层。与传统涂装工艺相比：①粉末涂层技术对环境无害，即使在样品粗糙表面和边缘处经过一次简单操作下也可获得均匀的厚膜层；②涂料利用率高（95%～97%），未涂上的粉末可以回收利用，涂料性能好，耐久性比液体涂覆高数倍，附着力极强，硬度高，耐磨，抗撞击工艺条件容易控制；③可使用许多种类的合成树脂，甚至连不溶解于有机溶剂的碱性树脂也可以使用。该方法不仅符合环保而且同时提高耐蚀性和结合力。然而，该技术有一些固有的缺点：①粉末必须保存在非常干燥、粉化的状态，不能含有任何颗粒；②难于获得薄涂层；③难于保持色彩匹配和均匀性；④凹槽区域难于涂上涂层；⑤高的固化温度可能使某些镁合金基体难于承受。

与所有涂层工艺一样，要获得质量理想的表面涂层，合适的表面预处理是至关重要的。一般的镁合金前处理步骤：①用碱性或酸性溶液清洗金属表面；②用清水清洗金属表面；③用酸性溶液清洗金属表面；④用清水清洗金属表面；⑤用一种无铬溶液进行预处理。由Applied Coating Technology公司发现，在镁合金的前处理工艺中采用一种可供选择的铬酸盐处理工艺作为粉末涂层的底层是无效的，对镁合金而言进行铬化处理的工艺不适用于粉末涂层技术。为此发展了一种使用有机金属或钛基金属制备转化膜的方法而获得了理想的涂层，见表6-23。

表6-23 镁合金粉末涂层工艺

阶段	操作	条件
1	碱洗	3～5min，140～160℃
2	自来水漂洗	—
3	反应性底漆	1～2min
4	自来水漂洗	—
5	转化膜层	2min，德国汉高（Henkel）Alodine 200钝化剂
6	水漂洗	去离子
7	吹干加热炉	—
8	干燥加热炉	250 ℉
9	粉末涂层	—

粉末涂层可以采用许多方式获得，包括静电粉末喷涂、流化床法、热塑性粉末火焰喷涂。火焰喷涂被用于在各种镁合金上喷涂乙烯丙烯酸（Ethylene Acrylic Acid，EAA）共聚物。当塑性粉末在通过已加热的基体表面以及熔化聚合物的某种火焰时被向前推进，之后粉末颗粒熔化聚合并在基体上铺展成连续涂层。由于丙烯酸的功能团能通过氢键和离子键促进其与基体的结合，因此EAA与金属之间具有良好的附着力。应该指出，在该方法中表面制备是获得最佳涂层附着力的关键。因为自由金属越多，氢键随后的附着力越大，由于镁在空气中的氧化非常快，这就给附着力带来了问题。表面上的任何油脂和化学污染物在加热期间都会因脱气而降低附着力和形成针孔，所以必须严格控制加工条件以便获得所期望的附着力、耐蚀性、低温变形性、断后伸长率和磨损抗力。颗粒尺寸、分布以及颗粒在火焰中的停留时间、添加剂混合的好坏和交联程度等因素对所制备的涂层质量都有重要影响。

由具有羧酸基或二元酸二水化合物功能团的聚酯树脂组成的固化剂加入一种环氧树脂粉末在镁基体上喷涂的一种以环氧树脂为基的粉末涂层在盐雾试验和腐蚀循环试验都获得了令人满意的耐蚀性。目前粉末涂层已被成功地用于涂覆发动机阀盖的镁铸件。

6.6.4 聚合物电镀

聚合物电镀（Polymer Plating）是在作为电化学电池中的其中一电极的基体表面上产生电化学聚合而生成聚合物膜。通过在镁阳极表面电化学制备二硫基三嗪（triazine dithiols），可在AZ91D镁合金上沉积二硫化三嗪聚合物（triazine disulfide polymer）。该涂层具有层状结构取向，由有机聚合物组成，同时产生 $Mg(OH)_2$ 和MgO。采用1mol/L的NaOH做电解液，在20℃下进行电镀操作可获得最高的聚合物沉积速率和最小的负面反应，所产生的聚合物涂层通过抑制水、氧气和电子传输到镁表面而抑制腐蚀。腐蚀保护性能与所产生的涂层厚度和单体上的烷基取代基类型有关，$N(C_6H_{13})_2$取代基具有最好的腐蚀保护效果，这很可能是因为聚合物膜中的烷基链具有较高的取向和较紧密的排列，耐蚀性也随膜厚的增加而增加。采用电化学阻抗光谱法（Electrochemical Impedance Spectroscopy，EIS）对这些涂层的耐蚀性进行了评价，然而对这些涂层的附着力、耐盐雾腐蚀抗力、耐刻划及耐磨性能都未做评价，该技术尚处于发展初期。

6.6.5 等离子体聚合

等离子体聚合（Plasma Polymerization）是将镁基体暴露在存在辉光放电等离子体的某一种反应气体中获得聚合物涂层的一种技术。在存在辉光放电等离子体的真空中，将镁暴露在某一种氟化烷烃中，从而在表面形成一薄层均匀的氟碳涂层，所产生的低表面能涂层能耐空气中水分、氯气和氧气的腐蚀，而且韧性好，耐刻划，光滑性好。该技术已被用于涂覆磁盘驱动器操作臂的镁零件。这些涂层在盐雾条件下的耐蚀性尚未评定，尽管这种涂层最可能用于计算机系统，但对于更严酷的服役条件还需要一种更严格的表面处理。

6.6.6　E-涂层

E-涂层（E-coat）技术又称为阴极环氧电涂层技术，是将金属表面局部区域放电（负极），并浸入一个含油漆的槽中（正极），油漆被吸引到金属表面形成均匀的涂层，然后将其烘干。该涂层可对碎屑及裂纹、磨损、腐蚀等行为起到保护作用。然而，该涂层较薄，所以应与一种较厚的面层结合使用。该技术有残存空气的问题存在，因此零件的设计应避免不通孔。

采用下列工艺可在航空镁合金 ZE41A-T5 和 WE43-T6 上获得较理想的腐蚀保护性能的涂层，涂层厚度为 2mil（1mil = 0.0254mm）时涂层盐雾试验效果最好。该工艺消除了采用传统的铬酸盐转化膜层和阳极氧化膜层对环境所产生的危害，而且由于涂层具有较高的冲击性能而被认为具有极好的耐蚀性。

6.6.7　有机涂层

有机涂层是提高镁合金制品防腐、防潮、耐热和绝缘等性能的一种方法，通常用于涂装工艺的最后阶段，以达到装饰和提高耐蚀性及摩擦磨损性能的目的。为了使所生成的涂层具有良好的附着力、耐蚀性以及外观性能，必须采用适当的前处理工艺，确保镁合金表面无污染、酸洗残渣、疏松的硅酸盐、氧化物以及金属间化合物等。镁合金经清洗后通常进行酸洗或刻蚀处理，这样使其表面粗化并改变表面状态以便有机涂层能有良好的附着力。对于镁铸件而言，必须去除铸件孔隙中的所有水分和空气，因为水分和空气在固化期间会产生脱气，导致在涂层中形成孔隙。

有机涂层种类很多，油、脂、沥青、橡胶、涂料、蜡、塑料以及各种有机聚合物，如丙烯酸树脂、醇酸树脂、丁酸盐、醋酸纤维、丁醋酸纤维、氯化聚醚、环氧树脂、氟碳化合物、硝酸纤维、尼龙、聚酯、聚乙烯、聚丙烯、聚氨酯、橡胶树脂、硅烷和乙烯等都是常用的镁合金有机涂层。镁合金上产生特殊装饰效果的各种处理工艺见表 6-24。

表 6-24　镁合金上产生特殊装饰效果的各种处理工艺

装饰效果	室内用涂层	室外用涂层
光亮金属	抛光 + 硝酸铁酸洗 + 透明环氧树脂或丙烯酸树脂	抛光 + 硝酸铁酸洗 + 透明环氧树脂或丙烯酸树脂
无光光洁	丝刷 + 硝酸铁酸洗 + 透明环氧树脂或丙烯酸树脂	丝刷 + 硝酸铁酸洗 + 透明环氧树脂或丙烯酸树脂

（续）

装饰效果	室内用涂层	室外用涂层
彩色透明	硝酸铁酸洗＋彩色环氧树脂或丙烯酸树脂	无推荐
透明染料染色	硝酸铁酸洗＋透明环氧树脂或丙烯酸树脂＋染料浸渍	无推荐
金属	铬酸洗液或稀铬酸＋环氧树脂、丙烯酸树脂、聚乙烯丁缩醛或用金属粉末或膏做色素的乙烯	铬酸洗液或稀铬酸＋环氧树脂、丙烯酸树脂、聚乙烯丁缩醛或用金属粉末或膏做色素的乙烯
橘皮	铬酸洗液或稀铬酸＋标准橘皮涂层	通常不用于户外
高光泽瓷釉	铬酸洗液或稀铬酸＋环氧树脂、丙烯酸树脂、聚氨酯或醇酸树脂瓷釉	铬酸洗液或稀铬酸＋聚乙烯丁缩醛、丙烯酸树脂、聚氨酯或醇酸树脂瓷釉
光滑人造革	铬酸洗液或稀铬酸＋乙烯涂层	铬酸洗液或稀铬酸＋乙烯涂层
起纹理的人造革	铬酸洗液或稀铬酸＋乙烯有机溶胶	铬酸洗液或稀铬酸＋聚乙烯丁缩醛或乙烯底漆＋乙烯有机溶胶

有机涂层的主要功能是用作金属基体与环境之间的障碍层。在涂层中加入防腐颜料或添加剂，或在涂层中使用牺牲阳极化合物，使涂层具有自愈合特性，可以在可能发生物理破坏的情况下应用。在酚醛树脂底漆中加入铬酸锌可显著提高其耐蚀性，样品经过1000h的盐雾试验后没有明显的腐蚀发生，而用传统聚合物涂层处理的样品在24h后即发生严重的腐蚀。通过加入一种可滤去原料（铬酸盐）的防腐剂和一种以小球形颗粒形式存在的离子反应原料可以改善镁的耐蚀性。这是由于金属球与腐蚀离子反应并帮助维持碱性区域的pH值，而铬酸盐通过滤除缺陷点，形成保护涂层来提高自愈合性能。

能做有效屏障的有机涂层必须均匀牢固地附着在基体上，不满足这一准则的有机涂层常常会产生纤维状腐蚀。在纤维状腐蚀中，丝状腐蚀产物通常出现在涂层下。用有机涂层防腐存在许多困难：难于应用完全均匀的涂层；涂层中的不均匀交联密度；原料体积浓度的局部不均匀性以及聚合物暴露于不同气体和液体中时发生的鼓泡和破坏等。通过采用由顶层（通常是憎水性和紫外光抗力最好的涂层）和底层与中间层（具有高的交联密度以及好的与基体的附着力和彼此间的附着力）组成的多层涂层体系可以减小这些问题。多层体系中的缺陷区不可能重叠，这可以保证基体能被有机材料完全覆盖。在镁轮毂上使用多层涂层来提高耐蚀性和耐切割性，该体系顺序由下列涂层组成：一种阳离子电沉积涂层、液体涂层、粉末涂层；另一种涂层和顶层。

在有机涂层中消除针孔和缺陷的另一种工艺涉及用有机封孔剂对涂层进行封孔，这可以通过在样品上使用低黏度紫外光固化树脂和用紫外光在低温下固化来完成。

有机涂层的较为成功的应用之一就是保护美国海军飞机在其使用环境中不腐

蚀。于1989年开发的由一种环氧树脂底漆和一种聚氨酯面漆组成的标准涂层体系，其服役寿命为4~6年。底漆由高交联环氧树脂、含氧化钛的聚酰胺和作为防腐剂的铬酸锶组成，具有极好的附着力和耐蚀性；面漆是一种含两组分的聚氨酯，具有良好的柔韧性、耐久性和耐蚀性。在某些情况下，在底漆和面漆之间也使用封孔剂，其弹性缓解了环氧树脂的脆性并使油漆体系的开裂倾向降到最小。但该有机涂层体系也存在一些问题：使用了对环境不友好的材料，如挥发性氧化物和铬酸盐化合物的存在，耐雨水冲蚀性能差，缺乏高温抗力等。于是又开发了由作为原料的聚氨酯和一种酮亚胺交联剂/链扩展物两者组成的耐雨水冲蚀性能的涂层，该涂层具有弹性且可吸收和分散冲击能，但还需要一种能提高耐蚀性的面漆。同时，在开发水溶性涂料和高固体分技术（如粉末涂层）时也遇到了某些环境问题。此外，还有许多能耐650℃高温的硅烷基涂料也已被开发出来。

6.6.8　溶胶-凝胶工艺

通过溶胶-凝胶工艺合成凝胶，包括金属醇盐的水解和凝聚，该工艺可用于生产有机－无机复合材料的聚合网（polymeric networks）。通过向反应混合物中加入与表面反应的组分可以在被涂金属表面上形成均匀且附着力好的涂层。该技术通过形成稳定的特殊界面，采用一种简单的湿涂层技术即可在铝合金上形成腐蚀保护涂层。通过在涂层中动态产生纳米颗粒也可以形成具有耐刻划性和耐磨性的涂层。这种涂层已在镁、铝和镀锌钢材上进行了试验，涂层透明且具有极好的附着力、耐刻划和耐磨性以及耐蚀性。由于形成了非常稳定的特殊金属/纳米复合材料界面，而且存在与动态产生的颗粒结合的无机骨架，这种涂层的性能比环氧树脂涂层优越。该技术的主要优点之一是采用最少的样品前处理即可获得极好的附着力。在涂层中加入颜料也可获得彩色涂层。

6.7　镁合金的表面合金化

激光表面熔化可以在金属表面产生亚稳固溶体，金属表面的冷却速率可高达10^{10}K/s。该工艺是一种快速凝固加工工艺，仅表面区域得到改善。该技术的优点包括能处理深度达几毫米的复杂几何形状，较低的操作成本以及更大范围地控制改性层的浓度。该工艺已被用于研究改善Mg-Li和Mg-Zr合金的耐蚀性。激光表面合金化是采用一种高功率激光器熔化一种金属涂层及其底下的基体。快速熔化、混合和重新凝固使得涂层和基体合金化。研究表明，Cu、Al和Cr涂层具有更高的点蚀电位，因此其腐蚀保护效果将更有希望。有文献报道，商业化纯镁、AZ91和WE54合金用（Al+Ni）和（Al+Si）表面合金化后，其磨损抗力得到了提高，而用（Al+Cu）表面合金化，其磨损抗力却没有得到改善。镁激光表面合金化的磨损抗力比含有粉末颗粒的镁激光涂覆层好，尤其是为了强化表面涂层而加入SiC颗粒时的含粉末颗粒的镁。

在另一种相关的工艺中，为了改善 AZ91 镁合金的滑动磨损性能，用一种激光束熔化金属镁的表面并在熔池中注入硬质颗粒 TiC 和 SiC。表面层由分散在整个涂覆层中的 TiC 和 SiC 组成。这种表面可以改善磨损抗力，然而用于磨损试验的对磨材料的磨损却增加。研究表明，注入 Mg_2Si 细小颗粒的镁表面具有高的耐磨性，而且对磨材料的磨损小。在另一种紧密相关的技术中，涂层被热喷涂在基体上，然后用 2kW 的 Nd：YAG 激光器重熔，该技术被用于用 Al-12.5%（质量分数）Si 合金涂覆一种增强体体积分数为 17% 的 SiC 颗粒增强 ZK60 镁基复合材料。喷涂态涂层的附着力较差，但随后的激光重熔可以使涂层完全熔化到基体上。尽管这样可以改善附着力，但激光重熔并未改善耐蚀性，因为镁会过渡地扩散进入激光重熔表面里，为了获得适当的涂层必须仔细控制工艺参数。据报道，在 AZ91 和 WE54 镁合金上激光涂覆 AlSi30 层可以使其在磨损试验中的容积损失分别减小 38% 和 57%。在真空中的磨损可以显著降低，而在空气中的主要磨损机理是附着力降低和磨损颗粒氧化形成硬质、耐磨的氧化物颗粒。

参 考 文 献

[1] 丁文江，等. 镁合金科学与技术 [M]. 北京：科学出版社，2007.
[2] 陈振华，等. 镁合金 [M]. 北京：化学工业出版社，2004.
[3] 张津，章宗和，等. 镁合金及应用 [M]. 北京：化学工业出版社，2004.
[4] 黎文献. 镁及镁合金 [M]. 长沙：中南大学出版社，2005.
[5] 薛俊峰. 镁合金防腐蚀技术 [M]. 北京：化学工业出版社，2010.
[6] 徐宏妍. 塑性变形镁合金的腐蚀与防护 [M]. 北京：清华大学出版社，2015.
[7] 宋光铃. 镁合金腐蚀与防护 [M]. 北京：化学工业出版社，2006.
[8] 屠振密，刘海萍，张锦秋. 防护装饰性镀层 [M]. 2 版. 北京：化学工业出版社，2014.
[9] 朱祖芳. 有色金属的耐腐蚀性及其应用 [M]. 北京：化学工业出版社，1995.
[10] 李鑫庆，陈迪勤，余静琴. 化学转化膜技术与应用 [M]. 北京：机械工业出版社，2005.
[11] 李鑫庆，欧阳贵，王菊荣. 金属化学转化膜实用手册 [M]. 北京：机械工业出版社，2016.
[12] 王雪敏. 镁合金高温氧化及表面改性研究 [D]. 上海：上海交通大学，2007.
[13] 吴国松. 镁合金表面 PVD 膜层的制备与腐蚀破坏 [D]. 上海：上海交通大学，2006.
[14] 丁玉荣，郭兴伍，丁文江，等. 三乙醇胺对镁合金氧化膜层性能和微观结构的影响 [J]. 表面技术，2005，34（1）：14-16.
[15] 向阳辉. 镁合金化学镀镍工艺和机理研究 [D]. 上海：上海交通大学，2001.

第7章

镁合金的应用

7.1 镁合金在机械工业中的应用

汽车的耗油量占世界交通运输系统的70% ~80%，占世界石油总消耗量的20%左右。随着世界能源危机与社会环境污染问题的日趋严重，节能和轻量化已成为汽车及摩托车等交通工具的重要问题。车体质量的大小对其能耗起着重要的作用，为满足环境保护和节省燃料的要求，通常采取降低车体质量来达到节能降耗的目的。镁的密度是铝的2/3，锌的1/4，不到钢或铸铁的1/4，对于含30%玻璃纤维的聚碳酸酯复合材料来说，镁的密度也不超过它的10%。因此，为降低车辆的自重以减少能源消耗和污染，镁合金作为一种轻量材料正越来越多地被应用于交通运输工具的生产制造业。

7.1.1 镁合金在汽车工业上的应用

降低汽车整车质量是汽车轻量化最有效途径。通过测算显示，一辆汽车的自重每减少10%，燃油消耗量便会降低6% ~8%，同时减少5% ~6%的废气排放。同时车身变轻还对整车的燃油经济性、车辆控制稳定性、碰撞安全性都有较大提升。2006年戴姆勒-克莱斯勒公司发布了镁密集轻量化概念车身和概念车，该项目通过在车身和底盘中大量使用镁，使整车质量减少20%，从技术与经济的角度验证镁在汽车中减重的可行性。然而，一直以来，高强度钢、铝合金、工程塑料等轻量化材料广泛应用于汽车及汽车零部件制造的各个方面，而镁合金鉴于种种原因没有得到大力推广和使用，镁合金目前主要应用在发动机罩盖、转向盘、座椅支架、车内门板、变速器外壳等方面。目前北美地区每辆汽车使用镁合金3.8kg，日本为9.3kg，欧洲帕萨特和奥迪A4上每辆车使用镁合金达到14kg，而国产汽车每辆车用镁量平均仅1.5kg（见图7-1）。

镁合金压铸工艺日渐成熟，应用范围不断扩大：一方面随着充氧压铸、真空铸造和半固态压铸等工艺不断发展，高性能镁合金挤压加工技术、镁合金高效短流程成形技术等技术能有效提高镁合金耐蚀性，提高镁合金产品的性能及生产率，降低生产成本；另一方面现有镁合金压铸件应用范围与铝合金的重合度日渐扩大，因此，随着镁合金的压铸工艺进一步提升，镁合金压铸件替代铝合金产品将成为未来汽车轻量化的主要趋势。

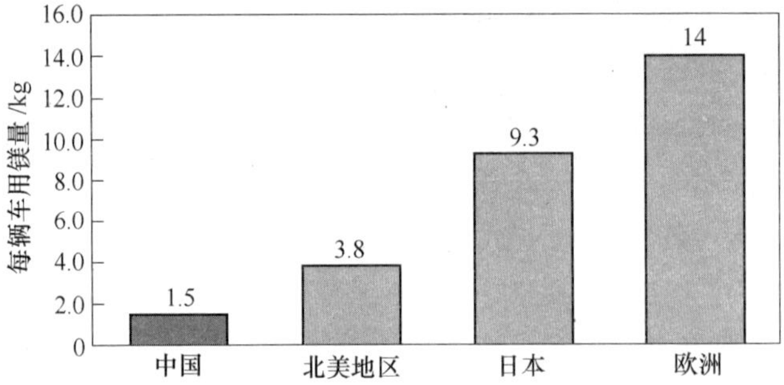

图 7-1 汽车上镁合金用量的统计

依据镁合金对铝合金的替代，镁在汽车上的应用将至少达到铝的水平，随着镁合金铸造工艺的提升和燃油消耗压力的增加，镁合金在汽车上大量应用的经济性将逐步凸显，全球单车用镁量将持续提升，单车用镁潜力将达 100kg。预计到 2020 年，欧美日汽车用镁合金的市场需求为 77 万 t，国内需求为 8 万 ~10 万 t。

镁合金用作汽车零部件具有以下优点：

1）质量减小可以增加车辆的装载能力和有效载荷，同时还可改善制动和加速性能。

2）镁合金压铸件具有一次成形的优势，可以将原来多种部件组合而成的构件一次成形，可以大大提高生产率和零部件的集成度，降低零部件的加工和装配成本，提高汽车设计灵活性，同时还能减少制造误差和装配误差。

3）镁合金具有非常优异的变形及能量吸收能力，采用高塑性镁合金可以提高汽车抗振动及耐碰撞能力，改善汽车的刚度，大大提高汽车的安全性能。

4）可以提高废旧零部件的回收率，有资料显示，镁合金的循环使用并不影响材料的使用性能。而且，再生镁的能耗小，仅为从矿石冶炼能源的百分之几，十分有利于环保和节约资源。

5）提高燃油经济性综合标准，降低废气排放和燃油成本。

6）镁合金材料具有较高的振动吸收性，阻尼能力优于铝和钢，因此，对于汽车上一些做重复运动、断续运动的零部件，采用镁合金材料，可吸收振动，延长使用寿命。

镁合金作为实际应用中最轻的结构金属，能够满足交通运输业日益严格的节能和尾气排放要求，从而生产出质量小、耗油少、符合环保要求的新一代交通工具。

1. 国外镁合金在汽车上的应用

汽车生产制造厂商利用镁合金来减小汽车质量，已有 80 多年的历史。德国大众汽车公司是最早在汽车上大规模应用镁合金的汽车公司，早在 20 世纪 30 年代就有大众汽车使用镁合金。1930 年德国首次在汽车上运用镁合金 73.8kg。1936 年，德国大众汽车公司开始用压铸镁合金生产“甲壳虫”汽车（见图 7-2）的曲轴箱、传动箱壳体等发动机、传动系零件；到 1946 年，每车用镁合金 18kg 左右；到 1980 年，大众汽车公司共生产了 1900 万辆甲壳虫汽车，用镁合金铸件共达 38 万 t，创批量生产镁合金的最高纪录，只是后来由于镁的价格上涨才停止了使用。长期以来，尤其是 20 世纪 90 年代以来，德国在镁合金领域一直在世界上处于领先地位，著名的奔驰汽车公司最早将镁合金压铸件应用于汽车座支架，奥迪汽车公司第一个推出镁合金压铸仪表板，可以说德国是推动镁合金压铸发展的先驱与主力军。近年来，汽车用镁合金又有新的进展，除了整体式镁合金铸造座椅外，在 1997 年梅塞德斯-奔驰的 SLK 车型上，燃料箱和行李箱之间的隔板也采用质量为 3.19kg 的镁合金代替 6kg 的钢件。大众汽车公司 2002 年推出的每百公里耗油（柴油）1L（实际仅 0.89L）的双座微型概念车，该车净重为 260kg，其中镁合金占 35kg。图 7-3 为该车中铝合金与镁合金结构件的组成。2004 年 6 月，德国宝马发布了采用镁合金的直列 6 缸引擎，如图 7-4 所示。曲轴箱内部采用铝合金，外部采用镁合金，排量 3.0L，最大输出功率为 190kW，最大扭矩为 300N · m，是全球最轻的直列 6 缸引擎，新型引擎的质量为 161kg，通过使用镁合金，使其降低了 7%（10kg）。曲轴自身质量在使用普通铸铁时可控制到原来的 57%，比使用铝合时轻 24%。

图 7-2　德国甲壳虫汽车

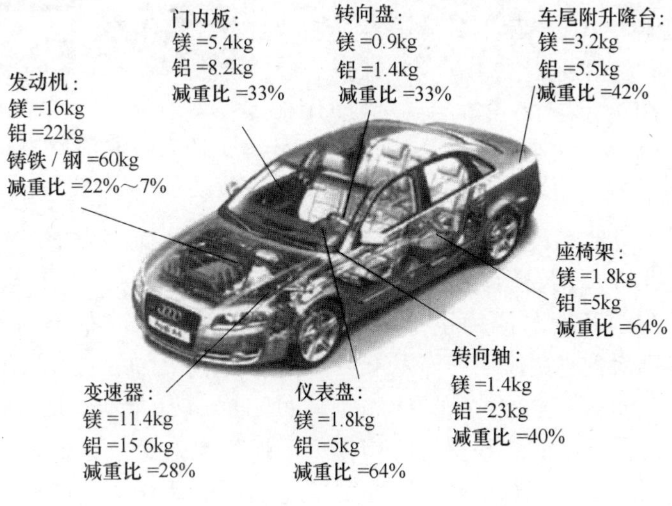

图 7-3　1L 车中铝合金与镁合金结构件的组成

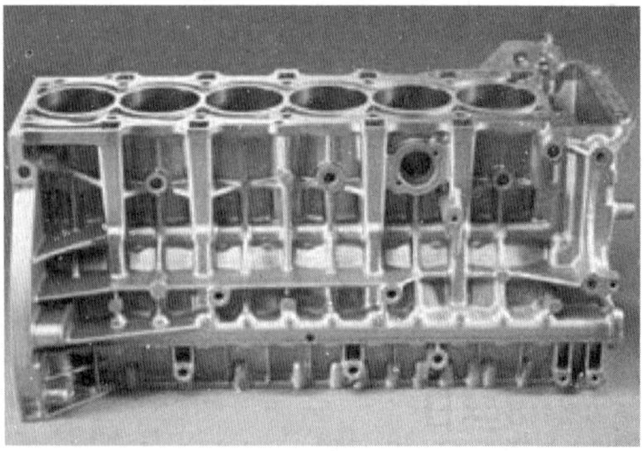

图 7-4　宝马镁合金的直列 6 缸引擎

美国在 1948—1962 年的 10 余年间，采用热压铸生产了数百万件镁铸件供汽车上使用。美国著名的汽车公司如福特、通用和克莱斯勒等公司在过去的十几年里一直致力于新型镁合金和镁合金离合器壳体、转向柱架、进气管及照明夹持器等汽车零部件的开发和应用，替代效果十分明显，促进了镁合金的发展。1992 年，美国三大公司采用镁合金压铸的零件分别为 30 个（福特）、45 个（通用）和 20 个（克莱斯勒），到 1993 年，几乎增加了 1 倍，三大公司镁合金铸件用量占北美镁的总消耗量的 70%，达 14282t；其中福特消耗最多，为 8258t，通用为 3436t，克莱斯勒为 2588t。通用汽车公司于 1997 年成功地开发出镁合金汽车轮毂，福特汽车公司也于 1997 年采用半固态压铸技术生产出镁合金赛车离合器片与汽车传递零件。福特汽车公司的 F-15 货车和克莱斯勒微型货车镁合金配件用量分别为 15kg 和 6kg。福特汽车公司 Aerostar Mimi-Vans 牌汽车的中座以及后座（仅此每年需要 100t 以上的镁合金 AM60），Ranger 型轻型货车的离合器体和制动踏板支撑托架，通用汽车公司的气缸盖、滤油器壳体等 10 种零件都是镁合金制成的。随着汽车工业的发展，2010 年全球镁合金在汽车上的应用已由 2000 年的 3kg/辆增加到 40kg/辆。除了传统汽车外，镁合金在电动汽车上的使用也已进入研究阶段，福特汽车公司 1998 年推出的 P2000 系列（见图 7-5）的 Diata 混合动力轻质概念车使用了 103kg 镁合金，这是目前单车使用镁合金的最高纪录。

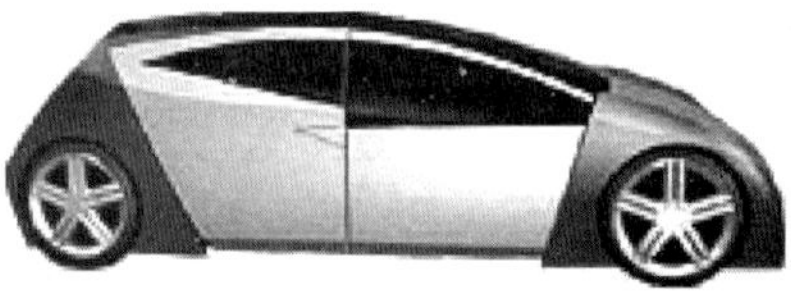

图 7-5　福特 P2000 轻质概念车

日本镁合金的开发与应用也十分迅速，1990 年每辆汽车用镁量仅 5kg，而 1997—1998 年度对汽车用镁压铸件需求大幅度增加，由 1996—1997 年度镁压铸件的 2450t，增至 1997—1998 年度的 3300t。20 世纪 80 年代末期，日本开发出镁合金低压铸造装置，为镁合金的开发与应用提供了保证。由此，经过研究相继开发了一系列镁合金压铸产品，如丰田汽车公司首先制造出镁合金汽车轮毂、转向轴系统、凸轮罩等零部件，2001 年，丰田推出的 4 座轻量小型概念车 ES3（见图 7-6），在前排座椅后部采用以镁合金为框架的网状结构。目前，日本的各家汽车公司都生产和应用了大量的镁合金壳体类压铸件。2004 年 3 月，日本独立行政法人产业技术综合研究所利用阻燃性镁合金挤压材料制作而成的汽车顶箱，与市场 FRP 强化塑料产品相比，质量大约可减少 25%。

图 7-6　丰田 4 座轻量小型概念车 ES3

澳大利亚 CAST 公司于 2004 年 9 月成功研制出可在高温下使用并用于制造未来汽车引擎的镁合金 AM-SCI，这种合金可减少引擎质量的 70%，该合金已在德国大众汽车上进行了 5. 6 万 km 运行试验，美国福特汽车制造厂于 2004 年底率先使用该合金生产福特 2. 5L DURATEC 引擎。

20 世纪 70 年代以来，各国尤其是发达国家对汽车的节能和尾气排放提出了越来越严格的限制，汽车轻量化呼声很强烈。1993 年欧洲汽车制造商提出“3L 汽油轿车”的新概念；美国提出了“PNGV”（新一代交通工具）的合作计划。其目标是生产出消费者可承受的每百公里耗油 3L 的轿车，且整车至少 80% 以上的部件可以回收。这些要求迫使汽车制造商采用更多高新技术，生产质量小、耗油少、符合环保要求的新一代汽车。单车用镁合金的质量已经成为衡量汽车性能的标准之一，1999 年全球单车平均用镁合金铸件 3kg，欧美单车用镁量较高，如“甲壳虫”单车用镁量已经超过 20kg，预计将来单车用镁量会超过 100kg。

2. 国内镁合金在汽车上的应用

在我国采用铸造镁合金已有 30 多年的历史，但主要用于航空航天工业的飞机机轮、壳体、机座等，在汽车行业则起步较晚，目前仅有十余家企业从事镁合金压铸件的生产和研究。我国研究者通过在 AZ 系合金中加入钙、硅、锑、锡、铋、稀土等元素，研制成功一系列新型高温抗蠕变镁合金。通过这些合金元素的微合金化作用，使 AZ91D 合金从原来只应用于汽车的结构部件（阀套、离合器壳体、转向盘轴、凸轮罩、制动托板支架等）扩大到高温部件（齿轮箱、曲轴箱、发动机壳体、油底盘等）。上汽、一汽、东风以及长安汽车公司在研究和开发镁合金在汽车领域的应用发挥了重要作用。

上汽在国内最早将镁合金应用在汽车上。20 世纪 90 年代初，上海大众公司首次在桑塔纳轿车上采用镁合金变速器壳体、壳盖和离合器外壳。目前桑塔纳轿车镁合金变速器外壳年用镁量达 2000t 以上，镁合金汽车压铸件生产和应用技术已经十分成熟。镁合金踏板支架压铸件已经开始批量生产供货。电动汽车镁合金电动机壳体零件全部通过机械电子部 21 所的台架试验，已经通过装车试验。目前桑塔纳轿车使用镁合金量约 8. 5kg/辆。

一汽开发了抗蠕变镁合金，可用于制造高温负载条件下汽车动力系统部件；还成功开发出气缸盖罩盖、脚踏板、转向盘、增压器壳体、传动箱罩盖等镁合金压铸件，并已应用于生产。一汽奥迪生产的 Audi A6 2.8（见图 7-7）采用高技术控制系统的集中使用镁合金材料，减少了 27kg 质量。

图 7-7　一汽 Audi A6 2.8 轿车

东风结合我国汽车零部件压铸生产企业设备现状，开发研究镁合金冷室压铸工艺生产汽车零件的全套技术。研发的镁合金零部件包括：载重汽车脚踏板、变速器上盖、制动阀壳体、真空助力器隔板、发动机气缸罩盖、富康轿车用的转向盘芯、缸体罩盖、进气管、门锁芯壳、转向支架等系列产品。东风汽车公司开发和生产的镁合金压铸件与其他材料相比的减重情况见表 7-1。目前，东风已有 8 种镁合金脚踏板安装在东风“天龙”系列重型货车上，2003 年底用镁量达到 300t 以上。

表 7-1　东风汽车公司开发和生产的镁合金压铸件

零件名称	原用材料	质量/kg	应用车型	年产量/万件	镁件质量/kg
变速器上盖	铝合金	2.5	中型车	15	1.6
中间隔板	铝合金	2.0	轻型车	6	1.4
发动机气缸罩盖	铝合金	2.4	轻型车	5	1.6
转向盘	钢结构	4.0	微轿	6	0.9
离合器壳	铝合金	4.0	轿车	6	2.8
变速器壳	铝合金	4.8	轿车	6	3.3
发动机支架	铝合金	1.5	轿车	6	0.9
阀体零件	锌合金	2.5	轻型车	10	0.7
脚踏板	钢件	5.0	轻型车	10	1.1

长安汽车集团生产的“长安之星”微型车（见图 7-8）上实现了单车用镁合金 8kg，这一水平刷新了国内领先水平，达到国际先进水平。生产的变速器、上下箱体延伸体和缸罩等 7 种零件已通过台架试验和道路试验。2004 年已大批量装车进入市场销售。

图 7-8　长安汽车“长安之星”微型车

我国汽车产业已进入一个高速增长的时期。除了直接生产汽车的行业外，其他行业已经建设了镁合金零部件出口基地，如深圳力劲、浙江岱山、威海万丰等已开始接受国外汽车零部件订单。目前，我国汽车工业特别是汽车零部件产业逐步融入全球采购体系，利用国内镁资源优势所形成的价格优势，有望形成世界有影响力的镁合金零部件生产基地。欧洲汽车生产商正日益把亚洲尤其是中国作为采购便宜部件的重要地区。

3. 汽车用镁合金现状及展望

目前，原材料生产商正在扩大其产能，中国正计划将镁的产量从5000t提高到15万t，在德国镁制件的年产量已达到3000t。北美在镁和镁合金应用方面处于世界领先地位。近年来，欧洲的汽车公司也越来越重视镁的开发和应用，其增长速度已超过美国，列世界第一（见表7-2）。

表7-2 全球市场汽车用镁状况

	美国	欧洲	日本
现状	用镁量较高（主要是因为“特殊车型”的份额较高）	镁制件比例较低，但汽车公司正积极从事大量的研发工作	用镁量较少，更多地通过混合动力汽车而不是通过新材料的使用来降低 CO_2 的排放
平均每辆车的用镁辆	3kg	1kg	<0.5kg
OEM用镁量（总吨数）	通用28000t（平均3.6kg/辆）；福特20000t（平均2.7kg/辆）；戴-克10000t（平均2.3kg/辆）	大众公司每辆汽车用镁量最高。德国汽车公司比法国、西班牙和意大利等国的汽车公司用镁更积极	丰田和日产：结构件主要还是采用钢管架
用镁量较高的车型	通用：大型厢式车Sabana/Express 26.3kg；微型厢式车Safari/Astron 16.7kg；别克林荫大道9.5kg 阿尔法·罗密欧156 9.3kg 福特：F150皮卡14.9kg 戴姆勒-克莱斯勒：SL 20.0kg，SLK 7.7kg 克莱斯勒皮卡5.8kg	大众/奥迪：帕萨特、奥迪A4/A6约14kg 保时捷：Boxster约10kg	没有用镁量较大的整车车型，只在汽车低温区域（如转向盘）有少量应用
应用前景	增长率比欧洲稍低（12000t）	潜力最大，增长率非常高（12000t）	增长率与欧洲相近，但时间上可能滞后

几乎所有OEM都在其最新产品中越来越多地使用镁合金材料，但是各公司的应用范围却有所不同，见表7-3。

表7-3 各品牌汽车用镁情况

	通用	福特	戴姆勒-克莱斯勒	大众/奥迪	宝马	保时捷
仪表板/横梁	别克林荫大道、雪佛兰Savana、庞帝克、凯迪拉克	捷豹、福特林肯Explorer	奔驰A级、E级，斯玛尔特，道奇Viper	奥迪A8	Mini、劳斯莱斯	—

（续）

	通　用	福　特	戴姆勒-克莱斯勒	大众/奥迪	宝马	保时捷
转向部件	欧宝 Astra/Zafira	福特 Ranger、福特 500、水星 Mintego	道奇 Viper	路波、帕萨特	5 系、7 系	—
分动器	GMT 800 雪佛兰 Silverado	捷豹、林肯	—	—	—	—
曲轴箱	—	—	—	—	V6 发动机（镁铝合金）	—
气缸盖罩	—	—	—	A8	—	—
进气歧管	北星发动机	—	CL，克莱斯勒 Crossfire V6 发动机	帕萨特 A4/A6/A8	V8 发动机	—
凸轮轴盖	—	捷豹、林肯 Triton V8/V10 发动机	吉普 Liberty	—	—	—
制动踏板	—	—	—	—	—	—
后盖板	—	—	—	大众路波（镁铝合金）	—	—
软顶篷	—	—	SL	—	宝马敞篷车	Boxter Carrera RS
车身	—	—	—	1L 概念车	—	—
车前端	—	福特卡皮 F150	—	—	—	—
车轮	AlfaBrera Corvette	—	—	—	—	Carrera GT
燃油箱	—	—	S 级，CL，SLK	—	—	—
副仪表板	—	—	—	—	—	Carrera GT
车门	—	—	CL	—		—
座椅托架	阿尔法 158	—	SL V 级	—	—	—

长期来看，汽车行业用镁增长点主要集中在车身、底盘和高温件。表 7-4、表

7-5 分别列出了近些年汽车工业用镁合金量的三个增长阶段和 15 种汽车零部件的镁合金用量。

表 7-4 汽车工业用镁合金量的三个增长阶段

第一阶段（2005—2008 年）	第二阶段（2008—2010 年）	第三阶段（2010 年后）
平均每辆汽车 2 ~ 5kg	平均每辆汽车 10 ~ 50kg	平均每辆汽车 50 ~ 100kg
1）压铸镁合金材料 2）小型、轻负载的零部件 3）主要用于小批量特殊车辆，生产较少的替代种类（价格高，设计经验少） 4）主要用于汽车内部零部件，驱动系的零部件（小型件、车架结构件）	1）压铸镁合金、砂型镁合金铸件 2）耐热、承载零部件（发动机缸体、结构件） 3）用于大量生产车辆 4）可替代品种多（价格下降，经验增加） 5）应用范围大：自动减速器（约 15kg），缸体（约 25kg），车架（约 10kg） 6）可替代其他大型零部件（如座椅等）	1）镁合金型材、镁合金板材、车内外板材 2）压铸镁合金车架（如 A 立柱） 3）挤压镁合金工件底盘/车架（车轮悬架机构、轮辋）

表 7-5 15 种汽车零部件的镁合金用量

序 号	零 件 名 称	每车用量/kg	序 号	零 件 名 称	每车用量/kg
1	变速器壳体	4.8	9	转向支轴架	1.4
2	离合器壳体	4.0	10	仪表板	4.0
3	座椅骨架	8.0	11	车门框	8.0
4	转向盘芯	1.0	12	车顶架	2.7
5	气缸盖罩盖	0.8	13	防护板	3.0
6	进气管	1.5	14	气缸体	7.0
7	车轮毂	16	15	气门	0.5
8	门锁芯壳	1.4			

汽车用镁合金零件绝大部分是压铸件，对减小汽车质量、提高燃料经济性、保护环境、提高安全性和驾驶性、增强竞争能力等方面效果显著，在汽车行业应用大有潜力。汽车中镁合金主要适宜制作壳体和支架类的零部件。用镁合金制造壳体类零件，不仅可以减小质量，而且由于镁合金的阻尼衰减能力强，因而可以降低汽车运行时的噪声。目前各汽车公司生产的壳体类零件有曲轴箱、气缸箱、传动轴外壳、变速器壳体、离合器壳体、滤清器壳体、阀盖、阀板、驾驶室仪表板等。虽然镁合金不能用作汽车上强受力部件，但却可以用作支架类次受力结构部件，如转向盘、风扇架、转向支架、挡泥板支架、制动支架、灯托架、制动器及离合器踏板托架、座椅架、轮毂等。镁合金作为结构件还有其突出的优点，由于比强度高，因此可以在相同质量下获得较高的强度，而且阻尼性能良好并具有很高的抗冲击韧性，尤其适用于制造经常承受冲击的部件。如转向轴经常承受较大的扭矩，座椅架和轮毂长时间承受冲击，采用阻尼性良好的镁合金后，既减轻了汽车的自重，又提高了汽车行驶过程中的平稳性和安全性。到目前为止，已经开发和应用的镁合金汽车部件如图 7-9 所示，在汽车上得到广泛运用，特别是在高

档轿车和“特殊用途的车辆”中。大排量汽车中的用镁量也呈增长态势。在跑车、厢式车、SUV 等车型中，虽然镁制件的成本较高，但由于其质量小，能够抵消成本高的缺点。图 7-10 为镁合金汽车零部件。

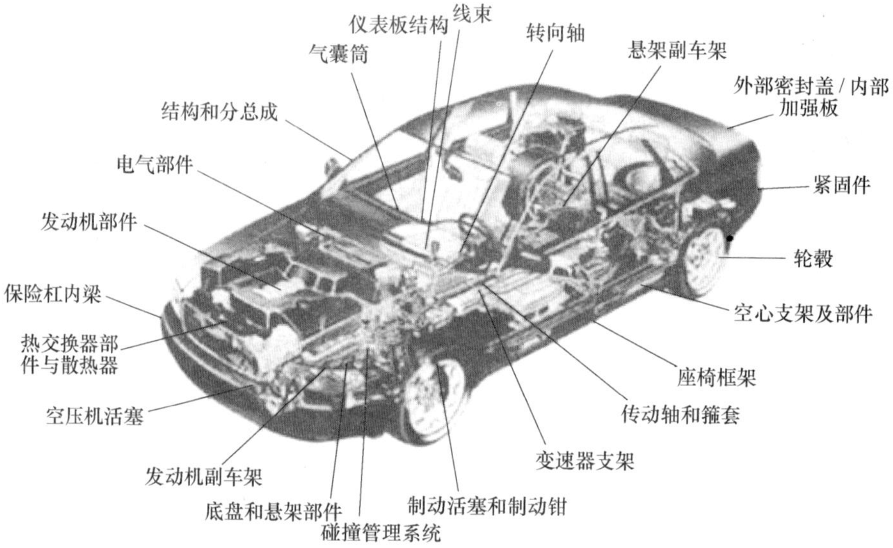

图 7-9　已经开发和应用的镁合金汽车部件

目前镁合金在汽车工业上的应用状况是，每辆车在 0. 5 ~ 17kg 之间变化，平均使用量是每辆车 3kg。德国大众汽车公司帕萨特车目前用镁量为 14kg，占车重的 1%，不久将可能增至 30 ~ 50kg。镁合金在大众汽车公司的汽车上主要应用在驱动设备和内部结构件上。随着技术的发展，镁合金结构件应用的数量将会增加。奥迪 A6 轿车单车的镁合金压铸件总用量目前已达 14. 2kg，其未来的目标是将单车的镁合金总用量增至 50 ~ 80kg。美国通用和福特汽车公司预计在今后的 20 年内每辆汽车的镁合金用量将从目前的 3kg 提高到 100kg。2004 年 4 月，大众汽车公司首次正式推出了新研制成功的超级经济型轿车，属于迷你型，其燃油效率达到了每百公里耗油少于 1L。该车型也是大众汽车公司“甲壳虫”车型的延伸产品。它的原材料采用镁合金和碳纤维制成，该车的最高速度可达 120km/h；整车框架由金属镁制成，镁框架外裹有用于加强的塑料表皮。

图 7-11 说明了镁加工技术随着汽车工业的发展所需要克服的技术上的挑战与逐步应用的各种汽车结构件（资料来源：德国奥迪汽车公司）。以目前全世界年产 5000 万辆小汽车来计算，如果平均每辆车上用镁量增加 1kg，将意味着当年镁的消费将增加 50000t。也就是说，镁的消费可能在几年内出现一次突变，使得供应远远落后于需求。因此，欧美各大汽车生产商为了寻求廉价而稳定的货源，纷纷以直接投资或拥有股份的形式参与到镁的生产项目中，比较有影响的如下：①美国通

用汽车公司与挪威海德鲁镁业集团签订了长期合作协议；②美国福特汽车公司投资4000万美元为AMC（澳大利亚镁业集团）建立了一个试验厂，并且与该公司签署了长期供货合同，该合同几乎占AMC目前约一半的产能，即大约为45000t/年；③德国大众汽车公司拥有以色列死海镁厂35%的股份，并在德国的卡塞尔市建有大型的镁合金压铸厂，最高时每天镁合金压铸件产量超过3万件。这些合作项目的实施一方面表明了各大汽车公司将会不断地增加汽车产品中镁合金结构件的数量；另一方面，企业用户的积极参与将确保镁合金在汽车工业中的应用得到长期持续地发展。

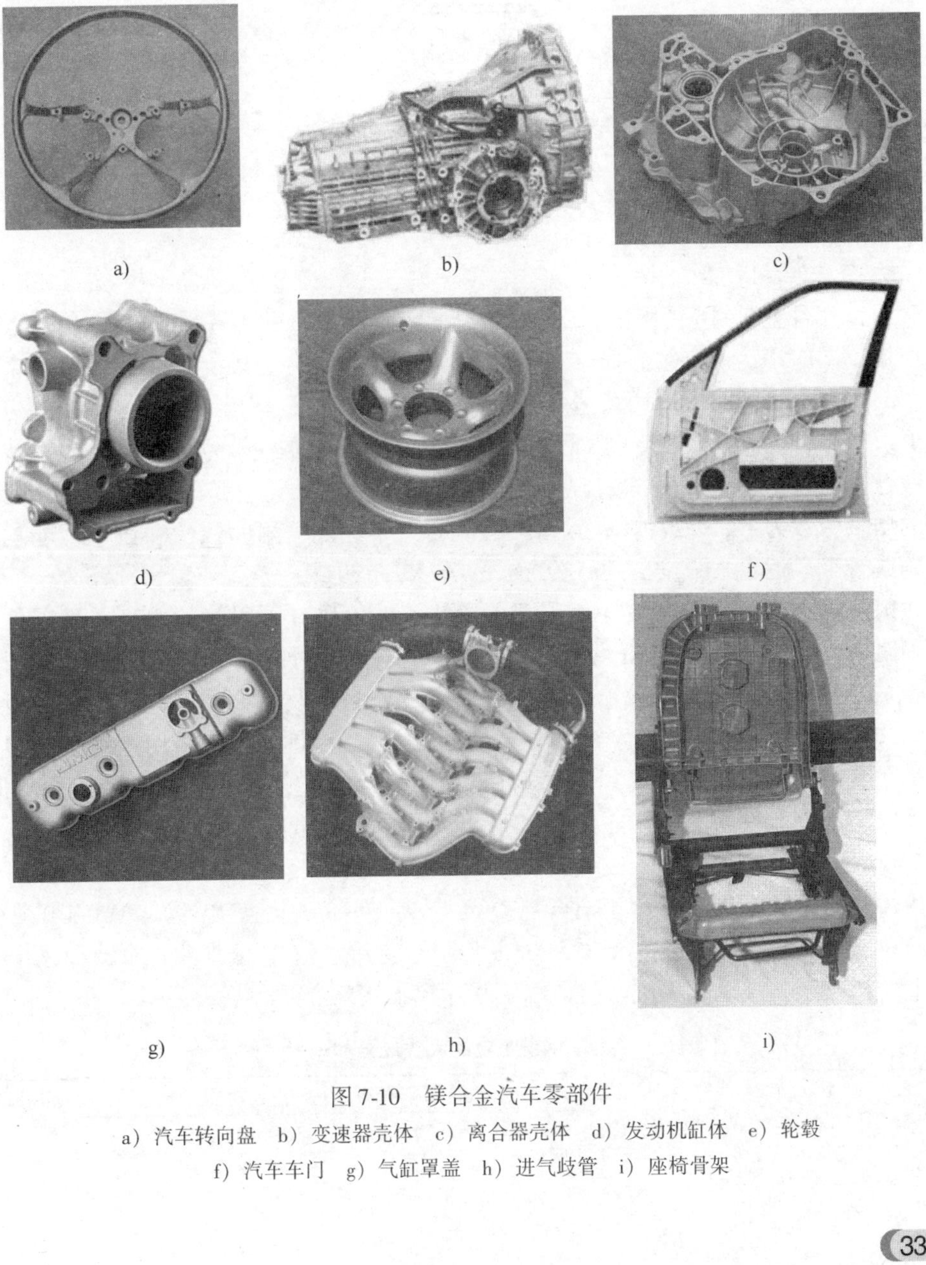

图7-10 镁合金汽车零部件

a）汽车转向盘 b）变速器壳体 c）离合器壳体 d）发动机缸体 e）轮毂

f）汽车车门 g）气缸罩盖 h）进气歧管 i）座椅骨架

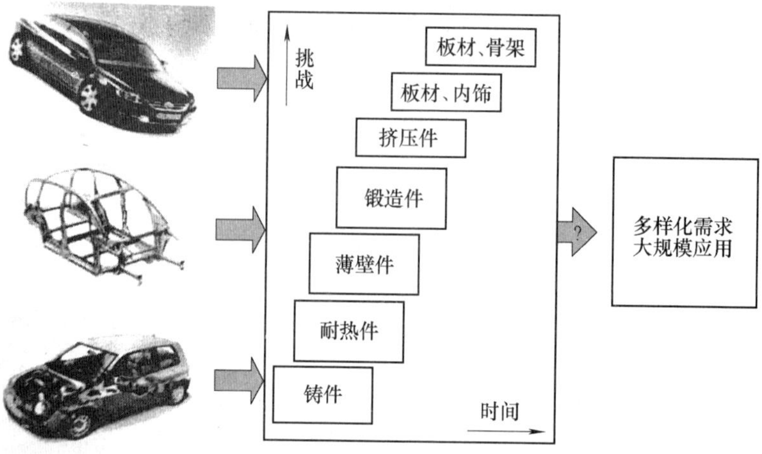

图 7-11　镁合金在汽车上的应用趋势

4. 汽车常用镁合金材料

压铸镁合金材料应用于汽车零部件，占整个需求量的 1/3 ~ 1/4。结构用镁合金根据不同的用途，有时添加 Al、Zn 等元素，大致上分为 Mg-AI 系和 Mg-Zn 系两类。与铝合金相同，可采用铸造（砂型、模具、压铸）、挤出、轧制、锻造等方法成形。按照 ASTM 标准，汽车行业使用最多的铸造镁合金是代号为 AZ91（Mg-9Al-1Zn）的镁合金材料，它主要由 Mg、Al、Zn 三种元素组成，其中铝的质量分数为 9%，锌的质量分数为 1%。AZ91 是具有代表性的力学性能、耐腐蚀性和铸造性能均良好的镁合金。近年来开发出的 AZ91D、AZ91E、AZ91HP 等高纯耐腐蚀镁合金，利用注射成形工艺制造汽车结构用零部件，使其性价比有了很大的提高，且零件表面细腻，并形成呈环状的 Mg-Al 金属化合物，提高了耐蚀性。德国大众汽车公司的 VW passat 轿车的变速器壳体就首次批量采用 AZ91HP 材料制造。此外，还有新开发的 AM50、AIM60 等铝镁合金材料，具有优异的延展性，也多采用压铸工艺制造汽车车身结构零部件，如整个车门部件可采用 AM60 真空压铸而成。AM50、AM60 也可以用来制造气胎的转向轮芯等。目前汽车用镁合金的大致成分和一般性能见表 7-6。AZ91D（Mg-9Al-0.7Zn-0.2Mn）和 AM60B（Mg-6Al-0.2Mn）是室温应用的压铸镁合金。AZ91D 常用于离合器支架、转向盘轴凸轮盖支架等，AM60B 常用于座位支架和设备仪表板。AS41A 过去常用于空冷型汽车发动机的曲轴和风扇套及电动机支架，最近通用汽车公司用于叶片定子和离合器活塞。

表 7-6　汽车用镁合金的大致成分和一般性能

合金	大致成分（%）	屈服强度/MPa	抗拉强度/MPa	断后伸长率（%）	冲击韧度/J
AZ91	9Al，0.7Zn	150	230	3	1.5
AM60	6Al，0.3Mn	115	205	6	—

（续）

合金	大致成分（%）	屈服强度/MPa	抗拉强度/MPa	断后伸长率（%）	冲击韧度/J
AM50	5Al，0.3Mn	25	207	6	—
ZA102	2Al，10Zn	172	221	3	—
AS41	4Al，1Si	150	220	4	2.8
AS21	2Al，1Si	130	240	9	—
AE41	4Al，1RE	103	234	15	4.3
AE42	4Al，2RE	110	244	17	4.5

汽车上使用的镁压铸件对减小质量和提高性能的影响是十分显著的。大众汽车公司的变速器用镁合金铸件，质量减少4.5kg；丰田汽车的转向盘加装安全气囊后质量增加，采用AM60B镁合金压铸件后，质量比过去的钢制品、铝制品分别减少了45%和15%，并减少了转向系振动；奔驰公司用AM20和AM50的压铸座椅架，质量比过去的冲压-焊接钢结构件也大大减少；通用EV1型车用镁制仪表板将20个冲压及塑料零件组合成一个压铸件，不但减少3.6kg，而且增加了刚性，减少了装配工作量；福特汽车公司用镁合金AM60生产车座支架安装在微型货车上，取代钢制支架，使座椅质量从4kg减为1kg；而用AZ91D制作锁套，比用锌减少质量75%；其货车离合器壳改用AZ91D镁合金压铸件不但无大气腐蚀问题，且耐海水腐蚀性也比铝合金壳体好，延长了使用寿命。

7.1.2 镁合金在摩托车上的应用

镁合金制造摩托车发动机、轮毂、减速器、后扶手及减振系统等部件，不仅能减小整车质量、提高整车加速和制动性能，还能降低行使振动、排污量、噪声及油耗，可提高驾乘舒适度，同时镁合金便于回收利用。与汽车工业使用镁合金一样，摩托车使用镁合金的历史久远。相比之下，摩托车工业应用镁合金减小质量，以达到降低油耗、减轻污染物排放的目的更为明显。同样，镁合金由于具有极佳的减振性能，在驱动部件和传动部件上应用镁合金对于提高摩托车的舒适度至关重要。

1. 国外镁合金在摩托车上的应用

镁合金应用于摩托车起源于20世纪30年代的欧洲。由于欧洲人一贯崇尚运动，每年摩托车大赛很多，为了追求超凡的驾驶体验，他们采用了大量先进技术用于摩托车的生产。1938年英国伯明翰首次将镁合金运用到名叫“金星”摩托车变速器壳，随后1939年英国AJS公司推出名为“超级动力”的摩托车赛车，其曲轴箱体是用镁合金制造的。除了发动机部件仍然作为主流之外，20世纪70年代之后出现了其他的车用镁合金部件，如轮毂、制动盘、离合器外壳等。这些部件大多数由厂家根据自己的型号生产，只有轮毂、前叉夹和制动盘实现了专业化生产。从20世纪80年代开始，摩托车镁合金用量不断高涨，镁合金的应用规模更大、层次更高，应用部件多达50余种，涵盖了发动机系列、传动系列、悬架系列、框架以及各类附件。最有代表性的Ducati 749～999系列材料镁合金部件包括：轮毂、前叉夹、单侧摇臂、双侧摇臂、发动机盖、离合器边盖、凸轮箱盖、摇杆箱盖、引擎后盖、调速观察板盖、内气缸盖、阀门盖、镜架、气帽等。图7-12为Ducati 999摩托车。镁合金摩托车部件最精美的要数意大利的奥古斯塔（MV Agusta），做工考究、设计精美，图7-13为该公司2004年推出的F4系列1000型摩托车。

图7-12　Ducati 999 摩托车

图7-13　MV Agusta F4-1000 摩托车

美国的摩托车公司在全球是最多的。国外的著名摩托车制造商在美国设有分公司，带动了镁合金部件在美国的推广。如美国贝奥（Buell）公司2002年生产的“霹雳XB9R”型摩托车（见图7-14），其前灯梁、头灯壳、仪表盘以及大量电镀配件和装饰件都由镁合金制成。

日本摩托车厂商对于镁合金部件的采用完全依照欧美模式，最早也是从发动机入手，再扩展到其他部件。虽然种类不及欧洲多，但应用规模毫不逊色。其中最成功的是川崎（Kawasaki）ZX系列，几乎包括摩托车所有镁合金部件。仅ZX-6发动机就采用了镁合金气缸、机油箱面板、离合器盖、油泵盖，整个发动机减重达4kg（见图7-15）。本田公司的RC51系列（见图7-16），将镁合金用于发动机部件，包括离合器盖、气缸盖、左右曲轴箱盖，其他部件如后轮悬架、机油箱及隔板、油冷器阀门盖等都采用了镁合金。

图 7-14　Buell 2002 XB9R 摩托车

图 7-15　Kawasaki ZX-6 摩托车

2. 国内镁合金在摩托车上的应用

我国摩托车工业发展迅速，提高现有摩托车的技术含量和使用性能，促进摩托车产品的更新换代和绿色环保化是必然趋势。自 1997 年起，我国摩托车产量首次突破 1000 万辆，占世界摩托车总产量的 43.6%。2005 年我国摩托车年需求量为 1200～1300 万辆，此外，非交通用摩托车，如越野、雪地、沙滩用摩托车、高尔夫场地用摩托年需求也在日益增长。但国产四冲程及二冲程摩托车约有一半不能直接满足欧洲Ⅰ号排放标准，而且振动、噪声不是很理想。重庆镁业科技股份有限公司承担了“镁合金在摩托车上的应用”“十五”国家科技攻关专题，取得了重大进展，最终形成了具有自主知识产权的核心技术体系，已成功试制了型号为 LX150 的“镁合金绿色概念摩托车”（见图 7-17）。其中，发动机曲轴箱体、箱盖及摩托车前后轮毂、尾盖、后扶手等 12 个零部件用镁合金材料，特别是摩托车轮毂用镁合金制造，减小质量效果非常明显，仅轮毂就可以减少质量 3kg，整辆摩托车减少质量 6kg 左右，从而使摩托车的 CO、NO_x 排放降低约 70%，可达到并超过欧洲Ⅰ号排放标准。该车的研制成功引起了世界各国的极大关注，同时也为绿色环保摩托车的发展指明了方向。采用镁合金制造了发动机左右曲轴箱体、箱盖、尾盖、前后轮毂、后制动盖及后扶手等零件，开创了我国摩托车大量采用镁合金的先例，实现了材料的合理替代。该公司在成功开发绿色概念摩托车之后就大力投入镁合金摩托车部件的推广应用，至2003年底已累计生产发动机镁合金部件70万件，已装车21万余辆，取得了很好的经济效益和社会效益。图7-18是上海交通大学轻合金精密成形国家工程研究中心开发的耐热镁合金气缸套、重庆镁业生产的右曲轴箱体等摩托车零件。

图7-16　Honda RC51 摩托车

图7-17　重庆生产的镁合金摩托车

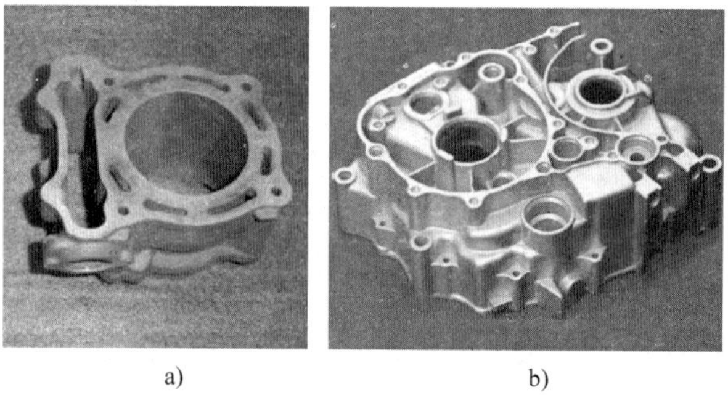

a)　　　　b)

图7-18　镁合金摩托车零件

a）气缸套　b）曲轴箱体

目前，摩托车行业常用的镁合金材料以铸造镁合金为主，如AM、AZ、AS系列铸造镁合金，其中以AZ91D用量最大。制约镁合金在摩托车上大量使用的最主要因素仍是技术问题。以结构件为例，由于对镁合金的特性缺乏深入的了解，镁合金件的防蚀技术未取得突破，镁合金的性能数据（尤其是工艺性能数据）缺乏，镁合金零件的设计、使用经验不足等，使镁在摩托车上的用量暂时还难与铝匹敌。但是随着上述问题的解决，镁合金在摩托车上的应用潜力很大，前景非常光明。

7.1.3 镁合金在自行车上的应用

自行车是人力驱动的工具，因质量的减小带来的效果非常显著。镁合金使用在自行车上，不仅质量小、刚度大、加速性及稳定性好，而且可吸收冲击与振动，骑行轻快舒适，不易疲劳。不仅如此，镁合金应用在自行车上还有以下独特的优异性能：①突出的疲劳无记忆性；②更好的动力学性能；③更好的承受力（相对于塑料件）；④更佳的减振特性（相对于钢、铝等材料）。

1. 国外镁合金在自行车上的应用

国外自行车使用镁合金的厂商有Annondale、Pinarello、Paketa、Saracen Kili等全球著名的自行车制造商，其中，Pinarello公司是世界三大顶级自行车厂商之一。Paketa公司生产的“15”型镁合金自行车架仅有1190g（见图7-19）。目前国外镁合金自行车部件包括：轮毂、车把夹、脚踏板、制动器、前把、框架等十几个部件。Kirk公司在20世纪90年代初期组织了镁制自行车架的压力铸造生产。但生产镁制车架的主要问题是难以得到优质焊缝，焊缝疲劳强度及可靠性不高。只是在最近几年，人们才能保证焊接件有稳定的高可靠性，完成了批量生产镁合金车架的准确工作。该公司目前可以批量生产各种类型的镁合金自行车架。

图7-19 Paketa公司生产的镁合金自行车架及自行车

2. 国内镁合金在自行车上的应用

国内镁合金在自行车上的应用已经开始。1999年，中国相关研发单位与自行车及其零部件厂商开始投入镁合金自行车的开发工作，目前所生产的镁合金自行车整车质量最低可达8kg以下。台湾地区的自行车厂商已将镁合金大量运用于跑车、登山车、折叠车等高级车种，折叠式镁合金自行车质量可降低至6.4kg。作为中国第一家批量生产镁合金自行车的企业，北京首特钢远东镁合金公司引进德国富来公司的大型冷热室压铸设备，压铸自行车的整体车架、接头及关键零件，所生产的名为“运动美”的自行车多次送到国家自行车检测中心进行检验，通过了认定。上海交通大学轻合金精密成形国家工程研究中心（上海美格力轻合金有限公司）研制的山地自行车（见图 7-20），其整体车架和车轮均为镁合金。到 2003 年底，已生产 2 万辆镁合金自行车。轻便型车自身质量仅 8kg，最重的前后避振整体车架也只有 15kg。

图 7-20　镁合金山地自行车

我国是自行车生产和消费的头号大国，目前年生产能力约 6500 万辆。仅考虑车架及两个轮圈采用镁合金替代铝合金，质量便可从原先的 3.12kg 减至 2.08kg，减重达到 1.04kg。按照每辆自行车平均用镁 1.0kg 计算，新增自行车用镁合金量将超过 6.5 万 t。因此自行车行业对镁合金的需求量也是十分可观的。

7.2　镁合金在电子器材中的应用

随着声像计算机通信业的飞速发展和数字化技术的进步，各类数字化电子产品不断出现，电子器件正向高度集成化和轻薄小型化方向发展，出现了各种便携式电子器材，如笔记本式计算机、小型摄录像机等。因此，对电子器材壳体提出了越来越高的要求，采用工程塑料来制作电子器材壳体已经难以满足这些要求。镁合金具有密度小、比强度和比刚度高以及薄壁铸造性能良好等优点。同时，由于镁合金导热性好，电磁屏蔽能力强、减振性好和可以回收利用等，因此，近年来在电子器材中的应用正以高达 25% 的年增长速度得到快速的增长，显示出了诱人的发展前景。

7.2.1　镁合金制造电子器材壳体的优越性

3C 产品——Computer、Communication、Consumer Electronic Products（计算机、

通信、消费类电子产品）是当今全球发展最快的产业，数字化技术导致了各类数字化产品不断涌现。电子器材的外壳结构一般不需要承受大载荷，要求发挥其机构性功能。在使用条件下能够保护内部电子、光学等元件避免损坏。通常要求质量小、刚度好、耐冲击性佳、电磁相容性符合标准、散热能力强、成形加工性好、表面美观耐用、无易燃性、成本低、易于回收和符合环保要求等。镁合金与传统3C产品所使用的材料相比，其优越性表现在以下几个方面：

1. 轻量化

目前，电子器材外壳一般采用工程塑料（PC、PC/ABS、PBT/ABS、Nylon/PPE等，或碳纤维增强塑料）制作。但是，当塑料件在壁厚接近1mm后，其刚度、耐冲击性、抗挠曲变形的能力则大大降低，一般的塑料已无法满足要求。此时，镁合金则具有明显的优势。镁合金密度虽为塑料的1.5倍，但塑料在刚度、散热性以及可回收方面均不及镁合金。表7-7列出了几种材料的壁厚和质量的比较结果。表中以笔记本式计算机外壳常用的PC/ABS塑料为标准，采用不同材料以获得与1.6mm厚的PC/ABS相同强度所必需的壁厚与材料的质量比。由表7-7可见，采用铝合金所需壁厚为0.53mm，质量为PC/ABS的78%，采用镁合金的质量仅为PC/ABS的59%。目前完整配备的高级商用笔记本式计算机平均质量大约为3.6kg，其中机壳系统约占30%，采用镁合金机壳至少可以减少0.45kg。此外，镁合金的比强度高于铝合金，比刚度、疲劳强度与铝合金相当，比阻尼容量是铝合金的10～25倍，用在便携式设备上可以减少外界振动对内部精密电子、光学元件的干扰。

表7-7　几种材料的壁厚和质量的比较结果

材　料	密度/(kg/m³)	弯曲模量/GPa	必需壁厚/mm	质量比（%）
PC/ABS	$1.1.4\times10^3$	2.4	1.6	100
PC/GF（15%）	1.34×10^3	4.9	1.26	93
碳纤维增强热塑性树脂CFRP（CF13%）	1.32×10^3	7.1	1.11	91
碳纤维增强热塑性树脂CFRP（CF30%）	1.5×10^3	14.0	0.89	73
镁合金	1.8×10^3	47.0	0.59	59
铝合金	2.7×10^3	67.0	0.53	78

2. 辅助散热

由于计算机芯片的运算速度越来越快，导致发热功率密度的不断升高，因此，必须把系统内产生的热量迅速散发到大气中，使元件的温度维持在可靠的范围内，确保系统的稳定性和延长零件的寿命。目前常用的散热方式有自然冷却、强制气冷、直接或间接液冷、汽化冷却等，笔记本式计算机大多采用自然冷却和强制气冷。由于辐射散热只占20%左右，并且箱体空间有限，一般要靠风扇强制对流，因此，应该将散热的重点放在热传导散热和强制气冷上。例如，将高发热元件做成贴壁设计，将热量传导至大面积的金属底板散热。

3. 电磁相容性（Electro-Magnetic Compatibility，EMC）

个人计算机、移动电话等使用时将发出高频率电磁波，如果电磁波穿过机体外壳，则会引起干扰信号、降低通信和运算的质量。同时，还会对人体健康造成危害。在发达国家，检验 GSM 移动电话的权威组织 FTA 在认证移动电话质量时，最重要的标准就是移动电话电磁辐射对人体的健康安全性，此标准通不过则禁止上市。目前，解决电磁干扰主要有两种途径：抑制干扰源和电磁屏蔽处理。其中，电磁屏蔽可以通过材料选择和加工处理来解决。

对电子器材外壳目前主要采用的电磁屏蔽方式为：喷导电漆、表面镀层、金属喷涂、塑料内添加导电材料、铺金属箔或金属板。但是，这些方法存在原料或设备成本高、操作复杂、污染环境、屏蔽效果不佳等问题。由于金属本身就是良导体，采用镁合金制造电子器材外壳不需要做导电处理就能获得很好的屏蔽效果。

4. 成本

电子器材壳体成本构成中，原材料所占比例最低，主要是模具（材料、加工）、二次加工（击边、抛光、攻螺纹孔等）及后处理（表面处理、涂装）等所产生的费用。例如，注射成形镁合金制品的成本构成为：原材料与成形各占 10%；二次加工与后处理各占 30%、50%。据资料介绍，解决电磁屏蔽所需的费用要占一部塑料壳体移动电话总成本的 10% 以上，采用镁合金则可以节省下这笔费用，并且，镁合金优异的切削加工性也有助于降低生产成本。

5. 环境保护

在环保意识高涨的环境下，镁合金与无法回收的加碳铁/金属粉的塑料，或是与含有毒阻燃剂的阻燃塑料相比，具有很大的优势。只要花费相当于新料价钱的 4%，即可将镁合金制品及废料回收使用，以称为对环境友好的材料。随着对环境保护呼声的日益高涨，各国政府都在制定相应的环境保护法规。例如，日本 1998 年 6 月公布了“家电回收法”，规定自 2001 年起，电视、洗衣机、冰箱、空调必须强制回收，松下电器公司 1998 年 3 月率先推出铝、镁合金外壳的 53cm 电视机即是顺应这一潮流的产品。可预见，今后这类产品将会越来越多，无疑给市场竞争提供了新的机遇。

6. 其他优点

1）减振性能良好。镁合金的比阻尼容量为铝合金的 10 ~ 25 倍，锌合金的 1.5 倍，可大大减少噪声及振动，用在可便携式设备上有助于减少外界振动源对内部精密电子、光学组件的干扰。

2）耐蚀性佳。盐雾试验表明，镁合金的耐蚀性为碳钢的 8 倍，铝合金的 4 倍，超过塑料 10 倍以上。

3）质感极佳。镁合金外观及触摸质感佳，对于工业设计师以及消费者都具有不可阻挡的诱惑。

7.2.2　镁合金在电子器材中的应用实例

镁合金材料经过成形应用的新式领域中，在欧美率先用于汽车零配件以减小质量，随之向电子、电器行业扩展。在亚洲，中国台湾直至目前以镁合金为主体制造笔记本式计算机壳体。日本由于家电循环更迭的促进，通常在数码相机、CD机外壳、计算机零部件等方面逐渐普及、家用换气扇的叶片也用镁合金材料取代塑料制作，即使普通商品也是用镁，并考虑增加其用量。在电子、电器领域使用镁合金总量近年来大幅度稳步增长。1998年用量1000t，在此基础上每年递增500t。

国内目前虽在起步阶段，但整个电子、电器行业市场广阔，发展速度快，加之已普遍认识到使用镁材料的优点，并着手开发研究。在制造零部件方面，从压铸到塑性成形都有一定工业基础（见表7-8）。

表7-8　国内家电市场镁合金用量

产品	1999年/万件	2005年/万件	产品用镁合金比例（%）	单件镁合金用量/kg	2005年镁合金用量/t
笔记本式电脑	86	1800	70	0.70	8820
移动电话	1736	6000	50	0.02	600
相机	5073	8500	30	0.10	2550
摄录机及其他	432	8500	30	0.10	2550

表7-9列出了不同便携式电器产品对镁合金性能的要求。镁合金在声像、计算机、通信器材中的应用主要集中在世界著名公司的产品上，表7-10～表7-12分别列出了日本和欧美等国家的应用状况。这些应用主要可以分为下面三类。

表7-9　不同便携式电器产品对镁合金性能的要求

产　品	性　能						
	密度	强度	耐热	散热	电磁屏蔽	尺寸精度	回收
照相机	√	√				√	√
摄影机	√	√		√	√	√	√
数码相机	√	√				√	√
微型唱片播放器	√	√			√	√	√
PDAs	√	√		√	√	√	√
笔记本式计算机	√	√		√	√	√	√
移动电话	√	√		√	√	√	√
硬盘驱动器	√	√			√	√	√
CD－ROM驱动器	√	√			√	√	√
电视机	√	√	√	√	√	√	√
等离子显示器	√	√		√	√	√	√
LCD投影仪	√	√	√	√	√	√	√
散热器	√		√	√			

表 7-10　镁合金电子器材部件在日本的应用

公　司	产　品	上市时间
Cannon	CV11 数码摄像机	1998
Casio	A-20 掌上型电脑	1998
	QV-70 数码相机	1998
Fuji	DS 300，DS-330 数码相机	1997—1998
IBM（日本）	PS55T22SX 笔记本式计算机	1992
	Think Pad 系列笔记本式计算机	1993
Kenwood	DMC-G5 微型激光唱机	1996
Kyooera	Contax RTS II 单眼相机	1990
Mitsubishi	Pedion 笔记本式计算机	1997
NEC	光碟机	1997
Nikon	8X32SE，CF 双眼望远镜	1998
Olympus	D-220，320L 数码相机	1998
	D1000 数码录音机	1998
Panasonic	V41 笔记本式计算机	1994
	CF-25、CF-35、CF-60、CF61 笔记本式计算机	1997
	SJ-MJ5、SJ-MI7 型激光唱机	1997
	NV-DS5，DS7，C1，DJ100 数码摄像机	1997—1998
	53cm 电视机	1998
Ricoh	GR-1 相机	1998
Sanyo	VPC-X300 数码相机	1998
Sharp	MD-SS70 微型激光唱机	1998
	VL-PD1、VL-EF1 数码相机	1997—1998
	Mebius 笔记本式计算机，PC-PJ 笔记本式计算机	1998
Sony	DCR VX1000，VX9000，DSF-220 数码相机	1995—1998
	MZ-E50、ME-E35 微型激光唱机	1996—1998
	DCR-PC7，CCD-CRI，DSC-MD1 数码相机	1996—1998
	DCR-PC10、DCR-PC100 数码相机	1997
	CCD-TR555Hi8 摄像机	1997
	MDR-F1 立体声耳机	1997
	TCD-D100DAT 随身听	1997
	VAIOPCG-505 系列笔记本式计算机	1997
	DNW-A220 便携式摄像机	1998
	VPL-SC50U 液晶摄像机	1998
Toshiba	T4799、T4900 笔记本式计算机	1993
	Teara，Portage7000CT 系列笔记本式计算机	1996—1998
	Libretto50，Portage300 笔记本式计算机	1997
Victor/JVC	GR-DVL，DVX，DVY 数码摄像机	1997—1998

表 7-11 镁合金电子器材部件在欧美的应用

公 司	产 品	上市时间
Absolu Technologies	多媒体数码公用电话	1996
Apple	Powet Book Duo	1993
Compaq	Armada4100、3500、7400 系列笔记本式计算机	1996—1998
Ericsson	CF 系列 GSM 移动电话	1997
Field Works	FW5000 笔记本式计算机	1997
Gateway	Solo3100 笔记本式计算机	1998
Hewlett Packard	Omnibook Sojourn 笔记本式计算机	1998
Husky	FC-486 笔记本式计算机	1995
IBM	影碟机、笔记本式计算机	1987
	ThinkPad710T 笔记本式计算机	1993
	RS/6000-N40 笔记本式计算机	1994
Nokia	2190PCS-1900GSM 移动电话	1996
Polaroid	PDC-2000 数码相机	1997
Proxima	UltraLigt LS I 液晶摄像机	1998
Stealth Computer	Warrior LR 笔记本式计算机	1996
Tadpole Technology	P1000 笔记本式计算机	1994
Telxon	PTC-1194 笔记本式计算机	1998
Tem Instruments	Travel mate6000 笔记本式计算机	1998

表 7-12 日本电器器件使用镁合金的情况和成形方法

产 品	时间	生产商	机 械 名	使用部件数	成 形 方 法
专业摄像机	1980	索尼		框体中心	
	1983	索尼		5～10	压铸
	1996	索尼			压铸、触变铸造
	1996.2	索尼	DSR-200	3	压铸、触变铸造
	1998.2	索尼	DSR-300	9	压铸、触变铸造
	1998.2	松下电器	CamReco（AJ-D700）		压铸
	1998.11	日本胜利者	DY-90	5	压铸
便携式 CD（MD）	1996.10	索尼	MZ-E50	3	压铸、触变铸造
	1997.12	松下电器	MJ-S17/MJ-S15		触变铸造
	1998.9	索尼	MZ-E36/E55	2	压铸
民用数码摄像机	1996	索尼	CDN-VX1000	5	压铸
	1997.1	索尼	DCR-PC7	3	压铸
	1997.11	夏普	VL-PD1	6	压铸、触变铸造
	1998.1	松下电器	NV-DJ100	1	触变铸造
	1998.1	日本胜利者	GR-DV PV（PRO-Q）		触变铸造
	1998.1	索尼	DCR-PC10	3	压铸

（续）

产　品	时间	生产商	机　械　名	使用部件数	成 形 方 法
民用数码摄像机	1998.1	夏普	［EVA］VL-EF1	3	压铸
	1998.4	佳能	CV11	3	压铸
	1998.5	日本胜利者	GR-DVX	1	压铸
	1998.6	索尼	TRV-900	3	压铸
	1998.7	索尼	PC-1	3	压铸
	1998.7～9	松下电器	NV-C1/C2		压铸
	1998.9	日立	VM-D1		压铸
	1998.9	索尼	TRV-900	4	触变铸造
数码相机	1997.4	富士	PS-300	3	触变铸造
液晶显示器	1998.5	索尼	PortProL（VPL-X600J）	6	触变铸造
	1998.7	爱普生	ELP-5600		压铸、触变铸造
	1998.10	索尼	VPL-SC50J	4	触变铸造
移动电话	1998.7	NEC	Mob. Phone（N206）	框体	压铸、触变铸造
录像机	1994.2	索尼	PNW-A220	6	触变铸造
电视机	1998.9	松下电器	TV（TH-21MA9）	2	触变铸造
笔记本式计算机	～1996	日本 IBM	Think Pad	框体	压铸
	1997.1	东芝	Libretto 50、70、100	2～3	触变铸造
	1997.5	松下电器	CF-35	1	触变铸造
			PRO-NOT	3	压铸
	1997.7	三菱电机	EPEDDION	2	压铸、触变铸造
	1997.11	NEC	MOBIO NK	2	触变铸造
	1997.11	东芝	Portage 300		触变铸造
	1997.11	索尼	Vaio PCG-505	4	压铸、触变铸造
	1998.6	松下电器	Let’not	1	触变铸造
	1998.6	NEC	Lavie NX LB20/30A	2	触变铸造
	1998.6	夏普	Mabius PJ-1	1	触变铸造
	1998.8	东芝	Dyna Book SS6000	3	压铸
	1998.8	东芝	Dyna Book SS3000	3	压铸
	1998.8	东芝	Dyna Book SS1000	2	触变铸造
	1998.9	日立	Salo 3100XL	1	触变铸造
	1998.9	索尼	Via PCG C1	2	压铸
	1998.11	卡西欧	Casio	2	触变铸造

1. 笔记本式计算机

以往笔记本式计算机生产厂商如东芝公司，为了便于改善塑料外壳的性能，通过填充氧化镁或采用铝合金生产，这显然无法与镁合金压锌外壳相比。IBM（日本）公司经过多年的努力，在1991—1995年已经采用镁合金压铸了7种便携式计算机外壳，如壁厚1mm的准笔记本式计算机外壳，尺寸为226.1mm×165.1mm×10.2mm；壁厚1.3mm的笔记本式计算机外壳，尺寸为289.6mm×223.5mm×22.9mm；壁厚2.0mm的折叠式计算机外壳，尺寸为387.5mm×304.8mm×43.2mm。与此同时，几乎所有日本计算机厂商都将目光转移到了镁合金笔记本式计算机外壳上，如今运用镁合金最普遍的是笔记本式计算机。索尼公司更是独树一帜，其VAIO产品风靡全球，笔记本式计算机外壳壁厚为1mm，质量仅为20g（见图7-21）。1997年3月，松下公司上市的镁合金外壳笔记本式计算机CF-25和Mark II十分畅销。Next型计算机机壳上原先的ABS塑料件改为镁合金压铸件后，尺寸精度、刚度和散热性都获得了改善。日本中西（Tosei）公司采用AZ91D镁合金压铸笔记本式计算机外壳（共4件）已经大量向Sony等公司供货，产品供不应求，扩大生产的第二期工程正在建设之中。对于采用镁合金制作笔记本式计算机显示器外壳来说，需要进一步做的工作是，改善表面质量，降低生产成本。图7-22所示为上海交通大学轻合金精密成形国家工程研究中心制备的笔记本式计算机的镁合金外壳。

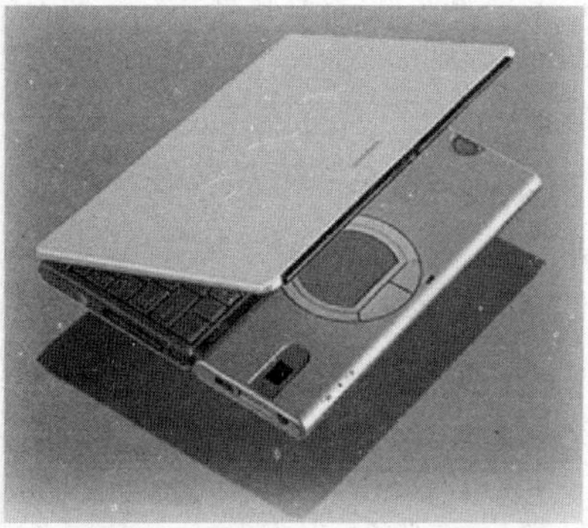

图7-21　镁合金外壳笔记本式计算机

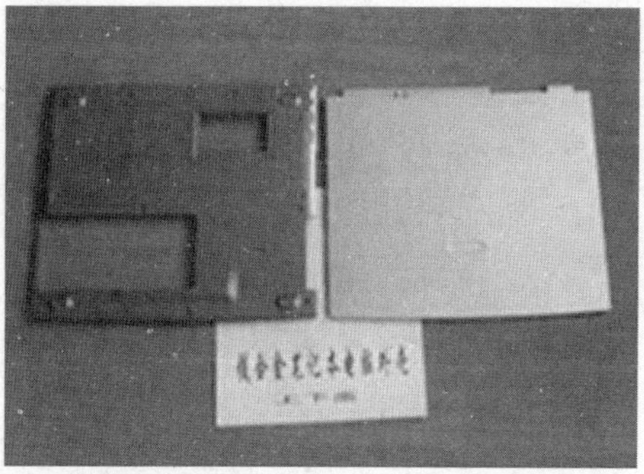

图7-22　镁合金笔记本式计算机外壳

虽然各主要计算机生产商一直在试图使用这种材料制造笔记本式计算机，但是，由于一个钢模生产一定数量的镁质机壳之后就会被磨损，而采用复合钢模的成本又太高，无法满足大批量笔记本式计算机制造的要求。转机来自中国台湾的Waffer科技公司和Catcher科技公司等模具制造商，他们已分别将每个钢模的铸造产量提高到5万件，从而提高了镁铸件的生产规模，同时节约了成本，使得全球笔记本式计算机制造商们再次考虑用镁合金取代塑料的问题。

2. 通信器材

美国芝加哥White Metal Casting公司用AZ91镁合金生产的雷达定位壳体压铸件，质量与原先的塑料壳体相等，而且刚性、强度和耐冲击性都得到极大改善。在移动通信方面，目前，塑料壳体的移动电话通话质量不高。为了解决这一问题，有的移动电话在塑料壳中增加了金属衬垫，以达到抗干扰的目的。采用镁合金制造移动电话外壳后，电磁相容性大大改善，通信过程中的电磁波的散失，提高了移动电话的通信质量，并且减少了电磁波对人体的伤害。此外还提高了外壳的强度和刚度，不易损坏，满足了轻巧、美观、实用的要求。例如，Ericsson CF288 移动电话，其尺寸为 105mm × 49mm × 24mm。外壳为镁合金，带电池的质量为 135g。日本移动电话市场占有率最高的 Kyooera 公司也已经将原来的 PC/ABS 塑料改变为镁合金，据估计，外壳厚度可望减至 0.5mm 以内。图 7-23 所示为镁合金移动电话外壳。

图 7-23　镁合金移动电话外壳

3. 摄录像器材

1995 年索尼公司成功地研制出了世界上第一台数字摄像集成系统 VTR 并投放市场，这套系统适用于户外摄像，外壳采用镁合金压铸，它以结构紧凑、质量小、强度高、手感好、功能多而卓著。压铸镁合金薄壁复杂形状铸件已经用于制造索尼便携式数字摄像机（见图 7-24）壳体，该壳体是一种无大梁的结构，有 5 个压铸件，包括主框架、机械室和磁带室等，这些铸件用 AZ91D 镁合金热室压铸，最后涂上一层丙烯酸树脂仿皮涂层。图 7-25 所示为数码相机的镁合金壳体。

图 7-24　压铸镁合金摄像机产品

图 7-25　数码相机的镁合金壳体

7.3　镁合金在航空航天中的应用

7.3.1　概述

航空材料减重带来的经济效益和性能的改善十分显著，商用飞机与汽车减重相同质量所带来的燃油费用节省，前者是后者的近 100 倍。而战斗机的燃油费用节省又是商用飞机的近10倍，更重要的是其机动性能改善可以极大地提高其战斗力和生存能力。正因为如此，早在20世纪20年代就开发出镁合金部件，有发动机曲柄箱、发动机零件（铸件）、气球吊篮（薄板）、客机座椅、起落轮（薄板、挤压件）；在20世纪40年代，开发出的镁合金产品有JU88起落架支持框（铸件）、He177和Ju90部件（铸件）、无线电设备底座（压铸件）、定向仪（压铸件）、尾轮（压铸件）、B-36轰炸机部件；在20世纪50年代，镁合金的应用有RR Dart发动机部件（铸件），S55直升机发动机基座、蛤壳式门、尾锥（铸件）和蒙皮（薄板），火箭和导弹零部件（薄板），直升机齿轮箱（砂型铸造件），直升机车轮及发动机部件（砂型铸造件）、涡轮喷气发动机机罩（砂型铸造件），主起落轮（砂型铸造件、锻造件），B-47轮及发动机部件（砂型铸造件），机轮外壳（离心铸造薄板），C-121和C-124运输机地板横梁（挤压件）；在20世纪60年代，镁合金的应用有B-47和B-52主起落轮（锻件）、卫星零部件、HC-18直升机地板（挤压件）、飞机座舱顶棚框架（砂型铸造件），Apollo振动监测设备（砂型铸造件），S-64B起落架齿轮箱（砂型铸造件）；在20世纪70年代，镁合金的应用有F-20减速装置及座舱顶棚框（砂型铸造）和CH-53E直升机传送箱（砂型铸造件）；在20世纪90年代镁合金的应用有直升机传动系（砂型铸造）、PW100涡轮发动机部件（砂型铸造件）、Garrett TPE TPE331-14&-15主涡轮发动机部件（砂型铸造件）、恒速传动、辅助动力设备、进气管、喷气发动机传动齿轮箱。

随着镁合金制备技术的发展，材料的性能（如比强度、比刚度、耐热强度、蠕变等性能）不断提高，其应用范围也不断扩大。目前其应用领域包括民用、军用飞机的发动机零部件、螺旋桨、齿轮箱、支架结构以及火箭、导弹、卫星的一些零部件。如用ZM2制造WP7各型发动机的前支撑壳体和壳体盖；用ZM3镁合金制造J6飞机的WP6发动机的前舱铸件和WP11的离心机匣；用ZM4镁合金制造飞机液压恒速装置壳体、战机座舱骨架和镁合金机轮；以稀土金属钕为主要添加元素的ZM6铸造镁合金已扩大用于直升机WZ6发动机后减速机匣、歼击机翼肋等重要零件；研制的稀土高强镁合金MB25、MB26已代替部分中强铝合金，在歼击机上获得应用。

7.3.2 航空航天中常用镁合金材料的性能与用途

结构减重和机构承载与功能一体化是飞机机体结构材料发展的重要方向。航空、航天领域要求镁合金力学性能和高温性能优异，耐蚀性好，有良好的综合性能。适合的合金包括AZ91E、QE22(MSR)、ZE41(RZ5)、EQ21、(ZRE1)、WE43等，其性能比较如图7-26所示。从图7-26中可知：飞机的各种机箱体、传送箱和电源装置，直升机主要传送系统的零部件、螺旋桨系统可以采用ZE41和QE22合金制造；而在高温下服役的零部件可采用WE43或EQ21合金制造。另外，WE43合金还具有极好的耐蚀性，可用作飞机螺旋桨罩壳。McDonnell Dougles MD50直升机采用了 WE43 合金的变速器壳体。

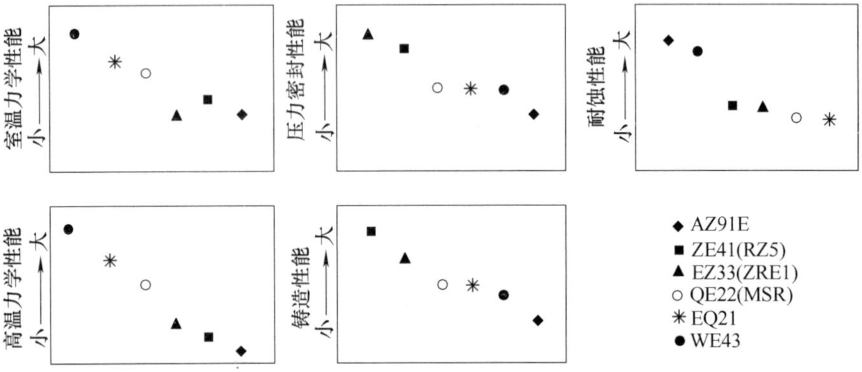

图 7-26　镁合金的主要性能

目前，常用的航空航天铸造镁合金及其性能和用途见表 7-13。

表 7-13　常用的航空航天铸造镁合金及其性能和用途

镁合金	性　　能	缺　　点	应　　用
AZ91、AZ91E	最常用的商业镁合金，属于低成本镁合金，新型高纯度 AZ91E 能提供优良的抗腐蚀能力	就收缩和脱模而言，其铸造性能一般；中等力学性能，在厚壁铸件中表现更差；最高工作环境温度不超过 100℃；要求 T6 态热处理	用于航空器控制装置，各种支架、传动器壳体以及机轮
AZ92	由于更高含量的锌，比 AZ91 具有更高的室温抗拉强度；高纯净度牌号具有高的耐蚀性，但生产较困难	与 AZ91 相近的铸造性能；比 AZ91 更好的力学性能，仍然不能用于高温环境；要求 T6 态热处理	与 AZ91 的应用相近
ZE41	良好的铸造性能，较容易生产；工作环境提高到了 150℃；优异的抗腐蚀能力	中等强度，中等抗腐蚀合金，比 AZ 合金更倾向于氧化	广泛应用的中等强度，较好的高温性能镁合金；主要用于航空发动机部件、辅助推进装置（APU）、直升机壳体的铸造
QE22	优良的铸造性能，生产较容易；极好的振动吸收性能；工作环境可达到 250℃；中等成本合金，要求 T5 态热处理	比 ZE41 更难以铸造；高的综合腐蚀率；由于含有银属于高成本合金；要求 T6 态热处理	高强度高温合金；通常用于航空发动机壳体、发动机结构部件、发电机壳体等高温环境中的工作部件
WE43A	很高的室温强度性能；极好的高温性能，工作温度可高达 300℃；优异的抗腐蚀能力	最难铸造的镁合金；需要额外的熔化和铸造控制手段；由于含有钇使其成为高成本合金；要求 T6 态热处理	高强度的高温抗蠕变合金；用于发动机变速器和直升机传动箱

（续）

镁合金	性能	缺点	应用
EZ33	优良的铸造性能，生产较容易；极好的振动吸收性能；工作环境可达到250℃；中等成本合金；要求 T5 态热处理	低强度合金；中等综合腐蚀率；比 AZ 合金更易氧化	适合于较高工作温度的低强度应用，特别适合既要求铸造质量又要求减振的部件；适用于减振部件、齿轮传动部件

过去 ZE41（RZ5）镁合金通常用于制造直升机的变速器壳体和传动箱壳体，后来由于航空工业对材料安全使用期限和耐蚀性提出了更高的要求，使得 WE43 镁合金逐渐取代了 ZE41（RZ5）的位置成为制造包括主变速器壳体在内的众多直升机部件的首选镁合金材料，如欧洲直升机公司 EC120 型民用直升机和北约直升机工业公司的 NH90 军用直升机就采用了 WE43 合金制造的变速器壳体。

ZRE1、MSR 和 EQ21 镁合金也都广泛应用于飞机的发动机部件，如同 WE43 镁合金由于具有优良的耐蚀性和高温性能而广泛应用于变速器壳体一样，这些合金的应用也将会得到持续增长。许多大型镁合金铸件由于有这些镁合金而得以制造，如 MSR 镁合金制造的重达 130kg 的劳斯莱斯 Tay 和 BR70 型发动机的空压机壳体。其他的航空应用包括 MSR 或 ZE41（RZ5）制造的 F16、欧洲战斗机 EF2000、旋风战斗机的辅助变速器壳体，MSR 或 EQ21 制造的空中客车 A320、旋风战斗机和协和超音速飞机的发电机壳体。

镁合金锻造件也用作航空部件，英国西陆公司海王反潜直升机上的变速器部件就是用 ZW3 镁合金锻造的。除此之外，镁合金锻件在航空发动机上以及机轮上都有应用，将来还可能用于高温环境下工作的部件。

苏联的情况与西方国家有点类似，镁合金曾在 1947 年设计的 AN-2 飞机上就有使用，并以 ML-5 合金（镁-铝-锰系）铸件的形式用于飞机的飞行控制系统中。从 1960 年起 BM65-1 合金（MA-14）就用于飞机上小型锻件的生产。

与铸造镁合金相比，变形镁合金在组织上更细、成分上更均匀、内部更致密，因此变形镁合金比铸造镁合金具有高强度和高断后伸长率等优点。同时，在满足相同工作条件下，比变形铝合金更轻。因此，航空器，特别是导弹、卫星以及航天飞机大量应用各种变形镁合金。例如：B-36 重型轰炸机每架使用 4086kg 镁合金薄板；喷气式歼击机洛克希德 F-80 的机翼也是用镁合金制造的，由于采用了镁板，使结构零件的数量从 47758 个减少到 16050 个；Talon 超音速教练机有 11% 的机身是由镁制造的（160kg 板材、128kg 的铸件和少量挤压件、板材和管材）；B-52 轰炸机用了 1650kg 的镁合金（其中 199 件挤压件、19 件锻件、542 件砂型铸件和 180kg 的板材）；Falon GAR-1 空对空导弹有 90% 的结构采用镁合金制造，其中弹身是由 1mm 的 AZ31B-H24 轧制板加工而成的，纵向焊接，然后拉深成形。德热米奈飞船的启动火箭大力神中曾使用了 600kg 左右的变形镁合金；季斯卡维列尔卫星中使用了675kg的变形镁合金；直径1m的维热尔火箭壳体是用镁合金挤压管材制造的；战术航空导弹的舱段、副翼蒙皮、壁板、加强框、舵面、隔框等厚件，诱饵鱼雷壳体，以及雷达、卫星上用的井字梁，也都大量采用变形镁合金。图7-27所示为某型号飞机上使用镁合金零部件的情况。

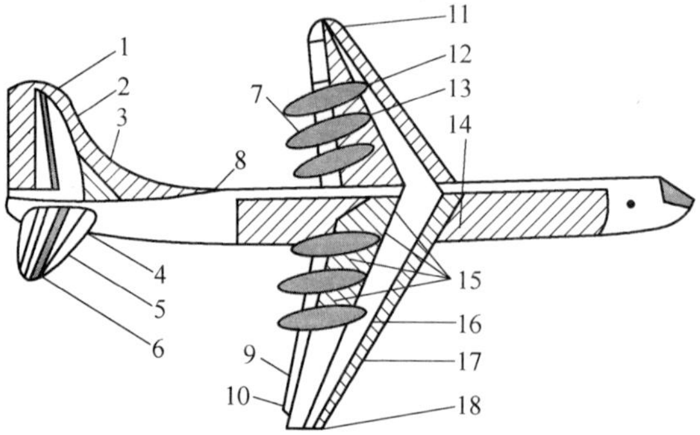

图7-27 某型号飞机上使用镁合金零部件的情况

1—方向舵上的蒙皮和整流器罩 2—垂直安定面的整流包皮 3—机身与垂直安定面连接部分的蒙皮 4—水平安定面及升降舵的整流包皮 5—前缘蒙皮 6—水平安定面的尖端 7—发动机整流罩 8—机身与垂直安定面的连接整流包皮 9、10—襟翼、副翼的蒙皮 11、18—翼尖 12、13—发动机包皮 14—机身蒙皮 15—机翼的中段蒙皮 16、17—机翼前缘蒙皮

7.3.3 主要航空航天器零部件的镁合金应用情况

1. 框架结构部件的镁合金化

一般航空航天结构用镁合金主要是板材和挤压型材，也有部件是铸造件。用镁合金板材制造的飞机零部件有：各种壁板、整流罩、发动机罩、门、盖板、口盖框架、内部加强型材组合件、各种连接整流包皮、翼尖、尾面、副翼及襟翼蒙皮、油箱等。飞机上大量采用镁合金零部件，其质量大大减小，飞行速度及航程均显著提高。陶氏化学公司采用快速凝固ZK60镁合金挤压型材制造C133运输机的地板支撑梁和固定装货滑道，如图7-28所示。

图7-28 C133运输机使用镁合金的情况

镁合金铸件在飞行器结构方面应用很多，包括各种民用、军用飞机和航空器，其用量因具体结构不同而异，并在一定程度上取决于镁合金表面涂层技术的发展。在镁合金的应用过程中，要兼顾零部件的腐蚀行为和抗疲劳性能。提高合金的纯度可以改善耐蚀性，而在合金表面涂层则可以提高其耐磨性能。图7-29所示为一

种飞机框架材料，尺寸为1500mm×1000mm×200mm。

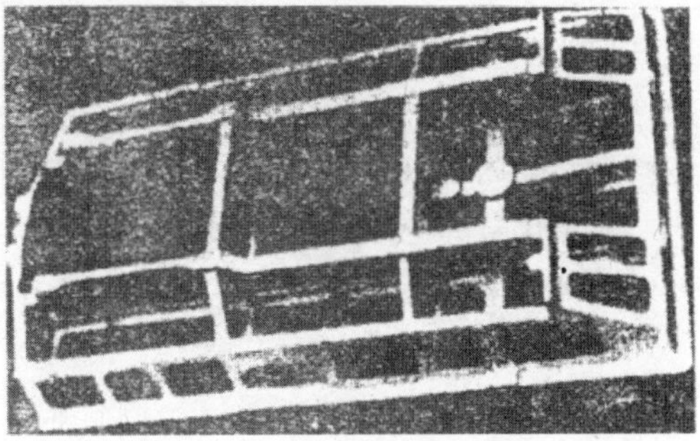

图7-29 飞机框架材料

Mg-RE合金的铸造性能及焊接性能均很好，被研制出来后就被用于制造结构复杂的军用飞机驾驶舱舱罩的框架。据1969年Evans报道，采用镁合金制造Vampire和Venom飞机的双座椅机构件是当时镁合金应用所达到的最高水平。由于镁合金双座椅结构件使用效果很好，从而直到现在还在应用。图7-30所示为座舱罩铸件。西班牙CASA在其战斗机上也采用了类似的结构件。镁合金飞行器中的另一个应用是钢丝索移动控制滑轮，然而欧洲生产商认为镁合金滑轮容易磨损，并不合适。但BAe公司通过在滑轮上涂上一层塑性涂层，如尼龙，从而使这种应用获得成功，并从1960年开始在大多数民用飞机上使用。

一些刚性较好的镁合金铸件还被广泛用于制造驾驶室中的手动控制装置件，如操纵杆及转向盘，中央操纵台及操纵盘等部件，并被应用于Trident Bae146等飞机上，此外还有Fokker的F100飞机。图7-31所示为飞行员座椅架。Kent Aerospace和LMI France将复杂的镁合金铸件用于Bae146、Bae125和Air Bus的压缩系统。先后有很多民用飞机使用了镁合金部件，数量达到250多种。

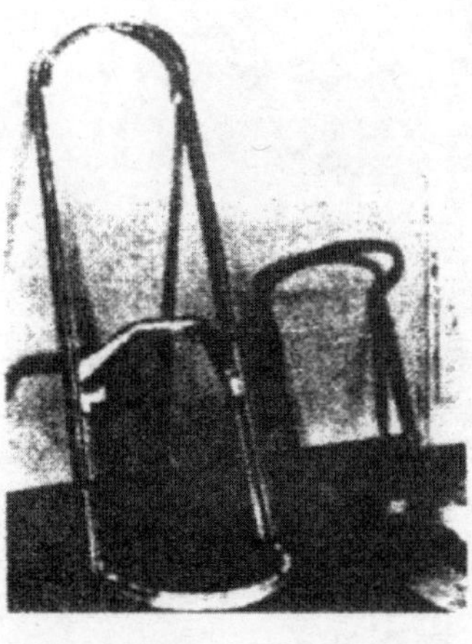

图7-30 座舱罩铸件（小的用于CASA飞机）

图7-31 飞行员座椅架

2. 航空航天发动机部件的镁合金化

镁合金在航空发动机中的应用主要是压缩机尾部箱体和装有大量减速齿轮辅助设备的大齿轮箱。Pratt和Witney发动机公司在Bae146飞机上采用了镁合金AC-

CO Lycoming 双路式涡轮喷气发动机罩。

另外，为了提高发动机热稳定性，允许较小的外壳间隙，同时提高发动机效率，制造商研制了适用于民用和军用飞机的发动机箱体。民用飞机发动机箱体一般采用镁合金铸件，而军用飞机发动机箱体一般采用铝合金铸件。图 7-32 所示为采用镁合金的发动机箱体。由此可见，镁合金用作发动机箱体材料优势明显。

图 7-32　发动机箱体

齿轮箱是镁合金大型铸件的另一个典型应用实例。Kent 航空铸造公司曾采用镁合金制造巨大的 Rolls Royce RB211 发动机齿轮箱，这类装置在合理的保护条件下可以正常服役很多年。此外，直升机螺旋桨推进器的齿轮箱也可以采用镁合金制造，图 7-33 所示为几种镁合金齿轮箱实物图。所用材料包括 ZE41、WE43 和 AZ91E 等。连接 BR710 发动机换向系统各零部件的驱动系统也可以采用 WE43 和 AZ91E 合金（见图 7-34），承载应力都处在合金强度和耐腐蚀能力范围内，部分铸件可以在较高温度下使用。图 7-35 所示为英国某型号直升机上使用的采用锻造法生产的齿轮箱及其连接件。

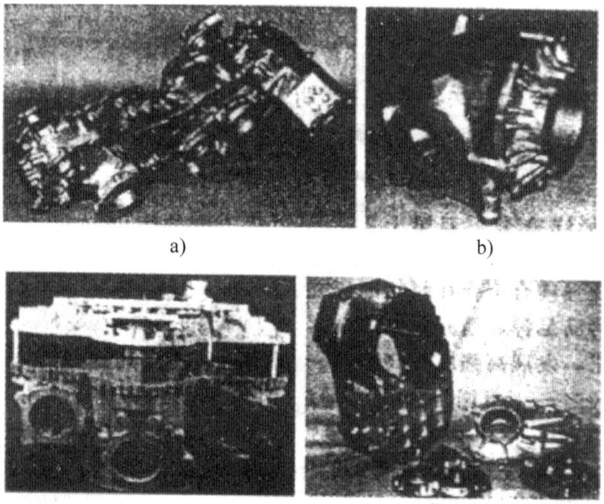

a)　b)

c)　d)

图 7-33　镁合金齿轮箱

a）Turbine BR710 ZF-Luftfahrttechnik 齿轮箱及箱盖　b）Tailrotorsystem Tiger ZF-Luftfahrttechnik 齿轮箱
c）Tiger EC France 直升机主齿轮箱　d）Strato2 ZF-Luftfahrttechnik 齿轮箱

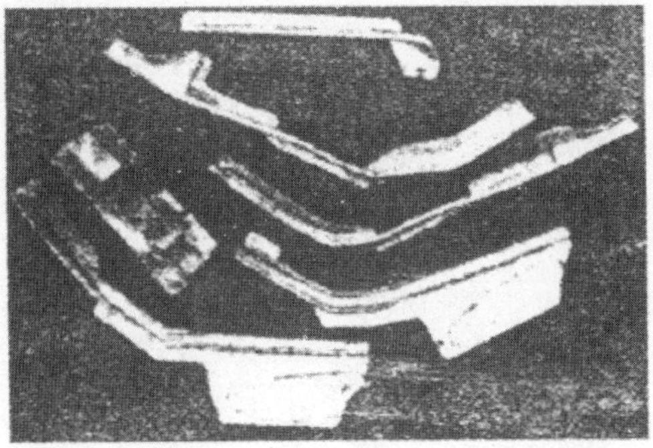

图 7-34　双臂曲轴（材料为 AZ91E、WE43）

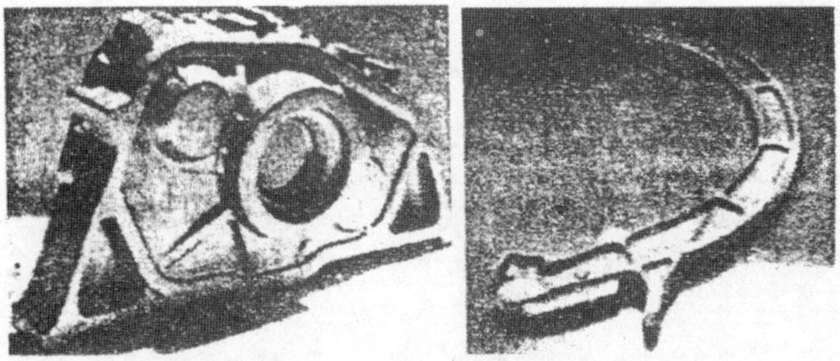

a)　　　　　　　　b)

图 7-35　英国直升机齿轮箱及其连接件

a）阀盖（材料为 ZK60-T6，质量为 44kg）　b）连接件（材料为 AZ80-F）

在用于制造以上零部件的材料中，稀土镁合金具有比强度和比刚度高、耐热强度及抗蠕变性能优异等特点，既可满足航空结构材料减轻自重的需要，也可满足在 200～300℃高温条件下长时间工作的航空发动机零部件的需要。欧美早期曾开发过 EK、EZ、EQ、AE 系列稀土镁合金，EK31、EZ33、QE22 等合金都曾用于航空发动机。20 世纪 80 年代末推出 WE 系列稀土镁合金，McDonnell 公司已经用 WE43 代替 ZE41 制作 MD500 直升机零部件。我国在苏联合金牌号体系的基础上，至今已开发出了 ZM3、ZM4、ZM6、ZM9 系列稀土镁合金。

随着航空工业对零部件小型化、高效率的要求，目前已能生产厚度为 3.5mm 的铸造薄壁件，允许偏差可以达到 ±0.5mm。现已标准化生产直径为 2mm 的液压传动管道，能够承受 9MPa 的压力。

应用于航空工业零部件的镁合金种类繁多，应用范围很广。下面以加拿大 Magellan 公司为例介绍，分别见表 7-14 和表 7-15。

表 7-14　加拿大 Magellan 公司的部分航空镁合金产品

航空器系统	镁合金部件
镁合金航空发动机部件	前框、中间箱体、进气口箱体；螺旋推进器、变速器壳体；压缩机进气口箱体；润滑泵壳体、传送泵壳体、燃料控制箱盖；发电机壳体、加速器壳体
机身零部件	支架、门壳体、货物装卸装置壳体；战斗机起飞助推系统；直升机主传动箱、副传动箱

表 7-15　加拿大 Magellan 公司部分航空镁合金产品的使用厂商及机型

航空器制造商	适用机型
阿古斯塔-西陆（Agusta-Westland）直升机公司	EH101
加拿大贝尔直升机公司	V22、BA609、206、427、430、AH-1T
波音民用公司	747、757、767
波音军用公司	CH47、AH-64
通用电气公司	J85、CF6-80、F404、F110、GE90、T700、LM6000、CFM56-5
美国汉密尔顿盛特兰（HamiltonSundstrand）公司	F-15、F-16、F18-C/D、F-18E/F
美国霍尼韦尔（Honey-well）公司	TPE331、AS907、331-600、131-9、LV100、RE100
加拿大普惠（Pratt & Whitney Canada）公司	PT6、PW100、PW206、PW306、PW307、PW308、PW500、PW600
美国普惠（Pratt & Whitney）公司	PW2000、PW4000、PW6000、V2500
英国劳斯莱斯公司	T56、Model 250、AE2100、AE3007、T800
美国西科斯基飞机（Sikorsky Aircraft）公司	CH53、UH-60、SH-60、RAH-66、S92

注：以上铸件的直径为 127～2000mm，质量为 0.45～365kg。

参考文献

[1] 陈振华，等．镁合金［M］．北京：化学工业出版社，2004.
[2] 陈振华．耐热镁合金［M］．北京：化学工业出版社，2007.
[3] 丁文江，等．镁合金科学与技术［M］．北京：科学出版社，2007.
[4] 张津，章宗和，等．镁合金及应用［M］．北京：化学工业出版社，2004.
[5] 王渠东，王俊，吕维洁．轻合金及其工程应用［M］．北京：机械工业出版社，2015.
[6] 许并社，李照明．镁冶炼与镁合金熔炼工艺［M］．北京：化学工业出版社，2006.
[7] 陈振华．变形镁合金［M］．北京：化学工业出版社，2005.
[8] 黎文献．镁及镁合金［M］．长沙：中南大学出版社，2005.
[9] 潘复生，韩恩厚．高性能变形镁合金及加工技术［M］．北京：科学出版社，2007.

[10] 刘正，张奎，曾小勤．镁基轻质合金理论基础及其应用［M］．北京：机械工业出版社，2002.

[11] 马图哈 K H. 材料科学与技术丛书：第 8 卷．（非铁合金的结构与性能）［M］．丁道云，等译．北京：科学出版社，1999.

[12]《工程材料实用手册》编辑委员会．工程材料实用手册：第 3 卷（铝合金　镁合金）［M］．北京：中国标准出版社，2002.

[13] Avedesian M M, Baker H. Magnesium and magnesium aloys［J］. Corrosion Third Edition, 1998, 59（8）: 54-57.

[14] Kaine K U. Magnesium Alloys and their Applications［M］. Weinheim: Wiley-VCH, 2000.

[15] Friedrich H E, Mordike B L. Magnesium Technology-Metallurgy, Design data, Applications［M］. Berlin: Springer, 2005.

[16] 王渠东，吕宜振，曾小勤，等．稀土在铸造镁合金中的应用［J］．特种铸造及有色合金，1999（1）：40-44.

[17] 王渠东，吕宜振，曾小勤，等．镁合金在电子器材壳体中的应用［J］．材料导报，2000，14（6）：22-24.

[18] 吕宜振，王渠东，曾小勤，等．镁合金在汽车上的应用现状［J］．汽车技术，1999（8）：28-31.

[19] 谭欣平，龙思远，李建华，等．镁合金在摩托车上的应用可行性研究［J］．材料热处理学报，2001，22（增刊）：141-144.

[20] 刘正，王中光，王越，等．压铸镁合金在汽车工业中的应用和发展趋势［J］．特种铸造及有色合金，1995（5）：55-58.

[21] 熊玉华，李培杰，曾大本．大块非晶合金的研究进展［J］．材料工程，2002（10）：43-47.

[22] Luo A, Pekguleryuz M O, Cast magnesium alloys for elevated temperature applications［J］. Journal of Materials Science. 1994, 29（20）: 5259-5271.

[23] Mordike B L, Ebert T. Magnesium: properties-applications-potential［J］. Materials Science and Engineering A. 2001, 302（1）: 37-45.

[24] Friedrich H, Schumann S. Research for a "new age of magnesium" in the automotive industry［J］. Journal of Materials Processing Technology. 2001, 117（3）: 276-281.

中国人的

篮球体能训练秘籍

尹承昊

·编著·

机械工业出版社
CHINA MACHINE PRESS

本书旨在通过提高篮球运动所需的专项体能素质，帮助每个篮球爱好者提高运动能力，促进篮球竞技水平的发展。书中所讲解的500余种训练方法与各式专项体能训练计划充分考虑到中国业余篮球爱好者的特点，针对性与实用性极强，可以帮助你在短期内快速提升身体素质与竞技能力。

图书在版编目（CIP）数据

中国人的篮球体能训练秘籍　尹承昊编著．—北京：机械工业出版社，2015.2（2016.1）重印

ISBN 978-7-111-49027-2

Ⅰ．①中…　Ⅱ．①尹…　Ⅲ．①篮球运动—身体训练　Ⅳ．① G841.2

中国版本图书馆CIP数据核字（2014）第306664号

机械工业出版社（北京市百万庄大街22号　邮政编码100037）

策划编辑：丁　诚

责任编辑：丁　诚

责任校对：丁　诚

责任印制：李　洋

北京汇林印务有限公司印刷

2016年1月第1版·第2次印刷

169mm×239mm·21印张·394千字

4501—6300册

标准书号：ISBN 978-7-111-49027-2

定价：59.80元

凡购本书，如有缺页、倒页、脱页，由本社发行部调换

电话服务

服务咨询热线：（010）88361066

读者购书热线：（010）68326294

（010）88379203

封面无防伪标均为盗版

网络服务

机工官网：www.cmpbook.com

机工官博：weibo.com/cmp1952

教育服务网：www.cmpedu.com

金书网：www.golden-book.com

前言

从2011年年底开始，我便在篮球论坛与大家分享专业的体能训练方法。在这三年多的时间里，我为万余名篮球爱好者做过许多专业的、有针对性的疑难解答，文章累积点击率突破一千万次。在这个过程中，我不仅了解到大家对于体能提高的渴望与茫然，更发现了中国业余篮球爱好者在体能训练过程中存在一些误区。通过三年的积累、调查与分析，结合专业且针对性很强的训练方法，这本专为中国业余篮球爱好者准备的书籍便应运而生了。

每个篮球爱好者都应当明白，篮球是一项很特殊的运动，它不仅需要极强的身体对抗能力，更离不开精准的技战术发挥。没有一定身体素质作支撑，任何技战术都难以施展。大部分业余篮球爱好者只关注具体的篮球技战术训练，却忽视了关键的身体素质练习，导致在高水平比赛中或强度极高的身体接触时，出现不适应甚至身体受损的现象。本书的出发点即在帮助每个业余篮球爱好者，特别是中国青少年，掌握正确的体能训练方法，为他们篮球水平的提高打下扎实的基础！

CONTENTS 目录

CHAPTER 1 KEY

CHAPTER 2 TRICK

CHAPTER 3 METHOD

CHAPTER 4 TRICK

全方面的专项针对性体能训练计划 195

TO IMPROVE

提高篮球水平的关键

CHAPTER ONE

良好的**体能素质**是提高篮球水平的关键，
它可以使你的投篮更准确、突破更具杀伤力、防守震慑度更强。
并且，一定水平的**体能训练**还可以帮助你抵御某些伤病的侵袭，
使你的竞技能力不会受到岁月流逝的过多影响。

一、体能与篮球
——形影不离的伙伴

体能训练所涵盖的种类极多，力量、速度、耐力、柔韧性以及灵敏度都是体能训练所关注的目标。体能训练是决定你篮球水平高低的最基本因素，如果只沉溺于篮球专项的技战术训练，忽略对于身体的打造，那么你始终无法获得真正的提高，永远不可能去挑战更高水平的篮球场！